생활 속의

녹색 전기 에너지 기술

GREEN ENERGY

김지호 · 손진근 · 이향범 지음
이 욱 감수

BM 성안당

산업통상자원부
MINISTRY OF TRADE, INDUSTRY & ENERGY
MOTIE

KETEP 한국에너지기술평가원
KOREA INSTITUTE OF ENERGY TECHNOLOGY
EVALUATION AND PLANNING

도서 A/S 안내

당사에서 발행하는 모든 도서는 독자와 저자 그리고 출판사가 삼위일체가 되어 보다 좋은 책을 만들어 나갑니다.

독자 여러분들의 건설적 충고와 혹시 발견되는 오탈자 또는 편집, 디자인 및 인쇄, 제본 등에 대하여 좋은 의견을 주시면 저자와 협의하여 신속히 수정 보완하여 내용 좋은 책이 되도록 최선을 다하겠습니다.

채택된 의견과 오자, 탈자, 오답을 제보해 주신 독자 중 선정된 분에게는 기념품을 증정하여 드리고 있습니다. (당사 홈페이지 공지사항 참조)

구입 후 14일 이내에 발견된 부록 등의 파손은 무상 교환해 드립니다.

저자 문의 : shon@gachon.ac.kr

도서출판 성안당 e-mail : cyber@cyber.co.kr

홈페이지 : http://www.cyber.co.kr

전화 : 031)955-0511

머 리 말

2013년 여름, 현재의 최고 화두는 에너지 문제이다. 블랙아웃(Blackout)의 의미를 일반인이 알 정도로 상식화되었으며 전력 예비율도 매일의 관심사다. 이러한 에너지 문제는 지구온난화에 기인한 탄소의 문제이자 새로운 성장 동력으로 대변되는 녹색에너지의 문제이기도 하다. 이러한 문제에 대응하는 에너지 절약 기술과 기후 변화에 대응하는 녹색에너지 기술은 현대인의 모든 관심사가 되고 있다.

이러한 시점에서 본 교재의 출발은 매우 시의적절하다고 판단되며, 전기적인 상식이 없는 일반 공학 전공의 대학 및 대학원생, 최신의 보급 기술을 접하지 않았던 기존의 전기 엔지니어, 특히 전기공학을 전공하면서도 교과서에서 다루지 않았던 신기술을 다루고자 하는 전기공학인에게 많은 관심이 있으리라 생각된다.

본 교재에서는 전기공학 전반에 대한 개념을 일반화하였으며, 특히 전기요금 체계의 이해에 의한 전기요금 절감 기법, 고효율 가전 전기기기의 핸들링 및 대기전력 차단 등에 의한 에너지 절약 기법, 에너지관리공단 및 한전 등에서 강한 드라이브로 추진되고 있는 신재생에너지와 최근의 이슈인 스마트그리드(smart grid)에 의한 에너지 절감 기법 등을 새롭게 다루는 데 주안점을 두었다.

끝으로 본 교재의 출간을 위한 지원 사업에 대하여 연구 수행 책임을 맡으신 숭실대학교 임태진 교수님을 비롯한 연구진 여러분께 깊은 감사를 드린다. 아울러 본 교재의 출판을 위하여 작업의 지원을 아끼지 않으신 성안당 최옥현 국장님 및 직원, 기타 출처 제공자 등 모든 관계자 여러분께 이 지면을 빌어 감사 인사드린다.

저자 올림

본 저서는 2011년도 산업통상자원부의 재원으로 한국에너지기술평가원(KETEP)의 지원을 받아 수행한 연구 과제(No.20114010203140)입니다.

Contents

차
례

차

례

차
례

표 차 례

차
례

차
례

Chapter 01

전기의 기초

01 에너지와 전기

01 전기의 기초

01 에너지와 전기

인류의 역사를 살펴보면 알 수 있듯이, 인간은 도구를 사용하는 동물로서 생존을 위해, 나아가서는 문화생활과 기술, 경제의 발전을 위해 에너지를 발견하고 창조하며 또한 이용해 왔다. 지금도 에너지는 인류에게 없어서는 안 될 필수적인 존재이고 다양하고 효율적인 방법으로 에너지를 이용하기 위한 노력은 계속되고 있다. 그 에너지는 자연과 환경 속에 다양한 형태로 존재하며 인간은 그 에너지를 필요로 하는 형태로 바꾸고 있다. 그 중 가장 대표적인 것이 바로 전기에너지이다. 태양열을 이용한 복사 에너지나 석탄, 석유가 가지고 있는 화학 에너지 등을 전기에너지로 바꾸어 사용하여, 지금 우리 생활은 하루도 전기가 없이는 살아갈 수 없다.

1 에너지

우리에게 꼭 필요한 자원인 에너지란 사전적 의미로 본다면 일을 할 수 있는 힘을 뜻하는데, '일을 하는 능력'이라고 정의된다. 사실 에너지가 일을 한 것은 인간의 일보다 훨씬 이전의 일로, 지구나 태양계의 탄생 자체와 환경의 흐름과 지구의 역사도 에너지가 주체가 되어 만들어진 것이다.

빛, 동력, 연료로서의 에너지는 인간에게 편리한 삶을 제공해 주었고 인류 문명의 발달을 뒷받침하였다. 오늘날 전자·정보화 사회의 시대가 활짝 개화되고 자동차, 에어컨, 인공위성 등이 작동되어 우리의 경제, 문화 활동을 보다 더 편리하게 지탱해 주고 있는데, 이처럼 윤택한 생활과 눈부신 사회 발전을 가능케 해 준 원동력이 바로 에너지인 것이다.

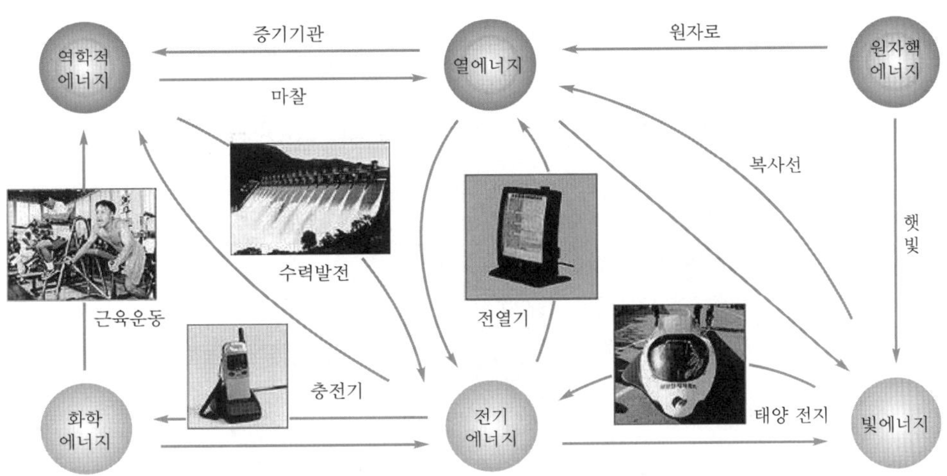

▌그림 1-1 에너지 전환의 모형(www.kier.re.kr)▐

에너지는 그 모양이나 형태가 변한다 하더라도 에너지 보존 법칙에 의하여 가지고 있는 에너지의 크기에는 변화가 없다. 인간은 이를 이용하여 다양한 에너지를 필요한 에너지의 형태로 바꾸어 사용해 왔다. 우리에게 가장 필요한 전기에너지도 원자력 에너지나 화학에너지, 빛에너지, 바람 에너지 등의 많은 에너지를 전기에너지로 전환시키는 노력과 발전으로 얻어 온 것이다.

현재 인류가 쓰는 에너지는 석탄, 석유, 우라늄, 천연가스 등 주로 지하에 매장되어 있는 천연 에너지가 있다. 한편, 에너지 부문의 관련된 기술로 대표되는 인공 에너지가 있다. 천연 에너지가 많은 나라는 후진국이 많은 반면, 전 세계의 주요 강국의 순서와 에너지 부문 기술 투자액의 순서가 비슷한 점은 선진국이 되기 위해선 어떻게 해야 하는지에 대한 좋은 시사점이라 할 수 있다. 즉 에너지 기술 확보가 국가 발전에 중요한 역할을 한다. 에너지 부문은 에너지 안보(Energy Security), 에너지 경제(Energy Economy) 및 에너지 환경(Energy Environment) 등 '3E'가 계속되는 주요 현안이다.

2 전기에너지

20세기의 인류 문명을 크게 변화시킨 두 가지의 발명품은 자동차와 전기에너지로 볼 수 있다. 이 중 전기에너지는 19세기 말에 발견되어 20세기에 크게 발전하여 인간 생활을 시간과 공간 면에서 확장하여 주었다. 인간이 사용하지 못하던 지구의 공간을 사용할 수 있게 되었고, 요즘 인간의 생활을 볼 때 낮과 밤의 시간에 동등하게 활동할 수 있게 된 것처럼 과거에는 도저히 생각하지 못할 만큼 인간 생활에 큰 변화를 가져왔다. 이처럼 인간의 제1혁명은 불의 발견이고 제2혁명은 전기의 발견으로 보는 역사학자가 있을 정도로 전기에너지는 인류에 큰 영향을 미쳤다.

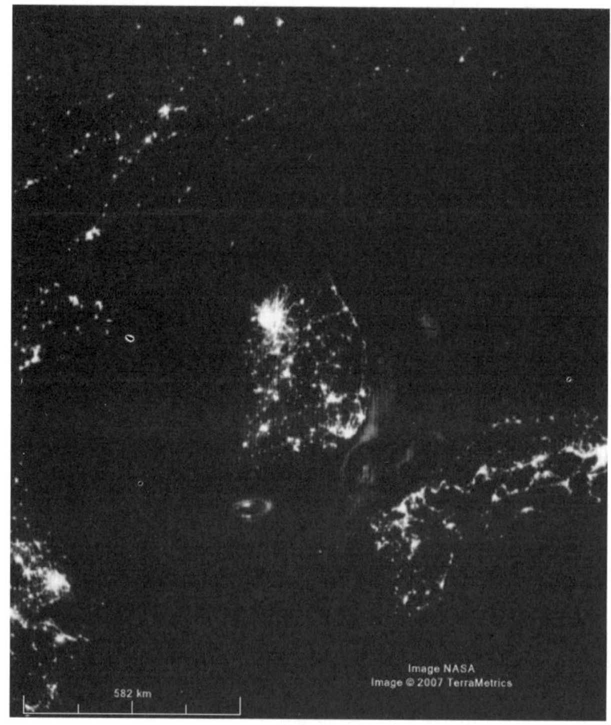

┃ 그림 1-2 한반도의 밤 사진(출처. NASA) ┃

[그림 1-2]는 한반도 주변을 확대한 것으로 북한은 거의 밤에는 전기를 사용하지 않는 것을 확인할 수 있으며, 이것은 문명이 발달하지 못한 북한의 경제 현실을 보여주는 것으로 남한과는 많이 대비되는 것을 알 수 있다.

전기에너지는 1차 에너지원을 발전을 하여 만들어지는 2차 에너지로, 이 자체로는 사용되지 않고, 주로 소비자까지 전송된 후 소비자는 전달된 전기에너지를 필요로 하는 최종 에너지로 변환시켜 전등과 같은 빛에너지, 전동기와 같은 역학 에너지 등 다양한 형태로 바꿔 사용하고 있다.

전기에너지는 20세기 역사를 같이 바꾸었던 자동차와는 달리 향후 100년 후에도 사용될 기술이다. 그 이유는 인간이 개발한 에너지 전송 수단 중 가장 빨라 빛의 속도로 전달할 수 있을 뿐더러 간단한 선로를 통하여 매우 큰 에너지를 유통시킬 수 있기 때문이다. 앞으로도 이보다 빠른 속도의 에너지 전송 기술이 나오기는 어려울 것으로 예측된다.

전기의 장점	전기의 단점
① 깨끗하다 • 무독, 무취, 무색, 무미, 무해한 깨끗한 에너지(부산물이 없음) • 수송상의 잔유물이 없음. • 전기 자체의 환경오염이 없음. ② 이용이 편리하다. • 먼 거리에서 생산과 동시에 사용 가능 • 수송 설비 간단, 에너지 변환이 용이 • 열, 빛 등의 발생에 산소가 불필요 • 사용량 조절이 용이, 정밀 제어 가능 ③ 효율이 좋다 • 발전 열효율이 좋음. • 수송을 위한 손실이 작아 전송 효율이 좋음(90% 이상)	① 위험하다 • 감전, 화재, 가스, 분진 등에 의한 폭발을 일으킬 수 있음. • 사고는 순식간에 발생하며, 대규모로 발생함. ② 발전소는 오염의 원인이 된다. • 중유, 석탄, 디젤 등의 유해가스와 분진 • 발전소가 배출하는 물에 의한 수질오염 • 원자력 발전소의 방사능 오염 ③ 미관을 해칠 수 있다. ④ 각종 장해의 원인이 된다. • 통신 장해, 전자파 ⑤ 운용이 어렵다. • 발생과 동시에 소비가 일치, 자연재해의 위협 • 에너지 고갈, 수용가의 품질 수준이 높아짐, 설비의 부지난

3 전기의 본질

전기에너지는 사람이 만든 재화라서 일반 재화와 전체적으로는 비슷한 특성을 갖는다. 즉, 다른 물건과 같이 제조 또는 생산을 하고 유통 경로를 통하여 소비자에게 공급되는 모습은 비슷하다. 그러나 다른 면도 많다.

첫 번째, 저장이 안 된다는 것이다. 즉, 생산이 바로 소비여서 일반 물류하고는 다르다. 두 번째, 소비는 시시각각 다르고 저장은 안 되므로 생산도 이에 따라 움직여야 한다. 그렇지 못해서 공급과 수요를 맞추지 못하면 전기의 질이 나빠진다. 따라서 수요와 공급은 항상 실시간으로 맞추어야 한다. 세 번째, 전기 소비자의 수요는 그 욕구가 스위치 동작 하나에 바로 소비로 나타난다. 즉, 전기 수요는 쓰고자 하면 간단한 스위치 조작으로 전기 부하(load)가 나타난다. 이처럼 수요와 부하가 같다고 할 수 있어 다른 분야와 달리 두 개의 단어가 같이 쓰여지고 있으므로 소비의 통제가 가장 어려운 반면, 강제 통제는 매우 쉽다. 네 번째, 전기는 세상에서 가장 굵기가 가는 유통 경로를 가지고 있고, 물과 같은 특성을 갖고 있어 기울기에 따라 자연스럽게 흘러간다. 따라서 시시각각 변하는 부하와 이에 따라 변화하는 발전량에 따라 그 흐름이 항상 변화한다.

이 흐름을 단순화시키면 아래의 그림과 같다.

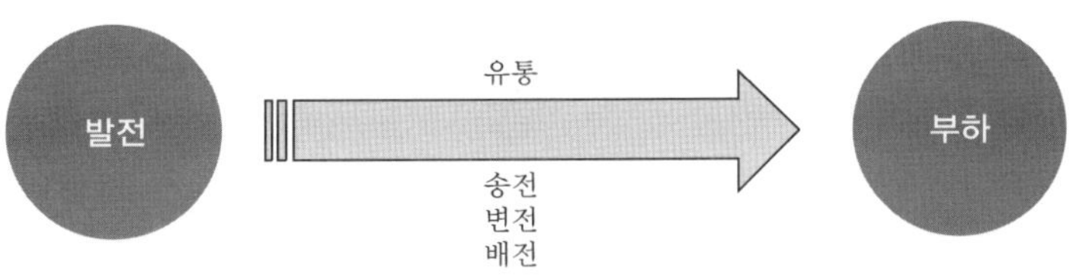

그림 1-3 전기에너지의 흐름

4 전기의 역사

우리는 하루 종일 전기를 이용하며 생활한다. 우리가 씻는 물은 전기를 이용하여 운반된 후 데워지며, 냉장고도 전기를 이용한다. 또한, 전깃불이 없는 밤은 상상할 수도 없다. 산업에서도 전기는 매우 중요하다. 물건을 생산할 때 전기가 없으면 기계를 움직일 수 없다. 우리가 사용하는 컴퓨터도 전기 없이는 사용할 수 없다. 특히, 인터넷 강국이라 불리는 우리나라에서는 이로 인해 전기의 중요성이 매우 크다. 한마디로, 우리는 전기 없이는 하루라도 제대로 생활할 수 없으며, 전기가 얼마나 잘 보급되느냐에 따라 생활의 질과 산업의 발전이 달라질 수 있는 것이다. 그렇다면 전기는 언제부터 사용되었을까?

의외로 그 역사는 매우 짧다.

(1) 세계 전기의 역사

세계 전기의 역사는 다양한 에너지를 이용하여 편의를 추구해 오던 인류가 전기를 발견하면서부터 시작된다. 그리고 전기를 이용한 여러 가지 발명품들이 쏟아져 나오고 그러한 전기의 산업화가 진행되면서 경제와 사회가 발전하는 발자취를 찾아 볼 수 있다.

인류는 기원전 35만 년 경부터 불을 사용하기 시작하였고 그 후 석기, 토기 등의 사용을 통해 농경과 목축을 이루었다. 그리고 기원전 600년에는 탈레스가 호박에서 마찰 전기 현상을 발견하게 되는데 이것이 최초의 전기 현상 발견이라고 볼 수 있다. 이때에는 수학, 과학 분야의 활발한 연구와 그 업적이 이루어진 시기인데 여러 과학자들은 다양한 전문 이론과 증기 터빈이나 풍차 등의 인류를 위한 발명품을 만들게 된다. 그리하여 1540년경에는 유럽에서 수차를 이용하여 이 에너지를 공장의 동력으로 사용하게 된다.

증기력 시대라 불리는 1540년대 이후로부터는 증기력을 이용한 분수 장치 발명과 공기 진동 펌프 발명, 또 대기압 증기기관 발명 등과 같은 성과가 나타나게 되었다. 그리고 와트, 쿨롱과 같은 전기 역사의 중심에 있는 과학자들이 전력 이론과 함께 기관차 등의 발명을 하게 된다. 1800년대 이후부터는 증기의 힘이 아닌 실제 전기의 이용이 나타나게 된다. 볼타가 전지를 발명하고 패러데이가 모터를 발명, 옴이 옴의 법칙을 발표하게 되고, 그 이후 발전기가 발명되고 전력 산업은 이 발명들을 통해 급성장하게 된다.

세계 전기의 역사는 전기의 발전에 영향을 미친 인물을 살펴봄으로써 그 내용을 대신한다.

- 탈레스(Thales, BC. 624~546, 고대 그리스)
- 전기의 발견(마찰전기)
- BC 600년경 그리스의 탈레스는 호박이라는 보석을 마찰하면 가벼운 물체를 흡인하는 것을 발견했다. 이것이 전기 현상의 최초의 발견인데, 이 호박을 의미하는 그리스어의 '일렉트론(electron)'이라는 말에 유래하여 '일렉트릭시티(electricity)'라는 말이 생성된 것으로 전해진다.

- 윌리엄 길버트(William Gilbert, 1540~1603, 영국)
- 자기학의 아버지, 지구가 거대한 자석임을 확인
- 자기력과 마찰전기에 대해 처음으로 연구를 시작했으며, 18년간의 연구의 결과로 『자석에 대하여』라는 책을 펴냈다. 이 책은 자기 및 지구 자기의 현상을 조직적이고 순수 경험적으로 다루어, 지구 자체가 하나의 자석임을 발견하였고, 자침이 남북으로 향하는 이유를 밝혔다.

- 게리케(Otto von Guericke, 1602~1686, 독일)
- 최초의 정전기 발생장치 실험
- 황으로 만든 구에 축을 끼워서 돌리며 천체의 회전을 흉내내는 장치를 만들어 회전시키면서 천으로 구를 문지르고 나니 구는 작은 물체를 끌어당겼다. 끌어당기는 이유는 황으로 만든 구에 정전기가 생기기 때문인데, 게리케는 그것을 모르고 있었다. 또한 가끔 불꽃이 튀는 이유가 무엇인지도 설명하지 못했다.

- 그레이(Stephen Gray, 1670~1736, 영국)
- '도체'와 '절연체'를 발견
- G.휠러와 공동으로 실험하여 전기적 성질을 먼 곳까지 인도하는 물체인 도체와 그렇지 않은 물체인 절연체와의 구별을 분명히 하여 그것이 물체의 빛깔 등에 의한 것이 아니라 물체를 구성하는 물질의 속성이라는 사실과 인체도 도체인 사실을 밝혀내 전자기학 발전에 기여를 하였다.

- 뒤페(Du Fay, Charles François de Cisternay, 1698~1739, 프랑스)
- 정전기에는 두 가지 종류가 있다는 것과 같은 종류의 전기를 띤 물체는 밀어내고 다른 종류의 전기를 띤 물체는 끌어당긴다는 것을 알아내었다.
- 그 두 종류의 전기를 '유리전기(vitreous)'와 '수지전기(resinous)'라고 이름을 붙였다. 마찰시킬 때 유리에 남는 전기는 '유리전기'라 부르고, 수지(호박 등)에 남는 전기는 '수지전기'라 부른 것으로 음양의 개념은 아니었다.

- 뮈센브루크(Pieter van Musschenbroek, 1692~1761, 네덜란드)
- 전기를 모으는 '라이덴병'을 발명
- 라이덴병은 1746년에 네덜란드 라이덴 대학의 뮈센브루크가 방전 실험에 사용한데서 이 이름을 붙이게 되었다. 병마개의 중심을 통해 내부로 드리운 금속 막대 끝에 사슬을 매달아 밑면과 닿게 하였으며, 금속 막대에 전하를 주면 정전유도에 의해서 전위차가 생겨 전기를 모으게 되는 것이다.

- 프랭클린(Benjamin Franklin, 1706~1790, 미국)
- 연날리기 실험으로 번개가 전기인 것을 증명
- 뮈센브루크의 라이덴병 전기 실험 소식을 전해들은 프랭클린은 라이덴병을 이용, 1752년 그의 유명한 실험인 '연 실험'을 행하였고, 번개가 전기를 방전한다는 것을 증명하였다. 그는 번개를 구름에서 끌어내기 위해 금속으로 만든 뾰족탑을 세우자고 제안하였으며 이러한 연구들의 결과 최초의 '피뢰침'이 발명되었다.

- 놀레(Abbe Jean Antoine Nollet, 1700~1770, 프랑스)
- 마찰전기 연구, '라이덴병'의 이름을 명명
- 수도원장이던 놀레는 200여명의 수도사들을 손잡고 둘러서게 한 다음 제일 바깥의 두 명에게 라이덴병의 양 극에 손을 대라고 한 후 손을 대는 순간 모두가 동시에 깜짝 놀라며 뒤로 자빠졌다. 동일한 실험을 베르사유 궁에서 루이 15세와 신하들이 지켜보는 가운데 근위병 180명에게 똑같이 실험하여 라이덴병으로 감전을 시켰다.

- 갈바니(Luigi Galvani, 1737~1798, 이탈리아)
- '동물전기'를 발표
- 볼로냐 대학의 해부학 교수였던 갈바니는 실험실에서 개구리의 다리를 절개하다가, 개구리 다리의 근육 신경조직을 두 가지 다른 금속 조각들에 접촉시켜 놓으면 개구리의 다리에 경련이 일어난다는 사실을 발견하였다. 이 발견은 당시 전기 현상에 관심이 있던 사람들에게 전류 현상에 대한 착상을 하게 하여 전기 연구의 방향을 크게 돌리는데 중요한 계기가 되었다.

- 볼타(Alessandro Giuseppe Antonio Anastasio Volta, 1745~1827, 이탈리아)
- '볼타전지'를 발명
- 볼타는 2개의 다른 금속을 소금 용액 내에서 접촉시킬 때 전류가 흐른다는 것을 발견하고 최초의 화학 전지를 발명했다. 그가 만든 볼타전지는 오늘날 전자제품에 들어가는 모든 전지의 원조가 되었다. 전압의 단위인 '볼트[V]'라는 기호가 그의 이름을 따서 만들어진 것이다.

- 니컬슨(William Nicholson, 1753~1815, 영국)
- 물의 전기 분해
- 1790년 액체 비중계를 발명
- 1800년에는 '볼타'가 전지를 발명하자 이에 자극을 받아 전지 및 갈바니 전류를 연구하였다. 또한 'A.칼라일'과 함께 전류의 화학 작용을 연구하였으며, 최초로 물의 전기 분해를 하여 수소와 산소를 포집하였다.

- 데이비(Humphry Davy, 1778~1829, 영국)
- 전기분해에 가장 큰 성공을 이룬 화학자
- 1807년 전기분해에 의해 알칼리 금속과 알칼리 토금속을 분리하는데 성공했다. 이 시대에는 화학자들이 중심이 되어 전기에 대한 연구를 진행했는데 그 중 데이비가 특히 전기에 대해 관심이 많았다. 그는 실생활에 유용한 것을 만들기 위한 연구, 즉 조명에 대한 연구를 진행하였다. 특히 광산의 안전을 위한 안전 램프를 발명한 것이 유명하다.

- 베르셀리우스(Jöns Jakob Berzelius, 1779~1848, 스웨덴)
- 화학자, 원소기호를 고안
- 티타늄, 지르코늄을 분리, 세륨, 토륨, 셀레늄 등의 원소를 발견하였다.
- 염류를 전기분해하여 산은 양극, 알칼리는 음극에서 생기는 것을 발견하였다.
- 산과 알칼리는 서로 반대의 전기를 지닌다는 것을 증명하여 데이비의 이론을 명백히 하였다.

- 커번디시(Henry Cavendish, 1731~1810, 영국)
- 다양한 분야에 대한 실험으로 공기의 조성, 수소의 성질과 특성, 물질의 비열, 물의 조성 및 전기의 다양한 특성과 같은 현상들을 연구하였다.
- 지구의 밀도와 질량을 측정, 중력 상수를 구함. 프랭클린의 가설을 증명하였다.
- 평생 독신, 많은 실험과 여러 논문을 남겼으나 그의 연구를 거의 발표하지 않았으며 3/4는 미발표였다. 오랫동안 지하에 파묻혀 있다시피 하여, 후에 맥스웰이 유고 논문을 발표할 때 그의 선구적 실험들이 밝혀졌다.

- 쿨롱(Charles Augustin de Coulomb, 1736~1806, 프랑스)
- 전자기 법칙과 함께 전자기학의 정량적 연구의 계기
- 1785년 전기력과 자기력 측정을 연구하던 쿨롱은 '전하 사이에 작용하는 인력과 척력은 두 전하량의 곱에 비례하고 거리의 제곱에 반비례한다'는 사실을 발견하였으며, 1787년 쿨롱의 법칙이 전기와 자기 모두에 적용된다는 사실을 확인하였다. 전기량의 단위인 '쿨롱[C]'이라는 기호가 그의 이름에서 유래한 것이다.

- 외르스테드(Hans Christian Oersted, 1777~1851, 덴마크)
- 1820년 전류가 흐를 때 전선 가까이 있는 나침반의 바늘이 움직이는 것을 발견하고 전기와 자기가 관련이 관계가 있다는 것을 보여주는 결정적인 증거를 발견했다(외르스테드의 법칙). 당시의 학자들이 알고 있는 힘은 밀거나 당기는 힘이었는데 외르스테드의 힘은 회전을 시키는 힘으로 당시의 이론으로는 설명할 수 없는 이상한 힘이었던 것이다. 자기장의 세기의 단위인 '에르스텟(Oe)'는 그의 이름에서 유래한 것이다.

- 앙페르(André-Marie Ampère, 1775~1836, 프랑스)
- 여러 방면의 연구에 종사하여, 특히 전자기현상과 전기역학의 연구에 공헌, 앙페르의 법칙을 확립하였다. 원형 전류와 자석과의 동등성에서 분자 전류에 의한 물질의 자성을 설명하였다. 수학에도 뛰어나, 물리법칙을 수학적으로 정식화함과 동시에 독자적인 수학 연구도 진행, 미분방정식에 관한 논문을 남기고 과학철학에 힘씀. 전류의 단위인 '암페어(A)'는 그의 이름에서 유래한 것이다.

- 헨리(Joseph Henry, 1797~1878, 미국)
- 전신에 의한 기상통보의 조직화, 최초의 일기도 및 과학을 기초로 하는 일기예보 방식을 만들고 패러데이와는 독립적으로 1830년 전자기유도를, 1832년 패러데이에 앞서 전류의 자체유도를 발견, 이 2가지 유도 현상의 발견은 전자기학 및 전기 기술에 획기적인 진보를 가져왔다. 인덕턴스의 단위인 '헨리[H]'는 그의 이름에서 유래한 것이다.

- 가우스(Carl Friedrich Gauss, 1777~1855, 독일)
- 역사상 가장 위대한 수학자로 세기가 거리의 제곱에 반비례하는 힘에 대한 수학적 법칙인 가우스 정리를 만들었다. 정확히 말하면 가우스는 전기력선의 문제를 직접적으로 다룬 것도 아니고 전기장 이론을 말한 것도 아니었다.
- 지구자기에 대한 활발한 연구, 전자 작용을 응용한 유선 전신기를 발명하였다.
- 정수론, 통계학, 해석학, 미분기하학, 측지학, 정전기학, 천문학, 광학 등 많은 분야에 기여하였다.

- 비오(Jean-Baptiste Biot, 1774~1862, 프랑스)
- 물리학자, 천문학자, 수학자
- '게이뤼삭'과 함께 기구를 타고 공중으로 올라가 대기에 대한 여러 현상을 연구, '아라고'와 함께 에스파냐로 가서 자오선(子午線)을 관측하였다.
- 1820년 전류의 자기 작용에 대한 비오-사바르의 법칙을 발표하였다.
- 원편광과 쌍축결정을 발견, 편광면의 회전에 관한 연구는 광학의 진전에 공헌하였다.

- 사바르(Felix Savart, 1791~1841, 프랑스)
- 물리학자
- 음향학에 관한 논문으로 '비오'에게 인정받아 함께 물리학 연구에 종사하였다.
- 1820년 전류가 자석에 미치는 힘에 대한 '비오-사바르의 법칙'을 발표하였다.
- 사바르의 편광판 제작
- 과학아카데미 회원, '앙페르'의 뒤를 이어 콜레주 드 프랑스 교수가 되었다.

- 패러데이(Michael Faraday, 1791~1867, 영국)
- 화학자, 물리학자, 전기용량의 단위 패럿(F)의 명칭은 패러데이에서 유래하였다.
- 자기 작용에 의해 전류를 만들어내는 연구에 착수, 제 2의 회로에 발생하는 전류, 전자석, 이어 자석에 의한 똑같은 전류를 검토하여 전자기유도를 발견하였다.
- 맴돌이전류, 지구 자기에 대한 응용에서도 성공, 자체유도를 발견, 해석하였다.
- 전기분해 법칙 발견, 방전 현상 연구, 전동기와 발전기를 발명하였다.

- 푸코(Jean Bernard Léon Foucault, 1819~1868, 프랑스)
- 물리학자, 푸코전류(맴돌이 전류) 발견.
- 니콜프리즘의 일종을 제작, 반사망원경을 연구하였다.
- 진자를 사용해서 지구의 자전을 실험적으로 증명(푸코의 진자)할 수 있음을 보여주었다.
- 아라고가 제창하던 매질 속에서의 광속도를 측정, 그것이 공기 중에서보다 늦다는 것을 실증, 파동설을 최종적으로 확정, 광학 발전에 기여하였다.

- 아라고(Dominique François Jean Arago, 1786~1853, 프랑스)
- 물리학자
- 파동설의 입장에서 연구하여 편광의 연구를 진행, 편광면의 회전, 굴절광의 기울기를 확인, 복굴절로부터 광선은 횡파임을 발표하였다.
- 솔레노이드 안의 철의 자성화에서 시작, 1820년 전류의 자기 작용을 조사했고, 1824년 '아라고의 원판'이라고 하는 '맴돌이 전류현상'을 발견하였다.

- 렌츠(Heinrich Friedrich Emil Lenz, 1804~1865, 러시아, 독일)
- 물리학자, '렌츠의 법칙' 발견(전자기유도가 일어나는 방향에 대해 발견)
- 금속의 온도를 변화시키면 전압과 전류의 비율이 달라진다는 것, 즉 옴의 가설을 지지하여 온도가 높을수록 저항이 커진다는 것을 증명하였다.
- 유도기전력의 세기를 측정, 회로를 만드는 도체의 종류와는 관계가 없다고 하는 렌츠의 실험을 하여 전자기유도 연구를 개척하였다.

- 옴(Georg Simon Ohm, 1789~1854, 독일)
- 물리학자
- 전기뿐만 아니라 음향학, 결정에 의한 빛의 간섭 현상 등의 연구하였다.
- 1826년 베를린에서 실험에 전념, 얼마 후 '옴의 법칙'을 풀이한 논문을 발표, 1827년 〈갈바니 회로〉를 출판하였다.
- 전기저항의 단위 '옴(Ohm)[Ω]'은 그의 이름에서 유래하였다.

- 줄(James Prescott Joule, 1818~1889, 영국)
- 물리학자, 양조업자, 열량(에너지)의 단위 '줄[J]'은 그의 이름에서 유래되었다.
- 열역학 제1법칙인 에너지 보존의 법칙 발견자
- 1840년 금속에 전류가 흐르면 발열이 된다는 사실을 정량적으로 확인하였다(줄의 법칙).
- 윌리엄 톰슨(=켈빈)과 함께 줄–톰슨 효과를 발견하였다.
- 열과 일과의 관계를 깊이 연구, 열의 일당량을 측정 및 실험하였다(1843~1949).

- 캘빈(=톰슨)(William Thomson, 1st Baron Kelvin of Largs, 1824~1907, 영국)
- 물리학자, 수학자, 절대온도의 단위 '캘빈[K]'은 그의 이름에서 유래되었다.
- 물리학의 여러 분야와 응용 부문, 공업 기술 등 대방면에 걸쳐 연구하였다.
- 초기 고체 내의 열전도 및 전기전도에 관한 연구로, 정전기에서의 영상법, 유전체의 자기이력, 전기저항 측정과 관련한 전자기의 여러 단위에 관한 협정을 완성, 줄–톰슨 효과 발견하였다.

- 키르히호프(Gustav Robert Kirchhoff, 1824~1887, 독일)
- 물리학자
- 전자기학 분야에서 정상전류에 대한 옴의 법칙을 3차원을 확대하여 '키르히호프의 법칙'을 확립하였다.
- 수리물리학에서 파동방정식을 다루어 'C.하위헌스'의 원리를 정식화
- 스펙트럼 분석 및 열복사에 관한 연구
- 흑체 복사의 개념을 도입, 양자론을 뒷받침

- 맥스웰(James Clerk Maxwell, 1831~1879, 영국)
- 물리학자, 변위전류의 개념에 대한 도입(전자기파 해석의 중추적 역할)
- '패러데이'의 전자기장의 고찰을 기초로 유체역학적 유추를 써서 수학적 이론을 완성, '맥스웰 방정식'을 유도하여 전자기학 이론을 대성
- 빛의 전자 이론을 수립, 기체 분자의 속도 분포 측정식을 이론적 유도, 기체의 점성계수에서 기체의 평균 자유행로를 산출, 기체의 운동학적 이론에 기여, 토성의 고리 및 색감에 관한 물리적 연구

- 야코비(Moritz Herman von Jacobi, 1804~1874, 독일)
- 물리학자, 기술자
- 수학에 조예가 깊고 전기 제판 및 동력으로서 전자기의 응용을 발명
- 1837년 전주(電鑄) 발명, 러시아 과학 아카데미 회원을 지냄.
- 전동기, 전기 도금법, 전기 지뢰 등을 발명했고, 표준 전기 저항기 설정, 전기 저항 측정법 확립 등 전기 기술에 많은 업적을 남김.
- 전자석을 이용한 최초의 전동기인 '야코비 전동기' 제작

- 베버(Wilhelm Eduard Weber, 1804~1891, 독일)
- 물리학자, 자기력선속(자속)의 단위인 '웨버[Wb]'는 그의 이름에서 유래
- 전자기학의 개척자 중의 한 사람, 많은 전자기학 분야에 업적을 남김.
- 지구자기의 연구에서 가우스와 협력, 여러 개의 전자기현상에 관한 법칙을 하나로 통일하여 기초 방정식을 세웠는데 이것이 '베버의 법칙'임.
- 전류 세기의 절대 측정을 하였고, 열작용과 전기분해의 실험적 연구와 합쳐 전기량의 절대 단위를 정함.

- 헬름홀츠(Hermann Ludwig Ferdinand von Helmholtz, 1821~1894, 독일)
- 생리학자, 물리학자
- 생리학자로서 신경 자극의 전파에 관한 연구를 하였으며, 생리광학과 생리음향학에 독자적인 분야를 개척
- 물리학자로서 열역학 이론의 열화학 및 전기화학에 대한 적용 등의 업적이 있음.
- 청각 및 음향학, 유체역학, 광학, 기상학, 인식론, 전기역학 등에 공헌

- 헤르츠(Heinrich Rudolf Hertz, 1857~1894, 독일)
- 물리학자, 주파수의 단위인 '헤르츠[Hz]'는 그의 이름에서 유래
- 헤르츠의 공명자를 이용하여 전자기파의 존재를 확인하였으며, 포물면 거울을 사용해서 맥스웰 이론의 정확성을 입증, 전자기파의 존재를 확인하고 그 전파속도가 빛의 속도와 같다는 것도 입증
- 이론적 연구로 움직이는 물체의 전기역학에 관한 연구와 역학의 기초 원리에 관한 고찰(헤르츠의 역학)

- 휘트스톤(Charles Wheatstone, 1802~1875, 영국)
- 물리학자, 발명가, 전기 공학자
- 전기저항의 측정기 '휘트스톤 브리지'로 유명
- 전신기(1833), 전기시계(1840), 발전기 등을 발명
- 전기의 속도를 회전 거울을 써서 측정하는 연구, 방전에 의해 기화된 금속의 백열 증기 스펙트럼 속에 휘선(輝線)이 존재한다는 것을 발표
- 악기상인 아버지의 영향으로 악기를 만들거나 음향학을 연구

- 벨(Alexander Graham Bell, 1847~1922, 미국)
- 발명가, 과학자, 최초의 실용적인 전화기의 발명
- 음성의 연구에서 전기적인 원거리 통화법을 고안, 최초의 자석식 전화기를 발명(1875), '벨 전화 회사'를 설립(1877)
- '청각장애인의 아버지'라 불리울 정도로 청각장애 연구에 심혈을 기울이고 청각장애자를 위한 특수학교를 경영(헬렌 켈러가 그 혜택을 받음)
- 축음기, 광선전화, 항공기 등의 연구

- 지멘스(Ernst Werner von Siemens, 1816~1892, 독일)
- 발명가, 물리학자
- 1847년 기계공 'J.G.할스케'와 함께 전신기 제작과 부설을 하는 지멘스-할스케 회사를 베를린에 창설(현재 Simens사)
- 1867년 발전기의 기본이 되는 자동발전의 원리를 발견
- 그의 〈회상록〉은 전기 기술 성립의 역사
- 컨덕턴스의 단위인 '지멘스[S]'는 그의 이름에서 유래

- 스탠리(William Stanley, Jr., 1858~1916, 미국)
- 전기 기술자, 최초의 실용적 변압기 발명자
- 변압기의 이론의 기초가 되는 역기전력의 개념을 발견하여 변압기 및 교류 배전 방식의 확립에 선구적 역할
- 1890년 변압기 제작 공장 스탠리 전기회사를 창설하였으나, 1907년 GE사에 합병되어 죽을 때까지 그 회사의 기술 고문으로 있었음.

- 에디슨(Thomas Alva Edison, 1847~1931, 미국)
- 발명가, General Electric Company(GE)의 창업주
- 1000여개의 발명 특허를 보유(전신기, 등사판, 백열전등, 영사기, 에디슨 축전기, 발전기, 전기기관차, 활동사진, 투시경 등)
- "천재라는 것은 99%의 땀과 1%의 영감이다"라고 말한 문구와 함께 그의 생애를 가장 웅변적으로 말하고 있음.

- 플레밍(John Ambrose Fleming, 1849~1945, 영국)
- 전기 기술자, 물리학자
- 전류 · 자장 · 도체 운동의 3방향에 관한 플레밍(오른손, 왼손)의 법칙을 발표, 패러데이에 의하여 발견된 전자기유도 현상을 판단하기 쉽도록 인간의 손 모양으로 표시
- 2극 진공관의 정류작용을 발견, 안테나의 지향성에 관한 이론화
- 페니실린을 발명한 플레밍(Alexander, Fleming)과는 다른 사람임.

- 테슬라(Nikola Tesla, 1856~1943, 오스트리아 제국, 미국)
- 발명가, 물리학자, 기계공학자, 전기공학자
- 마법사나 미친 과학자라 불릴 정도로 많은 신기한 발명, 700여 건의 특허를 등록, 자기장의 단위인 '테슬라[T]'는 그의 이름에서 유래
- 상업 전기에 중요한 기여, 19세기에서 20세기 초 전자기학의 혁명적인 발전을 가능케 한 인물, 특허와 이론적 연구는 전기 배전의 다상 시스템과 교류 모터를 포함한 현대적 교류 시스템의 기초를 형성

- 웨스팅하우스(George Westinghouse, 1846~1914, 미국)
- 과학자, 창업자
- 철도 차량용 공기브레이크를 발명한 미국 웨스팅하우스일렉트릭사의 창업자(1886), 400건 이상의 발명 특허를 얻었고 초기 전력 사업에도 공헌
- 에디슨을 비롯한 당시의 많은 사람들의 반대를 무릅쓰고 교류 방식을 장거리 전력 수송에 도입하는 선각자, 최초의 대형 교류발전기, 변압기, 회전변류기, 유도전동기, 터빈발전기 제작

- 스타인메츠(Charles Proteus Steinmetz, 1865~1923, 미국)
- 전기공학자
- 자화와 히스테리시스 손실과의 관계를 밝히는 '히스테리시스 법칙'의 발견, 복소수로 교류 회로를 간단히 계산할 수 있는 기호법의 창안, 과도현상의 연구
- 2백 개 이상의 특허를 얻었고 유도 조정기, 아크램프를 발명
- 송전선의 피뢰침을 개량

- 브라운(Karl Ferdinand Braun, 1850~1918, 독일)
- 물리학자
- 초기에 진동이나 열역학에 관한 연구를 하다가 전자기학의 분야로 옮김.
- 옴의 법칙의 편의와 열기전력의 문제 등을 검토, 실험상 편의를 위해 브라운의 전기계(電氣計)와 음극선 오실로스코프(브라운관, 1897)를 제작
- 무선전신의 연구에 들어가 고주파에 의한 수중에서의 전파 송달, 폐회로의 도입에 의한 정방향에의 발신, 경사빔 안테나에 의한 수신 등 연구

- 마르코니(Guglielmo Marconi, 1874~1937, 이탈리아)
- 발명가, 기업가
- 무선전신을 실용화, 현대 장거리 무선통신의 기초, 런던 마르코니 무선전신사를 창립, 도버 해협에서의 영국~프랑스 간의 통신을 실현, 통신 거리의 연장, 동조의 개선 및 공전, 혼신의 제거에 주력
- K.F.브라운과 함께 1909년에 노벨 물리학상을 수상(의례적으로 발명가에서 노벨 물리학상을 준 것은 마르코니가 최초)

(2) 우리나라 전기의 역사

1887년 - 건청궁의 전기 설비

1887년 3월 6일 저녁 경복궁 내 건청궁에서 눈부신 조명이 갑자기 주위를 밝혔다. 마침내 우리나라 최초로 전등이 점화된 것이다. 왜 하필 건청궁에서 최초의 전깃불이 켜지게 되었을까? 그곳에 전깃불이 켜진 의미가 무엇인지를 알기 위해선 먼저 건청궁의 내력을 알아야 한다. 12살 어린 나이에 보위에 오른 고종은 우리가 잘 아는 대로 10년 동안 아버지 흥선대원군의 섭정(군주가 직접 통치할 수 없을 때에 군주를 대신하여 나라를 다스림. 또는 그런 사람)을 받아야 했다.

드디어 고종 10년인 1873년, 대원군의 하야로 왕의 친정 체제가 마련되던 그때 건청궁 건설이 시작되었다. 아무도 몰래 왕실의 사비를 들여가며 궁궐 안 북쪽 가장 깊숙한 자리에 몇 십 칸의 건물을 건축하였는데, 공사가 끝나기 전에 발각되어 신하들의 거센 반대에 부딪혔다. 경복궁 중건이 막 끝난 때에 새로운 전각을 짓는 역사는 백성의 부담을 가중시켜 중단해야 한다는 것이었다. 이러한 주장에도 불구하고 고종은 건물이 거의 완성되어 가고 있기 때문에 중단할 수 없다는 강한 의지를 보이면서 결국 완성하였다. 이는 아버지 대원군으로부터의 정치적 자립에 대한 상징이며, 새로운 세상을 열고자 하는 의지의 표현인 셈이다.

건청궁은 경복궁 후원 영역인 향원정의 북쪽에 자리하고 있다. 뿐만 아니라 사랑채, 안채, 별채 등과 손님맞이 공간으로 구성되어 궁궐 건축의 격식보다는 양반주택에 가까운 생활의 편리함이 돋보이는 공간이다. 왕의 거처인 장안당(長安堂), 왕비의 거처인 곤녕합(坤寧閤), 그리고 왕의 서재인 관문각(觀文閣) 등이 중심이 되었는데, 그 가운데 관문각은 1888년 러시아인 사바틴(A. S. Sabatine)이 관여하여 궁궐에 지은 최초의 서양식 건물로 탈바꿈한다. 그리고 창덕궁에서 집옥재(集玉齋)를 옮겨와 어진을 봉안하고, 서재 겸 외국 사신을 맞이하는 장소로 사용했다. 중국풍의 이 건물은 서구의 발달된 문물을 받아들이려는 고종의 의지를 담고 있으며, 이와 관련된 서적을 보관하는 곳이기도 했다. 장안당의 북행각은 곳간 구실을 하던 곳이지만, 건청궁 전기 가설 후 발전 시설을 갖춘 전기실을 설치하였다.

고종은 서양 과학기술에 대한 강한 호기심을 갖고 있었으며, 외국과의 문물 교류에도 적극적인 편이었다. 개항과 함께 1876년(고종 13년) 조일수호통상조약(朝日修好通商條約)이 체결되면서 당시 메이지유신(明治維新)을 통해 서양 문물을 받아들이고 한창 안팎으로 부국강병에 힘쓰고 있던 일본과 국교를 정상화하였다. 이 무렵 조선 정부는 3차에 걸쳐서 일본에 수신사(修信使)를 파견하였는데 특히, 1881년 3차 파견에서는 앞선 두 차례의 수신사 왕래를 계기로 더욱 관심이 높아진 가운데 신사유람단(紳士遊覽團)을 파견하였다. 모두 12개 반으로 각각 담당 분야를 나누어서 3개월여에 걸친 일본의 신문물 시찰을 통해 공식 견문 보고서가 만들어지고, 일기류를 남기는 등 조선 조정에 상세히 보고하였다.

이 무렵 조선 정부는 1881년 학도(學徒) 25명과 공장(工匠) 13명을 포함한 영선사(領選使)를 청나라에 파견하여 천진(天津)에서 처음으로 전기창(電氣廠)을 견학하고, 전기학을 공부하게 하였다. 일본 신사유람단을 통해 동경에서의 전기등 점등 시험을 견습하고 청나라에서 전기학을 공부하여 점차 과학기술에 대한 이해의 폭을 넓히는 기회를 갖게 된 것이다. 그러던 차에 1882년 조미수호통상조약(朝美修好通商條約)이 체결되고, 이듬해 보빙사(報聘使)를 미국에 파견하여 주요 기관과 산업시설을 시찰하였다. 당시 보빙사 일행은 발전 시설을 견학하고 발전기로부터 전기가 생산되어 전등이 켜지는 전 과정을 지켜보았다.

일행 중 유길준은 이러한 전깃불을 '마귀불'이라고 하여, 자신이 쓴 『서유견문(西遊見聞)』에 감탄의 내용을 전하고 있다. 그는 일본에서도 전기등 점등을 견학하였는데, 그 자세한 내용을 미국 발전 시설에서 정확히 이해하게 되었고, 조선에 전기 도입을 역설하였다. 보빙사 일행은 미국에 머무는 동안 에디슨전기등회사와 전등설비 도입을 상담하였고, 신문명에 대한 상징성과 개화 홍보 효과가 가장 큰 장소로서 왕과 왕비가 거처하던 건청궁에 우선 전기등 가설을 결정하고 전등 플랜트를 발주하였다.

당시 조선의 전기 도입은 나라 안팎의 사정을 고려해 볼 때 매우 획기적인 일이었다. 경복궁, 건청궁에 켜진 전깃불은 16촉광 백열등 750개를 켤 수 있는 규모의 설비였다. 에디슨 다이너모(Edison Dynamo) 발전기 7kW 3대와 왕복운동 증기기관, 보일러 등으로 이루어진 초기 발전소 형태를 띤 것으로, '전기등기관소(電機燈機關所)', 그냥 줄여서 '전기소' 또는 '전등소'라고 불렀다. 석탄을 연료로 하였으며, 발전방식은 보일러에서 발생시킨 증기로 증기엔진을 회전시킨 다음, 엔진의 플라이휠에 벨트를 걸어 다이너모의 전기자를 회전시켜 전기를 생산한 기전(機電) 시스템이었다. 즉, 화력발전소의 형태를 갖춘 것이다. 발전 설비가 수랭식(水冷式, Water cooling)이었기 때문에 가열된 증기를 식히기 위해 물이 필요했으며, 건청궁 앞 향원지(香遠池)의 연못물을 끌어다가 냉각수로 사용하였다.

건청궁의 전깃불을 '물불'이라고 부른 까닭이 바로 여기에서 비롯된 것이며, 자연히 연못의 수온이 올라가면서 그곳에 살던 물고기가 떼죽음을 당하는 일이 벌어졌다. 그리하여 이를 보거나 전해들은 사람들은 당시 어지러운 시국에 빗대어 '나라가 망할 징조'라고 하는 말들이 나돌게 되었다. 전등소로부터 전선을 연결하고, 건청궁 각 전각에 전등을 가설 점화하여 밤새도록 불을 밝히게 되면서 막대한 비용이 소모되었다. 원래 밤잠이 없어 늦게까지 깨어있고 여흥을 즐기는 시간이 많았던 왕과 왕비에게는 전등의 빛이 매우 편리하고 요긴한 것이었다.

특히 구한말 정치적, 역사적 격동의 사건들이 주로 밤을 틈타 발생하면서 고종은 궁궐 내 전등을 밝혀서 새벽까지 환하게 켜두라는 명을 내리기도 하였다. 발전 연료인 석탄 비용과 잦은 고장으로 인한 수리비뿐만 아니라 전등 설비를 가동하기 위해 파견된 외국인 기사의 보수 등이 만만찮았으므로 전등소의 원활한 운영은 어려울 수밖에 없었다. 전등소 운영의 막대한 비용과 전기 공급이 원활하지 않아 불까지 자주 깜빡였기 때문에 사람들은 이를 보고 '건달불'이라고 불렀다. 건달의 속성을 지닌 불이라는 뜻이다.

건청궁에 설치된 전등소는 재정 부족과 에디슨전기등회사가 파견한 초기 미국인 전등교사 맥케이(William Mckay)의 죽음으로 잠시 운전이 중단되었다. 새로운 영국인 전등교사를 초빙하여 재운전에 들어갔지만, 이 또한 여러 번의 우여곡절을 겪으면서 원활한 전기 공급이 이루어지지 못하였다. 그러던 중 1894년 창덕궁에 제2전등소가 준공되었으며, 그 규모는 240마력의 증기설비와 16촉광 백열전등 2,000개를 켤 수 있는 발전 설비로 종전의 건청궁 전등소의 약 3배에 달하는 크기였다. 그리하여 창덕궁에도 처음 전등이 점화되었는데, 결국 재정 문제로 중요한 몇 개 전각에 국한하게 되었다.(출처 : 한국전력공사 전기박물관)

그림 1-4 건청궁에 전기가 들어오던 날(상상화) (출처 : 살아있는 한국 근현대사 교과서)

1898년 – 한성전기회사 – 전등설비의 확대와 전기 시설의 대중화

일제 강점기의 잘못된 역사교육 탓인지 최초의 전력 사업도 일본이 도와준 게 아니냐고 묻는 사람들이 있다. 일본이 우리나라를 침략한 후 전기 사업을 독점한 결과 역사와 전통이 왜곡됐기 때문이다. 일본이 부산 · 인천 · 원산 등의 개항지를 중심으로 소규모 전력 사업에 참여한 것은 1901년부터이다. 반면에 우리나라 최초의 전력 회사인 '한성전기회사'는 1898년 고종 황제가 미국인 콜브란(Corlbran)의 조언 아래 이근배, 김두승 두 사람의 이름으로 설립한 우리 민족 기업이다. 한성전기회사는 곧바로 서울 시내의 전등 · 전차 · 전화 사업 운영권을 허가받아 사업을 시작하였다. 전등 발명 이후 눈부시게 발달한 전기 기술에 힘입어 설립된 이 한성전기회사가 바로 지금의 한국전력의 모태가 되었다. 경복궁에서의 첫 시등(始燈)이 조그만 자가발전 설비로 이루어진 것이라면, 한성전기회사의 사업은 중앙의 발전소에서 배전 설비를 이용하여 일반 가정과 사무실에 전기를 공급하는 본질적인 전력 사업이라는 것에 의의가 있다. 이는 마침내 전기의 상업화가 가능하리만큼 전력 생산이 크게 늘어나기 시작한 것이다.

┃ 그림 1-5 우리나라 최초의 전력회사(출처 : 문화재청) ┃
(한성전기회사(좌), 한국전력(주)(우))

1899년 – 근대의 거리를 달리는 새로운 교통수단, 전차

1895년 명성황후 사후, 고종 황제는 신하들을 거느리고 청량리 홍릉(명성황후 능)을 빈번하게 찾는다. 비용도 만만치 않았다. 이때 미국인 사업가 콜브란과 보스트윅이 고종에게 접근, 전차를 가설하면 행차 비용도 절감되고 백성들도 편리하게 이용하게 될 것이라고 설득한다. 솔깃한 고종은 출자액의 반을 부담하기로 하고 계약을 체결, 전차 설치를 허락한다. 서울시가 발간한 '서울 600년사(史)'는 전차 도입 배경을 이렇게 전한다. 1899년 5월 17일(음력 사월 초파일), 서대문~청량리 간을 잇는 전차 개통식이 성대하게 열렸다. 귀족 · 고관 · 각국 사신 등을 태우고 화려하게 장식된 전차가 줄지어 "댕 댕"거리며 종로 거리를 지나자 이 '기묘한 괴물'을 지켜보려는 사람들로 거리는 인산인해를 이뤘다. 그 시절에 '전기철도', '전기거', '전거'라고도 표현했던 전차의 첫 등장은 그렇게 다가왔다. 처음 투입된 전차는 모두 9대, 1대는 황실 전용이었다. 정차장은 없었고 사람이 손짓하면 아무데서나 멈췄다. 전차를 타기 위해 일부러 시골에서도 올라올 만큼 인기를 끌다보니 전차를 타는 것도 쉽지 않았다. 어렵사리 승차한 사람도 내릴 생각은 않고 종일 타고 다녀 전차 속은 언제나 만원이었다. 탑승객이 증가하면서 노선도 종로 네거리에서 남대문까지(1899년), 다시 남대문에서 용산까지(1900년 1월) 연장됐다.

　전차 운영의 첫 불상사는 개통 후 열흘 만에 일어났다. 종로2가 앞을 지나던 전차가 다섯 살 난 아이를 미처 피하지 못하고 치어 숨지게 한 것이다. 극심한 가뭄이 전차 탓이라는 유언비어가 유포되고 있을 때 일어난 전차 사고는 답답했던 사람들의 가슴에 불을 질렀다. 전차를 뒤엎은 뒤 불살라 버렸다. 광복 후 23년간이나 대중의 발 노릇을 톡톡히 했지만 바야흐로 전차의 시대는 가고 있었다. 1968년 11월 29일, 69년 6개월 12일 만에 마지막 전차가 왕십리를 떠났다. 이처럼 전차가 우여곡절을 겪으면서 장안의 새로운 명물로 등장한 반면, 을미사변으로 시해된 명성황후가 묻힌 홍릉을 자주 찾았던 고종황제는 '황실전용전차'를 꼭 상여처럼 생겼다 해서 잘 이용하지 않았다는 에피소드가 전해진다.

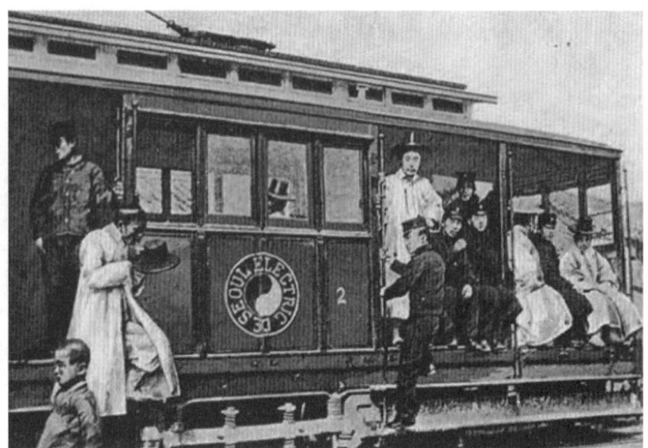

그림 1-6 개통 당시의 운행되는 전차(출처 : 문화재청)

1900 – 최초의 민간 전기 점등

　한성전기회사는 전차에 대한 인기가 예상 외로 높아지자 전차운행의 재개와 함께 전차 선로를 종로에서 남대문으로 연장하고 다음 해인 1900년 1월에는 다시 남대문에서 용산까지 연장키로 하고 공사에 착수하여 1901년 1월에 공사를 완공하였다. 한편 이 공사와 병행하여 4월(1900년)부터는 무개차 6대, 화차 2대를 새로 제작하는 한편 동대문 발전소에 125kW 직류·교류 양용 발전기를 증설하여 총 발전 전력 200kW를 확보함으로써 전등 사업의 준비도 착착 진행되었다.

　그리하여 같은 해인 1900년 4월 10일 종로 거리에 승차권 판매소가 설치되고 이와 함께 3개의 전등이 가설, 점화되었다. 전등빛으로 종로 거리가 처음으로 환하게 밝혀지는 역사적인 순간이며, 이 순간이 바로 우리나라 민간 점등의 시초인 것이며 새로운 문명사회가 열리는 혁명적인 변화를 예고하기도 했던 것이다. 1901년이 되면 전등 보급이 더욱 확대되기 시작했다. 당시 진고개(지금의 충무로)에는 일본인 상가가 밀집해서 장사를 하고 있었는데, 이곳에 민간 조명용 전등 600개가 보급되었다. 정부의 고관대작, 외국 사절·상인을 비롯한 수많은 구경꾼들이 거리를 가득 메운 가운데 치러진 진고개의 점등식은 서울을 떠들썩하게 한 성대한 이벤트였다. 좁은 진고개 골목길과 초가집들 사이로 키 큰 나무처럼 비쭉 솟아오른 전봇대의 모습은 보고 또 봐도 감회가 새로운 우리의 옛 모습인 것이다.

1944년 – 수풍 수력발전소 – 대규모 수력발전

사업이 확장됨에 따라 한성전기회사는 1903년에 용산구 청암동 한강변에 용산발전소를 건설한다. 250kW 발전기 2대로 운영된 이 발전소는 그 후 6번이나 시설을 키운 결과, 1938년 1월에 폐쇄될 때까지 서울에서 가장 큰 발전소로 이름을 떨치게 된다. 1900년대를 지나면서부터 편리함과 효율성이 증명되어, 이를 구내에 들여와 사업을 펼치는 전기회사가 한때는 60개나 될 정도로 성황을 이루게 된다. 전력 사업은 계속 발전하여 1920년대가 되면서 전기회사의 난립과 무리한 사업 확장 때문에 폐해가 속출하고, 이를 해결하기 위해 전기요금 인하와 전기 사업 공영화 운동이 활발하게 일어났다. 전력 소비가 이제 본 궤도에 들어섰다는 이야기이다. 1930년대를 전후한 시기는 우리나라 전력 사업 역사의 분수령이 된다. 대규모 수력발전에 적합한 한국 북부 지역에 많은 수력발전소가 건설되기 시작하였다. 1929년부터 1945년까지 부전강·장진강·허천강·압록강 수풍 등에 21개 발전소, 약 160만 kW의 수력발전 설비가 건설되어 우리나라 전체 발전 능력이 비약적으로 향상된 것이다. 특히 동양 최대 규모인 60만 kW 하이댐 방식의 수풍 발전소와 22만 V급의 동양 최초 초고압 송전 시설은 당시 세계 전력 사업계를 깜짝 놀라게 한 대규모 사업으로 기록되고 있다.

▎그림 1-7 **수풍수력발전소**(출처 : 한국전력 전기박물관) ▎

1948년 – 5.14 단전

마침내 8.15 광복, 그러나 곧 38선으로 국토가 분단되고 반만년 동안 함께 울고 웃던 우리 민족은 남북으로 갈라지게 된다. 해방 당시 우리나라 전력 설비는 모두 해서 172만 2천 kW. 전력 생산은 거의 수력에 의존한 실정이었고, 그나마 88.5%의 발전 시설이 북한 지역에 치우쳐 있었다. 남한 지역의 발전 설비는 소규모의 수력과 영월, 당인리 등의 낡은 화력발전 설비가 전부였던 반면 북한 지역은 풍부하고 값싼 수력발전으로 전기 생산에 여유가 있었다. 남한이 공산품·기계류 등을 주고 장거리 초고압 전송선을 통해 필요 전기의 60% 정도를 빌려올 수밖에 없었던 것도 그 때문이었다. 그러나 북한은 정치적인 이유를 트집잡아 1948년 5월 14일 정오를 기해 남쪽에 대한 송전을 일방적으로 중단해버리고 만다. 갑작스런 단전으로 인해 남한 지역은 큰 혼란과 괴로움에 봉착하게 된다. 가까스로 가동해오던 생산 시설들이 속속 문을 닫고 일반 가정에도 3분제나 격일제로 송전을 하는 등 격심한 전력난에 빠지게 된 것이다. 이 같은 어려움은 일제 강점기에서조차 겪어보지 못한 것으로 한 나라의 경제와 살림살이를 정상적으로 유지하기 위해 전력이 얼마나 소중한가 하는 사실을 국민 모두가 뼈저리게 깨닫는 계기가 되었다.

그림 1-8 북한의 단전을 보도한 1948년 5월 15일자 동아일보의 기사 내용 (출처 : 동아일보)

1961년 – 3사 통합 한국전력주식회사 창립

6.25전쟁을 거치면서 우리 경제 기반은 완전히 황폐화되어 버린다. 모든 것이 잿더미로 변한 전후 상황에서 전력 문제도 예외는 아니었다. 전력 생산 시설이 부서지다 보니 심각한 전력 기근 현상이 나타났고, 전력 사업에서도 만성적 적자 운영이 되풀이된 것이다. 이러한 문제를 타개하기 위해 획기적인 전환점이 마련된다. 1961년 마침내 한국전력

주식회사가 발족한 것이다. 1951년부터 대두되어 10년을 끌던 조선전업, 경성전기, 남선전기 등 3개 전기회사의 통합이 강력한 행정력의 뒷받침을 받아 1961년 7월 1일 단행된 것이다. 전력 기근과 전력 사업의 악순환을 이대로 방치해 두다가는 국가 경제의 발전은 물론 민생에도 큰 차질을 줄 게 불 보듯 뻔했기 때문이었다. 한국전력의 창립은 업체 난립으로 인한 과다한 전력 손실·낮은 노동 생산성·수지 불균형의 어려움을 극복하고 우리 전력 사업이 성장 궤도에 들어서는 결정적 계기가 되었다. 많은 자금력과 인력·기술이 동원되어야 하는 본격적 전원 개발 사업을 성공적으로 추진하고 이를 통해 급속한 경제성장을 선도해야 하는 시대적 명제를 완성한 것이기도 했다. 한국전력 창립은 곧바로 열매를 맺기 시작한다. 전력 생산 기술이 급속히 발전하고 전력 생산이 크게 늘어난 것이다. 한전 창립 당시 36만 7천 kW에 불과했던 발전 시설 용량이 2012년 12월 현재 81,805MW로 늘어난 것이 단적인 증거라고 하겠다.

〈조선전업(주)의 사옥〉

〈남선합동전기(주)의 사옥〉

〈경성전기(주)의 사옥〉

〈전기 3사 사장의 합병 계약서 작성〉

〈한국전력(주) 사옥 및 한국전력주식회사 현판식〉

▌ **그림 1-9 3사 통합 및 한국전력주식회사** (출처 : 한국전력 전기박물관) ▌

1964년 - 농어촌 전화 사업

1964년 4월 1일은 우리나라 전력 사업 역사상 기념비가 된 날이다. 이날을 기해 1948년 북한의 단전 이래 계속되던 제한송전 조치가 전면 해제됐기 때문이다. 특선전기, 격일제 송전 등으로 얼룩진 암울한 상황을 일거에 극복하는 결정이었다. 부산화력발전소에 설치된 6만 6천 kW 용량 발전기 가동으로 최대 전력 49만 kW, 전력예비율 5% 달성을 계기로 단행된 것이다. 그러나 이 같은 무제한 송전은 3년이 지나 예비율이 0.9%로 떨어지자 다시 제한송전으로 바뀌게 되고 14개월 후에 다시 9만 kW의 울산화력발전소 준공으로 원상회복되는 그 후 3차에 걸친 제한 송전의 우여곡절을 겪게 된다. 전력난 해소와 안정적 전력수급을 위해 1962년부터 66년까지 제 1차 정원개발 5개년 계획이 수립·실행된다. 그 대표적 성과가 바로 농어촌 전화 사업의 성공이다. 사업을 시작한 1965년 말 농어촌 12%, 도시 51% 수준에 불과했던 전화율(電化率)이 1979년이 되면서 보급률이 전국 평균 96.7%로 급상승하게 된 것이다. 지속적으로 추진된 전화 사업은 1987년이 되면 보급률이 99.8%에 이르러 명실공히 세계 제 1의 전기 보급률을 자랑하게 된다. 무인도나 인적이 닿지 않는 깊은 산속을 제외한 우리 국토의 거의 모든 지역에서 전기를 자유롭게 사용할 수 있게 된 것이다.

1978년 - 원자력 시대 개막

대규모의 효율적 전력 생산과 함께 환경까지 생각하는 기술을 해결하기 위하여 1978년에 등장한 것이 바로 원자력 발전이다. 1978년 4월 10일, 경남 양산 고리에 58만 7천 kW의 가압 경수로형 고리 원자력 1호기가 준공됨으로써, 세계 21번째로 건설된 원자력 1호기는 우리나라 건설 사상 최대의 투자 사업이었다. 인류가 개발한 가장 효율적인 발전방식이라 불리는 원자력 발전 사업은 이후 계속되고 있다. 1998년 9월, 한국 표준형 원전 울진 원자력 3호기가 준공되어 우리나라 원자력 발전 설비는 총 14기, 1200만 kW에 이르게 되었다. '제 3의 불'이라 일컬어지는 원자력 발전은 고속증식로 기술을 거쳐 '영원한 에너지·핵융합로' 시대로 향하는 최첨단 발전 방식이다.

이에 따라 한국전력은 원자력 발전에 대한 고유 기술 개발에 박차를 가한다. 고리 1호기 건설로 시작된 원자력 발전 기술은 한국 표준형 원전 개발로 이어지는데, 이는 안전성과 운전 편리성을 획기적으로 향상시킨 세계 최첨단의 원전이다. 한국인의 운전 관행과 국내 기술을 조화시킨 고유 모델 한국 표준형 원전 기술은 이후 북한 원전 건설의 주춧돌로 자리잡게 된다.

〈고리 원자력 1. 2호기〉 〈울진 원자력 2호기 격납용기 건설〉

▌ 그림 1-10 원자력발전소(출처 : 한국전력 전기박물관) ▌

1996년 – 북한 원전 개발

전력 설비가 국민 1인당 1kW를 넘어선 것은 1997년 8월, 태안화력 3·4호기가 상업 운전에 들어가고 발전 설비 용량이 마침내 4천만 kW를 돌파한 때부터이다. 해방 당시 20만 kW에 불과했던 것과 비교하면 무려 200배가 늘어난 셈이다. 이처럼 눈부시게 발전한 전력 생산 능력과 관련 기술은 북한 원전 건설을 통해 갈라진 조국의 허리를 잇는 통일 사업으로까지 연결된다. 1996년 3월 한국전력은 '한반도에너지개발기구(KEDO)'에 의해 북한에 2개의 경수로를 공급하는 주계약자로 지정되었다. 그리고 2년 10개월이 지난 1997년 8월 19일에 드디어 북한 함남 신포시 금호지구에 북한 원전 부지 착공식을 거행했다. 100만 kW급 원전 2기를 공급하게 되는 이번 건설을 통해 안전하고 경제성 있는 한국 표준형 원전 기술을 세계에 과시하는 것은 물론, 북한과의 관계 개선으로 통일 기반을 조성하고 남북 협력을 한발 앞당기는 중요한 발걸음을 딛게 되었다.

Chapter 02

전기회로의 기본

우리들 인류에게 사용되고 있는 전기는 대부분의 경우가 동전기이며 전기가 흐름으로써 생기는 여러 가지 현상을, 그리고 그때 전기에너지가 모습을 바꾼 다른 에너지를 이용하고 있다. 2장에서는 전류가 흐르게 만드는 길, 즉 전기회로의 가장 간단한 형태에 대하여 알아보기로 한다.

01 ▶ 전기회로

1 도체와 부도체(절연체)

전기를 이용하는 데 있어서 전기를 잘 통하는 도체와 전기를 통하지 않는 부도체(또는 절연체나 절연물이라고 한다)가 있다는 것은 참으로 다행한 일이라고 할 수 있다. 이 양쪽이 있는 덕분에 전기를 통하고 싶은 곳과 통하고 싶지 않는 곳을 명확히 구분할 수 있다. 그리고 전기가 통하는 통로, 즉 전기회로를 만들어 전기라는 것을 생각대로 통하거나 멈추거나 할 수 있게 되었다. 특히 이 공간을 채우고 있는 공기 그 자체가 부도체라는 것이 무엇보다도 편리하였다.

가스나 물의 경우에는 이 공간 그 자체에 자유롭게 흘러 버리기 때문에 가스나 물을 보내거나 저장하거나 할 때는 특별한 파이프나 탱크를 만들어야 한다.

전기의 경우는 공기가 부도체인 덕택에 전기를 통하고 싶은 곳만 도체로 연결하면 그 도체 이외의 곳에 전기가 새는 일은 일단은 없다고 생각해도 된다. 만약 공기가 도체였다면 마찰전기 등의 현상은 볼 수 없었을 뿐 아니라 발전기에서 일어난 전기나 전지로부터 꺼낼 수 있는 전기는 방치하여 두면 계속 흘러 버려 사용할 수가 없다. 또 가스 누설이 무서운 것과 같이 공기 중에 전기가 흐른다면 공기가 있는 곳에서는 위험해서 우리는 살 수 없게 된다.

반대로 이 세상에 있는 모든 것이 부도체라도 곤란하다. 전기를 통하고 싶은 곳에 전기를 흘리는 방법이 없어져 버리기 때문이다.

세상에 도체와 부도체가 있는 덕택으로 전기를 통하고 싶은 곳은 도체로 연결하고 전기를 통하고 싶지 않은 곳은 그대로 공기 중에 노출시켜 두면 전기는 그 이상 흐르지 않는다. 그러나 실제로는 도체인 금속선이나 금속판을 그대로 공중에 방치해 둘 수 없어서 지지하거나 고정하거나 해야 한다. 이 재료는 부도체를 사용하여 전기가 쓸데없는 곳에 흐르지 않게 하고 있다.

이와 같이 도체와 부도체를 구분하여 사용한 구조로서 눈에 잘 띄는 예로는 배전선부터 전기의 인입선이 가옥에 끌어들여져 있는 모양을 들 수 있다. 인입선은 좋은 도체인 구리선을 부도체인 고무나 천으로 감아서 절연하고 있다. 이 인입선이 가옥의 지붕이나 벽에 직접 닿지 않게 부도체인 애자나 애관을 사용하여 절연하면서 지지하고 있기도 하다. 또 공기는 부도체라고 하여도 사람이 만지거나 닿거나 하는 곳에 언제나 전기가 노출되어 있으면 위험하다. 그래서 인체에 위험이 되는 높은 전압인 경우는 사람이 닿을 우려가 있는 부분은 부도체, 즉 절연물로 싸서 절연하고 있다.

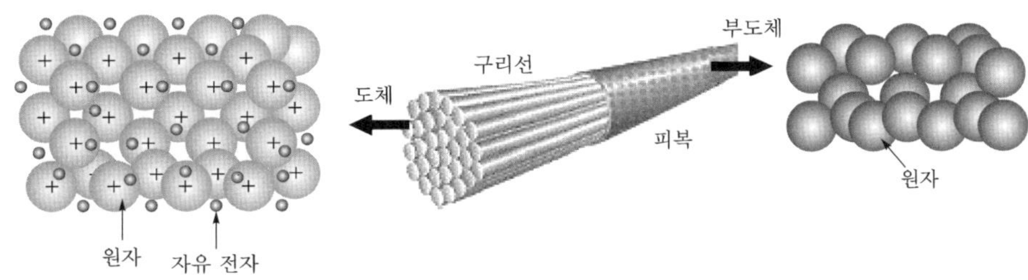

┃ 그림 2-1 도체와 부도체 ┃

2 전류가 흐르는 길

전류가 통하는 경우, 즉 전류가 흐르기 위해 그것이 지나가는 길이 있어야 한다. 마치 물의 흐름이 강이나 하천이 되어 흐르기 위해서 지형적으로 높은 곳에서 낮은 곳으로 향하여 흐르는 길이 생기는 것과 같다. 전기의 경우 그 지나는 길은 전기가 통하기 쉬운 물질, 즉 도체에서 양전기가 모여 있는 곳(전자가 부족)에서 음전기가 모여 있는 곳(전자가 과잉)까지 도중에 여러 가지 물질이 있어도 여하간 전기가 통하는 길이 완성되면 전류가 흐른다.

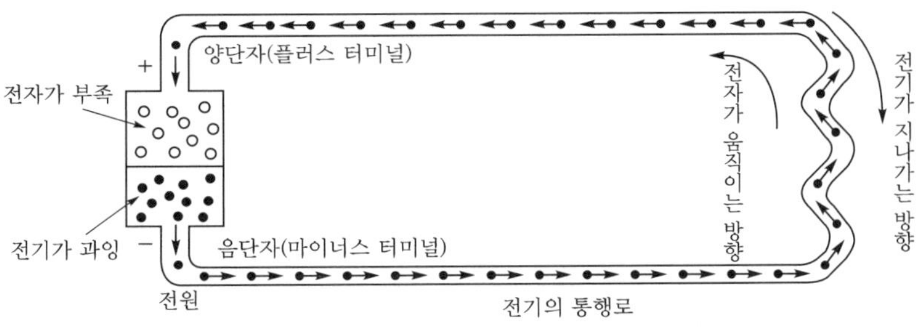

┃ 그림 2-2 전기가 지나가는 길이 형성되면 전류가 흐른다 ┃

양전기가 고여 있는 곳, 또는 음전기가 고여 있는 곳은 전류가 흐르게 되어 있는 곳이다. 가스에서 말하면 가스탱크, 물로 말하면 저수지와 같은 곳으로 전기의 경우에는 전원이라고 한다.

전류의 통행로에 아무 곳에서나 끊긴 곳이 없이 양전기가 있는 곳에서 음전기가 있는 곳까지 일주하고 있는 통로를 전기회로라고 부른다. 하천의 물이 반드시 최단 거리의 직선이 되지 않고 도중에 장애물이 적은 곳을 선택하여 길이 생기는 것처럼 전기도 도중에 전기가 지나가기 쉬운 곳이 있는 경우에 전기의 통행로는 반드시 최단 거리인 직선이 아니다. 조금이라도 전기가 지나기 어려운, 바꾸어 말하면 전기적인 장애물인 곳은 피하여 전류 통로가 생긴다. 그리고 이때의 전류의 크기는 그 전류 통로 전부를 통하여 전기의 통과가 곤란함에 따라서 변하고 만약 1개소라도 전기를 통과시키지 않는 것, 즉 절연물이 있으면 전류는 흐르지 않게 된다.

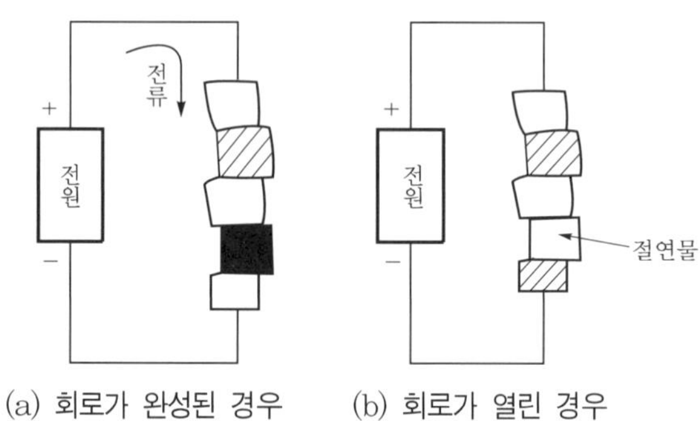

┃ 그림 2-3 회로의 전류가 통하는 전류 통로 ┃

우리가 전기를 통하고 싶은 부분으로서 의도적으로 회로를 만드는 경우, 그 회로는 도체이고 보통은 금속편 또는 금속선이다. 그리고 그 도체의 주위가 절연물이면 전기가 이 회로로부터 바깥으로 새는 일은 없다. 가스나 수도의 물이 파이프의 구멍으로부터 아무 것도 없는 공간에 새는 것을 생각하면 전선처럼 전기를 통하는 것으로 연결하지 않는 이상 전기는 통하지 않는 것을 보면 전기는 극히 다루기 쉬운 것이라고 할 수 있다.

③ 전류가 흐르기 쉬운 것과 흐르기 어려운 것

수로의 물이 높은 곳에서 낮은 곳으로 흐를 때 그 높이의 차이, 즉 수위의 차가 같아도 수로의 폭이 좁으면 흐르기 어려운 것은 쉽게 알 수 있다. 이 밖에 수로의 형태가 바르지 않고 꼬불꼬불 구부러져 있다면 역시 물은 흐르기 어렵고 또 수로에 돌과 같은 것이 많으면 이 역시 흐르는 데 장해물이 될 것이다.

전류도 이것과 동일하게 금속선에서 양과 음의 전류 사이를 연결하여 전기의 통로를 만들어도 전류가 쉽게 흐르는 데는 큰 차이가 있다. 전류가 흐를 때의 장애물의 정도,

즉 전류가 흐르기 어려운 것을 저항이라고 한다. 저항은 전기의 흐름에 대하여 거스르는 성질, 즉 그 물질의 굵기라든가, 길이 외에 전기의 정체인 자유전자가 물질 속을 달리는 것이므로 그 물질의 분자나 원자의 구조에 따라서도 크게 영향을 받는다.

전류의 흐름을 물의 흐름에 비유하면 물이 잘 흐르는 폭이 넓고 깊은 수로를 만든다는 것은 전기에서는 굵은, 즉 단면적이 큰 도체로 연결하는 것에 해당한다. 또 물이 흐르기 쉽게 수로가 구부러져 있지 않거나 하천의 바닥이나 측면이 평탄하다는 것은 전기에서는 전기가 통하기 쉬운 재료의 도체를 사용한다는 것에 해당한다. 이와 같이 전류의 흐름에 대하여 저항은 전기가 통하는 도체가 굵고 짧을수록 작고 또한 물질에 따라서 저항이 큰 재료와 작은 재료가 있다. 전기가 잘 통하는 물질을 도체라고 하였지만 실제 통하는 정도는 물질에 따라 상당한 차이가 있기 때문에 저항이라는 것은 그것을 수적으로 나타낸 척도이다. 도체의 대표적인 것은 금속이지만 같은 금속이라도 그 저항은 수십에서 수백 배의 차이를 보이는 것도 있다. 또한 부도체의 경우도 전기가 전혀 통하지 않는 것이 아니다. 따라서 목적에 따라 전류가 흐르기 어려운 정도가 다른 여러 가지의 것을 구분 사용해야 한다. 즉, 여러 가지 저항의 크기를 가진 물질을 사용해야 한다.

전류를 충분히 흘려야 하는 곳에는 가급적 저항이 작은 것, 예를 들면 굵은 동선을 연결하고, 전류를 흘리기 싫은 곳은 절연물, 예를 들면 플라스틱으로 덮거나 하여 명확한 전류의 통로를 만든다. 그리고 또 어떤 양만큼 전류를 흘려야 하는 곳에는 정해진 저항의 크기를 가진 것을 도중에 연결하는 방법을 채택하게 된다. 단 좋은 도체인 구리, 즉 동선에도 약간이나마 저항이 있다. 또 절연물이 플라스틱이라도 그 저항은 무한대가 아니라 얼마간의 전류가 누설전류로서 흐르기 때문에 그 점도 고려하지 않으면 수도의 누수와 동일하게 의도하지 않았던 곳에 전류가 흐르는 일이 생긴다.

대지나 인체도 전류가 비교적 잘 흐르는 물체이며, 습한 경우에는 더욱 전류가 잘 흐르게 되므로 젖은 손으로 전기 제품을 만지면 생각지 않던 감전을 일으킨다.

◼ 4 ◼ 전기회로의 구성

전기회로라는 것은 전기가 양(+)에서 나와 여러 가지 물질을 통하여 최후에 음(−)에 돌아가는 일주의 통로이다. 이 때문에 전기회로를 만드는 데 최소한 전기를 발생시키는 것과 그 전기에 의해서 무엇인가 우리들에게 일을 해 주는 것, 그리고 이것들을 연결하는 도선이 필요하다. 전기가 발생하는 것을 전원이라고 하지만 대부분의 경우, 전류를 연속하여 흘리기 위하여 전기에너지를 연속하여 발생시켜 주는 것이 있어야 한다. 큰 것의 대표적인 예는 발전기이며 작고도 손쉬운 것의 대표적인 예는 건전지이다.

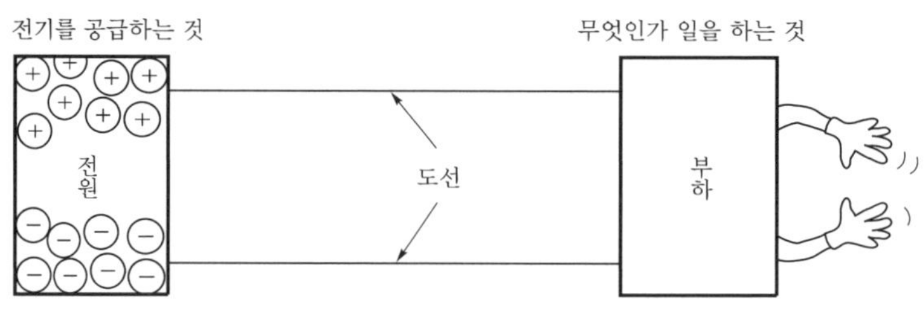

┃ 그림 2-4 전기회로의 구성 ┃

　　다음에 전류에 의해서 무엇인가 일을 해 주는 장치라는 것은 전기에너지를 빛이나 열이나 동력 등 우리가 필요로 하는 다른 에너지로 변환시켜 주는 것이다. 이 장치들은 전원에서 보면 전기를 소비하는 무거운 짐처럼 느껴진다고 하여 부하(負荷)라고 한다. 조명기기, 전열기, 전동기 등이 그 좋은 예이다. 그리고 이 전원과 부하를 연결시키는 도선이 있기 때문에 비로소 회로를 완성하게 된다. 즉 회로는 기본적으로 전원과 부하가 접속되는 것으로 전기는 전원의 양인 단자에서 나와 부하를 통하여 다시 전원의 음인 단자로 되돌아오는 한 바퀴 도는 전류의 통로로 되어 있다. 이 모양을 가장 간단한 예로 나타내면 전지 1개를 전원으로 하여 부하인 전구 1개를 도선으로 연결하여 회로를 완성한 것이다. 이 전구는 전원에서 봤을 때 어떤 전류를 흘리기만 하는 전기의 통로가 되면 전원에서는 그만큼의 전류가 흘러나오기 때문에 부하가 된다. 그래서 전구가 어느 만큼의, 또 어떠한 색을 내는가에는 관계없이 어느 만큼의 전류가 흐르는가 하는 것을 생각하여 동일한 효과의 저항 R로 나타낼 수 있다. 가는 전류가 흐르는 도선과 되돌아오는 전류가 흐르는 도선은 실제로는 반드시 같은 길이는 아니지만 회로 기호로는 이와 같이 그린다.

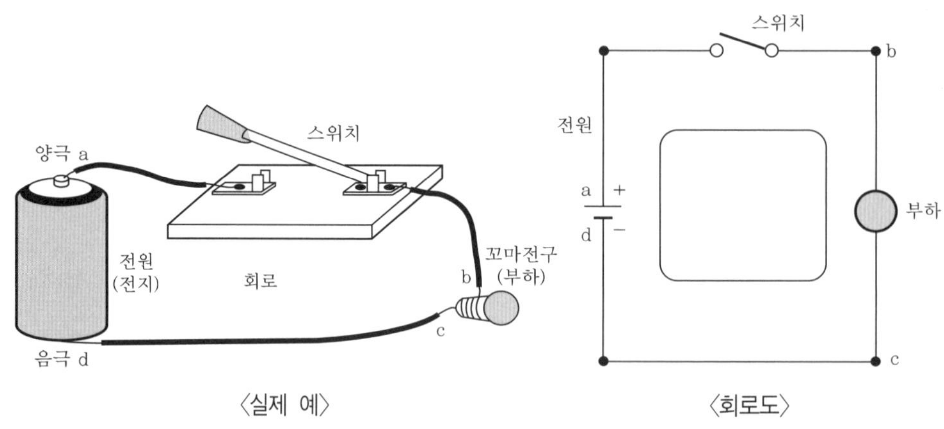

┃ 그림 2-5 일반적인 전기회로도의 구성 ┃

　　전기회로가 전원과 부하와 그것을 연결하는 도선으로 되어 있다는 것은 우리들 신체 중의 혈액의 순환과 흡사하다. 혈액을 내보내는 곳은 심장으로 이것이 전원과 같고, 혈액은 혈압이라는 원동력으로 밀려나온다. 가는 도선이 동맥이라면, 되돌아오는 도선이 정맥에 해당한다. 부하는 뇌나 손발의 구석구석에 영양분과 산소를 보급하여서 실제로 여러 가지 일을 해주는 모세혈관이 된다.

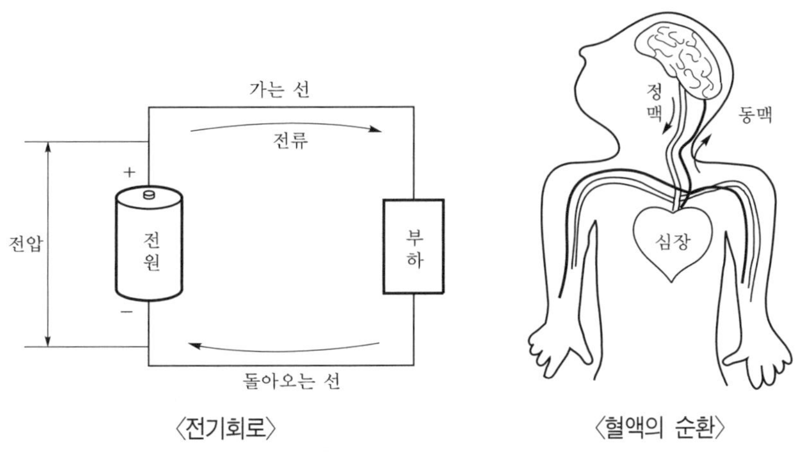

┃ 그림 2-6 전기회로는 혈액의 순환과 비슷하다 ┃

(5) 전기회로의 기호

전기회로를 그림으로 그릴 때 회로가 간단하고 그 사람이 그림을 잘 그리면 전원(예를 들어 발전기)이나 부하를 그대로 그림으로 그려도 좋지만 누구나 그림을 잘 그리는 것은 아니다. 또한 전기회로도 실제에는 수천 개의 부품으로 구성되는 대단히 복잡한 것인 경우가 적지 않기 때문에 회로를 그릴 때 각 부품에 대하여 간략화하여 기호를 사용하기로 하였다.

전류	$I[A]$	회로에 흐르는 전류가 $I[A]$로 직선 부분은 도선을 가리킨다.
전압(전위차)	A B $V_{AB}[V]$ $(V[V])$	A–B 간의 전압이 $V_{AB}[V]$라거나 2점 간의 전압이 $V[V]$라는 등가를 가리킨다.
저항	$R[\Omega]$	저항이 $R[\Omega]$이고 도선에는 저항이 없다고 생각한다.
전압강하	$V[V]$	저항 양단에 나타나는 전압이 $V[V]$이다.
직류전원	$E[V]$	가늘고 긴 쪽이 +, 굵고 짧은 쪽이 −, $E[V]$는 기전력의 크기를 나타낸다.
교류전원	$e[V]$ $V[V]$	e는 순시값, V는 실효값의 전압을 가리킨다. 단상인가 3상인가는 별기하여 구별한다.

부하	L	L 외에 R 등을 기입할 때도 있다.
코일	$L[\mathrm{H}]$	인덕턴스의 크기가 L [헨리]다.
콘덴서	$C[\mathrm{F}]$	정전 용량이 C[패럿]이다.
임피던스	Z	$\dot{Z}$로 하여 벡터로 나타낼 때도 있다.
도선 외 접속 · 교차	접속 교차	도선과 도선의 접속점은 작은 흑색 원 •을 붙이고 교차할 때는 아무 것도 붙이지 않는다.
스위치		

┃ 그림 2-7 전기회로에서의 기호 ┃

전기회로에서 사용되는 기호는 위의 그림과 같은 것이 있고, 그 밖에 전문성에 따라서 새로운 기호가 나오고 있다. 이 회로의 기호는 결코 회로를 알기 어렵게 만드는 것이 아니라 회로의 작용을 판독하기 쉽게 하기 위한 것이므로 이들 기호를 가급적 빨리 암기하는 것이 회로를 이해하는 데 중요할 것이다.

02 전압과 전류

1 전 압

전기의 흐름, 즉 전류를 물의 흐름으로 비유하기로 한다. 〈그림〉에서와 같이 A, B 두 개의 수조가 있어서 A, B의 사이를 파이프로 연결하여서 A에서 B에 물을 흘려보낸다. 물을 다루는 일상의 경험에서 이와 같이 하기 위해서는 A의 수면은 B의 수면보다 높아야 한다는 것을 알 수 있다. 수면의 높이를 수위라고 하며, 이 A, B의 수면의 높이 차를 수위차라고 한다. 수위차가 있으면 물을 흘리기 위한 압력이 걸리기 때문에 수위차를 수압이라고도 한다. 수압이 높을수록 물은 힘있게 파이프를 이동할 것이며 바꾸어 말하면 큰 수류가 되어 A에서 B로 흐른다. 수압이 낮으면 파이프를 이동하는 수류도 '졸졸졸' 흐를 정도가 될 것이다. 그리고 수압 제로, 즉, A, B의 양쪽의 수면 높이가 같으면 물은 흐르지 않는다.

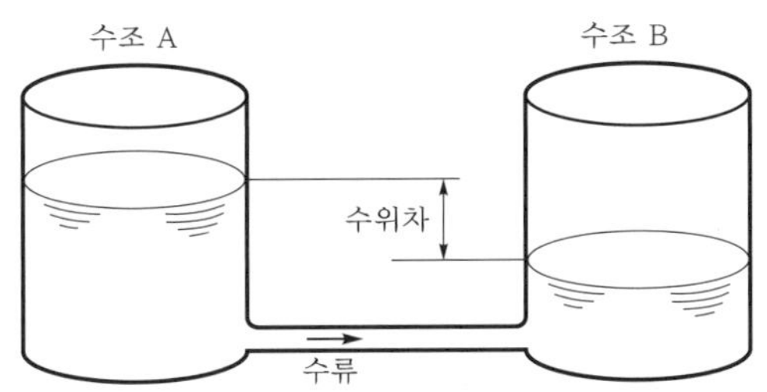

▮ 그림 2-8 물을 흘리는 기초가 되는 수압 ▮

이것과 동일한 것을 전기에 대하여 생각하면 〈그림〉에서처럼 양전기가 있는 물체 A와 음전기가 있는 물체 B를 도선으로 연결하는 경우와 같다. 전기인 경우에도 전류를 흘리는 힘의 기초가 되는 것은 물의 경우인 수위에 상당하는 전위(電位)라는 것이라고 하자. 전기는 물처럼 눈으로 볼 수 없어서 전위라는 것은 양전기의 양이라고 생각하여도 된다. 이때 전류가 A에서 B로 향하여 흐르는 것은 A의 전위가 B의 전위보다도 높고 무엇인가 전기적 압력이 A로부터 B의 방향에 향하여 가해지기 때문이다. 이 전기적 압력을 전압 또는 전위차라고 한다. 전압은 전류를 흘리는 기초가 되는 것으로서 전압이 높을수록 큰 전류를 흘릴 수 있다.

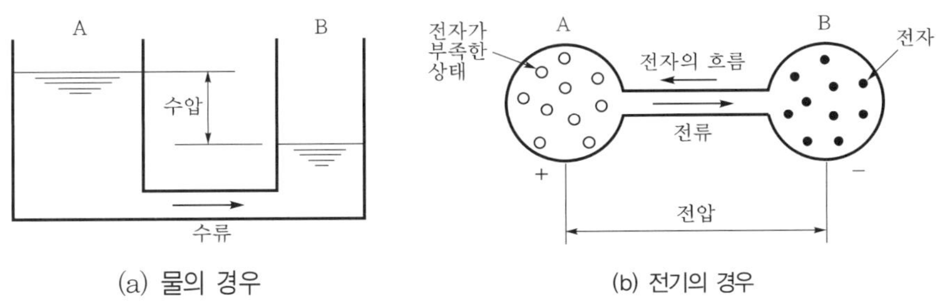

(a) 물의 경우   (b) 전기의 경우

▮ 그림 2-9 전류를 흘리는 기초가 되는 전기적 압력(전압) ▮

전압을 나타내는 기호는 E나 V로, 단위에는 볼트(Volt, 약호 V)를 사용한다. 대단히 큰 전압의 경우에 킬로볼트(kV)의 단위를 사용한다. 1kV는 1,000V이다. 대단히 작은 전압의 경우는 밀리볼트(mV) 또는 마이크로볼트(μV)의 단위를 사용한다. 1mV는 1/1,000V, 1μV는 1/1,000,000V이다.

전기의 경우에서도 기준이 되는 단위(전압의 경우 볼트)의 배수를 가리키는 호칭이 정해져 있다. 이와 마찬가지로 전압, 전류, 전력, 저항, 주파수 등에서 취급하는 수가 대단히 큰 경우와 대단히 작은 경우에 10진 접두어를 기준이 되는 단위의 앞에 붙여서 사용한다.

	배수	보통의 수로 쓰면	보통의 수로 말하면	기호	읽는 법	예
기준의 단위보다 큰 쪽	10^{12}	1,000,000,000,000	1조 배	T	테라	THz(테라헤르크)
	10^{9}	1,000,000,000	10억 배	G	기가	GHz(기가헤르츠)
	10^{6}	1,000,000	100만 배	M	메가 또는 메그	MΩ(메그옴)
	10^{3}	1,000	1,000배	k	킬로	kV(킬로볼트)
	10^{2}	100	100배	h	헥토	hm(헥토미터)
	10	10	10배	da	데카	dam(데카미터)
기준의 단위보다 작은 쪽	10^{-1}	0.1	10분의 1	d	데시	dB(데시벨)
	10^{-2}	0.01	100분의 1	c	센티	cm(센티미터)
	10^{-3}	0.001	1000분의 1	m	밀리	mA(밀리암페어)
	10^{-6}	0.000,001	100만분의 1	μ	마이크로	μF(마이크로패럿)
	10^{-9}	0.000,000,001	10억분의 1	n	나노	nA(나노암페어)
	10^{-12}	0.000,000,000,001	1조분의 1	p	피코	pC(피코쿨롱)
	10^{-15}	0.000,000,000,000,001	1천조분의 1	f	펨토	
	10^{-18}	0.000,000,000,000,000,001	100경분의 1	α	아토	

그림 2-10 10진 접두어

2 전위와 전위차

전류는 어떤 전압, 즉 전위의 차가 있을 때, 전위가 높은 곳에서 전위가 낮은 곳을 향하여 흐른다. 여기서 말하는 전위가 높다거나 낮다거나 하는 것은 두 개의 것을 비교하였을 때 또는 무엇인가 기준으로 하여 그것보다도 높은가 낮은가를 정하고 있다. 보통은 전혀 전기를 가지지 않는 것을 기준의 제로(0) 전위로 하여 이것보다 낮은 것을 음(–)이라고 하고 있다. 따라서 전류는 반드시 양에서 음으로 흐른다는 것은 정확한 표현이 아니다.

〈그림〉은 양의 전기와 음의 전기를 가진 것 사이에서의 전압을 나타낸 것인데 이것이 이제까지 설명한 전압과 전위의 관계를 나타낸 것이다. 이에 대하여 (b)는 양전기를 가진 A, B 어느 것이나 기준 전위보다 높지만 A는 B보다 더욱 전위가 높아서 이 A–B 간에 부하를 연결하면 전류는 A에서 나와서 B를 향해 흐른다. 동일하게 (c)에서는 음전기를 가진 A, B 어느 것이나 기준 전위보다 낮지만 B는 A보다도 더욱 전위가 낮아서 이 A–B 간에 부하를 연결하면 전류는 역시 A에서 B를 향하여 흐른다.

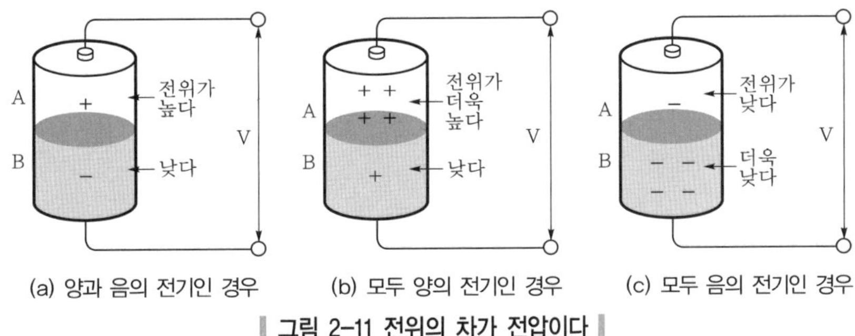

그림 2-11 전위의 차가 전압이다

전위를 나타내는 기호도 전압과 동일하게 E나 V로, 단위는 볼트를 사용한다.

물의 예와 동일하게 전압은 2개의 물체 간, 또는 2개의 선 사이에서 측정된다. 전압이라는 것은 2개의 점의 전위차이므로 전지의 전압이 1.5V라는 것은 전지의 (+)측 전위 V_A와 (−)측 전위 V_B의 차인 $V_A - V_B$가 1.5V라는 것으로 V_A나 V_B 그 자체의 전위는 몇 볼트인지는 알 수 없는 것이 보통이다. 그것은 전지와 접지(Earth) 간에 아무 연결이 없을 때는 전위 제로(0)의 기준인 접지에서 전지를 보았을 때 전지와 접지 사이에 어느 만큼의 전위차가 있는지 모르기 때문이다. 또한 전지의 (−)측을 접지하면 전지의 (+)측 전위는 1.5V가 된다. 우리의 주변에 있는 전기회로에서 많은 경우, (−)측의 점이 접지되어 있어서 접지 측을 기준으로 한 전위차와 그 전기 회로 중에서의 접지하는 점이 그 전기회로 중에서의 (−)측이 아닌 곳에 한 경우가 있으며, 이와 같을 때 접지 위에 걸터 앉아서 우리가 느끼는 전위와 그 전기회로 중에서의 전압과는 일치하지 않는 경우가 나타난다.

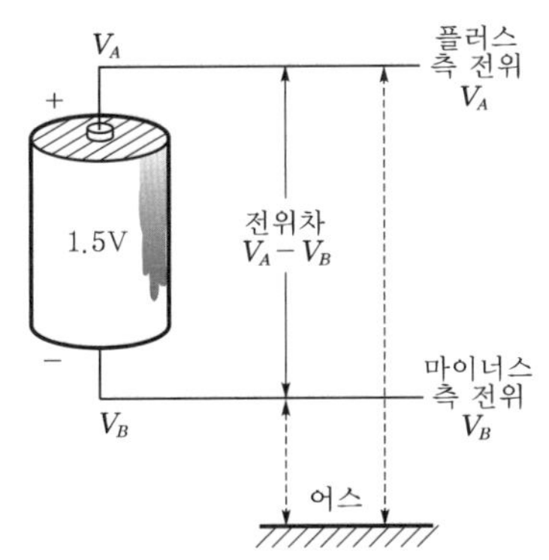

(a) 전지가 어스에서 떠있으면 전기의
전위는 얼마인지 알 수 없다.

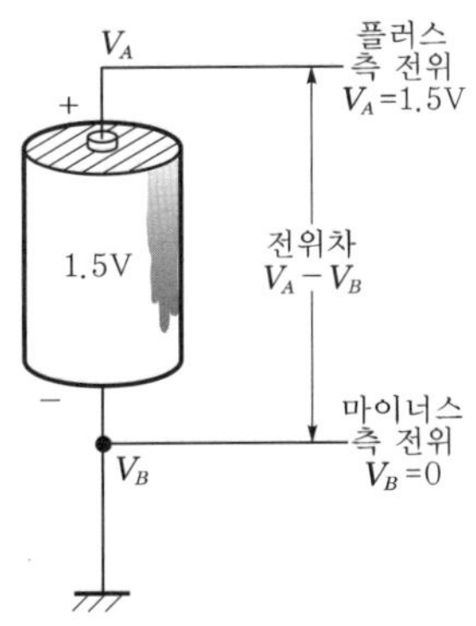

(b) 전지의 마이너스측을 어스하면
전위와 전위차는 일치한다.

그림 2-12 기준점에서의 전위와 전위차(전압)

3 ■ 기전력

수위치가 있는 두 개의 수조 사이에 파이프를 연결하면 물이 흘렀지만 [그림 2-8]을 다시 살펴보면 물이 흐르는 데 따라서 A의 수면의 높이, 즉 A의 수위는 줄어들고 동시에 B의 수위는 높아지기 때문에 A와 B 사이의 수위차(수압)는 점점 줄어든다. 그리고 결국은 A와 B가 같은 수위로 되어 수위차(수압)가 제로(0)가 되면 물의 흐름이 멈춘다. [그림 2-9]에서 물체 A로부터 물체 B에 전류가 흐르면 A의 양전기도 B의 음전기도 적어진다. 이 때문에 A-B 간 전압은 점차 적어져서 드디어는 제로(0)로 되어 전류도 멈추어 버린다. 따라서 A와 B의 사이를 연결한 도선 중에 일정한 전류를 계속 흘리기 위해서는 무엇인가의 방법으로 A-B 사이에 일정한 전압을 유지하여야 한다. 이것을 물에 비유하면 [그림 2-13(a)]에서처럼 두 개의 수조 A, B 사이에 펌프를 설치하여 B의 수조의 물을 A의 수조에 퍼 올려서 A의 수조의 수위를 높게 하여 A-B 사이에 언제나 일정한 수압이 있도록 해 두면 된다. 전기회로에서 이 펌프의 작용처럼 한 쪽의 전위를 높여서 언제나 일정한 전압을 만들어 내는 작용을 기전력(起電力)이라고 한다.

바꾸어 말하면 [그림 2-13(b)]에서 A의 전위를 언제나 B의 전위보다 높게 해 두기 위하여 자유전자의 양을 A보다도 B 쪽에 과잉되게 하는 작용이 기전력이 되고 그를 위한 장치가 전원이다. 기전력의 기호는 보통 E이고 단위는 동일한 볼트(V)를 사용한다. 회로도 중에서는 [그림 2-14]처럼 긴 막대기와 짧은 막대기를 평행으로 그려서 긴 쪽을 양(+), 짧은 쪽을 음(-)으로 한다. 이 기호는 직류의 기전력 및 전원을 일반적으로 나타내고 있어 전지의 기호와 같다.

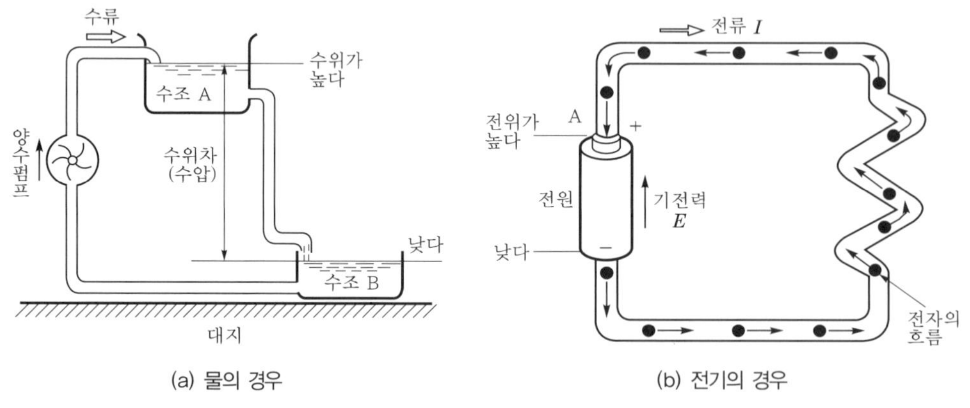

(a) 물의 경우   (b) 전기의 경우

┃ 그림 2-13 기전력이라는 것은 일정한 전압을 만들어 내는 능력 ┃

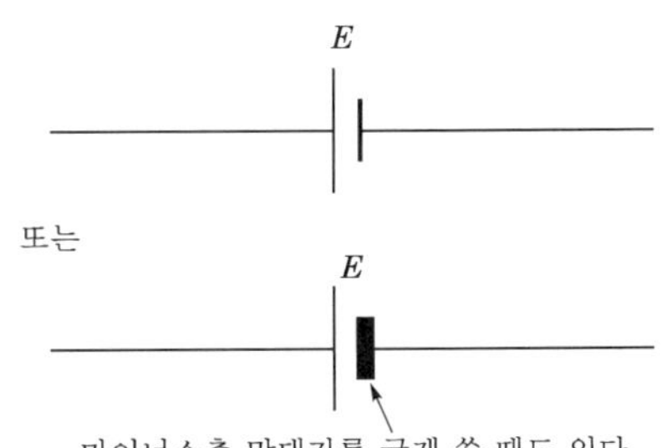

┃ 그림 2-14 기전력의 기호는 전지의 기호와 같다 ┃

4 전 류

물의 흐름을 나타낼 때는 몇 초, 몇 톤이라고 단위 시간당 물의 양으로 표시한다. 전기에서도 이 방식에 따라서 몇 초에 어느 만큼의 전기량이 흐르는가로 전류의 크기를 정하고 있다. 전류를 영어로 커런트(Current)라 하고 전류의 기호는 보통 I를 사용한다. 실용적으로 사용되고 있는 전류의 단위는 암페어(약호 A)로, 매초 1C(쿨롱)의 전기량이 흐르고 있을 때의 전류가 1A이다.

대단히 작은 전류의 경우에는 전압일 때와 동일하게 배수를 나타내는 기호를 사용하여 밀리암페어(mA), 마이크로암페어(μA) 등의 단위를 사용한다. 1mA는 1/1,000A, 1μA는 1/1,000,000A이다.

하나의 전원에 둘 이상의 부하가 연결되어 있을 때 전원에서 흐르는 전류는 모든 부하에 흐르는 전류의 합계가 된다. [그림 2-15]는 가장 간단한 예로 1개의 전지에 같은 크기의 전구를 2개 연결한 경우다. 전지에서 흘러 나오는 전류는 전구 2개일 때는 1개일 때의 2배가 흐른다. 또 [그림 2-16]은 가정의 전기기구의 예인데 전원인 인입선을 통하여 흐르는 전류는 모든 전기기구의 전류 합계가 된다.

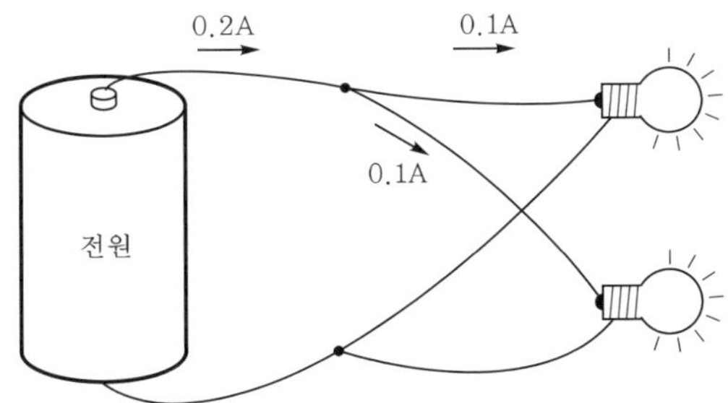

┃ 그림 2-15 부하인 전구가 2개로 되면 전원에서의 전류는 2배가 된다 ┃

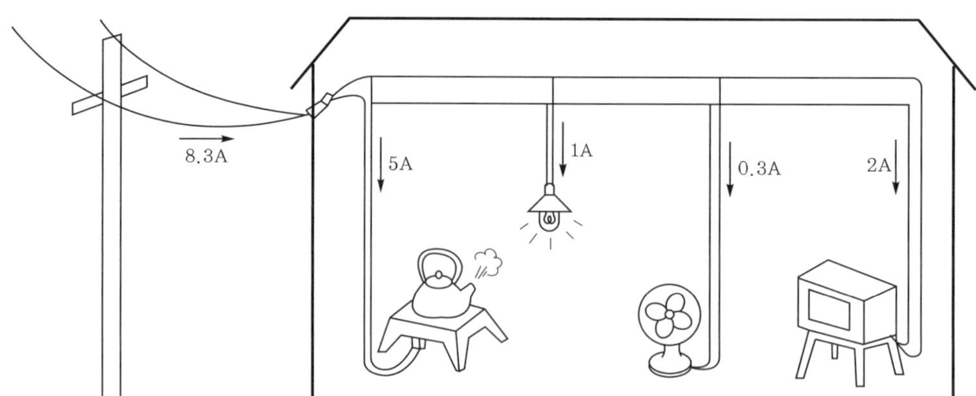

그림 2-16 전원의 전류는 모든 전기기기의 전류의 합계다

03 기전력을 발생시키는 장치 = 전원

1 전원이란?

전원이라는 말은 몇 가지의 의미로 사용된다. 하나는 앞에서 말한 것처럼 전기회로 중에서 기전력을 발생시키는 것이지만 전기를 공급하는 원천이라는 뜻으로 가정의 전등선의 콘센트를 전원이라고 하는 일도 있다. 전등선이라는 것은 전기를 주로 조명용으로 사용하고 있었을 때의 습관으로 그렇게 말하지만 요금을 지불하여 사는 전력의 의미로 상용(商用) 교류라고도 한다. 가정의 경우에는 방의 이곳저곳에 콘센트가 있어서 여기에 플러그를 꽂으면 전기를 사용할 수 있다는 데서 이 콘센트를 전원이라고 부른다.

콘센트로 부족할 때는 멀티탭 또는 테이블 탭을 통하여 이웃 방의 콘센트에서 끌어 올 수도 있어서 콘센트에서 저쪽이 어떻게 전주의 변압기에 연결되고 그 앞의 변전소나 또 그 앞의 발전소까지를 생각하지 않는다면 콘센트가 전기를 공급해준다고 생각하여도 괜찮을 것이다.

또 하나의 의미는 전원 장치 또는 전원부 등으로도 부르는 것처럼 상용 교류에서 전력을 얻어 5V라든가 10V 등으로 필요한 전압의 통상 직류 전력을 얻을 수 있는 장치이다. 이와 같은 전원 장치는 회로를 설계하여서 필요한 부품, 트랜스나 정류기나 트랜지스터 등을 모아서 만들 수도 있지만 실험용 등에는 편리한 제품이 있다.

여기서는 기전력을 발생시킨다는 의미에서의 전원에 대하여 어떠한 것이 있는가를 설명한다. 전기는 에너지이므로 기전력을 발생시키고 이것에 의해서 전류를 계속 흘리는 원동력을 만들어 주기 위해서는 무엇인가 딴 에너지를 공급해 주어야 한다. 그래서 기전력을 발생시킨다는 것은 바로 발전을 의미하며, 근원이 되는 에너지를 무엇으로 사용하는가에 따라 여러 가지로 분류할 수 있다. 역사적인 마찰 발전의 방식에서도 불꽃 실험의 정도라면 기전력에는 틀림이 없다. 또는 가장 원시적으로 전기를 내는 어류를 모아서 스트레스를 주면 전기를 얻을 수도 있지만 이들 어류는 주기적으로 1회 전기를 내며 잠시 쉬지 않으면 다음에 전기가 저장되지 않고 또 상대는 생물이어서 역시 실용적이지는 못하다. 또 발전을 하는데 대단히 가격이 비싸지거나 아주 큰 설비가 필요해지거나 하면 실용적이라고 할 수 없기 때문에 실용화된 것을 들어 그 내용을 설명한다.

2 전지

손쉽게 사용할 수 있는 전원의 가장 대표적인 것이다. 전지의 원리는 [그림 2-17]처럼 전해액인 묽은 황산의 용액 안에 동판 A와 아연판 B를 담근 것이다. 이렇게 함으로써 동판에는 양(+)의, 아연판에는 음(−)의 전기가 생긴다. 그 결과, A−B 간에 기전력이 발생한다. A−B 간을 금속선으로 연결하면 전지 내의 화학 반응이 진행되어 A−B 간에는 장시간에 걸쳐 기전력이 생겨 금속선에 전류를 계속 흘릴 수가 있다.

전지의 구조는 이와 같이 동판, 아연판, 묽은 황산의 조합뿐만 아니라 일반적으로 2종의 다른 금속을 묽은 산 또는 알칼리 용액에 담금으로써 된다. 이와 같은 전지에 의해서 얻은 전압은 1~1.5V 정도로 높은 전압이 필요할 때는 필요 개수의 전지를 직렬 접속하여야 한다.

실용적인 전지인 건전지는 장기간 안정된 기전력을 얻는 금속과 전해액을 선택하여 전해액을 유동액이 아닌 풀 상태로 하여 새는 것을 방지하거나 한쪽의 금속판을 둥근 깡통으로 만들거나 하는 연구를 하였다.

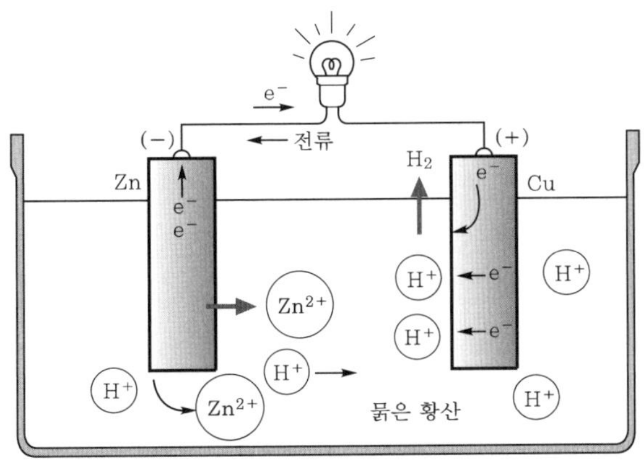

┃ 그림 2-17 전지의 원리 ┃

3 발전기

[그림 2-18]처럼 철심의 바깥에 전선을 빙빙 감은 코일의 안으로 자석을 넣었다 뺐다 하면 코일에 기전력이 발생한다. 이 구조에서 자석의 왕복에 따라 코일에 발생하는 기전력은 그 방향(코일에서 나온 2개의 선 중 어느 쪽이 양(+)이고 어느 쪽이 음(−)의 전압이 되는가)과 크기가 항상 변화하기 때문에 전지와 같은 직류가 아닌 교류를 얻게 된다. 발전기의 경우에는 자석의 세기, 회전의 속도, 코일의 권수를 바꿈으로써 높은 전압이나 낮은 전압도 발생시킬 수 있어서 대전력의 발전은 모두 이 발전기에 의존하고 있다. 자석을 회전시키기 위해 수력발전에서는 높은 낙차를 가진 댐에서 힘차게 낙하한 수류의 수차를, 화력 발전에서는 보일러의 증기에 의한 터빈을 사용하고 있다.

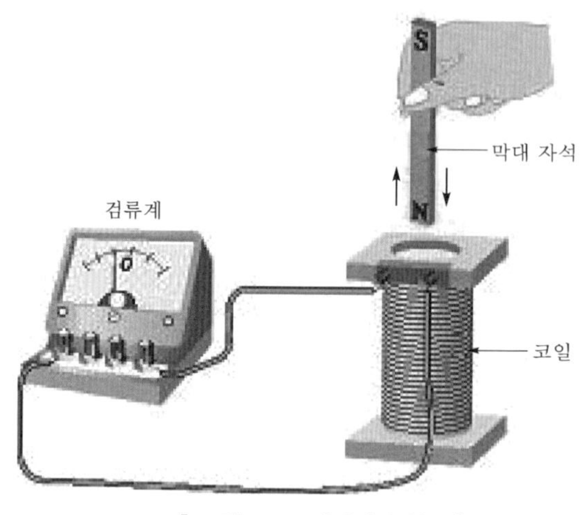

▎그림 2-18 발전기의 원리 ▎

4 열전쌍

[그림 2-19]처럼 다른 금속 A, B를 연결하여 이 접속점을 가열하면 기전력이 발생한다. 이와 같이 다른 금속을 연결한 것을 열전쌍 또는 써머커플(thermocouple)이라 한다. 열전쌍에 의해서 얻어지는 기전력, 즉 연기전력은 극히 약하고 전력으로서 사용하는 것은 실용상 무리가 있지만 열전쌍형 고주파 전류계라든가 온도계, 온도센서 등에서 사용된다.

실용적인 열전쌍에 사용되는 금속은 열기전력이 큰 것이 좋은 것은 틀림없지만 가열에 의해 녹지 않게 융점이 높을 것, 경년 변화가 적을 것, 선재로서의 가공이 쉬울 것 등의 조건도 고려하여야 한다. 동과 콘스탄탄과의 조합, 백금과 백금로듐의 조합 등이 널리 사용되고 있다.

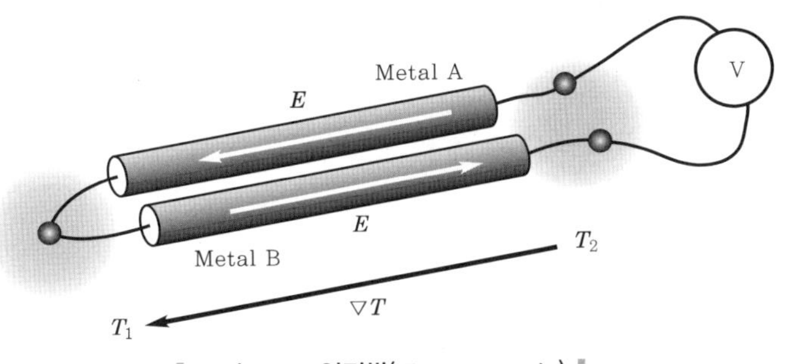

그림 2-19 열전쌍(Thermocouple)

5 광전지, 태양전지

 광 에너지를 직접 전기에너지로 바꾸는 것이다. [그림 2-20]처럼 반도체와 금속의 접속, 또는 반도체의 pn 접합에 빛을 쬐면 기전력이 발생한다. 이것을 광전지라고 한다. 광전지의 기전력은 반도체 재료에 따라 다르지만 셀렌이나 아산화동의 광전지에서는 수 10mV 정도여서 일반적으로 전력으로서 사용하기에는 무리가 있다.

 그러나 실리콘의 pn 접합을 사용한 것에서는 1소자당 0.5V 정도, 전류는 수광 면적 1cm^{2}당 수 10mV나 되므로 태양광 또는 강렬한 조명하에서는 충분히 전력용으로서 사용할 수 있다. 이것을 태양전지라고 한다. 태양전지는 무인등대, 무인 중계소, 우주선이나 인공위성 등의 전원으로써 중요하다. 셀렌이나 아산화동의 광전지는 전력용으로써가 아니라 EE 카메라의 측광부 등 광센서로써 사용된다.

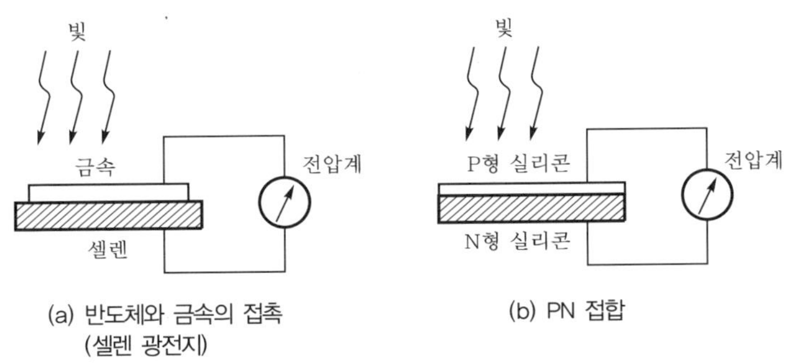

그림 2-20 반도체에 의한 광전지

6 압전기(壓電氣, 피에조 전기)

 어떤 종류의 결정이나 세라믹에 압력을 가하여 변형시킬 때 발생하는 기전력이다. 이 것은 [그림 2-21]처럼 결정이나 세라믹을 얇은 판으로 하여 그 양면에 금속을 붙여서 콘덴서와 같은 형태로 만든다. 그리고 이것에 압력을 가하면 변형이 된다. 이 변형은 결정을 베어내는 방법과 전압을 가하는 방법에 따라서 신장, 축소, 미끄럼, 뒤틀림 등이 일어난다. 이와 반대로 압력을 가하여 변형시키면 전압이 발생한다. 이와 같은 전압 변형, 변형 전압에 의한 현상을 압전효과 또는 피에조 효과라고 한다. 또 이와 같은 현상이 나타나는 재료를 압전 재료라고 한다.

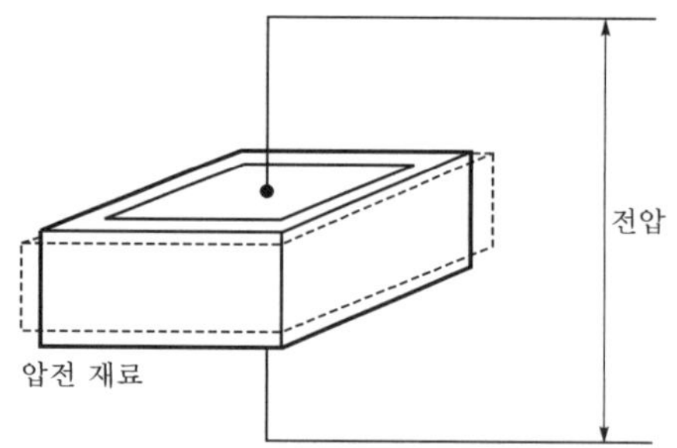

그림 2-21 압전 재료에 전압을 걸면 변형이 일어나고 변형시키면 전압이 발생한다.

압전 현상에 의한 기전력은 거의 전압뿐이고, 원래 절연물의 양면에 발생한 전압이어서 전류를 꺼내는 것은 별로 기대할 수 없다. 전원으로서 사용하는 응용은 비교적 최근의 일이고 과거에는 마이크로폰과 픽업, 그리고 수정 진동자로서 사용되어져 왔다. 그런데 최근에 어떤 종류의 세라믹에서는 극히 높은 전압이 나오는 것을 만들 수 있게 되어 이 기전력을 사용할 수 있다. [그림 2-22]처럼 압전용 세라믹에 전극을 붙여서 이 세라믹을 두들기면 순간에 고전압이 발생되므로 이 전압으로 불꽃 방전을 시킨다. 가스레인지나 가스스토브의 점화, 가스라이터의 점화는 이와 같은 구조로 되어 있다.

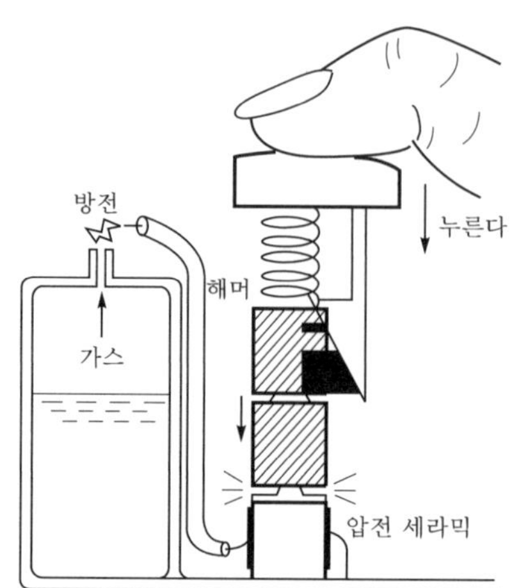

그림 2-22 압전 세라믹의 전압으로 방전시키는 가스라이터의 점화 기구

04 저 항

1 전기에서 말하는 저항이란?

전류의 흐르기 쉬운 성질, 흐르기 어려운 성질은 물질에 따라 대폭 달라서 우리 주위에는 금속과 같은 도체부터 유리, 천 같은 부도체까지 실로 여러 가지가 있다. 전류가 흐르기 어려운 성질, 바꾸어 말하면 전류의 흐름에 대하여 역행하는 성질을 전기저항, 또는 단지저항이라고 한다. 저항의 기호는 보통, 영어의 레지스턴스(Resistance) 또는 레지스티비티(Resistivity)의 머리글자를 따서 R로 표시한다. 단위는 옴으로, Ohm이라고 쓸 때도 있고, 약호로는 Ω를 사용하여 사용하기도 한다. 스위치의 접촉저항처럼 대단히 작은 저항일 때는 밀리옴(mΩ)을 사용한다. 1mΩ은 1/1,000Ω이다. 또 대단히 큰 저항일 때는 킬로옴(kΩ) 또는 메그옴(MΩ)을 사용한다. 1kΩ은 1,000Ω, 1MΩ은 1,000,000Ω이다.

저항은 문자대로 전류의 흐름을 방해하는 것으로 회로에 저항이 있다는 것은 바람직하지 않을 경우도 있지만 경우에 따라서는 전류의 지나친 흐름을 억제하기 위하여 필요한 저항의 크기를 가지도록 만든 부품을 의식적으로 회로 중에 넣는 경우도 있다.

2 도체에도 저항이 있다?

물질 중에서 전기를 잘 통과시키는 도체에서도 그 저항은 '0'이 아니고 극히 적지만 저항이 있다. 도체의 대표는 금속이지만 몇 가지 금속에 대하여 저항을 비교한 것이 [그림 2-23]이다. 비교를 위해 그림에서는 지름 1mm, 길이 1m인 전선으로 환산한 저항이다.

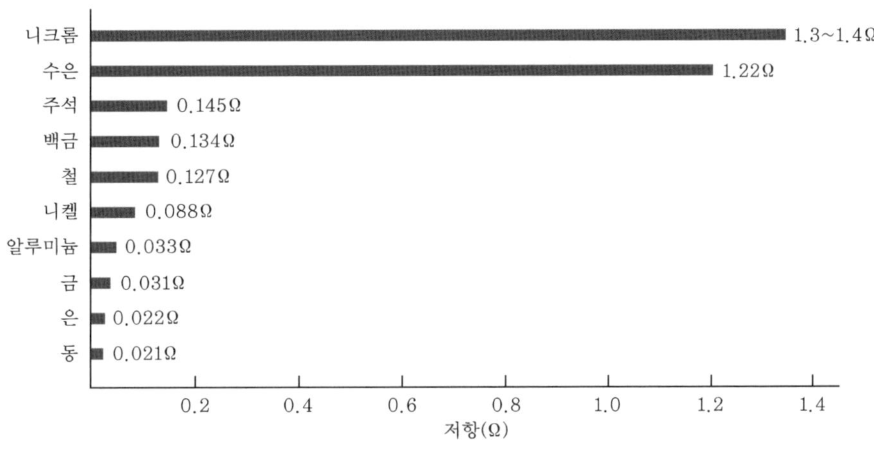

‖ 그림 2-23 금속선의 저항 비교(지름 1mm, 길이 1m) ‖

가장 저항이 낮은 것은 은이고 다음이 동, 금, 알루미늄의 순서이다. 물론 은과 금은 비싸서 보통의 전선이나 전기제품에서 전기를 잘 통과시키고 싶은 곳에서는 동을 사용하고 있다. 반연 전열기나 다리미의 히터에 사용되는 니크롬은 동의 60배나 되는 저항을 가지고 있어서 큰 저항값을 가진 것이 필요할 때는 이와 같이 고저항의 재료를 사용하고 있다.

3 물체에서의 저항

물체의 저항은 그 물체의 종류에 따라서 큰 차이가 있다는 것을 알았지만 어떠한 종류의 물체, 예를 들면 철이라는 금속에 대하여 보면 그 형태인 굵기와 길이를 바꾸어도 저항의 크기는 변한다. 이것은 저항이라는 것이 전자가 흐르기 어려운 성질을 나타내기 때문이어서 강에 흐르는 물의 양이 강의 폭과 길이에 관계하는 데서도 쉽게 상상되듯이 물체의 저항 R은 길이 l에 비례하고 단면적 S에 반비례하는 것을 알았다[그림 2-24]. 이때 비례상수를 고유저항(비저항)이라고 하면, 저항은 아래의 식 (2-1)과 같이 나타낼 수 있다.

$$\text{저항}(R) = \text{고유저항}(\rho) \times \frac{\text{길이}(l)}{\text{단면적}(A)} \quad\cdots\cdots\cdots\cdots\cdots\cdots(2\text{-}1)$$

배선처럼 가급적 저항이 작아야 하는 개소에는 굵고 짧은 선을 사용하고 있다. 큰 전류를 흘리기 위해서는 굵은 선이 필요하고, 가는 선에 무리하게 큰 전류를 흘리면 발열되어 천장 뒤와 같은 곳에 있는 옥내배선 등은 위험하다.

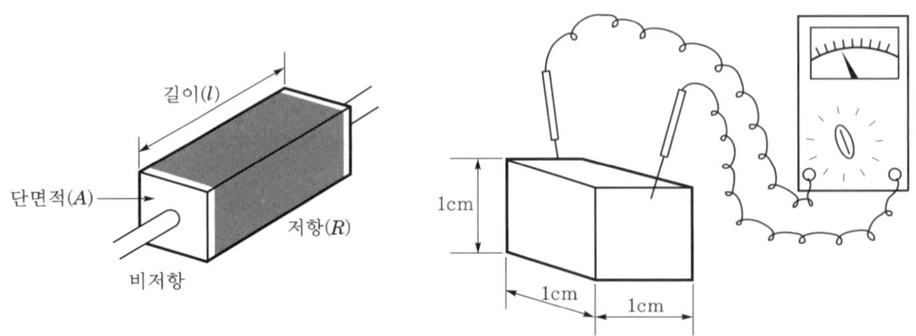

그림 2-24 물체의 저항은 길이에 비례하고 단면적에 반비례한다.

4 고유저항(비저항)

고유저항(비저항)이라는 것은 물체의 저항이 그 길이에 비례하고 단면적에 반비례할 때의 비례상수라고 설명하였지만 이것을 좀 더 쉽게 설명하면 [그림 2-24]처럼 고유저항이란 길이 1cm, 단면적 1cm×1cm의 입방체 형태로 하였을 때의 저항이다. 물체의 저항은 형태에 따라서 변하기 때문에 물질로서의 저항을 비교할 때에는 위와 같이 어떤 기준이 되는 치수를 정해두어야 한다. 어떤 물질의 고유저항을 알 때 그 고유저항의 값에 길이를 곱하여 단면적으로 나누면 임의의 형태를 한 것의 저항을 알 수 있다.

고유저항의 단위는 옴센티($\Omega\cdot$cm)이다. 우리의 주변에 있는 여러 가지 물체를 이 고유저항으로 비교해보면 [그림 2-25]처럼 분포하고 있다. 도체의 대표는 금속으로 거의 10^{-6}에서 $10^{-3}\,\Omega\cdot$cm 사이에 있다. 또 부도체는 일반적으로 비금속으로 거의 10^6에서 $10^{18}\,\Omega\cdot$cm에 걸쳐 있다. 그 중간에 있는 것은 경계는 별로 분명하지 않지만 대체로 10^3에서 $10^6\,\Omega\cdot$cm에 걸쳐 분포하고 있는 것이 반도체에 해당된다.

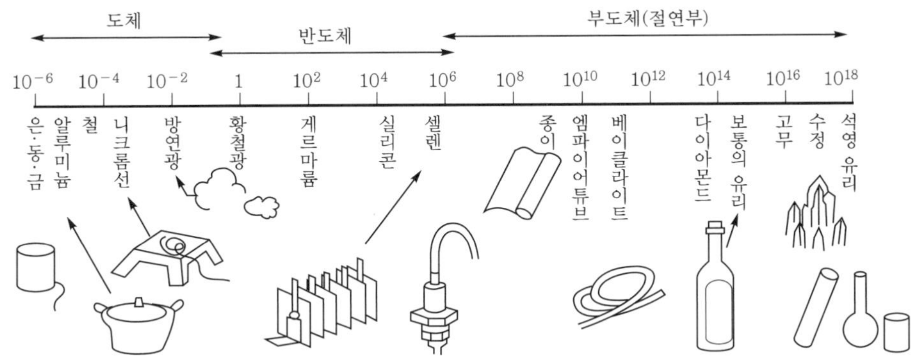

┃ 그림 2-25 여러 가지 물질의 고유저항 분포 ┃

5 저항은 온도에 따라서 변화한다.

물체의 저항은 온도에 따라서도 변화한다. 금속인 경우는 일반적으로 온도가 오름으로써 1℃당 0.5% 정도 증가하는 것뿐이어서 상온 부근에서는 그다지 문제되는 일은 없다. 전열기의 니크롬선이나 전구의 텅스텐 필라멘트는 대단히 높은 온도가 되기 때문에 낮은 온도에서 측정한 값과 실제로 동작하고 있을 때에 측정한 값과는 큰 차이가 있다. 물체의 온도가 1℃ 상승할 때마다 저항이 증가하는 비율을 그 물체의 저항의 온도계수라고 한다.

보통의 금속이 온도가 오르는 데 따라서 저항이 약간씩 증가하는데(이것을 양의 온도계수를 가진다고 한다) 비하여 많은 반도체에서는 온도가 오르는 데 따라서 저항이 크게 감소(이것을 음의 온도계수를 가진다고 한다)하는 성질이 있다. [그림 2-26]은 그 경향을 나타낸 것이다.

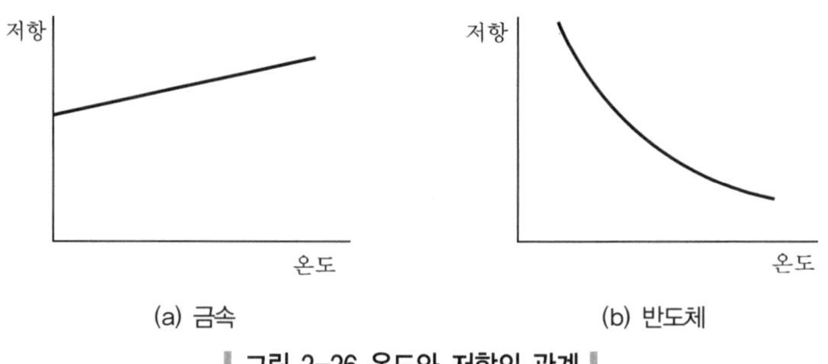

그림 2-26 온도와 저항의 관계

6 저항의 기호

회로도 중에 사용되는 저항의 기호는 [그림 2-27]처럼 톱니 모양의 꺾인 선이다. 톱니의 수는 특별한 규정이 없다. 저항의 값이 변화하는 가변 저항일 때는 화살표를 추가한다. 또 부품으로서 가변 저항을 2단자로 사용하는 경우와 3단자로 사용하는 경우는 회로도 기호로 그림처럼 구분하여 사용한다.

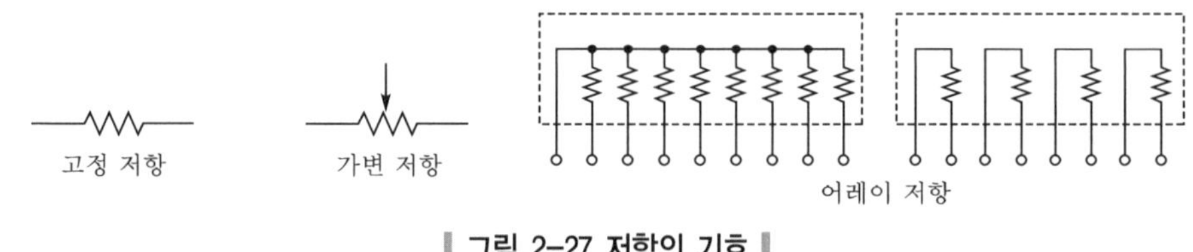

그림 2-27 저항의 기호

05 전기 재료

1 전기 재료란 무엇인가?

전기를 이용하는 경우, 전기를 통하고 싶을 때와 그렇지 않은 경우가 있다. 또 가까이에 전기를 가진 것이 와도 그 영향을 받지 않게 하고 싶을 때가 있다. 우리 주위에 있는 여러 가지 물건을 전기를 이용하는 데 있어서 목적에 맞게 사용을 할 때 이것들을 전기재료라고 한다. 예를 들면 철이라는 재료는 선박이나 빌딩, 철교 등 대규모의 것에서부터 가정용품이나 문방구에 이르기까지 우리들 생활의 모든 장소에 있다. 이것들의 응용이 전기에 관계없는 경우는 물론, 전기 재료라고는 하지 않지만 이 철이라는 재료를 전열기나 다리미의 니크롬선, 스위치나 소켓의 부품에 사용하는 경우 등 전기를 이용하는 목적으로 사용하는 경우는 전기 재료이다.

또 단지 전기를 통과시키거나 절연시키거나 하는 것뿐 아니라 전기의 본질이 전자라는 것에 착안하여 이 전자를 생각대로 움직이거나 멈추거나 하여 여러 가지 역할을 시키는 것이 전자공학, 이른바 일렉트로닉스지만 이와 같은 작용을 시키기 위한 사용을 할 때는 전자재료라고 한다. 예를 들면 전선에 사용하는 동이나 알루미늄과 같은 금속도 전자관이나 트랜지스터를 만드는 재료가 될 때는 전자재료이다. 하지만 전기 재료와 전자 재료를 반드시 엄밀하게 구분하여 사용하는 것은 아니다.

전기 재료를 크게 분류하면

① 도체 재료

② 저항 재료

③ 절연 재료

④ 반도체 재료

⑤ 자성 재료

가 있다. 전기 재료로서는 각각의 목적에 맞게 재질, 즉 재료로서의 품질을 개량하고 있다.

2 도체 재료

도체는 전기를 잘 통과시키기 위한 것이다. 전기를 가급적 손실이 적게, 효율적으로 통과시키기 위해서는 가급적 저항이 작은 재료가 필요하고 이를 위한 대부분의 경우가 금속이다. 일반적으로 금속은 전기나 열을 잘 통과시킬 뿐 아니라 가는 선으로, 또는 얇은 판으로 쉽게 가공할 수 있다는 것도 금속이 도체 재료로서 적합한 이유이다. 전기를 잘 통과하는 금속도 약간이나마 저항이 있기 때문에 전류를 잘 흘리고 싶은 곳에서는 금속 중에서도 전기를 잘 통과하는 동이나 알루미늄 또는 그것들의 금속을 포함하는 합금을 사용하고 있다.

동은 다른 금속이 일반적으로 은백색인데 비하여 금속 중에서는 희한한 동 특유의 적색을 띤 금속으로 전기기구나 전선의 재료로서 여러 곳에서 볼 수 있다. 이 동은 전기와 열을 잘 전달한다는 특징이 있다. 또 동은 인간이 동을 사용하기 이전부터 청동으로서 사용되어 인류가 사용한 금속으로는 가장 오래된 것이다.

전기를 통하는 것의 대표적인 예는 전선인데 여기에는 동 또는 알루미늄이 사용되고 있다. 동은 전해정련이라는 방법으로 만들어진 이른바 전기동이라고 불리는 순도가 99.98~99.99%인 선을 사용한다. 주석이나 실리콘 등의 불순물이 들어가면 같은 동이라도 저항이 증가하므로 효율적으로 전기를 통과시킨다는 점에서는 바람직하게 못하다. 전기동에서 가늘고 긴 전선을 만든 그대로를 경동(硬銅)선이라고 하고 이것을 400~600℃로 어닐링(풀림)한 것을 연동(軟銅)선이라고 한다. 경동선은 튼튼해서 옥외의 송전선, 인입선에 사용하고, 연동선은 딱딱하지 않고 구부리기 쉬워서 옥내배선이나 전동기와 변압기 등의 권선 등에 사용된다. 보통 단선으로는 단면이 원형인, 즉 환선(丸線)의

지름은 0.1mm에서 12mm까지 42단계가 있으며 그 이상의 굵기인 것이 필요할 때와 구부리기 쉬워야 하는 경우는 몇 개의 선을 꼬아서 연선(보통 단면적이 0.9mm^{2}에서 1,000mm^{2}까지 25단계)을 사용하게 된다.

표 2-1 도체 재료

	도체 재료	특 징	결 점	실용례
저항 小 ↑ ↓ 저항 大	은	가장 저항이 작다.	고가	고주파 코일의 도금, 도파관의 도금
	동	일반의 도체 재료로서 최적		배선, 전기기기 전반
	금	녹슬지 않음, 열압착이 가능	고가	전자 부품의 마무리 도금, 트랜지스터나 IC의 내부 접속
	알루미늄	가볍고 초음파 접속이 가능 열압착이 가능	납땜 곤란	고압 및 초고압 송전선 트랜지스터나 IC의 내부 접속
	인청동	탄력성 있음		소켓이나 스위치의 접촉편, 미터의 스파이럴 스프링
	청동(놋쇠)	동보다는 단단하다. 약간 탄력성 있음		소켓이나 스위치 등의 기구 부품 전반
	철	염가	녹슬기 쉽다.	염가의 전기기기 전반
	백금	녹슬지 않음, 고온에 견딘다.	고가	스위치나 릴레이의 접점, 전기분해나 의료기의 전극
	바나듐	녹슬지 않음, 고온에 견딘다.	고가	스위치나 릴레이의 접점, 전자 부품의 마무리 도금

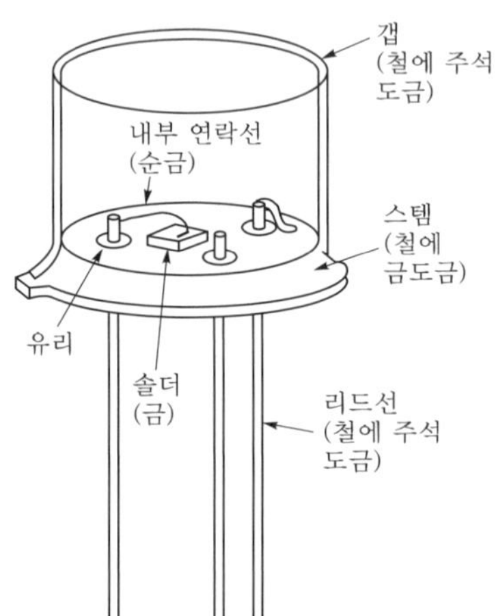

그림 2-28 트랜지스터의 내부 구조

알루미늄은 동보다도 저항이 크지만 가볍고 가격이 싸서 장거리에 전기를 보내는 고압 송전선에 많이 사용되고 있다. 전선 이외에 전기를 통과하고 싶은 장소에 사용하는 재료는 역시 동이 최적이지만 전기동으로는 너무 연해서 불편한 경우에는 적당히 주석, 아연, 인 등을 혼합한 합금으로 하고 있다. 또 동은 대량으로 사용하기 위해서는 더욱 가격이 싼 재료로 해야 하기 때문에 황동(놋쇠)이나 동도금한 철을 사용하는 일도 많다. 반대로 가격이 비싸도 동보다 더욱 저항이 작은 은을 사용하는 일도 있다. 또 녹이 슬거나 변색하거나 하는 일이 없는 금을 사용하는 일도 있다. 특히 금은 산이나 알칼리에 닿아도, 또 고온에서도 녹슬기 어렵고 열압착이나 초음파 접속이라는 방법으로 신뢰성이 높은 접속을 할 수 있기 때문에 트랜지스터, 집적회로 등의 반도체 전자 부품의 내부 접속에서는 많이 사용되고 있다[그림 2-28].

3 저항 재료

저항의 크기 제로(0)를 이상적으로 하는 도체 재료와 저항의 크기 무한대를 이상적으로 하는 절연 재료의 사이에서 중간의 저항을 가진 재료가 저항 재료이다. 사용하는 목적에 따라서 작은 저항에서 큰 저항까지 여러 가지 저항을 가진 재료가 필요하다.

예를 들면 전열선 등은 적당한 저항이 없으면 필요한 발열량을 얻지 못하고 또 여러 가지 전기회로 중에서 전류의 과도한 흐름을 억제하기 위하여 여러 가지 저항값을 가진 저항기를 만들기 위해서 여러 가지 저항을 가진 재료가 필요하다.

작은 저항의 재료는 일반적으로 금속이고 금속 중에서는 고유저항이 큰 철, 니켈, 텅스텐, 탄탈 등의 단일 금속 외에 니크롬, 망간 등의 합금도 많이 사용된다.

일반적으로 금속은 단일한 상태에서보다 다른 금속과 합금으로 하면 고유저항이 커진다. 합금에서는 금속 원자가 배열되어 있는 결정격자 등에 딴 금속 원자가 들어와서 자유전자가 원활히 움직이지 못하게 되기 때문이다. 이와 같이 저항 재료로서 여러 가지 합금이 사용되는 것은 저항 재료로서는 단지 비저항이 클 뿐 아니라 온도의 변화에 따른 저항값의 변화가 작다는 것과 고온에서 녹슬기 어렵다든가 선이나 리본상으로 만들기 쉽다든가 가격이 싸다는 등 여러 가지 조건을 만족하여야 하기 때문이다[표 2-2].

┃ 표 2-2 저항 재료로서의 합금 ┃

합 금	성 분	실용례
니크롬	니켈, 크롬 또는 니켈, 크롬, 철	전열기, 다리미, 일반의 저항
망가닌	동, 망간, 니켈	표준 저항, 정밀 저항
콘스탄탄	동, 니켈	일반의 저항
양은	동, 니켈, 아연	일반의 저항
철 · 크롬	철, 크롬	전기로, 전열로
주철	철, 탄소	전차용 저항

금속 이외의 저항 재료로는 탄소, 탄화 실리콘, 실리콘 등이 있다. 이것들은 일반적으로 금속보다는 큰 고유저항이라는 것과 고온에 견딘다는 것이 특징이며 탄소는 일반의 저항기로서, 탄화 실리콘은 고온의 전기로 등의 발열체로서 또 실리콘은 집적회로(IC) 중에서의 저항으로써 사용된다.

4 절연 재료

전기를 통과시키지 않기 위한 재료이다. 이상적으로는 저항이 무한대이기를 바라지만 실제로는 저항은 무한대가 아니고 주위에 있는 전기를 통과시키는 것에 비하여 그 저항이 아주 큰 것이다. 따라서 절연 재료에 전압을 가하면 약간이지만 전류가 흐른다. 이것이 누설전류이다. 이 누설전류는 전압을 점점 높여가면 [그림 2-29]처럼 갑자기 증가 경향이 심해지는 곳이 있어 이것보다 높은 전압에서는 절연 재료로서는 사용할 수 없게 된다. 이와 같은 상태로 되는 것을 절연이 부서진다. 또는 절연 파괴라고 하고 절연이 부서지는 전압을 절연 내력 또는 항복 전압, 브레이크다운 전압이라고 한다. 이 절연 내력은 보통 [그림 2-30]처럼 재료의 두께 1mm당 몇 kV에 견디는가를 나타내는 kV/mm로 표시한다. 절연 재료의 온도가 오르면 원자의 운동이 활발해져서 전자가 움직이기 쉬워지기 때문에 누설전류가 커지며 절연 내력은 저하된다.

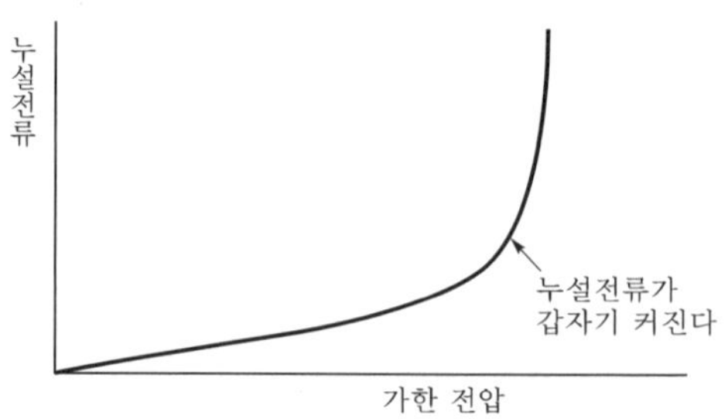

┃ 그림 2-29 절연물에 전압을 가하였을 때 절연이 파괴되는 형상 ┃

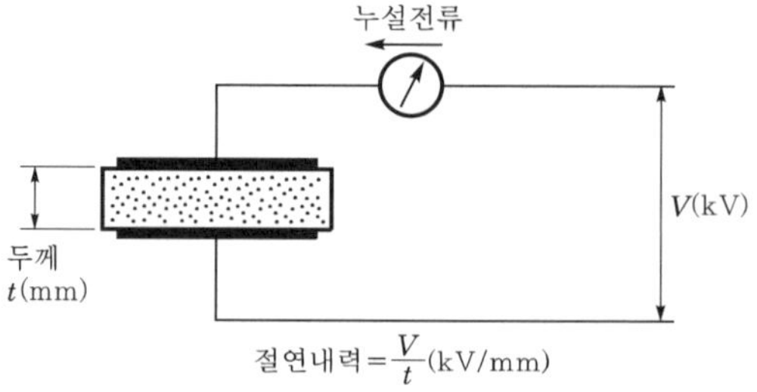

┃ 그림 2-30 절연 재료의 절연 내력 ┃

절연 재료에는 액체인 것, 고체인 것 및 기체인 것이 있으며 각각 용도에 따라서 구분 사용되고 있다.

액체인 절연 재료의 대표적인 것은 광유와 실리콘유, 식물성 절연유이고 모두 다른 절연 재료의 절연 내력을 높이기 때문에 고전압을 다루는 변압기, 스위치, 콘덴서 등의 용기에 봉입된다.

고체인 절연 재료로는 자기 또는 각종의 합성수지(플라스틱)가 가장 눈에 띤다. 천연 섬유인 종이나 천도 절연 재료지만 이것들은 공기 중의 습기를 흡수해서 절연 내력이 저하되므로 기름이나 바니시를 침투시킨 상태에서 사용하는 것이 많다. 대표적인 절연 재료와 그 특성을 [표 2-3]에 나타내었다.

표 2-3 절연 재료의 예

		절연 내력	내열성	내수성	내유성	내약품성	기계적 강도	유연성	난연성	실용례
천연석	운모(마이카)	○	◎	○	◎	○		○	◎	전열기, 다리미, 콘덴서
	석면	○	◎	×	◎	○		○	◎	전기로, 전기 스토브
	대리석	○	◎	○	◎	△	○	×	◎	배전반, 스위치대
인공 무기물	자기	◎	◎	○	◎	◎	○	×	◎	애자, 전기로, 전열기
	유리	○	◎	○	◎	○			◎	허매틱실, 전구, 전기 스토브
천연 섬유	종이	△	△	×	○		△		×	콘덴서, 트랜스
	천	△	△	×	○		△		×	코드, 절연 테이프
플라스틱(합성수지)	염화비닐	○	△		○	○		○		코드, 케이블
	폴리스티롤	○	△						△	고주파 케이블, 동축 커넥터, 소켓
	폴리에틸렌		△		○	○		○	△	콘덴서
	불소수지 (테프론)		○		○	○	○	○	○	동축 커넥터, 소켓, 스위치
	페놀수지 (베이클라이트)				◎	◎	○			스위치, 소켓, 프린트 배선 기관
	실리콘 수지		○	○					○	절연유, 전자 부품의 몰드 패키지
	에폭시 수지		○	○			○			전자 부품의 몰드 패키지

(◎는 대단히 우수. ○는 우수, △는 뒤떨어짐, ×는 대단히 뒤덜어짐, 공란은 보통을 가리킨다.)

기체인 절연 재료는 먼저 공기가 3kV/mm 정도의 절연 내력을 가지고 있다. 공기에 한하지 않고 질소도 수소도 탄산가스도 기체는 원래 절연물이지만 작은 간격에 높은 전압이 가해지면 기체에도 전류가 흐른다. 즉 기체라는 아무 것도 없는 것 같은 물체가 절연 파괴를 일으키면 전류가 흐르게 되며 도체로 되어 버린다. 일반적으로 전류가 금속과 같은 도체 속을 지나는 동안은 특별히 색다른 현상이 일어나지 않는다. 이 현상은 열작용, 자기 작용, 화학작용으로 요약되는데 무난하고 큰 트러블은 없다. 전기가 일단 기체 중에 튀어나오면 금속과 같은 도체 중을 흐르고 있었을 때와는 다른 현상을 일으킨다. 이때 기체 중에서는 캐리어는 전자뿐 아니라 그 기체의 이온이 더하여져 전기에너지는 소리나 빛이나 열로 되거나 한다.

기체에 전류가 흐르는 현상은 방전이라고 한다. 이것들의 천연 현상에는 뇌가 있으며 인공적으로 이용하고 있는 것은 우리 주변의 네온사인이나 형광등이 있다. 방전현상은 전기에너지에 의해서 여러 가지로 재미있게 이용할 수 있다. 여하간 기체는 다른 고체의 절연물과 동일하고 어떤 절연 내력보다도 낮은 전압 범위에서는 상당히 우수한 절연물이 된다고 할 수 있다. 불화유황가스는 건조한 공기의 3배 정도의 절연 내력이 있어서 변압기의 절연유 대신에 봉입된다. 또 전화케이블은 많은 회선을 모아서 납의 외피로 덮고 이 납 외피 안에 건조 질소를 봉입하여 각 회선용 세선(가는 선)의 절연을 높이고 경년 열화가 발생하지 않도록 하고 있다.

5 유전 재료

절연물인 종이나 플라스틱을 콘덴서의 절연물로 사용한 경우에는 유전 재료라고 한다. 그것은 [그림 2-31]처럼 절연 재료에 전압을 가하면 정전유도에 의해서 전하가 나타나 이것이 많이 나타날수록 콘덴서로서의 용량이 커지는 것이다. 이와 같이 유전 재료가 전기를 저장할 수 있는 정도를 나타내는 것이 진동을 '1'로 하여 비교한 비유전율이다. 이 때문에 콘덴서의 절연물로서 사용하는 경우에는 보통의 전기 절연과는 다른 견지에서 재료를 살필 필요가 있다. 이 유전 재료로는 어떠한 것이 있으며 그것들이 어떤 특성이 있는지에 대해서는 생략한다.

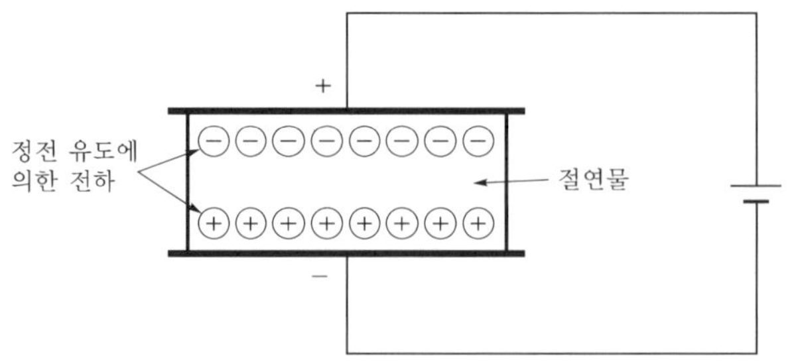

┃ 그림 2-31 콘덴서에서는 절연물에 나타난 전하에 따라서 용량이 커진다. ┃

6 반도체 재료

원래, 반도체라는 명칭은 도체도 아니고 부도체(절연체)도 아닌, 중간 정도의 전기 전도성이 있는 것이라는 의미에서 붙인 것이다. 따라서 그 경계는 별로 확실한 것이 아니지만 고유저항으로 $10^{-2}\,\Omega\cdot cm$에서 $10^5\,\Omega\cdot cm$정도의 범위에 있는 것을 가리킨다. 반도체의 원료로 잘 알려진 트랜지스터나 다이오드의 재료로서 잘 알려진 게르마늄과 실리콘이 있으며 이 밖에 정류기로서 사용되는 셀렌이 있다. 이것과 동일한 성질을 가지는 것은 대단히 많아서 금속의 산화물이나 황화물(금속과 산소의 화합물이나 유황과의 화합물, 즉 녹과 같은 것), 금속과 금속의 화합물 등이 있다. 이것들은 여러 가지 용도에 따라서 구분 사용하고 있지만 반도체로서의 특징을 나타내기 위해서는 단지 고유저항이 중 정도라는 생각은 불충분하다. 그래서 반도체란 비저항이 중 정도일 뿐 아니라 전기를 운반하는 캐리어로서 자유전자와 정공(홀)의 양쪽이 관여하고 있는 것이라고 생각하는 것이 더욱 정확하다.

반도체 재료는 [표 2-4]에 실용례를 가리킨 것처럼 일렉트로닉스의 중심적인 역할을 하고 있는 트랜지스터나 집적회로의 주요 재료가 되는 것이다.

∥ 표 2-4 반도체 재료의 실용례 ∥

	반도체 재료	실용례
단체의 원소	실리콘	트랜지스터, 다이오드, 직접회로, 정류기, 사이리스터
	게르마늄	트랜지스터, 다이오드, 홀소자
	셀렌	정류기, 광전지
금속의 산화물	아산화동	정류기, 광전지
	철, 망간, 코발트, 니켈 등의 산화물	서미스터
금속의 황화물	황화카드뮴(CdS)	포토셀
	황화납(PbS)	포토셀(적외용)
금속과 금속의 화합물	갈륨비소(GaAs)	발광 다이오드, 건다이오드, 마이크로파용 FET, 인펏 다이오드
	인듐안티몬(InSb)	홀소자, 포토셀(적외용), 마그넷 레지스터

7 자성 재료

전선을 빙빙 감아서 코일을 만들고 이것에 전류를 흘리면 자석의 성질을 나타내지만 이 코일에 철의 심을 넣으면 자석의 작용이 한층 강해진다. 이와 같이 자석을 만들거나 자석의 힘을 강화시키는 작용을 하는 물질을 자성 재료라고 한다. 자성 재료로서는 단일한 금속으로는 철과 니켈과 코발트의 3종류지만 이것들을 기초로 만든 합금이나 산화물 외에 페라이트로서 알려지는 여러 가지 화합물이 있다.

자성 재료도 용도, 목적에 따라서 강하게 자화(磁化)하는 것, 일단 자화하면 그것을 오래 유지하고 있는 것, 높은 주파수로 전력 손실을 적게 사용할 수 있는 것 등을 구분 사용한다. 이 자성 재료에 대해서도 앞으로 전류의 자기 작용, 발전기, 전동기, 변압기, 동조 코일 등 도처에 나오므로 그때마다 설명하기로 한다.

06 회로에서 저항의 작용

1 저항은 반드시 전류의 흐름을 방해한다?

저항이라는 것은 전류가 흐르는 것을 방해하는 작용이기 때문에 전류를 잘 흘리고 싶은 곳에는 저항이 있으면 곤란하다. 전기를 잘 통과하는 도체인 금속에서도 약간이나마 저항이 있으며 이 도체의 길이가 길고 단면적이 작은 경우에는 금속선이라도 저항을 무시할 수 없는 경우가 있다. 예를 들어 길이가 약 2,000km에서 지름 10mm인 굵은 동선을 사용하여 2,000km의 길이로 깔면 그 저항은 약 400Ω이나 된다. 400Ω의 저항에 10A의 전류를 흘리면 4,000V나 전압이 강하되므로 이래서는 도저히 송전할 수가 없다.

발전소에서 대량으로 만든 전기를 고압 송전선을 통하여 변전소에 보내거나 또는 시내의 배전선을 통하여 공장이나 일반 가정에 보내기 위해서는 도중에 저항이 있으면 전기가 일부 낭비되므로 송전선이나 배전선에는 가급적 저항이 적고 굵은 동의 전선을 사용하고 있다. 또 옥내의 배선도 저항이 크면 전기가 낭비되거나 발열을 일으키므로 역시

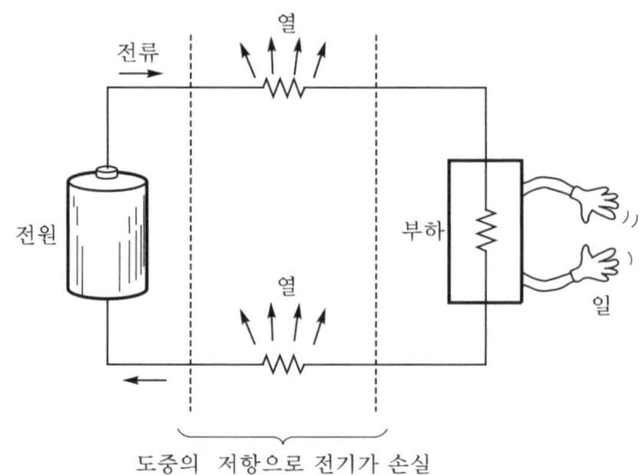

┃ 그림 2-32 도중에 저항이 있으면 전기가 낭비되어 열이 발생한다. ┃

굵은 동의 전선이다[그림 2-32]. 이 밖에 여러 가지 기계나 전기기기 중에서도 실험 시의 배선에서도 전기가 잘 흘러야 하는 경우에는 대개 동선을 사용한다. 동보다도 조금 저항이 큰 알루미늄은 비교적 가격도 싼 금속 재료지만 납땜이 어렵다는 단점이 있어서 동을 대신하여 사용하기는 어렵다.

기계나 전기기구 중에서는 전류가 너무 흘러서는 곤란한 경우도 있다. 전기가 일을 하기 위해서는 그 일의 양에 알맞은 전류가 있으면 되고 불필요하게 큰 전류가 흐르면 전원부가 지나치게 커져서 비경제적이다. 또 전기요금이 많아지거나 전지의 수명이 짧아지거나 하는 일도 있기 때문이다. 그래서 전압이 정해진 경우, 전류를 어떤 크기만 흘리고 싶을 때는 회로 중에 일부러 저항을 넣어서 전류가 너무 흐르지 않게 한다. [그림 2-33]은 이해하기 쉬운 예로서 전기 납땜인두의 온도 조절용 저항을 스위치로 전환할 수 있게 한 회로다. 납땜의 온도는 높을수록 좋은 것은 아니고 최적한 온도 범위가 있으며 또 납땜하는 물건의 크기에 따라서는 열량이 부족한 경우도 있어서 납땜인두에 흘리는 전류를 가감할 수 있으면 편리하다. 그래서 몇 가지 저항을 스위치로 전환함으로써 납땜인두에 전류가 너무 흐르지 않게 하고 있다. 이 저항은 온도가 너무 오르지 않게 방열성이 좋고 외형이 큰 저항으로 하여야 한다. 라디오나 텔레비전을 비롯하여 전기를 이용하는 기계, 장치 중에서는 이렇게 간단한 것이 아니고 각 소에서 전류를 제한하기 위한 저항이 사용되고 있다. 그래서 저항이 제로인 것(도체)과 저항이 무한대인 것(부도체)의 2종류뿐이면 불편하다. 인간이 사용하는 전기는 전원 전압만 가지고 봐도 1.3V인 수은 전지 1개로 움직이는 전자 손목시계로부터 50만 V나 되는 초고압 전선까지 실로 광범위하고 다루는 전류도 수 pA에서부터 수 만 A까지 있다. 또 전기를 에너지가 아닌 신호 정보로서 사용하는 통신이나 일렉트로닉스에서는 볼트[V]의 백만 분의 1의 단위인 마이크로볼트[μV]로 나타내는 작은 전압을 다룬다. 그래서 필요한 저항도 낮은 저항 쪽에서는 쇼트에 가까운 수 mΩ에서 높은 쪽에서는 절연물에 가까운 수백 MΩ까지 있다.

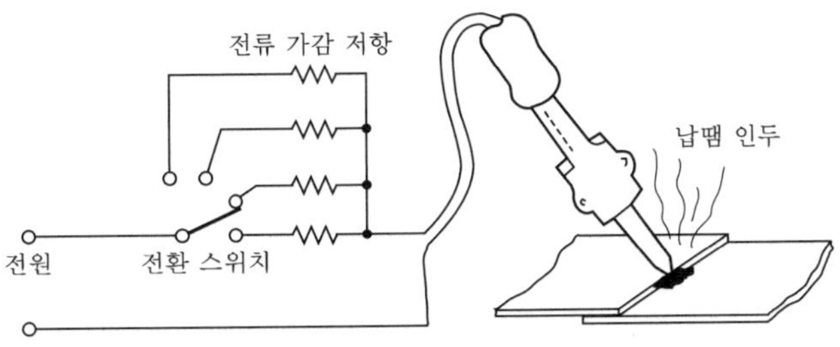

┃ 그림 2-33 납땜 인두의 전류 가감용 저항 ┃

２ 전기를 열로 사용할 때는 저항을 이용

　저항을 가진 것에 전류가 흐르면 전류는 흐르기 어려운 곳을 무리하게 흐르기 때문에 열이 발생한다. 열이 발생했다는 것은 열도 에너지의 일종이기 때문에 전기에너지가 열에너지로 변한 것이다. 이것은 열이 발생한 만큼 전기에너지가 없어지므로 열을 낼 필요가 없거나 또는 열이 나서는 곤란한 경우에는 당연히 저항이 가급적 작은 재료를 사용한다.

　그런데 전기에너지를 사용해서 열을 내고 싶은 경우에는 열을 발생시키는 것이 목적이므로 저항이 큰 재료를 사용해야 한다. 전열기나 다리미의 발열체(히터)에 니크롬선을 사용한 것이 그 예이다[그림 2-34].

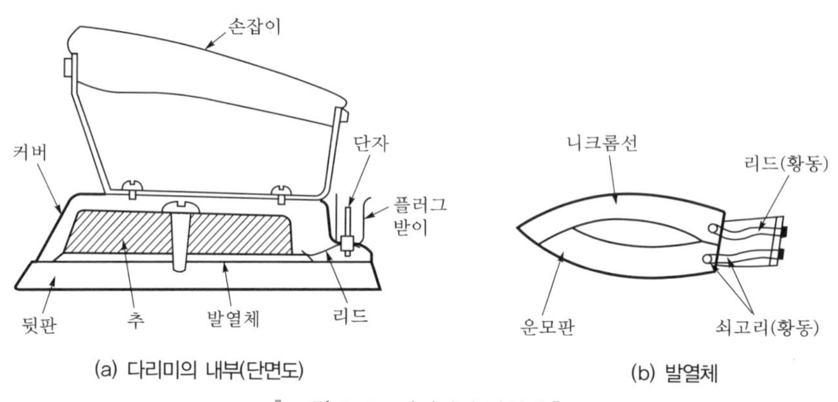

그림 2-34 다리미의 발열체

３ 저항은 전압을 분할할 수 있다

　저항의 또 하나의 중요한 작용은 가한 전압을 분할할 수 있다는 것이다. [그림 2-35]는 이것을 가리킨 것인데 저항 전체에 어떤 전압을 가하면 그 일부분인 저항의 양단에서 원래의 전압보다도 작은 전압을 꺼낼 수 있다. 원래 전압의 몇 분의 1이 되는가, 즉 전압

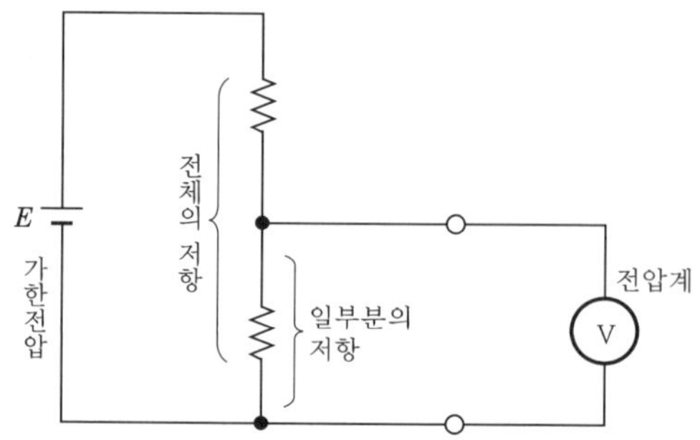

그림 2-35 일부분의 저항에는 가한 전압을 저항비로 분할한 전압이 얻어진다

의 분할비는 전체 저항과 분할한 전압을 꺼내야 하는 일부분의 저항과의 비가 된다. 즉 가한 전압을 저항비로 분할할 수 있다.

[그림 2-36]은 전압을 저항으로 분할한 실례인데 9V인 전지의 전압을 470Ω과 130Ω의 2개 저항으로 분할하여 130Ω인 저항의 양단의 전압을 꺼낸다. 130Ω인 저항의 양단의 전압은

$$9V \times \frac{130\Omega}{130\Omega + 470\Omega} = 1.95\,V \quad \cdots\cdots\cdots\cdots\cdots\cdots\cdots\cdots\cdots\cdots\cdots\cdots (2\text{-}2)$$

가 된다. 즉, 전압 분할비 1.95V/9V는 저항 분할비 130Ω/600Ω과 같다고 계산할 수 있다.

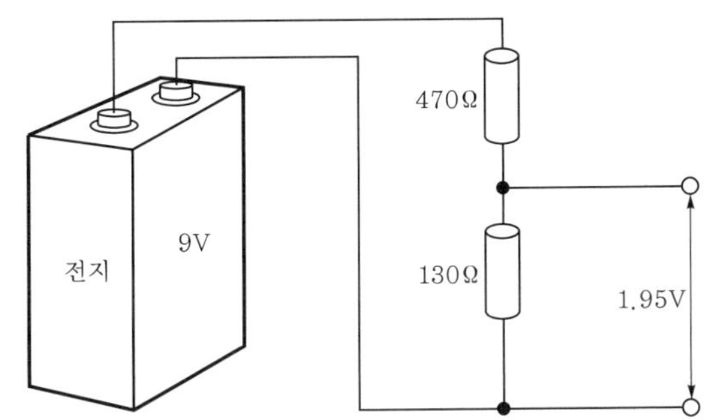

그림 2-36 전압을 저항으로 분할하여서 더 낮은 전압을 얻는 예

이와 같이 전압 분할비와 저항 분할비가 같아진다는 것은 분할하여 얻어진 전압은 전압으로만 사용하여 2개 저항의 분기점에서 전류는 흘리지 않는다는 전제가 필요하다. [그림 2-37]처럼 분할하여 얻은 전압에서 전류를 흘리는 경우 전압은 저항 분할비에서 계산한 전압보다도 작아진다. 어느 정도 작아지는가는 흘리는 전류가 클수록, 전체 저항에 흐르는 전류(이 예에서는 15mA)가 작을수록 심해진다. 이 계산식은 여기서는 풀이하지 않고 결과만을 가리키고 뒤의 옴의 법칙과 그 응용 계산을 공부한 후 설명하기로 한다. 전압 분할비가 저항 분할비와 거의 같게 하기 위해서는 분할하여 얻은 전압에서 흘리는 전류에 비하여 충분히 큰 전류를 전체의 저항에 흘릴 필요가 있다.

저항에 의한 전압 분할비는 간단하고 편리하지만 변압기와 달라서 원래의 전압보다 높게 할 수 없다는 것과 전체의 저항에 항상 전류가 흐르고 있으므로 전력 소비가 커서 비경제적이라는 결점이 있다. 이 때문에 분할하여서 얻은 전압을 무엇인가 큰 전력을 위하여 사용하는 경우에는 전혀 부적당하고 작은 전류만 꺼내는 회로에 사용되고 있다.

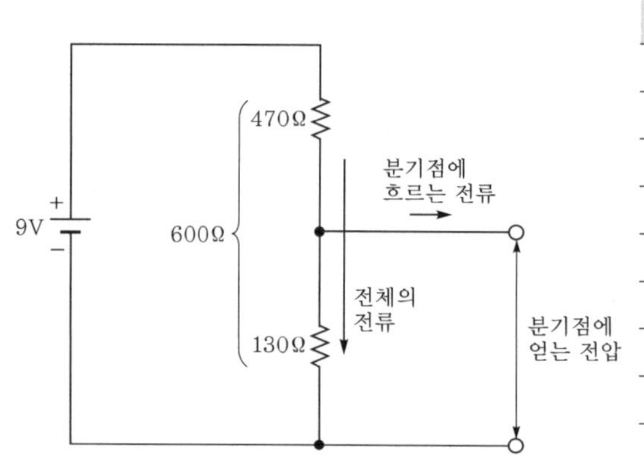

분기점에서 어느만큼의 전류를 흘리는가(mA)	분리점에서 얻는 전압 (V)
0	1.95
0.1	1.94
0.2	1.93
0.3	1.92
0.5	1.90
1.0	1.85
2.0	1.75
3.0	1.64
5.0	1.44

▎그림 2-37 분기점에서는 어느만큼의 전류를 흘리는가에 따라 얻어지는 전압이 변한다. ▎

07 옴의 법칙

1 옴의 법칙(1827년)

[그림 2-38]에서 전압이 E[V]인 전원에 저항이 R[Ω]인 부하를 연결하였을 때의 전류 I[A]의 크기에 대하여 생각한다. 전류는 전압이 높을수록 크고 회로의 저항이 클수록 작아진다는 것은 감각적으로 이해되지만 이 관계를 수식으로 표현하여 비례관계에 있다는 것을 확인한 것은 독일의 물리학자인 옴(Ohm)이라는 사람으로 1827년의 일이다.

이것을 옴의 법칙이라고 하여 전기회로의 계산에 가장 기본적인 것이다.

옴의 법칙은

전압[V] = 전류[A] × 저항[Ω]

또는

전류[A] = 전압[V] / 저항[Ω]

이다.

예를 들면 5Ω인 저항에 10V인 전압을 가하면 전류는

전류[A] = 10V/5Ω = 2A

로 된다.

이처럼 평범한, 지금은 당연한 것 같은 관계식이지만 1827년 당시로서는 이 발견은 대단한 성과였다. 이때쯤의 전지는 전압이 극히 불안정하여 도저히 정밀한 실험에는 적합하지 않고 옴은 열전쌍을 가열한 것을 전원으로 하여 전류의 정밀 측정에는 자침 검류계를 사용하는 대단한 고생을 하였다.

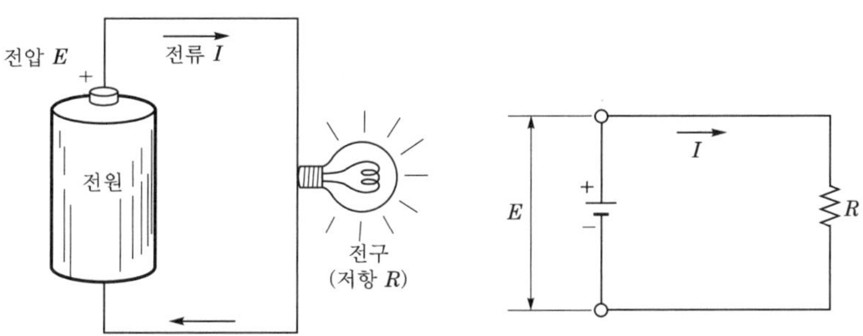

그림 2-38 전압과 전류와 저항과의 관계

2 전압강하

도체인 금속에서도 사소하나마 저항이 있다고 하면 회로라는 것의 요건을 전원과 부하와 이것들을 연결하는 도선이라고 하였지만 이 도선 중에도 저항이 있다. 그래서 전류가 흐르는 도중에 저항이 있으면 어떠한 일이 일어나는지를 조사한다.

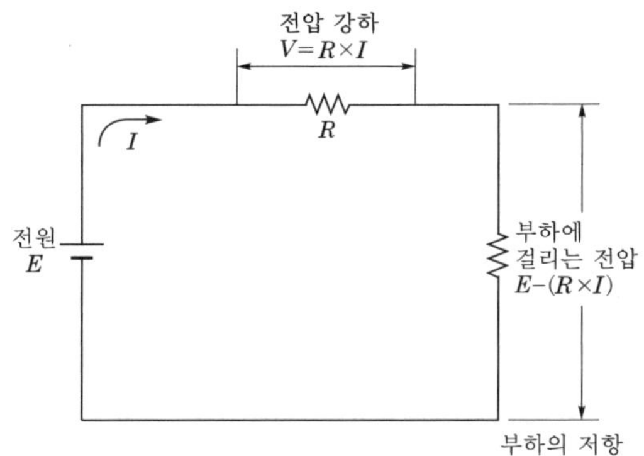

그림 2-39 저항에 의한 전압강하와 전원

전류는 전위차 또는 전압이라는 원동력에 의해서 흐른다. 저항은 그것에 거스르는 것이므로 전류가 흐르는 도중에 저항이 있으면 전위차 또는 전압의 작용은 당연히 약해진다. 이 때문에 원래의 전압 작용을 약하게 하는 힘이 이 저항의 양단에 생긴다. 그래서 옴의 법칙을 적용하면 저항 R에 전류 I가 흐름으로써 저항 양단의 전압 V는 $R \times I$, 즉 저항의 양단에서 $V = I \times R$만큼의 전압이 생겨 이 전압만큼 원래의 전원 전압의 힘을 약하게 하기 위해 작용한다. 그래서 저항 양단에 생긴 전압을 전압강하라고 한다 [그림 2-39]. 회로 속에 저항이 있으면 그 전압강하에 의해서 전원 전압이 유효하게 부하에 전달되지 않는다.

100V의 전원에서 전열기를 붙인 회로가 있어 전열기에 10A의 전류가 흐르고 있다고 하자. 배선의 저항은 1개당 0.5Ω이라고 하면

$$전압강하 = 0.5Ω \times 10A = 5V$$

가 되며 이것이 전선 1개당의 전압강하이다. 전기가 왕복하는 선에서 2선을 생각해 보면 전압강하는 이 2배가 되며 전열기에는 전원 전압 100V보다 10V만큼 낮은 전압인 90V가 걸려 있다[그림 2-40].

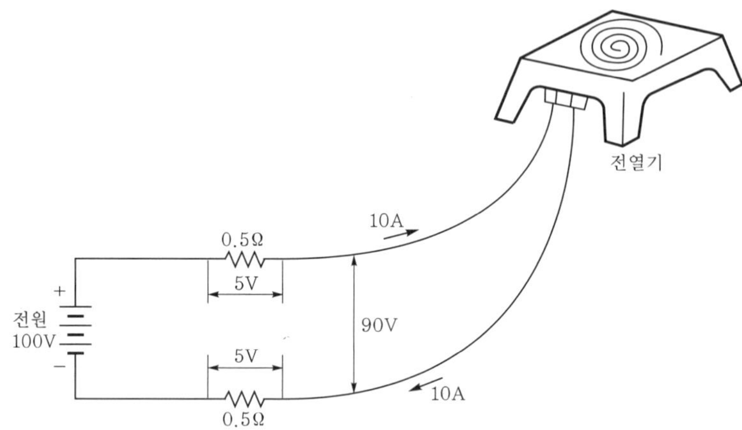

| 그림 2-40 저항에 의한 전압강하와 부하에 걸리는 실효 전압 |

08 ▶ 저항의 접속

1 직렬접속

옴의 법칙을 설명한 회로는 하나의 전원이 있고 여기에 부하인 저항이 하나라는 가장 간단한 것이었다. 이 경우에 전원에서의 전류는 모두 부하의 저항을 지닌다. 이와 같은 연결 방법을 전원과 저항이 직렬로 연결되었다고 한다. 전원과 저항이 하나씩 있는 경우의 연결법에는 이 직렬 연결법 외에는 달리 생각할 수가 없다.

다음에 부하인 전구를 2개로 하면 이 연결법에는 [그림 2-41]처럼 두 가지가 있다. 전

원에서 보아 2개의 전구가 일렬로 된 연결법을 직렬, 2개로 나누어서 연결된 방법을 병렬이라고 한다. 전원과 직렬접속된 2개의 부하저항을 회로도로 나타내면 [그림 2-42]처럼 된다. 일렬로 되어 있다는 말보다 좀 더 전기적으로 표현하면 전원에서 전류는 단지 하나뿐이고 어느 저항에도 같은 크기의 전류가 흐르도록 연결하는 방법이다. 도중에서 나누어지지 않고 또 발생하거나 꺼지거나 하는 일도 없어서 전류는 모두 전원에서 공급되고 있으므로 이것은 당연한 일이다.

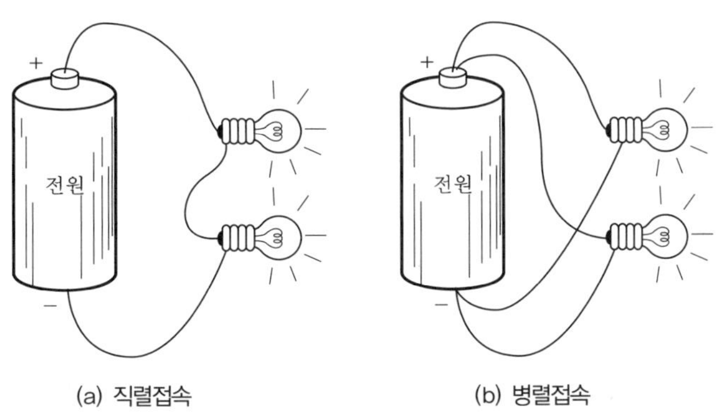

┃ 그림 2-41 저항의 직렬접속과 병렬접속 ┃

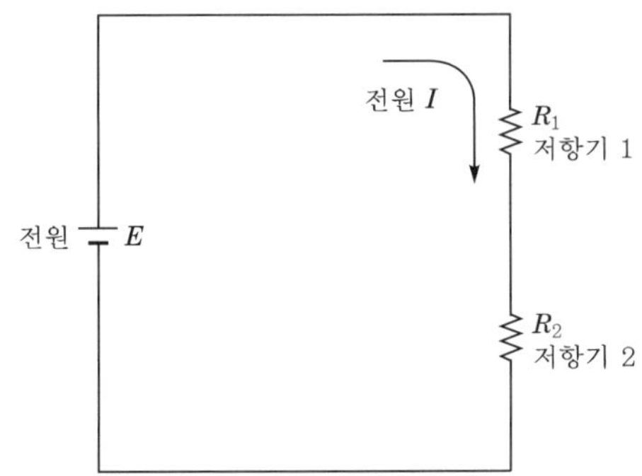

┃ 그림 2-42 전원과 2개의 저항이 직렬 접속된 회로 ┃

저항을 3개로 해보면 이 연결 방법은 [그림 2-43]처럼 4가지가 있다. 각 저항에 같은 크기의 전류가 흐르는 연결법은 그림 (a)가 되고 이것이 직렬접속이다. 그림 (b)는 병렬, 그림 (c)와 그림 (d)는 직렬과 병렬을 조합한 것이다. 저항을 2개, 3개뿐 아니라 몇 개라도 접속할 수 있는 것이 직렬의 특징으로 각 저항에는 같은 전류가 흐른다. 직렬을 시리즈(series)라고도 한다.

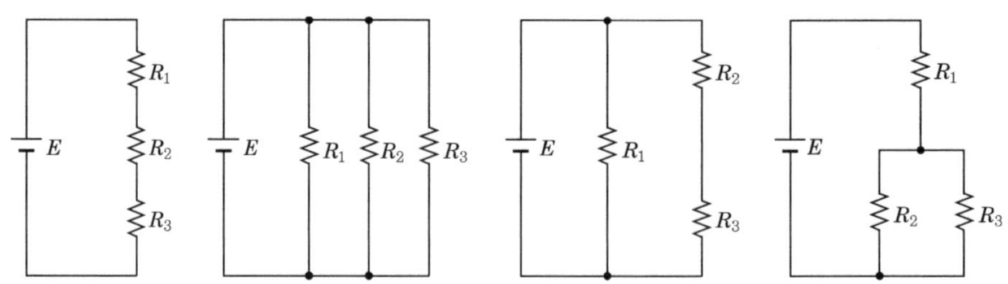

┃ 그림 2-43 전원 1개에 저항 3개를 연결하는 방법 ┃

  몇 개의 저항이 직렬로 접속되어 있는 회로에서 전류가 흐름으로써 각 저항의 양단에 나타나는 전압의 합계는 전원의 전압과 같다고 하였지만 이 경우에는 각 전압을 단지 덧셈으로 합할 수가 있다. 그런데 회로가 복잡해져서 저항이 가지처럼 나눠지고 더구나 전원이 1개가 아닌 경우에는 각 저항의 양단에 걸리는 전압은 그대로 덧셈할 수 없는 경우가 있다. 저항에 의한 전압강하는 몇 볼트라는 전압의 크기 외에 방향이 있기 때문이다. 이것을 토대로 [그림 2-44]의 저항 R_1에 대하여 생각해 보겠다.

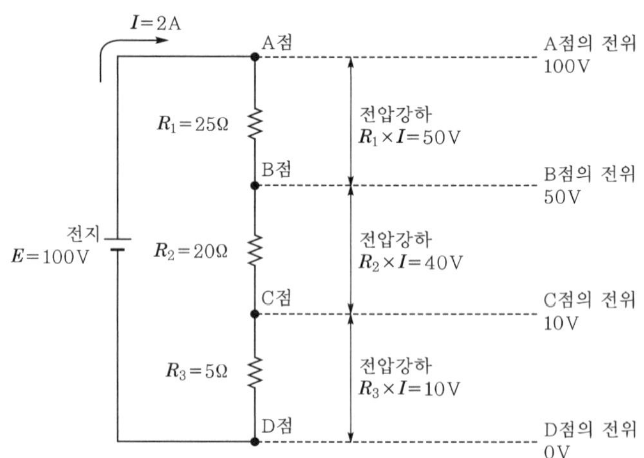

┃ 그림 2-44 저항의 전압강하와 각 점의 전위 관계 ┃

  저항 R_1의 한쪽은 전지의 (+) 측에 연결되어 있으므로 전지의 (+) 단자와 같은 전위에 있다. 전지의 (−) 단자를 기준으로 전지의 (+) 단자는 +100V이며 따라서 저항 R_1의 한쪽, 가령 이것을 A점이라고 하면 여기도 같은 +100V의 전위로 되어 있다. 다음에 저항 R_1의 다른 한쪽인 B점은 A점에 비하여 저항 R_1의 전압강하분만큼 낮아진다. 즉 B점의 전위는

$$E = R_1 \times I = 100V - 50V = 50V$$

가 된다. 회로의 전류는 전위가 높은 쪽에서 낮은 쪽으로 향하여 흐른다고 생각되므로

B점은 A점보다 낮다. 저항 R_1과 저항 R_2에 대해서도 동일하고 C점에 대해서는 저항 R의 전압강하인 RI만큼 다시 B점보다 전위가 낮아지기 때문에 C점의 전위는

$$V - IR_1 - IR_2 = 100V - 50V - 40V = 10V$$

로 되어 있다. 또 D점에서는 저항 R의 전압강하인 만큼 다시 C점보다 전위가 낮아지기 때문에 D점의 전위는

$$V - IR_1 - IR_2 - IR_3 = 100V - 50V - 40V - 10V = 0\,V$$

가 된다. 또 D점은 전지의 (−)측과 접속되어 있어서 이곳을 기준 전위라고 생각하였으므로 D점의 전위는 확실히 0V이면 된다. 이와 같이 저항 그 자체는 어느 쪽 단자도 (+), (−)의 구분이 없는 것이지만 이 저항에 전류가 흘러서 나타나는 전위 강하는 전위가 높은 쪽과 낮은 쪽이 정해진다. 전지와 동일하게 전위가 높은 쪽을 (+), 낮은 쪽을 (−)로 하고 (+)에서 (−)로 향하는 방향을 전압강하의 방향으로 정해두면 이 방향은 전류가 흐르는 방향과 일치하게 된다. 그리고 전압강하의 방향이 같으면 각 저항의 전압강하의 크기를 단지 덧셈으로 합계할 수 있다.

몇 개의 저항이 직렬 또는 병렬로 여러 가지로 접속되어 있는 것이 있어서 그것이 전체적으로 어느 만큼의 저항으로 작용하는지 계산한 것을 합성저항이라 한다.

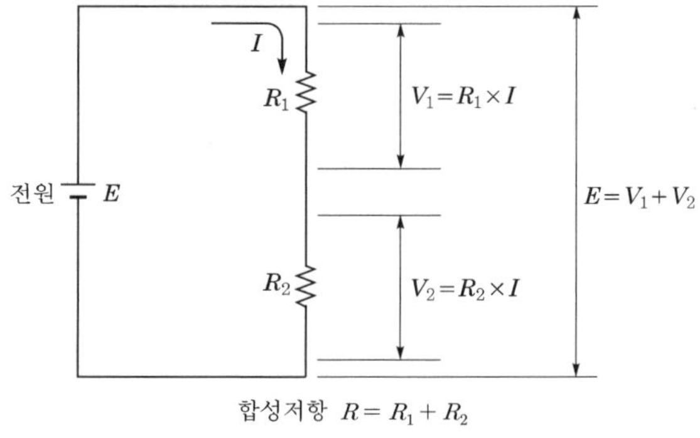

| 그림 2-45 직렬 접속된 저항의 합성저항 구하는 방법 |

직렬로 접속된 저항의 합성저항 값은 전압강하라는 방식을 사용하여서 옴의 법칙에서 구할 수 있다. [그림 2-45]처럼 전압 E인 전원에 2개의 저항 R_1과 R_2가 직렬로 접속된 경우를 생각해 본다. 여기서 I라는 전류가 흐르면 R_1과 R_2 각각의 양단의 전압강하는 다음과 같다.

$$R_1 의\ 전압강하 \ ------- V_1 = R_1 \times I$$
$$R_2 의\ 전압강하 \ ------- V_2 = R_2 \times I$$

R_1의 전압강하 V_1과 R_2의 전압강하 V_2를 더한 것이 전원 전압 E이므로

$$E = IR_1 + IR_2 = (R_1 + R_2)\,I$$

라는 식으로 나타낼 수 있다. 여기서 두 저항의 합성저항이라고 하는 것은 전원에서 보았을 때 2개의 저항은 전체로서 어떠한 저항으로 보이는가 하는 것이므로 전원 전압 E에 의해서 전원에서 어느 만큼의 전류가 흘렀는가를 생각하면 합성저항을 R이라고 할 때

$$R = \frac{E}{I} = \frac{(R_1 + R_2) \times I}{I} = R_1 + R_2$$

로 되어서 합성저항은 $R_1 + R_2$라는 간단한 덧셈으로 할 수 있다는 것을 알게 된다. 저항의 수가 2개보다 많아져도 같은 방식을 적용하여서 직렬로 접속된 저항의 합성저항은 각 저항의 합(덧셈)으로 구할 수 있다.

2 병렬접속

2개 이상의 저항을 접속할 때 개개의 저항에 걸리는 전압이 같아지도록 접속하는 것을 병렬이라고 한다. [그림 2-46]에서는 어느 저항에도 전압이 걸리고 전류는 각각의 저항의 크기에 따라서 분류된다. 하나의 전원에 몇 개의 부하를 연결하는 경우의 접속법은 대개 이 병렬접속이다.

가정의 조명선이라고 하는 소위 상용 교류전원에는 많은 전기제품이 접속되지만 이것들은 모두 전원에 대하여 병렬이 된다. 콘센트를 통하여 각 전기제품은 모두 같은 전압이 걸리며 이들은 부하로서 각각 전력 소비에 따른 전류가 흐르고 전원에는 이러한 전류의 합계가 흐르게 된다. 이러한 병렬은 페러럴(parallel)이라고도 한다.

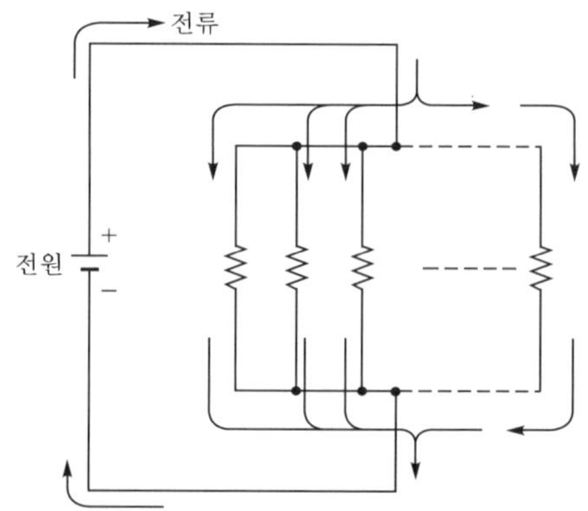

▌그림 2-46 저항의 병렬접속▐

저항을 몇 개 병렬로 연결하여 그 전체에 어떤 전압을 가하였을 때 각 저항에 흐르는 전류는 어떻게 배분될까?

[그림 2-47]은 이 모양을 가리킨 것인데 전원의 (+)단자에서 나온 전류는 저항이 가지처럼 갈라져 있는 곳에서 모든 저항의 방향에 나누어진다. 이것을 분류라고 한다. 그리고 각 저항을 통한 후 다시 모두가 합류해서 전원의 마이너스 단자로 돌아온다. 병렬의 특징으로 각 저항에는 같은 전원 전압 E가 걸려 있으므로 여기서 옴의 법칙을 적용해 보면 이러한 저항에 흐르는 전류는 모두 전원 전압 E를 각 저항으로 나누어서 구할 수 있다. 그리고 각 저항에 흐르는 전류의 합계가 전원에 흐르는 전류이다.

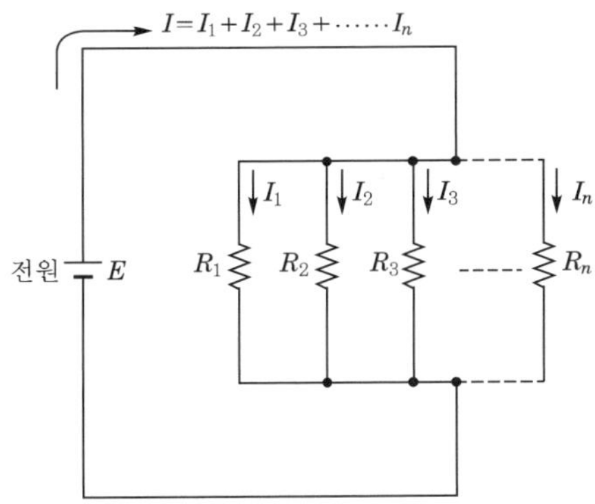

│ 그림 2-47 병렬 접속한 저항에 전압을 가하였을 때의 각 저항의 전류 분배 │

[그림 2-48]은 저항을 3개로 한 예인데 $R_1 = 25\,\Omega$, $R_2 = 20\,\Omega$, $R_3 = 5\,\Omega$을 병렬로 연결하여 이것에 1.5V의 전지를 연결한 것이다.

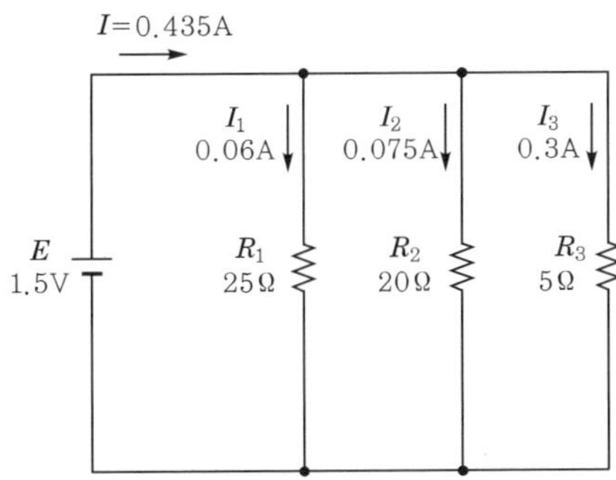

│ 그림 2-48 병렬저항의 전류 분배 예 │

$$R_1 \text{에 흐르는 전류} : I_1 = \frac{1.5\,\text{V}}{25\,\Omega} = 0.06\,\text{A}$$

$$R_2 \text{에 흐르는 전류} : I_2 = \frac{1.5\,\text{V}}{20\,\Omega} = 0.075\,\text{A}$$

$$R_3 \text{에 흐르는 전류} : I_3 = \frac{1.5\,\text{V}}{5\,\Omega} = 0.3\,\text{A}$$

합계 0.435A가 전원에 흐르는 전류

전체의 전류, 즉 전원에서의 전류가 각 저항에 어떻게 분배되는가는 각 저항의 역수에 비례하고 있어서 만약 전체의 전류를 알고 있을 때는

$$R_1 \text{에 흐르는 전류} : I_1 = 0.435\,\text{A} \times \frac{\frac{1}{25}}{\frac{1}{25} + \frac{1}{20} + \frac{1}{5}} = 0.06\,\text{A}$$

$$R_2 \text{에 흐르는 전류} : I_2 = 0.435\,\text{A} \times \frac{\frac{1}{20}}{\frac{1}{25} + \frac{1}{20} + \frac{1}{5}} = 0.075\,\text{A}$$

$$R_3 \text{에 흐르는 전류} : I_3 = 0.435\,\text{A} \times \frac{\frac{1}{5}}{\frac{1}{25} + \frac{1}{20} + \frac{1}{5}} = 0.3\,\text{A}$$

로써 각 저항에 흐르는 전류를 계산할 수도 있다.

몇 개인가의 저항에 병렬로 접속된 경우의 합성저항의 값은 각각의 저항에 옴의 법칙과 같이 전류가 흐르고 있고 전원에는 그 합계의 전류가 흐른다는 데서 구할 수 있다. [그림 2-49]처럼 전압 E의 전원에 2개의 저항 R_1과 R_2를 병렬로 접속한 경우를 생각한다. R_1에도 R_2에도 같은 E라는 전압이 걸려 있으므로 각각 R_1과 R_2에 흐르는 전류 I_1, I_2를 계산해 보면

$$R_1 \text{에 흐르는 전류} : I_1 = \frac{E}{R_1}$$

$$R_2 \text{에 흐르는 전류} : I_2 = \frac{E}{R_2}$$

가 된다. 여기서 R_1에 흐르는 전류 I_1과 R_2에 흐르는 전류 I_2를 더한 것이 전 전류 I이므로 다음과 같이 된다.

$$I = I_1 + I_2 = \frac{E}{R_1} + \frac{E}{R_2} = E \times \left(\frac{1}{R_1} + \frac{1}{R_2} \right)$$

2개의 저항의 합성저항, 바꾸어 말하면 전원에서 보았을 때 2개의 저항은 전체적으로 어떠한 저항으로 보이는지는 전원 전압 E에 의해 전원에서 어느 만큼의 전류가 흐르는가에 따르는 것이므로 합성저항을 E라고 하면

$$R = \frac{E}{I} = \frac{E}{E \times \left(\dfrac{1}{R_1} + \dfrac{1}{R_2} \right)} = \frac{1}{\dfrac{1}{R_1} + \dfrac{1}{R_2}}$$

가 되어 직렬접속보다는 상당히 복잡한 형태로 되었다. 이 식은 분모와 분자에 $R_1 \times R_2$를 곱함으로써

$$R = \frac{R_1 \times R_2}{R_1 + R_2}$$

라는 형태로 나타낼 수도 있으므로 저항이 2개 병렬 시의 합성 저항은 분자는 곱셈으로, 분모는 덧셈이라고 암기할 수 있다. 저항의 수가 2개보다 많아져도 같은 방법을 사용하여 병렬로 접속된 저항의 합성저항은

$$R = \frac{1}{\dfrac{1}{R_1} + \dfrac{1}{R_2} + \dfrac{1}{R_3} + \cdots + \dfrac{1}{R_n}}$$

으로 구할 수 있다.

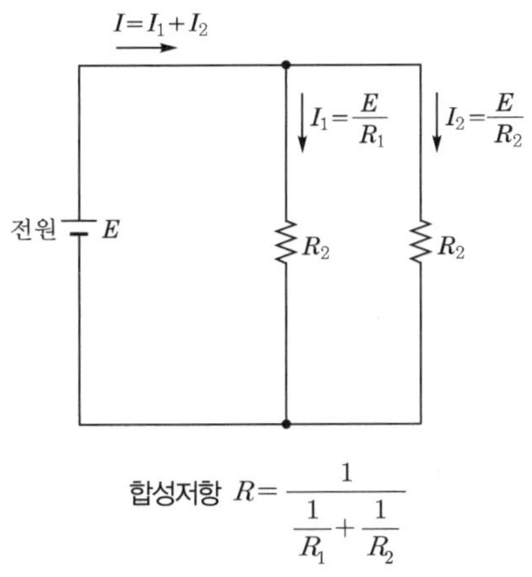

그림 2-49 병렬접속된 저항의 합성저항 구하는 법

3 ▌ 직병렬접속

　직렬접속과 병렬접속은 저항끼리에 한하지 않고 일반적으로 2개 이상의 부품을 연결할 때의 기본적인 것이다. 예를 들어 크리스마스트리에 사용하는 장식 전구는 [그림 2-50]처럼 7개뿐인 전구를 직렬로 한 것에 다시 2개를 병렬로 접속하였다. 7개의 전구를 직렬로 하여 100V에 연결하기 때문에 전구 1개당 14~17V의 전압이 걸려 있다. 그리고 그 중의 1개에는 바이메탈을 내장한 점멸 스위치용 전구를 사용하고 있으므로 이 7개의 전구는 동시에 점멸한다. 또 1계열의 7개의 전구도 동일하게 제작되었을 것이나 점멸 스위치용 전구의 바이메탈의 점멸 주기는 꼭 같지 않고 조금은 차이가 있으므로 2개의 계열의 전구는 다른 타이밍으로 점멸하는 구조로 되어 있다.

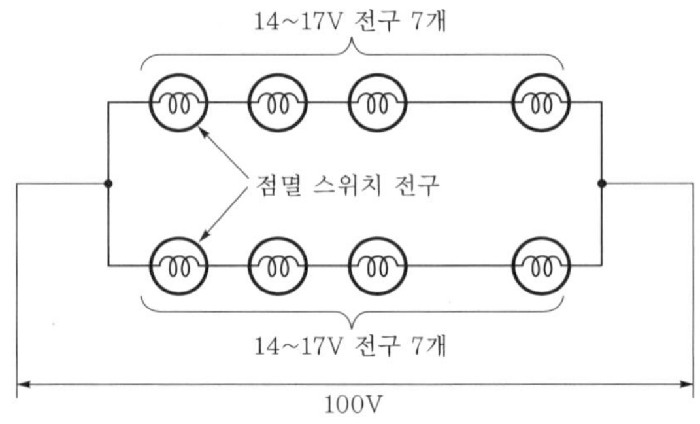

┃ 그림 2-50 직렬과 병렬의 조합으로 되어 있는 크리스마스트리용 전구 ┃

　크리스마스트리에서는 전구를 직렬로 함으로써 트랜스를 사용하지 않고 직접 100V에 접속하고 있으므로 모든 전구를 직렬로 한 것뿐이면 만약 수명이 짧은 전구가 1개 있어 이것이 끊기면 모든 전구가 꺼진다. 이것을 2계열로 나누어 두면 1개의 전구가 끊겨 1계열이 꺼져도 또 1계열 쪽은 사용할 수 있다는 것으로 전구 수는 줄지만 모두 꺼지는 것보다는 낫다는 생각도 고려되어 있다.

　실제의 전기회로 중에서는 이처럼 간단한 것만 있는 것이 아니다. 이 직렬과 병렬이 몇 개나 조합된 복잡한 것이 많이 있다. 그러나 아무리 복잡하여 그물처럼 많은 저항이 연결되어 있어도 그 일부분마다 직렬 또는 병렬의 계산식을 사용하여 그 부분의 합성저항을 구하고 이 작업을 계속 확대하여 결국은 전체의 합성저항을 계산할 수 있다. [그림 2-51(a)]는 직렬과 병렬을 혼합하여서 7개의 저항을 접속하고 있다. 이 합성저항을 구하기 위해서는

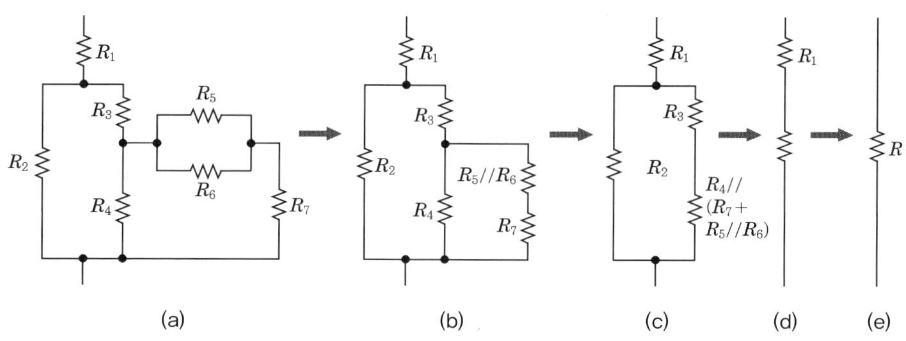

그림 2-51 직렬과 병렬의 양쪽이 있는 7개의 저항의 합성저항

i) 먼저 R_5와 R_6에 착안하여 이것의 병렬 저항을 계산한다. 병렬의 합성 저항의 기호를 $//$로 나타내면 R_5와 R_6의 병렬 합성저항은 $R_5//R_6$과 같이 나타낸다.

ii) R_5와 R_6의 병렬을 하나의 합성저항 $R_5//R_6$로 쓰면 그림 (b)처럼 된다. 이번에는 $R_5//R_6$과 R_7은 직렬이므로 이것을 간단히 덧셈하여 $R_7 + R_5//R_6$로 한 후 이것과 R_4의 병렬 합성저항을 계산한다. 이것으로 최초에 있던 R_4, R_5, R_6, R_7은 다음의 합성저항 1개로 대표된다.

$$R_4//(R_7 + R_5//R_6) = \cfrac{1}{\cfrac{1}{R_4} + \cfrac{1}{R_7 + \cfrac{1}{\cfrac{1}{R_5} + \cfrac{1}{R_6}}}}$$

이것으로 그림 (c)까지 왔다.

iii) 다음에 $R_4//(R_7 + R_5//R_6)$와 R_3은 직렬이므로 이것을 단순히 덧셈한 후 이것과 R_2와의 병렬 합성저항을 계산하여 이 합성저항으로 바꾸어 놓으면 그림 (d)와 같다.

iv) 그리고 이것과 R_1은 직렬이므로 덧셈하면 그림 (e)처럼 최종적으로 7개의 저항은 하나의 합성저항 R로서 구할 수 있다.

이상의 과정을 식으로 나타내면 대단히 복잡하지만 실제의 저항값을 알고 있는 경우에는 하나하나 끈기 있게 계산해 가면 별로 어려운 것은 아니다. 요점은 처음 회로를 쳐다보고 어디서부터 손을 댈 것인가, 단순화하는 순서를 생각하는 데 있다.

09 전압과 전류의 크기 측정

1 전기가 있다 》 검전기

전기가 있는가 없는가를 조사하는 가장 간단한 측정기는 [그림 2-52]에서와 같은 구조의 박검전기라는 것이다. 잘 건조한 유리병 속에 2매의 얇은 금 또는 알루미늄박 a, b를 매달았고 이 통을 외부의 금속 원판 D에 연결한다.

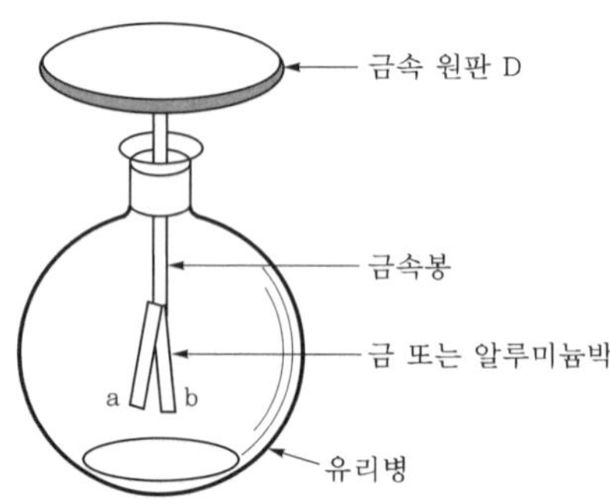

┃ 그림 2-52 박검전기의 구조 ┃

이 박검전기의 사용법은 [그림 2-53]처럼 금속 원판 D에 대전 물체를 근접시키거나 또는 대전 물체의 곁에 이 박검전기를 근접시키거나 하는 것이다. [그림 2-53]의 (나)에서와 같이 구에 대전 물체를 근접시킨 경우, 대전 물체가 가지는 전기, 예를 들어 양전기일 때는 정전유도에 의해서 구에는 음전기가, 2매의 금박 a, b에는 어느 쪽에도 양전기가 대전하기 때문에 서로 반발하여 금박이 열린다. 다음에 그림 (다)처럼 구에 손을 대면 원판의 음전기는 근접시킨 대전 물체의 양전기에 잡아당겨져 있어 움직이지 못하지만 금박 쪽에 있는 양전기는 손을 통하여 대지로 달아나 버리므로 금박은 전기를 상실하여 오그라든다. 다시 손을 떼어도 역시 금박은 닫힌 그대로다.

그래서 그림 (라), (마)처럼 대전 물체를 멀리 떼어 놓으면 금박은 전과 똑같지는 않지만 다시 열린다. 그것은 대전 물체가 멀어졌기 때문에 이제까지 대전 물체의 양전기에 잡아당겨져 원판에 모여 있던 음전기가 전체로 분산하여 금박 쪽에도 음전기가 왔기 때문이다. 이와 같이 박검전기는 정전기가 있다는 것을 금박이 열림으로써 그리고 정전기의 크기를 금박의 열리는 정도로 알 수 있다.

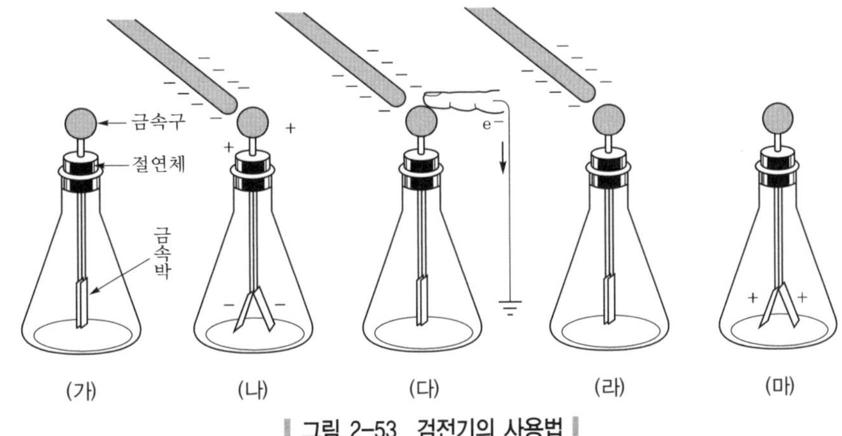

그림 2-53 검전기의 사용법

① [그림 2-53]의 (가)는 금속박 검전기가 대전되지 않은 상태의 모습이다.

② 에보나이트 막대를 모직 헝겊으로 문질러서 (−)전하로 대전시키고 그림 (나)와 같이 검전기의 금속구에 가까이 가져가면 정전기 유도에 의해서 금속구는 (+)로 대전되고 아래 부분의 금속박은 (−)로 대전된다. 이 때 두 장의 금속박에는 같은 종류의 전기가 유도되어 척력이 작용하므로 금속박이 벌어진다. 금속박이 벌어지는 정도는 대전체의 전기량에 비례한다.

③ 다음에 그림 (다)와 같이 대전체를 가까이 한 채 손가락을 대면 (+)전하는 에보나이트 막대의 (−)전하에 끌려서 그대로 있지만, 금속박에 있는 (−)전하는 손가락을 통하여 밖으로 빠져 나가게 된다. 따라서 금속박에는 전하가 없어져서 금속박은 오므라들게 된다.

④ 그림 (라)와 같이 대전체를 검전기의 금속구에 가까이 한 채 손가락을 금속구에서 손가락을 멀리하면 금속구에 대전된 (+)전하의 일부가 금속박으로 이동하여 그림 (마)와 같이 (+)전하가 검전기에 골고루 분포되고 금속박은 다시 벌어지게 된다.

유리 막대를 명주 헝겊으로 문질러서 (+)전하로 대전시킨 후 위의 순서대로 검전기를 대전시키면 검전기는 (−)전하로 대전된다. 그림 (라)와 같이 (+)전하로 대전된 검전기에 (−)전하로 대전된 대전체를 접근시키면 금속박은 오므라들었다가 대전체를 멀리하면 다시 벌어진다. 이와 같이 검전기에 대전된 전하를 알면 다른 대전체의 전하의 종류를 쉽게 구별할 수 있다.

② 전압이 있다 ≫ 검전기

박검전기는 정전기가 있는 것을 조사하는 것이었지만 동전기가 있다는 것을 조사하기 위해서는 검전기를 쓰며 어느 정도 이상의 전압이 있는 경우에는 네온관이 점등하게 만든 네온 검전기가 자주 사용되고 있다. 네온 검전기의 구조는 [그림 2-54]와 같이 80V 정도의 전압에서 점등하는 소형 네온관과 이것에 직렬로 50kΩ 정도의 저항을 연결하고 있으며 한 끝을 전압이 있는가 없는가를 조사하는 회로에 대고 또 나머지 끝을 손으로 쥐게 한 것이다.

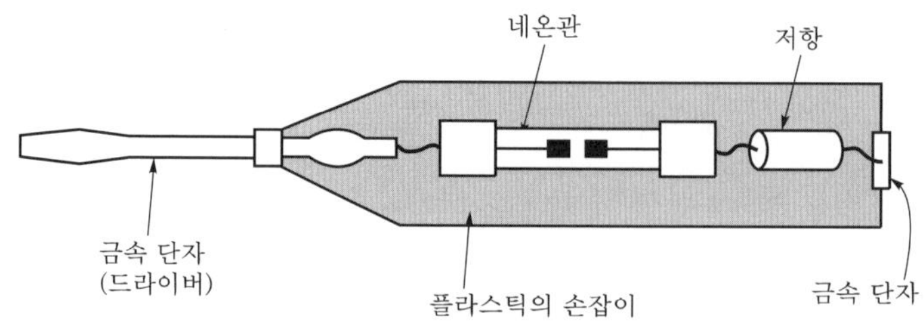

┃ 그림 2-54 네온 검전기의 구조 ┃

그리고 검전기 전체가 드라이버와 겸용이 되어 있거나 만년필과 같은 형태와 크기로 만들어서 휴대에 편리하게 되어 있는 것이 보통이다. 이 네온 검전기를 손에 들고 전등선에 닿은 경우 인체를 지나서 네온 검전기의 한쪽 전극이 접지되므로 전등선의 접지측에서 네온관은 점등하지 않고 비접지측에서는 네온관이 점등한다[그림 2-55].

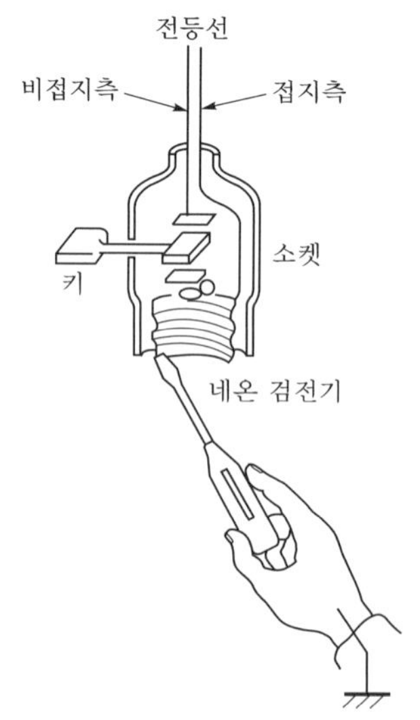

┃ 그림 2-55 네온 검전기의 사용법 ┃

3 직류 전류계

전기 그 자체는 물의 흐름처럼 눈으로 볼 수 없으므로 전류도 전압도 그 크기를 값으로써 측정하기 위해서는 무엇인가 특별히 측정하는 것이 필요하다. 전류를 측정하는 것을 전류계, 또는 암미터라고 하고 전압을 측정하는 것을 전압계 또는 볼트미터라고 한다.

일반적으로 사용되고 있는 것의 대부분은 전압계도 전류계도 같은 동작 원리의 것이다. 기본적인 것은 직류전류계에 전류가 흐름으로써 일어나는 여러 가지 현상을 우리의 눈에 보이게 하여서 전류의 값을 알게 하였다. 직류전압계로서 사용하는 경우에는 가해진 전압에 의해서 흐르는 전류를 측정함으로써 역시 전류 값에서 원래의 전압을 알 수 있게 하였다. 직류전류계, 즉 직류전류를 측정하는 계측기로 가장 널리 사용되고 있는 것은 [그림 2-56]과 같은 구조의 것이다. 영구자석의 N과 S의 두 극 사이에 가벼운 틀에 가는 동선을 감은 것(코일)이 있어 이 코일의 중심축에 붙어 있는 침을 보석의 베어링으로 지지하고 있다. 코일에 전류를 흘림으로써 코일은 자석의 성질을 가지게 되며 이것과 고정된 영구자석의 사이에 반발과 흡인력이 발생하기 때문에 코일은 중심축에 붙어 있는 침을 중심으로 회전하려고 한다. 코일에 나선형 스프링이 붙어 있어서 코일의 회전력과 나선형 스프링이 복귀하는 힘이 균형 잡힌 곳에서 코일은 멈추게 된다. 이 코일에 지침을 붙여 두면 코일의 회전과 함께 지침이 흔들려서 눈금판(스케일판이라고도 한다) 위 숫자로 전류를 판독할 수 있다. 코일의 회전력, 즉 코일과 영구자석 사이에 작용하는 힘은 일반적으로 전류가 흐르고 있는 도선을 자석의 가까운 곳에 두었을 때 받는 힘으로써 전자력이라고 하여 전자력은 자석의 세기×전류가 되므로 영구자석의 세기가 일정할 때 전자력은 코일에 흘리는 전류에 비례하게 된다.

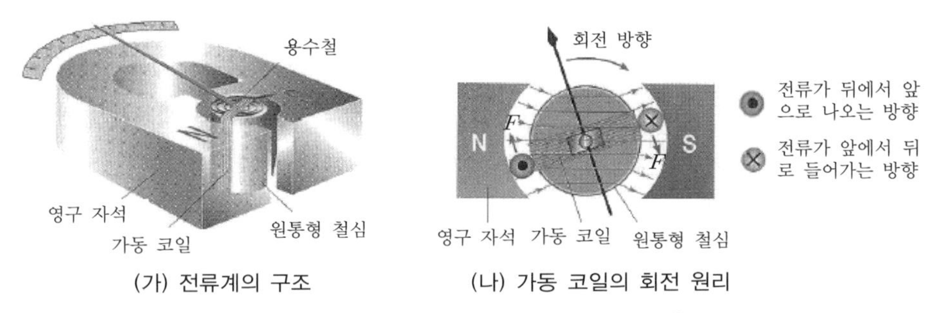

┃ 그림 2-56 가동코일형 직류전류계의 구조 ┃

이것은 지침의 진동이 비례하게 되어 전류계로서의 눈금이 제로에서 풀 스케일까지 등간격으로 되어 전류값의 판독이 쉽다는 특징이 있다. 이와 같은 동작 원리의 전류계를 가동코일형 미터라고 한다.

이것은 직류전류 전용으로 이대로는 교류를 측정할 수 없다. 이것은 코일에 흐르는 전류와 고정된 영구자석의 사이에 작용하는 전자력을 이용하고 있기 때문이며 코일에 흐르는 전류가 역방향이 되면 전자력도 역방향이 되기 때문이다. 이 때문에 가령 직류라도 전류계 단자에 지정되어 있는 (+)와 (−)의 접속을 잘못하면 지침이 반대로 흔들려서 전류를 측정할 수 없다[그림 2-57].

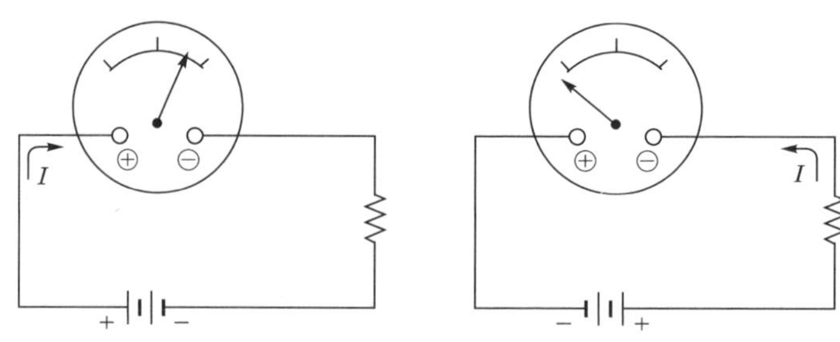

그림 2-57 가동코일형 직류전류계의 접속 예

4 전류계 및 전압계의 사용법

가동코일형 계측기로 직류전류는 물론, 직류전압도 측정할 수 있다. 전원에서 부하인 전구에 전류가 흐르고 있는 회로일 때 그 전류와 전압을 측정하기 위해서는 전류계는 부하와 직렬로 접속한다. 또 전압계는 전원 또는 부하와 병렬로 접속한다[그림 2-58]. 그러기 위해서는 전류계로는 속의 코일 권선이 가지는 저항으로 전압강하가 커지지 않도록 가급적 저항이 작게 제작되어 있으며 측정 전류에 따라서 계측기의 코일에 병렬로 작은 저항을 삽입하는 일이 있다. 또 전압계로서는 속의 코일에 가는 전선이 가득 감겨 있어서 큰 저항을 가지고 있어야 하며 측정하는 전압에 따라서는 계측기의 코일 회로에 직렬로 큰 저항을 넣는 일이 있다.

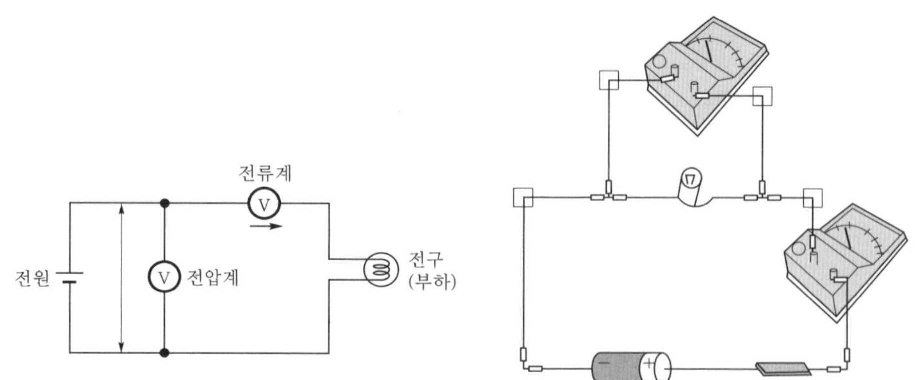

그림 2-58 전압계와 전류계의 연결 방법

Chapter 03

전기가 하는 일

우리의 주위에는 여러 가지 전기기구, 도구, 기계 등이 있지만 그 속은 어떻게 되어 있는지 알지 못하여도 전기를 연결하여서 스위치를 넣으면 여하간 우리들에게 소용되는 일을 해 준다. 전기의 여러 가지 작용에 대하여 이 장에서는 다룰 것이다. 또 전기는 일을 할 때는 그것에 알맞은 전기에너지를 소비하므로 우리가 편리성을 받는 만큼의 전기요금이 든다. 그래서 전기의 여러 가지 일의 양과 그것에 소요되는 전기에너지의 양의 관계에 대해서도 다루게 된다.

01 ▶ 전기의 작용

1 전기가 하는 일

전기에너지는 그대로는 우리들에게 사용되지 못하지만 전기에너지를 다른 에너지로 바꾸는 기계나 도구를 사용함으로써 이 기계나 도구는 우리들에게 여러 가지 쓰임새로 에너지를 사용할 수 있게 해 준다[그림 3-1].

┃ 그림 3-1 전기는 여러 가지 기구를 통하여 다른 에너지로 변화한다. ┃

이것은 마치 돈이란 그 자체로는 단순한 금속이나 종잇조각으로 아무 소용도 없지만 그 돈을 사용함으로써 우리들이 필요로 하는 것은 대개 손에 넣을 수 있다. 예를 들면 동력은 모터, 빛은 전등으로, 따뜻한 열은 전열기로, 차게 하기 위해서는 냉동기나 쿨러 등으로 사용하게 된다.

전기가 우리에게 일을 해 주는 기계는 도구이거나 전기기구이지만 일을 하는 경우에 그 일에 알맞은 양의 전기를 소비하므로 우리들에게 일을 해 주는 것은 역시 전기에너지이다. 무엇이나 할 수 있는 만능과 같은 전기를 가지고도 어떤 시대에는 알 수 없었던 일이 문명의 발달에 따라서 계속 새로운 기계가 발견되어서 불가능이 가능으로 되고 있다.

전기가 계속 새로운 능력을 가진 것이 아니라 전기는 원래 에너지이기 때문에 이 에너지를 우리가 필요로 하는 에너지 형태로 바꾸는 기계가 생겼을 때 우리들에게 소용되는 일을 할 수 있게 된 것이다. 현재도 도저히 할 수 없는, 예를 들면 사람이 무엇을 생각하고 있는가를 모니터 화면에 비춰 내거나 TV로 냄새를 전송하거나 타임머신을 타고 딴 시대로 여행하거나 하는 일이 언젠가는 가능할지도 모른다.

❷ 전류의 3대 작용

전기는 전류로 되어 흘렀을 때 여러 가지 현상을 야기한다. 우리는 이 전류에 의한 현상에 착안하여 이것을 잘 이용하여 쓸모 있는 일에 연결시키려고 하였다. 전류가 흐름으로써 야기되는 현상을 전기의 작용이라고 하지만 전류는 크게 나누어 다음의 세 가지 중요한 작용이 있다[그림 3-2].

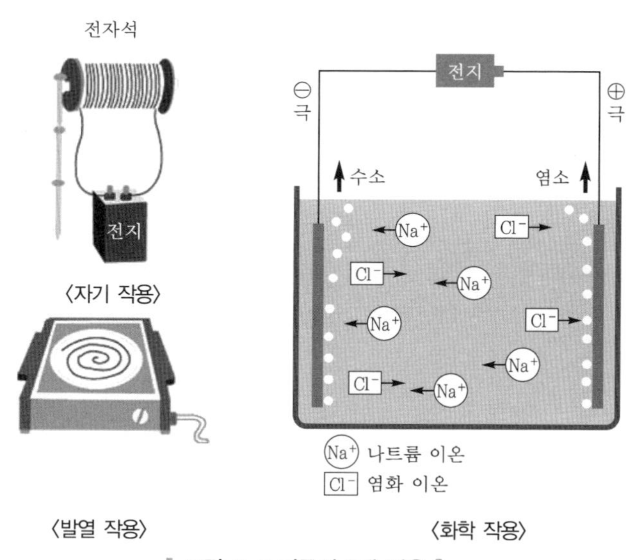

┃ 그림 3-2 전류의 3대 작용 ┃

전류의 발열 작용은 말 그대로 전류가 흐름으로써 열이 발생하는 작용이다. 전열기나 다리미 등 열을 이용하는 전기기구는 이 실례이다. 전기는 2개의 전선과 스위치 하나로 컨트롤할 수 있어서 극히 편리하지만 그 반면, 난방용 등에서 대량으로 사용하는 경우에는 가스나 석유 등의 연료보다는 비용이 높다. 열 그 자체를 이용하지 않는 경우에도 딴 작용, 즉 가열하여 온도를 높이는 것이 좋은 경우에는 역시 전류에 의한 발열 작용을 이용하는 일이 많아진다. 또 열의 발생이 작은 부분에 집중하여 일어나면 대단히 높은 온도가 되어 발생한 열의 일부는 빛이 된다. 이것은 전구, 정확히 말하면 백열전구의 예인데 이 경우에는 전류의 발열 작용에 의해서 빛을 얻고 있다. 이러한 전류의 발열 작용의 실례는 [표 3-1]과 같다.

┃ 표 3-1 전류의 발열 작용을 이용하고 있는 기계·기구의 예 ┃

열 그 자체를 목적으로 하는 것	전열기, 다리미, 전기 스토브, 드라이어, 전기 밥솥, 사진의 플래시 밸브, 전자레인지
발생한 열을 무엇인가 딴 동작으로 이용하는 것	형광등의 히터, 진공관의 히터, 브라운관의 히터, 열전쌍형 미터
열에 의해 발생한 빛을 이용하는 것	전등

　전류의 자기 작용은 전류가 흐름으로써 그 주위가 자석으로서의 성질을 가지게 된다. [그림 3-3]처럼 팽팽하게 친 전선에 전류를 흘리면 그 가까이에 있는 자석이 흔들리는 것을 볼 수 있다.

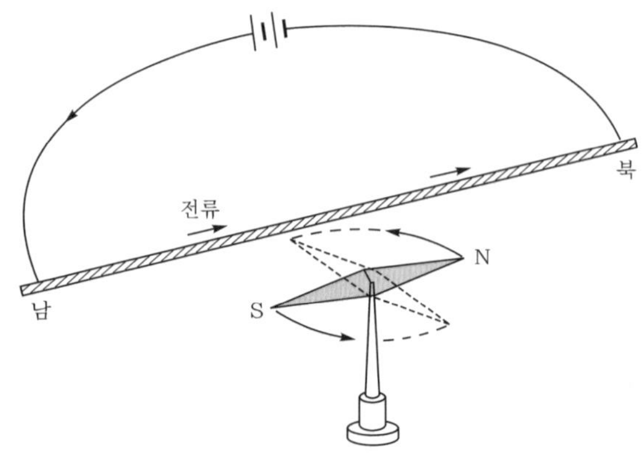

┃ 그림 3-3 전류가 흐르면 그 근처에 자석의 성질이 나타난다. ┃

　사실, 옴의 법칙을 발견하였을 때의 전류는 이와 같은 방법으로 측정한 것이다. 전선을 빙빙 감아서 코일 구조로 하면 전류의 자기 작용이 강화되며 이 코일 속에 철의 막대기(철심)를 넣으면 이것은 강력한 자석이 된다. 그리고 전류를 멈추면 자석의 성질은 없어진다. 전류가 흐르고 있을 때만 자석의 성질을 나타내므로 전자석이라고 한다. 모터나 버저나 스피커와 같이 움직이는 기계, 따라서 운동에너지를 이용한 것의 대부분은 이 전류의 자기 작용을 이용한 것이다. 또 움직이지 않는 것이라도 라디오의 동조 또는 튜너용 코일이나 트랜스는 역시 전류의 자기 작용을 이용하고 있다. 이러한 전류의 자기 작용의 실례는 [표 3-2]와 같다.

┃ 표 3-2 전류의 자기 작용을 이용하고 있는 기계·기구의 예 ┃

전기 · 자기 간의 에너지 변환을 이용하는 것	트랜스, 코일, 동조 코일
자기 그 자체를 목적으로 하는 것	테이프 리코더의 헤드, 브라운관의 자화 소거기
동력으로 이용하는 것	모터, 전자 크레인, 전자 밸브, 릴레이, 전기 시계(모터식, 전자식), 전자 클러치, 가동 코일형 모터, 가동 철편형 미터, 적산전력계
소리의 발생을 목적으로 하는 것	스피커, 버저, 이어폰, 벨

전류의 화학 작용을 이용한 것의 대표적인 예는 전기분해이다. 물질이 주로 액체일 때 분자가 전자를 놓치거나 거두어 넣거나 한 상태로 되어 있을 때가 있다. 분자가 전자를 놓치거나 거두어 넣거나 하면 분자는 양전기 또는 음전기의 성질을 나타낸다. 이와 같이 양 또는 음의 전기를 가진 분자를 이온이라고 하며 이온이 된 액체를 전해액이라고 한다. 전류의 화학 작용이라는 것은 이 전해액에 전류를 꺼내거나 할 수 있는 작용이다. 전기분해, 전기도금, 전해 에칭, 전지 등이 이 예이다. TV나 라디오 속에서 사용되고 있는 것은 전지와 전해 콘덴서가 대표적이다.

02 ▶ 전기적 일양과 전력

1 전기적 일양은 [전압 × 전류]에 비례한다

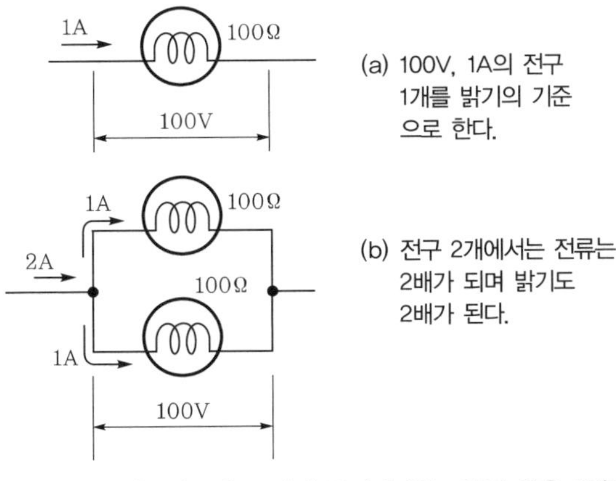

┃ 그림 3-4 전류가 2배로 되면 전기가 하는 일의 양은 2배가 된다. ┃

　　[그림 3-4(a)]는 100Ω의 저항을 가진 전구 1개에 100V의 전압을 가하여 점등하고 있다. 이 때 전구에 옴의 법칙에 의해 1A의 전류가 흐르고 있을 것이다. 전기에너지는 전구에 의해서 빛에너지로 바뀌어 빛을 내는 일을 하고 있는 것이다. 이 때 전구는 손으로 만질 수 없을 정도로 가열되어 있는 상태로 전기에너지의 상당한 양이 열에너지로 되어 있어 이 경우에는 우리가 필요로 하지 않는 열이라는 형태로 에너지가 상실되고 있다. 이 열에너지는 전기에 의해서 빛을 발생시키기 위해 나오는 것이며, 이것은 전기가 일을 하고 있는 것과 같다.

　　다음에 그림 (b)와 같이 전구 2개를 직렬로 연결하여서 100V로 점등하면 전류는 전구 1개당 1A가 흘러 전원에서는 2개의 전구의 합인 2A가 흘러서 빛의 양도 2배가 된다. 전기라는 것은 전압을 바꾸지 않고 전류를 2배로 하면 2배의 전기적 일을 하게 된다. 더욱 많은 전구를 병렬 접속하면, 예를 들면 100V, 1A의 전구 100개를 100V로 점등하면 전원에서 흘러 들어오는 전류는 100개분의 전구 즉 100A가 되므로 전기가 하는 일은 100V, 100A가 되어 밝기는 전구 1개일 때의 100배라는 것을 쉽게 이해할 수 있다.

　　[그림 3-5]처럼 전구를 2개 직렬로 연결하여 이것에 전구 1개당 100V가 걸리도록 합계 200V의 전압으로 점등해 본다. 전구 1개에 대하여 동일하게 100V, 1A로 되어 있으므로 역시 전구 2개로 연결할 때 전구 1개일 때의 2배인 빛의 양이 된다. 이것은 전기라는 것은 전류를 바꾸지 않고 전압을 2배로 하여도 2배의 전기적 일을 할 수 있다. 또한 100V로 1A가 흐르는 전구의 저항은 100Ω이지만 이 같은 전구 1개에 전압을 2배로 하여 200V로 올려도 전류는 2A가 아니다. 전구와 같은 것에서는 저항이 일정한 값이 아니다. 또 전구 내부에서 발광하고 있는 텅스텐 필라멘트의 온도가 변하면 발광 효율도 변하기 때문에 여기서는 부득이 전구 1개와 같은 전압, 전류로 점등하고 있는 2개와 비교하였다.

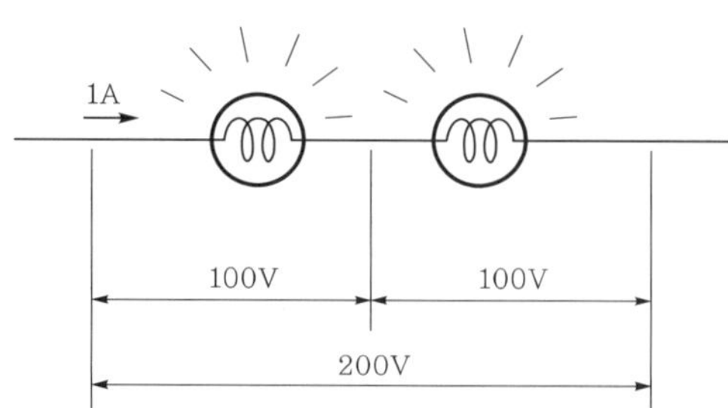

▌그림 3-5 전압이 2배가 되면 전기가 하는 일의 양은 2배가 된다. ▌

　　이상과 같은 것에서 전기가 하는 일의 양은 전압과 전류에 비례하고 있다는 것을 알 수 있다. 이것은 전기가 하는 일의 양은 전압×전류에 비례한다고 할 수 있다.

2 전기가 하는 일 = 일양 ??

전기가 하는 일이 「전압×전류」에 비례한다는 것을 알았지만 그러면 전기가 하는 일의 양은 「전압×전류」인가? 그렇지는 않다. 아무리 힘이 센 사람이라도 전체 일의 양은 그 사람이 어느 만큼의 시간을 열심히 일하는가에 따라서 좌우되는 것처럼 전기의 경우에도 일의 양에는 시간을 고려하여야 한다.

일을 하는 능력이라는 것이 에너지의 정의였기 때문에 일의 양의 단위는 에너지의 단위를 그대로 사용하면 된다고 할 수 있다. 그러나 에너지에도 여러 가지의 것이 있어서 그것들에 공통하여 사용할 수 있는 단위라는 것을 선택하는 것은 쉬운 일이 아니다. 전기에너지의 경우에도 여러 가지가 있으므로 실용적인 단위로서 전기량에는 줄이라는 단위를 사용한다. 줄은 Joule의 약자로 J이라고 쓴다. 전압 1V에서 전류 1A가 1초 간 흘렀을 때의 전기적 일의 양을 1J로 정의하고 있다. 따라서

전기적 일양 = 전압 × 전류 × 시간
줄(J) = 볼트(V) × 암페어(A) × 초(sec)

라는 관계가 된다. 예를 들면 100V, 1A로 전구를 점등하고 있으면 전기는 매초 100J의 일을 하고 있으며 바꾸어 말하면 매초 100J의 전기를 소비하고 있는 것이다.

3 전 력

일의 양이라고 할 때는 항상 시간을 생각하여야 한다고 하면 같은 100J의 일이라도 100V에서 1A라면 1초지만 10V에서 1A라면 10초가 걸린다. 그래서 일의 양을 측정하는 경우, 시간의 기준을 1초라고 정해두면 전압×전류의 크기를 살펴봄으로써 어느 정도의 속도로 일을 하고 있는가를 알 수 있다.

이와 같이 우리가 매초 어느 정도의 비율로 일을 하고 있는가, 또는 전기를 소비하고 있는가를 나타내기 위해서는 1초를 기준으로 하였을 때의 일의 속도, 즉 일률이라는 것이 있으면 편리하다. 그래서 전압×전류를 전력이라고 하여 1초당 일을 하고 있는 비율로 사용하고 있다[표 3-3].

| 표 3-3 일양과 일률의 단위 |

분야	일양, 에너지	일률
전기	에르그(erg), 줄(J), 와트시(Wh)	와트(W)
열	칼로리(cal)	
빛		와트(W), 루멘(lm)

분야	일양, 에너지	일률
역학	줄(J)	마력(HP), 킬로그램(kg), 미터(m)
전자	일렉트론볼트(eV)	
전자파	파수, 진동수(Hz)	

전력을 나타내는 기호는 P이고, 단위는 와트(Watt, 약호 : W)이다.

전력 = 전압 × 전류
와트(W) = 볼트(V) × 암페어(A)

우리의 일상생활에서는 전기량이 줄보다는 이 1초당 일률인 전력의 와트 쪽이 귀에 익다. 이 와트에 시간인 몇 초라는 값을 곱하면 전체 전기량을 구할 수 있다. 예를 들면 100W의 전구는 100W의 일률, 즉 매초 100J의 전기량을 소비한다는 의미이다. 이 전구를 24시간 계속 켜 놓으면 24시간은 $24 \times 60 \times 60 = 86,400$초가 되므로 8,640,000J의 일량이 되며, 이만큼의 전기에너지를 소비한다는 것이다.

대단히 큰 전력의 경우에는 킬로와트(kW)의 단위를 사용한다. 1kW는 1,000W이다.

대단히 작은 전력의 경우에는 밀리와트(mW) 또는 마이크로와트(μW)의 단위를 사용한다. 1mW는 1/1,000W, 1μW는 1/1,000,000W이다.

일렉트로닉스 중에서 증폭 능력을 가진 부품, 이것을 능동 부품이라고 하지만 이 주역이 전자관에서 트랜지스터로 옮긴 후에는 라디오나 TV 안의 회로는 수 mW로 동작하는 것이 대부분이다. 이 능동소자는 다시 집적회로로 발전하였다. 예를 들면 수정 제어식인 손목시계의 약 32kHz의 수정 발진에서 최종적으로 시계로 표시하는 1Hz까지 주파수를 낮추는 작용은 CMOS 집적회로에서 무려 1μW의 미소 전력으로 할 수 있는 것이다. 같은 작용을 한다면 전력은 가급적 작은 쪽이 좋다는 것은 전기요금을 절약한다는 의미뿐 아니라 기기의 소형화, 고신뢰화, 장수명화를 위하여서도 중요하다. 이 밖에 우리 주변에 있는 것이 어느 만큼의 전력으로 동작하는 기계, 기구인가의 예를 나타낸 것이 [그림 3-6]이다.

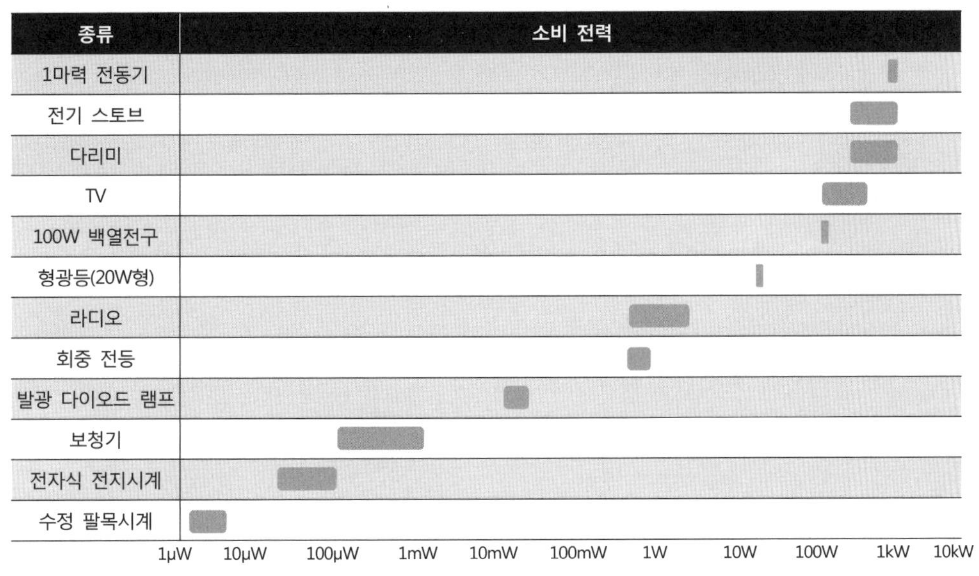

▎그림 3-6 소비전력의 예 ▎

4 저항으로 소비되는 전력

전력을 전압×전류로 나타낸다는 것과 옴의 법칙을 연결하여 생각하면 실제의 회로 중에서 저항에 전류가 흘렀을 때의 전력 및 전기적 일양을 알 수 있다. 가장 단순하게 하나의 전원에 하나의 부하 저항이 접속된 [그림 3-7]과 같은 회로에 대하여 생각한다. 전압 E[V]의 전원에 저항 R을 접속하여서 전류 I[A]가 흐르고 있을 때 이 저항으로 소비되는 전력 P[W]는

$$P = E \times I$$

가 되고 그리고 옴의 법칙에서

$$I = \frac{E}{R}$$

의 관계가 있으므로

$$P = E \times \frac{E}{R} = \frac{E^2}{R}$$

로 계산할 수 있다. 또는 $P = E \times I$와 $E = I \times R$이라는 두 관계에서

$$P = (I \times R) \times I = I^2 R$$

로 계산할 수도 있다.

$$전력 = 전압 \times 전류$$
$$전력 = \frac{(전압)^2}{저항}$$
$$전력 = (전류)^2 \times 저항$$

이상의 결과를 정리해 보면, 위 세 식 중 어느 것으로도 계산할 수 있다.

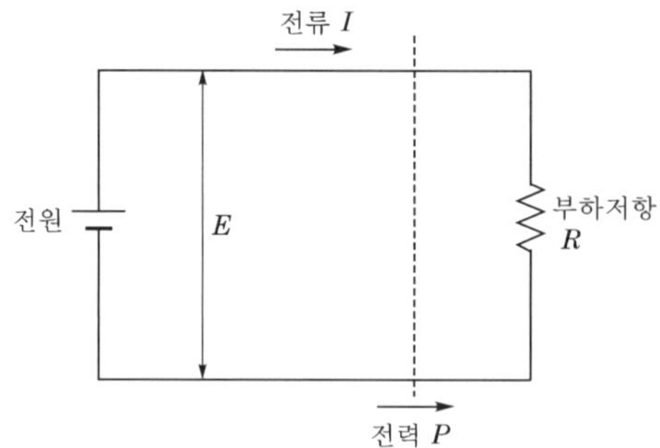

그림 3-7 전기회로의 부하저항으로 소비되는 전력을 옴의 법칙으로 구한다.

5 저항 = 부하 ??

전원에서 볼 때 부하가 되는 것은 반드시 저항뿐만이 아니지만 우리에게 무엇인가 일을 해주는 담보로서 어떤 양의 전력을 소비하므로 소비 전력의 크기에 상당하는 저항이 부하의 크기를 표현하고 있다.

예를 들면 [그림 3-8]처럼 250W의 전열기를 100V의 전원에 연결하면 2.5A의 전류가 흐름으로 이 전열기는 100V/2.5A=40Ω으로 40Ω의 저항에 해당한다. 그리고 전열기는 250W의 열이 발생하고 이 250W의 전열기는 100V 전원에서 40Ω의 저항으로서의 부하, 즉 무게를 느끼는 것이다.

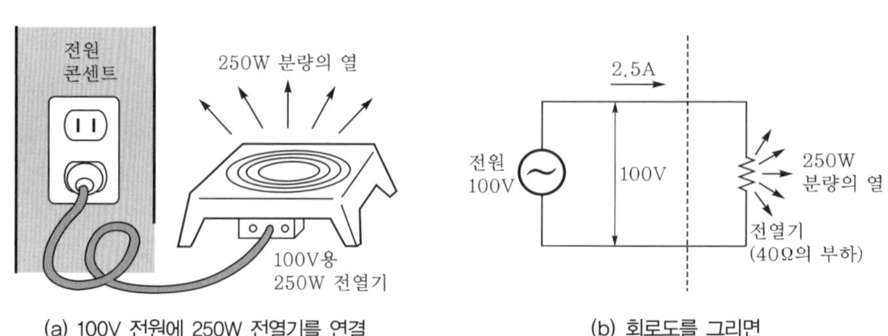

그림 3-8 250W의 전열기는 100V 전원에서 보면 40Ω의 부하로 느낀다.

전열기의 경우에는 니크롬선이 감겨있을 뿐이므로 동작 상태에서 거의 40Ω의 순저항으로 보아도 틀림없다. 다음에 [그림 3-9]처럼 TV를 생각해보면 TV에서는 화면이 나오거나 소리가 나거나 또 바람직하지 않지만 열도 나거나 한다. 그리고 여하간 소비전력으로 250W의 전력을 사용하고 있는 경우에는 전원에서 보면 100V로 250W를 소비하는 것뿐이다. 250W로 알 수 있는 것은 100V 전원에서는 2.5A에 상당하므로 소비전력이라는 점에서 보는 한 TV 화면이 좋고 나쁘고, 소리가 좋고 나쁘고, 프로그램이 좋고 나쁘고 등에는 전혀 관계없이 100V/2.5A=40Ω의 저항에 상당한다.

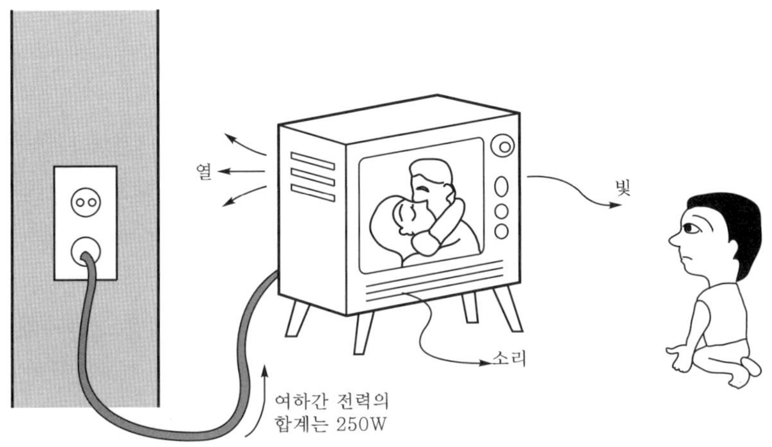

▌그림 3-9 TV는 빛(화상)과 소리와 열이 나오지만 소비전력의 합계가 250W라면 100V 전원에서 보면 40Ω의 부하로 느껴진다. ▌

즉 TV라도 전원에서 보면 40Ω인 저항으로서의 부하, 즉 무게를 느끼는 것이다. 이와 같이 전열기라든가 TV라든가 그 기계·기구의 동작에는 관계없고 전원에서 보면 어느 만큼의 무게, 즉 전력을 소비하는가 하는 견지에서 생각하여 그 전력 소비와 같은 저항값을 가진 저항을 부하저항이라고 한다.

또한 여기서의 설명은 전지를 전원으로 하는 직류에 대한 경우에 정확하지만 앞으로 나오는 교류의 경우에는 이 계산식대로는 되지 않을 경우가 나타난다. 이에 대해서는 교류에서 다시 설명하기로 한다.

6 W와 J과 Wh의 관계

저항이 100Ω인 전구를 100V의 전원에 연결하여 1A의 전류가 흐르고 있는 상태에서는 전력이 100W가 된다. 이것은 전원은 매초 100W의 전기적 일을 하고 전구는 매초 100W의 전력을 소비하고 있다는 것이다. 이 전구의 예에서는 매초의 전력이 100W이므로 이것을 어느 시간 동안 계속하여 사용하였을 때의 전기적 일양은 이것에 몇 초간 계속하였는가를 곱하여 구할 수 있다. 이때의 단위는 J이 된다. 이와 같이 일정한 시간 내의 전기적 일양을 전력량이라고도 한다.

전기를 일상생활의 에너지원으로 사용하는 경우에는 전력량의 단위로 줄은 너무 작아서 불편하다. 약간만 전기를 사용하면 곧 몇 천만 J이나 몇 억 J이 되어 버리기 때문이다. 그래서 전력량의 단위로는 1와트의 전력을 1시간 사용하였을 때의 전기적 일양 또는 전력량을 단위로 하여 와트시(Wh), 또는 그 1,000배인 킬로와트시(kWh)를 사용한다. 따라서 이 와트시와 줄의 관계는 1시간이 60분×60초라는 것을 생각하면 1와트시라는 것은 3,600와트초, 즉 3,600J과 같다.

7 전력의 크기를 측정

우리가 통상 필요한 것은 전체적으로 얼마나 전기에너지를 사용하는가, 또는 사용하였는가 하는 것이다. 그러나 한편, 전기기구 또는 기계를 운전한 전부의 시간은 따로 알고 있는 경우가 많아서 전(全) 전기에너지량, 즉 전력량을 알기 위해서는 그 전기기구, 또는 기계의 1초당 전력이라도 된다. 전력이라는 것은 어떤 전기기구 또는 기계를 운전할 때에, 바꾸어 말하면 어떤 부하에 전기에너지를 공급하여 일을 시킬 때에 그 부하가 1초당 어느 정도의 전기에너지를 소비하는가를 가리키는 것으로 이 전력의 값에 운전 시간인 초를 곱하면 전 전력 즉 소비한 전기에너지량을 알 수 있다.

일을 조금 하거나 하지 않거나 또는 잠시만 일을 하여 대부분의 시간은 쉬고 있는 기계가 아니면 1초간 어느 만큼의 일을 하는가 하는 일양(전력)을 알면 전체 시간에도 동일하게 일을 하고 있다고 생각한다. 이것을 우리들 인간이 가령 화물을 운반하는 일을 하였을 때의 일양을 생각하면 와트 단위에 상당하는 것은 1초 간 운반하는 화물의 양이다. 그리고 J 단위에 상당하는 것은 그것에 작용한 시간인 초를 곱하여 운반한 화물 전량을 가리키는 것이다. 그런데 전기는 우리에게 소용되는 일을 해주었을 때는 그 전기에너지의 일부는 무엇인가 딴 에너지로 변하였으므로 전기가 실제로 한 일양을 직접 측정하는 것은 간단하지 않다. 그래서 전력의 크기를 측정할 때는 대부분의 경우

전력 = 전압 × 전류
와트(W) = 볼트(V) × 암페어(A)

의 정의로 되돌아가서 부하에 흐르는 전류와 부하 양단에 걸려 있는 전압의 양쪽을 측정한다는 원리에 따르고 있다. 즉 전력계(와트미터)라는 것은 전압과 전류의 크기를 동시에 알아내서 그 곱셈한 값을 표시하는 계측기라고 생각하면 된다[그림 3-10].

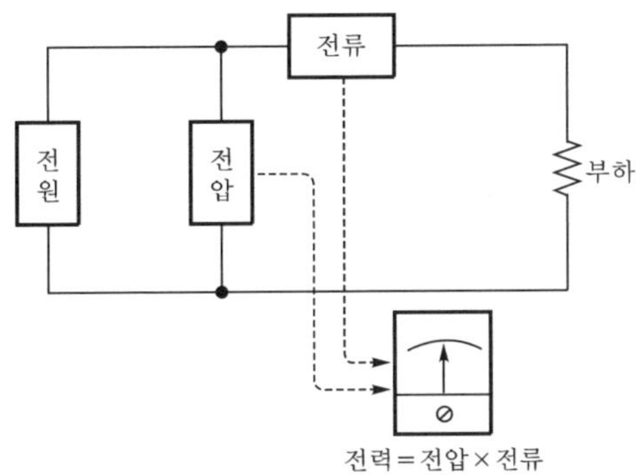

┃ 그림 3-10 전력계(와트미터)는 전압과 전류를 동시에 알아내서 전압×전류의 값을 표시하도록 제작하면 된다. ┃

8 적산전력계(전력량계)

전력계가 전력을 측정하는 것이라면 적산전력계는 전력×시간, 즉 전력량을 측정하는 것이다. 따라서 전력계처럼 어느 순간의 전력을 나타내는 것이 아니라 어느 시간 사이에 사용한 총 전력량을 합계하여 나타내게 되어 있어서 "적산(積算)"이라는 명칭이 붙어 있다. 전력을 사용하지 않는 동안은 침은 '0'으로 되돌아가는 것이 아니라 그 전의 지시 값에 멈추어 있어서 사용한 전력을 계속 더해가기 때문에 가령 금월 동안에 사용한 전력량을 알기 위해서는 이번 달 말 눈금의 값에서 지난달 말 눈금의 값을 빼면 된다.

적산전력계의 대표적인 것은 [그림 3-11]과 같은 각 가정의 전력선 인입선에 붙어 있는 이른바 전기미터이다. 전력량의 단위는 와트시(Wh)지만 보통은 킬로와트시(kWh)를 사용하고 있다.

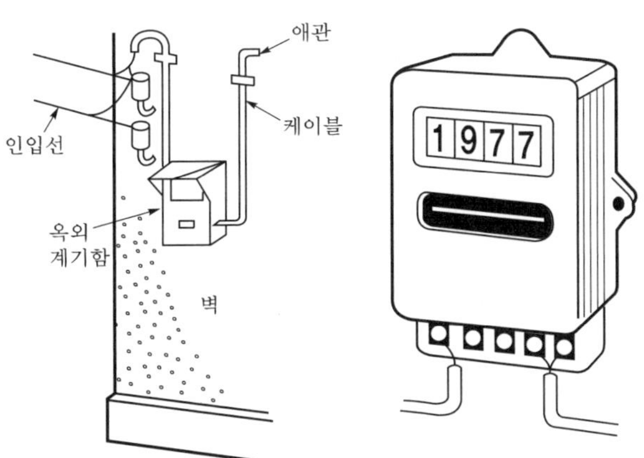

┃ 그림 3-11 적산전력계(미터)의 설치 ┃

적산전력계의 구조는 [그림 3-12]처럼 전압코일이라고 하는 가는 선을 많이 감은 코일이 전원회로에 병렬로 접속되어 있어서 이것이 전압에 비례한 세기의 전자석이 되며 전류 코일이라는 굵은 선을 약간 감은 코일이 전원과 부하 사이에 직렬로 접속되어 있어서 이것이 전류에 비례한 세기의 전자석이 된다. 그리고 이 전압 코일의 철심과 전류 코일심의 철심 사이에 가벼운 알루미늄의 원판이 있어서 이 알루미늄 원판에는 전압×전류, 즉 전력에 비례한 회전력이 작용하여 원판이 돌게 되어 있다. 왜 전자석 사이에 놓은 알루미늄 원판이 도는가 하는 것은 유도전동기라는 모터의 원리와 동일하다.

알루미늄 원판에 기어를 사용하여 지침이라든가 숫자를 표시하는 장치에 전달하면 사용한 전력에 응하여 알루미늄 원판은 계손 회전하므로 사용한 전력량이 킬로와트시의 단위로 계속 더해진다. 이 전기미터에는 알루미늄 원판이 회전하는 모습이 유리나 작은 창을 통하여 볼 수 있게 되어 있어서 큰 전력, 가령 전열기나 전기스토브 등을 사용하는 순간에 알루미늄 원판이 빨리 도는 모습을 볼 수 있다.

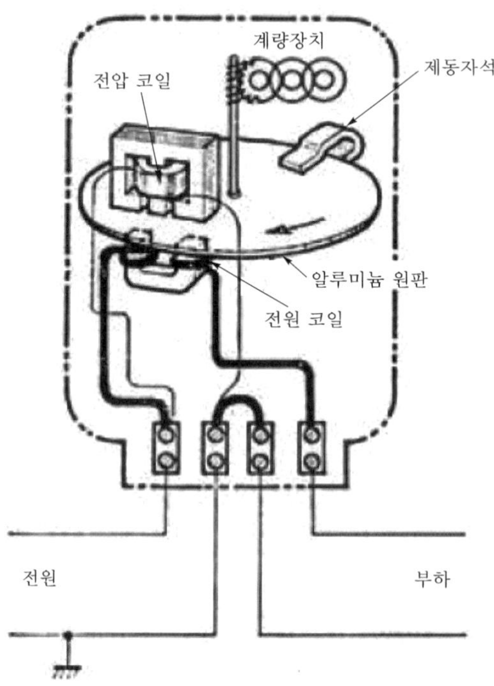

┃ 그림 3-12 적산전력계의 구조 ┃

03 전류의 작용 I – 전류의 열작용

전류가 흐름으로써 발생하는 열을 적극적으로 이용하는 것을 전열 기구라 하고 전열기, 전기스토브, 납땜인두 등이 있다. 이 전류의 발열작용이라는 것은 열 그 자체를 목적으로 하지 않는 기계나 장치 중에도 사용되고 있다. 이에 대하여 전류에 의한 발열을 적극적으로 이용하지 않는 경우에는 전류에 의한 발열작용은 귀찮은 문제의 하나로 예를 들면 파워트랜지스터나 대형의 정류기 등에서는 방열판이라든가 팬을 사용하여 발생한 열을 효과적으로 발산시켜 온도가 가급적 오르지 않도록 하고 있다. 이 장에서는 전류에 의해서 발생할 때의 여러 가지 현상과 그 응용 및 전기와 열 사이의 양적인 관계에 대해서 알아본다.

1 전류에 의한 발열

저항이 있는 곳에 전류가 흐르면 왜 열이 발생하는가라는 것은 상당히 어려운 문제지만 이제까지 설명해 온 전자라든가 원자라는 결정에 대한 지식을 사용하여 설명하면 다음과 같다. 전압이 걸려 있는 장소를 전계 속이라고 하지만 여기에 전자를 놓으면 전자는 음의 전기를 가지고 있는데다 대단히 가벼운 것이어서 곧 양전기가 걸려 있는 방향을 향하여 달려간다. 이때의 전자가 얻는 속도는 그것이 진공 속인가, 금속이나 실리콘과 같은 결정 속인가에 따라서 상당히 다르지만 어느 경우이건 전자는 달리고 있는 상태라는 운동에너지를 가지게 된다.

전자가 운동할 때 그것을 방해하는 것이 아무 것도 없으면, 예를 들어 완전한 진공 속에서는 전자는 단숨에 달려서 양전기인 전극에 도달한다. 일반 진공관이 완전한 진공이라고는 할 수 없지만 대체적으로 이러한 상태라는 것이다. 그런데 전자가 운동하는 장이 금속과 같은 것인 경우에 전자는 금속 원자가 가득히 배열되어 있는 결정격자 속을 통과해 가므로 전자는 결정격자에 충돌을 반복하면서 달려가는 것이다. 충돌함으로써 전자의 속도는 떨어지고 결정격자는 그 충돌을 받기 때문에 전자의 속도가 떨어진 만큼의 에너지는 전자가 가지고 있던 운동 에너지가 결정격자에 주어지는 것이다.

2 전기를 열로써 사용하는 기구

전기를 열로써 사용하는 것은 전기의 가장 단순한 사용방법이며 연료로써는 가스나 석유를 사용하는 쪽이 좋을 것 같은 생각이 들지만 편리성이라는 점에서는 전기와 비교할 수 있는 것이 없고 톱의 지위에 있다. 전열기를 사용하면 알 수 있듯이 2개의 전선으로 먼 곳까지 늘릴 수 있다. 온도 스위치 하나로 수시로 온·오프를 할 수 있다.

연기나 유해가스를 내는 일도 없다. 이러한 특징은 전열기나 커피 탕기와 같이 단순한 경우에는 별로 느끼지 못하지만 전기스토브와 같이 어떤 설정 온도를 유지하도록 컨트롤하려고 하면 전기는 가스나 석유에 비할 수 없을 정도로 편리한 에너지라는 것을 알 수 있다.

인간이 다른 동물과 결정적으로 다른 능력은 불을 사용하는 데 있다고도 할 수 있지만 더욱이 전기에너지를 열로 사용하는 도구, 빛으로 사용하는 도구는 전기의 응용 중에서는 일찍부터 실용화하고 있다. 현재는 조리용 전열기와 같은 단순한 응용뿐 아니라 조금만 생각하여도 다음과 같이 가정용부터 공업용에 이르기까지 실로 광범위하게 사용되고 있다.

┃ 표 3-4 전기를 열로 사용하는 기구의 분류 ┃

구분	종류
가정용	전열기, 스토브, 오븐, 다리미, 패널 히터, 헤어 드라이어
공작용	납땜 인두, 웰더, 아크릴판 성형기, 고주파 미싱
공업용	전기로, 전기용접기, 건조기, 유도가열장치
의료용	전기 메스, 전기 온습포

3 전기를 열로 하고 다시 빛으로 이용

저항이 있는 전선에 전류를 흘리면 열이 발생하는 현상을 더욱 단계적으로 증가시켜서 더욱 큰 전류를 흘리게 되면 열의 발생이 더욱 커지고 온도가 오른다. 온도가 아직 별로 높지 않을 때는 저항선이 희미하게 밝아지거나 하는 정도였던 것이 온도가 높아지는데 따라서 점차 하얗게 되는 빛을 나타내게 된다 [그림3-13].

이와 같이 가는 저항선에 큰 전류를 흘려서 강력하게 발광시킨 것이 백열전등, 이른바 전구이다. 온도가 높을수록 백색광에 가깝고 보통 사용하고 있는 전구에서는 3,000℃나 되므로 저항선은 이만큼의 온도에 견딜 수 있는 재료여야 한다. 더구나 작은 부분에서 발광시킬수록 효율이 좋아서 저항선은 텅스텐의 가는 선을 나선 상태로 감았다.

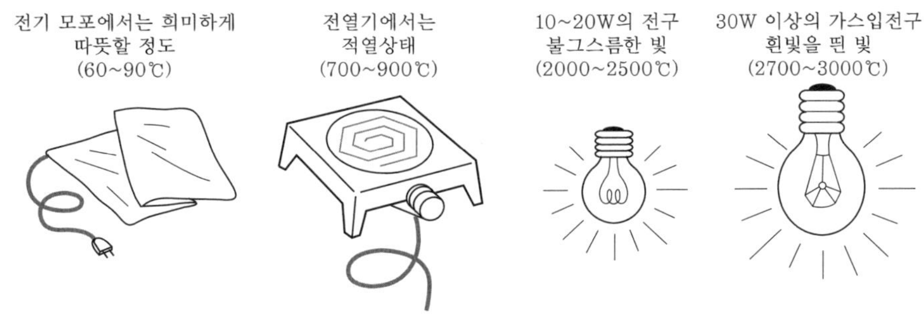

그림 3-13 온도에 따라 변하는 저항 색

전기를 빛으로 이용하는 것에 대해서는 전구와 같이 발광이라는 작용이 전류에 의한 발열과 같은 원리에 기초하고 있다는 것을 기억해야 한다.

저항이 있는 것에 전류를 흘려서 열을 발생시키는 장치에서는 열을 발생시키는 부분, 즉 발열체로서 어느 정도의 저항을 가진 것이 필요하다. 금속선과 같은 형태로 되어 있는 것을 발열선 또는 전열선이라고 한다.

이 발열체는 발열하는 상태에서는 당연히 온도가 높아져 있기 때문에 사용 온도로 녹아버리거나 하지 않게 융점이 충분히 높은 재료인 것은 물론이다. 또 고온에서는 공기 중의 산소에 의해서 산화, 즉 녹이 슬기 때문에 발열선은 고온 상태에서도 녹이 슬기 어려운 금속이어야 한다. 이 밖에 가는 선이나 테이프 상으로 하거나 감거나 구부러지거나 하는 가공이 쉽고 재료값이 싼 것이 좋다. 이와 같은 조건에서 선정하면 발열선의 대표적인 것은 니켈과 크롬의 합금 또는 그것에 철을 가한 합금이다. 이것은 일반적으로 니크롬이라고 하여 전열기를 비롯하여 다리미, 납땜인두, 헤어 드라이어 등의 히터에는 대부분 이 니크롬선을 사용한다[그림 3-14]. 철과 크롬의 합금도 니크롬보다는 약간 무르지만 자주 사용된다.

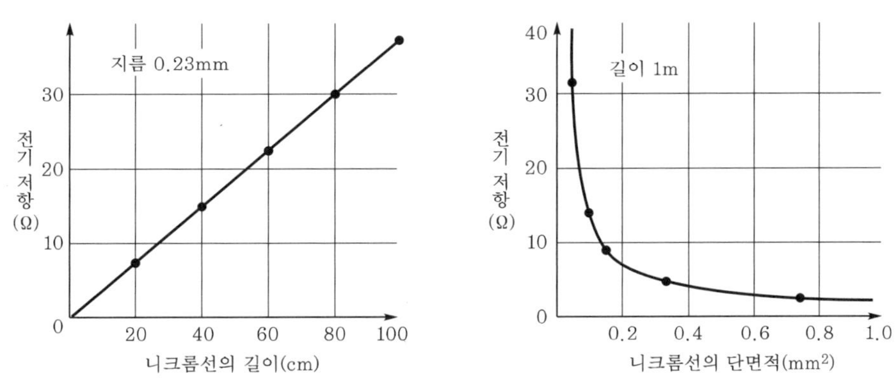

그림 3-14 니크롬선의 길이, 단면적과 저항과의 관계

니크롬은 같은 치수로 비교하여서 동의 60배 정도의 저항이 있으며 1,000℃ 정도의

고온에서도 녹슬기가 어려워서 장시간 사용하여도 단선되기 어려운 발열선이다. [표 3-5]와 [표 3-6]과 [표 3-7]은 전열선에 사용되는 발열체의 화학 성분과 전기적 기계적 성질, 특성을 나타낸 것이다.

▎ 표 3-5 전열선의 화학 성분 ▎

종 류	Ni	Cr	Al	C	Si	Mn	Fe
NCH-1	77 이상	19-21		0.15 이상	0.75-1.5	2.5 이상	1 이상
NCH-2	57 이상	15-18		0.15 이상	0.75-1.5	1.5 이상	나머지
NO.30		23-26	4-6	0.10 이상	1.5 이상	1.0 이상	나머지
FCH-1		23-26	4-6	0.10 이상	1.5 이상	1.0 이상	나머지
FCH-2		17-21	2-4	0.10 이상	1.5 이상	1.0 이상	나머지

* 열선의 구별
- NCH-1(니켈크롬 1종), NCH-2(니켈크롬 2종), FCH-1(철크롬 1종), FCH-2(철크롬 2종)으로 구분되며 NCH-1, NCH-2는 자석이 붙지 않고, FCH-1, FCH-2는 자석이 붙는다.

▎ 표 3-6 전열선의 기계 및 전기적 성질 ▎

종 류	최대 사용 온도(℃)	신장률 (%)	체적 저항률 20(℃)	비중	산화 중량 (mg/cm^2)	수명가 시험 방법 횟수
NCH-1	900-1000	20 이상	108	8.41	0.5 이상	1법 1200℃ 300회 이상
NCH-2	900-1000	20 이상	112	8.25	1.0 이상	1법 1200℃ 200회 이상
NO.30	700-800	13 이상	142	7.20	0.1 이상	U법 1300℃ 200회 이상
FCH-1	700-800	10 이상	142	7.20	0.3 이상	U법 1300℃ 100회 이상
FCH-2	700-800	10 이상	123	7.35	0.5 이상	U법 1300℃ 50회 이상

▎ 표 3-7 전열선의 특성 ▎

종 류		기 호	참 고 특성 및 용도
전열용 니켈 크롬	선	1종 NCHW 1 2종 NCHW 2	**전열용 니켈크롬선 및 띠 1종** 내산화성이 양호하고 고온 강도도 크지만 유화성 가스, 고온 다습한 환원성 분위기 속에서의 사용은 피하는 것이 바람직하다. 가공성은 고온 가열 후도 취화하지 않고 냉간가공성도 양호하다. 최고 사용 온도는 약 1100℃(발열체 표면)에서 고온용 발열체에 널리 적합하다.
	띠	1종 NCHRW 1 2종 NCHRW 2	**전열용 니켈크롬선 및 띠 2종** 전열용 니켈크롬선 및 띠 1종에 비하여 내산화성과 고온 강도가 약간 떨어진다. 최고 사용 온도는 약 1000℃(발열체 표면)에서 고온용 발열체에 적합하다.

전열용 철 크롬	선	1종	FCHW 1	**전열용 철크롬선 및 띠 1종** 특히 고온도의 사용을 목적으로 한 것으로, 내산화성은 양호하지만, 전열용 니켈크롬선 및 띠에 비해서 고온 강도가 작으므로 주의가 필요하다. 냉간가공이 곤란한 것에서는 온간(100~300℃) 가공을 필요로 할 경우가 있다. 그러나 고온도 사용 후의 가공은 피하는 것이 바람직하다. 최고 사용 온도는 약 1250℃(발열체 표면)로 고온용 발열체에 적합하다.
		2종	FCHW 2	
	띠	1종	FCHRW 1	**전열용 니철크롬선 및 띠 2종** 전열용 크롬선 및 띠 1종보다 냉간 가공 간 용이하지만, 전열용 니켈크롬선 및 띠에 비해 고온 강도가 작은 것과 더불어 고온도 사용 후의 가공에 적합하지 않은 것은 전열용 철크롬선 및 띠 1종과 마찬가지로 주의할 것. 최고 사용 온도는 약 1100℃(발열체 표면)로 고온용 발열체에 적합하다.
		2종	FCHRW 2	

４ 저항은 온도에 따라서 변한다. – 저항의 온도계수

도체의 저항은 온도에 따라서 변화한다. 전열 기구의 히터는 사용 상태에서 상당한 고온이 되므로 사용 상태와 상온, 즉 우리들 인간이 보통 생활하고 있는 온도에서는 저항의 값이 심하게 달라지기도 한다. 금속에 전류가 흐를 때 금속의 결정격자를 전자가 고속으로 통과해 버린다. 이 때문에 결정격자가 정렬하게 되면 전자에 대하여 저항은 되지 않지만 결정격자가 정렬되지 않는 경우에는 전자 운동에 대하여 저항이 된다. 그런데 결정격자는 온도가 높아지는 데 따라서 열에너지도 받아 원래의 결정격자의 위치를 중심으로 진동하게 된다. 이것을 격자진동이라고 하고 이것은 전자의 흐름에 대하여 저항을 가지게 된다. 온도가 높아지면 이 경향은 더욱 강해지며 그래서 금속에서는 온도가 높아지는 데 따라서 저항이 증가한다.

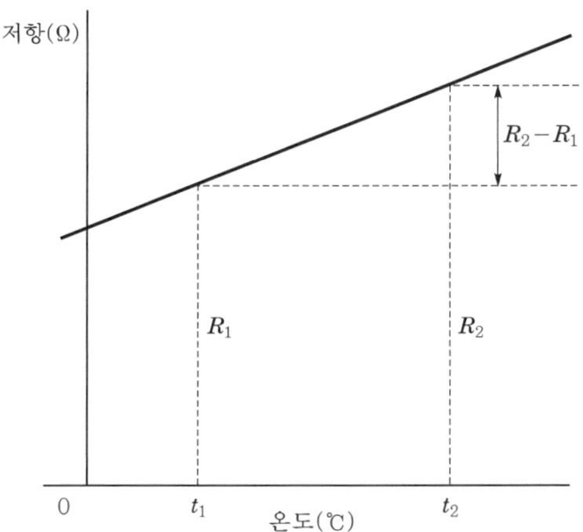

▌그림 3-15 금속 저항의 온도에 대한 변화▌

　일반적으로 금속선의 저항은 온도가 오르면 [그림 3-15]와 같이 거의 온도 상승에 비례하여서 직선적으로 증가한다. 그래서 어떤 온도 변화 ΔT에 대해서 저항이 변화하였을 때 그 저항 값의 변화를 ΔR로 하고, 이를 ΔT로 나누면 온도 1℃당 저항 값 변화를 구할 수 있다. 이 1℃당 저항 값 변화를 다시 원래의 저항 값으로 나눈 것을 저항의 온도계수라고 한다. 온도계수는 보통 α를 기호로 사용하고 있다. 온도계수의 의미를 수식으로 표현해 보면 다음과 같다. 예를 들면 어떤 온도 T_1(℃)일 때의 저항이 R_1(Ω)에서 T_2(℃)일 때의 저항 R_2(Ω)로 되었다면 그 재료의 저항의 온도계수 α는

$$\alpha = \frac{\Delta R}{\Delta T} \times \frac{1}{R_1} = \left(\frac{R_2 - R_1}{T_2 - T_1} \right) \times \frac{1}{R_1}$$

　온도계수 α의 값은 상당히 넓은 온도 범위 내에서 거의 일정하고 온도변화를 0℃와 100℃로 하였을 때의 여러 가지 금속재료에 대한 값은 [표 3-8]과 같다. 전열선으로 사용되는 니크롬이나 저항선으로 사용되는 망간선은 온도계수가 특히 작은 것이 특징이다.

┃ 표 3-8 금속 저항의 온도계수 예 ┃

니켈	0.0059	철	0.0060
몰리브덴	0.0046	텅스텐	0.0044
알루미늄	0.0043	구리	0.0040
은	0.0038	백금	0.0038
금	0.0037	아연	0.0038

　저항의 온도계수 α의 값을 알고 있는 경우에는 어떤 온도일 때의 저항을 알고 있으면 임의의 온도일 때의 저항을 계산으로 구할 수 있다. 그래서 온도계수의 식 α의 식을 변형하여서

$$R_T = R_1 \times (1 + \alpha \times \Delta T)$$

　로 한다. 온도 T_1(℃)일 때의 저항이 R_1(Ω)이였다면 온도 T_2(℃)에서의 저항 R_T(Ω)의 값을 구하는 것이다. ΔT는 온도상승분으로 $\Delta T = T_2 - T_1$이다.

　이때, 만약 [그림 3-16]처럼 온도가 높아지는 데 따라서 저항이 줄면 이 온도계수는 마이너스(−)의 값으로 계산된다. 이와 같은 경우에는 저항이 음의 온도계수를 가진다고 한다. 금속에서는 일반적으로 α는 0.5% 정도인 양의 값이 되며 따라서 온도가 오르면 저항은 증가한다. 금속에서는 왜 양의 온도계수가 되는가 하는 것은 결정격자의 열에 의한 진동이라는 것으로 설명되지만 음의 온도계수를 가지는 것은 어떻게 설명이 될까?

온도가 높아지는데 따라서 저항이 감소한다는 것, 즉 음의 온도계수를 가지는 것은 대표적으로 반도체가 있다. 발열체로서 사용되는 탄화 실리콘은 반도체와 동류이고 역시 음의 온도계수를 가진다. 반도체에서는 온도가 높아지는 데 따라서 전기를 운반하는 케리어 수가 증가한다는 것이 저항의 온도계수가 음이 되는 원인으로 되어 있다.

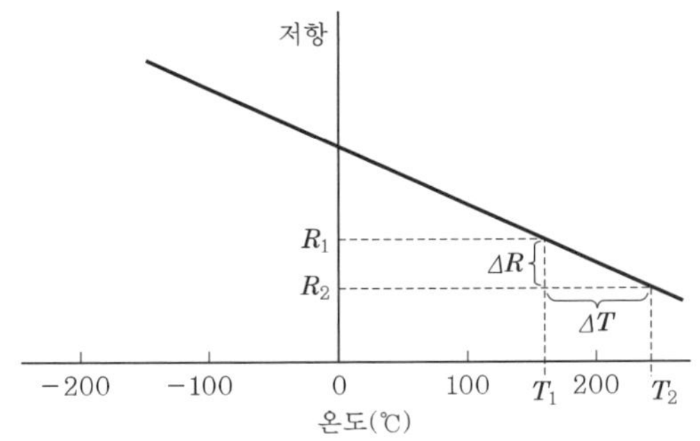

그림 3-16 온도가 높아지는 데 따라서 저항이 감소하는 음의 온도계수

5 발열량의 조절(온도 컨트롤)

전열 기구에서는 전류에 의해서 발열하는 열과 주위에 방산되는 열이 꼭 평형된 곳까지 온도가 오른 후 멈춘다. 헤어드라이어와 같이 바람을 보내어 니크롬선의 열을 계속 빼앗아 버리면 니크롬선의 온도는 별로 오르지 않게 된다 [그림 3-17].

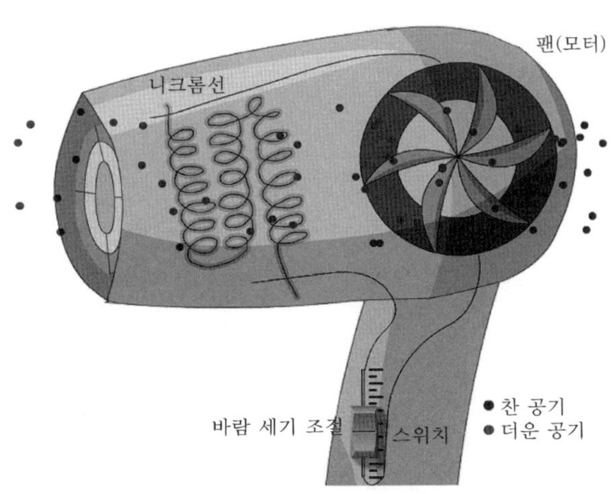

그림 3-17 헤어드라이기의 구조

이에 대하여 작은 부분에서 열을 발생시키는 발열기 등에서는 니크롬선의 온도가 당연히 높아진다. 전열기에서 니크롬선의 와트수가 정해져 있다면 그 발열량도 바꿀 수 없고 용도에 따라서는 열이 너무 강해서 곤란한 경우도 생길 것이다. 또 전기요는 밤중 적

당한 온도를 유지해 주지 않으면 불편하다. 그래서 전열 기구에서는 열량의 조절, 그리고 나아가서 자동 조절의 작용을 부여한 것이 많다. 전기를 열에너지로 사용하는 것은 다른 연료의 경우보다도 상당히 비경제적이지만 스위치 하나로 열량을 가감하고 또는 미리 설정한 온도로 컨트롤하기가 용이하다는 것은 전기의 큰 특징이라고 할 수 있다.

온도가 어떤 설정 온도보다 높아지면 스위치가 끊기고 낮아지면 스위치가 들어가는 온도 조절장치를 서모스탯이라고 한다. 발열량에 이 서모스탯을 직렬로 접속해 두면 온도가 너무 오르면 끊기고 내리면 전류가 통하여 일정 온도를 유지해 준다. 서모스탯의 작용에도 감도나 스위치의 온·오프의 성능에 따라서는 온도가 다소 오르거나 내리거나 하지만 미리 설정한 온도에 가까워지면서 안정된다[그림 3-18]. 가정용 전열기구의 온도 조절에 사용하는 서모스탯은 바이메탈식이나 자석식이 사용되며 공업용의 보다 정밀한 장치에서는 열전쌍이나 서미스터와 증폭기를 조합한 공업 계기, 제어 기기로 제작된 것도 많이 사용된다. 또 냉장고 등 저온의 온도 조절에는 기체, 액체의 체적 변화를 이용한 것도 있다.

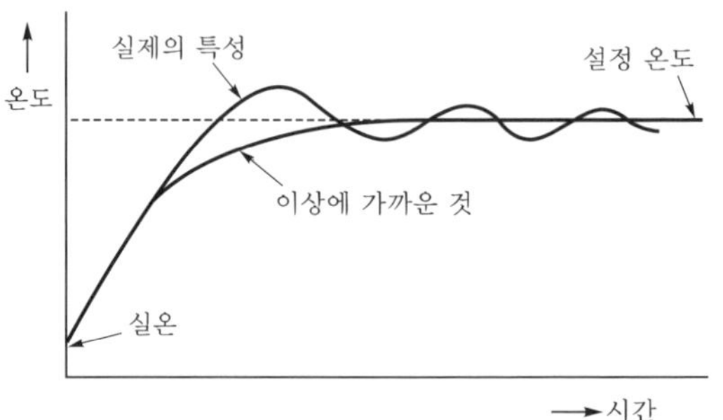

▌ 그림 3-18 서모스탯에 의한 온도 컨트롤 ▌

서모스탯의 가장 간단한 것은 바이메탈을 사용한 것이다. 바이메탈이라는 것은 [그림 3-19]와 같이 구리와 철처럼 다른 금속판을 마주 붙인 것이다. 온도가 오르면 대개의

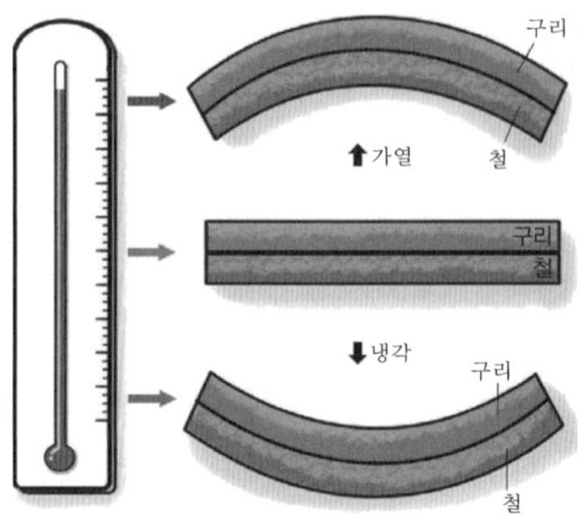

▌ 그림 3-19 바이메탈의 구조 ▌

것은 약간이나마 팽창한다. 그 팽창의 정도, 즉 열팽창률은 물체에 따라 다르다. 구리는 철의 배 정도의 열 팽창률이 있으며 이와 같이 열 팽창률이 다른 2종류의 금속을 마주 붙이기 때문에 온도의 상승에 따라서 '굽힘'이 생긴다.

[그림 3-20]과 같이 이 바이메탈의 한쪽 끝을 고정하고 다른 쪽의 끝에 스위치를 장치해 두면 온도가 어느 기준보다도 높아질 때 스위치가 끊기게 할 수 있다.

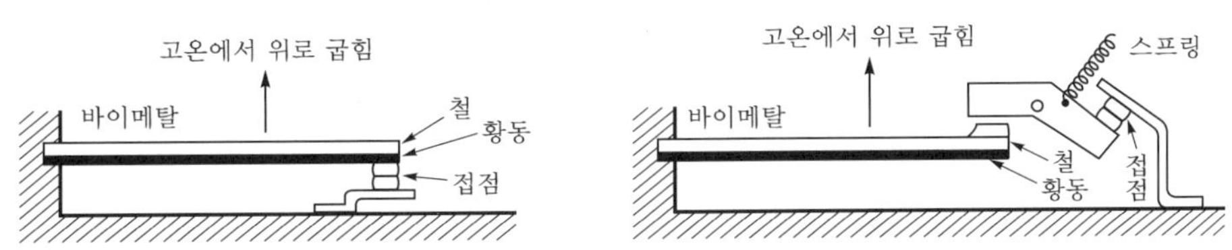

그림 3-20 바이메탈에 붙은 스위치의 구조

바이메탈은 온도차가 클수록 잘 구부러진다. 또 바이메탈의 길이가 길수록 두께가 얇을수록 굽힘이 커서 작은 온도차로 좋은 감도의 컨트롤을 할 수 있게 구부러진 형태로 하거나 나선 형태로 하기도 한다. 또 [그림 3-20]처럼 바이메탈 자신에 스위치의 접점을 붙인 직접식과 바이메탈의 굽힘 정도로 다른 스위치를 작동시키는 간접식이 있다.

서모스탯이 위력을 발휘하는 것은 가정 전기기구 중에서는 전기요, 전기히터, 다리미 등 사람이 계속 붙어서 온도 조절을 할 수 없는 것들이다. 사람이 계속 붙어서 볼 수 있는 전열기의 일종이라도 튀김 냄비, 토스터 등에 서모스탯이 붙은 것은 미리 설정한 온도를 유지해 주기 때문에 편리하다.

6 줄의 법칙(1841년)

전열기나 백열등에서는 전류의 열작용을 이용하고 있지만 이러한 경우에는 어느 만큼의 전력량이 어느 만큼의 열량으로 환산되는 것일까? 음료수 깡통에 콩기름을 넣고 책상 다리에 고정시킨 후 깡통의 겉면을 넓은 가죽끈으로 여러 번 문지르면 콩기름의 온도가 오르는 것을 볼 수 있다. 이때 가죽끈으로 문지르며 한 일의 양과 콩기름에서 발생한 열량은 어떤 관계를 가지고 있을까? 다른 과학자들이 밝히기 어렵다고 생각한 이 관계를 오랜 연구와 실험 끝에 처음으로 전력량과 열량의 관계로 나타내는 법칙을 발견한 것은 영국의 물리학자인 줄(Joule)이라는 사람으로 1841년의 일이다. 즉 일정 시간 내에 생기는 열량은 전류의 제곱과 저항의 곱에 비례한다는 것이다. 이것을 줄의 법칙이라고 한다. 또 줄의 법칙대로 저항에 생긴 열을 줄열 또는 저항열이라고 한다.

줄의 법칙을 수식으로 나타내면 t초 간에 발생하는 열을 $H[\mathrm{J}]$라고 할 때

$$H = I^2 \times R \times t \, [\mathrm{J}]$$

이 된다. $I^2 \times t$는 $R[\Omega]$인 저항에 공급된 전력 $P[W]$가 100%가 열로 변화한 것을 나타내고 있다. 줄이라는 단위는 일의 총량으로 1초당의 일, 즉 [J/s]를 일양으로 하여 와트[W]의 단위를 사용하기로 하고 있으므로

$$H = P \times t \,[\text{J/s}]$$

로도 쓸 수 있다.

열 분야에서는 일양, 즉 에너지의 단위에 칼로리[cal]를 자주 사용한다. 예를 들면 1리터[L]의 물이 들어 있는 주전자를 전열기에 연결하여 몇 분에 물이 끓는가를 계산하려면 와트[W]나 줄[J]로는 계산할 수가 없다.

[그림 3-21]과 같이 줄은 밀폐된 통 속에 회전날개를 장치하고, 물을 채운 다음 추를 낙하시키면 추의 위치에너지는 회전날개를 돌리며 회전날개와 물과의 마찰에 의해 열에너지로 전환되고, 이때 발생한 열에 의하여 물의 온도가 올라가리라고 예상하였다. 그는 추의 질량과 추가 낙하한 높이를 측정하여 추가 한 일의 양을 구하고, 통 속의 물의 질량과 물의 온도 변화를 측정하여 발생한 열량을 구하는 실험을 30년 이상 하면서 4200J의 일을 하면 1kcal의 열이 발생한다는 것을 발견하였다.

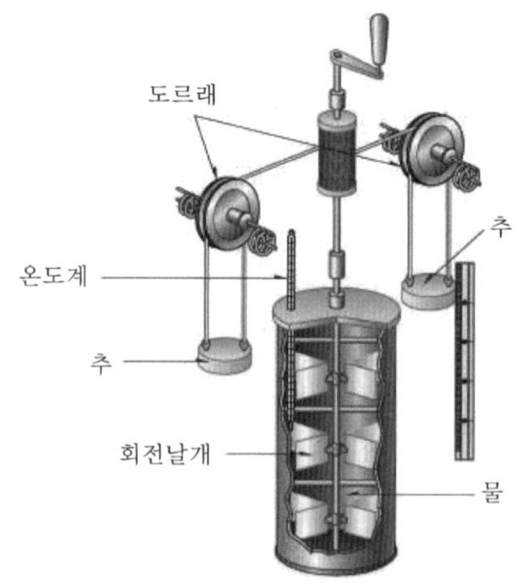

█ 그림 3-21 줄의 실험장치(마찰열로 물의 온도를 높이는 실험) █

줄은 이와 같은 실험을 하고 또 그 후 많은 사람이 이것과 동일한 실험을 한 결과를 통해 1J=0.24cal라는 것을 알았다. 이 관계를 줄의 법칙을 통해 칼로리 단위로 나타내면

$$H = 0.24 \times I^2 \times R \times t \,[\text{cal}]$$

이 된다.

7 전자 냉각(냉동기나 냉장고의 작용)

다른 금속과 금속, 금속과 반도체, 또는 반도체와 반도체를 접촉시켜서 이것에 직류 전류를 흘리면 이 회로에 저항 R이 있을 때는 줄열로서 $I^2 \times R$의 전력에 상당하는 열이 발생하지만 접속점에서는 이 이외에 열의 발생 또는 흡수가 일어난다. 이것이 페르체 효과지만 접촉시키는 2종류의 도체가 금속과 금속의 조합인 경우에는 발생 및 흡수하는 열량은 그 크기가 작고 겨우 1~2℃의 온도차를 만드는 데 불과하다.

그러나 재료로서 적당한 반도체를 사용하면 대단히 큰 페르체 효과가 일어나서 작지만 성능이 좋은 냉각용 소자를 만들 수 있다. 이와 같은 냉각 소자를 열전소자 또는 thermo-element라고 한다. 또 이 방법에 의한 냉각을 전자 냉각이라고 한다.

[그림 3-22]는 p형 반도체와 n형 반도체를 금속판(上)으로 접속한 서모엘리먼트로 이것에 그림에서 가리킨 방향으로 전류를 흘린다. 캐리어로서 전자를 풍부하게 가지고 있는 n형 반도체에서는 전자에 흐르는 방향은 전류가 흐르는 방향과 반대이므로 전자가 상부에서 하부의 금속판 방향으로 흘러 이 때 전자는 상부에서 열을 흡수하여 하부에서 열을 방출한다. 또 p형 반도체에서 캐리어는 양전기를 가지는 홀이므로 홀이 상부에서 하부의 방향으로 흘러 이때 홀은 상부에서 열을 흡수하여 하부에서 방출한다. 이 결과, 전자와 홀의 양쪽에서 열의 이동이 자꾸 행하여지기 때문에 상부에서는 흡열작용이, 하부에서는 방열작용이 일어난다. 방열 측에 있는 금속판에 방열판을 추가하여주면 열을 더욱 발산하여 흡열 측인 상부에서는 더욱 차가워져서 큰 냉각력을 얻게 된다.

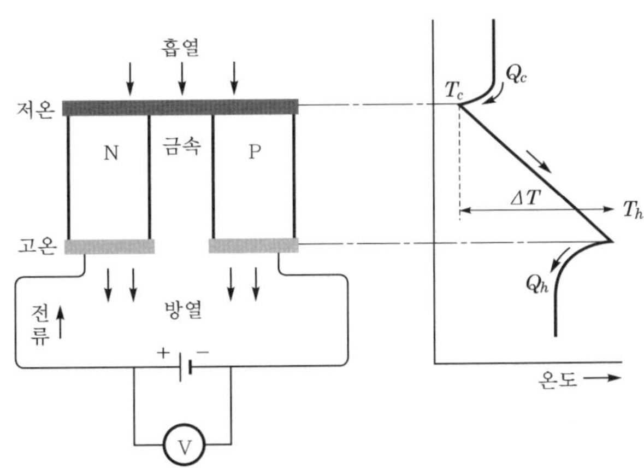

┃ 그림 3-22 페르체의 전자 냉각의 원리 ┃

이 전자 냉각은 보통의 냉동기나 냉장고와 같은 모터와 컴프레서를 사용하는 방식과는 전혀 다른 것으로 진동, 소음이 없고 가동 부분이 없기 때문에 마모가 없어서 수명은 반영구적이다. 한편으로는 냉각하면 그것과 같은 열량이 다른 곳에서 발열하고 있다는 것과 전류의 방향을 반대로 하면 냉각과 발열이 같은 소자로 된다는 것도 정밀한 온도 컨트롤에 편리하다. 그러나 효율은 좋다고 할 수 없고 또 냉각 능력이 전류에 비례하고 있기 때문에 저전압(전압은 1소자당 0.1V 정도)에서 대전류의 전원이 필요하며 냉각장치의 대부분이 전원부를 차지한다는 불편함도 있다.

열전소자에 교류를 흘리면 교류의 반사이클마다 발열과 흡열이 일어나 결국, 온도 변화는 없게 된다. 그래서 아무래도 리플이 적은 전원이어야 한다. 그래서 몇 개의 열전소자를 직렬로 하여 수 V로 사용하기는 하지만 저전압, 대전류의 직류전원은 효율이 나쁘고 리플을 적게 하는 일은 쉬운 일이 아니다. 이 열전소자는 그 특성의 정도와 전원의 제약 때문에 겨우 50W 정도까지의 소형 냉동기에 사용된다. 특히 작은 부분의 국부적인 냉각이 장점이어서 트랜지스터나 진공관의 냉각, 공업용 계측기류의 소형 항온조, 사진용 현상액의 온도 컨트롤 등에 사용되고 있다.

주사할 때 팔을 알코올로 소독하고 나서 알코올이 증발할 때 그 부분이 차게 느껴진다. 이것은 알코올과 같은 액체가 증발해서 기체로 될 때 많은 열을 빼앗기 때문이다. 이것을 기화열이라고 한다. 냉동기나 냉장고에서는 전기를 사용하고 있지만 그 동작원리는 액체가 기화할 때의 기화열에 의해서 열에너지를 빼앗아 냉각한다는 방법에 의존하고 있다. 기화한 기체를 다시 한 번 액체로 환원할 때 압축할 필요가 있으므로 전기는 그 동력으로서 사용되고 있다.

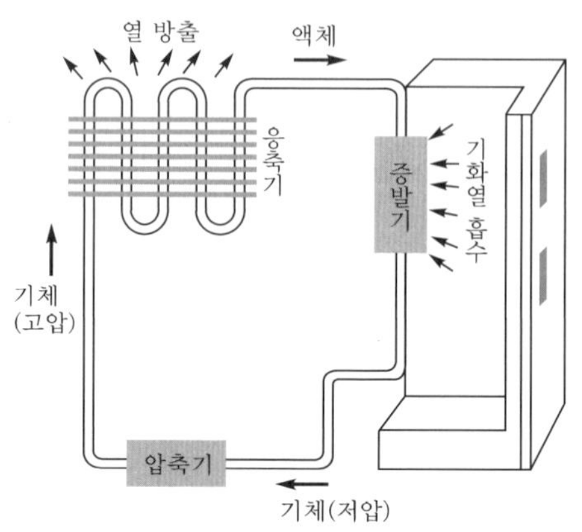

그림 3-23 전기냉장의 원리

기화열을 사용한 냉각 방법은 우선 압축하면 쉽게 액체가 되며 더구나 기화할 때에 큰 기화열을 빼앗는 가스를 관 속에 밀폐한다. 이 가스가 액체로 되거나 기체로 되거나 할 때 냉각 측에서 열을 빼앗고 이것을 방열기에서 발산하는 역할을 하므로 냉매라고 한다.

이 냉매에는 대규모 제빙, 냉장창고 등에는 암모니아가, 가정용 냉장고, 쿨러 등에는 프레온이 사용된다. 냉매 가스를 모터와 연결한 컴프레서로 압축하여 액체로 만든다. 이때 압축되기 때문에 발열하므로 넓은 면적을 가지게 만든 방열기를 통하여 소형의 것에서는 자연 공랭 상태에서, 대형의 것에서는 냉각수를 사용하여 냉각한다. 이 액체로 된 냉매를 급히 넓은 곳에 내어 기화시키면 주위부터 기화열을 빼앗아 온도가 내려간다. 여기서 냉매는 가스로 되돌아오므로 다시 컴프레서로 압축하여 이것을 순환시킨다.

[그림 3-24]는 가정용 냉장고이다. 모터와 컴프레서는 냉장고의 뒤 또는 아래측에 있고 방열기는 뒤쪽에, 기화기는 안에 둔다. 안에서도 기화기가 있는 곳이 가장 차가워지므로 이것을 제빙실로 하는 것이 보통이다. 또 서머스탯에 의해서 모터와 컴프레서의 운전을 자동적으로 온·오프하여서 안의 온도를 일정하게 유지하도록 한다. 이와 같이 냉장고에서는 안을 냉각시킨만큼의 열은 방열기에서 밖으로 방출하게 되므로 안이 차가워지는 것과는 대조적으로 뒤쪽에 있는 방열기는 뜨거워진다. 즉 냉장고의 바깥 측은 뜨겁다.

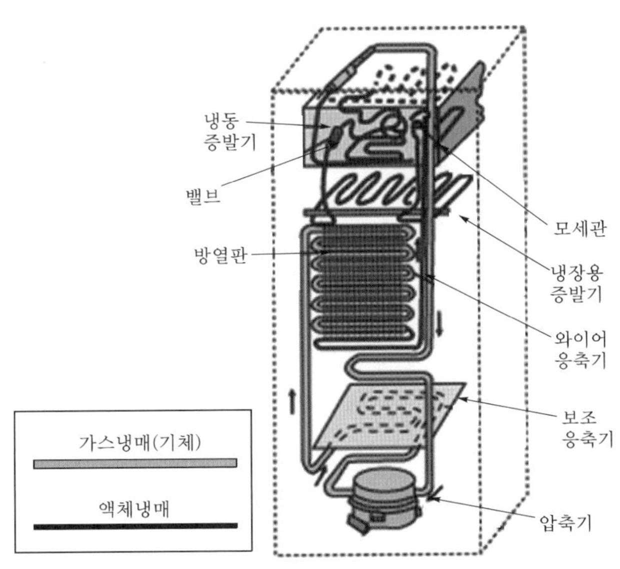

그림 3-24 전기냉장고의 구조

8 초전도체

초전도체는 직류전류에 대해 저항이 전혀 없는 완전도체이다. 가령, 예를 들어, 아래 그림과 같은 초전도체로 된 고리에 전류를 흘려주면, 초전도체를 따라 흐르는 초전류는 감쇠하지 않고 영원히 흐르게 된다.

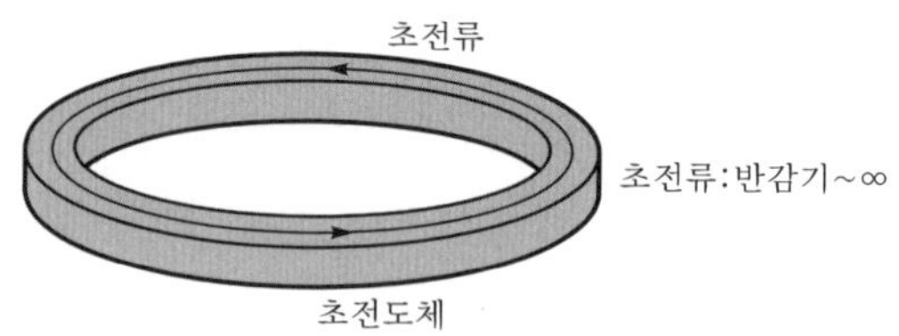

┃ 그림 3-25 초전도체 ┃

초전도체는, 또한, 외부에서 자기장을 걸어 주면 초전도체 내부의 자속밀도(B)가 0이 되는 완전 반자성체이다. 이러한 반자성 특성은 자기장을 초전도체 밖으로 밀어내는 효과로 나타나는데, 발견자의 이름을 따서 마이스너(Meissner)효과라고 부른다.

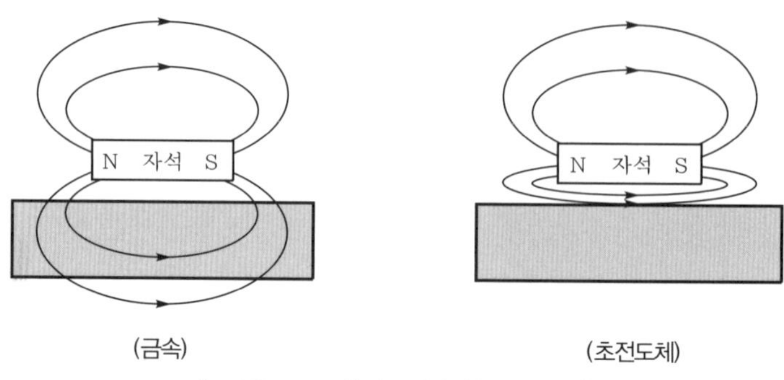

┃ 그림 3-26 초전도체의 완전반자성 ┃

마이스너효과는, 외부에서 가해진 자기장을 상쇄시키기 위한 전류(차폐전류)가 초전도체에 흘러서 외부의 자석과 반대되는 자극을 만듦으로써 나타나는데, 자기장을 밀어내는 자기부상 효과는 자기부상열차나 초전도 베어링 등에도 활용될 수 있다.

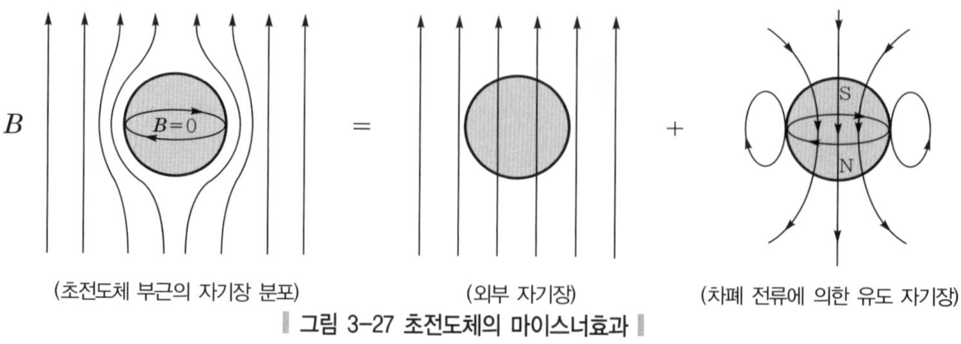

┃ 그림 3-27 초전도체의 마이스너효과 ┃

초전도 현상은 초전도체 내의 자유전자들이 두 개씩 쌍을 이룸으로써 생기는데, 이 전자쌍을 쿠퍼쌍이라고 부른다. 초전도체를 이루고 있는 격자 이온들의 진동이 전자의 움직임과 공명함으로써 쿠퍼쌍을 이루게 하고, 또 이들의 이동에 대해 방해가 되지 않고 저항 없이 움직일 수 있게 한다. 이 때, 이온 격자의 탄성이 초전도현상을 나타내는데 결정적인 역할을 하므로, 이온의 성질이나 이온들의 결합구조가 전자쌍을 이루는데 적합한 물질들만이 초전도체가 될 수 있으며, 초전도체들 간에도 초전도 현상을 나타내는 조건, 즉, 초전도 임계값들이 차이가 나게 된다. 이온격자의 탄성과 초전도 현상의 밀접한 관계는, 이들 이온이 동위원소로 치환될 경우 생기는 임계온도 변화 등의 동위원소효과에서 명확하게 알 수 있다.

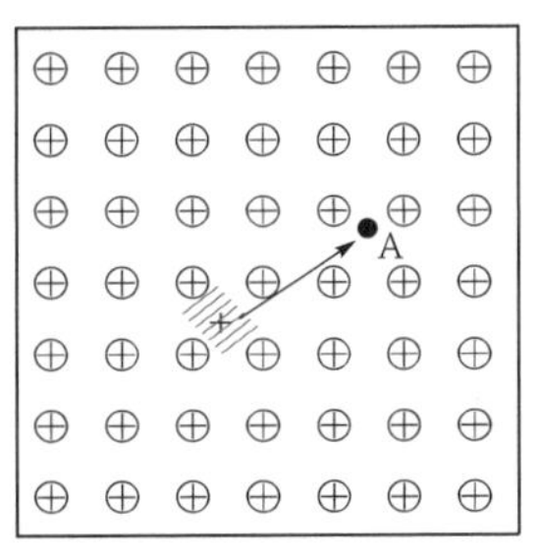
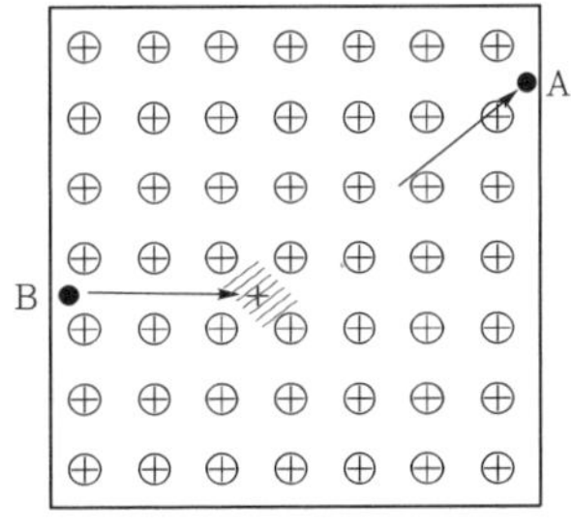

전자 A가 빨리 지나가며 양이온을 유인

굼뜬 이온들이 전자 A가 지나간 자리로 모여 안전기 형성

전자 B가 양전기 영역으로 끌려 들어감. 전자 A, B가 서로 당겨 쌍을 이루는 겉보기 효과

그림 3-28 쿠퍼쌍을 이루는 원리

초전도상태와 정상상태 사이에 에너지 벽이 존재하는데, 쿠퍼쌍을 이루는 전자들의 운동에너지가 커질수록 에너지 벽을 쉽게 뛰어넘을 수 있어서 초전도 현상의 약화로 나타난다. 따라서, 전자의 운동에너지 상승을 가져다주는 요인, 즉, 온도, 전류, 자기장 등의 크기에 따라 두 상태의 경계면이 결정되게 되는데, 경계면에서 이 값들을 임계온도, 임계전류밀도, 임계자기장이라고 부른다.

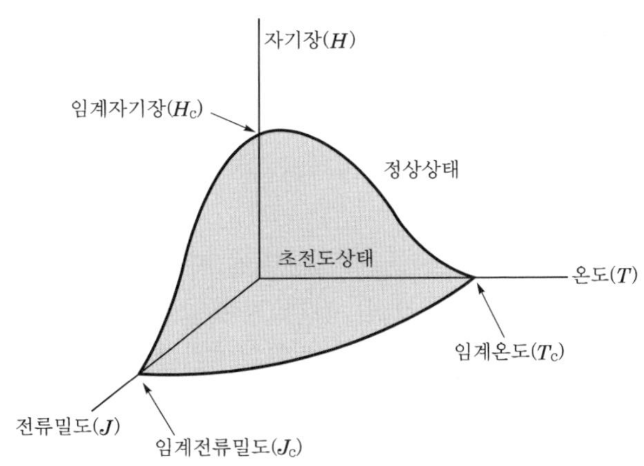

그림 3-29 초전도체의 임계값들

초전도체를 흔히 저온초전도체와 고온초전도체로 나누는데, 이는 단순히 임계온도의 크기에 따라 분류한 것이다. 초전도 재료의 특성을 바탕으로 구분하면, 금속 초전도체, 산화물 초전도체, 유기물 초전도체 등으로 나눌 수 있다.

금속 초전도체는 다시 한 가지 원소로만 된 원소 초전도체와 두 가지 이상의 화합물 및 혼합물로 된 화합물 및 혼합물 초전도체로 나누어진다. 주기율표 상의 많은 금속 원소들이 저온에서 초전도체가 되는데, 이 중, 대표적인 원소 초전도체로는 니오븀(Nb), 납(Pb), 주석(Sn), 알루미늄(Al) 등이 있다. 화합물 및 혼합물 초전도체로는 NbTi, NbN, Nb_3Sn, Nb_3Ge, NbGeAl, MgB_2 등이 있다. 금속 초전도체의 특징은 임계온도가 낮으며, 금속성 때문에 초전도 특성을 결정하는 변수인 초전도 결맞음길이(superconducting coherence length)가 길어서 웬만한 불순물이나 결합에도 대체로 초전도성이 잘 약화되지 않는 점이다.

산화물 초전도체는 산화 금속 화합물들로서, 1986년 $La_2-xBa_xCuO_4$의 발견을 시작으로 하여 수십 종이 발견되었는데, 그 중 대표적인 것으로는 $YBa_2Cu_3O_7$, $Bi_2Sr_2Ca_1Cu_2O_8$, $Tl_2Ba_2Ca_2Cu_3O_{10}$, $HgBa_2Ca_2Cu_3O_8$, $La_2-xBa(Sr)_xCuO_4$ 등과 같은 구리 화합물과, $BaKBiO_3$ 등과 같은 비구리 화합물이 있는데, 금속 초전도체에 비해 임계온도가 월등히 높아 흔히 '고온초전도체'로 불린다. 이들은 페로브스카이트(perovskite) 구조를 바탕으로 한 복잡한 격자구조를 하고 있으며, 초전도 결맞음길이가 극히 짧아서 불순물이나 구조결함에 초전도 성질이 아주 민감하게 변한다.

유기물 초전도체로는 k-(BEDT-TTF)Cu[N(CN)$_2$]Br, (BETS)$_2$(Cl$_2$TCNQ), a-(BEDT-TTF)$_2$NH$_4$Hg(SCN)$_4$ 등 많은 종류가 있는데, 이들은 매우 복잡한 유기화합물 구조를 하고 있으며, 임계온도가 매우 낮다. 최근에는 DNA 가닥이 극저온에서 초전도성을 보였다는 보고도 있었다.

금속 초전도체 중 전자의 유효질량(effective mass)이 매우 큰 것들을 중페르미온(heavy fermion) 초전도체라고 따로 분류하는데, UBe_{13}, UPt_3 등이 이 부류에 속한다. 그 이외에도, $Pb(Sn)Mo_6S_8$, (Pb, Sn, La)Mo_6Se_8 등 Mo-S(Se, Te) 화합물의 쉐브럴 상(Chevral phases) 초전도체가 있고, 정20면체 모양의 C_{60} 풀러렌(fullerene)에 칼륨(K) 등의 금속 이온을 삽입한 풀러렌 초전도체, 그리고 YNi_2B_2C과 같은 보로카바이드(Borocarbide) 등도 있다.

초전도체의 응용 분야는 보통 응용 물질의 형태에 따라 선재 응용과 박막 응용으로 나눈다. 선재 응용에는 손실이 없는 송전선, 강한 자기장이나 아주 안정한 자기장을 발생시키는 초전도자석, 에너지저장장치, 모터, 발전기 등 많은 전류를 발생 또는 수송하는 전력 계통 응용과 초전도 자기부상열차, 초전도 추진 선박 등 교통 분야의 응용 등이 있다. 박막 응용의 경우에는, 박막의 저전류 손실 특성을 이용한 수동소자와 조셉슨 접합 등 초전도 접합을 이용한 능동소자가 있다. 수동소자에는 저손실 고주파 통신 등의 응용이 있고, 능동소자에는 지구 자기장의 100억분의 1까지도 측정이 가능한 초전도 양자 간섭 장치(SQUID)를 이용한 뇌파나 심장 자기장을 측정하여 의료 진단에 활용하는 생체 자기 응용, 초고속 디지털 소자 응용 등이 있다.

04 전류의 작용 II – 전류의 화학작용

전지의 작용이나 전기분해는 전류의 화학작용의 대표적인 것이다. 여기서는 왜 전류를 흘리면 화학작용이 일어나는가 하는 것과 그 실용례인 전기분해, 전기도금, 전지 등에 대하여 살펴보기로 한다.

1 전기분해

일반적으로 금속과 같은 도체에 전류를 흘려도 금속은 전류가 흐르기 위한 통로로서의 작용을 하는 것만으로 금속 그 자체에는 아무 변화가 없다. 금속은 도체의 대표적인 것이었지만 일상생활에서 감전된 경험에서도 알 수 있듯이 금속 이외에도 물 및 축축하게 젖은 것은 역시 전기가 통한다. 물의 경우에는 어떠한 일이 일어나는가?

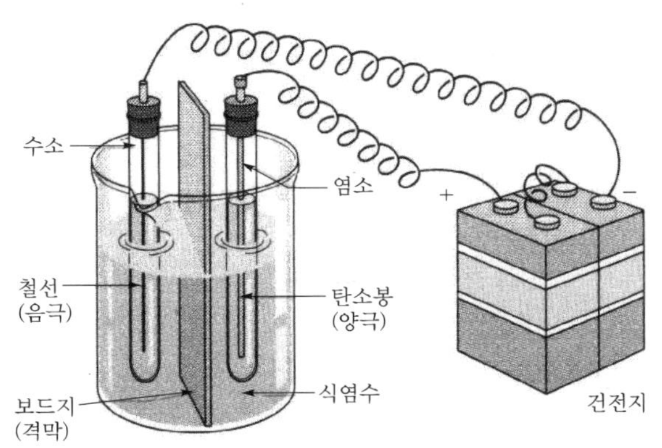

그림 3-30 식염수에 전류를 흘린다.

[그림 3-30]은 소량의 식염을 물에 녹인 액체, 즉 식염수 속에 들어 있는 (−)극에 철선을, (+)극에 탄소봉을 넣어서 전선을 잇고 전류를 흘리고 있는 것이다. 이와 같이 전지를 연결한 금속판을 전극이라고 한다. (+)전기에 연결한 것을 양극, (−)전기를 연결한 것을 음극이라고 한다. 이때 흐르는 전류는 금속봉 또는 금속판의 면적이 클수록, 금속 간의 거리가 작을수록, 그리고 수중에 녹힌 식염이 진할수록 큰 전류가 흐른다. 금속판

의 면적과 그 사이의 거리가 전류의 크기에 영향을 주는 것은 금속의 저항이 길이에 비례하고 단면적에 반비례한다는 것을 생각해 내면 납득이 되겠지만 또 하나의 효과는 물에 녹힌 식염이 진할수록 전류가 잘 흐른다는 것이다. 즉 식염수는 전류가 잘 통하는 도체로 된다. 물이 도체가 되는 원인은 식염에 있는 것을 알 수 있다.

식염은 염화나트륨이라는 것으로 염소(Cl)와 나트륨(Na)의 화합물이지만 이것이 물에 녹으면 염소와 나트륨이 각각 전기를 운반하는 역할을 하여 전류가 흐른다. 이와 같이 하여 식염수 속을 전류가 흐르고 있을 때 전극인 금속판의 주위를 보면 [그림 3-31]처럼 기포가 왕성하게 솟아나는 것을 볼 수 있다. 이 기포는 식염수 속을 전류가 흐름으로써 식염이 변화하여 더욱 간단한 성분인 염소와 나트륨으로 분해된 것이다.

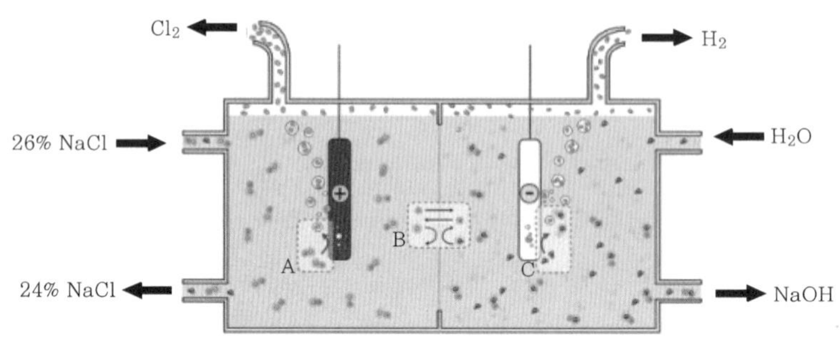

그림 3-31 식염수를 전기분해하였을 때 발생하는 염소가스와 수소가스

(+) 전기가 걸려 있는 양극에서는 염소가 가스로 되어 발생하고 (−) 전기가 걸려 있는 음극에서는 나트륨이 즉시 물과 반응하여서 가성소다로 되며 이때 수소가스가 발생하여 기포로 되어 나오는 것이다. 이와 같이 전류를 흘림으로써 수용액 또는 그것에 용해된 물질이 분해되는 것을 전기분해 또는 전해라고 한다. 그리고 이와 같은 현상이 생기는 수용액을 전해액이라고 한다.

2 왜 물 속을 전류가 흐르는가?

전류가 흐르기 위해서는 전기를 운반하는 것이 필요하고 보통의 금속인 경우에는 음전기를 가지고 자유롭게 움직일 수 있는 전자, 이른바 자유전자가 그 역할을 하고 있었다. 이와 같이 전기를 운반하는 것을 캐리어라고 하지만 캐리어가 될 수 있는 것은 자유전자만이 아니다. 식염의 결정, 즉 염화나트륨에서는 염소와 나트륨이 결합하여서 화합물이 되어 있지만 이 2개는 어떻게 결합되어 있는가 하면 염소는 음전기를 가지고 나트륨은 양전기를 가진 상태에서 이 2개가 전기력으로 서로 잡아당겨 결합하고 있는 것이다. 그런데 물속에서는 약간 모습이 바뀌어 염소와 나트륨으로 나뉜 상태로 되어 있다.

그리고 염소는 음전기를 가지고 나트륨은 양전기를 가진 상태이다.

원래 전기적으로는 중성이었던 원자가 전자를 받아들이거나 놓치거나 함으로써 전기적으로 중성이 아닌 상태를 이온이라고 한다. 여기서 염소는 음의 이온, 나트륨은 양의 이온이 되어 있다. 이온은 양 또는 음의 전기를 가지고 있어서 물속에서는 자유롭게 움직일 수 있고 이것이 캐리어가 되어 전기를 운반할 수 있다.

물질은 물에 녹을 때에 반드시 이온이 된다고는 할 수 없고 이온이 되는 것과 그렇지 않은 것이 있다. 물에 녹아서 이온이 되는 것을 전해질이라고 하고 이온이 되지 않는 것을 비전해질이라고 한다.

이온은 전자에 비하면 특별히 무겁고 또 큰 것이어서 이온을 전계 속에 두어도 곧 뛰어나가는 전자의 경우와는 상당히 모습이 다르지만 전해질을 녹인 수용액은 이온이 캐리어로 되어 전류가 흐르게 된다. 이 모습은 [그림 3-32]에서처럼 양전기를 가진 이온은 음극 쪽으로 음전기를 가진 이온은 양극 쪽으로 움직이므로 양쪽의 이온이 캐리어가 된다.

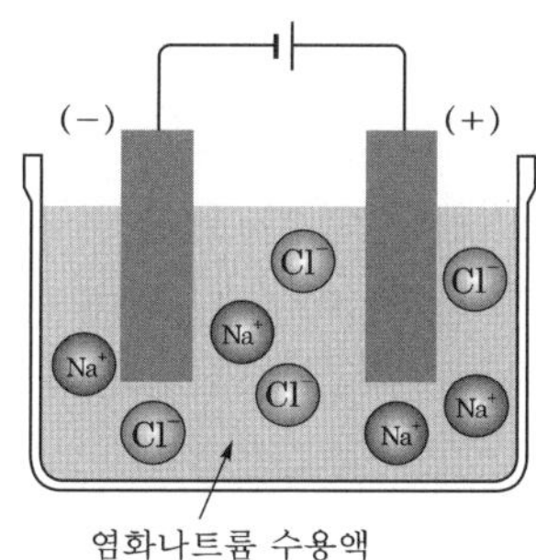

그림 3-32 이온이 캐리어가 되어 물속을 전류가 흐른다.

3 전해질이란?

다음과 같은 용기에 금속판 2매를 넣고 전압을 가할 때, 증류수를 넣은 경우 전류는 전혀 흐르지 않지만, 이 중에 식염수를 넣으면 급격히 전류가 흐른다. 또한 식염수 대신에 황산과 가성소다 등을 넣어도 전류가 잘 흐른다. 그러나 설탕, 알코올 등을 물에 녹이면 전류는 흐르기 쉽지 않다. 이와 같이 물질에는 물에 녹을 때에 전류가 잘 흐르게 되는 물질과 잘 흐르지 않는 물질이 있다. 수용액일때 전류가 잘 흐르는 물질을 전해질, 또 전류가 흐르지 않는 물질을 비전해질이라 한다.

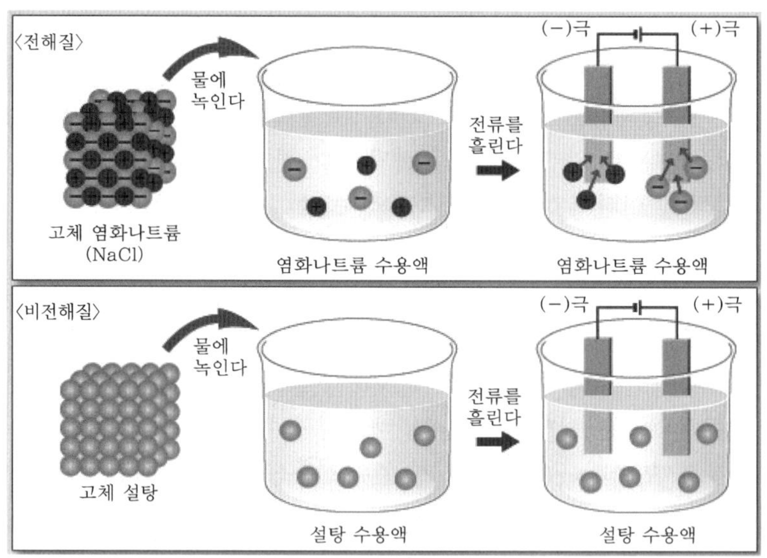

| 그림 3-33 전해질과 비전해질 |

식염(NaCl)을 물에 녹이면 나트륨과 염소로 분리되여, 각각 이온이 된다. 이와 같이 물질이 이온으로 분리되는 것을 전리라 한다. 즉 식염의 경우에는 Na이 양이온이 되고, Cl은 음이온으로 각각 분리되어 있는 상태가 된다.

Battery액으로 사용되는 묽은 황산(H_2SO_4)은, 액체 상태일 때 다음과 같이 전리된다.

$$H_2SO_4 \cdots\cdots 2H^+ + SO_4^{2-}$$

이러한 전리에 의해 묽은 황산은 전류를 상당히 잘 흐르게 하는 액체가 된다. 전선에 전압을 가하면 전선 중의 많은 자유전자가 차례로 이동하고 전기를 운반하므로 전류를 흐르게 하는 현상이 가능한 것으로 알고 있지만, 전해액에 전압을 가하면 전해액 중에 전기를 띤 이온이 전극 사이를 이동하여 전기를 운반하므로, 전류는 잘 흐른다.

또 전극 부근으로는 용액 중의 원자와 전선 중의 자유 전자 사이로 전자가 결합하기도 하고, 분리되기도 한다. 곧 전자의 주고받음이 이루어지므로 (−)전극에서 용액 중으로 전자가 주입되고, (+)전극에서는 용액 중에서부터 전자가 (+)전극으로 나오는 것을 연속하여 행하는 것이 된다.

이 경우에 전해액 중의 전자의 수는 일정하므로 (−)전극에서 전자가 1개 주입되면 동시에 (+)전극에서 1개의 전자가 나가는 것을 되풀이한다. 이것이 전해액을 통해서 전류가 흐르게 하는 것이다.

4 금속의 이온화 경향

금속 원자는 가전자가 1~3개가 많고 따라서 이온이 되는 경우에는 이 불안정한 여분의 전자를 버리기 때문에 전기적으로 (+)의 전기를 가지고, 원자 전체로서는 (+)의 전기를 띠게 된다. 즉 양이온이 된다. 반대로 여분의 전자를 받으면 (−)전기를 띠게 되고, 즉 음이온이 된다. 그러나 금속 원자가 같은 양이온이 되는 경우에도, 가전자의 수와 전자 궤도의 거리 등에 의해서 이온으로 될 때 되기 쉬운 성질이 다르기 때문에, 각 금속의 종류에 의해서 이온으로 될 때 되기 쉬운 것과 되기 어려운 것이 나온다. 금속이 이온화하는 경우에는 이온화되기 쉬운 정도가 있고, 이것을 이온화 경향이라고 한다.

이온화 경향이 작은 것일수록 화학적으로 안정된 금속이다. 공기 중에 방치해 두어도 녹슬지 않고 언제나 아름다운 광택을 잃지 않는 것은 금이나 백금 등 귀금속으로서의 가치의 하나이기도 하다. 이온화 경향이 작은 금속이 녹아 있는 용액 중에 이온화 경향이 큰 금속편은 계속 녹고 그 반대로 이제까지 녹고 있던 이온화 경향이 작은 쪽이 금속으로서 석출된다. 이것은 이온화 경향의 차이, 바꾸어 말하면 녹기 쉬운 정도의 차이가 근원이 되어 이미 녹아 있는 금속에 더욱 녹는 힘이 센 다른 금속이 강제로 교체되어 버리는 것이다. 이 현상을 이용하면 황산동의 수용액 중에 쇠못을 담그면 철이 동 도금이 된다. 이것은 동보다도 철 쪽이 이온화 경향이 크기 때문이며 화학 변화가 일어나서 동이 철의 표면에서 석출된 것이다. 또는 금이나 백금을 공업적으로 제련하는 일에도 사용되고 있어서 금광석에서 금을 시안칼리로 녹여서 이 용액 중에 아연 찌꺼기를 투입하면 이온화 경향의 차이에 따라서 아연이 녹고 그 반대로 금이 석출되는 방법을 취하고 있다. 또 전지는 이 이온화 경향의 차이를 교묘히 이용하여 기전력을 만들어 내는 것이다.

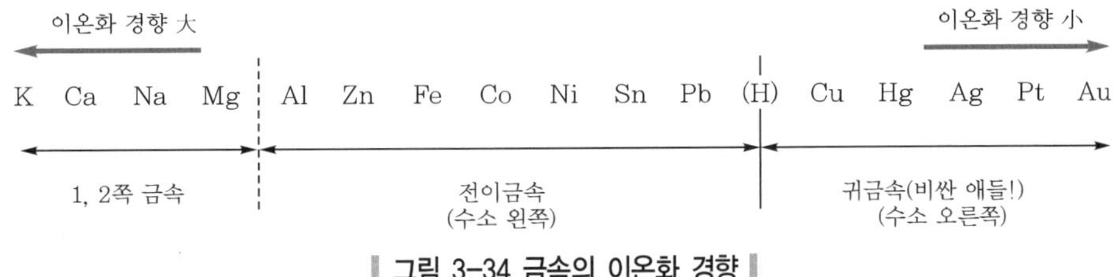

┃ 그림 3-34 금속의 이온화 경향 ┃

5 전지 이야기

축전지란 두 가지의 전극(양극과 음극)을 전해액에 잠기게 하여 각 전극의 활물질(Active Material)과 전해액이 갖는 화학에너지(Chemical Energy)를 전기에너지(Electrical Energy)로 변환시켜 양극과 음극을 연결한 외부 회로에서 전기적 에너지를 발생시킬 수 있는 능력을 지닌 것을 일컫는다.

전지의 4대 구성 요소는 아래와 같다.
- 양극(Cathode) : 외부 도선으로부터 전자를 받아 양극 활성 물질이 환원되는 전극
- 음극(Anode) : 음극 활성 물질이 산화되면서 도선으로 전자를 방출하는 전극
- 전해질(Electrolyte) : 양극의 환원 반응, 음극의 산화 반응이 화학적 조화를 이루도록 물질 이동이 일어나는 매체
- 분리막(Separator) : 양극과 음극의 물리적 접촉 방지를 위한 격리막

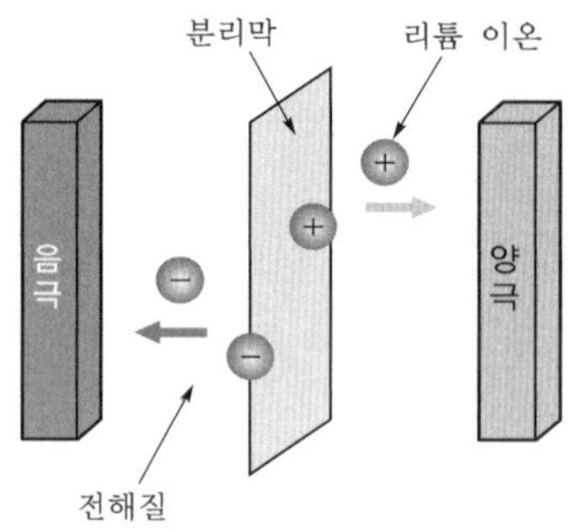

┃ 그림 3-35 전지의 구성 ┃

전지의 음극은 기본적으로 전자를 내어주고 자신은 산화되는 물질이며 양극은 전자를 받아(양이온과 함께) 자신은 환원되는 물질로서, 전지가 외부 load(전등, 기구)와 연결되어 작동할 때, 즉 전지의 방전 반응이 진행할 때 두 전극은 각각 전기 화학적으로 다른 상태로의 변화를 일으킨다.

이때 음극의 산화 반응에 의해 생성된 전자는 외부 load를 경유하여 양극으로 이동하고 양극에 이르러 양극 물질과 환원반응을 일으킨다. 이때, 전해질 내에서 음극과 양극 방향으로의 anion(negative ion)과 cation(positive ion)의 물질 이동에 의해 전하가 흐르는 작업이 완성된다. 이렇게 전해질 내부에서는 외부 도선에서 계속해서 전하가 흐르도록 반응을 일으키고, 이에 힘입어 외부 도선에서는 흐르는 전하로 전기적인 일을 하게 되는 것이 전지의 작동 원리이다. 이 과정을 전지로 볼 때는 '방전'이라고 한다.

따라서 계속하여 전지가 전기적인 일을 하게 되면, 전지의 전압은 계속 낮아지고 결국 외부에서 전하를 이동시킬 수 없을 때까지 이르게 된다. 이때 폐기하게 되는 전지를 1차 전지라고 하고, 거꾸로 전하를 흘려주는 작업, 즉 다시 전지를 충전하여 사용할 수 있는 전지를 2차 전지라 한다. 충전 시에는 방전 반응과는 반대의 반응이 진행되어 전지 본래의 화학적 상태로 되돌아가기 때문에 재사용이 가능하다.

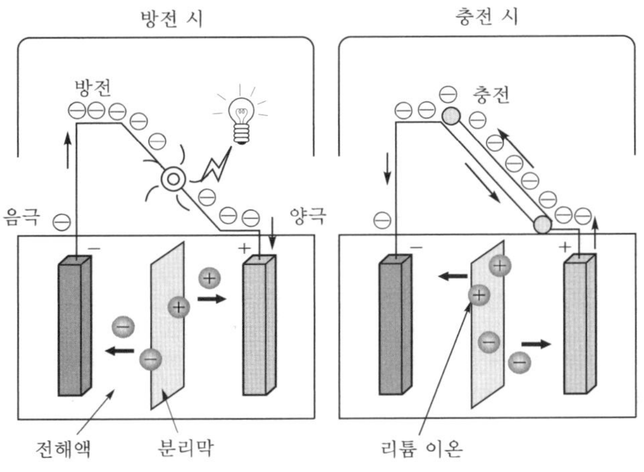

┃ 그림 3-36 전지의 원리 ┃

(1) 전지의 역사

1936년, 이라크 바그다드 근처의 호야트럽퍼란 오래된 마을에서 용도를 알 수 없는 작은 항아리 하나가 발견되었다. 6인치 높이의 점토로 만들어진 이 노란 토기는 2000년 이상 된 것으로, 그 안에는 5×1.5인치 크기의 구리박판으로 된 실린더가 들어있었다. 실린더 가장자리에는 납땜이 되어 있었으며 바닥은 꼬인 구리판으로 씌워져 있었고 역청으로 봉해져 있었다. 또한 구리와 철로 된 막대가 실린더 안에 고정돼 있었는데 그 막대는 산성 물질에 의해 부식돼 있었다.

독일 고고학자인 빌헬름 쾨니히는 이 물체에 대해 놀라운 결론을 내렸다. 어떤 목적으로 사용되었는지는 불명확하지만, 이 토기는 고대의 전지라는 결론을 내린 것이다. 이것은 발굴된 지명을 따서 호야트럽퍼 전지 또는 바그다드 전지라 명명됐다.

1940년, 미국 매사추세츠주 피츠버그의 General Electric High Voltage 연구소의 엔지니어인 윌라드 F.M 그레이는 쾨니히의 주장을 근거로 고대 전지 모형을 제작했다. 그는 황산구리를 전해액으로 이용해 0.5V 가량의 전기를 생산해내는 데 성공했다.

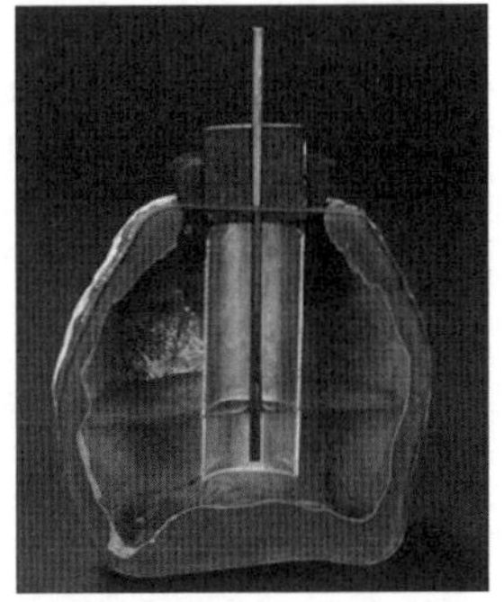

┃ 그림 3-37 인류 역사상 최초의 전지로 추정되는 바그다드 전지 ┃

또한 1970년대에 들어서는 독일의 아르네 에겐브레이트가 바그다드 전지의 모형을 만들어 내부를 예전에 사용했을 법한 갓 짜낸 포도즙으로 채워 넣었다. 그 모형을 통해 0.87V의 전기를 생성해 냈다. 이 전지를 직렬로 접속하여 아라비아의 금, 은 세공 직공이 기물(器物)에 전기도금을 하는데 사용한 것으로 추정된다.

※ 전지의 개발 연혁

현재 우리에게 가장 잘 알려진 최초의 전지를 개발한 사람은 1800년 이탈리아의 A. 볼타이다. 이것을 시작으로 현대에 이르기까지 전지의 개발연혁을 보면 아래와 같다.

1799	구리–아연 전지 발명($Cu/H_2SO_4/Zn$, Volta(Italy))
1860	연축전지 발명($PbO_2/H_2SO_4/Pb$, Plante'(France))
1867	망간건전지의 원형 발명(MnO_2/NH_4Cl. $ZnCl_2/Zn$, Lechlanche(France))
1880	Faure', paste식 극판에 의한 연축전지 제조법 특허, 연축전지 산업생산 개시
1888	망간건전지 발명(Gassener(Germany), 헤레센스(Denmark))
1899	니켈카드뮴전지 발명($NiOOH/KOH/Cd$, Jungner(Sweden))
1899	니켈 아연 전지 발명($NiOOH/KOH/Zn$)
1900	니켈 철 전지 발명($NiOOH/KOH/Fe$, Edison(USA))
1909	알칼리 망간건전지 발명($MnO_2/KOH/Zn$)
1917	공기 아연 전지 발명(O_2 in Air/KOH/Zn)
1942	수은전지 발명($HgO/KOH/Zn$)
1947	밀폐형 니켈카드뮴전지 발명
1949	알칼리 망간건전지 실용화
1962	밀폐형 수소 전지 발명
1970	리튬 1차전지 실용화
1970	미국 GM Delco 칼슘 MF 연축전지 개발
1973	이산화망간 리튬 1차전지 실용화($MnO_2/LiClO_4/Li$)
1981	리튬 이온 2차전지 발명
1990	리튬 이온 2차전지 실용화, 생산 개시(일본 SONY사)
1990	밀폐형 니켈 수소 전지 실용화($NiOOH/KOH/MH$)
1990	미국 캘리포니아주 대기정화법(Clean Air Act) 통과 세계 각국 전기자동차용 전지 본격적인 개발 착수
1995	수은전지 생산 중지

(2) 전지의 종류 - 화학전지

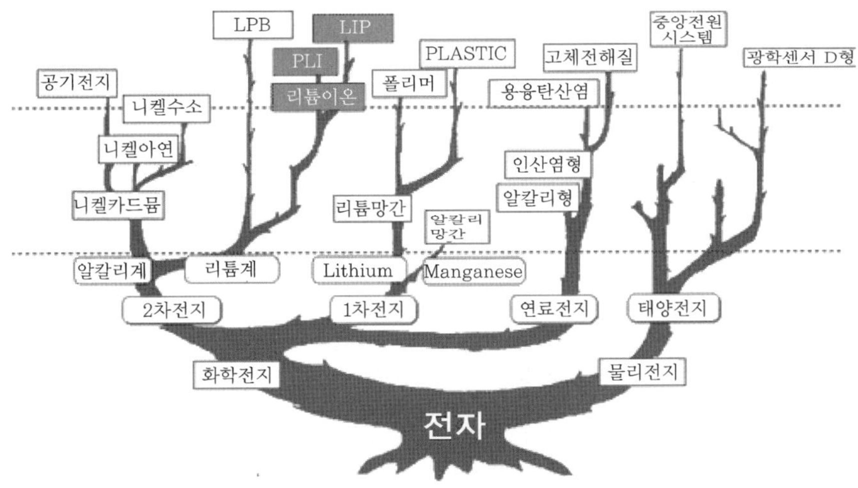

┃ 그림 3-38 전지의 종류 ┃

① 1차전지

방전한 뒤 충전으로 본래의 상태로 되돌릴 수 없는 비가역적 화학반응을 하는 전지이다.

1800년 이탈리아의 A.볼타가 은판과 아연판 사이에 알칼리 용액으로 적신 천조각을 끼우고 양판에 전선을 연결하면 전류가 흐르는 것을 시작으로 1차전지의 역사가 시작되었다. 대표적 1차전지에는 망간건전지가 있으며 최근에는 알카라인 전지가 많이 쓰인다. 보통 1.5V 정도의 전압을 내지만, 수십 V의 전압에 이르는 것도 있다.

㉠ 망간건전지[Manganese Cell]

가장 널리 사용되는 대표적인 1차전지이며 1877년 프랑스의 G. 르클랑셰가 고안하여 르클랑셰 전지라고도 한다. 양극 활성 물질로 탄소봉을, 음극 활성 물질로 아연(Zn)을, 전해질로 염화암모늄(NH_4Cl) 등을 사용한 것으로, 1차 전지 중 가장 널리 보급되어 있는 건전지이다. 기전력은 1.5V이다.

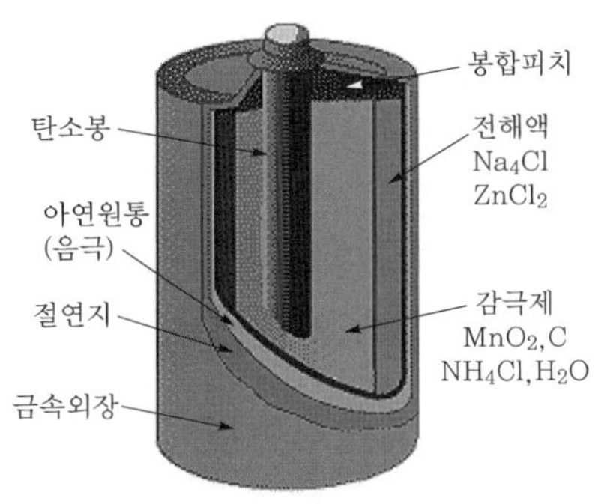

┃ 그림 3-39 망간건전지 ┃

ⓛ 알칼리 망간건전지

알카라인 전지라고도 불리는 이 전지는 전해질을 산성인 염화암모늄 대신 염기인 수산화칼륨을 쓰기 때문에 염기성이란 뜻으로 알칼리전지라 부르게 되었다. 염기는 산보다 금속을 느리게 부식시키므로 건전지를 오래 쓸 수 있다는 장점이 있고 망간건전지보다 용량이 3배 정도 크다.

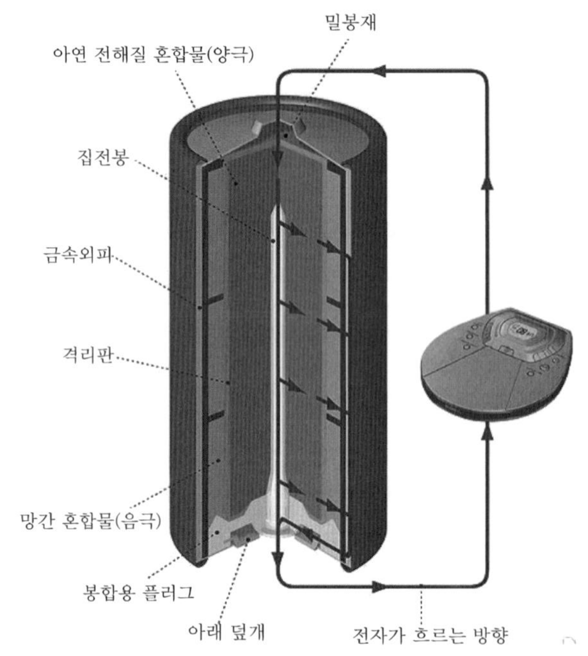

그림 3-40 알칼리 망간건전지

표 3-9 망간건전지와 알카라인 전지의 비교

	망간건전지	알카라인 전지
공칭전압	1.5V	1.5V
전기화학 시스템	아연−이산화망간	아연−이산화망간
양극 활성 물질	이산화망간(MnO_2)	이산화망간(MnO_2)
전해액	염화아연($ZnCl_2$) 수용액 염화암모늄(NH_4Cl) 수용액	수산화칼륨(KOH) 수용액
음극 활성 물질	아연(Zn)	아연(Zn)
전지 용기	아연관	철제관
사용 온도 범위	−5℃~55℃	−18℃~55℃
충 전	불가능	불가능

	망간건전지	알카라인 전지
특 성	가격이 저렴 연속 방전보다 간헐 방전 조건에서 수명이 길다.	중부하에 적합
용 도	리모컨, 인터폰, 라디오, 카세트, 완구, 강력 라이트, 벽시계	리모컨, 액정 TV, 인터폰, 헤드폰, 스테레오라디오, 카세트, CDP, MP3, 완구, 전자 게임기, 디지털카메라, 강력 라이트, 전기면도기, 도어락

ⓒ 수은전지[Mercury Battery]

미국의 S.루벤에 의해 1947년 고안되어 P.R 맬로리사(社)에 의해 제조된 1차전지이며 루벤전지, 수은전지라고 한다. 소형으로 만들 수 있기 때문에 보청기, 휴대용 라디오, 테이프리코더, 무선마이크나 카메라의 노출계 등에 널리 사용되었다. 음극에 아연, 양극에 산화수은, 전해잭에 산화아연과 수산화칼륨을 사용한다. 기전력은 사용하는 동안 거의 일정하며 약 1.35V이다.

소형으로 전기용량이 큰 것을 만들 수 있고, 사용 중 전압이 일정하며, 고온(100℃)에서도 완전히 사용할 수 있다. 자체방전이 적어, 제조 후 1년 정도 경과하더라도 용량이 거의 감소하지 않는 등의 특징이 있으며 모양은 편평한 것과 원통형이 있다.

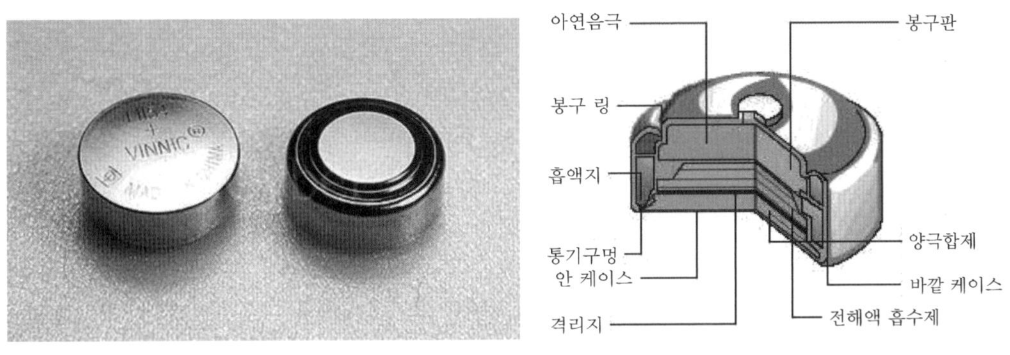

┃ 그림 3-41 수은전지 ┃

ⓔ 산화은전지[Silver Oxide Cell]

양극에는 산화은, 음극에는 아연을 사용하고 수산화나트륨이나 수산화칼륨을 전해액으로 한 전지이다. 1차전지와 2차전지가 있으며, 1961년 미국에서 개발되어 단추형의 1차전지가 많이 사용된다. 미약한 전류로 장시간 사용이 가능한 것은 전해질을 수산화나트륨으로 했기 때문으로 전자 손목시계 등에 많이 이용된다. 전해질을 수산화칼륨으로 한 것은 카메라의 전자셔터용으로 적합하다. 그 밖에 전자식 탁상 계산기, 보청기, 라이터 등에도 사용된다. 산화은전지는 모양이나 치수가 수은전지와 공통점이 많아 혼동하기 쉽다.

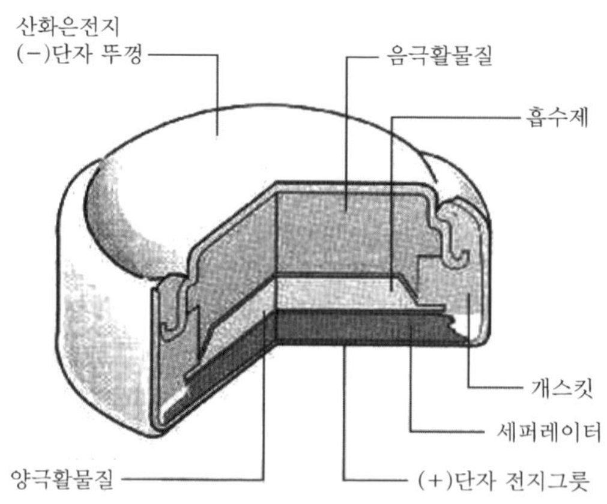

그림 3-42 산화은전지의 구조

㉤ 리튬 1차전지

음극에 금속 리튬을 사용한 전지들을 모두 가리키는 단어이다. 주로 1차전지가 많으며 망간건전지에 비해 리튬전지는 3V 이상의 기전력을 가지며 2배의 고전압을 지니고 에너지밀도도 5~10배이기 때문에 카메라나 전자시계 등의 전원으로 많이 사용된다. 가장 상업적으로 성공한 전지가 Li/MnO_2 전지로서 자동카메라 등에 2 cell pack 형태로 많이 사용되고 있다. Li/MnO_2 전지는 미국에서 개발이 시작되었으나 MnO_2의 수분으로 인하여 문제가 되어 왔다.

Li 1차 전지는 Bobbin type과 Jelly roll type의 두 가지 형태를 갖고 있다. Bobbin type은 내부 구조가 건전지와 유사하며, 고용량용으로 쓰인다. Jelly-roll type은 Li-ion 전지와 내부 구조가 유사하며, high power용으로 쓰인다. 자동카메라에서는 CR series라고 하여, 전지 2개를 직렬로 연결한 pack 형태로 사용한다.

한편, 리튬을 사용한 고에너지밀도의 2차전지로서, 음극에 금속 리튬을, 양극에 이황화타이타늄을 사용한 고체전해질 리튬전지나 용융염(熔融鹽)을 사용한 고온형 리튬황화철전지 등이 시도되고 있으며, 기술 개발의 진전에 따라 고에너지밀도의 리튬 2차전지가 계속 개발될 것이다.

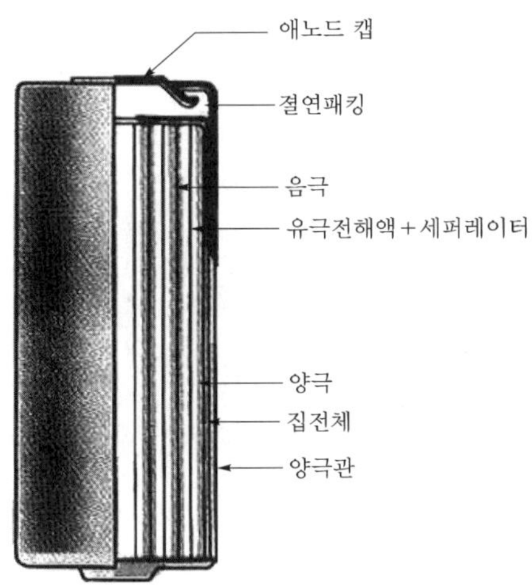

┃ 그림 3-43 리튬전지의 구조 ┃

ⓑ 공기 아연 전지[Zinc Air Fuel Cell ; ZAFC]

대기 중의 산소가 전지의 공기극을 통해 전해액과 혼합되어 있는 아연과 반응해 작동되는 공기전지의 일종이다. 전해액으로는 수산화칼륨 수용액이 사용된다. 19세기 말에서 20세기 초에 걸쳐 거치형 공기전지가 개발되어 항로 표지용 전원이나 각종 통신기기에 사용되며, 단추형은 의료기(보청기)용으로 사용되고 있다.

공기 아연 전지는 양극에 공기 중의 산소를 사용하기 때문에 상대적으로 음극에 많은 양의 아연을 채울 수가 있어 질량 단위당 에너지 밀도가 높다. 그러므로 크기는 작아도 용량이 매우 큰 것이 특징이다. 또 자기 방전(放電)이 적어 전지의 용량을 다 소비할 때까지 전압이 일정하게 유지된다.

전기 생성 과정에서 발생하는 산화아연은 독성(毒性)이나 폭발 위험성이 전혀 없고, 지구상에 풍부한 아연과 공기를 사용하기 때문에 환경친화적이다. 귀금속 촉매를 사용하지 않아 백금을 사용하는 메탄올 연료전지보다 생산비용이 저렴하다.

그러나 전지가 소모되었을 때 아연 전극을 새로운 것으로 바꾸어 기계적으로 충전해야 한다. 따라서 전극을 교체하지 않고 일반 충전지처럼 간편하게 충전할 수 있도록 2차 전지화하는 연구가 진행되고 있다. 향후 일반 건전지 시장을 대체할 차세대 전지로 주목된다.

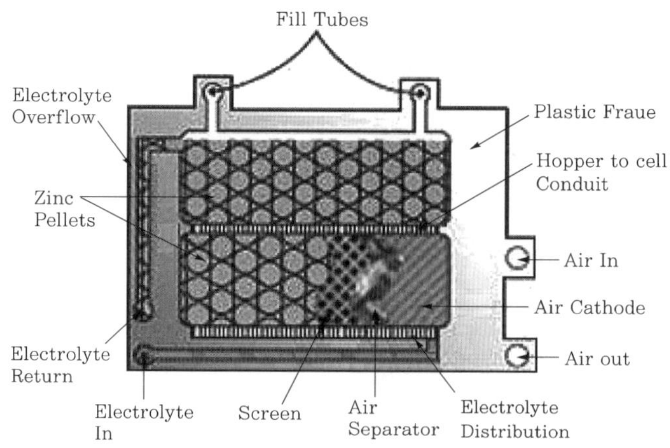

그림 3-44 공기 아연 전지의 구조

② 2차전지

이차전지(secondary cell), 축전지(storage battery)는 외부의 전기에너지를 화학에 너지의 형태로 바꾸어 저장해 두었다가 필요할 때에 전기를 만들어 내는 장치를 말한다. 여러 번 충전할 수 있다는 뜻으로 "충전식 전지"(rechargeable battery)라는 낱말도 통용한다. 흔히 쓰이는 이차전지로는 납축전지, 니켈카드뮴(NiCd), 니켈 수소 축전지(NiMH)와 차세대 2차전지 리튬 이온 전지(Li-ion), 리튬 이온 폴리머 전지(Li-ion polymer) 등이 있다

이차 전지는 한 번 쓰고 버리는 일회용 전지를 사용할 때보다 경제적인 이점과 환경적인 이점 모두 제공한다. 이차 전지의 기술은 표준 "AA", "AAA", "C", "sub-C", "D", "9볼트" 구성으로 채용되어 있고 이러한 종류의 전지를 구매하는 소비자들 또한 이에 친숙해 있다. 여러 번 충전할 수 있는 게 장점이지만 일회용 전지에 비해 값이 좀 더 나가고 이러한 전지에 쓰이는 화학부나 금속 쪽이 더 독성이 강하다.

㉠ 납축전지

납축전지는 볼타전지와 같은 전기화학반응을 이용하는 2차전지로 1859년 프랑스의 플랑테가 발명하였다. 과산화납을 양극(陽極)으로, 납을 음극으로 사용하고 전해액(電解液)으로는 비중 약 1.2의 묽은 황산을 쓰며 전류가 흐를 때 각각의 전극에서는 다음과 같은 화학반응이 일어난다.

$$\text{양극}(PbO_2\text{판}) : PbO_2 + SO_4^{2-} + 4H^+ + 2e^- \leftrightarrow PbSO_4 + 2H_2O$$
$$\text{음극}(Pb\text{판}) : Pb + SO_4^{2-} \leftrightarrow PbSO_4 + 2e^-$$

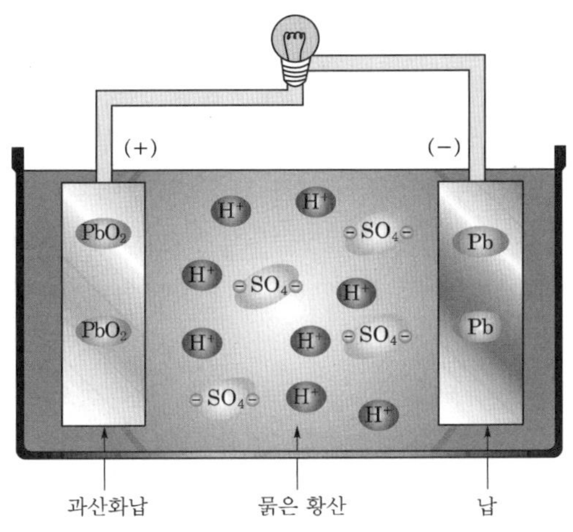

┃ 그림 3-45 납축전지의 이온화 반응 ┃

　방전이 진행되면 양극과 음극은 모두 회백색의 황산납으로 변화하여 반응속도가 줄어들고 부산물로 물이 생성되어 전해액의 농도가 낮아지게 된다. 화학반응이 가역적(可逆的)이어서 외부에서 전류를 공급하면 다시 원래 상태로 돌아갈 수 있으므로 방전과 충전의 반복 사용이 가능하다. 높은 전류량을 얻기 위해서는 전극의 면적을 크게 하여야 하므로 실제의 축전지에서는 여러 개의 전극을 병렬로 연결한다. 셀당 기전력은 크기에 관계없이 약 2V로 일정하며 높은 전압을 얻기 위해서는 여러 개의 셀을 직렬로 연결하는 방법을 사용한다. 예를 들어 자동차용 축전지의 경우 12V의 기전력을 얻기 위해 6셀의 축전지를 사용한다.

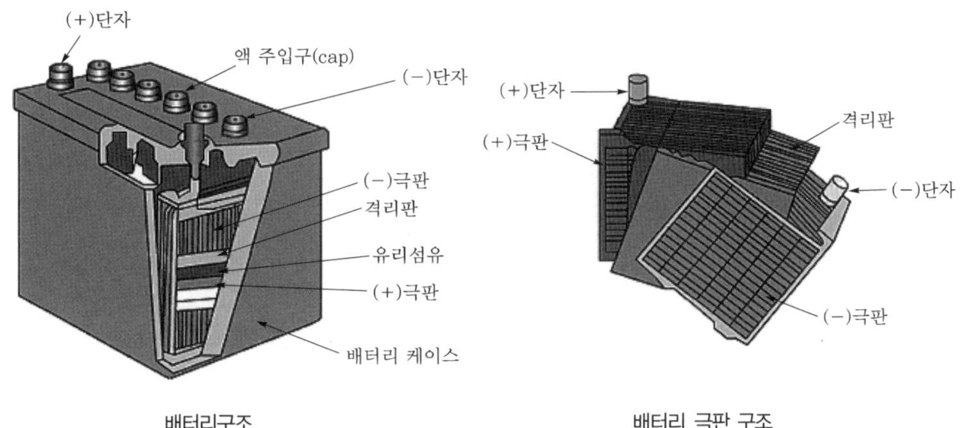

┃ 그림 3-46 납축전지의 구조 ┃

ⓒ 니켈카드뮴전지(Ni-Cd)

양극(陽極)에 니켈의 수산화물을, 음극에 카드뮴을 사용한 알칼리 축전지이며 전해액은 20~25% 수산화칼륨 수용액에 소량의 수산화리튬을 첨가한 것이 많이 사용된다. 음·양의 두 극판은 서로 엇갈리게 짜서 니켈을 도금한 강판제(鋼板製), 또는 스티롤 등의 합성수지로 된 전해조(電解槽)에 넣고, 두 극판은 염화비닐 등의 다공판(多孔板)인 세퍼레이터(separator)로 격리한다. 기전력은 1.33~1.35V이며, 보통 20~45℃에서 사용이 가능하다.

충전할 때는 전해액이 감소하므로 물을 보충한다. 전기적으로나 기계적으로 튼튼하여 수명이 길고, 안정하며 보전(保全)이 수월한 독립 전원으로 그 용도가 넓다. 튜브식(式)은 수명이 가장 길고, 완방 전용(緩放電用)에 적합하며, 포켓식은 두꺼운 형과 얇은 형이 있는데, 완방 전용과 급방 전용의 양쪽에 사용된다.

용도는 갱내 안전등(坑內安全燈)·열차 점등용·통신 전원·전기차 동력·디젤 기관의 시동, 기타 고율 방전용 등이다. 근래에는 종래의 것과는 구조가 다른 고성능의 소결식(燒結式) 니켈카드뮴전지가 사용되고 있다. 음·양의 두 극판 모두 니켈 분말을 소결해서 얻은 다공성 금속판에 극물질을 스며들게 한 구조이며, 내부저항도 적다. 이 밖에 완전밀폐형도 있으며, 플래시램프·사진 플래시·전기면도기·전자시계·전자기기·라디오·태양전지 조합 전원·로켓·미사일 등에 사용된다.

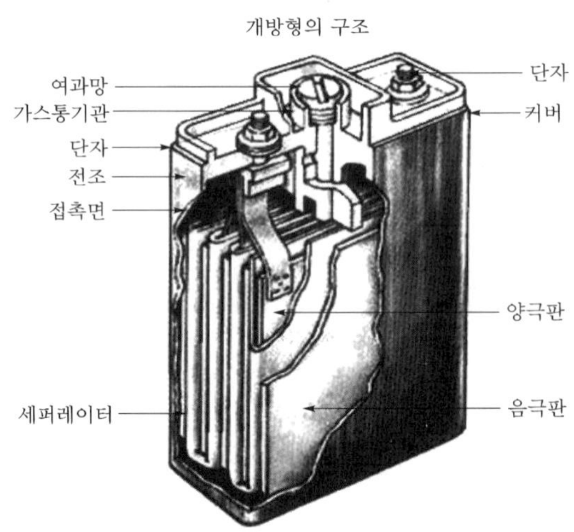

그림 3-47 니켈카드뮴전지의 구조

ⓒ 니켈 수소 전지(NiMH)

양극에 니켈, 음극에 수소흡장합금, 전해질로 알칼리 수용액을 사용한 2차 전지이다. 단위부피당 에너지 밀도가 니켈카드뮴전지에 비해 2배에 가깝다. 니켈카드뮴전지보다 고용량화가 가능하고 과방전·과충전에 잘 견딘다. 급속 충전과 방전, 소형·경량화가 가능하고 충·방전 사이클 수명이 길어 500회 이상 충·방전이 가능하다.

니켈카드뮴전지보다 자기 방전율이 1.5배 이상 높았으나 오늘날은 기술이 발달해 니켈카드뮴전지와 거의 비슷하게 발전하였다. 그러나 급속하게 충전할 때에 니켈카드뮴전지보다 높은 열이 발생하는 단점이 있다. 완전 방전보다는 얕은 방전을 이용하는 것이 효율적이다. 휴대폰, 노트북컴퓨터, 소형 오디오 카세트, 핸디캠 등에 널리 사용된다. 단위부피당 용량이 큰 점이 인정되어 전기자동차나 하이브리드 자동차(hybrid car)에도 사용된다.

② 차세대 2차 전지

㉠ 리튬 이온 전지(Lithium-ion Battery)

리튬 이온 전지란 충전과 방전이 가능한 차세대 2차 전지의 하나로 원리는 1960년대에 제안되었지만 리튬의 반응성이 너무 커서 안정성 문제 해결이 어려워 실용화되지 못하다가 1991년 소니가 제품 개발에 성공함으로써 상용화되기 시작하였다. 기존 전지에 비해 초경량, 고밀도 에너지, 고전압을 실현시킨 최고의 기술로 평가된다. 니켈카드뮴(Ni-Cd)전지와 비교할 때 전압은 약 세 배 높은 3.7V를 쓸 수 있고 에너지밀도 역시 두 배 이상 높다. 중금속으로 인한 환경오염 문제가 없어 환경 친화적이고, 완전방전이 안 된 상태에서 재충전할 경우 사용 용량이 감소하는 메모리 효과가 전혀 없는 것도 큰 장점이다.

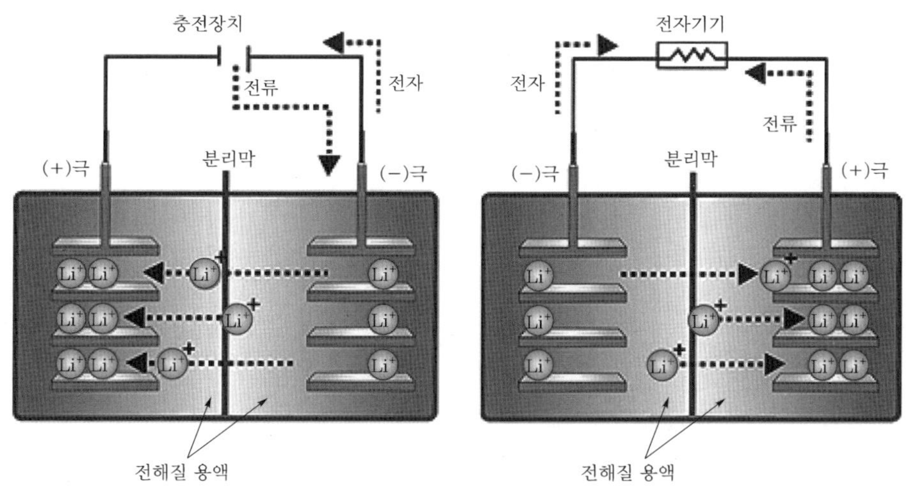

그림 3-48 리튬 이온 전지의 원리

리튬 이온 전지의 원리는 간단하다. 음극은 구리 코일에 탄소 알갱이를 코팅하고 양극은 알루미늄 코일에 탄소 알갱이를 코팅하여 그 사이에 절연체를 넣은 뒤 전해질 속에 넣어 포장하는 방식이다. 충전할 때는 전극의 $LiCoO_2$에서 일부 리튬 이온이 전자를 얻어

환원되면서 음극의 탄소와 결합하고, 방전 시에는 반대 현상이 일어난다. 이때 탄소를 적절히 믹싱하는 기술, 구리와 알루미늄 코일에 탄소를 코팅하는 기술, 전극을 만들어 코일에 부착하는 기술, 부피를 줄이기 위해 원통형으로 마는 기술 등이 핵심 기술이다.

재료의 무게가 거의 없고 전해액을 담는 케이스의 무게가 대부분이기 때문에 디자인에 따라 경량화가 가능하다. 이러한 리튬 이온의 특성으로 인해 고밀도 에너지와 고전압이 가능해 휴대폰, 캠코더, 노트북 등을 비롯하여 휴대용 CD 플레이어, PDA 같은 전자제품의 배터리로 사용된다. 그리고 현재 상용화 단계에 와 있는 전기자동차의 동력원이기도 하다.

리튬 이온 전지는 집전체, 탄소 부극 재료, 정극 재료, 전해액, 격리막 등으로 구성되어 있다. [그림 3-49]는 간략한 리튬 이온 전지의 구조를 나타냈으며, [그림 3-50]은 각형 리튬 이온 전지와 원형 리튬 이온 전지의 구조를 나타내고 있다.

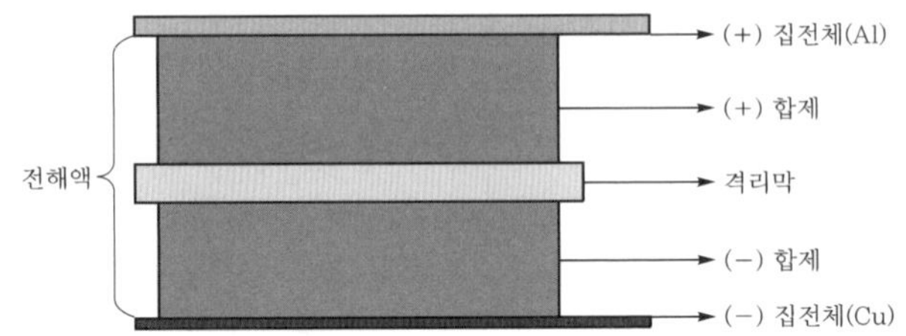

그림 3-49 리튬 이온 전지의 간략한 구조

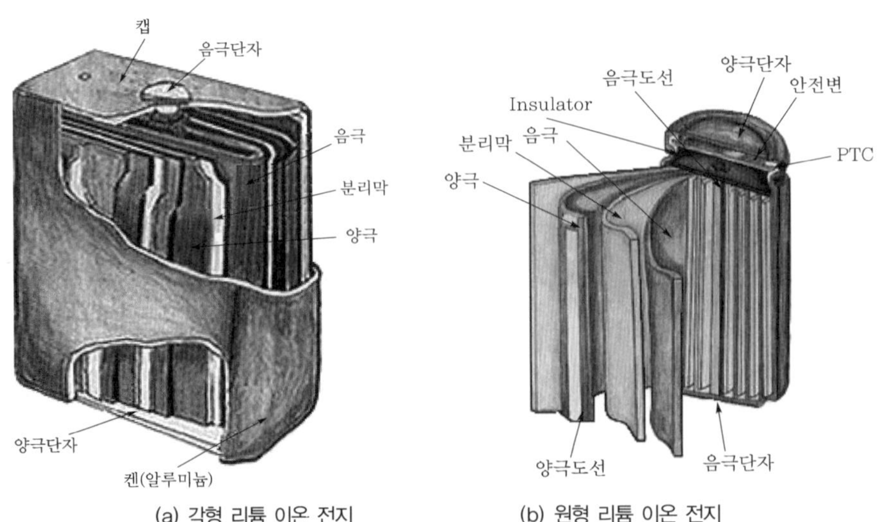

(a) 각형 리튬 이온 전지　　　(b) 원형 리튬 이온 전지

그림 3-50 리튬 이온 전지의 형태에 따른 구조

- **집전체**

집전체는 활성 물질의 전기화학 반응에 의해 생성된 전자를 모으거나 전기화학 반응에 필요한 전자를 공급하는 역할을 한다.

- **탄소 부극 재료**

부극 재료로는 리튬 금속이 3,860mAh/g의 비용량을 가져 에너지밀도 면에서 우수하나 충·방전에 따른 결정의 형성으로 수명이 짧고 열 폭주 등의 안정성의 문제로 인하여 실제로 사용상에 불리하다. 리튬의 전위와 유사한 LIC(Lithium Intercalated Carbon)는 용량 면에서 리튬보다 작으나 수명과 안정성 면에서 우수하다. LIC재료로써는 흑연이나 탄소가 이용된다.

- **부극 및 부극 합제**

합제는 활물질 및 결합제로 구성된 합성체이다. 부극은 부극 집전체와 부극 합제로 구성되며 기능적으로는 전기화학적인 반응에 의해 전자를 생성하고 소모할 수 있으며 집전체를 통하여 외부 회로에 전자를 제공하는 역할을 한다.

- **정극 재료**

리튬 이온 전지는 Li-ClC가 아닌 탄소질 재료 자체를 부극으로 사용하고 정극에는 리튬 화합물을 사용하는 것이 보통이다.

- **정극 및 정극 합제**

정극은 정극 집전체와 정극 합제로 구성되며 기능적으로는 전기화학반응에 의해 전자를 생성하고 소모할 수 있으며 집전체를 통하여 외부 회로에 전자를 제공하는 역할을 한다. 정극 활물질은 세라믹 재료로서 전자 전도성이 낮아 별도의 도전재를 사용하여야 하며 카본 블랙이나 흑연 분말을 사용한다.

- **전해액**

리튬 이온 전지는 통상 4.1 - 4.2V를 상한으로서 설계되어 있다. 이와 같이 높은 전압에서는 수용액이 전기분해를 일으키기 때문에 전해액으로서 사용하는 것이 불가능하다. 이 때문에 높은 전압에서 견딜 수 있는 전해액으로서 유기용매를 사용한다. 즉, 비수 전해액이 사용된다.

- **격리막**

격리막은 정극과 부극이 직접 접촉하여 쇼트되는 일이 없도록 분리하는 부자재이다.

리튬 이온 전지의 충전방식은 정전압, 정전류 충전이 적절하다. 이 방법은 4.1V 또는 4.2V의 일정 전압에 충전 전압을 설정하여 전지 전압이 설정 전압에 도달할 때까지는 일정 전류치로 충전하는 방법이다. 설정 전압에 도달한 이후에는 전류치는 자연적으로 감소하여 간다.

리튬 이온 전지는 아래와 같은 특성을 가지고 있다.

- 에너지밀도가 높다.

리튬 이온 전지는 같은 용량의 니켈카드뮴 혹은 니켈 수소 전지에 비해 질량이 절반에 지나지 않는다. 또한 부피도 니켈카드뮴 전지에 비해 40~50% 작을 뿐 아니라 니켈 수소 전지에 비해서도 20~30% 작다.

– 작동 전압이 높다.

하나의 리튬 이온 전지의 평균 전압은 3.7V로서 니켈카드뮴전지나 니켈 수소 전지 3개를 직렬로 연결해 놓은 것과 같은 전압이다.

– 가능 출력이 높다.

리튬 이온 전지는 1.5CmA까지 연속적으로 방전이 가능하다.(1CmA란 전지의 용량을 1시간 동안 모두 충전 또는 방전하는 전류를 말한다)

– 무공해

리튬 이온 전지는 카드뮴, 납 또는 수은과 같은 오염 물질을 사용하지 않는다.

– 금속 리튬이 아니다.

리튬 이온 전지는 리튬 금속을 사용하지 않아 더욱 안전하다.

– 우수한 수명

정상적인 조건하에서 리튬 이온 전지는 500회 이상의 충전과 방전 수명을 지닌다.

– 메모리 효과가 없다.

리튬 이온 전지에는 메모리 효과가 없다. 반면에 니켈카드뮴전지는 불완전한 충전과 방전이 반복적으로 이루어질 때 전지의 용량이 감소하는 메모리 효과를 보인다.

– 고속 충전이 가능하다.

리튬 이온 전지는 정전류/정전압(CC/CV) 방식의 전용 충전기를 이용하여 4.2V의 전압으로 1~2시간 안에 완전하게 충전할 수 있다.

※ 리튬 이온 전지 수명을 연장하는 5가지 팁

1) 배터리를 실온으로 유지
 – 이것은 섭씨 20도에서 25도 사이를 의미하고 있다. 리튬 이온 배터리에 최악인 것은 완전히 충전된 상태에서 온도를 상승시키는 것이다. 기온이 높은 경우에는 차 안에 배터리를 방치하거나 모바일 기기를 차 안에서 충전하지 않는 것이 좋다. 발열은 리튬 이온 배터리 수명 감소 원인 중 가장 큰 요인이다.

2) 예비 배터리를 휴대하는 것보다 더 큰 대용량 리튬 이온 배터리 사용을 고려
 – 배터리는 현재 사용 여부에 관계없이 시간이 지나면 열화한다. 따라서 예비 배터리로 사용할 배터리를 오래 보관하는 것은 좋은 방법이 아니다. 배터리를 구입할 때는 이 저하되는 성질을 염두에 둘 필요가 있다. 또한 구입 시에도 최근 제조된 것을 손에 넣도록 한다.

3) (일반적인 경우) 완전 방전을 피하고 부분 방전이 되도록 한다.
 – 니켈 배터리와는 달리 리튬 이온 전지는 메모리 효과(a charge memory)가 없다. 이것은 deep-discharge cycles이 필요하지 않다는 것을 의미하고 있다. 오히려, 부분 방전 사이클(Chapterial-discharge cycles)이 배터리에 좋다.
 예외가 1개 있다. 배터리 전문가들은 리튬 이온 배터리는 30회 충전 기준으로 거의 완전히 방전시켜야 한다(almost completely discharge)고 말하고 있다. 부분 방전을 반복하면, "digital memory"라는 상태가 되어 파워 게이지의 정밀도(decreasing the accuracy of the device's power gauge)가 나빠지고 만다. 이 경우 배터리를 끝까지 소진(cut-off point)한 후 재충전하면 전원 측정기(power gauge)는 재조정된다.

4) 리튬 이온 배터리를 완전히 방전시키는 것을 방지
- 리튬 이온 배터리가 셀당 2.5볼트 미만까지 방전되면 보호 회로가 작동하여 배터리는 죽게 된다. 이렇게 되면 일반 충전기를 사용할 수 없게 된다.(Only battery analyzers with the boost function have a chance of recharging the battery.) 또한 안전상의 이유로, 완전 방전 상태로 수개월 동안 보관되었던 리튬 이온 배터리를 재충전해서는 안 된다.

5) 장기간 보관을 요하는 경우에는 배터리를 약 40%까지 방전 상태에서 온도가 낮은 장소에 보관
- 필자는 자신의 노트북 PC를 위해 항상 여분의 배터리를 가지고 있었지만, 첫번째 배터리만큼 오래 사용한 적이 없었다. 지금은, 그 이유가 완전히 충전한 상태로 보관하고 있었기 때문이라는 것을 알고 있다. 그런 방법으로 보관하면 리튬 이온의 산화가 빠르게 진행된다. 리튬 이온 배터리를 보관하는 경우는 40%까지 방전시켜, 냉장고(냉동고가 아닌)에 넣어 두는 것이 좋다.

• 리튬 이온 폴리머 전지

급속한 발전에 따라 캠코더, 휴대폰, 노트북 PC 등이 출현하였고, 이에 따라 가볍고 오래 사용할 수 있으며, 신뢰성이 높은 고성능의 소형 2차 전지 개발이 절실히 요청되고 있다. 또한 환경 및 에너지 문제의 해결 방안의 하나로 전기자동차의 실현과 심야 유휴 전력의 효율적 활용을 위한 대형 2차 전지의 개발이 심각히 대두되고 있다. 이러한 수요에 부응하기 위해 그 동안 많은 각광을 받고 있고, 또한 일부 상용화되어 있는 것이 리튬 2차전지이다. 리튬 2차전지는 전해질 형태에 따라 유기용매 전해질을 사용하는 리튬 금속 전지 및 리튬 이온 전지와 고체 고분자 전해질을 사용하는 리튬 폴리머 전지로 나눌 수 있다. 리튬 금속 전지는 리튬 금속을 음극으로 사용하는 것으로 사이클 수명 및 안전성이 낮아 상용화에 어려움을 겪고 있으며, 이를 극복하기 위해 리튬 금속 대신 카본을 음극으로 사용하는 리튬 이온 전지가 개발되어 1991년 일본에서 처음으로 상용화하였다. 현재는 일본의 여러 전지 회사에서 양산을 하고 있으며 국내에서도 몇몇 기업에서 리튬 이온 전지에 대한 개발 연구를 마치고 양산화를 갖추고 있다. 리튬 폴리머 전지인 경우는 음극으로 리튬 금속을 사용하는 경우와 카본을 사용하는 경우가 있어 카본 음극을 사용하는 경우는 구별하여 리튬 이온 폴리머 전지로 표기하는 경우가 있으나, 대부분의 경우 편의상 리튬 폴리머 전지로 통용하고 있다. 리튬 금속을 음극으로 사용하는 전지의 경우는 충·방전이 진행됨에 따라 리튬 금속의 부피 변화가 일어나고 리튬 금속 표면에서 국부적으로 침상 리튬의 석출이 일어나며 이는 전지 단락의 원인이 된다. 그러나 카본을 음극으로 사용하는 전지에서는 충·방전시 리튬 이온의 이동만 생길 뿐 전극 활성 물질은 원형을 유지함으로써 전지수명 및 안전성이 향상된다.

리튬 폴리머 전지는 현재 일본에서 상용화되어 있는 액체 전해질형 리튬 이온 전지의 단점인 안전성 문제, 제조 비용의 고가, 대형 전지 제조의 어려움, 고용량화의 어려움 등의 문제를 해결할 수 있을 것으로 전망되는 전지이다. 구체적으로 서술하면 전해질이 고체이기 때문에 전해질의 누수 염려가 없어 안전성이 확보되고, 또한 용도에 따라 다양한 크기와 모양으로 전지팩을 제조할 수 있어 기존의 리튬 이온 전지에서 원통형 및 각형 전지로 전지팩을 제작할 경우 전지와 전지 사이에 전지 용량과 무관한 쓸데없는 공간이 생기는 문제를 해결함으로써 에너지밀도가 높은 전지를 제조할 수 있다. 또한 자기 방전율 문제, 환경오염 문제, 메모리 효과 문제가 거의 없는 차세대 전지라 할 수 있다. 특히 전지 제조 공정이 리튬 이온 전지에 비하여 비교적 용이할 것으로 예상되어 대량생산 및 대형전지 제조가 가능할 것으로 보이므로 전지 제조 비용의 저렴화 및 전기자동차 전지로의 활용 가능성이 매우 높은 전지라 할 수 있다.

그렇다면 리튬 이온 폴리머 전지와 리튬 이온 전지와의 차이점은 무엇이 있을까?

첫째로, 구조상의 특징에서 보았듯이 판상 구조이기 때문에 Lithium ion battery의 공정에서 나오는 winding 작업이 필요가 없으며, 각형의 구조에 매우 알맞은 형태를 얻을 수 있다. 또한 전해액이 모두 일체화된 cell 내부에 주입되어 있기 때문에 외부에 노출되는 전해액은 존재하지 않는다. 마지막으로 자체가 판상 구조로 되어 있기 때문에 각형을 만들 때 압력이 필요 없다. 그래서 can을 사용한 것보다 bag을 사용하는 것이 용이하다.

| 표 3-10 리튬계 전지의 종류와 특성 |

	리튬 이온 전지 (Lithium Ion Battery)	리튬 이온 폴리머 전지 (Lithium Ion Polymer Battery)	리튬 금속 폴리머 전지 (Lithium Metal Polymer Battery)
음극	탄소	탄소	리튬
전해질	액체 전해질	고분자 전해질	고분자 전해질
양극	금속 산화물 ($LiCoO_2$, $LiNiO_2$, $LiMn_2$, O_4)	금속 산화물 ($LiCoO_2$, $LiNiO_2$, $LiMn_2$, O_4)	금속 산화물, 유기 설퍼, 전도성 고분자
평균전압	3.7V	3.7V	2.0~3.6V
에너지밀도	high	high	very high
싸이클 특성	excellent	good	poor
저온 특성	good	medium	poor
안정성	poor	medium	good
셀디자인의 자유도	poor	good	good

리튬 이온 폴리머 전지는 [그림 3-51]과 같이 판상의 구조를 가진 하나의 cell의 모습을 보여 주고 있다. Cathode는 리튬 이온 collector로 $LiCoO_2$를 사용했고, current collector로는 Al foil를 사용하였다. 그리고 Anode는 리튬 이온 collector로 carbon을

사용했고, current collector로는 Cu foil를 사용하였다. Cell의 모습은 양 바깥 면에 모두 cathode가 있고 중간에 anode가 있는 형태로 쉽게 stacking할 수 있는 이점이 있다. 실제로 battery에 들어가는 형태는 stack된 형태가 들어가게 된다. Stack된 cell들은 tab이 부착된 상태로 package에 들어가고 완전한 형태를 이루게 된다.

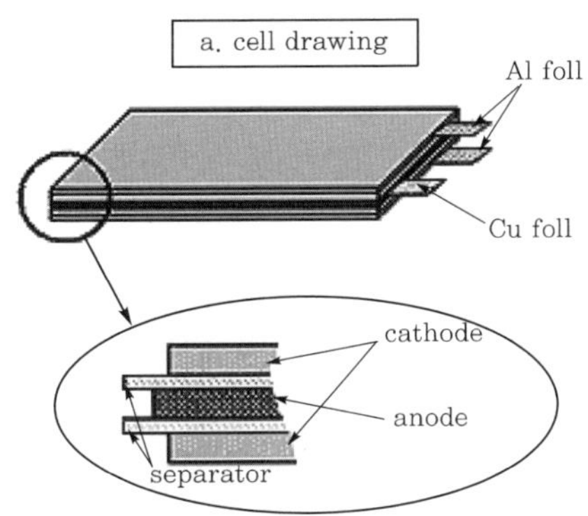

그림 3-51 리튬 이온 폴리머 전지의 구조

리튬 이온 폴리머 전지는 다음과 같은 특성을 가지고 있다.
- 높은 전압
  리튬 이온 전지와 같이 평균 전압이 3.7V로 니켈카드뮴이나 니켈 금속 수소와 같은 다른 2차 전지에 비하여 3배 정도 높다.
- 빠른 충전 능력
  constant-current/constant-voltage(CC/CV) 방법으로 충전하는 경우 1~2시간 이내에 완전 충전이 가능하다.
- 무공해
  구성 물질 중에 환경오염 물질인 카드뮴, 납, 수은 등이 들어 있지 않다.
- 긴 사이클 수명
  정상적인 조건에서 300회 이상의 충·방전 특성을 보인다.
- 메모리효과가 없다.
  니켈카드뮴 전지에서 나타나는 것과 같이 완전 충·방전이 되지 않았을 때 용량 감소가 생기는 현상이 없다.
- 리튬 이온 전지보다 안전하다.
  셀 외부로 전해액이 누액될 염려가 없고 폴리머 양이 상대적으로 리튬 이온 전지보다 많으므로 더 안정하다.
- 작은 내부 저항
  전극과 격리판이 일체형으로 되어 있기 때문에 표면에서의 저항이 그만큼 줄어들어서 상대적으로 작은 내부저항을 갖는다.

- 얇은 전지를 제조할 수 있다.

  얇은 판상 구조를 가지고 있기 때문에 얇은 셀을 만들기 적당하며 또한 bag을 사용해 package하기 용이하기 때문에 얇은 배터리에 유리하다.

- 유연성(flexibility)

  polymer 함량이 상대적으로 많아 전극 자체만으로도 film의 특성을 가질 수 있다. Cell의 경우도 이러한 film적 특성으로 인하여 형체의 자유를 어느 정도 갖게 된다.

- 자유로운 형상 제작 가능

  리튬 이온 전지에서의 winding 작업이 없고 여러 장의 필름을 겹치는 과정이 존재하므로 필름을 원하는 모양으로 자르면 원하는 모양의 셀을 얻을 수 있다.

③ 연료전지(Fuel Cell)

일종의 발전장치(發電裝置)라고 할 수 있으며 연료의 산화에 의해서 생기는 화학에너지를 직접 전기에너지로 변환시키는 전지이다. 산화환원반응을 이용한 점 등 기본적으로는 보통의 화학전지와 같지만, 닫힌 계 내에서 전지반응(電池反應)을 하는 화학전지와 달라서 반응물이 외부에서 연속적으로 공급되어, 반응생성물이 연속적으로 계 외로 제거된다. 가장 전형적인 것에 수소-산소 연료전지가 있다. 원리적으로는 1839년 영국의 W. R. 그로브(1811~96)가 발견하였으나, 그 특징이 바뀌어 다시 관심을 가지게 된 것은 1950년대 후반의 일로, 1959년 5kW의 수소-산소 연료전지가 영국의 F. T. 베이컨에 의해 실증 시험(實證試驗)됨으로써 각광을 받게 되었다. 그 후 1960~1970년대에 걸쳐 제미니 및 아폴로 우주선에 연료전지가 탑재되었다. 이 전지는 다같이 알칼리 수용액을 전해질로 하며, 순수한 수소와 산소를 사용한다.

｜ 표 3-11 전해질 종류와 동작 온도에 의한 분류 ｜

	알칼리형 (AFC)	인산형 (PAFC)	용융탄산염형 (MCFC)	고체산화물형 (SOFC)	고분자전해질형 (PEMFC)
전해질	수산화칼륨 (KOH)	인산 (H_3PO_4)	탄산염 ($Li_2CO_3+K_2CO_3$)	지르코니아 ($ZrO_2+Y_2O_3$)	이온교환막 (Nafion)
동작 온도(℃)	50~150	150~220	600~700	약 1000	상온~100
효율(%)	60	36~45	45~60	50~60	40~50
시 기	수소에너지 이용 시대	'90년대 후반	2010년대 초반	2010년대 초반	2000년대 초반
용 도	군사용, 위성용	전력용, 자가 발전용	중·대용량 전력용	소·중·대용량 발전	정지용, 이동용

㉠ 인산형 연료전지(PAFC)

인산형 연료전지 기술은 20년 이상 개발되고 개선되어 왔고, 전기 생산에 비교적 순수한 수소(70% 이상)를 요구한다. 인산형 연료전지 내의 전극은 탄소 지지체의 표면적 위에 촉매로써 백금이나 백금 혼합물을 포함한다. 인산형 연료전지의 운전 온도는 약 200℃이다. 이것은 인산 전해질의 안정도를 위하여 허용하는 최댓값이다. 이 기술로 현재까지 순수한 발전 효율은 40~50% 정도이다. 이 수준보다 높은 효율을 갖기 위해서는 전지와 스택 구성품의 지속적인 개발에 의한 종합시스템 제어에 의존하여야 한다. 일례로 인산형 연료전지의 반응이 발열 반응이므로 연료전지가 반응 온도인 200℃로 유지함이 최적의 운전 조건이 된다. 따라서 연료전지 반응 시 반응열을 냉각시켜야 하며 이때 생성되는 반응열을 이용하면 효율을 70% 이상 높일 수 있다.

　인산은 저온 연료전지를 위한 전해질로서 필요한 수명을 가진 유일한 물질로 알려져 있다. 이것이 낮은 이온 도전율을 가지고 있다 할지라도 이것의 안정도는 전류 상태를 증진시키는 전지 개발에 기여하였다. 인산형 연료전지 응용은 휴대용, 자동차용 및 고정용 전원을 포함한다.

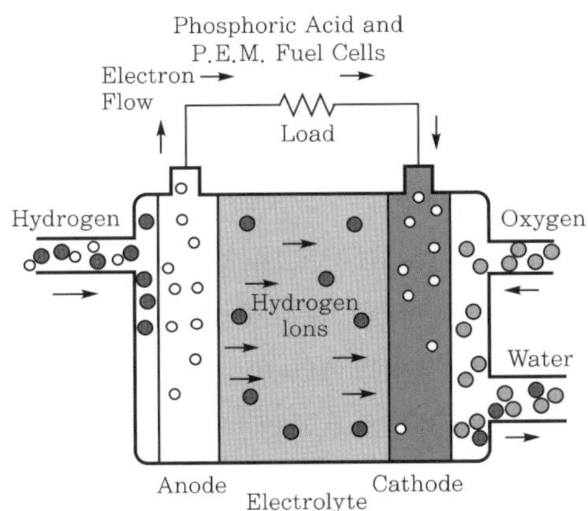

그림 3-52 인산형 연료전지의 원리

㉡ 용융탄산염형(MCFC)

　용융탄산염형 연료전지의 전해질은 낮은 용융점을 가지는 탄화리튬과 탄화포타슘의 혼합물이다. 전극은 다공성 니켈로 만든다. 전극의 부식성과 내구성은 아직 개발에 중요한 애로점이다.

　용융탄산염형 기술의 산 또는 알칼리 연료전지 기술보다 뚜렷한 장점은 일산화탄소, 이산화탄소 및 수소에 대하여 내성이 있다는 점이다. 이것은 일산화탄소와 이산화탄소를 분리하는 공정을 필요로 하는 다른 것들보다 초기 투자비가 낮고 시스템 설계가 매우 단순해지는 결과를 가져온다. 용융탄산염형 연료전지의 운전 온도는 약 650℃이고, 전지 스택의 열로 전지 내부의 탄화수소 기체의 개질을 허용한다. 내부 개질의 장점은 30% 또는 그 이상의 비용을 감소시키는 것이다.

용융탄산염 연료전지를 상업화하기 전에 내구성과 신뢰도를 개량시킬 필요가 있다. 운전 온도가 높아 정상 운전되는 동안 용융탄산염 전해질의 결핍과 증발로 인하여 양이 줄어들기 때문이다. 이것이 운전의 안정성과 현재 용융탄산염형 연료전지의 유효 수명의 제한점이다.

ⓒ 직접메탄올형(DMFC)

DMFC는 메탄올을 직접 전기 화학 반응시켜 발전하는 시스템이다. 전해질은 이온 교환막에 인산을 담지시킨 것이다. 작동 온도는 150℃로 비교적 저온이다. PEFC와 비교하여 개질기를 제거할 수 있으며, 시스템의 간소화와 부하 응답성의 향상이 도모될 수 있는 장점을 갖고 있다. 그러나 반응 속도가 낮은 것이 의한 저출력 밀도, 다량의 백금 촉매의 사용과 메탄올과 산화제의 Cross Over(고체 고분자 막을 통과하는 것) 등의 단점도 있다.

ⓓ 고체산화물형(SOFC)

고체산화물형 연료전지의 특징은 탄화수소를 직접 전기로 변화시킬 수 있는 데 있다. 전해질은 안정화된 산화이트륨으로 가스가 스며들지 않은 산 이온이 효율적으로 접촉하고 있는 얇은 산화지르코늄 층이다. Cathode는 안정된 산화이트륨으로 된 지르코늄으로 만들어졌고, anode는 니켈 지르코늄 세라믹 합금으로 만들어졌다.

고체산화물형 연료전지의 가장 독특한 특성은 운전 온도가 약 1000℃로써 매우 높다는 것이다. 이 온도에서는 수소와 일산화탄소의 전기 화학적 산화 반응이 일어나고 촉매 없이 연료가 개질된다. 운전 온도 1000℃에서 금속 재료의 적당한 열적-기계적 강도를 요구하기 때문에 가스 누출 방지가 가장 중요한 애로 사항이다. 세라믹 재료 기술의 개발은 고체산화물형 연료전지가 상업적으로 발전을 시작하기 전에 필요한 기술이다. 고체산화물형 연료전지는 상업적으로 자동차 응용에 연구되어지고 있다.

ⓔ 고분자전해질막형(PEFC)

고분자전해질형 연료전지의 전해질은 액체가 아닌 고체 고분자 중합체(Membrane)로써 다른 연료전지와 구별된다. 인산형 및 알칼리형 연료전지 시스템과 비슷하게 멤브레인을 이용하는 연료전지는 촉매로써 백금을 사용한다. 멤브레인 연료전지의 개발 목표는 최소 1.5g/kW의 백금 촉매를 쓰는 것이다. 이 백금 촉매는 일산화탄소에 의한 부식에 민감하므로 일산화탄소의 농도는 1000ppm 이하로 유지하여야만 한다.

고분자전해질형 연료전지 시스템의 소형화는 자동차 응용에 가장 중요한 역할을 한다. 개발 사업은 인산형 연료전지보다 약 10년이 뒤져 있지만, 인산형에 비해 저온에서 동작되며, 출력 밀도가 크므로 소형화가 가능하며, 기술이 인산형과 유사하여 응용 기술의 적용이 쉽기 때문에 현재는 고분자전해질형 연료전지의 이용 규모가 적을 지라도 상업화할 수 있다. 더욱이 현재 몇 개의 시범용 고분자전해질형 연료전지의 전원에 의한 자동차는 실험 결과 우수성이 입증되어 더 많은 연구 계획을 진행 중에 있다.

(3) 전지의 종류 – 물리전지

① 태양전지(Solar Cell)

태양빛의 에너지를 전기에너지로 바꾸는 것이 태양전지이다. 이 태양전지는 지금까지의 화학전지와는 다른 구조를 가진 것으로 '물리전지'라 할 수 있다. 태양전지는 P형 반도체와 N형 반도체라고 하는 2종류의 반도체를 사용해 전기를 일으킨다.

㉠ 태양전지의 원리

태양전지에 빛을 비추면 내부에서 전자와 정공이 발생한다. 발생된 전하들은 P, N극으로 이동하며 이 현상에 의해 P극과 N극 사이에 전위차(광기전력)가 발생하며 이때, 태양전지에 부하를 연결하면 전류가 흐르게 된다. 이를 광전효과라 한다.

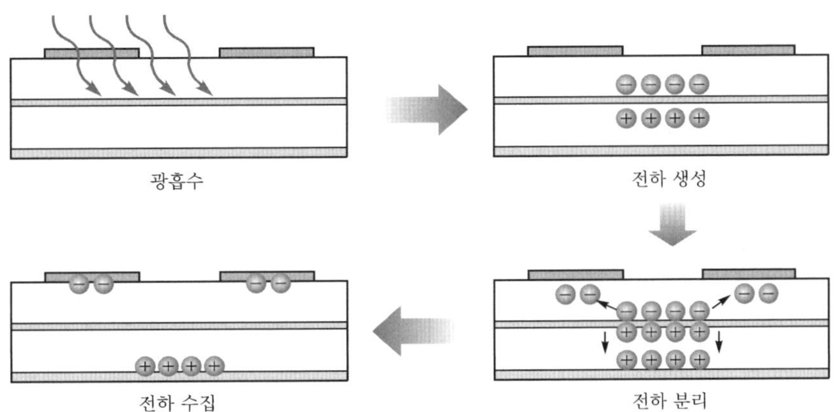

┃ 그림 3-53 태양전지의 원리 ┃

광흡수
- 전기를 생산하기 위한 외부의 빛이 실리콘 내부로 흡수되는 과정
- 흡수되는 빛의 양을 증가시키기 위하여 실리콘 표면에 반사방지막을 증착시키거나 표면을 거칠게 하여 반사율을 감소시키기도 함

전하 생성
- 흡수된 빛에 의해 실리콘 내부에 전하가 생성됨
- 일반적으로 하나의 광자로부터 전자와 정공의 한 쌍이 생성됨

전하 분리
- p형 실리콘과 n형 실리콘의 p-n접합에서 만들어진 전위차에 의해 전자와 정공이 분리되는데 전자는 n형 반도체 쪽으로 이동하고 정공은 p형 반도체 쪽으로 이동한다.

전하 수집
- 상부 전극 방향 및 하부 전극 방향으로 이동한 전자와 정공은 실리콘과 전극의 계면장벽을 넘어 각각의 전극으로 수집됨
- 하부 전극이 양극이 되고 상부 전극이 음극이 되어 외부의 부하에 전기를 공급하게 됨

ⓛ 태양전지의 발전 방법

태양전지 모듈은 대형의 시스템에서는 여러 태양전지를 직·병렬로 연결하여 전력을 꺼낸다. 셀은 전기를 일으키는 최소 단위이며, 모듈은 전기를 꺼내는 최소 단위이고 현관문의 반만한 크기이다. 어레이는 직·병렬로 끼어진 여러 패널을 말한다. 서브어레이는 설치 작업이나 유지 보수의 편리함 때문에 여러 개의 모듈을 정리한 단위이다.

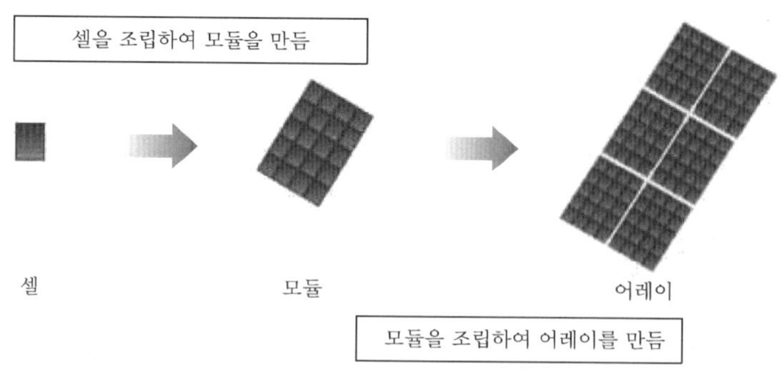

┃ 그림 3-54 태양전지의 발전 방법 ┃

태양전지는 실리콘 반도체를 재료로 사용하는 것과 화합물 반도체를 재료로 하는 것으로 크게 나눌 수 있다. 다시 실리콘 반도체에 의한 것은 결정계와 비결정계(AMOLFASS)로 분류된다. 현재 개발 중인 것을 포함하면 더욱 다양하다. 태양전지의 기술 개발에 관해서는 변환 효율의 향상이나 가격 조정 등이 계획되고 있다. 또, 변환 효율 20%를 초월하는 태양전지나 가격을 낮출 수 있는 박막 태양전지 등도 개발하고 있다.

현재, 태양광 발전 시스템으로 일반적으로 사용하고 있는 것은 실리콘 반도체가 대부분이다. 특히 결정계 실리콘 반도체의 단결정 및 다결정 태양전지는 변환 효율이 좋고 신뢰성이 높아서 널리 사용하고 있다. 이미 시계나 탁상계산기 등에 보급하고 있는 AMOLFASS 태양전지는 제조 기술이 대량생산에 적합하고 결정계에 비해 가격이 낮지만, 변환 효율에 있어서는 결정계에 비해 뒤떨어진다.

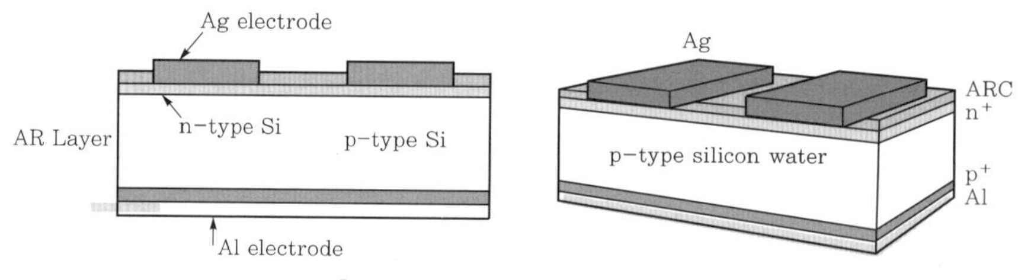

┃ 그림 3-55 태양전지의 구조 ┃

② 열전소자

열전소자란 소재의 한 면은 냉각이 되고 반대쪽 면은 발열이 일어나도록 한 장치로 열과 전기의 교환시스템으로 소음이 없으며 환경 친화적으로 냉매의 사용이 없고 깔끔한 장착을 할 수 있는 장점이 있다. 냉각이나 가열을 동시에 수행하여야하는 경우 그리고 열원을 이용한 발전이 필요한 경우에 어디든지 사용할 수 있는 열과 전기의 교환 시스템이다.

열전소자의 원리는 서로 다른 두 도체 간에 전류가 흐를 때 펠티어 효과(Peltier Effect)에 의해서 냉각과 발열현상이 발생하게 된다. 전압이 서로 다른 재질의 양단에 걸리면 온도 차이가 발생한다. 이 온도 차이에 따라 열이 한쪽에서 다른 한쪽으로 이동하게 된다. 전형적인 열전소자는 서로 다른 도체의 역할을 하는 P형과 N형 반도체 소자의 배열로 이루어져 있다. 이 반도체소자의 배열은 두 장의 세라믹 기판 사이에 접합되어 있어 전기적으로 직렬로 연결되고 열적으로는 병렬로 연결되어 있다. 직류 전류가 N형과 P형 사이를 흐르면 접합부에서 온도가 내려가게 되는데 이로 인해 외부로부터 열을 흡수하게 된다. 냉각장치로부터 흡수된 열은 전자를 이동시키는 역할을 한다.

열전소자의 성능을 좌우할 수 있는 것은 소자의 발열량을 얼마만큼 방출하느냐이고 그에 따라 냉각부의 성능을 향상시킬 수 있다.

③ 원자력전지

방사성 동위원소에서 방출하는 방사선 에너지를 전기적 에너지로 변환하여 전지로서 이용하는 것이다. 기전력을 얻는 방법으로는 열전 변환 방식, 열이온 변환 방식, 반도체 방식의 세 가지가 있으며, 바닷 속이나 우주, 극지 등에서 사용하는 전원으로 많이 쓰인다.

㉠ 열전 변환 방식(熱電變換方式)

α선이나 β선과 같은 하전 입자(荷電粒子)는 물체 속에서 흡수되기 쉬우므로, 방사성 동위원소 자신에 의해 그 태반이 흡수되고, 그 에너지는 열에너지로 변환된다. 따라서, 많은 양의 방사성 동위원소를 열의 절연체로 둘러싸면 방사성 동위원소의 온도를 300~700℃로 할 수가 있다. 대표적인 것으로, 비스무트-텔루륨(Bi-Te), 납-텔루륨(Pb-Te) 반도체로 이루어진 열전 변환 소자(熱電變換素子)에 의해 열에너지로부터 기전력을 얻는 방법이 있다.

㉢ 열이온 변환 방식

열전 변환 방식과 같은 방법으로 방사선의 운동에너지를 열에너지로 변환하고, 이 열에너지에 의해 이미터라 불리는 열음극(熱陰極)을 가열하여 열전자를 방출시켜서 이것을 컬렉터에 모음으로써 기전력을 얻을 수가 있다.

㉣ 반도체 방식

광전지(光電池)로 사용되는 실리콘 반도체에 방사선을 조사하면, 광전지와 같은 작용에 의해 전지로서 동작을 한다.

핵분열 생성물을 분리하여 얻어지는 스트론튬 90(반감기 28년)을 사용한 전지는 무게가 무겁기 때문에 지상이나 바다 속에서의 용도가 많은데, 예를 들면, 부유표지등대(浮游標識燈臺), 극지(極地)에서의 기상관측용 전원, 인공위성의 송신용 전원, 항공기 유도비컨(beacon) 및 해중(海中) 비컨 등의 전원으로 이용되고 있다. 초우라늄 원소 중에서 플루토늄 238을 사용한 전지는 모양이 작고 가볍다. 미국의 인공위성 아폴로 12호가 달 표면에 놓고 온 탐사기의 전원도 원자력전지이다. 또 심장 페이스메이커(pacemaker : 전기 자극으로 심장박동을 계속시키는 장치)의 전원으로서 인체에도 이식되고 있다.

05 전류의 작용 Ⅲ – 전류의 자기작용

어릴 때 자석을 가지고 흥미롭게 놀아 본 경험이 있을 것이다. 자석 두 개를 서로 가까이 가져가면 달라붙게 된다. 그런데 자석 하나를 뒤집어서 가까이 가져가면 서로 밀어낸다. 집에서 어머니가 얇은 자석이 붙어 있는 작은 인형이나 광고판을 냉장고 옆면에 붙여 장식해 놓은 것을 보았을 것이다. 자석은 모양과 크기가 매우 다양하며, 장난감에도 쓰이고 나침반으로도 사용되며, 전기 모터와 발전기에 필수적인 부품이기도 하다.

자기 현상과 전기 현상은 어떻게 다를까? 자기와 관련된 전류에 의한 자기장, 자기장에서 전류가 흐르는 도선이 받는 힘, 그리고 전자기유도 현상에 대해 알아보고 발전기와 전동기의 원리를 간략하게 알아보자.

1 자석에 의한 자기장

자석(magnet)이라는 말은 2000년 전에 그리스의 마그네시아(magnesia) 지방에서 발견된 '끌어당기는 돌'이라 불리던 바위에서 유래되었다. 자석끼리는 서로 힘이 작용한다. 자석은 전하와 비슷한 성질이 있는데, 서로 접촉하지 않고도 밀고 당길 수 있다는 것을 알고 있을 것이다. 자석은 [그림 3-56]과 같이 쇠붙이를 끌어당기기도 한다. 이처럼 자석에 쇠붙이가 끌려오게 되는 성질을 자성이라고 하며, 이러한 성질을 가진 물체를 자성체 또는 자석이라고 하는 것이다. 그리고 자성이 생기는 원인을 자기라고 하는데, 아직 우리가 이해하기엔 어려운 개념이다. 자석이 쇠붙이나 다른 자석에 미치는 힘을 자기력이라고 한다. 자기력은 자석의 양 끝 쪽으로 갈수록 강해지는데, 이 부분을 자극이라고 하며 자극에는 N극과 S극이 있다.

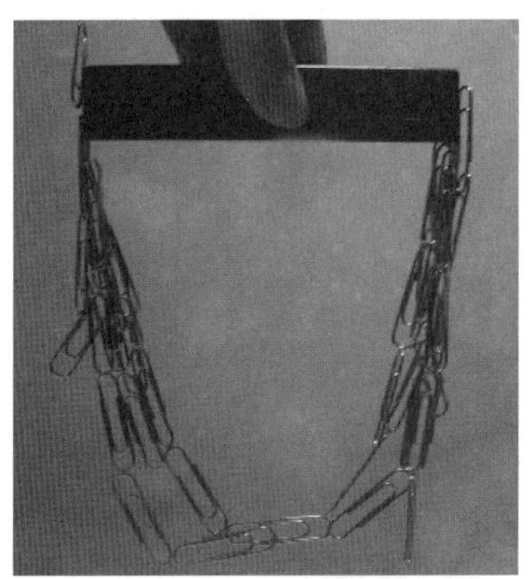

그림 3-56 자석은 쇠붙이를 끌어 당긴다.

　막대자석의 중앙을 실로 매달아 수평으로 놓으면 나침반이 된다. 북쪽을 가리키는 쪽을 N극이라 하고, 남쪽을 가리키는 쪽을 S극이라고 한다. 이것은 지구가 하나의 거대한 자석이기 때문이며, [그림 3-57]에서와 같이 자석의 N극이 가리키는 북쪽은 지구 자석의 S극이고, 자석의 S극이 가리키는 남쪽은 지구 자석의 N극이라 한다. 모든 자석은 두 개의 극을 가지고 있다. 즉, 자석은 N극과 S극을 가지고 있는데, 두 자극 사이의 자기 현상에는 다음과 같은 규칙이 있다.

"자석은 같은 극끼리는 서로 밀고, 다른 극끼리는 서로 당긴다"

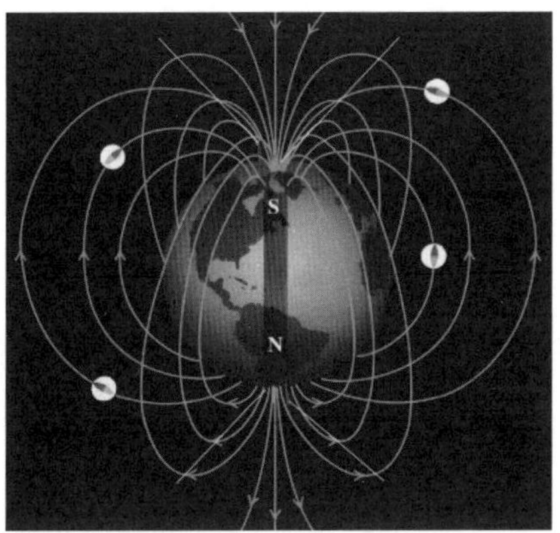

그림 3-57 지구 자기

　자극은 어떤 점에서는 전하와 비슷하지만, 매우 중요한 차이점도 있다. 즉, 전하는 양(+)전하와 음(−)전하가 분리되어 단독으로 존재할 수 있지만, 자석의 N극과 S극은 따로 분리되어 단독으로 존재할 수 없고 언제나 쌍으로 존재한다. 막대자석을 [그림 3-58]과 같이 계속 이등분하여도 N극과 S극은 분리되지 않고 나누어진 조각도 역시 N극과 S극을 가진 자석이 된다. 자석의 N극과 S극은 동전의 양면과도 같다.

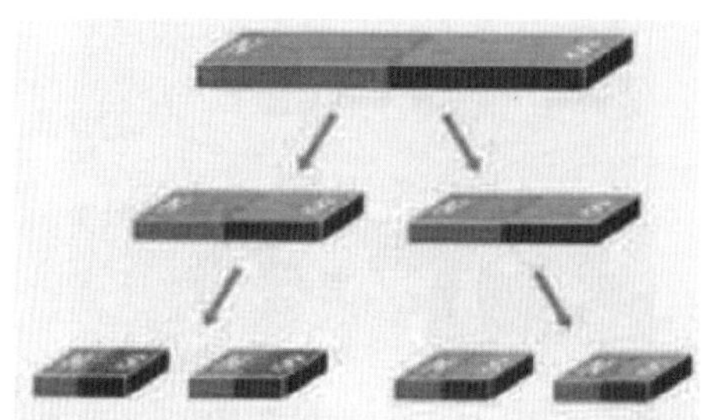

그림 3-58 자석의 분리(최종은 자구(magnetic domain))

나침반을 자석에 가까이 가져가면 나침반의 자침은 어느 한쪽 방향을 가리키는 것을 볼 수 있다. 또 자석 주위에 철가루를 뿌리면 [그림 3-59]의 ㉮와 같이 철가루가 배열되는 것을 볼 수 있다. 이것은 자석 주위에 자기력이 미치는 공간이 생겼기 때문인데, 이처럼 자기력이 미치는 자석 주위의 공간을 자기장이라고 한다.

자석은 주위의 공간에 자기장을 형성하고 자기장이 형성된 공간에 작은 쇠붙이가 있으면 자석과 쇠붙이 사이에 끌어당기는 힘이 생겨서 쇠붙이가 자석 쪽으로 끌려가게 된다. 그리고 자석이 쇠붙이에 비해 훨씬 작으면 자석이 쇠붙이 쪽으로 끌려가게 되는 것이다. 자기장의 방향은 자석 주위에 나침반을 놓았을 때 나침반 자침의 N극이 향하는 방향으로 정한다. 자석 근처에 나침반을 놓고 자침의 N극이 향하는 방향을 따라 조금씩 이동시키면서 그 경로를 선으로 연결하면 그림 ㉯와 같은 곡선이 그려지는데, 이것을 자기력선이라고 한다. 어떤 현상이나 개념이든 눈에 보이는 것이 더 쉽게 이해가 될 것이다. 자기장은 눈에 보이지 않기 때문에 물리학자들이 가시적으로 자기장의 개념을 이해할 수 있도록 도입한 것이 자기력선이다. 자기력선은 그림의 ㉯와 같이 자석의 내부를 지나 N극에서 나와 S극으로 들어가는 폐곡선을 이루며, 도중에 서로 만나거나 끊어지지 않는다. 이와 같이 자기력선이 폐곡선을 이루며 시작과 끝이 없다는 것이 자기장의 중요한 성질의 하나이다.

자기력선 위의 한 점에서 그은 접선의 방향이 그 점에서의 자기장의 방향을 나타내며, 자기력선이 촘촘한 곳이 엉성한 곳보다 자기장이 강하다. 따라서 자기력선이 촘촘한 정도로 그 곳에서의 자기장이 얼마나 강한지를 나타낼 수 있다. 자기력선은 실제로 공간에 존재하고 있는 것이 아니다. 자기력선은 다만 자기장이 어떻게 공간에 퍼져 있는지를 알려줄 수 있는 방법의 하나라는 것을 알아두기 바란다. 이러한 방법은 복잡한 현상을 쉽게 이해하는 데 많은 도움을 준다.

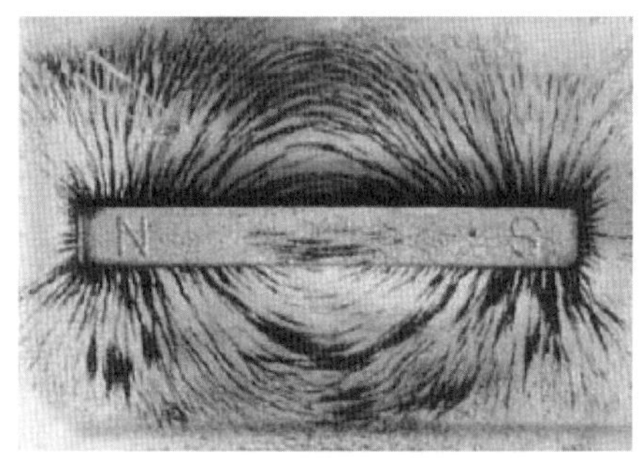
㉮ 철가루로 나타낸 자기장

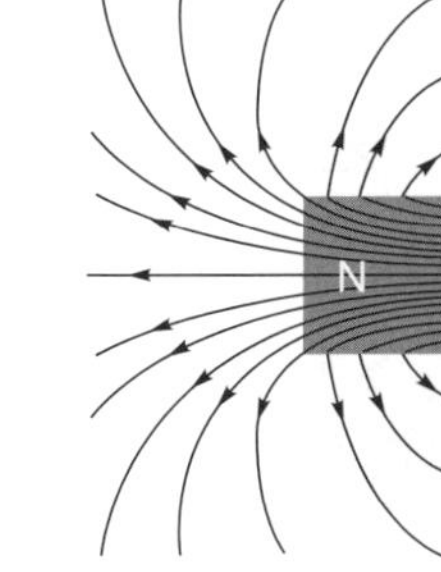
㉯ 자기력선으로 나타낸 자기장

그림 3-59 막대자석으로 나타낸 자기장

2 전류에 의한 자기장

차세대 열차로 알려진 자기부상열차는 레일과 열차 바퀴 사이가 약간 떠 있어서 열차가 달릴 때 진동과 소음이 적고 대단히 빠른 속도를 낼 수 있다고 한다. 이 열차는 1초 동안 4000번 정도 전류의 방향을 바꾸어서 자기력의 방향을 변화시켜 추진력을 얻는다. 전류로 어떻게 자기력의 방향을 바꿀 수 있을까? 전류에 의한 자기장의 성질에 대해 알아보자.

(1) 직선 전류에 의한 자기장

전류가 만드는 자기장은 어떤 모양일까? 직선 도선에 전류가 흐를 때 도선 주위에 자기장을 만드는데, 그 자기장은 전류의 세기, 그리고 거리와 어떤 관계가 있는지 알아보기로 한다. 움직이는 하나의 전하는 자기장을 만든다. 마찬가지로 운동하는 수많은 전하(이것이 전류다)도 역시 자기장을 만든다. 철가루를 고르게 뿌린 두꺼운 판지를 직선 도선이 수직하게 뚫고 지나도록 한 다음 도선에 전류를 흘려주면 [그림 3-60 ㉮]와 같이 철가루가 도선을 중심으로 동심원을 그리면서 일정하게 배열되는 것을 볼 수 있다. 이것은 직선 도선에 흐르는 전류가 자기장을 만들었다는 것을 말해주는 것이다. 그리고 그림 ㉯는 철가루가 동심원을 이루면서 배열되는 것을 자기력선으로 나타낸 것이다.

직선 전류에 의한 자기장의 방향은 그림 ㉯에서 볼 수 있는 것처럼 전류의 방향을 오른 나사가 진행하는 방향과 일치시켰을 때, 나사가 돌아가는 방향과 같다. 또는 오른손의 엄지손가락을 펴고 나머지 네 손가락으로 전류가 흐르는 직선 도선을 감아쥘 때, 엄지손가락의 방향이 자기장의 방향이다. 이것을 앙페르의 법칙, 또는 오른나사의 법칙이라고 한다. 이 법칙은 앞으로 나올 원형 전류에 의한 자기장이나 솔레노이드에 의한 자기장에서도 모두 성립된다.

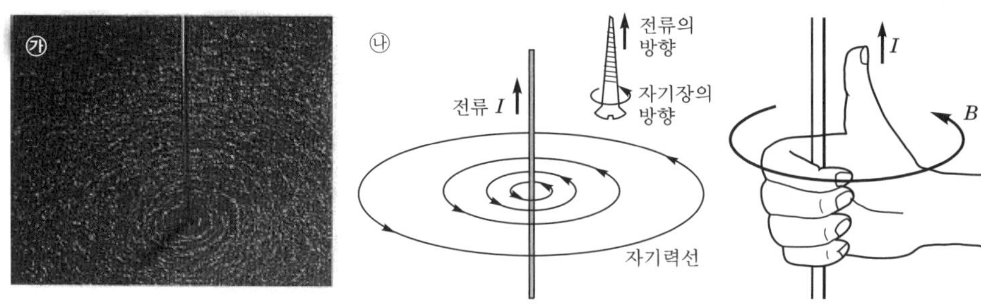

그림 3-60 직선 전류에 의한 자기장과 오른나사의 법칙

덴마크의 물리학자 외르스테드(Oersted, H. C.)는 전류가 흐르는 직선 도선 주위에 여러 개의 나침반을 놓고 자침이 일정하게 정렬되는 모습을 보고 직선 전류에 의한 자기장을 확인하였다. 이것이 외르스테드가 학생들 앞에서 처음으로 보여 준 전류에 의한 자기장의 현상이다. 직선 도선에 흐르는 전류의 방향을 바꾸면 도선 주위에 생기는 자기장의 방향이 바뀌지만, 자기력선의 모양은 바뀌지 않는다. 그리고 전류의 세기를 증가시키면 자기장이 강해지고, 전류의 세기를 감소시키거나 도선으로 멀어질수록 자기장이 약해진다.

1829년 프랑스의 물리학자 비오(Biot, J. B.) 와 사바르(Savart, F.)는 정밀한 실험을 통해 전류가 흐르는 직선 도선 주위에 생기는 자기장은 전류의 세기에 비례하고, 도선으로부터의 거리에 반비례한다는 것을 밝혀냈다. 이 관계를 식으로 나타내면 다음과 같다.

$$B = k\frac{I}{r}$$

여기서, B는 자속밀도[T]이며, 비례상수 k는 $k = 2 \times 10^{-7} \mathrm{N/A}^2$이다.

(2) 원형 전류에 의한 자기장

직선 도선을 둥글게 구부려서 전류를 흘리면 그 원형 도선 주위에 생기는 자기장은 어떤 모양일까? 원형 도선이라고 해서 어렵게 생각할 필요는 없다. 원형 도선 주위에 생기는 자기장의 방향은 앙페르의 법칙을 사용하면 쉽게 알아낼 수 있고, 크기는 과학자들이 실험과 계산으로 구해 놓은 자료를 이용하면 된다.

원형 도선에 전류가 흐를 때 그 주위에 생기는 자기장도 직선 도선의 경우와 같이 원형 도선 주위의 철가루의 분포 모양을 보고 알 수 있다. [그림 3-61 ㉮]와 같이 두꺼운 판지에 원형도선을 끼우고 철가루를 고르게 뿌린 다음 도선에 전류를 흘리면, 원의 중심에 있는 철가루는 원에 수직으로 배열된다. 그리고 도선에 가까이 있는 철가루는 도선을 중심으로 원에 가까운 모양으로 배열되는 자기력선이 생긴다. 그런데 여기서는 원형 도선의 중심부의 전기력선에만 관심을 갖기 바란다.

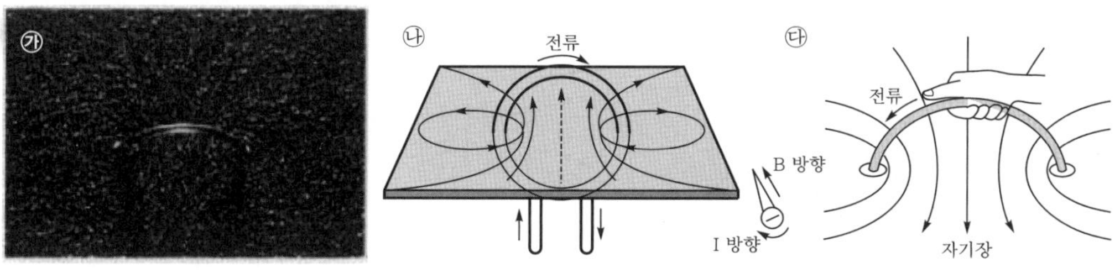

그림 3-61 원형 전류에 의한 자기장

원형 전류에 의한 자기장의 방향은 그림 ㉯와 같이 오른나사를 이용하여 알아낼 수 있다. 즉, 오른나사를 전류의 방향으로 회전시킬 때, 나사가 진행하는 방향이 원형 도선 중심에서의 자기장의 방향이다. 또한, 그림 ㉰와 같이 오른손의 엄지손가락이 전류의 방향을 가리키게 하면서 도선을 감아쥐면, 나머지 네 손가락이 감기는 방향이 원형 도선 중심에서의 자기장의 방향이 된다. 원형 도선 중심에서의 자기장은 원형 도선에 흐르는 전류의 세기에 비례하고, 원형 도선의 반지름에 반비례한다. 이 관계를 식으로 나타내면 다음과 같다.

$$B = k' \frac{I}{r}$$

이 식은 직선 전류에 의한 자기장에 관한 식과 상당히 비슷하다. 그런데 이 식에서의 r은 도선으로부터의 거리가 아니라 원형 도선의 반지름이라는 것에 유의해야 한다. 위의 식에서 비례상수 k'는 직선 전류에 의한 자기장의 비례상수 k에 정확히 π배를 한 값인 $k' = 2\pi \times 10^{-7} \mathrm{N/A^2}$이다.

(3) 솔레노이드가 만드는 자기장

원통에 도선을 여러 번 감아 놓은 것을 솔레노이드라고 한다. 그러면 솔레노이드에 전류가 흐를 때 생기는 자기장은 어떤 모양일까? 솔레노이드는 원형 도선 여러 개를 연속적으로 겹쳐 놓은 것과 같다. [그림 3-62 ㉮]와 같이 솔레노이드 중간에 두꺼운 판지를 끼우고 철가루를 고르게 뿌린 후에 전류를 흘리면 솔레노이드 내부에 있는 철가루가 솔레노이드의 축에 나란하게 같은 간격으로 배열되는 것을 볼 수 있다. 이처럼 솔레노이드 내부의 자기장은 솔레노이드의 축에 나란하고 균일하다는 것을 알 수 있다.

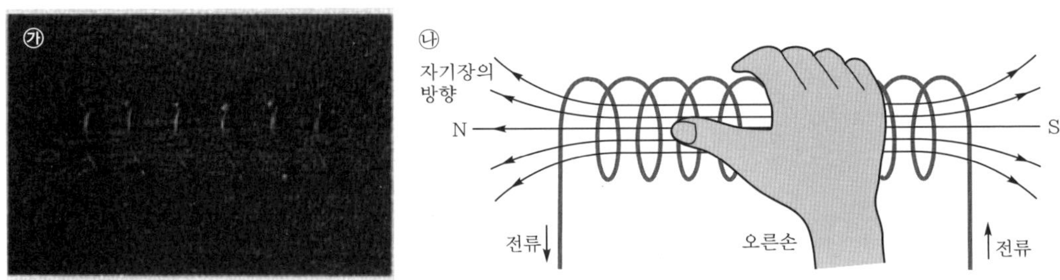

▌그림 3-62 솔레노이드에 의한 자기장 ▌

그림 ⑭는 솔레노이드가 만드는 자기장을 나타낸 것인데, 자기력선의 모양이 마치 막대자석이 만드는 자기력선의 모양과 비슷하다. 이 경우에도 자기장의 방향을 앙페르의 법칙을 이용하여 찾을 수 있다. 즉, 그림 ⑭와 같이 오른손의 엄지손가락을 펴고 나머지 네 손가락으로 전류의 방향을 따라 솔레노이드를 감아쥐었을 때, 엄지손가락이 가리키는 방향이 자기장의 방향이 된다. 솔레노이드 내부의 자기장은 단위 길이(1m)당 도선의 감은 수와 전류의 세기에 비례하며 다음과 같이 나타낼 수 있다.

$$B = k'nI$$

여기서 비례 상수 k''는 직선 전류에 의한 자기장의 비례 상수 k에 정확히 2π배를 한 값인 $k' = 4\pi \times 10^{-7} \text{N/A}^2$이다. 그리고 n은 단위 길이당 도선의 감은 수이다.

그런데 여기서 중요한 것은 직선 도선의 경우나 원형 도선의 경우와는 달리 거리에 대한 언급이 없다는 것이다. 원통이 굵든 가늘든 관계가 없으며, 원통에 감은 수와 전류의 세기 이외에 솔레노이드의 반지름이나 솔레노이드로부터의 거리에는 영향을 받지 않는다는 것이다. 다시 말하면 솔레노이드 내부의 자기장은 위치에 관계없이 모양만 결정되면 일정한 값을 갖게 된다는 것이다. 솔레노이드를 이용하여 강한 자기장을 얻으려면 많은 전류를 흘리거나 도선의 감은 횟수를 늘여야 한다. 그러나 원통에 감을 수 있는 도선의 횟수도 한계가 있고, 도선에 너무 많은 전류를 흘려주면 도선이 뜨거워지기 때문에 자기장을 무한정 강하게 할 수는 없다. 그러나 [그림 3-63]과 같이 솔레노이드 내부에 쇠막대를 넣으면 그냥 솔레노이드만일 때보다 훨씬 강한 자기장을 얻을 수 있다. 이 때 솔레노이드 내부에 넣는 물질을 철심이라고 한다. 솔레노이드 내부에 철심을 넣은 것을 전자석이라고 부른다. 전자석은 전류의 세기로 자기장의 강도를 조절할 수 있으며, 또 전류를 흘려주는 동안만 자석이 되므로 초인종, 전화기, 전동기, 기중기 등에 널리 이용되고 있다.

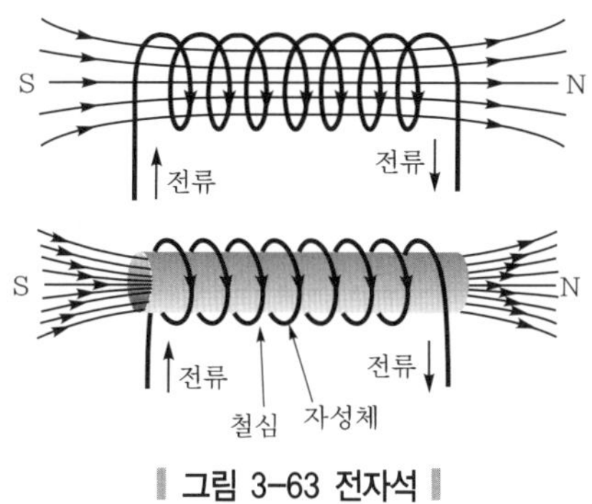

▌ 그림 3-63 전자석 ▌

3 전류가 자기장에서 받는 힘

전구에 전류를 흘리면 빛과 열이 나는 것을 잘 알고 있을 것이다. 전기에너지가 빛에너지와 열에너지로 바뀐 경우이다. 그리고 선풍기에 전류를 흘리면 선풍기 날개가 돌아가면서 시원한 바람이 나온다. 전기에너지가 운동 에너지로 바뀐 경우이다. 차세대 자동차로 알려진 전기 자동차는 구동 에너지를 화석 연료가 아닌 전기에너지로부터 얻는 자동차이다. 전기 자동차는 전동기(모터)에 전류를 흘려서 동력을 얻는다. 그러면 전동기가 작동하는 원리는 무엇일까? 전류가 자석과 만났을 때 일어나는 오묘한 현상에 대해 알아보자.

우리가 일상생활에서 많이 사용하는 선풍기, 세탁기, 청소기, CD 플레이어, 컴퓨터 하드디스크 등에는 모두 전동기가 들어 있으며, 전동기 안에는 반드시 자석이 있다. 무엇 때문에 전동기 안에 자석이 들어가 있어야 할까?

[그림 3-64]와 같이 말굽자석의 두 극 사이에 도선을 수평하게 장치하고 도선에 전류를 흘려주면 도선이 위쪽으로 힘을 받아 움직이는 것을 볼 수 있을 것이다. 이것은 전류가 흐르는 도선 주위에 생긴 자기장이 자석의 자기장과 상호 작용하면서 전류가 힘을 받아 움직이는 것이다. 이와 같이 전류가 자기장에서 받는 힘을 전자기력이라고 한다. 전류가 흐르는 도선이 자기장에서 받는 힘의 방향은 전류의 방향과 자기장의 방향에 따라 다르며, 전류의 방향과 자기장의 방향은 서로 수직이다.

전자기력의 방향을 알려면 [그림 3-64]와 같이 오른손의 엄지손가락과 나머지 네 손가락을 직각으로 펴서 네 손가락을 자기장의 방향에 맞추고, 엄지손가락을 전류의 방향과 일치시킬 때 손바닥에서 수직으로 나오는 방향이 전자기력의 방향이 된다. 그러면 전자기력의 크기는 어떻게 구할 수 있을까?

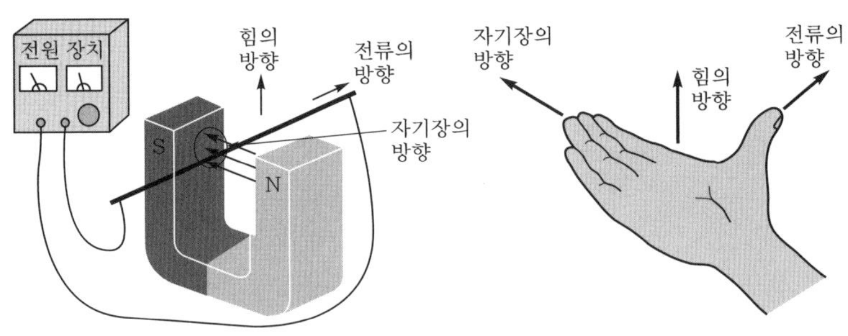

그림 3-64 전류가 자기장 내에서 받는 힘의 방향

정밀한 실험 결과에 의하면, 자기장의 방향에 수직으로 놓인 도선에 전류가 흐를 때, 전류가 받는 전자기력 F의 크기는 자기장 B, 전류의 세기 I, 그리고 자기장 내에 있는 도선의 길이 l에 비례한다고 한다. 이것을 식으로 나타내면 다음과 같다.

$$F = BIl$$

이 식으로부터 자기장 내에 수직으로 놓인 1m의 도선에 1A의 전류가 흐를 때 도선이 받는 힘의 크기가 1N이면, 자기장은 1N/A·m 임을 쉽게 알 수 있다. 그런데 가끔 도선이 자기장의 방향에 비스듬히 놓이는 경우가 있다. 그럴 때에는 주의해야 한다. 위의 식에서 도선의 길이(l)은 [그림 3-65]의 ㉮와 같이 자기장과 수직하게 놓인 길이를 의미한다. 그림 ㉯에서와 같이 도선이 자기장과 θ의 각으로 비스듬히 놓였을 때에는 l 대신에 자기장에 수직인 길이인 $l\sin\theta$를 써서 $Bli\sin\theta$를 사용해야 한다.

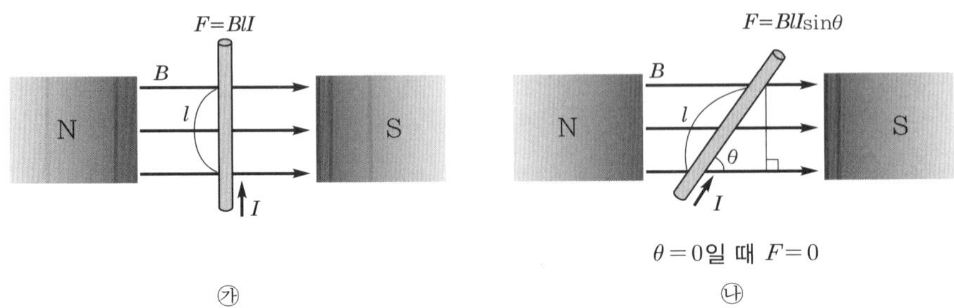

그림 3-65 전류가 자기장에서 받는 힘의 크기

그러면 도선이 자기장의 방향과 나란하면 어떻게 될까? 이런 경우에는 도선과 자기장이 이루는 각이 0이므로 $l\sin\theta$가 0이 되어서 도선은 아무런 힘도 받지 않게 된다.

※ 플레밍의 왼손 법칙

전자기력의 방향을 알아내는 방법으로 플레밍(Fleming)의 왼손 법칙이 있다. [그림 3-66]과 같이 왼손의 엄지, 검지, 중지를 서로 직각이 되게 펴서 검지를 자기장의 방향에, 중지를 전류의 방향에 맞추면 엄지가 가리키는 방향이 전자기력의 방향이 된다. 이것을 플레밍의 왼손 법칙이라고 한다.

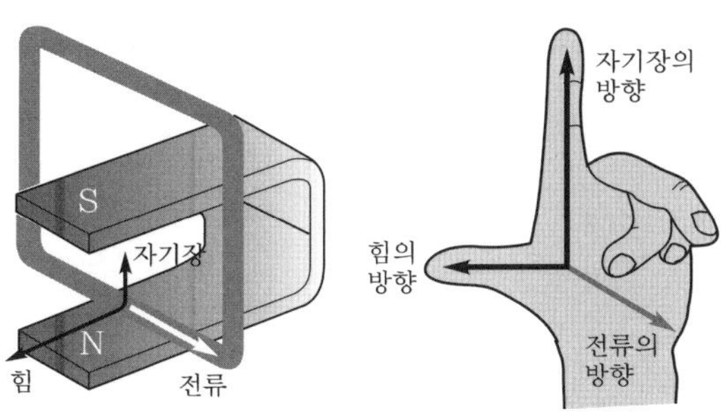

그림 3-66 플레밍의 왼손 법칙

4 전자기유도

전기가 없는 세상은 상상해 보지 못했을 것이다. 혹시 우리 생활에서 없어서는 안 되는 전기는 어떻게 만들어지는지 알고 있는가? 이 내용은 제 5장에서 다룰 것이다. 도선에 흐르고 있는 전류가 도선 주위에 자기장을 만든다는 것이 발견되면서 물리학과 기술 발전에 일대 전환을 가져오게 되었다. 그리고 많은 물리학자들은 그 반대 현상으로 자기장이 도선에 전류를 만들 수는 없을까 하는 의문을 가지고 연구하기 시작하였다.

영국의 물리학자 패러데이(M. Faraday)와 미국의 물리학자 헨리(J. Henry)는 독자적으로 자기장이 전류를 만들 수 있다는 것을 발견하였으며, 이 발견으로 쉽게 전기를 만들 수 있게 되었다. 1831년 패러데이는 [그림 3-67]과 같이 코일에 자석을 넣고 빼는 것만으로도 코일에 전류가 만들어진다는 것을 발견한 것이다. 자석과 코일 중 어느 하나가 다른 것에 대해 상대적으로 움직이면 코일에 전류가 발생하게 되는데, 이런 현상을 전자기유도라고 하며, 이 때 흐르는 전류를 유도전류라고 한다.

전자기유도 현상에서 강한 자석을 사용하거나, 자석이나 코일이 접근하거나 멀어지는 속도를 빠르게 하거나, 또 코일의 감은 수를 증가시키면 많은 유도전류가 발생한다. 패러데이는 이러한 실험 사실을 정리하여 다음과 같이 발표하였다.

"유도전류의 세기는 코일의 단면을 지나는 자기력선속(자속)의 시간적 변화율에 비례하고, 코일의 감은 횟수에 비례한다."

이것을 패러데이의 전자기유도 법칙이라고 한다.

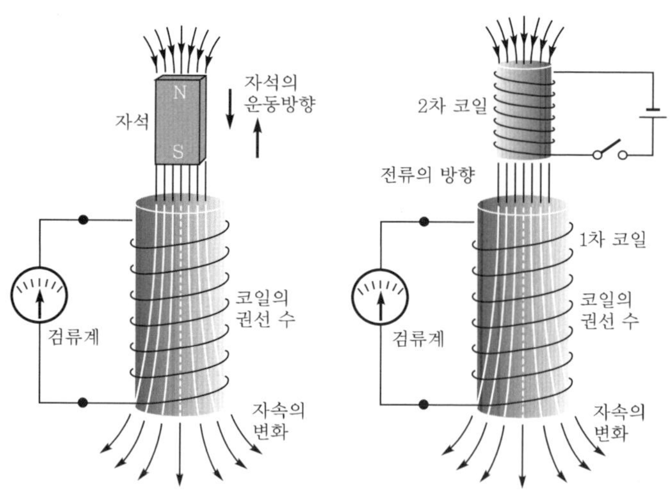

그림 3-67 전자기유도

그러면 전자기유도에서 자기장의 변화는 유도전류의 방향과 어떤 관계가 있을까? 자석을 코일에 넣을 때와 뺄 때, 전류계의 방향이 반대로 움직이는 것을 볼 수 있다. 또, 자석의 N극을 코일에 넣을 때와 S극을 넣을 때도 전류계의 방향이 반대로 움직인다. 이것은 유도전류의 방향이 자기장의 변화에 따라 달라진다는 것을 의미한다. [그림 3-68]에서 보는 바와 같이 자석의 N극을 코일에 가까이 가져가면 코일 내부를 지나는 자기력선이 증가하므로 자기장이 커지게 된다. 이 때, 코일의 위쪽에 N극이 생기도록 유도전류가 흘러서 자석의 N극이 가까이 오는 것을 방해한다. 즉, 코일에는 자기력선이 증가하는 것을 방해하는 방향으로 유도전류가 흐르게 된다.

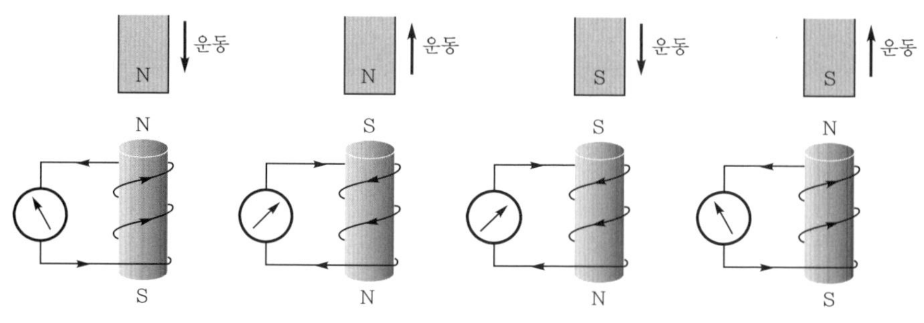

그림 3-68 유도전류의 방향

또 자석의 N극이 코일에서 멀어질 때에는 코일의 내부를 지나는 자기력선이 감소하므로 자기장이 작아지게 된다. 이 때는 코일의 위쪽에 S극이 생기도록 유도전류가 흘러서 자석의 N극이 멀어지는 것을 방해한다. 즉, 코일에는 자기력선이 감소하는 것을 방해하는 방향으로 유도전류가 흐르게 되는 것이다. 물론 자석의 극이 바꾸어도 같은 결과를 나타낸다.

도이칠란트의 물리학자 렌츠(Lenz. H. F.)는 자석의 움직임에 따라 유도되는 전류의 방향이 어떻게 결정되는지 알아냈다. 자석을 코일에 가까이 하거나 멀리할 때, 코일에는 자석의 운동을 방해하는 방향(자기장의 변화를 방해하는 방향)으로 유도전류가 흐른다. 이를 간단히 정리하면 다음과 같다.

> "전자기유도에 의해 코일에 생기는 유도전류는 코일 내부를 지나는 자기력선속의 변화를 방해하는 방향으로 흐른다."

이것을 렌츠의 법칙이라고 한다. 렌츠의 법칙에서 가장 중요한 생각은 바로 "코일은 변화를 싫어한다."라는 것이다. 렌츠의 법칙으로 전자기유도에 의한 유도전류의 방향을 결정할 수 있게 되었다. 전자기유도 법칙이 발견됨으로써 전기장과 자기장의 긴밀한 관계가 밝혀졌으며, 이 법칙으로 역학적 에너지를 전기에너지로 전환시키는 발전기를 만들어 낼 수 있게 되어 인류가 오늘날과 같은 전기 문명의 혜택을 누릴 수 있게 된 것이다.

5 발전기의 원리

발전기의 원리는 간단하게 말해서 패러데이의 법칙을 응용한 것이다. 자석에는 눈에 보이지 않지만 자력이 있다. 이 자력이 미치는 공간을 자기장이라고 한다. 이 자기장 내에서 도선을 일정한 방향으로 움직이면 도선 내부의 자유전자도 일정한 방향으로 움직인다. 이 현상을 전자기유도라 하고 이때 생기는 전기를 기전력이라 하며 기전력에 의해 흐르는 전류를 유도전류라 한다. 이 유도전류의 방향을 아는데 편리한 플레밍의 오른손의 법칙이 있다. 이 원리가 곧 발전기의 원리이다.

패러데이 법칙은 다음과 같이 나타낼 수 있다.

코일의 양 끝에 검류계를 연결하고 자석을 코일에 가까이 했다 멀리 했다 하면 검류계의 바늘이 흔들린다. 바늘이 흔들리는 것은 즉 전기가 흐르고 있다는 말이다. 전류의 크기는 자석을 움직이는 속도가 빠를수록 크고, 전류의 방향은 가까이 할 때와 멀리 할 때 반대가 되며, 또 N극과 S극에서도 반대가 된다.

이처럼 자계의 변화에 의해 도체에 기전력이 발생하는 현상을 전자유도라고 하며 이 기전력을 유도기전력, 흐르는 전류를 유도전류라고 한다. 유도기전력의 크기에 관해 패러데이는 '유도기전력은 코일을 관통하는 자력선이 변화하는 속도에 비례한다'는 사실을 알아냈다. 이것이 패러데이의 전자유도의 법칙이다.

또한 앞 절에서 설명한 렌츠의 법칙을 다시 정리해보면 유도전류 방향에 관한 법칙 회로와 전자기장의 상대적인 위치관계가 변화할 경우, 회로에 생기는 전류의 방향은 그 변화를 저지하려는 방향으로 흐른다. 또 전류나 자극의 크기가 변화할 경우에도 세기의 증가와 감소를 각각의 거리의 감소, 증가로 바꾸어 놓아 유도전류의 방향을 알 수 있다.

(1) 교류발전기의 원리

교류발전기의 기본 원리는 플레밍의 오른손 법칙을 따른다. 오른손 법칙은 자기장 속을 움직이는 도체 내에 흐르는 유도전류의 방향과 자기장의 방향 도체의 운동 방향과의 관계를 나타내는 법칙이다. 자기장 속에서 자기력선에 놓은 도선을 자기장에 대해 수직으로 움직일 경우, 오른손의 엄지를 도선이 운동하는 방향으로, 검지를 자기력선의 방향으로 향하게 하면, 도선 속에 발생하는 유도전류는 이것들에 대해 수직으로 구부린 중지 방향으로 흐른다.

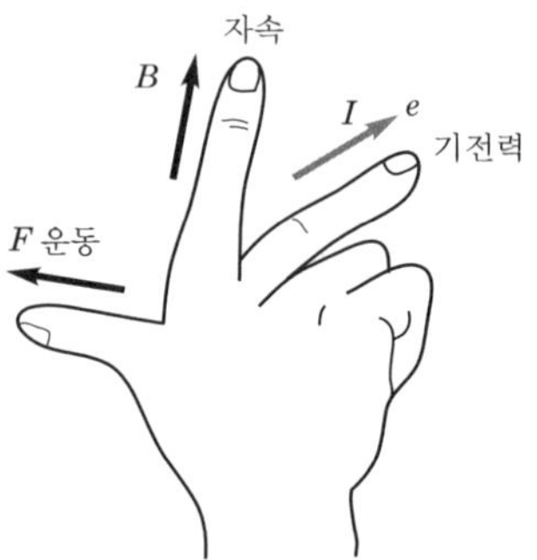

▌그림 3-69 플레밍의 오른손 법칙의 손가락 방향 ▌

그림과 같이 자석의 N극과 S극에 의한 자기장이 존재하는 공간에 코일을 직사각형 모양으로 둔다. 코일을 오른손의 엄지손가락이 가리키는 방향으로(반시계 방향) 회전시키면 플레밍의 오른손 법칙에 의해 가운데 손가락이 가리키는 방향으로 전류가 흐른다.

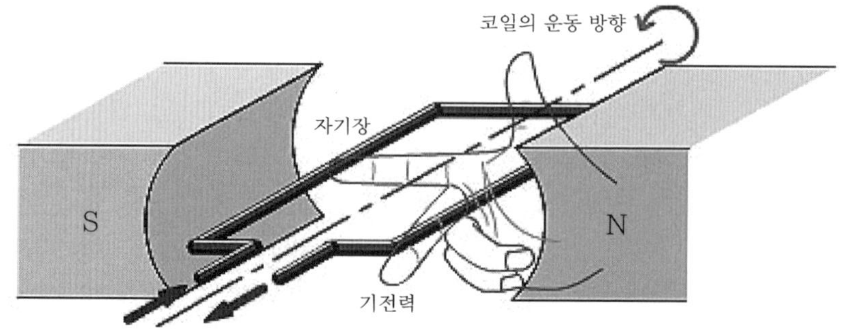

▌그림 3-70 오른손 법칙의 적용 ▌

[그림 3-71]과 같이 코일의 양 끝에 슬립링을 연결시킨다. 이때, 왼쪽의 코일 끝은 안쪽의 링에 연결하고 오른쪽 코일 끝은 바깥쪽의 링에 연결한다. 두 링은 서로 접촉하지 않은 상태이고 코일을 회전시키면 두 링은 각기 자기의 중심점을 기준으로 제자리에서 회전한다. 회전하는 두 링에 각각 브러시를 접촉시키면 기전력을 얻을 수 있다.

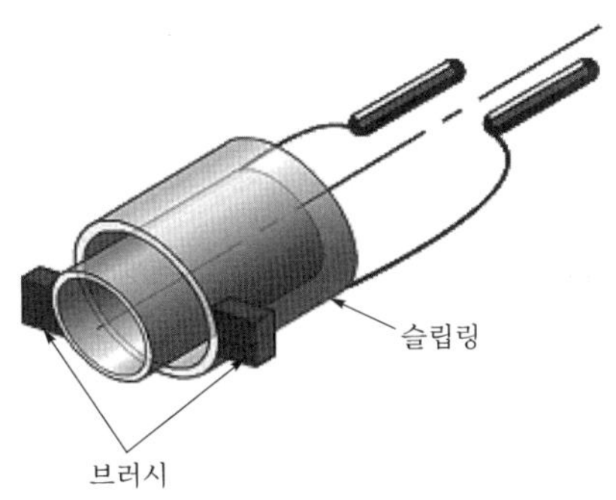

그림 3-71 교류발전기의 회전자 구조

자기장이 존재하는 공간에서 코일을 회전시키면 전류가 발생하는데, 코일은 회전하면서 자석의 N극과 S극의 자리를 서로 번갈아 지나므로 발생하는 기전력은 교류가 된다.

이 때, 코일의 위치가 수평일 때에는 자기장의 방향과 코일이 움직이는 방향이 나란한 위치에 있으므로 기전력은 발생하지 않는다. 코일이 반시계 방향으로 회전하면 기전력은 점점 증가하고 90°가 되면 기전력이 가장 크게 된다. 코일이 회전을 계속하여 180°가 되면 기전력은 다시 0이 된다. 코일이 회전하여 270°의 위치가 되었을 때 기전력은 최대가 되지만 코일의 위치가 N극에서 S극으로 바뀌었으므로 전류의 방향은 바뀌게 된다. 코일이 360°의 위치가 되면 기전력은 다시 0이 되고 이러한 사이클이 계속 반복되어 다음과 같은 정현파 교류가 발생하게 된다.

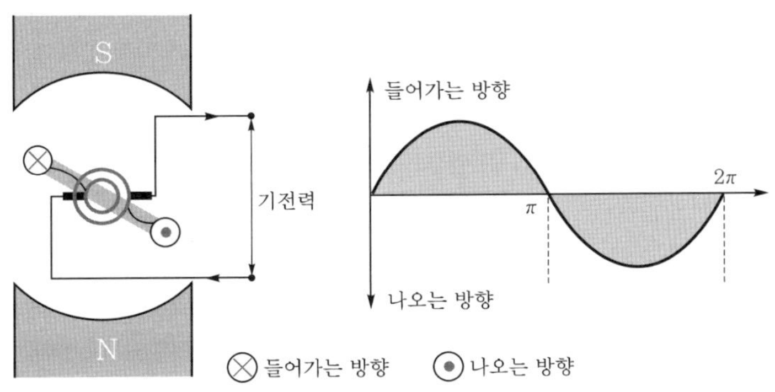

그림 3-72 교류발전기를 통한 정현파 교류의 발생 원리

(2) 직류발전기의 원리

교류 발전기의 슬립링 대신 [그림 3-73]과 같이 2조각의 정류자편을 연결한다. 코일의 양 끝을 각각 정류자편에 한쪽씩 연결하고 양쪽에 브러시를 접촉시켜 직류 전류를 얻는다.

앞서 살펴본 바와 같이 직사각형의 코일이 자기장 내에서 회전을 할 때 발생하는 전류는 교류지만 슬립링 대신 [그림 3-73]과 같이 2조각으로 된 정류자편을 사용하면 코일이 회전하여 자리를 서로 바꾸어도 브러시는 항상 고정된 위치에서 정해진 코일과 접촉하므로 얻어지는 전류는 방향이 바뀌지 않는 직류가 된다.

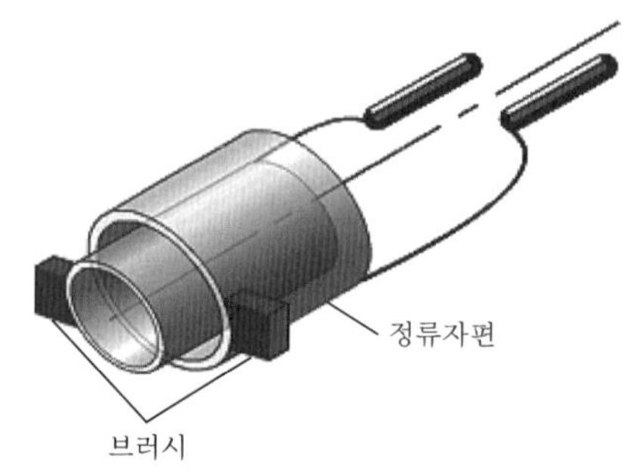

│ 그림 3-73 직류발전기의 회전자 구조 │

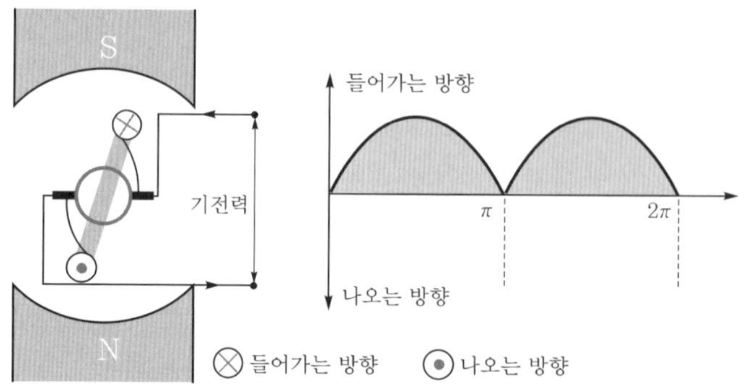

│ 그림 3-74 직류발전기를 통한 직류의 발생 원리 │

6 전동기의 원리

전동기란, 전기에너지를 기계에너지로 바꾸는 기계이며, 모터(motor)라고도 한다. 거의 대부분이 회전운동의 동력을 만들지만, 직선운동의 형식으로 움직이는 것도 있다. 전동기는 전원의 종별에 따라 직류전동기와 교류전동기로 구분된다. 교류전동기는 다시 3상 교류용과 단상교류용으로 구분된다. 3상 교류용은 1kW 정도 이상부터 수천 kW까지,

그리고 드물게는 1만 kW를 넘는 대형기가 있으며, 단상은 수백 kW 이하의 소형기에 채용되고 있다.

직류와 교류의 종별이 있다고는 하지만, 원리상으로 보면 동일한 것으로 자기장 속에 도체를 자기장과 직각으로 놓고 여기에 전류를 통하면 자기장에도 직각 방향으로 전자기적인 힘이 발생한다는 전자유도 현상을 응용한 것이다. 전자기력은 자기장의 세기, 전류의 세기 및 도체 길이의 곱에 비례한다.

(1) 직류전동기의 원리

자기장 중에 놓인 도체에 직류 전류를 흘리면 플레밍의 왼손 법칙에 의해 도체에 전자력이 발생하여 회전하게 된다. 직류 전동기는 속도 제어가 용이하기 때문에 전철, 엘리베이터, 압연기 등과 같이 속도 조정이 필요한 경우에 널리 이용된다.

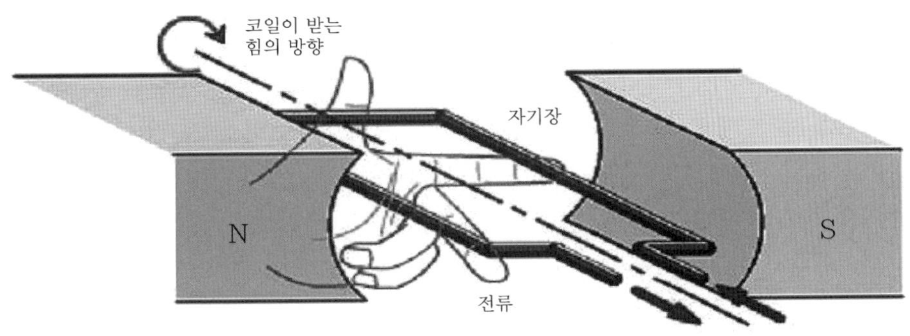

▌ 그림 3-75 플레밍의 왼손 법칙 적용을 통한 전동기의 회전 원리 ▌

(2) 유도전동기의 원리

유도전동기의 회전 원리는 Arago의 원판의 실험에서 발전하였다. [그림 3-76]과 같이 회전 가능한 도체 원판 위에서 자석의 N극을 시계 방향으로 회전시키면 상대적으로 원판은 자기장 사이를 반시계 방향으로 움직이는 것과 같다.(그림 왼쪽) 따라서 플레밍의 오른손 법칙에 따라 원판의 중심으로 향하는 기전력이 유도된다.(그림 가운데) 이 기전력에 의한 맴돌이 전류가 흐르고, 이 전류에 의해 플레밍의 왼손 법칙에 따라 원판은 전자기력을 받아 시계 방향으로 회전한다.(그림 오른쪽) 즉, 원판은 자석이 회전하는 방향과 같은 방향으로 움직인다. 이 때, 원판은 자석보다 빨리 회전할 수는 없다. 또한, 원판이 자석과 같은 속도로 회전한다면 원판이 자석의 자기장을 쇄교할 수(자를 수) 없으므로 원판은 반드시 자석보다 늦게 회전한다. 자석을 회전시키는 대신에 3상 교류로 회전자기장을 만들어 주면, 같은 원리로 원판은 회전한다.

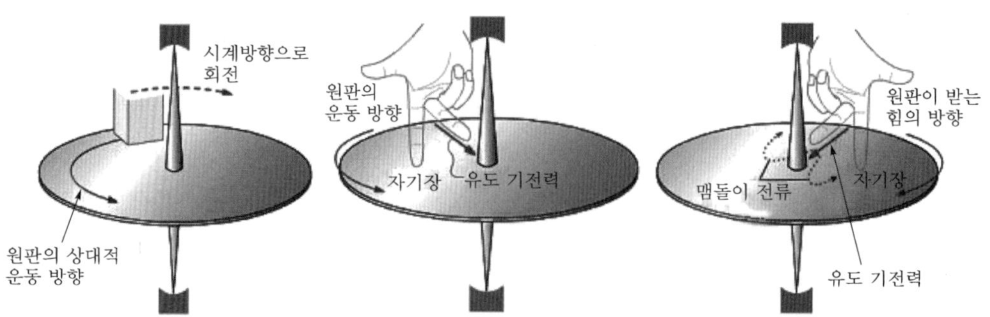

┃ 그림 3-76 유도전동기의 회전 원리 ; 아라고 원판의 원리 ┃

유도전동기는 단상과 3상으로 구분할 수 있다. 이에 따라 각 전동기의 회전 원리를 살펴보기로 하자.

우선 단상유도전동기의 회전 원리를 살펴보기로 하자.

[그림 3-77]과 같이 외부의 자석을 회전시키면 내부에 있는 도체 원통도 유도전동기의 회전 원리에 의해서 자석의 회전 방향과 같은 방향으로 도는 현상을 이용한다. [그림 3-71]과 같이 자극 대신에 코일을 이용하면 같은 효과를 얻을 수 있다. 즉, 두 코일의 감는 방향을 같은 방향으로 하면 마치 자석의 N극과 S극이 되어 여기에 교류전원을 연결하면 자기장이 형성된다.

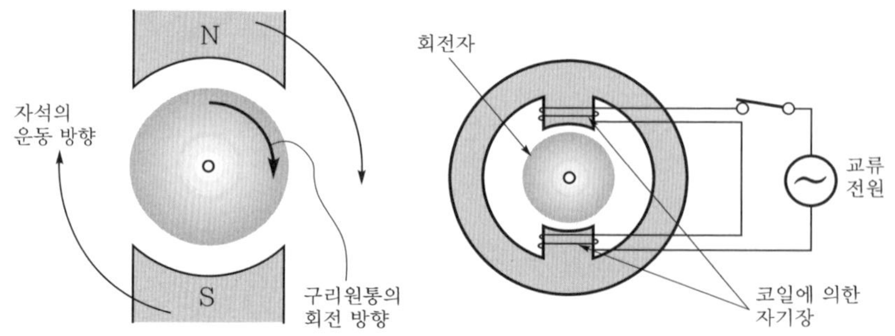

┃ 그림 3-77 단상유도전동기의 회전 원리 ┃

그러나 단상교류에 의한 교번 자기장은 생기지만, 일정 방향으로의 회전자기장이 생기지 않기 때문에 자체적으로 기동하지 못한다. 따라서 단상유도전동기는 먼저 일정 방향으로 기동 회전력을 주는 장치가 있어야 한다.

3상 유도전동기의 경우는 단상유도전동기와는 다르다. 우선 단상에서는 회전자계가 발생하지 않지만 3상에서는 회전자계를 통하여 회전을 하게 된다. 금속 원통의 회전자 주위에 3상(aa' bb' cc')의 전원을 인가하면 시계 방향으로 회전자기장이 생긴다. 따라서 유도전동기의 회전 원리에 따라 회전자도 시계 방향으로 회전한다. 아래 그림은 3상 농형 유동전동기의 회전자 중 철심에 결합시키는 도체를 나타낸 것으로 구리막대(또는 알루미늄 막대)와 단락환(端絡環:end ring)으로 되어 있다. 시계 방향으로 회전자기장이 생기면 도체(회전자)는 반대 방향으로 움직이는 것과 같으며 이 회전자기장에 의한 자속에 의해 플레밍의 오른손 법칙에 따라 회전자에 기전력이 발생한다. 이 기전력은 다시 플레밍의 왼손 법칙의 적용을 받아 회전자를 시계 방향으로 회전하도록 하는 것이다. 이때, 도체가 회전자기장을 쇄교해야 하므로 도체의 회전 속도는 회전자기장의 속도보다 느리다.

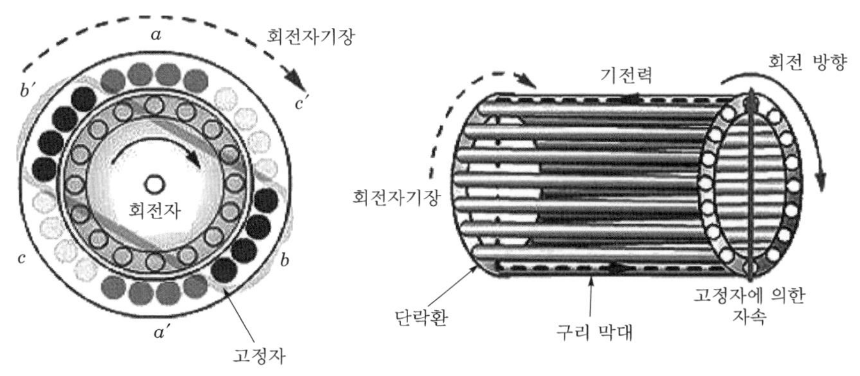

┃ 그림 3-78 3상 유도전동기의 회전자기장과 회전자의 구조 ┃

　3상 교류 회전기 중 또 다른 종류의 하나인 동기전동기의 회전 원리도 살펴보겠다. 교류기의 원리는 회전자계를 이용하는 방법은 비슷하나 구조상 약간 차이가 있다. 3상 동기전동기는 자극으로 되어 있는 회전자 주위에 자석을 회전시키면 흡인력에 의해서 회전자는 자석이 회전하는 속도와 같은 속도로 시계 방향으로 회전한다.

　자석을 회전시키는 대신에 [그림 3-79]처럼 3상 권선을 한 고정자의 안쪽에 회전자를 두면, 회전자는 고정자의 회전자기장의 속도와 같은 속도로 회전한다. 단, 정지하고 있는 동기전동기는 자극이 무거워 회전자기장과 같은 속도로 회전할 수 없으므로, 처음에는 회전자를 동기속도까지 회전시켜 주는 기동 방법이 필요하다. 동기 전동기는 여자기를 필요로 하며 값이 비싸지만, 속도가 일정하고 역률 조정이 쉽기 때문에 정속도 대동력용으로 사용된다. 속도 제어가 필요한 경우에는 주파수를 바꾸는 방법을 취한다.

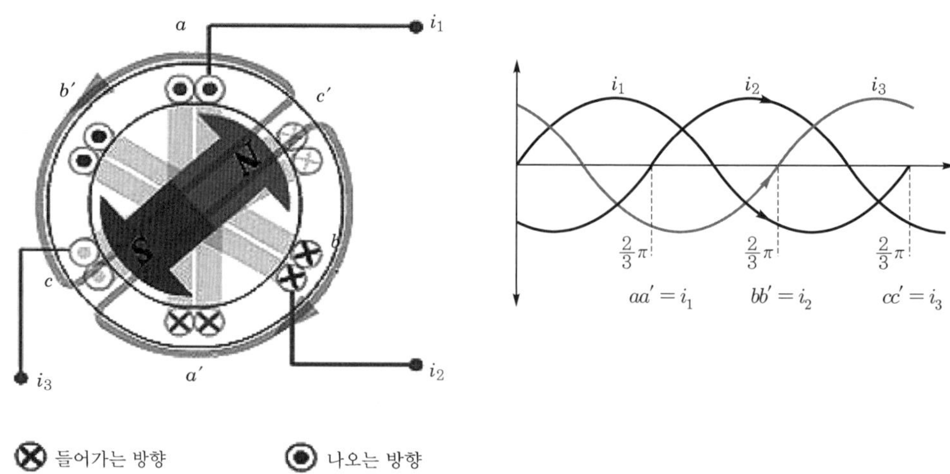

┃ 그림 3-79 3상 동기기의 회전 원리 ┃

Chapter 04

직류와 교류

04 직류와 교류

1 직류와 교류

건전지에 저항을 연결해 회로를 만들면 이 회로에 흐르는 전류는 항상 크기가 일정하고, 흐르는 전류의 방향도 변하지 않는데 이러한 전기를 직류(DC)라고 한다. 이에 반해 가정에서 전등을 켜거나 콘센트에서 꺼내어 사용하는 전류와 전압은 주기적으로 변하는데 이러한 전기를 교류(AC)라고 한다.

전기회로에 직류의 전기가 흐르는 것은 도수관에 물이 흐르는 원리에 비유해 이해할 수 있다. 전류가 흐를 수 있는 것은 전위차(전압)가 존재하기 때문이며, 건전지에는 이 전류를 흐르게 하는 힘이 있다. 그 힘을 기전력이라고 하며 건전지 내부의 화학작용에 의해 그 기전력이 소멸되지 않고, 유지되는 것이다. 수압이 존재해야 물이 흐를 수 있는 것과 마찬가지로 전압이 존재해야 전류가 흐를 수 있게 된다. 또 물이 흐르는 방향이 항상 일정한 것과 마찬가지로 직류의 전기도 항상 한 방향으로만 흐르게 된다.

일반 가정에서 사용하는 전기를 교류라고 하는데 직류는 평탄한 직선이지만, 교류는 주기적으로 양(+)의 값과 음(−)의 값이 반복되는 것으로, 정현파의 형태를 나타낸다.

직류에서의 전압을 일정한 수압을 내는 펌프에 비유한다면 교류는 수압의 방향이 반복해서 변하는 피스톤 펌프에 비유할 수 있다. 피스톤의 위치 변화에 따라 수압의 방향이 바뀌면 물이 흐르는 방향도 바뀌게 된다. 이것을 교류 전기에 적용하면 전압의 방향이 바뀔 때 전류가 흐르는 방향도 바뀌게 된다. 발전소에서 생산된 전기를 바로 사용하는 경우는 모두 교류의 전기를 사용하며, 가정에서의 세탁기, 냉장고의 전동기 또는 공장에서 많이 사용되고 있는 모터는 모두 교류의 전기를 사용한다. 따라서 우리 주변에서 보는 거의 모든 전기는 교류라고 할 수 있다.

직류와 교류는 각각 그 쓰임이 다르다. 직류 전원은 화학에너지로 바꿔 저장해 놓을 수 있어서 사용할 때에 전기에너지 형태로 다시 출력시킬 수 있다. 전지가 바로 이런 원리며 시작할 때 강력한 힘이 필요한 전원에 적합하다. 예를 들어 전철에 보내져 오는 전류는 직류모터를 쓰는 경우가 많다.

반면 교류전류는 전류의 방향이나 전압의 크기를 자유롭게 바꿀 수 있다. 그래서 발전소에서 교류를 보내는 경우에는 전압을 높여서 되도록 송전을 통한 에너지 손실이 없도록 한다. 동력원으로 전류를 쓸 때나 오디오 기기와 같이 한 방향으로 안정된 전류를 공급해야 할 때는 교류를 일단 직류로 바꾼다. 인버터라는 장치를 사용하여 교류의 주파수를 높은 주파수로 하여 모터의 움직임을 조절하기도 하고, 다이오드라는 정류자를 사용하여 교류를 직류로 바꾸기도 한다.

한편 직류가 이용되는 곳으로서 대표적인 곳이 지하철의 전차와 전화선이다. 지하철의 전차에 직류가 사용되는 것은 전차용에 직류전동기가 적합하기 때문이다. 직류전동기는 시동 시에 큰 힘을 내기 쉽고 속도의 조정이 용이하다는 장점이 있다. 이러한 직류전기는 어디서 얻을 수 있는가? 전차용 변전소에서 정류기를 이용해 교류를 직류로 바꿔 전차용 전선에 보내고 있는 것이다.

그리고 전화선 외에도 라디오, 텔레비전, 컴퓨터 등의 기기도 직류를 사용한다. 컴퓨터의 전원을 콘센트에 꽂으면 기기 속에 내장돼 있는 정류기에 의해 교류전기가 직류전기로 변환돼 사용된다.

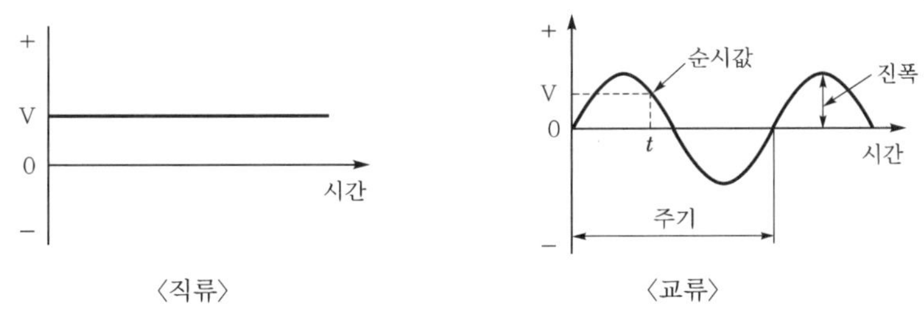

그림 4-1 직류와 교류의 차이

(1) 직류(Direct Current ; DC)

건전지(乾電池)에서의 전류와 같이 항상 일정 방향으로 흐르는 전류를 말하며, 문자기호로는 DC(Direct Current)로 나타낸다. 직류를 얻으려면 건전지나 축전지가 가장 좋으나, 고전압이나 대전류를 얻으려면 어려워진다. 일반적인 전지 1개에서는 대략 2V의 전압밖에 얻을 수 없으며, 흐를 수 있는 전류도 전지의 용적이 제한됨에 따라 일정 한도가 있다. 따라서 대용량의 직류는 직류발전기를 이용하거나 교류를 정류(整流)하는 방법으로 만드는데, 전기의 이용 측면에서 보면 전지의 충전이나 전기분해의 전원, 전자회로의 전원 등은 직류가 아니면 안 되지만 전열이나 전등은 교류라도 무방하므로, 변압기를 사용하는 송전선이나 배전선 및 회전자기장을 발생시키는 전동기 등은 교류로 사용한다. 전기가 실용화된 초창기에는 직류가 주로 사용되었고, 도시의 배전도 일부에서는 직류가 사용되었으나 직류에서는 변압기가 사용되지 않아 전압을 쉽게 높이거나 또는 낮출 수 없으므로 단상교류와 3상 교류가 실용화됨에 따라 발전 · 송전 · 배전은 모두 교류로 이루어지게 되었다. 동력으로서 전기의 이용에는 직류나 교류도 사용되지만 교류전 동기와 달리 직류전동기는 속도조절이 자유롭다는 장점이 있다. 한편 정류기의 발달로 교류에서 직류를 쉽게 만들 수 있으므로 전동기의 전단까지는 교류로 보내고, 전동기는 정류기를 통해 직류전동기를 운전하는 경우도 있다. 직류 송전은 리액턴스에 의한 전압 강하가 없다는 장점은 있으나 송전 전압이 충분히 높지 않으면 경제적인 문제가 있고, 교류 고전압을 정류하여 직류로 송전하고 그것을 받는 쪽에서 다시 교류로 바꾸는 기술 에 많은 문제가 있다.

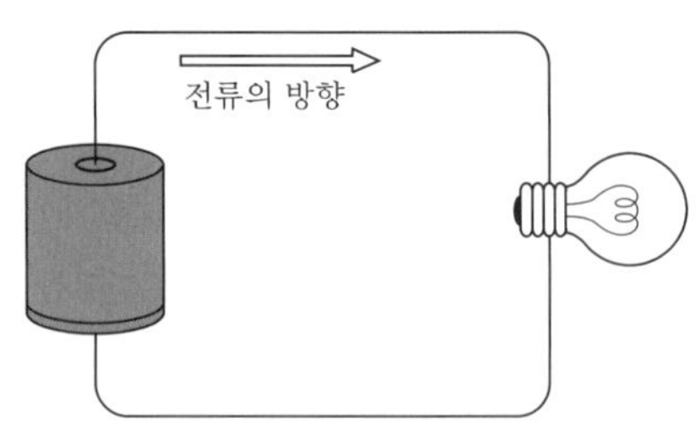

| 그림 4-2 직류의 의미 |

(2) 교류(Alternating Current ; AC)

흐름의 방향이 시간에 따라 주기적으로 변하는 전류나 전압을 말하며, 교번전류(交番 電流) 또는 교번전압(交番電壓)이라고도 한다. 이는 [그림 4-3]과 같이 발전소에서 전기 를 만들 때 자석의 회전 운동 때문이다. 대표적인 교류는 사인파의 파형을 가지는 전류 나 전압이며, 1개의 파형이 끝나는 시간을 주기(週期: 단위 초)라 하고, 주기의 역수인 1초 동안의 파형의 수를 주파수(周波數: 단위 Hz 또는 cycle)라 하며, 파형이 최대가 되 는 값을 최댓값 또는 진폭(振幅)이라 한다. 파형은 사인파 모양으로 변화하는 사인파 교 류와, 그렇지 않은 비(非)사인파 교류, 직류와 같이 왕복 1쌍의 도체로 송전할 수 있는 단상교류(單相交流), 3개 이상의 도체를 사용하지 않으면 송전할 수 없는 다상교류(多相 交流), 방향 변화의 주기가 일정한 것과 그렇지 않은 것 등이 있다. 주파수가 높은 교류 를 고주파라 하고, 사인파 이외의 파형의 것을 왜형파 교류(歪形波交流)라고 한다. 이 파형은 직류 성분과 주파수가 다른 많은 수의 사인파 교류 성분의 집합으로 이루어졌다.

교류를 직류와 비교하면, 변압기를 사용해서 효율적으로 자유롭게 전압을 바꿀 수 있 다는 점이 최대의 장점이다. 또 교류용의 전동기·발전기에는 정류(整流)가 필요하지 않 고, 전기화학 작용이 적으며, 도선(導線)의 부식 등이 잘 일어나지 않는 등의 이점이 있 다. 대체로 사용되는 전기에너지의 대부분이 50Hz 또는 60Hz의 사인파인 3상 교류로서 발전되고, 송·배전되어 이용하는 말단에서는 3상 또는 단상교류를 사용하며 전기철도 나 전기화학공업에서는 대부분 직류로 바꾸어서 사용한다.

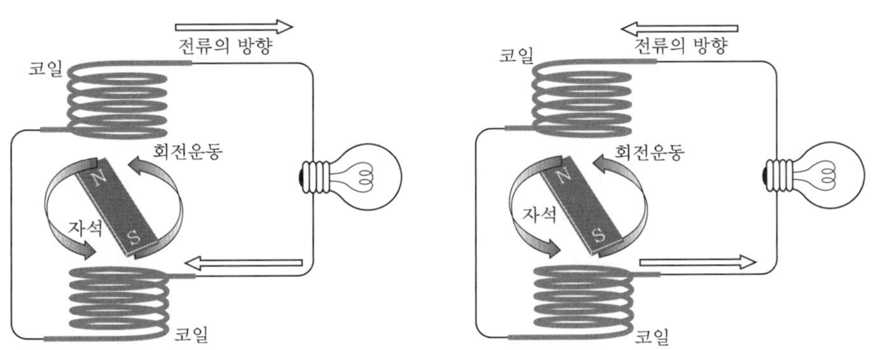

▌그림 4-3 교류의 의미 ▌

2 에디슨과 테슬라의 직류·교류 전쟁

토마스 에디슨을 모르는 사람은 없을 것이다. 전구와 축음기의 발명가. 밤을 정복한 사람. 뛰어난 발명에도 불구하고 정규교육을 받지 않고 자신의 창의성으로 자수성가한 발명가. 사람들은 에디슨이 제도 교육을 받았다면 제도 교육에 적응하지 못한 에디슨은 평생 바보 취급을 받았을 것이라고 이야기한다.

나는 어린 시절 위인전이나 텔레비전의 만화와 같은 많은 매체들을 통해서 에디슨의 창의력과 그가 했던 "천재는 99%의 노력과 1%의 영감으로 만들어진다."라는 말에 깊은 감명을 받았다. 초등교육만 이수한 사람이 어떻게 이렇게 똑똑할 수 있는지. 만약 "에디슨이 없었다면 아마 전등도 라디오도 없었을 거야."라는 생각도 했었다. 하지만 에디슨의 그늘에 가려진 한 비운의 천재가 있었다. 그의 이름은 니콜라 테슬라. 에디슨의 이름을 아는 이는 많아도 그의 이름을 알고 있는 사람은 드물다. 테슬라가 에디슨에게 순위에서 뒤지는 것은 단지 대중들의 '인지도'라고 나는 감히 단언할 수 있다. 그가 발견해낸 법칙들이나 발명한 것들을 살펴보면 그 점은 자명하게 나타난다. 에디슨은 실험을 통해 끊임없는 노력과 연구를 했다면, 테슬라는 증명되지 않은 것은 실험하지 않고 새로운 발명에 더 큰 힘을 쏟았다 볼 수 있을 것이다.

니콜라 테슬라(Nikola Tesla, 1856~1943)는 세르비아계 미국인으로 발명가 및 연구가로서 대부분의 교류장치의 근본이 된 회전하는 자기장을 발견하고 이용했다. 이 외에 고전압 유도코일(라디오, 텔레비전에 들어가는)로 널리 쓰이는 테슬라코일을 발명한 사람이다. 테슬라는 다섯 살 때 처음으로 물의 흐름에 따라 일정한 속도를 내는 수(水)차를 발명하는 등 어릴 적부터 생각한 것을 시각화하는 특별한 능력을 가지고 있었다.

(1) 에디슨과 테슬라의 직류·교류 전쟁

① 교류의 승리

교류(交流, alternating Current, 약자 AC)란 시간에 따라 주기적으로 크기와 방향이

변하는 전류이다. AC의 최초 사용자는 프랑스의 신경 전문의사 Guillaume Duchenne
로 1855년 신경 수축의 전기치료를 위해서는 DC보다 AC가 유효하다는 발표로부터 시작
되었다.

1880년 가을, 에디슨이 그의 멘로파크 실험실에서 직류(直流) 전기 중앙발전소 개발
에 힘쓰고 있을 시기에 니콜라 테슬라(Nikola Tesla)는 스물넷의 나이로 보헤미아 프라
하라는 오래된 도시의 대학에 진학 중이었다. 당시 테슬라는 매일 전기에 대한 환상에 몰
두했다. 그는 모터와 발전기를 어떻게 결합시킬지 반복해서 검토하면서 모터들의 다양한
디자인들을 고안했다. 그러나 1년 후 아버지의 죽음으로 테슬라는 공부를 중단하고 헝가
리 부다페스트로 이사한 후 지인의 소개로 한 전화회사에서 일하게 되었다.

1882년 2월 테슬라는 힘든 상황과 고된 일로 쇠약해진 건강을 회복하기 위해 공원을
찾았다. 공원을 거닐면서도 그의 머릿속에는 전기에 대한 생각으로 가득 찼다. 순간 테
슬라는 그동안 생각하던 모터와 발전기의 결합이 스쳐가며 확고한 모습이 떠올랐다. 회
고록에서 그는 "난 모래에 나뭇가지를 이용하여 교류 시스템을 그렸다. 내가 보았던 이
미지들은 뚜렷하고 명백했다"고 그 당시의 모습을 회고했다. 테슬라는 그해 4월 전기 공
학자에 대한 부푼 꿈과 함께 파리로 향했다. 당시 파리는 에디슨의 직류 시스템을 이용
한 전구로 인해 거리가 밝혀져 있었고 테슬라는 파리의 전기에 매혹되었다. 테슬라는 파
리에서 수준 높은 전기 수리 능력과 더불어 불어와 독일어에 능통해 에디슨 전기회사로
들어가게 되었다. 그곳에서 교류 모터에 대한 생각을 계속 발전시키던 중, 테슬라는 자
신이 가지고 있던 교류 기술에 대한 가능성을 인정받기 위해서 1884년 6월 미국으로 이
주하여 에디슨의 조수로 일하게 되었다.

그러나 테슬라의 기대와는 달리 에디슨은 자신이 발명한 전구의 수요를 늘리기 위해
서 직류 방식만을 주장하였다. 그러나 직류 전기는 치명적인 결함을 가지고 있었다. 그
것은 송전할 수 있는 거리가 매우 짧아서 발전기에서 반 마일 정도만 떨어져도 충분한
전력공급이 어려웠으며, 전력 공급을 위해서는 전력선이 매우 두꺼워야 한다는 것이었
다. 전기선으로 이용되는 구리의 제한된 양을 고려할 때 이는 거의 불가능한 방법이었
다.

이러한 직류 전기의 단점으로 인한 불편함은 상상 이상이었다. 뉴욕의 전차는 고장으
로 절반이 운행을 못하게 되었고, 이로 인해 피해를 본 브루클린 사람들은 '전차를 기피
하는 사람들'이라는 의미의 트롤리 다저스(Trolley Dodgers)'라는 모임까지 결성했다.
이를 계기로 '브루클린 다저스' 야구단이 생겨났고 이것이 지금의 'LA 다저스'가 되었다
고 한다.

테슬라는 이러한 직류 시스템의 한계를 깊이 고심하며 자신의 교류 시스템이 이 한계
를 극복할 수 있다는 것을 알았다. 에디슨과 만나게 된 자리에서 테슬라는 교류 유도전
동기를 설명했고 교류 시스템에 대해 알렸다. 테슬라는 교류발전기가 직류 전기의 단점
인 1마일의 족쇄를 해결할 수 있다고 지적했다. 테슬라는 "에디슨이 교류에 관심을 갖지

않았다. 교류에는 미래가 없으며 그 분야에 몰두했던 모두가 자기 시간을 허비하고 있고, 게다가 직류는 안전한 데 반해 교류는 죽음의 전류"라고 응답했다고 전했다.

테슬라는 에디슨에게 자신의 생각이 무시된 후 교류 시스템을 개발하기 위해 뉴욕에서 에디슨의 직원으로 1년도 일하지 않고 나왔다. 교류 전력 시스템을 설계하면서 전압 변환에 대한 필요성이 대두되었다. 최초의 변압기는 1831년 실제로 Faraday에 의해서 발명되었다.

이후 변압기의 개발은 프랑스인 Lucien Gaulard와 영국의 John. Dixon. Gibbs에 의해 이루어졌다. 1881년 영국의 런던에서 최초 변압기 전시회를 열었고 George Westing-house가 이러한 기술을 미국 내에서 사용할 권리를 확보했고, William Stanley와 공동으로 150개 램프 점등을 위한 계통과 변압기 개발과 실험을 하였다. 마침내 1885년 Gaulard and Gibbs의 아이디어를 기초로 William Stanley가 최초 실용 변압기를 만들어 내었다.

1886년 스텐리는 그레이트 베링턴 연구소 옆의 오래된 건물에서 석탄 화력 25마력의 교류발전기를 가동하였다. 이 발전기에서 500V의 교류를 보내게 되었고 이 전기는 건물 내 지하실의 변압기를 통해 100V로 낮추어져 실내 전선을 통해 백열등까지 공급하게 되었다.

이것이 최초의 교류 시스템 사용의 시작이었다.

뉴욕에서 일용 노동자의 삶을 살던 테슬라는 유니언 웨스턴 전신회사의 공학자인 Alfred S. Brown과 유명한 변호사이자 발명가인 Charles F. Peck을 만나 1887년 4월 테슬라 전기회사를 설립하게 되었다. 그의 머릿속에는 이미 수많은 발명품들이 이미 설계되어 있었기 때문에 손쉽게 많은 특허를 따낼 수 있었다. 코넬 대학교의 전기공학과를 만드는 과정에서 핵심적인 역할을 했던 William Anthony는 테슬라의 교류 시스템의 가치를 한눈에 알아보고는 바로 지지하기를 시작했다. 때마침 에디슨의 직류 시스템을 바탕으로 수많은 발전소를 보유하고 있던 웨스팅하우스는 테슬라의 발명품의 가치를 눈여겨보게 되었고, 테슬라는 2천 달러의 월급을 받으며 웨스팅하우스의 설비를 자신의 교류 시스템으로 바꾸는 직업을 갖게 되었다.

이제까지 교류 시스템은 단상교류 전력 시스템이었는데 Nikola Tesla에 의해서 다상(Polyphase) 계통이 개발되었다. Tesla는 모터, 발전기, 변압기, 전력 전송선에 대한 특허권을 가지게 되었다. 1888년 5월 16일에 테슬라는 미국 전기공학 연구소 연구원들 앞에서 '새로운 교류모터와 변환 시스템(A New System of Alternate Current Motors and Transformer)'이란 주제의 강의를 통하여 교류전동기는 마침내 빛을 보게 되었고 이 전동기는 현대적 전력 산업 구축의 토대가 되었다.

이후 자신은 교류에 대한 연구를 계속해 나가 현재의 직류 시스템을 교류로 대체하기 위해 교류에 관한 특허들을 당시 엄청난 자본력과 탁월한 경영 능력을 지닌 조지 웨스팅하우스에게 로열티를 받으며 팔았다. 조지 웨스팅하우스의 지원을 받은 테슬라는 교류

발전 시스템의 개발에 더욱 집중하게 되었다.

에디슨은 테슬라가 웨스팅하우스와 교류와 관련된 계약을 맺었다는 소식을 듣고 매우 화가 나 있었다. 이때부터 전류 전쟁이 시작되게 된다. 테슬라의 교류 시스템에 위협을 느낀 에디슨은 곧바로 교류의 위험성에 대한 우려를 담은 자료들을 찍어내기 시작했다. 에디슨은 교류 전기를 이용해 애완동물들을 의도적으로 잔인하게 죽인 장면들이 포함된 전단지들을 배포하고 웨스팅하우스가 소유하게 된 특허들에 소송을 거는 등 끊임없이 웨스팅하우스의 교류 시스템을 비난했다. 이를 지켜보고만 있던 웨스팅하우스는 에디슨에 대항하기 위해 교류에 대한 교육 캠페인을 벌이기 시작했다. 연설, 기사 등 다양한 방법으로 교류의 우수성을 알리기 위해 끊임없이 노력했다. 두 회사가 모두 자금난에 시달리게 되면서 전류 전쟁은 더욱 심화되었다.

에디슨은 교류를 막기 위해 알바니에서 전압을 800볼트로 제한하는 법안을 통과시키려 했고, 웨스팅하우스는 법에 위반되는 음모를 꾸민 죄목으로 에디슨을 고소했다. 뿐만 아니라 에디슨은 죄수들의 사형에 교류 전기 충격을 사용하자는 주장도 하였으며, 웨스팅하우스는 계속해서 교류의 실상을 증명하기 위해 노력했다. 대세는 점점 직류에서 교류로 넘어오기 시작했고 이를 직감한 에디슨의 많은 직원들은 에디슨이 큰 실수를 저지르고 있다고 설득하기 시작했다. 그러나 에디슨은 끝까지 자신의 주장을 고집하다가 오랜 시간이 흐른 후에야 자신의 실수를 인정하기 시작했다. 시간이 지나고 최종적으로 테슬라는 웨스팅하우스와의 계약을 연장하여 자신의 연구를 계속할 수 있었고, 웨스팅하우스는 사업 영역을 확장시켜 끝내 테슬라의 교류 시스템을 이용한 발전소를 세웠다.

미국의 최초 상업용 3상 AC 발전소는 1893년 캘리포니아주 Redlands 근처 Mill Creek No. 1 Hydroelectric Plant이었고 1895년 나이아가라 발전소가 문을 열면서 모든 것이 완성되었다.

② 에디슨과 테슬라의 AC · DC 전쟁

1882년 9월 4일 뉴욕 Pearl street에 최초 상업용 전기 조명이 점등되었다. 에디슨이 개발한 조명 시스템은 직류를 이용한 것이었다. 발전기는 110V를 공급했다. 이 전압은 전류를 몇 백 미터의 거리에 떨어진 곳으로 보내기에 충분했고 집 안의 전구를 안전하게 밝힐 수 있었지만 완전한 전기 공급 시스템은 아니었다.

뉴욕 전체를 커버하려면 에디슨의 시스템은 모든 동네에 발전기를 설치해야만 했다. 직류의 전송 거리는 최대 1마일이었고 그 이상의 거리로 전송하기 위해서는 팔뚝 굵기의 구리 전선이 필요했는데 이것은 너무 비싸 경제성이 맞지 않았다. 재력가들은 개인용 발전기를 집안에 설치하기도 했다. 전기 사업은 대단한 사업으로 주목을 받기 시작했다.

조지 웨스팅하우스는 1867년 공기 브레이크를 발명한 후 특허를 내어 '웨스팅하우스 공기 브레이크' 회사를 세우고 1882년 자동식 철도 신호기를 발명하기도 했다. 1886년에는 웨스팅하우스 전기회사를 세우고 라디오를 처음으로 만들기 시작한 후 미래지향적인 전기에너지 사업에 뛰어들 것을 결심했다.

에디슨의 직류 시스템이 가진 취약점을 알고 교류에 투자하고자 관련 회사 및 특허를 사들였다. 교류는 변압기(Transformer)를 이용해서 원하는 전압을 거의 손실없이 자유자재로 바꿀 수 있었고 먼 곳으로의 전기 전송이 가능했다.

메사추세츠(Massachusetts) 주의 그레이트 배링턴(Great Barrington)은 전기 사업에 혁명을 가져올 실험 무대가 되었다. 1886년 3월 최초로 교류 발전기에서 500V의 교류가 보내졌고 이 전기는 1마일 떨어진 도시에 전송된 후 100V로 낮추어져 실내 전선을 통해 백열등까지 공급하게 되었다. 최초의 교류전력 시스템을 성공적으로 실현한 것이었다.

조지 웨스팅하우스는 피츠버그에 큰 규모의 본점을 세우고 이곳으로부터 29개의 회사로 이루어진 자신의 산업 왕국을 경영하였다. 그의 참모들은 만족스럽게 일했고 2년 안에 130개의 교류 발전소를 팔 수 있었다. 새로운 교류 시스템은 훨씬 저렴했고 더 가는 구리선이 사용되었다. 하나의 발전소는 넓은 지역을 커버할 수 있어서 시외에도 전기를 공급할 수 있었다.

자신의 사업 영역 침범에 격분한 에디슨은 자신의 경쟁자 웨스팅하우스를 특허법 위반으로 고소했다. 이것이 미래 전력 시장의 주도권을 건, 전류 전쟁의 시작이었다.

1884년 6월 한 젊은 세르비아인이 미국 땅을 밟았다. 그는 곧 전류 전쟁에서 중요한 역할을 담당하게 된다. 그의 주머니에는 4센트와 자작시 몇 편, 그리고 토마스 에디슨에게 줄 추천서가 들어 있을 뿐이었다. 그의 이름은 니콜라 테슬라였다.

파리에서 테슬라는 에디슨 상회에서 전화 기술자로 일하면서 멀리 전기를 전송할 수 있는 교류 아이디어를 개발했으나 아무도 관심을 갖지 않았다. 그는 미국으로 갔다. 세기의 위대한 발명가 에디슨이 자신의 능력을 인정해 주기를 바랐지만 에디슨은 테슬라를 고용했으나 그 재능을 놓쳐 버리게 된다.

에디슨은 테슬라에게 그의 직류 발전기를 효과적이고 저렴하게 개선하라는 임무를 줬다. 에디슨은 성공할 경우 50,000달러의 보너스를 약속했다. 그 젊은 연구자는 밤낮으로 공장에서 일했고 1년 뒤 테슬라는 24개의 현저히 개선된 발전기를 완성했다.

"미국식 유머를 이해하지 못한 모양이군!" 테슬라가 약속한 보너스를 요구했을 때 에디슨은 그렇게 내뱉고 10달러의 주급 인상을 제안했다. 테슬라는 정직하고 자신감에 넘쳐 있었으며 논리적인 사람이었다. 격분한 그는 에디슨에게 사표를 제출했다. 위대한 발명가는 길을 밝혀줄 테슬라의 아이디어를 알아보지 못하고 잃어버리게 된 셈이었다. 그 대가는 매우 컸다.

니콜라 테슬라는 전류 전쟁의 핵심 사업이었던 그 당시 최대 규모의 나이아가라 발전소를 세우는 일에 있어서 주역이 되는 인물이 되어 에디슨을 파멸로 몰아넣었던 것이다.

1888년 5월 16일 니콜라 테슬라는 그를 하루아침에 유명하게 만든 강연을 하게 된다. 전기 엔지니어 등의 전문가들로 이루어진 청중 앞에서 그는 교류모터의 잘 만들어진 구조도를 소개했다. 이 모터는 기계 역학적인 마찰을 줄이고 자기장으로 움직이게끔 설계되어 있어 잘 닳지 않아 보수할 필요가 거의 없었다.

그 날 거기서 웨스팅하우스는 테슬라의 강연을 경청하고 매료되었다. 이 모터는 자신의 전기 시스템에 필요하지만 없었던 바로 그 물건이었다. 그는 집을 밝히는 용도뿐만 아니라 전체 산업 시스템을 전기로 운영하려는 생각을 가지고 있었다. 그는 테슬라에게 60,000달러의 특허 사용권과 그의 공장에서 테슬라 모터를 사용하는데 마력당 2.5달러를 지불하겠다고 제안했다. 테슬라는 피츠버그의 웨스팅하우스 곁에서 자신이 설계한 모터를 생산하기 시작했다. 그의 시스템은 낡은 직류를 모든 면에서 압도하는 것이었다. 어떻게 에디슨은 이 사실을 간과할 수 있었을까?

에디슨과의 공공연한 충돌은 끝이 없었다. 웨스팅하우스는 화해하고자 했다. 그는 두 사람의 전기회사를 통합하자고 제안했다. 쓸데없는 경쟁으로 힘을 소모하느니 같이 완벽한 시스템을 만들어보자고 했으나 토마스 에디슨은 대답하지 않았다. 그 사이 에디슨은 뉴저지의 웨스트 오렌지(West Orange)로 이주했고 세계에서 가장 큰 규모의 사업 실험실을 운영했다. 전류의 독점을 꿈꾸던 그는 이제 자신의 시장 영역을 강한 적과 더 나은 기술로부터 사수해야 했다. 그의 엔지니어들은 교류로 바꾸라고 충고했으나 에디슨은 요지부동이었다. 그는 이미 너무 많은 것을 투자했던 것이다.

웨스트 오렌지의 자신의 사무실에서 에디슨은 이전에 없었던 하나의 선전 캠페인을 계획했다. 그의 대변인들은 곳곳에서 대중에게 경쟁자의 교류 기술의 위험성을 비방하는 무서운 팸플릿을 뿌렸다. 에디슨은 극약 처방도 불사했던 것이다.

헤롤드 브라운은 그 선봉에 서서 교류의 위험성을 동물실험을 통해 알리려고 애썼다. 그의 실험은 동물들을 웨스팅하우스에서 제작된 교류 발전기 금속판 위에 놓는 것이었다. 브라운은 이런 식으로 공공연하게 고양이와 개, 그리고 후에는 송아지와 말을 죽였다. 웨스트 오렌지에서는 조심스럽게 몇 와트에서 어떤 몸무게의 개가 죽어나가는지가 기록되었다. 동물 애호가들, 의사, 엔지니어들의 격렬한 반대에도 불구하고 해롤드 브라운은 자신의 실험을 멈추지 않았다. 그는 전류 전쟁의 중심에 서는 인물이 되었다.

조지 웨스팅하우스는 격노하여 뉴욕 타임즈에 편지를 써서 에디슨의 잔인한 실험에 대하여 공식적으로 항의했다. 이 때 에디슨은 중요한 편지를 받는다. 그의 동물 실험이 뉴욕 위원회에 하나의 아이디어를 가져온 것이다. 교수형은 현대 사회에선 맞지 않는다는 내용이었다. 그 대신 전기를 이용하면 어떨까? 전류는 고통 없이 죽일 수 있지 않은가? 게다가 교류가 적합한 것이 아닌가? 에디슨은 해롤드 브라운에게 웨스팅하우스 발전기를 이용해 사형 시스템을 구축해 보라고 제안했다. 1889년 5월 윌리엄 케믈러가 살인죄로 기소되었다. 판결은 전기에 의한 사형이었다. 그는 새로운 방법으로 사형당한 최초의 사람이 될 것이었다. 에디슨은 새로운 사형 방법의 이름을 Electricution 혹은 to Westinghouse 등으로 제안했다.

웨스팅하우스는 그 사실을 알고 유능한 변호사를 선임했다. 그는 범법자를 전류로 사형시키는 것이 잔인하고 인간적이지 않다는 것을 증명하려고 노력하였다. 이 사형 집행은 일어나서는 안 되는 것이었다. 그것은 교류를 살인적 전류로 인식하게 할 것이고 웨스팅하우스의 사업을 망쳐놓을 것이다. 14개월 후 청문회가 끝났다. 들어야 할 것은 다 들었다. 그러나 결과는 변하지 않았다.

1,000V의 전류가 케뮬러에게 최후를 가져다 줄 것이었다. 사형 집행 날 케뮬러는 다른 이와 같이 조용히 앉아 있었고 간수에게 자신을 좀 더 잘 묶어줄 것을 요구하기도 했다. 해롤드 브라운은 전기 접촉이 되는 의자를 만들었다. 머리 부분과 발끝 부분에 있는 전극이 케뮬러의 몸에 전류를 주입할 것이었다. 발전기에는 'Westinghouse Electric Co.'라는 라벨이 붙어 있었다. 케뮬러의 사형 집행은 대실패였다. 1,000V의 전압이 너무 낮은 듯 했다.

어느 누구도 얼마나 오랫동안 전류를 흐르게 해야 되는지 알지 못했다. 케뮬러는 고통으로 신음했고 그 자리의 모든 사람들이 무시무시한 고통의 목격자가 되어야 했다. 그의 혈관은 터져나갔고 살은 타들어갔다. 그의 머리 위로 연기가 치솟았다. 기자들은 얼굴을 돌렸다. 의사들이 스위치를 내리게 하고 그를 관찰했다. 놀랍게도 범죄자는 아직 살아 있었다. 의사들은 한 번 더 스위치를 올려야 할지 확신할 수 없었다. 발전기가 2,000V로 조정되었다. 그리고 마침내 끝났다. "무시무시한 장면이었다." 뉴욕의 한 신문이 최초의 미국에서의 전기의자 사용에 대해 논평했다. 조지 웨스팅하우스도 망연자실했다. "차라리 도끼를 이용하지 그랬나" 그의 씁쓸한 평이었다. 이 지겨운 에디슨과의 싸움은 끝이 없을 듯 했다.

이때 미국은 커다란 프로젝트를 구상하고 있었다. 새로운 세계의 발견, 콜럼버스 미대륙 상륙 400주년을 맞아 1893년, 시카고에서 전구의 불빛으로 밝힌 새로운 만국박람회를 개최하고자 하였다. 에디슨은 이때 전구를 거의 자동으로 생산하는 기계를 개발하고 있었다. 시카고의 만국박람회에 수천 개의 전구가 필요했고 에디슨은 입찰에 참여해 이미 승리자의 기쁨을 만끽하고 있었다. 웨스팅하우스는 에디슨에 비해 500,000달러 더 싸게 입찰을 하여 시카고 박람회에 불을 밝힐 권리를 가지고 있었다. 그러나 그는 은행을 계산에 넣지 않았다. 그 사이에 그는 니콜라 테슬라에게 면허 동의에 따른 수익 창출 로열티로 1천 2백만 달러의 빚을 지고 있었다. 니콜라 테슬라가 계약 이행을 요구한다면 웨스팅하우스는 파산이었다. 그는 무거운 마음으로 상황을 설명했다. 그의 시스템으로 시카고를 불 밝히려면 자금이 필요했다. 테슬라에게는 자신의 이상이 돈보다 소중했다. 또한 웨스팅하우스는 그와 그의 재능을 믿어주지 않았던가? 이제는 보답을 할 때였다. 니콜라 테슬라는 계약서를 찢어버렸다.

콜럼버스 축제를 위한 기술적 준비 기간은 몇 달 남지 않았다. 그러나 에디슨은 끝까지 방해했다. 그는 자신의 특허가 있는 전구 사용을 금지시켜 버렸다. 20주 안에 웨스팅하우스는 자신의 전구를 개발하고 250,000개를 생산해야만 했다. 마지막 날까지 웨스팅하우스 팀은 고군분투했다. 개막식에는 수천 명의 인파가 몰려왔다. 시카고 박람회에 온 총 3천만 명의 사람들이 어마어마한 규모의 웨스팅하우스와 테슬라가 만들어낸 빛의 바다를 구경했다. 그들은 전기의 기적을 체험했다.

교류 시스템의 승리였다. 웨스팅하우스는 모든 것을 성취한 듯 보였다. 폭포의 이용을 두고 상금을 걸었던 나이아가라 위원회도 감복하고 교류만이 폭포의 힘을 실제로 이용할 수 있다고 확신했다. 웨스팅하우스는 발전소를 만드는 계약을 맺었다. 테슬라와 웨스팅하우스가 숨가쁜 프로젝트를 진행시키기 2년 전, 1891년 멀리 유럽에서 오스카 폰 밀러라는 독일인이 세상의 이목을 집중시키는 실험을 했다. 그는 작은 네카 강에서 수력을 통해 얻은 전기를 55V에서 15,000V로 승압(昇壓)시켜 175km 떨어진 프랑크푸르트로 전송했다. 이 소식은 대서양을 넘어 거대한 파도가 되었다. 독일에서의 실험은 교류를 먼 거리로 송신할 수 있다는 사실을 증명하였다. Westinghouse Electric은 독일 연구자의 경험을 이용하여 나이아가라 발전소를 설계했다. 니콜라 테슬라는 그 때까지 없었던 강력한 발전기와 원동기를 개발했다.

1895년 모든 것이 완성되었다. 나이아가라 발전소가 문을 열었다. 이것은 기술 역사의 혁명이라고 할 수 있었다. 니콜라 테슬라와 웨스팅하우스는 이상을 현실로 만들었다. 나이아가라 폭포의 힘을 이용한다는 것, 전류 전쟁의 궁극의 승리라 할 수 있었다.

물은 50m 깊이의 수로(水路)로 떨어진다. 그 곳에서 열 개의 원동기가 50,000마력의 힘으로 돌려지고 그 힘은 교류 발전기에 연결된다. 발전소에서는 전류의 전압이 22kV로 변압되고 36km 떨어진 버팔로까지 송전되었다. 그 곳에서 변압기를 이용해 다시 전압을 낮춘 다음 거리와 상점을 밝혔다.

전류 전쟁에서 교류 시스템은 완벽한 승리를 거두었고 웨스팅하우스를 세계적 기업으로 만들게 되었다.

(2) 테슬라의 업적

테슬라의 업적은 세 가지 측면에서 칭송받고 있다. 그의 업적 자체가 가지고 있는 실용적인 중요성과 논의를 이끌고 새로운 결과를 얻은 데 사용했던 논리적인 명쾌함과 사고의 정갈함, 그리고 그가 제시한 영감과 비전이 그것이다. 테슬라의 큰 업적 중 하나로 꼽히는 것이 정류자를 쓰지 않는 모터이다. 직류 모터의 브러시 정류자에서는 모터가 1회전하는 동안 전류 방향을 두 번 바꿔주며 생겨나는 스파크가 일어나는데 테슬라는 정류자 자체를 쓰지 않는 모터를 개발하여 스파크 문제를 해결하게 되었다. 이를 위한 주된 개념은 모터의 자석이 바뀌는 대신에 고정자의 자기장을 회전시키면 회전자에 대응되는 전기장이 유도되고 이에 따라 회전자가 회전하게 된다는 것이었다. 자기장을 회전시키기 위해 직류 대신 교류를 이용하는 방법을 고안했다. 1887년에 테슬라가 고안한 2상전류로 작동되는 교류모터의 특허들도 출원하고 이 특허들 중에 여러 위상의 교류를 장거리 전송하는 내용도 포함되어 있다. 지금까지의 내용 외에도 니콜라 테슬라는 고주파 전류의 발생을 위한 테슬라 코일과 공명 회로를 이용한 무선 통신 및 전력 무선 공급 아이디어를 개발했다. 테슬라는 수많은 발명품을 개발하였다.

이온 레이건(죽음의 광선 무기를 휴대 가능하도록 작게 만든 것을 말함), 전력 공급 방식(무선 송전 방식, 또는 지구에서 전기를 끌어내어 사용하는 무한 동력 발전 방식), 휴대용 발전기 방식(태엽 또는 압축공기로 테슬라가 발명한 발전기를 돌리거나 또는 단극 유도발전기를 돌림) 탄소 제거기(=초고전압 전기 집진기)를 발명, 무선조종 로봇, 무선조종 잠수함, 무선조종 비행기, 무선조종 미사일, 날개 없는 터빈, 지구에서 전기를 끌어내는 무한 동력 발전기, 핵폭탄과 유사한 형태의 신무기 발명, 분자 충격 램프 발명, 레이저 발명, 태양광 레이저 발명, 태양광발전기 발명, 열을 이용한 자석식 발전기 발명, 유도전동기류 발명, 무선 송전 발명, 입자가속기 발명, 핵 파괴기 발명. 테라-헤르츠 투시기 발명 ,감마선 발생기 발명, 세계 최초의 반도체, 다이오드, 집적회로, 컴퓨터 발명, 네온 조명등 발명, 인공위성에 장착하는 형태의 인공 기상 제어장치 발명, 인공위성 발명, 레일건 발명, 플라즈마 레일건 발명, 입자가속기 발명, 다양한 형태의 무한 동력 발전기 발명, 신소재 발명, 고효율 송풍기, 환풍기 발명, 미사일 발명, 리모컨 발명, 레이저 레이더 발명, 전파를 이용한 잠수함 탐지 장치 발명, 공간 입체 영상 발명, 전기를 이용한 물리치료기 발명, 공기를 이용한 조명등 발명, 무선 송전을 이용해 발광하는 백열전구 발명, 무선 송전을 이용해 작동하는 로봇, 무선 송전을 이용해 작동하는 잠수함, 무선 송전을 이용해 작동하는 비행기, 무선 송전을 이용해 작동하는 선박 등을 발명, 무선 송전 기술을 이용해 수천 대 이상의 로봇, 비행기, 미사일, 잠수함, 선박 등을 조종하는 방법을 발명하였다. 또한 테슬라는 110V 또는 220V로 각 가정에 전송되는 전기공급방식인 교류전류 시스템과, 다양한 색을 자랑하는 네온등, 형광등, 자동점화장치, 전자레인지, 자동차의 속도계, 리모트 컨트롤, 유도전동기 발명, 교류발전기, 변압기, 전동기, 전자레인지 등 800여 개의 발명특허권을 보유했다.

(3) 테슬라 교류의 우수성

① 송전의 유리함

전기의 역사의 시작을 에디슨의 직류에 대한 많은 발명품이 차지하고 있음에도 불구하고, 현재의 전기가 대부분 교류로 사용되는 이유는 송전의 유리함 때문이다. 직류는 도선의 전체에 걸쳐서 전기장이 형성되고, 전자가 도선 전체에 걸쳐 이동한다. 직접 전자가 이동해야 하는 것이다. 반면 교류는 도선의 도체 표면에 전류 이동량이 집중된다. 그리고 전기장이 주기적으로 반대 방향으로 역전하기 때문에 전자가 직접 이동하지 않아도 된다. 교류가 흐르는 부분이 도체의 표면에 국한되다 보니 교류에 대한 저항을 줄이기 위한 방법으로 얇은 전선 수십~수백 가닥을 꼬아 큰 전선을 만들어 사용하게 됐다.

② 전압 변환의 자유로움

교류를 사용하게 된 두 번째 이유는 전압을 쉽게 바꿀 수 있기 때문이다. 교류는 전압이 계속 바뀌기 때문에 끊임없이 자기장이 변하게 된다. 따라서 교류를 코일에 걸어주고, 같은 공심 축을 갖도록 두 번째 코일을 감아주면 자기장이 다시 전기장으로, 즉 두 번째 코일에 교류를 형성하게 된다. 이 두 코일이 감긴 비율을 조절하여 자유로이 전압을 변경할 수 있다. 그리고 교류는 diode와 capacitor를 이용해 쉽게 직류로 변환도 가능하다.

③ 안전성

직류보다 교류를 주로 사용하는 또 다른 이유는 직류가 교류보다 인체에 더 치명적이기 때문이다. 전기는 우리 인체의 신경세포를 도선으로 쉽게 흐르는데 직류는 전자가 한쪽으로만 흘러서 쉽게 신경세포를 마비시킨다. 교류도 마비시키는 것은 마찬가지이지만 비교적 훨씬 더 높은 전압에서야 인체에 치명적인 피해를 입힌다. 에디슨은 직류로 사업을 할 때에 테슬라가 고안한 교류의 위험성을 알리기 위해 사형수의 사형에 교류를 사용하려고 했다. 하지만 그 결과 사형수의 엄청난 고통을 불렀을 뿐 사형수는 결국 죽지 않았다. 처형 방법이 틀린 면도 있었지만, 비교적 교류가 안전하기 때문이었다.

- 빛의 제국(질 존스/이충환 역/양문출판사)
- 니콜라 테슬라(마가렛 체니/이경복 역/양문출판사)

3 직류와 교류의 장단점

(1) 직류의 장점

① 저장이 가능하다.
② 전원 이동이 가능하다.
③ 전원이 교류에 비해 안정도가 좋다.
④ 직류모터는 속도 조정이 용이하다.
⑤ 절연 계급을 낮출 수 있다.
⑥ 송전 효율이 좋다.
⑦ 유도 장해가 적다.

(2) 직류의 단점

① 멀리까지 전송할 수 없다.
② 전기를 많이 쓰게 되어 요금이 많이 나온다.
③ 교류에서와 같이 전류의 영점이 없음으로, 직류 전류의 차단이 곤란하다.
④ 일단 전류로 변환된 후에는 승압 및 강압이 곤란하다.
⑤ 인버터, 컨버터 등 교류 직류 변환 장치들의 신뢰성과 보수가 문제가 된다.
⑥ 교류/직류 변환 장치에서 발생하는 고조파를 제거하는 설비가 필요하다.

⑦ 변환 장치는 유효 전력의 50~60% 정도의 무효 전력을 소비하므로 이를 공급하기 위한 무효 전력 보상 설비비가 비싸다.

(3) 교류의 장점

① 변압기를 사용해서 간단히 전압을 변경할 수 있다.
② 전기화학적 작용이 적어서 도선의 부식이 쉽게 일어나지 않는다.
③ 전류가 자연히 0으로 되는 점이 1주기에 2회 있어서, 회로의 차단이 용이하다.
④ 리액턴스의 작용에 의해 송전 가능 거리가 한정되고 전압강하도 커져서 송전손실도 커진다.
⑤ 일관된 운용을 기할 수 있다.
⑥ 같은 값의 실효값에 대해 파고값이 높아서, 큰 절연 내력·순시 전류용량이 필요하다.

(4) 교류의 단점

① 표피 효과 때문에 전선의 실효 저항이 증가하고 손실이 커진다.
② 폭발 위험성이 있다.
③ 저장을 할 수가 없다.
④ 직류에 비해 계통의 안정도가 저하된다.
⑤ 교류모터는 속도조정이 용이하지 않다.
⑥ 주파수가 서로 다른 계통은 연계가 불가능하다.

02 ▶ 교류회로의 기초

1 교류의 발생

코일 속에 자석을 넣었다 뺐다 할 때마다 코일의 전자기유도에 의해 방향이 바뀌는 유도기전력이 발생한다는 사실을 알았을 것이다. [그림 4-4]와 같이 균일한 자기장에 코일을 놓고 회전시키면 코일 면을 지나는 자속의 수가 시간에 따라 주기적으로 변화하게 된다. 이렇게 코일 면을 통과하는 자속의 수가 주기적으로 변하여 회로에는 방향과 크기가 주기적으로 변하는 유도기전력이 발생하는데, 이것이 바로 교류이다. 이와 같이 전자기유도 현상을 이용하여 역학적에너지를 전기에너지로 전환시키는 장치를 발전기라고 한다.

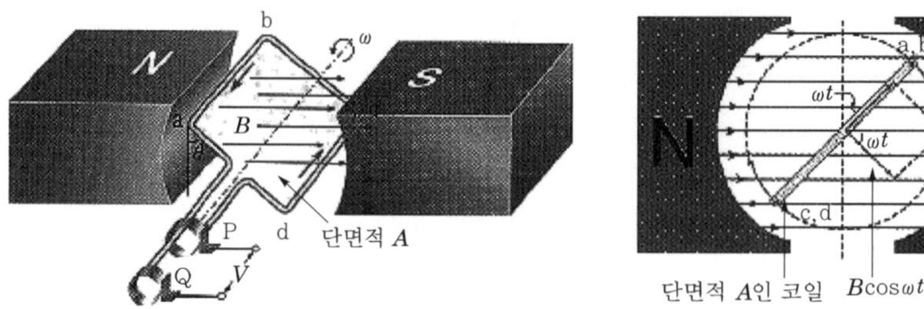

| 그림 4-4 발전기의 원리 |

[그림 4-4]와 같이 자기장을 B, 코일의 단면적을 A, 코일의 감은 수를 n, 코일의 회전 각속도를 w, 시간을 t라고 하면, [그림 4-5]의 (가)와 같이 코일 면이 자기장과 수직이 되었을 때 코일을 지나는 자속 Φ는

$$\Phi = nBA$$

가 된다. 그런데 코일이 각속도 w로 회전하게 되면, 코일 면이 기울어지므로 코일이 자기장을 수직으로 지나는 면적은 $A\cos wt$로 변하게 된다. 이 때 코일 면을 지나는 자속 Φ는

$$\Phi = nBA \cos wt$$

가 된다. 이 때 자속의 시간적 변화율은

$$\frac{\triangle \Phi}{\triangle t} = -nBAw \sin wt$$

이며 코일의 양 끝에 걸리는 유도기전력 V_{emf}는

$$V_{emf} = -\frac{\triangle \Phi}{\triangle t} = nBAw \sin wt = V_m \sin wt$$

가 되며, V_m은 유도기전력의 최댓값이고 V_{emf}는 순시값을 나타낸다. 그리고 이 식에서 유도기전력은 자기장이 강할수록, 코일의 단면적이 넓을수록, 그리고 코일의 회전이 빠를수록 증가한다는 것을 알 수 있다.

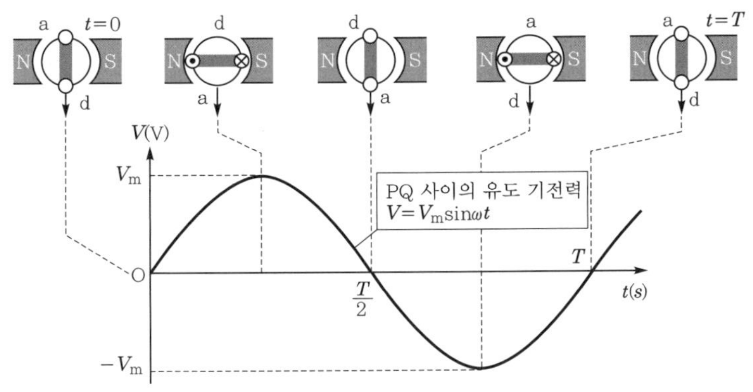

▌ 그림 4-5 코일의 회전에 따른 교류의 파형 ▌

[그림 4-5]의 (나),(라)와 같이 코일 면이 자기장의 방향과 평행이 될 때 자속의 시간적 변화가 가장 크므로 이 때 최대 유도기전력이 발생한다. 그리고 (가), (다), (마)와 같이 코일 면이 자기장의 방향과 수직일 때는 자속의 시간적 변화가 0이 되므로 유도기전력은 0이 된다. 따라서 유도기전력은 반주기(180°)마다 크기와 방향이 주기적으로 바뀌게 된다.

2 교류에서의 용어

(1) 교류란?

크기와 방향이 주기적으로 변하는 전류를 교류라 한다. 세상에는 건전지처럼 (+)극과 (−)극이 중요하고 변하지 않는 장치도 있지만 토스터와 전기 히터처럼 (+)극과 (−)극이 중요하지 않으며 따라서 극성이 변해도 문제가 될 것이 없는 장치들도 있다. 발전소에서 만드는 전력은 전자기유도 현상을 이용한 것으로 교류이다.

(2) 주기와 진동수

진동이 1회 완결되는데 걸리는 시간을 주기 T라 한다. 진동수 f는 1초 동안에 진동하는 횟수이며 주기와는

$$f = \frac{1}{T} \, [\text{Hz}]$$

인 관계가 있다. 진동수의 단위는 헤르츠(Hz)이다. 진동수를 전파에 대해 말할 때는 주파수라고도 부른다.

진동수는 단위시간동안 교류 기전력에서 주기가 몇 번 지나가는지를 말한다. 실용단위계에서 주기의 단위는 초(sec)이다. 그러므로 진동수의 단위는 초의 역수로 번/s라고 할 수 있는데, 이것을 한마디로 Hz라고 쓰고 헤르츠라고 읽는다. 여기서 헤르츠는 독일

물리학자의 이름으로, 그는 당시 이론적으로만 예언되어 있던 전자기파를 처음으로 실험에 의해 생성하는 것에 성공한 사람이다. 현재 우리나라에서 이용하고 있는 교류전기의 진동수는 60Hz인데, 교류 기전력이 최댓값과 최솟값 사이를 1초 동안에 60번 반복한다는 의미이다.

(3) 각속도(각진동수)

각속도 또는 각진동수 ω(오메가)는 1초 동안에 회전한 수를 가리킨다. 주기를 T라 하면

$$w = 2\pi / T = 2\pi \ [\text{rad/s}]$$

인 관계에 있다.

여기서 $2\pi = 2 \times 3.14$는 각을 측정하는 라디안(rad)이라는 단위로 한번 회전한 각, 즉 도($°$)라는 단위로는 $360°$를 의미한다. 그러므로 각속도 ω의 단위는 진동수의 단위에 각의 단위를 곱하여 rad/s가 된다. 진동수 f가 1초 동안에 주기가 몇 번 반복되는지를 말해준다면 각진동수 ω는 진동수에 2π를 곱한 것으로 1초 동안에 2π가 몇 번 반복되는지를 말해준다고 할 수 있다.

(4) 정현파 교류(사인파형의 교류)

자석 사이에 놓인 코일을 일정한 각속도 ω로 회전시키면 코일 양끝에는

$$V = V_0 \sin wt$$

의 교류전압이 발생한다. 코일이 연결된 회로의 총 저항을 R이라 하면 코일에 흐르는 전류는

$$I = \frac{V}{R} = \frac{V_0 \sin wt}{R} = I_0 \sin wt$$

가 된다($I_0 = V_0 / R$). V_0를 최대 전압이라 하고, I_0를 최대 전류라 한다. 다음 그림은 최대 전압이 2V이고, 주기가 1s인 교류전압을 보여준다.

교류 기전력을 연결한 저항회로에 흐르는 교류전류 $i(t)$와 교류 기전력 $V(t)$ 사이에는 아주 중요한 특징이 있다. $V(t)$와 $i(t)$는 [그림 4-6]에 보인 것과 같이 단지 같은 주기와 같은 진동수 그리고 같은 각진동수만 가지고 있을 뿐 아니라 교류기전력이 증가하고 감소하는 모습과 전류가 증가하고 감소하는 모습이 똑같다. 다시 말하면 기전력과 전류가 똑같은 시간에 증가하고 똑같은 시간에 최댓값에 도달하며 똑같은 시간에 감소하기 시작하고 똑같은 시간에 최솟값에 도달한다. 교류 기전력과 전류가 이렇게 시간에 대해 똑같이 변화하는 것을 저항 회로에서는 교류기전력 $V(t)$와 전류 $i(t)$의 위상이 같다

고 말한다. 그런데 저항 회로에서는 교류 기전력과 전류의 위상이 같지만 콘덴서(축전기) 회로에서나 인덕터(코일) 회로에서는 그렇지 않다. 그런 회로에서는 기전력과 전류의 위상이 같지 않다.

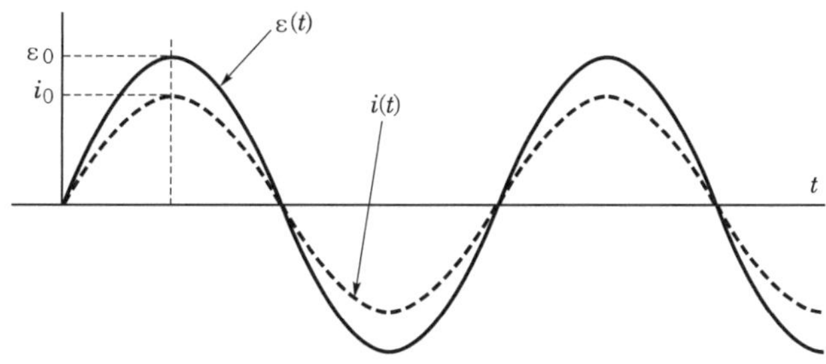

│ 그림 4-6 저항 회로에서 교류 기전력과 전류 │

우리나라 또는 미국에서 쓰는 가정용 교류 전원의 진동수는 60Hz이다. 따라서 1초에 120번 전압(전류)이 0이 된다. 그러나 프랑스는 교류 전원의 진동수가 50Hz이다. 가정용 교류 전원의 진동수를 얼마로 할 것인가는 국가의 에너지 관리 효율과 사람들의 생활과 관련하여 매우 중요한 것이다. 나라마다 일반적으로 두 가지 관점에서 교류 전원의 진동수를 결정한다.

① 전력을 발전소에서 각 가정으로 보내는 동안의 에너지 손실을 최소로 한다.(이런 관점에서는 진동수를 가능한 한 낮추는 것이 도움이 된다. 진동수가 크면 전선 주변으로 전자기파의 형태로 손실되는 에너지가 늘어난다.)
② 일상 생활에서의 불편을 최소로 한다. 이를테면 교류 전원의 진동수가 60Hz이면 일초에 120번 전등이 꺼졌다 켜졌다 하는 것이다. 사람의 눈은 그렇게 민감하지 않기 때문에 이런 빠르기로 전등이 꺼졌다 켜졌다하는 것을 느끼지 못하지만 진동수가 낮을수록 그것을 감지하는 사람의 비율이 늘어날 것이다.(극한으로 생각해서 만약 1초에 두 번 불이 켜졌다 꺼졌다 한다면 국민 모두가 신경 쇠약이나 정신병에 걸릴 것이다.)

이런 두 가지 고려를 조화시켜 나라마다 교류 전원의 진동수를 결정하는 것이다. 일반적으로 60Hz보다 높으면 에너지 손실이 너무 많고, 50Hz보다 낮으면 생활에 불편하다.

(5) 교류의 평균값과 실효값

교류전압과 전류의 평균값은 영(0)이다.

$$V_{av} = \frac{1}{T} \int_0^T V \, dt = 0$$

$$I_{av} = \frac{1}{T} \int_0^T I \, dt = 0$$

이것은 한 주기동안 곡선 위쪽의 넓이와 아래쪽의 넓이가 같은 것에서 알 수 있다.
실효값(rms 값)은

$$V = \sqrt{\frac{1}{T} \int_0^T V^2\, dt}$$

로 정의되며, $V = V_0 \sin wt$를 위 식에 넣으면

$$V = V_0 / \sqrt{2}$$

를 얻는다. 마찬가지로 계산하면 교류전류의 실효값은

$$I = I_0 / \sqrt{2}$$

이다. 즉 실효값은 다음과 같이 교류전원이 전달하는 평균 전력을 계산하면 그 의미를 알 수 있다.

(6) 전력의 평균값

교류전원의 전력은

$$P = VI = I_0 V_0 \sin^2 wt$$

이다. 한 주기 동안 교류전원이 전달하는 평균 전력은

$$P_{av} = \frac{1}{T} \int_0^T P\, dt = (I_0 V_0)/2 = I(t)\, V(t)$$

따라서 교류전류와 전압의 실효값을 이용하면 직류에서와 같은 꼴의 식을 얻을 수 있다. 전기저항에 교류전류가 흐르면서 소모하는 전력 P_{av}가 시간에 의존하는 모습을 나타낸 식은 우리에게 전력 P_{av}에 대해 아주 중요한 점을 알려준다. 전기저항에 교류전류가 흐를 때 소모되는 전력은 전류 $I(t)$와 전위차 $V(t)$를 곱한 것과 같고 전류와 전위차는 모두 0보다 큰 값과 0보다 작은 값 사이에서 커지다 작아지다 하는 동작을 반복한다. 그래서 전류와 전압의 시간에 대해 변화된 식에서 본 것처럼 전류나 전위차는 시간에 대해 평균을 구하면 모두 0이 된다. 그렇지만 위 식에서 볼 수 있는 것처럼, 전력도 시간에 따라 변하지만 그러나 전력은 결코 0보다 작아지지 않는다. 전기저항에 교류전류가 흐르면 전류가 흐르는 방향이 반주기마다 계속 바뀐다. 그렇지만 전기저항에 교류전류가 흘러도 전력은 언제나 0보다 작지 않다는 것은 전위차의 방향도 전류의 방향과 똑같이 바뀌어서 전류가 한쪽으로 흐를 때나 그 반대쪽으로 흐를 때나 전류가 흐르면서 한 일은 0보다 작지 않음을 의미한다.

3 교류회로

전기회로에서 교류전원을 사용하는 회로를 교류회로라고 한다. 앞에서 공부한 직류 회로에서는 회로를 분석하는 방법을 알아보았다. 교류회로에서 저항만 연결되어 있는 경우는 직류회로에서와 같이 전압과 전류 사이의 관계가 간단하지만, 회로에 코일과 축 전기가 연결되어 있는 경우는 직류의 경우와는 상당히 다르다.

(1) 저항을 연결한 교류회로

[그림 4-7(a)]와 같이 저항 R이 연결된 회로에 교류전원을 걸어 주면 회로에는 전류 가 방향을 주기적으로 바꿔가면서 흐르게 된다. 그리고 [그림 4-7(b)]는 저항만 있는 회 로에서의 전류와 전압의 모습을 나타낸 것이다. 저항만 연결된 교류회로에서 전류의 위 상은 전압의 위상과 같다. 또한, $I = \dfrac{V}{R} = \dfrac{V_m}{R} \sin wt = I_m \sin wt$ 의 관계에서 전류는 전 압보다 $\dfrac{1}{R}$ 만큼 진폭이 줄어든 상태로 나타나는 것을 볼 수 있다. 저항만 있는 회로에서 중요한 것은 전압과 전류의 위상이 같다는 것이다. 직류의 경우는 시간에 따라 전압과 전류의 값이 변하지 않으므로 위상이 일정하게 유지된다. 그러나 교류의 경우는 마치 파 동처럼 시간에 따라 위상이 달라지기 때문에 위상을 자세히 살펴보아야 한다.

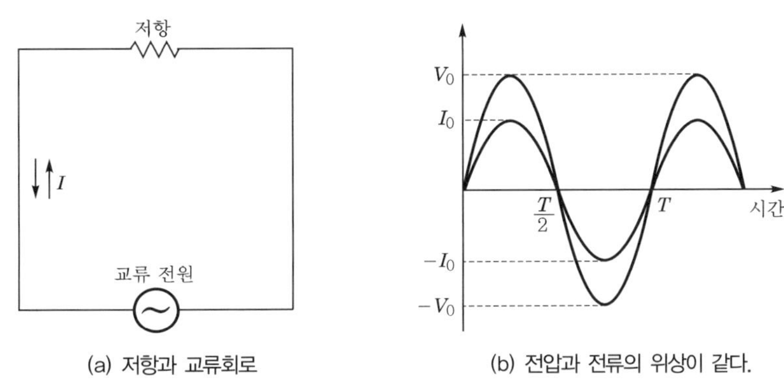

(a) 저항과 교류회로　　　　(b) 전압과 전류의 위상이 같다.

그림 4-7 교류에서의 저항 회로

(2) 코일을 연결한 교류회로

[그림 4-8(a)]와 자체 유도 계수가 L인 코일이 연결된 회로에 교류가 흐르면 코일 속 을 지나는 자속이 주기적으로 변한다. 따라서 코일에는 자속의 변화를 방해하는 방향으 로 역기전력이 생겨서 전류의 흐름을 방해하므로 전압과 전류의 위상이 달라진다. 즉, 코일에 최대 전압이 걸린다 하더라도 역기전력이 발생하여 전류는 동시에 최대가 되지 않고 '0'이 된다. 따라서 [그림 4-8(b)]와 같이 전압의 위상이 전류의 위상보다 $\dfrac{\pi}{2}(90°)$

앞서게 된다.

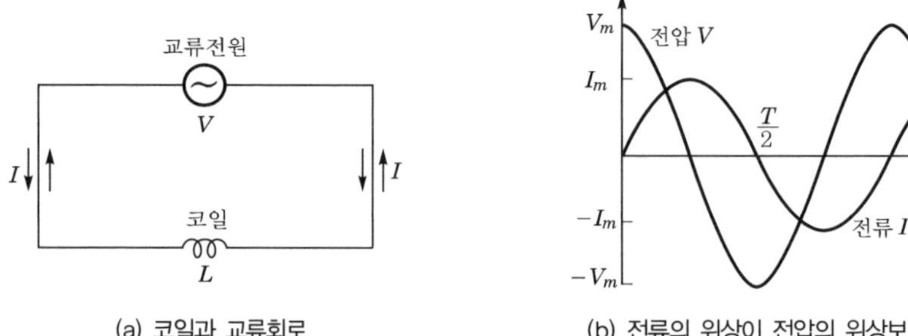

(a) 코일과 교류회로　　　　　(b) 전류의 위상이 전압의 위상보다 90° 뒤진다.

▍ 그림 4-8 교류에서의 코일(인덕터) 회로 ▍

코일에 발생하는 역기전력의 크기는 코일의 자체 유도 계수 L과 교류 전원의 주파수 f에 비례하므로, 코일에 교류가 흐르는 것을 방해하는 성질도 이에 따라 커진다. 따라서 wL로 교류에 대한 저항을 나타낼 수 있다. 이것을 코일의 유도 리액턴스라고 하며, X_L로 나타낸다. 즉,

$$X_L = wL = 2\pi f L$$

이고, 단위는 저항과 같이 옴(Ω)을 사용한다.

유도 리액턴스를 사용하여 옴의 법칙을 나타내면 다음과 같다.

$$I = \frac{V}{X_L} = \frac{V}{wL} = \frac{V}{2\pi f L}$$

옴의 법칙을 나타내는 식에서 저항의 자리에 리액턴스가 있는 것을 보면 교류에서는 리액턴스가 마치 저항 R처럼 쓰인다는 것을 알 수 있다. 그런데 저항은 전압이나 전류의 주파수에 아무런 영향을 받지 않지만, 리액턴스는 주파수에 따라 전류의 흐름을 방해하는 정도가 다르다는 것이 특이한 점이다.

교류회로에서 저항은 교류의 흐름을 방해하고 전력을 소비시킨다. 그러나 코일은 교류의 흐름은 방해하지만, 전력을 소비시키지는 않는다. 코일에서 전류와 전압이 같은 방향일 때에는 전원이 공급하는 에너지가 코일에 자기장 에너지로 저장되었다가 전류와 전압이 서로 반대 방향일 때 다시 그 에너지를 전원으로 되돌려 주기 때문에 코일에서는 전력이 소비되지 않는다.

(3) 콘덴서(축전기)를 연결한 교류회로

[그림 4-9(a)]와 같이 전기 용량이 C인 축전기가 연결된 회로에 교류 전원을 연결하면 축전기에 충전과 방전이 번갈아 되풀이되면서 회로에 교류가 흐른다.

축전기에 충전이 시작되면 그 순간부터 축전기의 극판에 모인 전하는 역기전력과 같이 전류의 흐름을 억제하는 작용을 하기 때문에 전류가 흐르기 어려워진다. 따라서 전하가 최대로 충전된 순간 전압은 최대가 되고, 이 때 전류의 세기는 0이 된다.

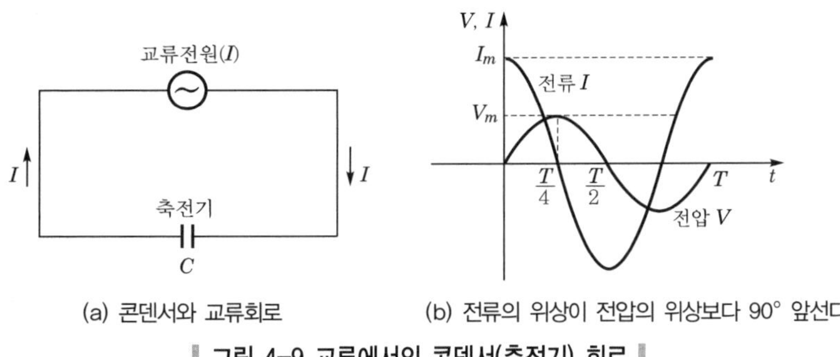

(a) 콘덴서와 교류회로　　　(b) 전류의 위상이 전압의 위상보다 90° 앞선다.

| 그림 4-9 교류에서의 콘덴서(축전기) 회로 |

반면에 축전기에 전하가 충전되지 않을 때, 즉 축전기의 전압이 0일 때 전류의 흐름은 최대가 된다. 따라서 [그림 4-9(b)]와 같이 전압의 위상이 전류의 위상보다 $\frac{\pi}{2}$ 만큼 늦어진다. 축전기의 전기용량 C가 클수록 충전량이 많아지므로 전류가 잘 흐르게 되고, 주파수 f가 클수록 충전과 방전의 횟수가 잦아지므로 축전기에 흐르는 전류의 세기가 증가한다. 따라서 $\frac{1}{wC}$ 로 교류에 대한 저항을 나타낼 수 있다. 이것을 용량 리액턴스라고 하며 X_C C로 나타낸다. 즉,

$$X_C = \frac{1}{wC} = \frac{1}{2\pi f C}$$

이고, 단위는 역시 저항의 단위인 옴(Ω)을 사용한다. 용량 리액턴스를 사용하여 옴의 법칙을 나타내면 다음과 같다.

$$I = \frac{V}{X_C} = \frac{V}{1/wC} = \frac{V}{1/2\pi f C}$$

용량 리액턴스도 역시 주파수의 영향을 받는 것을 알 수 있다. 주파수의 변화에 따른 리액턴스들의 크기 변화를 살펴보면, 유도 리액턴스는 주파수에 비례하여 그 크기가 증가하지만 용량 리액턴스는 주파수에 반비례한다.

축전기는 코일과 마찬가지로 교류회로에서 저항의 역할을 하지만 전력은 소비시키지 않는다. 이것은 축전기를 충전시키는 과정에서 전원이 공급한 에너지가 전기장에 저장되었다가 방전될 때 다시 그 에너지를 전원으로 되돌려주기 때문이다.

(4) 저항·코일·콘덴서(축전기)를 연결한 교류회로

우리는 앞에서 코일, 축전기 등에 교류가 흐를 때 전압의 위상이 전류의 위상보다 $\dfrac{\pi}{2}$ 만큼 앞서거나 늦어진다는 것을 알았다. 이러한 성질이 저항, 코일, 축전기 등이 모두 연결된 회로에서는 교류전류의 흐름에 어떤 영향을 주는지 알아보자.

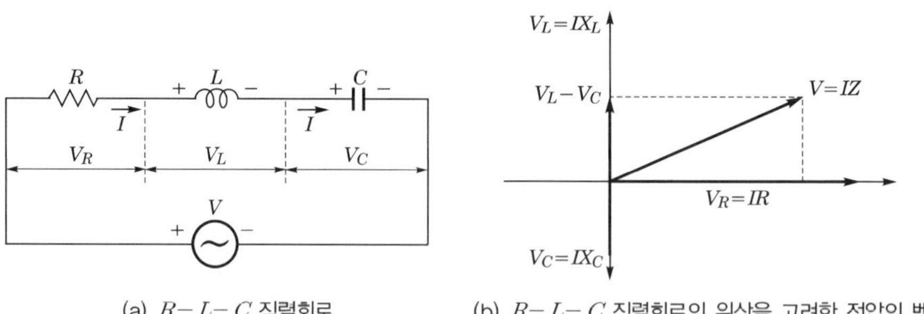

(a) $R-L-C$ 직렬회로   (b) $R-L-C$ 직렬회로의 위상을 고려한 전압의 벡터 합성

┃ 그림 4-10 교류에서의 $R-L-C$ 회로 ┃

[그림 4-10(a)]는 저항 R, 코일 L, 축전기 C가 직렬로 연결된 회로이다. 이 회로에 교류가 흐르면 시간에 따라 전류의 세기와 방향이 변하지만 각 순간마다 회로의 모든 점에 흐르는 전류 I는 같다. 이 회로에 교류전류 I가 흐를 때 저항 R 양단 간의 전압은 $V_R = IR$이고, V_R과 I의 위상은 같다.

그리고 코일 L 양단 간의 전압은 $V_L = I(wL)$이고, V_L의 위상은 I의 위상보다 $\dfrac{\pi}{2}$ 만큼 앞선다. 또 축전기 C 양단 간의 전압은 $V_C = I\left(\dfrac{1}{wC}\right)$이고, V_C의 위상은 I의 위상보다 $\dfrac{\pi}{2}$ 만큼 늦어진다. 그러므로 각 소자 R, L, C에 걸리는 전압의 합은 위상차를 고려하여 벡터 합성으로 구해야 한다.

[그림 4-10(b)]의 그래프는 각 소자들에 걸린 전압을 나타낸 그래프이다. 저항 R에 걸린 전압 V_R은 전류 I의 위상과 같으므로 x축에 그려 놓았으며, 화살표의 길이는 전압의 크기를 나타낸다. 그리고 코일 L에 걸린 전압 V_L의 위상은 I의 위상보다 $\dfrac{\pi}{2}$ 만큼 빠르므로 전류에 대해서 90°만큼 돌려서 $+y$축에 그려 놓았다. 또 축전기 C에 걸릴 전압 V_C의 위상은 I의 위상보다 $\dfrac{\pi}{2}$ 만큼 느리므로 전류에 대해서 90°만큼 돌려서 $-y$축에 그려 놓았다.

이와 같이 세 소자에 걸린 전압을 모두 그래프에 나타낸 후에 이들을 벡터적으로 더하면 전체 전압이 구해진다. 즉, $R-L-C$ 직렬 회로의 양단에 걸리는 전체 전압 V의 크

기는 피타고라스 정리에 의해

$$V = \sqrt{V_R^2 + (V_L - V_C)^2}$$

이 된다. 이 식은 다시

$$V = \sqrt{(IR)^2 + (IX_L - IX_C)^2} = I\sqrt{R^2 + (X_L - X_C)^2} = IZ$$

가 된다. 여기서 Z는 교류회로에서 합성저항의 역할을 한다는 것을 알 수 있다. 이것을 임피던스라고 하며, 단위는 역시 저항의 단위인 옴(Ω)을 사용한다. 회로에 걸어준 교류 기전력에 의해 흐르는 전류의 세기는 임피던스 Z에 의해 결정된다.

교류의 전압과 전류의 실효값 V_e와 I_e를 임피던스 Z를 사용하여 나타내면 다음과 같다.

$$I_e = \frac{V_e}{Z} = \frac{V_e}{\sqrt{R^2 + (X_L - X_C)^2}}$$

이 식에서 $X_L = X_C$ 일 때는 임피던스가 최소가 되므로 전류의 실효값은

$$I_e = \frac{V_e}{R}$$

로 최대가 된다. 이와 같이 회로에 최대 전류가 흐르는 현상을 공진이라고 하며, 이때의 주파수를 고유주파수 또는 공진주파수라고 한다. 유도 리액턴스 X_L은 $X_L = 2\pi f L$이고, 용량 리액턴스 X_C는 $X_C = \dfrac{1}{2\pi f L}$ 이므로 고유주파수의 크기는 $2\pi f L = \dfrac{1}{2\pi f C}$ 에서

$$f = \frac{1}{2\pi\sqrt{LC}}$$

가 된다. 이와 같은 R–L–C 회로에서의 공진 현상은 라디오와 텔레비전에서 특정한 방송 주파수를 수신하는 동조 회로에 이용된다.

4 교류전력

직류회로에서와 같이 교류회로에서도 회로에 전류가 흐르면 일을 한다. 예를 들어, 열을 발생시키거나 전동기를 회전시키는 것 등이다.

교류회로에서는 전압과 전류의 크기가 시간에 따라 변화하므로 전압과 전류의 곱도 시간에 따라 변화하는데, 이 값을 순시 전력이라 한다. 그리고 이 교류회로에서 순시 전

력의 1주기 평균값을 전력이라 한다. 이는 교류회로에서의 소비 전력을 의미하며, 단순히 전력, 평균전력 또는 유효전력이라고도 한다.

(1) 저항 부하의 전력

저항만의 부하로 이루어진 교류회로는 [그림 4-11(a)]와 같다. 부하가 저항 R만인 회로에서는 [그림 4-11(b)]에서와 같이 전압 V와 전류 I의 위상이 동상이다. 이 때 전원에서 부하로 전달되는 순시 전력 p의 값은 그림에서와 같이 크기가 주기적으로 변화한다. 이 순시 전력의 1주기 평균값 P[W]는 [그림 4-11(b)]에서 점선으로 표시된 값으로 최댓값의 1/2에 해당된다. 여기서 최댓값은 $\sqrt{2}\,V \times \sqrt{2}\,I = 2VI$이므로

$$P = VI\,[\text{W}]$$

가 된다. 즉, 부하가 저항뿐일 때 교류회로의 전력은 전압의 실효값과 전류의 실효값을 곱한 값이 된다.

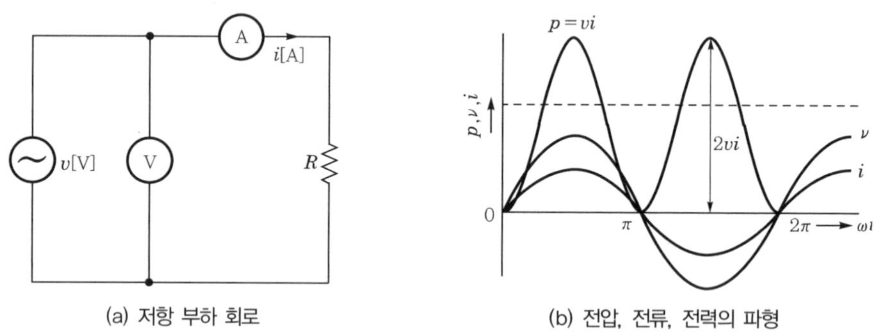

(a) 저항 부하 회로   (b) 전압, 전류, 전력의 파형

┃ 그림 4-11 저항 부하 회로의 전압, 전류, 전력 파형 ┃

(2) 리액턴스 부하의 전력

① 콘덴서 부하에서의 전력

부하가 콘덴서만인 회로는 [그림 4-12(a)]와 같다. 전류의 파형이 전압보다 $90°(\frac{\pi}{2})$만큼 앞서므로 전압, 전류의 파형은 각각 [그림 4-12(b)]의 v, i와 같다. 여기서 순시 전력 p는 v와 i의 곱으로 [그림 4-12(b)]의 p와 같다. [그림 4-12(b)]의 곡선 p는 사인파형으로서 (+)인 반주기와 (−)이 반주기의 값이 서로 같으므로 1주기의 평균값인 평균전력, 즉 전력은 0[W]가 된다. 여기서, 순시 전력 p가 (+)인 반주기 동안에는 전원에서 콘덴서로 전력이 공급된다.

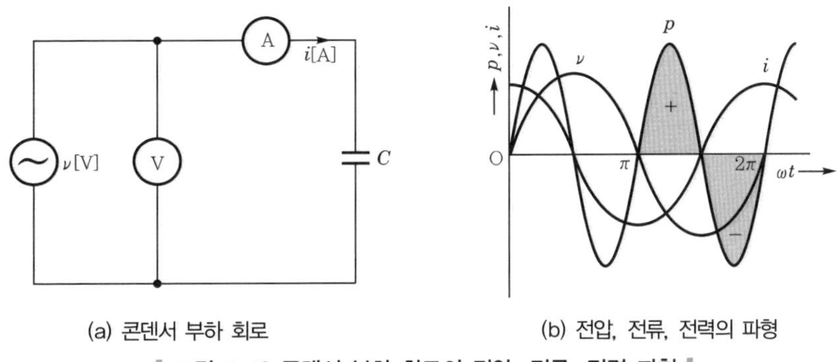

(a) 콘덴서 부하 회로   (b) 전압, 전류, 전력의 파형

┃ 그림 4-12 콘덴서 부하 회로의 전압, 전류, 전력 파형 ┃

이때, 전원의 에너지가 콘덴서로 이동하며 이 에너지는 콘덴서에 저장된다. 이와 같이 에너지가 저장되는 것을 콘덴서가 충전된다고 한다. 다음 p가 (−)인 반주기 동안에는 콘덴서에 저장되었던 에너지가 다시 전원으로 이동한다. 이와 같이 콘덴서에 저장되었던 에너지가 방출되는 것을 방전이라 한다. 순시 전력의 부호가 (−)인 것은 이와 같이 부하에 저장되었던 에너지가 전원으로 다시 되돌려지는 것을 나타낸다.

이 경우 전원에서 콘덴서로 이동한 에너지와 다시 콘덴서에서 전원으로 되돌려진 에너지는 같다. 따라서 콘덴서에서는 에너지 소모가 없다. 이 관계를 그림으로 나타낸 것이 [그림 4-13]이다.

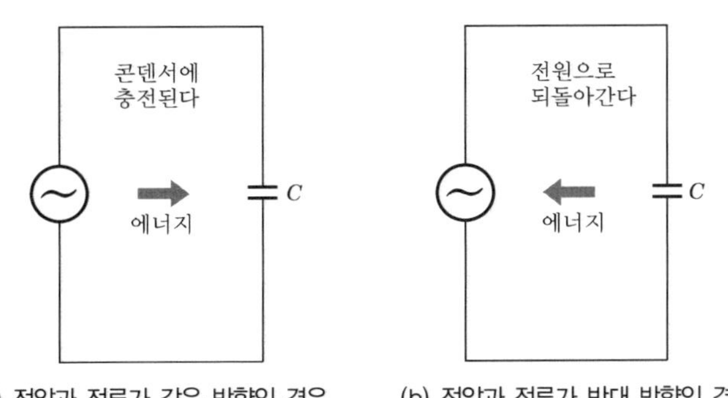

(a) 전압과 전류가 같은 방향인 경우   (b) 전압과 전류가 반대 방향인 경우

┃ 그림 4-13 콘덴서 부하에서의 에너지 ┃

② 코일 부하에서의 전력

[그림 4-14(a)]는 부하가 코일만의 부하인 경우이다. 코일에서는 전류가 전압보다 위상이 $90°\left(\dfrac{\pi}{2}\right)$만큼 늦으므로 전압과 전류의 파형은 각각 [그림 4-14(b)]에서 v, i와 같다. 그리고 순시 전력 p는 전압 v와 전류 i의 곱으로 [그림 4-14(b)]에서와 같다.

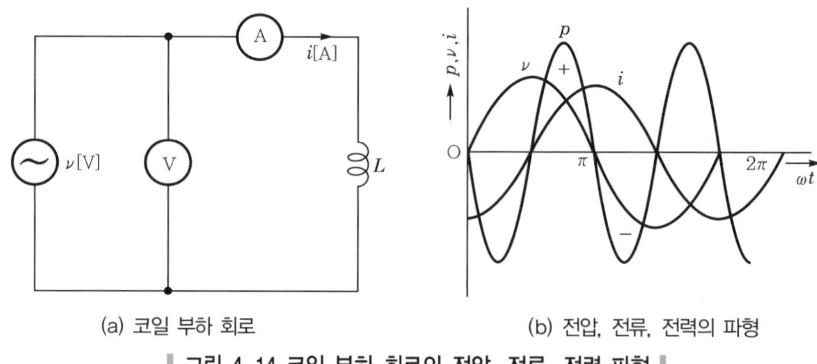

(a) 코일 부하 회로　　　　　(b) 전압, 전류, 전력의 파형

▍ 그림 4-14 코일 부하 회로의 전압, 전류, 전력 파형 ▍

p가 (+)인 반주기 동안에는 전원의 에너지가 코일로 이동한다. 즉, 코일이 충전된다. 그리고 p가 (−)인 반주기 동안에는 코일에 저장되었던 에너지가 방전된다. 이 에너지는 다시 전원으로 되돌려진다.

즉, 코일 부하의 경우에도 부하에서 에너지의 충전과 방전만을 되풀이하며 전력 소비는 없다. [그림 4-14(b)]에서 보는 바와 같이 p가 (+)인 반주기 동안의 전력과 (−)인 반주기 동안의 전력은 같으며 평균값은 0이다. 코일 부하 회로의 순시 전력 p의 평균값은 $P = 0\,\mathrm{W}$이다.

(3) 임피던스 부하의 전력

이제 일반적인 부하로서 임피던스 부하를 가지는 교류회로의 전력을 알아보자. 여기서는 저항과 리액턴스가 직렬로 연결된 [그림 4-15(a)]와 같은 회로에서의 전력을 구해 보기로 한다. 부하는 전류의 위상이 전압보다 θ만큼 늦은 유도성 부하인 경우를 예로 한다.

회로의 전압 v를 기준으로 전압 v와 전류 i를 수식으로 나타내면

$$v = \sqrt{2}\,V\sin wt\,[\mathrm{V}]$$
$$i = \sqrt{2}\,I\sin(wt - \theta)\,[\mathrm{A}]$$

로 표시할 수 있고, 파형은 [그림 4-15(b)]에서와 같다.

여기서, 순시 전력 p는 다음과 같이 계산할 수 있다.

$$p = v \times i = \sqrt{2}\,V\sin wt \times \sqrt{2}\,I\sin(wt - \theta) = VI\cos\theta - VI\cos(2wt - \theta)$$

순시 전력 p의 파형은 [그림 4-15(b)]에서와 같이 사인파이다. 이의 평균값은 P와 같은 점선으로 나타낼 수 있다. 위의 식에서 우변의 둘째 항은 사인파이므로 1주기의 평균값이 0이 된다. 따라서 p의 평균값 $P[W]$는

$$P = VI\cos\theta\,[\mathrm{W}]$$

가 된다. 이 P[W]가 [그림 4-15(a)]의 교류회로에서의 소비 전력이다. 그리고 위 식은 교류회로에서의 전력을 나타내는 일반적인 식이다.

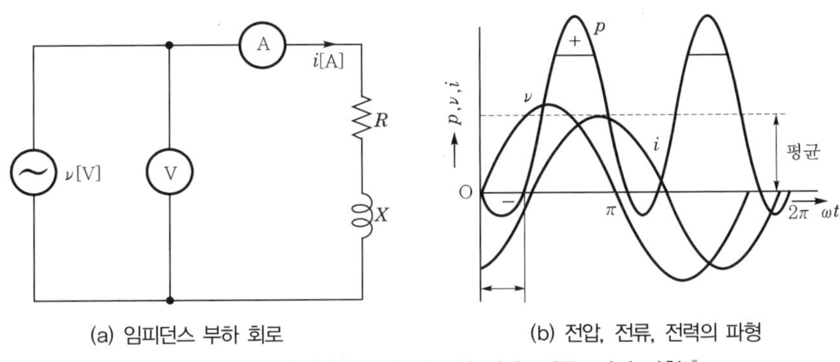

(a) 임피던스 부하 회로　　　(b) 전압, 전류, 전력의 파형

▌ 그림 4-15 임피던스 부하 회로의 전압, 전류, 전력 파형 ▌

(5) 역률

교류회로에서의 전력은 일반적으로 소비전력 $P = VI\cos\theta$ [W]를 의미하며, 이때 θ는 전압 v와 전류 i의 위상차이다. 저항 R만의 회로에서는 전압과 전류의 위상이 동상이므로 $\cos\theta = 1$이 되어 전력은 $P = VI$가 되고 이는 직류 회로에서와 같은 형태이다.

그러나 L, C와 같은 리액턴스 성분이 포함된 회로에서 전압과 전류 사이에는 θ만큼의 위상차가 있어 VI에 $\cos\theta$를 곱한 만큼의 전력이 소비된다. 이 $\cos\theta$를 역률(power factor, pf)이라 부르며, θ를 역률각이라 한다. 역률은 0~1의 수치로 표시하거나 또는 이 값에 100을 곱하여 백분율(%)로 표시한다.

저항이 R[Ω], 리액턴스가 X[Ω], 그리고 임피던스가 Z[Ω]인 부하에서 역률은 다음 식과 같이 구할 수 있다.

$$\cos\theta = \frac{R}{Z} = \frac{R}{\sqrt{R^2 + X^2}}$$

(6) 유효전력

어떤 부하에 교류전압 V[V]를 가할 때 흐르는 전류 I[A]가 전압과 θ[rad]만큼의 위상차를 가지며 늦게 흐른다면 전압과 전류의 벡터도는 [그림 4-16]과 같다.

[그림 4-16]의 (a)에서 전류 I[A]는 전압과 같은 방향 성분인 $I\cos\theta$ [A]와 전압과 직각 방향 성분인 $I\sin\theta$ [A]에 전압 V[V]를 곱하면 소비전력 $P = VI\cos\theta$ [W]가 된다.

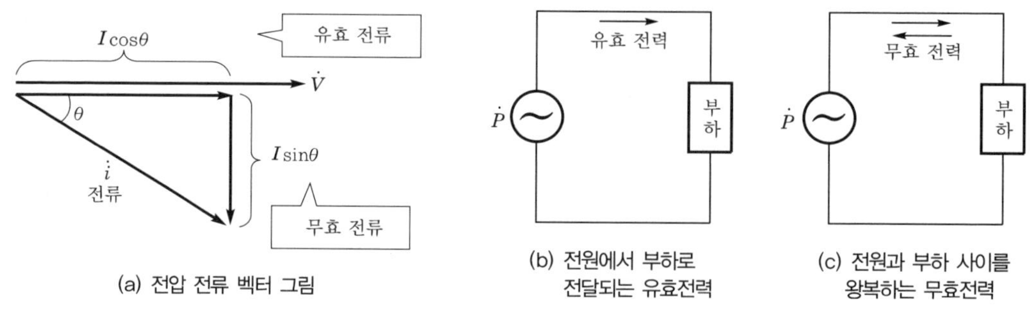

┃ 그림 4-16 교류회로의 유효전력과 무효전력 ┃

그러나 전압과 직각 방향의 성분인 $I\sin\theta$ [A]는 소비 전력에 전혀 영향을 주지 못하는 성분이다. 여기서 $I\cos\theta$ [A]를 유효전류(또는 전류의 유효분), $I\sin\theta$ [A]를 무효전류(또는 전류의 무효분)라 한다.

같은 방법으로 전압의 성분 중 전류와 같은 방향의 성분인 $V\cos\theta$를 유효전압(또는 전압의 유효분), 전류와 직각 방향의 성분인 $V\sin\theta$를 무효전압(또는 전압의 무효분)이라 한다.

그리고 [그림 4-16(a)]에서 알 수 있는 바와 같이 전류에서는

$$I^2 = (I\cos\theta)^2 + (I\sin\theta)^2 = I^2(\cos^2\theta + \sin^2\theta)$$

의 관계가 있으며, 전압의 경우에도 같다.

전압과 전류가 동상인 저항만의 회로에서 교류 전력은 $P = VI$[W]로 간단히 구할 수 있다. 그러나 실제로 형광등이나 변압기, 전동기 등의 각종 부하에는 저항 성분 외에 리액턴스 성분이 함께 포함되어 있다. 그러므로 전압과 전류 사이에는 위상차가 생긴다. 여기서 전류의 위상이 전압의 위상보다 θ만큼 늦게 흐르는 경우의 전압을 기준으로 벡터도를 그리면 [그림 4-16(a)]와 같다.

[그림 4-16(a)]에서 전압과 전류의 곱 VI를 피상전력(apparent power)이라 하며, 단위는 볼트암페어[VA] 또는 킬로볼트암페어[kVA]를 사용한다. 이 피상전력을 P_a[VA]라 하면 이는 다음과 같다.

$$P_a = VI \,[\text{VA}]$$

따라서 피상전력은 교류회로에서 위상을 고려하지 않고 단순히 전압과 전류의 실효값을 곱한 값이다. 이는 교류 기기나 교류 전원의 용량을 나타낼 때 사용된다.

그리고 어느 교류 기기나 교류 전원의 피상전력을 알게 되면 그에 흐르는 최대 전류를 알 수 있다. 실제로 회로에 사용할 전선의 굵기나 차단기의 용량 등을 결정할 경우에 부하에 흐르는 최대 전류를 알아야 한다.

앞서 배운 전력을 나타내는 식 $P = VI\cos\theta$ [W]는 피상 전력 중 부하에 유효하게 이용되는 전력이다. 이를 유효전력(effective power, 또는 real power) 또는 단순히 전력이라 한다. 이 유효전력은 전원에서 부하로 전달되어 소비되는 전기에너지를 의미한다. 이를 그림으로 나타낸 것이 [그림 4-16(b)]이다.

[그림 4-16(a)]에서 알 수 있듯이 유효전력은 전압과 유효전류의 곱, 또는 전류와 유효전압의 곱으로 구할 수 있다. [그림 4-16(a)]에서 전압 V[V]와 무효전류 $I\sin\theta$[A]와의 곱을 무효전력(reactive power)이라 한다. 무효전력 P_r의 단위로는 Var 또는 kVar를 사용하며 다음 식과 같이 계산할 수 있다.

$$P_r = VI\sin\theta\ [\mathrm{Var}]$$

부하에서 소모되지는 않고 전원에서 부하로, 또는 부하에서 전원으로 왕복 이동만 되는 에너지가 무효전력에 해당된다. 이를 그림으로 나타낸 것이 [그림 4-16(c)]이다. 위의 식에서 $\sin\theta$를 무효율(reactive factor)이라 한다.

전압과 전류의 위상차가 커지면 역률 $\cos\theta$는 작아지고 무효율 $\sin\theta$는 커지게 된다. 따라서, 부하에서 유효하게 사용되는 유효전력은 작아지고 무효전력이 커진다. 그리고 유효전류는 작아지나 무효전류가 커져 전류 I가 커지게 된다. 이 경우는 좀 더 굵은 전선과 큰 전원 용량이 필요하게 되어 회로 시스템에 좋지 않은 영향을 주게 된다.

앞서 설명한 유효전력 P, 무효전력 P_r과 피상전력 P_a의 관계는 다음과 같다.

$$P_a^2 = P^2 + P_r^2$$

또 이들의 관계를 그림으로 나타내면 [그림 4-17]과 같다. 그림에서 θ는 역률각이다. 그리고 역률, 무효율은 다음과 같이 표시될 수 있다.

$$역률 = \cos\theta = \frac{유효전력\ P}{무효전력\ P_a}$$

$$무효율 = \sin\theta = \frac{무효전력\ P_r}{피상전력\ P_a}$$

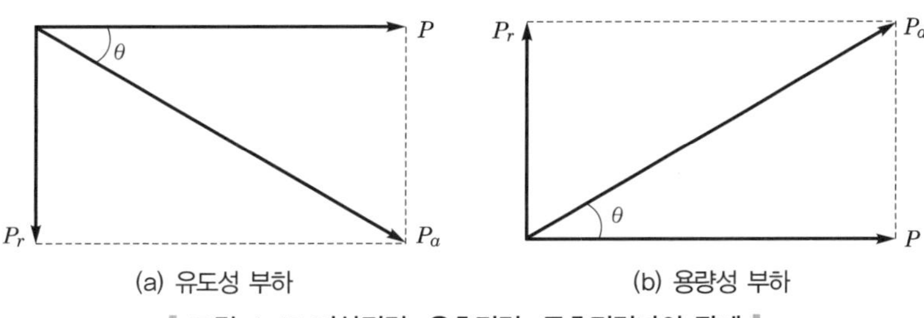

┃ 그림 4-17 피상전력, 유효전력, 무효전력과의 관계 ┃

Chapter 05
전기의 생성과 수송

05 전기의 생성과 수송

전기를 생산하고 이것을 수용가에게 공급하는 일련의 설비를 전력 계통(electric power system)이라고 한다. 전력 계통은 전기 사업의 핵심을 이루는 것이다. 그 설비 내용은 전력을 생산하는 수력발전, 화력발전, 원자력발전 등의 발전 설비와 여기서 생산된 전력을 수용 장소에까지 수송하고 배분하는 송전선, 변전소, 배전선 등의 수송 설비 및 수송 배분된 전력을 일반 가정이나 공장에서 소비하기 위한 수용 설비 등으로 구성되고 있다. 또, 여기에 이들을 유기적으로 결합하고 효율적으로 관리, 운용하기 위한 급전 설비, 통신 설비 등의 운용 설비가 포함되어 있다.

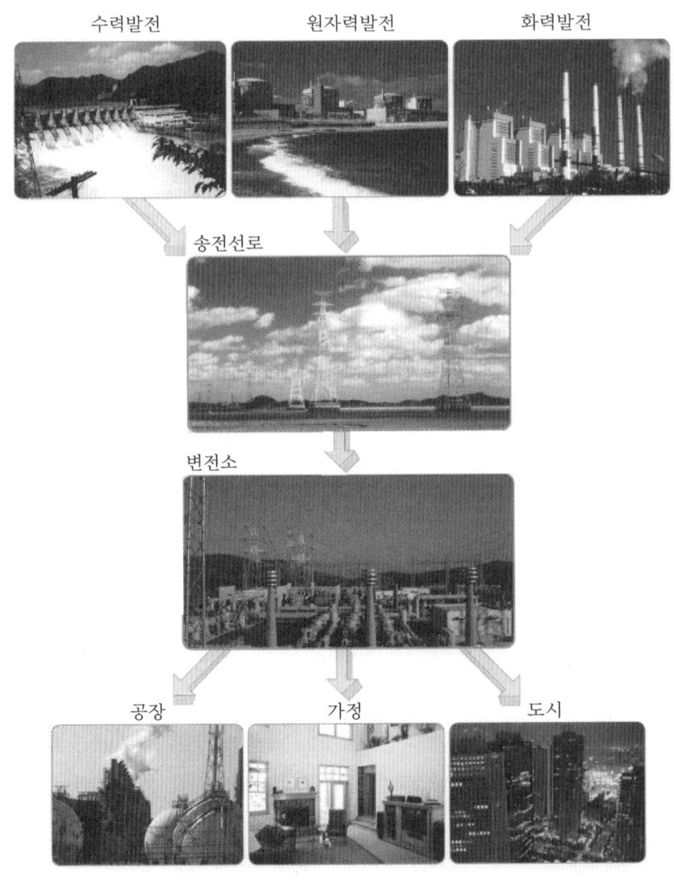

| 그림 5-1 전력 계통의 개요 |

본 장에서는 전기를 생성하는 발전, 발전소에서 생산한 전력을 수요지로 보내는 과정을 나타내는 송전, 송배전 전력을 각각의 적당한 전압으로 승강하는 변전, 변전소에서 수용 장소까지 전기를 공급하는 배전을 다룰 것이다.

01 발 전

전기에너지는 1882년 T.에디슨이 발명한 6대의 발전기에 의해서 동력으로 수용자에게 최초로 공급되었다. 보통의 대규모 발전에서는 발전기를 회전시켜 전자기유도에 의해 원래의 에너지를 전기에너지로 변환시키는 방식이 쓰인다. 발전을 하려면 다른 형태의 에너지를 소비해야 하는데, 이 에너지의 근원이 되는 자원을 발전 자원이라고 한다.

이용하는 발전 자원에 따라 수력발전, 화력발전, 원자력발전, 조력발전, 풍력발전, 지열발전, 태양열발전 등으로 구별된다. 본 장에서는 수력발전, 화력발전, 원자력발전에 대한 내용을 살펴보며 이하 조력발전, 풍력발전 및 지열발전 등의 내용을 후에 신재생에너지 부분에서 다루기로 한다.

화력발전은 석탄·석유·가스 등의 화석연료를 연소시켜서 얻는 열에너지를 기계적 에너지로 바꾸어 다시 전기에너지로 변환하는 방식의 발전이며, 수력발전은 유량 $Q(m^3/s)$를 낙차 $h(m)$로 떨어뜨렸을 때의 수력에너지에 의해 수차를 회전시키고 물이 갖는 에너지를 운동에너지로서 추출하여, 발전기에 의하여 그것을 전기에너지로 변환시키는 것을 말한다. 원자력 발전은 핵분열반응에서 발생하는 에너지를 이용하는 것으로 소량의 연료에서 다량의 에너지가 발생한다는 장점이 있다. 그러나 원자력발전에서는 핵분열에 따른 방사선이 배출되므로, 방사선을 발생시키는 기기를 콘크리트 등의 차폐재료로 둘러싸는 등 방사선의 강도를 인체에 대한 허용값 이하로 약하게 하는 것이 필요하다.

또한 계통의 운영상 발전소로 분류할 수도 있다. 계통 운영상 발전소는 기저부하, 중간부하, 첨두부하를 담당하는 발전소로 나눌 수 있다.

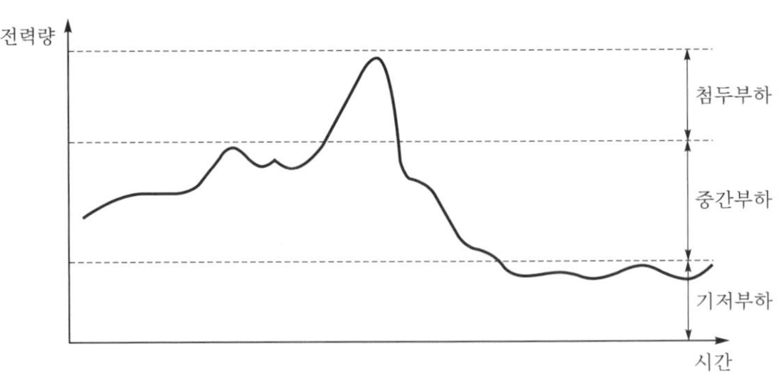

| 그림 5-2 부하에 따른 전력량 |

(1) 기저부하용 발전소(based load power station)

기저부하란, 주어진 일정 기간 중의 최저 부하를 담당하는 것으로 전체 부하 중 24시간 또는 어떤 시간 동안에 계속적으로 걸리는 부하이다. 일정 기간(일, 달, 년) 동안 총 수요량이 변하지 않는 부분이다. 기저부하용 발전소는 주로 기저부하에 전력을 공급하는 발전소이다. 즉 24시간 동안 계속 운전하는 발전소를 말한다. 일일 수요 변동에 따른 발전기의 출력 조정이 적어 일정 수준의 출력으로 계속 운전된다. 주요 발전 중 원자력발전소가 기저부하의 전력 사용량을 감당하는 이유는 원자력발전소가 한 번 가동을 시작하면 중지시키는데 상당히 많은 시간과 비용이 소요되기 때문이다. 따라서 원자력발전소는 24시간 풀로 가동시키는 것이 가장 경제적이다. 이런 이유로 원자력발전소가 기저부하를 담당하게 된다. 만일 원자력발전소의 발전량이 기저부하에 미달된다면, 화력발전소의 일부가 이 기능을 분담하게 된다.

(2) 중간부하용 발전소(middle load station)

중간부하란, 기저부하와 첨두부하의 중간 부분의 전력을 담당하는 부하이다. 이러한 부하를 대비하는 발전은 보통 화력발전소나 수력발전소가 많이 사용된다.

(3) 첨두부하용 발전소(peak load power station)

첨두부하란, 지정된 시간 동안 설비들에 의해 소비되거나 생산되는 최대 부하이다. 이것은 어떤 정해진 기간 동안의 최대 순간 부하나, 최대 평균 부하일 수 있다. 일반적으로 최대 평균 부하를 주로 쓴다. 상업적인 거래에서의 첨두부하(첨두전력)는, 그 기간 동안의 최대 평균 전력을 의미한다. 이런 의미에서는, 순간 크기와 순간 첨두전력은 같은 뜻으로 쓰인다. 첨두부하 시에는 모든 발전소가 총동원되어 전력을 생산한다. 따라서 첨두부하를 담당하는 발전소는 평상시에는 발전을 하지 않고 있다가 피크 시간대에 발전을 하여야 한다. 따라서 발전에 개시하는데 걸리는 시간이 짧고, 쉽게 중단할 수 있어야 하고, 발전 중단에 따른 손실이 적어야 한다. 여기에 가장 적합한 것이 양수발전소이다. 양수발전이라 함은 기저부하 시의 남는 전력을 이용하여 하부 저수지에 있는 물을 상부 저수지로 끌어 올렸다가 첨두부하 시 이 물을 방출하여 수력발전을 하는 것이다. 또한 가스터빈, 저수지식 발전소가 있다. 그 이외의 화력발전소가 중간부하를 담당한다고 보면 된다. 참고로 수력발전소는 첨두부하 담당에 적합하지만 대부분 댐 건설시 다목적(농업용수 공급, 발전, 유량 조절 등)으로 건설된 것이 많기 때문에 효율적 활용에 제약이 따른다. 따라서 그 발전 용량에 비해서는 첨두부하 담당 비율이 낮다.

1 수력발전

수력발전(Hydropower)은 높은 위치에 있는 하천이나 저수지 물을 낙차에 의한 위치에너지를 이용하여 수차의 회전력을 발생시키고 수차와 직결되어 있는 발전기에 의해서 전기에너지로 변환시키는 방식이다. 수차를 회전시키는 물의 유량이 많고, 낙차가 클수록 시설 용량이 커지고 전력량도 그만큼 많아진다. 하천이나 수로에 댐이나 보를 설치하고 수압관로로 발전소까지 물을 유동시키며 수차, 발전기 및 전력 변환 장치 등으로 구성되어 있다.

수력발전이란 하천 또는 호소(湖沼) 등에서 물이 갖는 위치에너지를 수차를 이용하여 기계에너지로 변환하고 이것을 다시 전기에너지로 변환하는 발전 방식이다. 즉, 물이 떨어지는 힘으로 수차(水車)를 돌리면 수차의 축에 붙어있는 발전기가 돌아가게 되어 전기가 발생하는 것이다. 이때의 발전기 출력은 낙차와 수량과의 곱에 비례하므로 수량은 지점별로 다르지만 그 양이 연간 강수량에 비례하므로, 수차에 큰 낙차가 작용할 수 있도록 인공적으로 댐을 막기도 하고 수로(水路)를 바꾸기도 한다.

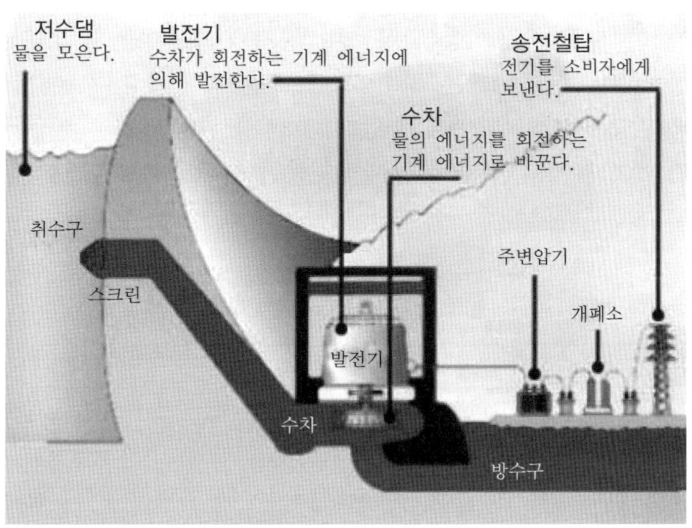

┃ 그림 5-3 수력발전의 개요 ┃

우리나라의 에너지 자원은 97% 이상을 해외에서 수입하고 있어 에너지의 공급 구조가 매우 취약하다. 1970년대의 제 1차·제 2차 석유 위기의 경험을 하고 나서 안정 공급 확보에 중점을 두고 석유 대체 에너지의 도입, 석유 비축 등에 의한 안정적 공급의 확보 등을 적극적으로 진행시켜 왔다. 수력에너지는 우리나라의 에너지 정책 현실에서 전력 생산량의 1.4%, 발전 설비 구성별 용량의 8.4%에 불과하지만 다음과 같은 이유로 수력발전은 중요한 역할을 한다.

① 공급 안정성이 우수하다.
② 발전 가격이 장기적으로 안정적이고 싸다.

이상과 같은 장점을 가지고 있는 수력에너지는 기술 숙련도가 높은 석유의 대체에너지로서 지속적으로 개발할 가치가 있다. 또한, 수력은 재생 가능한 순 국산 에너지이고, 우리나라의 에너지 안정성에 기여함과 동시에 이산화탄소를 배출하지 않는 깨끗한 에너지로 지구 온난화 방지에 공헌하고 있어 개발할 필요성이 점점 높아지고 있다.

수력발전은 국내 부존자원인 물을 이용하여 전력을 생산하므로 무공해 청정에너지이며 발전 연료 수입 대체 효과, 양질의 전력 공급에 기여하고 있다. 기동과 정지, 출력 조정 시간이 원자력이나 화력 등 기타 전력 설비에 비해 빨라 부하 변동에 대한 속응성이 우수하므로 첨두부하를 담당하여 양질의 전력공급에 기여하고 있다. 수력발전소는 외부의 전원 없이 자체 기동이 가능하며 짧은 시간 내에 전 출력까지 송전할 수 있으므로 전 지역 광역 정전 또는 일부 지역 정전 시 인접한 계통으로부터 수전이 불가능하거나 수전에 30분 이상 소요될 때에는 정전된 지역 내의 자체 기동 발전소를 가동하여 전력 계통에 전력을 공급한다.

이렇게 수력발전은 계통 속응성을 활용하여 원자력 및 석탄 화력의 대용량기가 불시에 고장으로 계통 탈락하는 등 계통 사고 시에 대비한 상시 대기 예비력으로 운용되어 전력 계통 공급 신뢰도 향상에 기여하고 있다. 하지만 수력발전은 일반적으로 험한 산속에 건설되어 전기 소비지에서 멀기 때문에, 송전선이나 댐 등의 건설에 많은 비용과 기간을 필요로 한다.

┃ 표 5-1 수력발전의 장·단점 ┃

수력발전의 장점	수력발전의 단점
• 공해가 없다. • 연료 공급이 필요 없다. • 유지비가 싸다. • 한번 건설해 놓으면 연료 걱정 없이 전기를 계속 일으킬 수 있다.	• 건설하는 데 경비가 많이 든다. • 건설할 수 있는 장소가 한정되어 있다. • 수요지에서 멀리 떨어져 있다. • 송전에 의한 전력 손실이 많다.

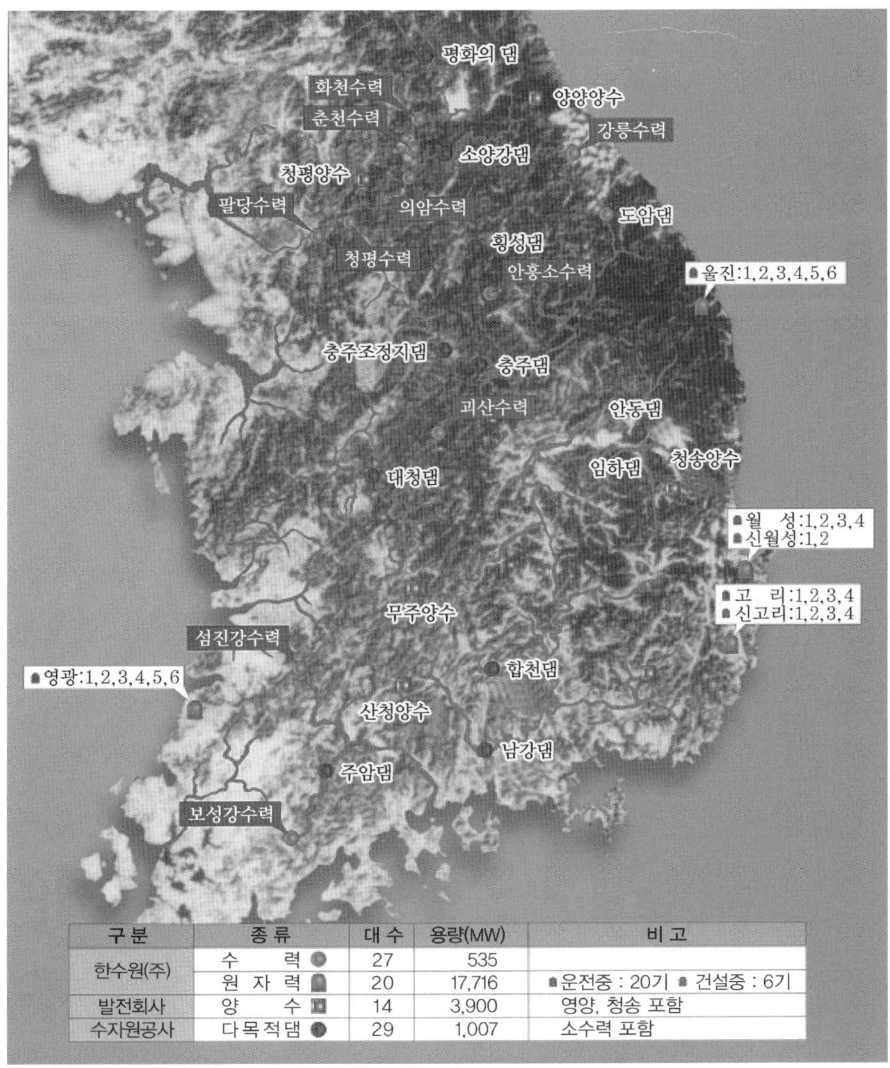

구 분	종 류	대 수	용량(MW)	비 고
한수원(주)	수 력 ●	27	535	
	원 자 력 ■	20	17,716	■ 운전중 : 20기　■ 건설중 : 6기
발전회사	양 수 ■	14	3,900	영양, 청송 포함
수자원공사	다목적댐 ●	29	1,007	소수력 포함

그림 5-4 우리나라의 수력발전소의 위치

(출처 : 한국수력원자력(주) [http://www.khnp.co.kr])

　수력은 물의 낙차와 양을 이용하며 댐식, 수로 변경식, 양수식, 낙차식이 있다. 발전기의 출력은 낙차와 수량과의 곱에 비례하므로 수량은 지점별로 다르지만, 그 양이 연간 강수량에 비례하므로, 수차에 큰 낙차가 작용할 수 있도록 인공적으로 댐을 막기도 하고 수로를 바꾸기도 한다. 물의 양이 많을수록, 기준면에서 더 높이 있을수록 위치에너지는 커지고, 그것을 이용해 물을 낙하시키면 그 힘은 운동에너지로 전환되어, 그 에너지가 발전기에 연결된 터빈을 회전시켜서 전기가 생산된다.

　수력발전의 에너지의 전달 과정은 다음과 같다.

> 물의 중력에 의한 위치에너지 → 운동에너지 → 발전기의 터빈을 돌림 → 전기에너지

수력발전은 발전방식에 따라서 크게 4가지로 분류된다. 수력발전의 분류는 [표 5-2]와 같다.

┃ 표 5-2 수력발전의 종류 ┃

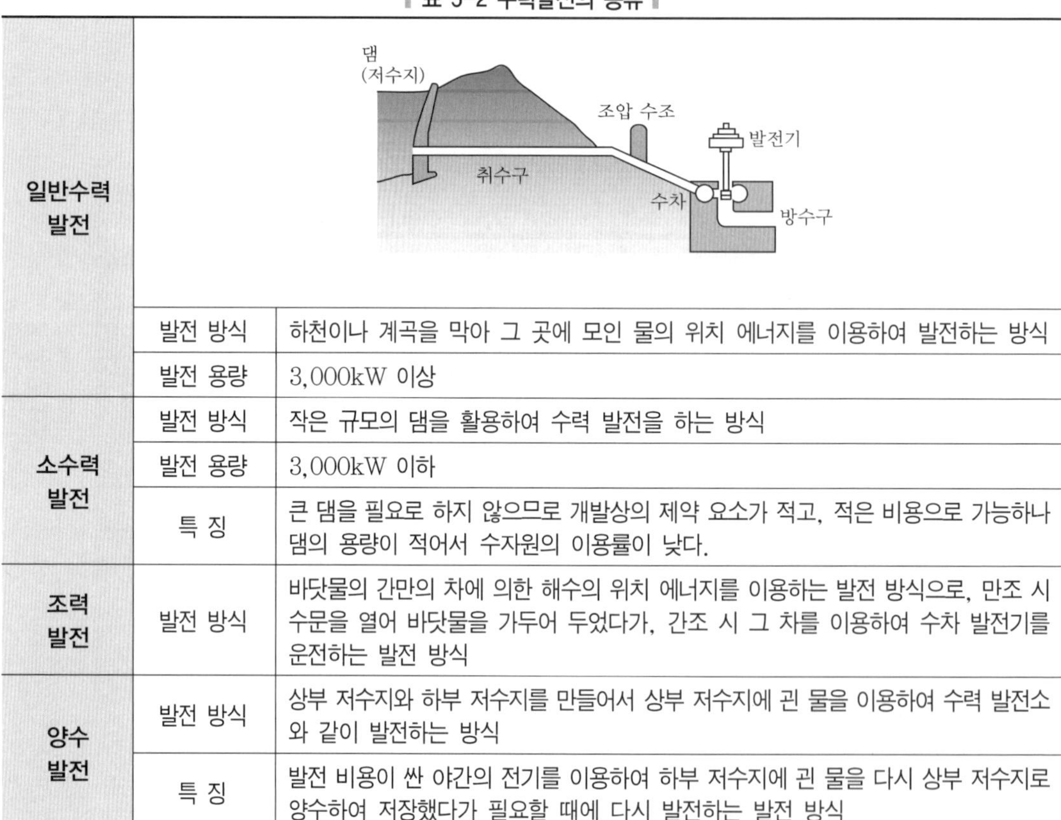

일반수력 발전	발전 방식	하천이나 계곡을 막아 그 곳에 모인 물의 위치 에너지를 이용하여 발전하는 방식
	발전 용량	3,000kW 이상
소수력 발전	발전 방식	작은 규모의 댐을 활용하여 수력 발전을 하는 방식
	발전 용량	3,000kW 이하
	특 징	큰 댐을 필요로 하지 않으므로 개발상의 제약 요소가 적고, 적은 비용으로 가능하나 댐의 용량이 적어서 수자원의 이용률이 낮다.
조력 발전	발전 방식	바닷물의 간만의 차에 의한 해수의 위치 에너지를 이용하는 발전 방식으로, 만조 시 수문을 열어 바닷물을 가두어 두었다가, 간조 시 그 차를 이용하여 수차 발전기를 운전하는 발전 방식
양수 발전	발전 방식	상부 저수지와 하부 저수지를 만들어서 상부 저수지에 괸 물을 이용하여 수력 발전소와 같이 발전하는 방식
	특 징	발전 비용이 싼 야간의 전기를 이용하여 하부 저수지에 괸 물을 다시 상부 저수지로 양수하여 저장했다가 필요할 때에 다시 발전하는 발전 방식

수력발전에 이용할 수 있는 물의 에너지는 낙차와 유량의 곱이 클수록 더욱 커지므로, 이 유량과 낙차를 얻는 방법에 따라 발전소의 형식이 달라진다. 따라서 수력발전의 분류는 물의 이용 방식에 의한 분류, 취수 방식에 의한 분류, 낙차에 따른 분류, 발전소 건물에 따른 분류, 수차의 배치 방법별, 제어 방식별 분류가 있다. 수력발전의 분류는 [표 5-3]에서와 같이 정리할 수 있다.

‖ 표 5-3 수력발전의 분류 ‖

분류항목	종 류
유량 사용	유입식, 저수식, 조정지식, 양수식
취수 방식	수로식, 댐식, 댐수로식, 유역변경
낙차	초저낙차, 저낙차, 중낙차, 고낙차
발전소 건물	옥내, 옥외, 반옥의, 지하, 반지하, 수중
기계의 배치	종축, 횡축, 사축
제어 방식	수동, 직접제어, 원격제어, 원격감시제어

(1) 수력발전의 분류

① 물의 운용 방식에 의한 분류

㉠ 유입식 발전소

발전소 소정의 최대 사용 수량의 범위 내에서 하천의 자연 유량을 인공적으로 아무런 조절을 가하지 않고 그대로 발전에 이용하는 발전소이다. 저수지 또는 조정지가 없는 수로식 발전소가 바로 이 방식이다. 유입식은 건설비가 염가로 되지만 그 대신 발생 전력은 자연 유량에 따라 달라지며, 또 이 자연 유량도 계절에 따라 변동되기 때문에 부하 변화에 응해서 원활한 전력 공급을 할 수 없다는 결점이 있다.

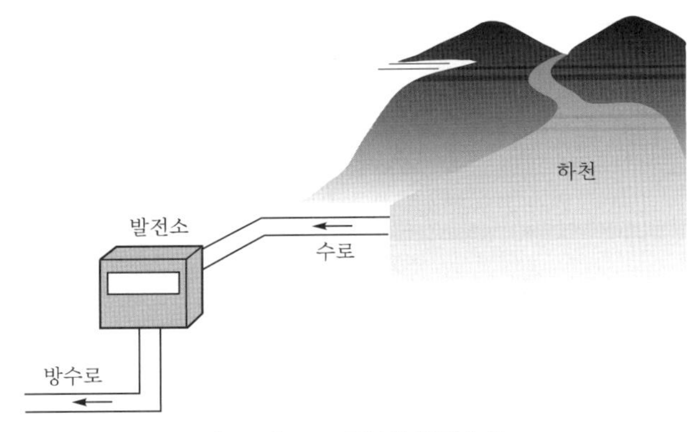

‖ 그림 5-5 유입식 발전소 ‖

㉡ 조정지식 발전소

전력의 소비량은 시간별과 요일별로 다르기 때문에 수로의 도중 또는 취수구 앞(댐 식일 경우)에 조정지(regulating pond)를 설치해서 1일~1주일 정도의 부하변화에 따라 하천으로부터의 취수량과 발전에 필요한 수량과의 차를 이 조정지에 저수하거나 또는 방출함으로써 수시간 또는 수일간에 걸친 부하 변동에 대응할 수 있게 한 것이다. 이 방식은 유입식 발전소와 달라서 하천의 취수량보다도 발전소 최대 수량을 상당히 크게 설계

할 수 있다는 이점이 있다. 또 첨두부하(peak load)를 분담하는 경우가 많아서 그러한 경우에는 이것을 특히 피크(첨두용) 발전소라고 부르기도 한다.

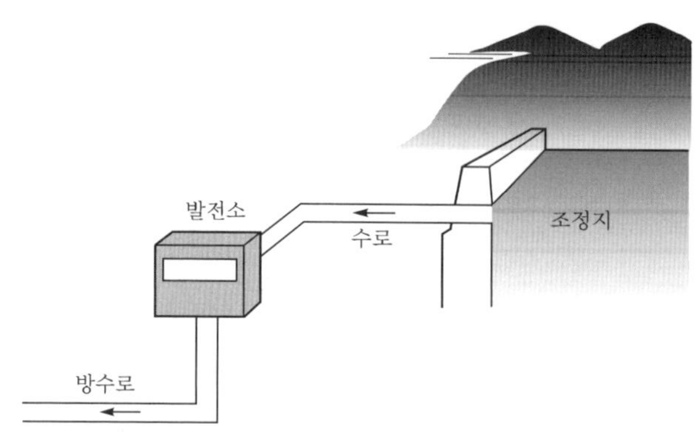

┃ 그림 5-6 조정지식 발전소 ┃

ⓒ 저수지식 발전소

계절적인 하천의 유량 변화를 조정할 수 있는 대용량의 저수지를 가진 발전소로서, 가령 풍수기에 남는 물을 저수하였다가 갈수기에 방출해서 하천 유량을 장기간(보통 1년간) 유효하게 이용하는 발전소이다. 현재 우리나라에서의 대표적인 저수지식 발전소의 유효 저수량을 보면 소양강댐이 약 19억 톤, 충주댐이 약 18억 톤이다.

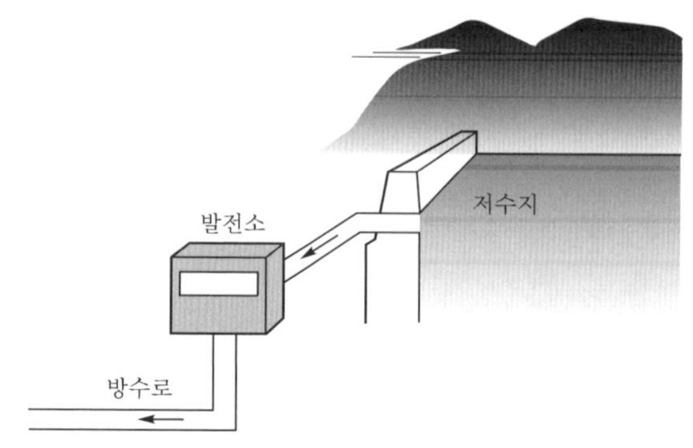

┃ 그림 5-7 저수지식 발전소 ┃

ⓓ 양수식 발전소

조정지식 또는 저수지식 발전소의 일종으로 전력 수요가 적은 심야 또는 주말 등의 경부하시에 여유 전력을 이용하여 하부 저수지의 물을 높은 곳에 위치한 상부 저수지에 양수하여 물을 저장하였다가 전력 사용이 가장 많은 시간에 상부 저수지의 물을 다시 하부 저수지로 낙하시키면서 전기를 발생하는 방식이다.

이 방식에는 상부 저수지에 하천으로부터의 자연 유입량이 있고 부족분의 수량만을

하부 저수지로부터 양수하는 혼합식 양수 발전소와 상부 저수지에는 전혀 자연 유입량
이 없이 양수된 수량만으로서 발전하는 순양수식 발전소의 2가지가 있다. 현재 우리나
라에서 운전 중인 청평, 삼랑진, 무주, 산청 양수 발전소는 순양수식 발전소로서 총
239만 kW의 발전 능력을 갖추고 있다.

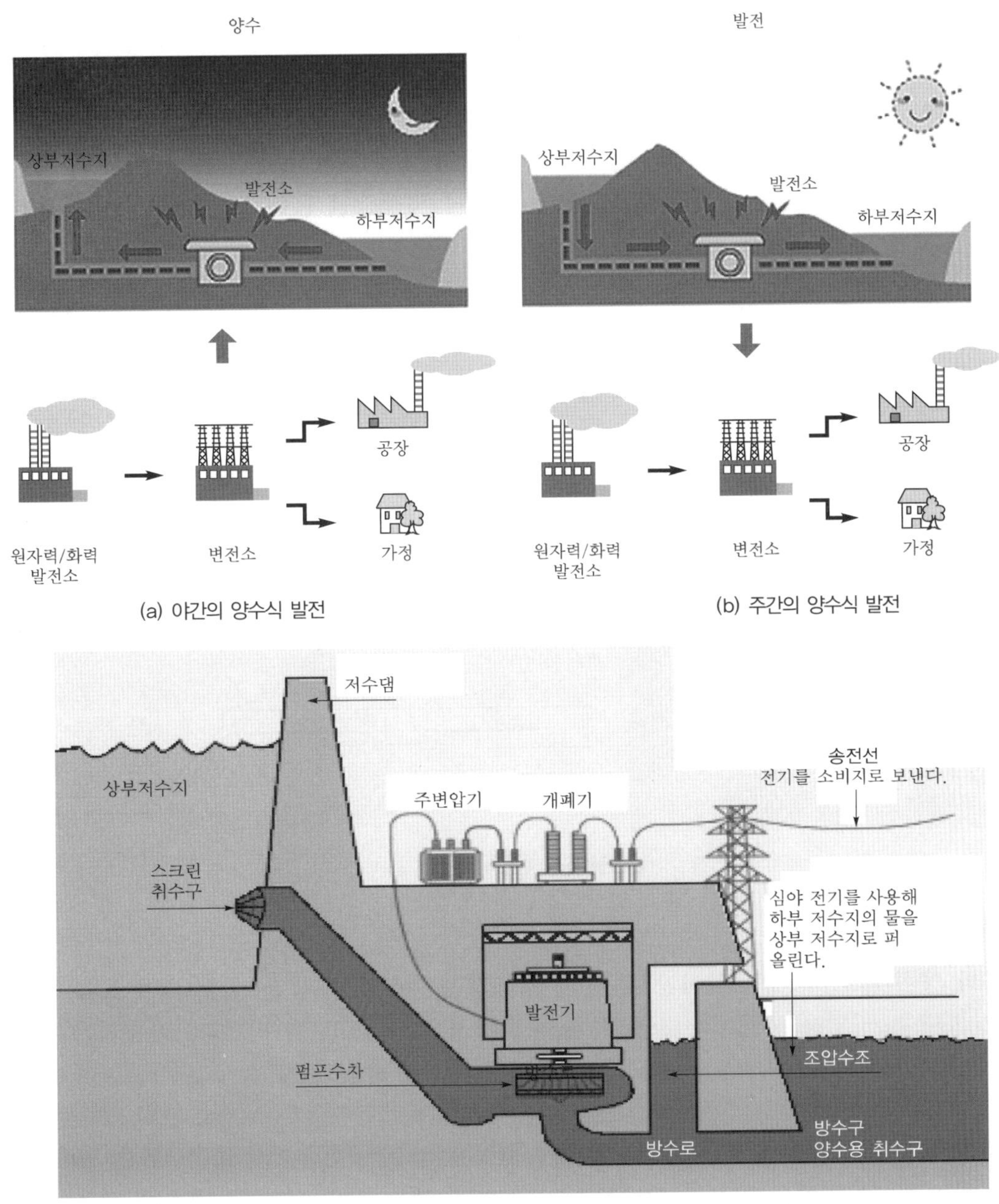

┃ 그림 5-8 양수식 발전소 ┃

양수발전은 양질의 전력 공급 및 공급 신뢰도 향상에 기여한다. 전기는 특성상 수요 변동에 따라 주파수, 전압 등이 수시로 변하는데 양수발전은 출력 조절이 용이하고 기동·정지 시간이 다른 발전 방식에 비해 짧아 첨두부하를 담당하며 대용량 발전소(단위 용량 50만~100만 kW)의 예상치 않은 정지 시 즉각 대응할 수 있는 기동성과 예비 전력을 확보하게 된다. 또한 원가가 낮은 심야의 여유 전력을 이용하므로 대용량기의 출력 감발 운전 시 초래되는 기기의 수명 단축, 효율 저하 등을 방지하며 전력 사용이 많은 시간대에 전력을 공급하므로 원가 절감에 기여한다.

② 취수 방식에 의한 분류

㉠ 수로식 발전소

하천을 막아 긴 수로를 만들고 발전소 상부의 물 저장소인 물탱크까지 물을 보내어 하천의 경사에 의한 낙차를 크게 만든 후 작은 수압관로를 통해 내려가는 물의 힘으로 수차를 돌리게 하는 발전 방식이다. 하천의 상·중류부에서 경사가 급하고 굴곡진 곳을 짧은 수로로 유로를 바꾸어서 높은 낙차를 얻는 발전소이다.

이 방식은 상류 측에 취수댐을 만들어서 취수댐 → 취수구 → 침사지 → 수로 → 상수조 → 수압관 → 발전소 → 방수로 → 방수구의 순으로 연결하는 것이 보통이다.

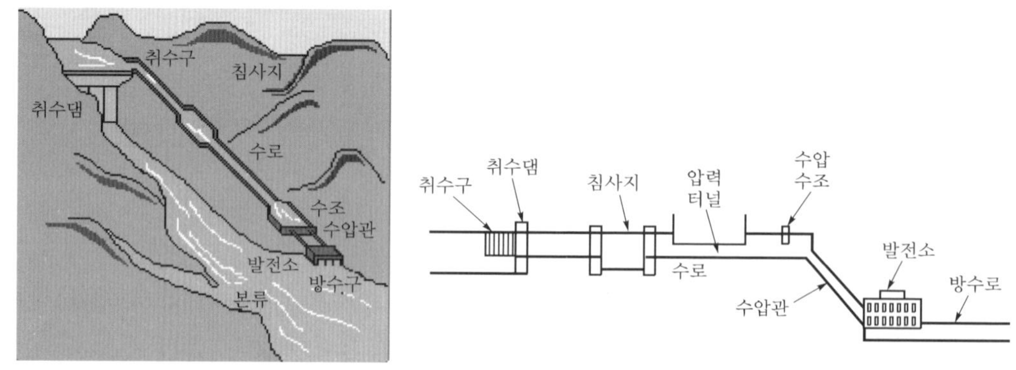

┃ 그림 5-9 수로식 발전소 ┃

㉡ 댐식 발전소

물의 양이 많고 높이의 차이가 적은 지형의 강을 가로질러 높은 댐을 쌓아 물을 저장하고 이 물을 터널을 통해 발전소로 보내서 발전하는 방식으로 가장 널리 이용되는 수력 발전 방식이다. 우리나라에는 춘천, 의암, 청평 수력발전소 등이 댐식 수력발전에 해당한다.

댐에 저장되는 수량이 풍부할수록 경제적으로도 유리하고, 또 운용 면에서도 바람직하므로 우리나라에서는 경사가 완만하고 수량이 풍부한 한강계 중·하류부에 이 형식의 발전소가 많이 건설되고 있다(춘천, 의암, 청평, 팔당, 소양강 발전소 등).

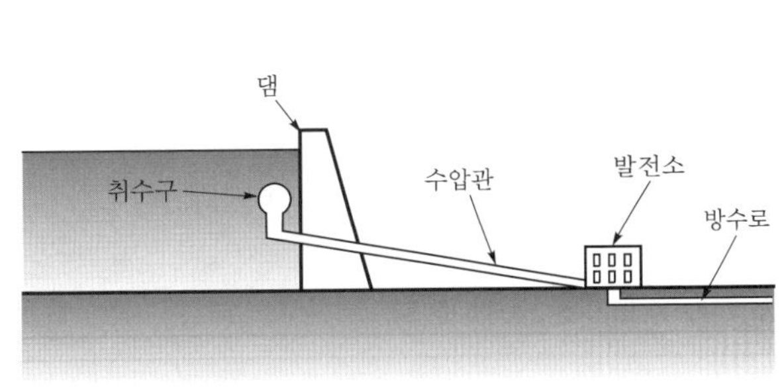

그림 5-10 댐식 발전소

ⓒ 댐 · 수로식 발전소

댐식과 수로식을 병용한 것으로서 댐에 의해서 얻어진 물높이와 강 하류의 경사를 함께 이용하고 수로로 떨어지는 높이의 차이를 크게 하여 발전하는 방식으로 댐식과 수로식의 장점만을 택한 발전 방식이다.

우리나라의 수력 발전소는 거의 모두가 전술한 댐식 발전소이지만 북한강 상류에 있는 화천 발전소는 상류에 댐을 축조하고 여기서 저수한 물을 수로를 통해 하부의 발전소로 유도해서 발전하고 있으므로 대표적인 댐 · 수로식 발전소라고 할 수 있다.

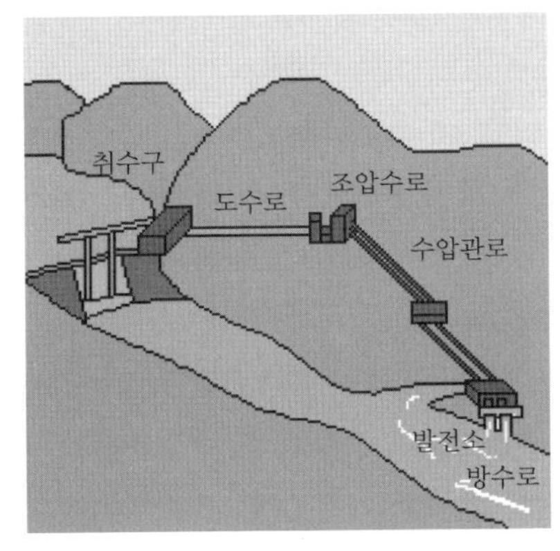
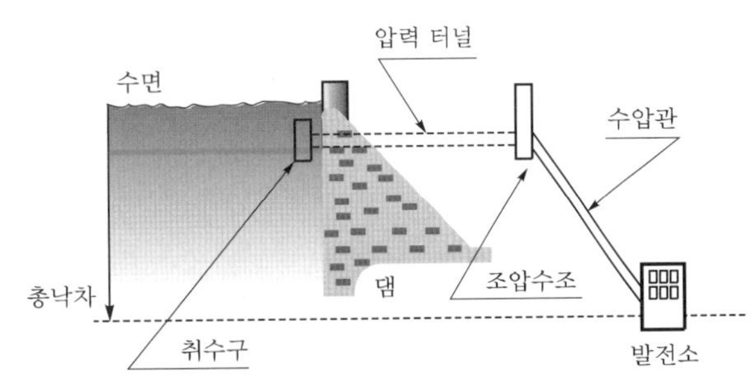

그림 5-11 댐 · 수로식 발전소

ⓓ 유역변경식 발전소

강의 자연적 흐름을 인공적으로 바꾸어 어느 하천에 인접해서 다른 하천이 있고, 이 두 하천 사이에 큰 낙차를 얻을 수 있을 때 두 하천을 수로로 연결해서 커다란 높이의 차이를 만들어가는 발전 방식을 말한다. 우리나라에는 강릉 수력발전소가 해당된다.

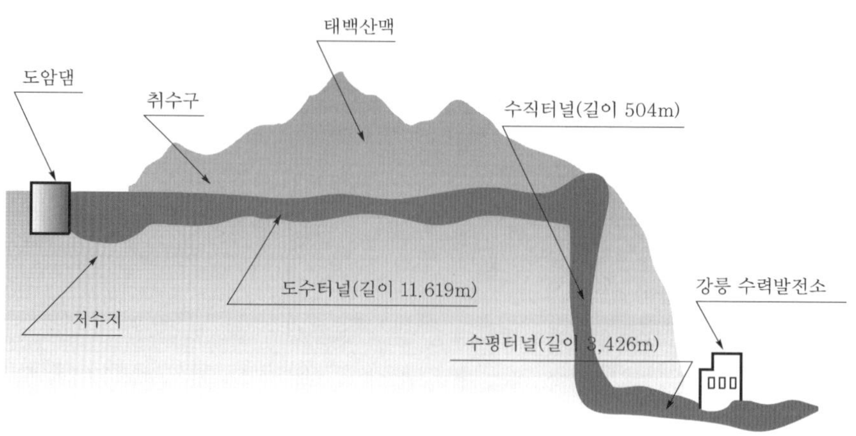

▌ 그림 5-12 유역변경식 발전소 ▌

③ 낙차에 의한 분류

▌ 표 5-4 낙차에 의한 분류 ▌

구분	낙차 범위 (m)	수차 종류	특징	비고
초저낙차	$h < 20$	수평축 원통(bulb)형 수차, 튜블러 수차	하천의 하류 지역에 적합하다.	의암, 남강, 팔당
저낙차	$h < 35$	카플란, 프란시스, 튜블러	하천의 중·하류에 건설, 우리나라는 지형이 완만하여 높은 댐 건설이 어려워 대용량 개발이 어렵다.	남강, 부안, 밀양, 보령, 광천, 합천 소수력, 안동 소수력, 충주 제2
중낙차	$h = 35 \sim 250$	프로펠러, 카플란, 프란시스, 사류	하천의 중·상류에 건설, 댐의 높이에 의하지 않고 취수된 물을 높은 낙차를 얻을 수 있는 곳까지 유도하여 발전하는 방식이다.	소양강, 충주 제1, 안동, 합천, 대청, 섬진강, 주암, 용담
고낙차	$h > 250$	프란시스, 펠턴	하천의 상류에 건설, 하천의 상류에서 댐과 수로를 이용하여 고낙차를 얻으며, 우리나라 지형에서는 유역변경방식을 이용한다.	강릉, 청평, 삼량진, 무주, 산청

④ 발전소 건물에 따른 분류

▌ 표 5-5 발전소 건물에 따른 분류 ▌

구 분	내 용
옥내 발전소	수차 및 발전기를 옥내에 설치하는 일반적인 발전소로 발전기를 지지하는 기초와 수차를 지지하는 기초가 동일한 경우가 있지만 이를 별도로 설치함에 따라 단상, 2상, 3상식으로 구분한다.

옥외 발전소	수차, 발전기 등의 주요 기기를 수용하는 건물을 생략한 것으로 건조한 지역에 건설되는 소형의 발전소를 전자동으로 제어하는 발전소에 드물게 채용된다. 발전기의 외함은 강판 등으로 덮여져 있다.
반옥의 발전소	주요 기기만이 수납되는 건물을 설치하고 기계의 조립, 분해는 옥외용 크레인으로 실시하는 발전소를 말한다.
지하 발전소	주로 기상, 지형, 외관 등을 고려하여 채용되는 것으로 모든 기기는 지하에 수용된다. 기기에 영향을 주는 습기, 기온 및 근무자의 건강 등에 특별한 고려가 필요하다.
반지하 발전소	수차 및 발전기는 지하에 조립용 크레인은 옥외에 설치하고 배전반, 사무실 등은 지상에 설치하는 방식이다.
수증 발전소	류블러 수차를 채용하는 경우 수차와 발전기를 도수관로상이나 도수관에 근접하여 설치하여 주 건물을 생략하게 된다.

⑤ 제어 방식에 따른 분류

┃ 표 5-6 제어 방식에 따른 분류 ┃

구 분	내 용
수동제어	수차, 발전기의 제어를 완전히 수동으로 하는 것으로 중소용량의 구형 발전소에 채용되어 있으나, 현재는 간이 자동식으로 개선되어 가고 있다.
일인제어	제어실의 한명의 운전요원에 의해 수차의 기동, 정지, 병입, 부하 조정, 역률 조정, 차단기 조작 등이 행해지는 방식이다. 주제어기의 조작만으로 자동적으로 임의의 단계까지 또는 전 단계까지 제어할 수 있다.
원격제어	이 방식은 비교적 소용량 발전소에 채용되어, 부하는 수위 조정 장치에, 전압은 자동 전압 조정 장치에, 역률은 자동 역률 조정 장치에 의해 조정되고 원격지에서 수차의 기동, 정지만을 행하는 방식이다.
원격감시제어	원격지에서 발전소를 상시 감시하고 필요한 조작은 원격지에서 제어 설비를 통해 제어하는 방식이다. 최근에는 중대형 발전소까지 운전될 만큼 발전소의 집중 제어 기능이 향상되고 있다.

(2) 수차의 종류 및 특성

수차란 물이 가진 위치에너지를 기계적 에너지로 전환하는 기계를 말한다. 좁은 의미로는 회전력을 발생시키는 회전차를 말하나, 일반적으로 회전차와 회전차를 둘러싼 케이싱(casing)과 그 내부에 장치된 부속 기기들을 일괄하여 말한다. 수차는 약 100년의 역사를 갖고 있다.

수차는 크게 중력수차, 충격수차, 반동수차로 대별할 수 있는데, 중력수차는 물레방아와 같이 단순히 중력에 의해 회전되는 수차이고, 충격수차는 저유량 고낙차에 적합한 형으로 물의 에너지 전부를 운동에너지로 바꿔 이 충격으로 회전력을 얻는다. 반동수차는 저낙차와 중낙차에 사용되는 형태로 물이 회전차를 통과할 때 압력과 속도를 동시에 감소시켜 회전력을 얻는다. 이와 같이 수차를 분류함에 있어서는 수차가 회전력을 얻는 방식에 따라 분류한다. 수차는 종류에 따라 사용할 수 있는 낙차 및 유량에 대한 범위가 있다. 이는 수차가 갖는 비속도(specific speed)의 범위가 제한되어 있기 때문이다. 수차가 사용될 수 있는 범위는 낙차와 유량에 관계된다.

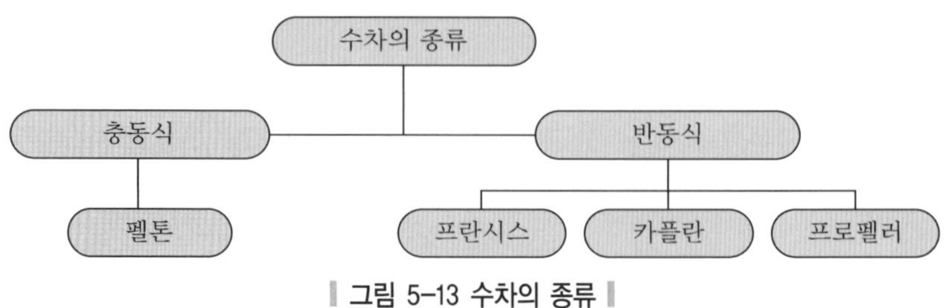

그림 5-13 수차의 종류

① 팰톤(Pelton) 수차

고안된 충동수차의 형식은 다양하지만 그 중에서 이해하기에 가장 쉬운 것은 펠톤수차이다. 이것은 큰 낙차(호수의 수위가 터빈의 노즐에서 상당히 높이 있는 경우)에서 운전하는 것이 효과적이다. 큰 낙차는 노즐의 출구에서 상대적으로 큰 속도로 변환된다. 보통 수평축형이며 노즐의 수는 1~2개이다. 수량이 많은 경우 수직형을 사용하며, 수직형은 노즐의 수가 4~6개로 증가한다. 버킷의 수는 보통 18~30개이다.

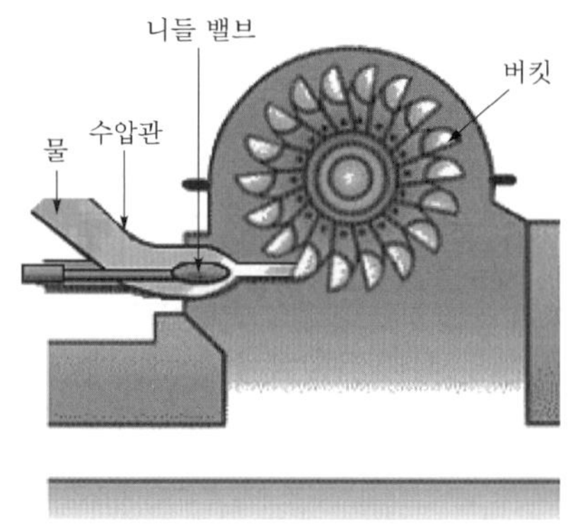

그림 5-14 팰톤 수차

② 프로펠러(Propeller) 수차

저낙차, 대유량일 경우에 사용하며 러너의 형상은 선박의 프로펠러와 비슷하고, 물은 안내 깃을 나온 후 넓은 방을 지나 축에 평행으로 유동하여 러너로 들어간다. 4~8매의 깃이 보스에 설치되어 있는데 낙차가 큰 것일수록 매수가 많다. 날개깃이 보스에 고정되어 있는 경우를 프로펠러 수차라고 한다. 이 수차는 가장 기본이 되는 수차로 유량과 낙차가 일정한 소수력 발전소에 적용하면 효과적이다. 날개깃의 고정에 의한 비효율 문제를 개량한 수차를 카플란 수차라 한다.

┃ 그림 5-15 프로펠러 수차 ┃

③ 카플란(Kaplan) 수차

프로펠러 수차의 개량형인 카플란(Kaplan) 수차는 저낙차, 대유량일 경우에 사용한다. 날개깃의 설치축이 회전 가능하고 유량의 변동에 따라 적당히 날개깃의 각도를 변화시킬 수 있는 수차를 카플란이라고 한다. 유량이 변하였을 때 물의 유동 방향이 변화하는데, 이에 따라서 깃은 자동적으로 적당한 각도를 취할 수 있고, 그 때문에 고정 날개의 프로펠러 수차에 비해 수량의 큰 변화에도 상관없이 효율적으로 운전할 수 있다. 대형 수차일수록 이 형식을 사용한다.

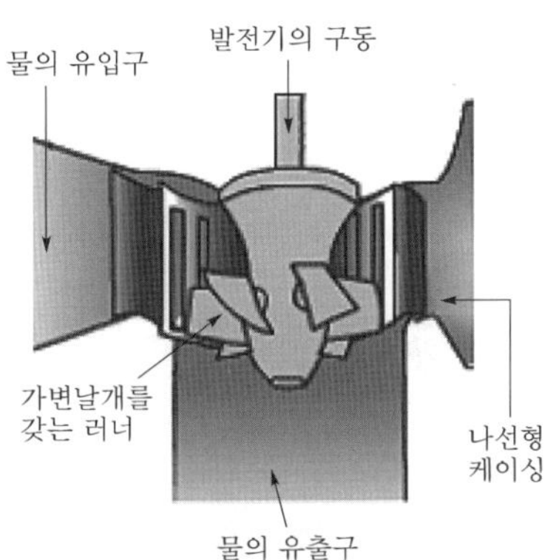

┃ 그림 5-16 카플란 수차 ┃

④ 프란시스(Francis) 수차

낙차가 작고 유량이 많을 때에 사용하며 물은 나사선형의 케이싱으로 들어가 가동 날개로 된 안내 깃을 지나 러너의 여러 깃 사이로 흐르면서 러너를 회전시킨 후 흡출관을 지나 방수면으로 배출된다. 안내 깃은 유입되는 물을 유도하지만, 고정된 축을 회전시킴으로써 물이 적당한 방향으로 흐르게 되며 유입구의 크기를 조정하여 부하의 변동에 따라 수량을 조절할 수 있는 수차로 현재로서 가장 많이 사용하는 수차이다.

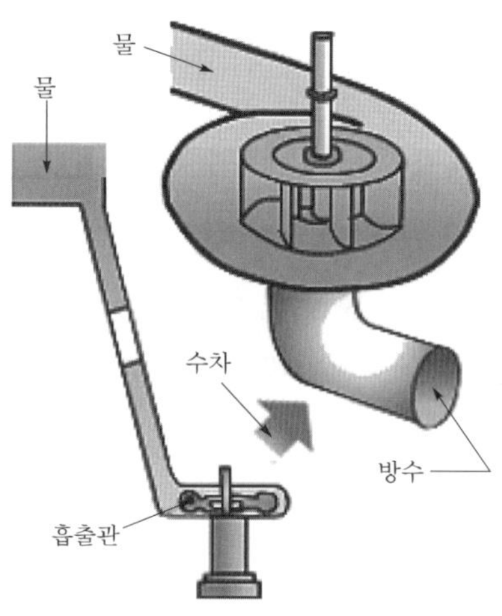

그림 5-17 프란시스 수차

(3) 소수력발전

최근 유가 급등으로 인한 수력 개발의 필요성이 확대되고 있으나 환경단체와 지역주역민의 반대, 주민 보상 문제, 입지 선정 등으로 많은 국가에서 건설에 어려움을 겪고있어 대수력보다는 소규모 수력 건설을 통해 환경 위해를 최소화하는 소규모 수력발전 개발이 바람직하다. 소수력(Small Hydropower)은 일반적인 수력발전과 원리 면에서는 차이가 없는 자연적인 지역 조건과 조화를 이루는 물의 유동에너지를 이용하여 10,000kW이하로 발전을 하는 설비를 소수력으로 규정하였으나, 신규 법에서는 소수력을 포함한수력 전체를 신재생에너지로 정의하고 있다. 신재생에너지 연구 개발 및 보급 대상은 주로 소수력발전소를 대상으로 하고 있다.

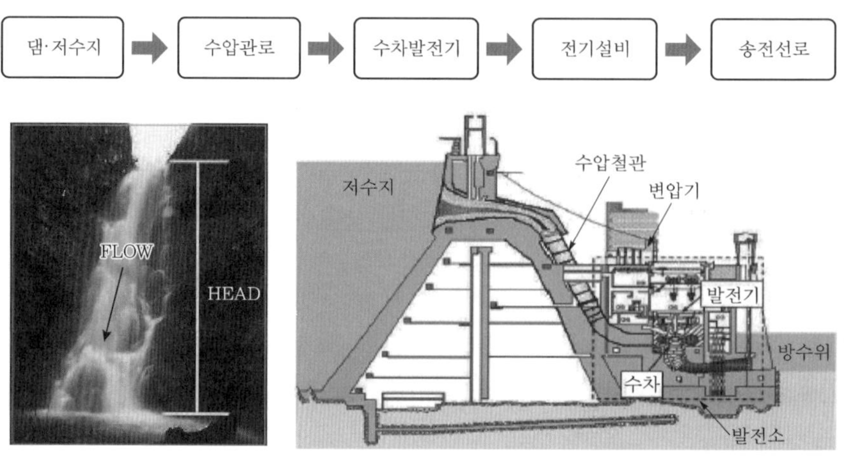

그림 5-18 소수력발전 시스템 구성도

규모가 작고, 지역적으로 운용되는 소수력발전소의 이용은 전력화를 증진시키고, 삶의 질을 개선하며, 산업 발전을 촉진하고, 농업을 향상시키는 데 기여한다. 소수력발전은 환경에 대한 영향이 상대적으로 적은 청정한 에너지이며, 에너지밀도가 높고, 경제성이 우수하여 개발할 가치가 큰 재생에너지이기 때문에 많은 나라들이 적극적으로 개발하고 있다.

우리나라에서의 소수력 개발은 산과 계곡이 많은 지역적 특성을 이용하여 소하천을 이용한 발전 방식이 주종을 이루었으나, 개발지역 주변 지역민의 각종 민원과 강우량의 계절별 편중에 따른 가동률이 확보되지 않아 지속적인 발전이 불가하여 경제성 부족으로 개발 가능량에 비해 소수력 개발이 원활하게 이루어지지 않았다.

최근에는 수차발전기의 국산화와 정부의 보급 확대 정책 등으로 공공기관에서 민원 발생 우려가 없는 기존 시설물을 이용한 소수력 개발이 활발하게 추진되고 있다.

소수력은 물의 낙차가 만드는 위치에너지를 이용하여 전력을 생산하는 것으로, 일반적으로는 15,000kW 미만, 국내에서는 보통 3,000kW 미만을 소수력 발전 용량이라고 정의하고 있다.

‖ 표 5-7 소수력발전의 분류 ‖

분류				비고
소수력	설비 용량	Micro hydropower Mini hydropower Small hydropower	100kW 미만 100 ~ 1,000kW 1,000 ~ 10,000kW	국내의 경우 소수력은 저낙차, 터널식 및 댐식으로 이용
	낙 차	저낙차(Low head) 중낙차(Medium head) 고낙차(High head)	2~20m 20~25m 150m 이상	
	발전 방식	수로식(run-of-river type) 댐 식(Storage type) 터널식(Tunnel type)	하천 경사가 급한 중·상류지역 하천 경사가 작고 유량이 큰 지형 하천 형태가 오메가(Ω)인 지형	

소수력발전은 다음과 같은 특징을 가지고 있다.

‖ 표 5-8 소수력발전의 장·단점 ‖

장 점	단 점
• 대수력 발전에 비해 친환경적임 • 연간 유지비가 투자비의 3.63%로 아주 낮음 • 국내 부존자원 활용 • 에너지밀도가 가장 높음 • 전력 생산 외에 농업용수 공급, 홍수 조절에 기여 • 일단 건설 후에는 운영비가 저렴 • 비교적 설계 및 시공 기간이 짧음	• 대수력이나 양수발전과 같이 첨두부하에 대한 기여도가 적음 • 초기 건설비 소요가 크고, 발전량이 강수량에 따라 변동이 많음

① 규모가 작기 때문에 발전 설비를 설치할 때 지형을 변화시키지 않으며 사용하는 수량도 적어 하천 수질이나 수생생물 등의 주변 생태계에 미치는 영향이 작으므로 자연스러운 환경 조화형 에너지이다.

② 발전 중에 이산화탄소가 발생하지 않는 청정에너지이고 지구온난화 방지에 공헌한다.

③ 발전 설비가 비교적 간단하여 단기간 계획, 설계 및 건설이 가능하고 유지 관리가 용이하다.

④ 소수력발전에 의한 전기를 지역 에너지 사업에 이용하면 지역 발전과 자연에너지 이용으로 상호작용하여 경제적, 사회적 및 심리적인 효과 등 지역경제활동에 기여한다.

⑤ 기존 농업용수 시설이나 상·하수도 시설 등을 이용한 발전 계획이 가능하고, 발생전력에 의한 시설의 유지·관리비 경감에 기여한다.

⑥ 연간 사용 가능한 수량 자료를 바탕으로 계획하면, 태양광발전이나 풍력발전 등의 기후와 관련된 자연에너지에 비하여 공급 안정성이 우수하다.

⑦ 출력이 기상과 계절의 영향을 많이 받는다.

우리나라의 경우, 소수력발전은 공해가 없는 청정에너지로 1,500MW 정도의 부존량이 있으며 다른 신재생에너지원에 비해 높은 에너지밀도를 가지고 있기 때문에 개발 가치가 큰 부존자원으로 평가되고 있다.

소수력 자원의 적극적인 개발은 에너지원의 개발 차원뿐 아니라 경제·사회적으로 전력 수요 급증시의 부하 평준화 효과 및 석유 수입 대체, 민간 주도의 반영구적 사업으로서 환경 친화적인 에너지원의 개발을 통한 지역 개발의 촉진과 경제적 파급효과, 관련 기술의 수출 산업화 등의 부수적인 효과를 거둘 수 있다.

소수력 개발이 가능한 후보지 대상은 유효저수량 300만 톤에 유역면적 $15km^2$ 이상의 농업용 저수지, 20,000톤/일 이상의 하수종말처리장, 시설용량 50,000톤/일 이상의 정수장, 높이가 2m 이상인 농업용 보 등으로, 미활용 소수력 자원을 이용할 수 있는 개발 지점은 매우 다양하다. 특히, 하천을 이용한 댐식의 경우 댐 건설 추진 과정에서 발생하고 있는 님비(NIMBY) 현상이나 지역 간의 물꼬 싸움, 환경단체의 반발과 같은 문제를 일으킬 소지가 극히 적다. 소하천을 이용한 가동보를 설치하여 생공용수, 하천유지용수 및 관개용수 등으로 이용하며 수상 레저와 같은 관광 개발로 지역 경제에 도움을 줄 수 있어 경제성, 타당성만 입증되면 적극적으로 개발할 수 있다. 그래서 최근에는 민원 발생 우려가 없는 기존 시설물을 이용한 소수력 개발이 추진되고 있다.

해외의 경우, 소수력발전 기술 및 법규 제정 등을 통해서 보급 확산에 주력하여 수차 개발 지원 및 수차 종류별 표준화를 실시하고, 소수력 발전 보급을 위한 각국 정부의 강력한 지원 정책을 통하여 사용 가능한 소수력 자원 개발을 완료한 실정이다. 다음은 세계 각국의 소수력발전소 개발 현황을 나타낸 것이다.

미국은 1970년대에 소수력 자원 잠재량을 조사하고 1980년대에는 수차 개발을 수행하여 1990년초 소수력 수차 형식별 표준화와 보급 확산에 주력함으로써 1,715개 지점에서 3,420MW를 보급·운영하고 있으며, 개도국에 대한 기술 지원을 하고 있다. 아시아권에서도 중국, 일본 등을 비롯하여 여러 나라들이 소수력발전소를 건설하여 운영하고 있으며 특히, 중국은 소수력 수차의 형식별 국산화 개발 및 표준화를 이루고 1990년 이후 매년 소수력발전소를 건설하여 100,000개 지점에 30,000MW의 시설 용량으로 세계에서 가장 많은 소수력발전소를 보유하고 있다. 일본은 1970년대에 전국 규모의 수력 조사를 수행하였으며, 1980년대에는 수차의 국산화 개발 및 소수력 발전 시스템 자동화 연구 개발을 수행하고 1990년대에는 수차 형식별 표준화 개발을 완료하여 보급하고 있으며, 전국 600개 지점에 538MW를 보유하고 있다. 유럽의 경우 독일 5,882개소, 프랑스 1,479개소, 이탈리아 1,420개소, 스웨덴 1,346개소, 스페인 1,102개소, 노르웨이 227개소 등 대부분의 국가에서 소수력 발전소가 건설·운영되고 있다.

외국의 소수력발전소 1개소당 평균 발전 시설용량은 약 1,000kW인데, 국가별로는 미국은 2,000kW, 캐나다 3,000kW, 유럽은 독일을 제외하고는 1,000kW급으로 비교적 큰 규모이고, 중국은 300kW, 일본은 896kW로 소규모이다.

2 화력발전

화력발전이란 석탄, 석유, 가스와 같은 연료를 태워서 나온 열에너지로 보일러에서 고온 고압의 증기를 발생시켜, 그 증기가 터빈에서 팽창하는 힘으로 증기터빈을 고속으로 돌려주고, 여기에 연결된 발전기의 회전자를 돌려 전기를 만드는 발전 방식을 말한다. 쉽게 말해서 물을 끓여 거기에서 나오는 수증기로 바람개비를 돌려 바람개비에 붙어있던 자석이 코일 안을 돌면서 전기를 일으키는 것과 비슷한 원리이다.

수력발전은 무공해한 클린 에너지인데 비해 화력발전은 배기가스로 인한 공해가 심각한 문제이다. 그럼에도 불구하고 1950년대부터 화력발전소가 급격히 증가하여 오랫동안 주류의 위치에 있던 수력발전을 제치고 현재에는 전력을 지배하고 있다. 그 이유는 수력에 비해 건설비가 싸고 조기 완성시킬 수 있기 때문이다. 또 화력발전소는 위치의 선정에도 유리하여 산간벽지에 건설할 필요가 없는 것도 이점의 하나이다.

연료인 중유나 석탄이 배로 운반되기 때문에 바닷가에 건설되는 경우가 많다. 그 때문에 수용가까지의 송전 거리가 짧은 것도 큰 이점의 하나이다.

(1) 화력발전소의 발전방식

발전소의 종류는 사용되는 연료에 따라 분류된다. 대표적인 화력발전소는 석탄, 중유, Gas 등의 연료를 Boiler에서 연소시켜 고온연소가스의 열에너지를 보일러 내의 물로 가열하여 고온·고압의 과열증기를 만들고 증기터빈으로 보내 터빈을 고속회전시켜 터빈에 연결되어 있는 발전기에 의해 전기에너지로 변환, 전기를 생산하는 기력발전이다.

근래 들어 석탄, 중유발전소와 배열회수 증기발생장치인 HRSG를 Gas Turbine Downstream에 설치하여 석탄·중유 발전소의 약점인 발전소 효율(현재까지 발전소 효율 43% 안팎)을 복합 화력에서는 일반적으로 54%대 효율을 유지해오다 최근에 Gas Turbine의 대형화로 Single Shaft Type이 60%가 넘는 효율을 달성하고 있다.

또한 열병합발전소에서는 85%대의 효율로 운전되고 있으며 한동안 환경오염이 상대적으로 낮은 LNG 또는 Natural Gas를 사용하여 1990년대 들어서며 중동 국가를 필두로 복합 화력발전소를 여러 나라에서 건설해오고 있다. 유럽을 비롯해 세계적으로 Renewal Energy, Bio-Mass 및 지열, 조력, 풍력, 태양광, 태양열, 연료전지 등 신재생 에너지를 활용한 발전소가 CO_2 Gas 저감을 위한 각국의 노력, 규제 등과 더불어 확산일로에 있으나, 효율 및 초기 투자 등 경제성 측면에서 뚜렷한 이점이 없다는 것이 안타깝다. 그밖에 석유화학 및 제철소 등에서의 Flue Gas 또는 부생가스를 이용하는 화력발전소도 있다. 또한 기력발전인 경우 증기의 온도·압력에 따라 초임계압력 Super Critical Pressure(Steam Pressure $\geq$ 225kg/cm^2), 아임계압력 Sub Critical Pressure 등으로 구별하기도 한다. 최근에는 Super Super Critical Pressure 246kg/cm^2, 593℃ 이상인 초임계압 발전소가 우리나라에서도 건설되고 있다.

① 기력발전

연료를 연소하여 얻어지는 열에너지를 보일러에서 물에 전하여, 고온·고압의 증기로 바꾼다. 이 증기는 증기터빈으로 유도되어, 그 내부에서 팽창하면서 터빈의 날개 차에 회전력을 주어, 열에너지는 기계에너지로 변환된다. 증기는 팽창 후 저온·저압이 되어, 터빈을 나와 복수기 속에서 물로 응축된다. 응축한 물은 복수라 일컫는데, 펌프에 의해 고압으로 가압되어 다시 보일러로 보내진다. 이리하여 물은 보일러와 터빈 사이를 순환하여 열의 흡수와 방출을 하는 열 사이클을 구성한다. 이와 같이 가열·팽창·응축·승압을 하는 열 사이클을 랭킨 사이클이라 한다. 위에 설명한 사이클에 사용되는 터빈을 복수터빈이라 한다. 이밖에 자가용 발전 등에서 증기를 응축시키지 않고 팽창을 중도에서 막아, 터빈에서 나온 배기를 공업 프로세스의 가열원 등으로 이용하는 것이 있는데, 이와 같은 터빈을 배압터빈이라 한다.

랭킨 사이클에서는 터빈에 들어가는 증기 온도·압력이 높을수록 열효율은 높다. 그 때문에 보통 증기 온도는 포화 증기 온도 이상으로 가열된 과열 증기가 사용된다. 또 터빈에서 팽창 과정에 있는 증기를 일단 보일러로 되돌려, 다시 고온으로 가열하여 터빈에서 팽창시키는 재열 방식도 일반적으로 채택된다. 재열은 한 번만 하는 경우가 많지만, 재열을 두 번 하는 경우도 있으며 그것을 2단 재열 방식이라 한다.

증기압력은 대형의 기력발전소에서는 이른바 임계압력을 초과한 초임계압력의 증기가 사용된다. 또 터빈에서 팽창 도중에 일부만을 외부로 추출한 증기를 추기라 하는데, 이

것으로 보일러의 급수를 가열하는 재생 방식도 채택된다. 재생 방식에서는 복수기에서 증기가 응축할 때에 순환수에 빼앗기는 열을 추기의 분만큼 감소시킬 수 있어, 사이클 효율을 높이는 효과가 있다.

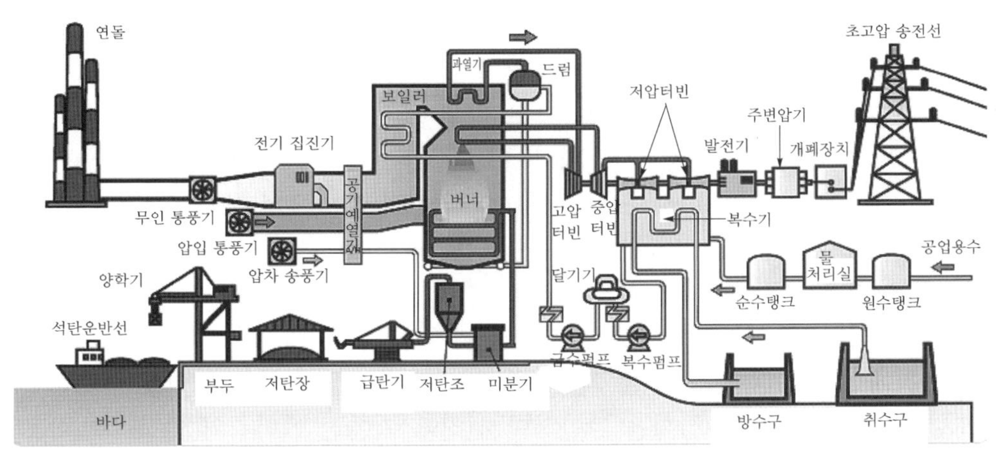

┃ 그림 5-19 기력발전 ┃

② 내연발전

내연발전은 연료가 탈 때 생기는 에너지로 기관을 회전시키고, 여기에 연결된 발전기로 전기에너지를 생산하는 발전방식으로, 엔진을 이용하는 내연발전과 가스터빈을 이용하는 가스터빈발전으로 나눠진다.

엔진을 이용하는 내연발전은 자동차 엔진과 같이 기관 안에 있는 실린더에서 연료를 폭발시키거나 태운 다음, 그때 발생한 가스에 의해 팽창되는 힘으로 크랭크축을 직접 회전하여 발전기를 움직이는 발전 방식이고, 가스터빈발전은 연소기에서 나오는 가스로 가스터빈을 회전시키고 터빈에 연결된 발전기에 의하여 발전하는 방식이다.

디젤발전소는 주 동력장치로 디젤엔진을 사용하는 4 Stroke와 2 Stroke 엔진이 있다. 중, 소형발전소는 주로 4 Stroke 디젤엔진을 사용하고 대형 디젤발전소인 경우는 2 stroke 디젤 엔진을 주 동력장치로 채택하고 있으며 연료로는 경유는 물론 저질 중유 및 LNG Gas등 다양한 연료를 사용할 수 있다.

장점을 보면 최고의 발전소 가동률, 최대의 경제적 운영, 최고의 부하 계수, 최저의 정전율, 가용한 모든 연료 사용 가능(액체 또는 기체), 규모가 작고, 발전 기동 시간이 짧고, 부하 변동에 대한 응답이 빠르다는 장점 때문에 도심 부하 중점에 건설하여 첨두 부하나 예비전력 대응용으로 이용되고 섬이나 송전 선로가 들어가기 어려운 외지에 만들어지는 발전소이다. 또한 소규모로는 공단의 비상용 발전기와 선박과 차량 탑재형인 이동용 발전기로도 만들어진다.

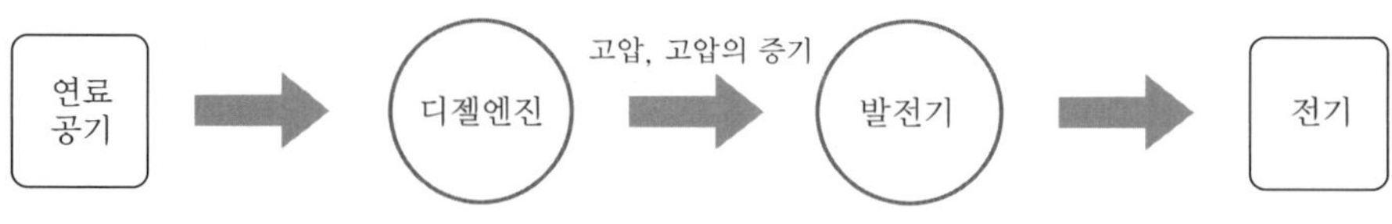

그림 5-20 내연발전

③ 복합화력발전

경제의 지속적인 발달과 인구의 증가로 인해 에너지의 소비가 급증하고 이에 따른 에너지 자원의 고갈과 화석연료 등의 이용으로 발생하는 이산화탄소의 배출 및 이로 인한 환경문제와 지구 온난화의 문제, 산성비 등으로 인류는 생존의 위협을 받고 있다. 특히 우리나라는 에너지 자원의 90% 이상을 수입에 의존하고 있으며 에너지 수입액은 연간 200억달러, GNP생산에 소비되는 에너지량은 선진국의 3배에 이르는 에너지 다 소비국가이다. 최근 10년간 우리나라의 에너지 소비는 매년 10%라는 세계 최고의 증가율을 기록하고 있다. 따라서 이런 화석연료의 고갈로 대두된 에너지 위기 의식과 더불어 미래 에너지 자원에 대한 인류의 희망은 최종적으로 자연에너지의 공학적 이용에 있다는 결론에 도달하였으며, 이러한 상황을 감안하여 선진국은 여러 에너지의 연구 개발에 막대한 투자를 하고 있다. 그중 복합발전은 에너지의 이용성을 높일수 있는 방법으로 많은 관심을 받고 현재 실용화되어있다.

복합화력발전 방식은 1차 발전 설비와 2차 발전 설비를 조합한 발전 방식을 말한다. 발전소에서는 대용량화가 가능하고 운영이 용이한 1차로 가스터빈(비행기 엔진)을, 2차로 증기터빈을 조합하는 방식을 주로 채택하고 있다. 가스터빈 내부에서 연료를 태워 고온의 연소 가스를 만들고, 이 연소 가스로 가스터빈을 돌려(가스터빈과 연결된 발전기 회전자를 돌려) 1차로 전기를 생산한 후 배출되는 배기가스에 남아있는 열을 이용, 배열회수 보일러(HRSG:heat recovery steam generator)에서 물을 가열, 고온, 고압의 증기를 만들어 증기터빈을 돌려 2차로 전기를 생산하게 된다.

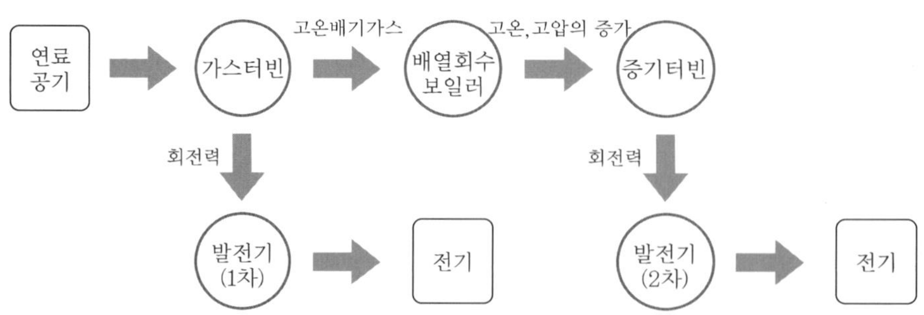

그림 5-21 복합화력발전의 운영 방법

복합화력은 연료의 연소열을 가스터빈에서 1차로 이용하고 이를 다시 배열회수보일러에서 다시 이용하는 방식으로 에너지의 이용 효율성이 높으며, 운전을 시작하면서부터 전기를 생산하는데까지 걸리는 시간이 짧다는 장점을 가지고 있다. 또한, 천연가스나 경유 등의 청정연료를 사용하여 황산화물, 분진 및 매연 등이 거의 발생하지 않고, 또한 같은 용량의 화력발전소에 비해 냉각수 소요량(2차에 채용되는 증기터빈 규모가 작음)이 적어 온배수 배출량이 적다.

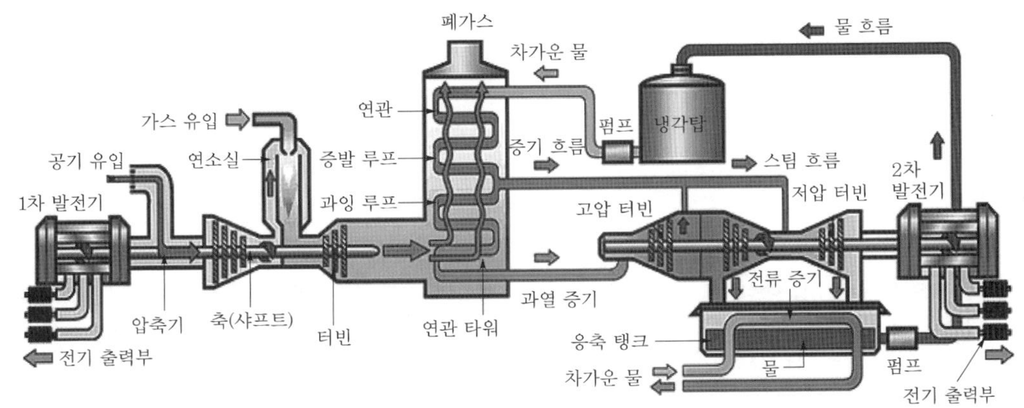

그림 5-22 복합화력발전

복합화력의 주요 구성은 가스터빈(Gas Turbine) 및 가스터빈(Gas Turbine) 발전기(Generator)와 증기터빈(Steam Turbine) 및 증기터빈(Steam Turbine) 발전기, 그리고 배열회수보일러(Heat Recovery Steam Generator)로 구성되어 있다.

㉠ 가스터빈 발전기

가스터빈은 LNG를 연료로 하여 전기를 발생시키며, 고온의 연소 공기를 배열회수보일러(HRSG: Heat Recovery Steam Generator)로 공급하는 역할을 한다. 공기의 압축기에서 외부 공기를 압축하고, 압축된 공기에 연료가 공급되어 연소가 이루어진다. 연소된 고온의 공기에 의해 터빈과 발전기가 회전하여 전기가 발생하게 된다.

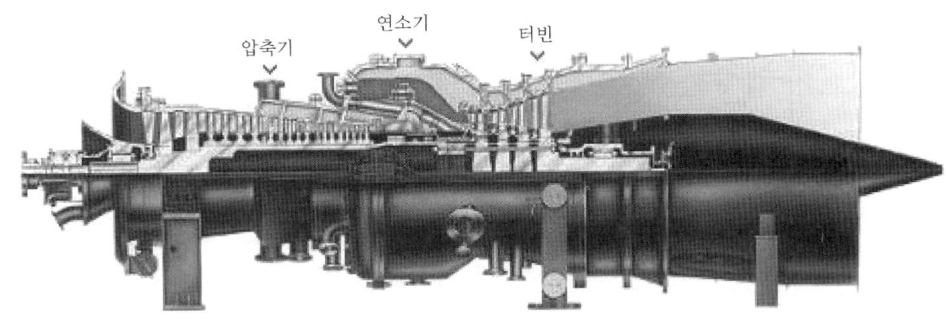

그림 5-23 가스터빈 발전기

ⓛ 증기터빈 발전기

배열회수보일러에서 만들어진 스팀을 이용하여 터빈을 회전시키고, 회전축에 연결된 발전기에 의하여 전기가 발생된다. 스팀의 압력 및 온도에 따라 고압, 중압, 저압 터빈으로 각각 이동하며, 저압 터빈을 통과한 스팀은 복수기를 통하여 응축되어 물로 변환된다.

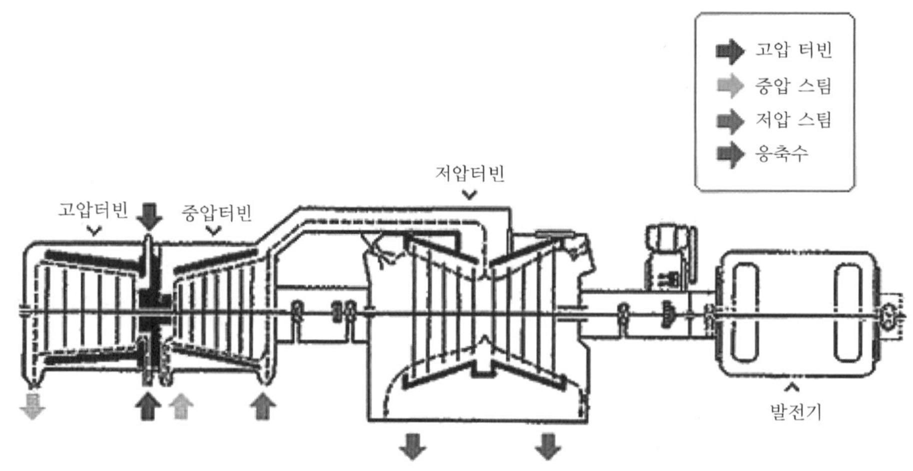

| 그림 5-24 증기터빈 발전기 |

ⓒ 배열회수보일러(HRSG)

가스터빈에서 배출되는 고온의 연소 공기를 배열회수보일러에 통과시킴으로서 보일러 내의 물을 고압의 증기로 만들어 스팀터빈 발전기에 공급하는 역할을 한다.

| 그림 5-25 배열회수보일러 |

우리나라의 경우 복합화력발전소의 현황은 크게 한국전력 소유와 민간 소유 발전소로 구분할 수 있으며 우리나라 총 발전용량의 약 1/4을 차지하고 있다.

- 한국전력 소유 발전소
  - 울산복합화력 : 1,200MW
  - 서인천복합화력 #1 Block : 1,800MW
  - 서인천복합화력 #2 Block : 1,800MW
  - 평택복합화력 : 480MW
  - 분당복합화력 : 900MW
  - 안양복합화력 : 450MW
  - 일산복합화력 : 900MW
  - 부천복합화력 : 450MW
  - 보령복합화력 : 1,200MW
  - 일산, 분당, 안양, 부천복합화력은 증기터빈 추기를 이용하여 지역난방에 열을 공급하여 열병합발전소(Combined Heat & Power Plant)라고도 함
- 민간 소유 발전소
  - 한화복합화력 : 1,200MW

복합발전방식은 가스터빈과 증기터빈을 결합한 것 이외에도 석탄가스화 복합발전(IGCC: Intergrated Coal Gasification Combined Cycle), 연료전지 복합발전 등의 연구 개발이 추진되고 있다.

④ 열병합 화력발전

열병합발전은 전력과 열을 동시에 발생시켜 에너지 이용률을 70~85%(기존 발전의 2배 이상)로 높이는 발전 체계를 말한다. 즉, 증기터빈, 가스터빈 등 각종 엔진으로 발전기를 구동해 전기를 생산하고, 구동기에서 발생하는 배열을 거두어 효율적으로 사용한다. 예를 들어, 화력발전소에서 증기터빈으로 발전기를 구동하고 터빈의 배기를 이용해서 지역난방을 하는 경우이다.

열병합발전소 시설은 크게 발전 시설과 열 생산 시설로 나누어지며 아래의 [그림 5-25]처럼 간단하게 살펴볼 수 있다.

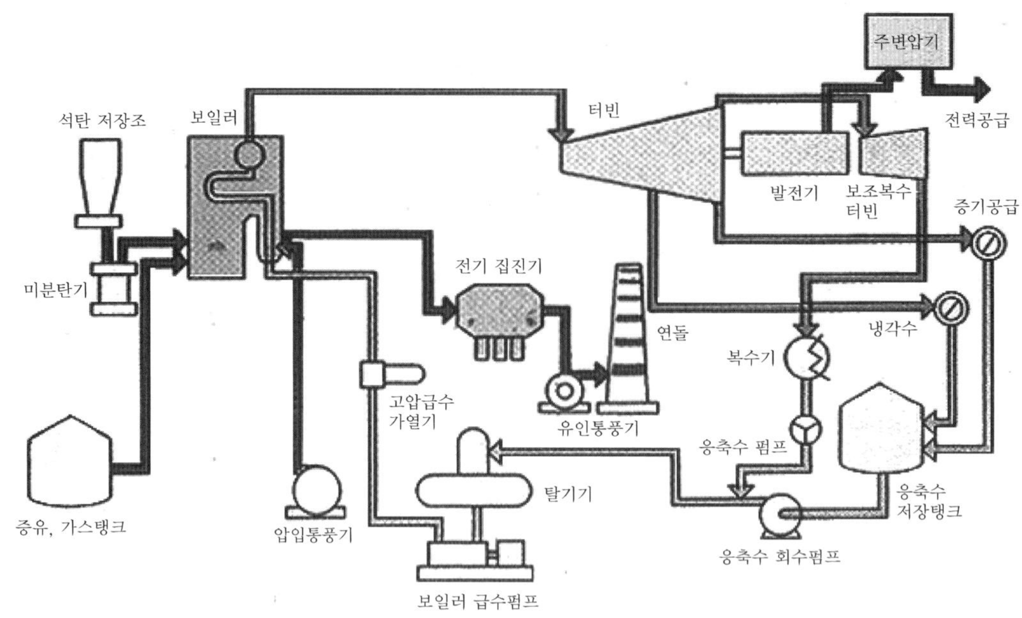

| 그림 5-26 열병합화력발전의 구성도 |

열병합발전 체계는 원래 북유럽에서 화력발전소에서 나오는 막대한 양의 냉각 배열을 주변 지역의 난방열로 공급하면서 시작되었다. 1970년대 두 차례의 석유 파동이 일어난 뒤, 지역난방을 목적으로 하는 대규모 집중형 열병합발전 체계는 전력과 열을 수송하는 데 경제성이 없다는 것이 밝혀져 소규모 분산형 열병합발전 체계가 빠른 속도로 개발 보급되고 있는 것이 선진국의 추세다.

예컨대 서독은 열병합발전 체계를 가장 오래전부터 개발해온 나라이고, 미국 또한 1971년에 '국가 에너지 조례'를 제정하여 소규모 열병합발전 체계를 비롯하여 복합 발전 체계를 보급하는데 힘쓰고 있다.

일본의 경우에 공장의 자가 열병합발전 체계는 이미 오래 전부터 보급되기 시작하였으나, 소규모 분산형 열병합발전 체계는 1979년이 지나면서 급격히 보급되기 시작하였다. 특히 석유 대체 에너지로서 LNG가 급격히 보급되면서 가스 회사, 엔진 제조 회사, 전기회사들이 앞장서서 자기 회사의 영업소 등에 가스엔진 구동 소규모 열병합발전 체계를 설치하여 시범 운전하고 있다.

1987년 일본의 통산성에서는 민간 기구로서 코제너레이션(cogeneration) 연구회를 조직해, 각 대학과 연구소의 전문가를 개인 회원으로 가스 회사, 전기회사, 엔진 제조 회사, 시공 회사 등을 회원으로 가입시켜 정보를 교환하고 체계를 개발하는 데 박차를 가하였다. 그 결과로 최근 수십 kW급에서 수백 kW급에 이르는 소규모 분산형 열병합발전 체계가 해마다 80~100기 정도씩 일본 전국에 보급되고 있다. 현재 일본에서 열병합발전에 의한 발전량은 일본의 총발전량의 6~7%에 이르는 것으로 알려져 있다. 이러한 일본의 사례는 우리에게 시사하는 바가 크다.

열병합발전 시스템은 크게 4가지 설비가 구성되어 있다.

　　　　㉠ 열 발생 설비

열병합 보일러에서는 청정 연료인 액화천연가스를 사용하여 시간당 100~150t의 증기를 발생시킨다. 그리고 보조 보일러와 소각 폐열 보일러가 있다.

　　　　㉡ 전기 발생 설비

열병합 보일러에서 생산된 증기는 증기터빈(8,000RPM)에서 발전기를 거쳐 시간당 22,000kW의 전기를 생산한다. 생산된 전기는 소내에서 사용되고, 남는 전기는 한전에 판매하게 된다.

　　　　㉢ 열 공급 설비

증기터빈을 거쳐 나온 증기는 회수된 열 수송관의 온수와 열 교환을 하여 약 467Gcal/h의 열을 생산하고 생산된 온수는 80℃~120℃로 공급 배관망을 통하여 각 사용처에 24시간 연속 공급하고 있다.

　　　　㉣ 열 사용 설비

열병합 열교환기와 보조 열교환기를 통과한 온수는 각 사용처에 설치된 열교환기를 거쳐 난방과 급탕에 이용되며 사용 후 40℃~70℃로 낮아진 온수는 회수관을 통하여 공급 시설로 되돌아온다.

열병합발전은 아래와 같은 장·단점이 있다.

- 장점
    - 에너지 이용 효율의 향상을 통해 대기오염을 저감할 수 있다.
    - 발전 설비가 수요지와 인접되어 있기 때문에 송전 손실이 감소된다.
    - 집단화에 따른 공해 방지 설비 설치가 용이하며 설비비도 절감된다.
    - 화재 등 재해 발생 확률이 감소한다.
    - 저질 연료 또는 쓰레기 등의 폐자재 이용이 가능하다.
    - 고효율 에너지 시스템 사용을 통한 에너지 절약 및 비용 절감이 가능하다.
      (20~30%)
    - 여름/겨울철의 전기/열수요 불균형에 대응할 수 있다.
      지역난방 부문 : 지역난방열을 하절기에 냉방열을 열원으로 활용
    - 주어진 조건에 적합한 연료 선택이 가능하다.
    - 산업 및 주거 부문에 편익 제공
        · 산 업 : 양질의 저렴한 에너지 공급으로 기업 경쟁의 강화
        · 주 거 : 24시간 연속 난방으로 쾌적한 주거 환경 조성
- 단점
    - 초기 투자비가 많이 든다.

- 지역난방용의 경우 지역의 오염도가 증가한다.
- 숙련된 인력이 필요하다.
- 에너지 이용 효율은 좋으나 발전 효율이 떨어진다.

열병합발전은 열이 공급되는 용도에 따라 생산 공정용, 지역난방용, 급탕용 등으로 나눌 수 있다. 우리나라의 경우 수도권 신도시의 대규모 아파트 단지에 집단 에너지 공급을 위한 열병합발전을 하고 있다.

① 폐열 회수 발전

생산 공정에서 발생하지만 유효하게 사용되지 못하고 방출되는 양질의 폐열을 폐열회수 보일러를 통해 회수함으로써 고온/고압의 증기를 생산하고, 생산된 증기를 이용해 증기터빈을 구동시킴으로써 전력 및 증기를 생산하는 방법이다. 소각로, 시멘트 플랜트, 제철 설비 등에 대표적으로 적용할 수 있다.

② 차압 발전

보일러에서 생산한 고온/고압의 증기를 해당 공정에 필요한 압력으로 감압 시, 감압밸브 대신에 증기터빈을 이용함으로써 해당 압력의 증기도 사용하고 전력도 생산하는 방법이다.

③ Bio Gas 발전

생활쓰레기, 축산쓰레기 또는 생활하수를 처리하는 과정에서 발생하는 유해 성분인 메탄가스를 활용하여 전력과 증기 또는 온수를 생산하고 부산물을 처리하는 방법이다.

④ Land Fill Gas 발전

쓰레기 매립지에서 발생하는 유해 성분인 메탄가스를 활용하여 전력과 증기 또는 온수를 생산하는 방법. 쓰레기 매립장의 규모, 조성 등에 따라 설비 조건이 달라지며 발생 가스의 전처리 설비 구성 등이 매우 중요한 기술 요소이다.

⑤ 복합발전

가스터빈을 이용하여 전기를 생산하고, 배출되는 배기가스를 활용하여 폐열회수 보일러에서 증기를 생산한 뒤 이를 증기터빈으로 보내 전기를 생산하고 배기 증기를 공정용 증기나 급탕 및 냉·난방용으로 사용하는 열병합발전 시스템을 복합발전이라 한다.

⑥ 기타 열병합발전

그 외에 가스터빈 열병합 패키지, 가스엔진 열병합 패키지, 스팀터빈 열병합발전 등 다양한 형태의 열병합발전 시스템이 있다.

우리나라의 열병합발전은 공업 단지와 산업체 및 아파트 단지 등을 중심으로 근래에 많이 건설되고 있다. 분당이나 평촌 등의 신도시나 서울 신정, 노원, 목동의 열병합발전소에서 전기와 열을 생산한다. 특히, 최근에는 에너지 소비가 많은 섬유, 제철, 시멘트, 석유화학 업체들이 에너지 이용을 극대화할 수 있는 열병합발전소를 선호하면서 그 비중이 높아지고 있다.

분당 지역의 열병합발전설비는 전력과 증기를 동시에 생산하여 전기는 수도권 전력 수요처에 공급하고, 증기는 열교환기를 통하여 물을 가열, 인근 지역의 아파트 단지에 난방 및 급탕용 온수로 공급한다. 가스 파이프라인을 통하여 온 액화천연가스(LNG)를 연소시켜 가스터빈을 돌려 약 40만 kW의 전기를 얻고, 여기서 나오는 고온의 배기가스를 이용하여 증기 터빈을 돌려 다시 20만 kW의 전기를 얻게 된다. 이 때 증기 터빈으로부터 저온 저압의 증기를 뽑아내어 지역난방용 급수 가열기를 가동하여 온수를 각 가정에 공급한다.

이와 같은 방법으로 분당 열병합발전소에서는 60만 kW의 전력과 함께 시간당 941t의 수증기를 발생시켜 전력과 열을 공급한다. 이때의 열효율은 가스 터빈만을 이용해서 발전할 경우에는 효율이 약 29%, 가스 터빈과 증기 터빈을 복합으로 발전하는 경우에는 약 44%, 그리고 열병합의 경우에는 발전과 열 이용을 합하여 약 76.5%로 효율이 높아진다. 이와 같은 시스템은 일산, 평촌, 부천 등에도 설치 운용 중이며 서울의 노원구에서는 도시 쓰레기를 소각하여 나오는 열을 이용하여 열병합을 실시하려는 것도 구상 추진 중이라고 한다. 이처럼 열병합발전은 에너지의 합리적 이용에 따른 에너지 절약 효과라는 큰 이점이 있다.

대구에는 많은 염색 공장이 한 공단 내에 들어 있는 비산 염색 공업 단지가 있다. 염색 공장은 많은 수증기와 전기를 필요로 한다. 그래서 초창기에는 각 공장들이 수증기를 만들기 위하여 보일러를 가동하고, 전기는 전력 회사로부터 공급받았다. 그런데 1985년에 열과 전기를 동시에 생산해서 각 공장에 공급하는 열병합발전 시설을 도입했다. 이로써 각 공장은 보일러를 가동할 필요가 없게 되고, 전기도 열병합발전소의 것을 쓰게 되어 에너지 이용 효율이 크게 향상되었다.

비산 염색 단지에 설치된 열병합발전 시설은 석탄을 사용하여 기름보다 생산 비용이 싸다. 전기만 생산한다면 에너지 이용 효율이 35~40% 정도일 것이나 열병합발전에서는 폐열도 같이 쓰므로, 에너지의 이용 효율이 80% 정도까지 커지게 되는 것이다. 그리하여 보일러를 각 공장마다 가동해서 수증기를 생산할 때보다 생산 비용이 대폭 줄어들며 환경도 크게 개선된다. 우리나라의 공업단지에 열병합발전 시설을 갖춘 곳이 많다. 울산과 여천 석유 화학 단지, 반월 공단, 구미 공단, 비산 염색 단지, 온산 공업 단지 등 17 곳이나 된다. 섬유 공장이나 제지 공장과 같이 수증기와 전기를 많이 사용하는 공장은 단독으로도 열병합발전을 실시하고 있다.

에너지원 수입 의존도가 높은 우리나라로서는 열병합발전이 더 활성화되어야 한다. 전기를 생산하기 위해 발전소를 가동하고 남은 폐열은 발전에는 필요 없는 열로 그냥 냉각시켜 버려져 왔다. 발전에는 필요 없는 폐열이지만 200℃ 이하의 고온의 열이므로 냉방 및 급탕에 얼마든지 쓰여질 수 있다. 이런 점을 잘 이용한다면 에너지 효율을 더 높일 수 있을 것이다.

(2) 화력발전소의 원료(화석에너지의 종류)

① 석 탄

여러 가지 식물 자원이 땅속에 묻힌 상태에서 오랜 세월이 흐르면서 생성된다. 식물질에서 변질하여 흩어진 섬유소(纖維素;cellulose)라고 불리는 것은 이탄에서 갈탄, 역청탄, 무연탄으로 변화해서 양질의 석탄으로 변모해 가는 것인데, 석탄으로의 진화, 즉 석탄화 작용 중에서 물리적 특성이 변화해 가는 것이다.

이탄은 식물질 덩어리이며, 갈탄은 점착력이 없고 무르다. 무연탄은 더욱 단단한데 이는 매우 깊이 매몰되어 용융암체(마그마) 가까이에서 열과 압력을 받아야 한다. 그 위에 한층 탄화가 진행하면 순수한 탄소에서 이루어지는 흑연이 나온다.

석탄 이용을 살펴보면 산업혁명으로부터 시작된 근대 공업사회를 이룩하는 데 결정적인 역할을 한 에너지원으로서 지구상의 매장량도 다른 화석에너지원에 비교해 풍부한 편이다. 석탄은 석유에 비하여 단위 중량당 발열량이 다소 낮고 고체 형태로서 취급하기가 불편하며, 공해 요인이 되는 불순물을 다량 포함하고 있기 때문에, 석유의 대량생산에 따라 주에너지원으로서의 위치를 상실하였다. 그러나 지속적인 이용 기술의 개발에 따라 이를 극복해 가는 추세에 있다.

석탄의 종류에는 여러 가지가 있다. 국내에서 소비되는 석탄으로는 무연탄과 유연탄이 있는데, 무연탄은 90% 이상이 연탄으로 가공되어 가정 · 산업 부문에서 연료로서 이용되고 있다. 유연탄의 경우 무연탄에 비하여 발열량 등이 높긴 하나 국내 생산은 전무한 상태이며, 전량을 외국의 수입에 의존하고 있는 실정으로서 화력발전 및 산업용 연료로서 사용되고 있다.

한편 석탄의 세계적인 매장량은 고품위탄이 약 1조 755억 톤으로 추정되고 있으며, 가채년수(可探年數)는 약 328년 정도로 추정되고 있다. 석탄은 각종 화학연료로 사용되기도 하며, 직접적인 1차 에너지원으로 이용되기도 하고 가스화 및 액화 등에 의해 2차 에너지로도 이용될 수 있다.

② 석 유

원유(原油)는 지하의 유전(油田)에 고인 천연의 광유(鑛油)로 이를 정제(精製)하여 여러 가지 석유제품을 얻게 되는데 석유(石油)란 원유와 석유제품을 함께 일컫는 명칭이다. 석유는 탄소와 수소의 결합 상태에 따라 여러 가지 탄화수소가 되는데 가장 간단한 탄화수소는 메탄으로서 탄소 1개와 수소 4개가 결합한 분자이고 좀 더 크고 복잡한 탄화수소의 분자에서는 골격을 이루는 탄소들이 사슬 모양(헥산), 고리 모양(벤젠)으로 연결되어 있다. 이 원유는 해저에 가라앉은 유기물의 부패로 100만 년 이상의 세월이 걸려서 만들어진 이후에 형성된 암반에 퇴적물로 매장되었던 것이다.

석유는 가스와 별도로 매장되어 있는 일은 거의 없고, 가스가 용해한 상태에서 경질유와 결합하고 있다. 탄화수소의 결합은 가벼운 액상유(液狀油)나 그 표면의 액체에 응집하고 있는 기체 성분 등에서 가열하면 유동하기 시작하는 무겁고 점도가 높은 기름이나 오일셰일(oil shale) 중의 고체상에서 가열 분해되어 석유로 되는 겔로겐까지 여러 가지가 있다.

석유는 초기에 조명용과 윤활용으로 사용되었다. 그 후 석유가 증산됨에 따라 액체 상태라는 점, 석탄보다 취급이 용이하고 열효율이 높은 점 등이 요인이 되어 사용이 증대되었다. 미국에서도 1921년에는 증기기관차의 연료 90%는 석탄이었으나 점차 석유가 노(爐)보일러, 공장, 기관차, 기선의 연료로 사용되었으며, 경질유는 자동차, 항공기, 석유화학공업에 사용되었다.

현재는 플라스틱, 합성섬유, 살충제, 약품에 이르기까지 많은 제품을 만드는 데 석유가 사용되고 있다. 석유의 매장량은 현재 전 세계적으로 1,373억 bbl이 매장되어 있는 것으로 추정되며, 그 가채년수가 약 43년인 것으로 분석되고 있다.

이들 총 매장량을 지역별로 살펴보면, 중동이 894억 bbl로서 65.4%로 가장 많은 점유율을 보이고 있으며, 다음이 북미로 120억 bbl인 8.7%, 중남미가 112억 bbl인 7.8%, 아프리카 지역이 83억 bbl인 6.2%, 비 OECD 유럽이 81억 bbl로 5.9%, 아시아 및 대양주가 61억 bbl인 4.4%, OECD 유럽이 22억 bbl로 1.6%를 점유하고 있는 것으로 분석 · 추정되고 있다. 역시 석유는 중동 편재가 심한 것으로 나타나고 있다.

원유를 증류하여 각종 석유제품과 반제품을 제조하는 것을 석유 정제라고 한다. 원유의 주성분은 탄화수소이며, 탄화수소는 탄소 원자와 수소 원자의 수나 연결 모양에 따라 성질이 달라져 메탄, 프로판, 벤젠 등 여러 가지 종류로 구분된다.

이 탄화수소는 증류에 의해 분리되는데 끓는점의 차이에 따라 LPG(−42℃∼−1℃), 휘발유(30℃∼180℃), 등유(170℃∼250℃), 경유(240℃∼350℃), B-C유, 윤활유(350℃ 이상)로 분리해서 뽑아낸다.

각 유분(溜分)을 뽑아내는 원리를 보면, 원유를 가열하면 끓는점이 낮은 것부터 차례로 높은 것 순으로 증발하여 기화된다. 이것을 식혀 차례로 용기에 담으면 여러 가지 탄화수소가 끓는점의 차이에 따라 분류된다.

이렇게 뽑아낸 여러 가지 유분(溜分)은 황이나 불순물을 함유하고 있기 때문에 이것을 제거하지 않으면 제품으로 만들 수가 없다. 정유공장에서 하는 일은 이와 같이 원유의 증류를 통해 여러 가지 유분으로 분류하고, 불순물인 황분 등을 제거하며, 또 촉매를 첨가하여 탄화수소에 반응을 일으켜 성질이 다른 탄화수소를 만들어내는 분해, 개질과정을 거쳐 양질의 석유제품을 만들어 내는 것이다.

이와 같은 증류, 탈황, 분해, 개질 등의 공정을 총칭하여 석유정제라고 한다.

③ LNG : Liquified Natural Gas(액화 천연 가스)

천연가스의 생성 과정은 석탄과 유사하며, 석유가 생산될 때 함께 섞여서 생산되기도 하나 대부분 별도로 생산된다. 천연가스의 주요 성분은 $80 \sim 85\%$가 메탄(CH_4)가스로 되어 있는 반면에 공해 물질의 함량이 지극히 적다는 이점 때문에 에너지원으로서 이용가치를 높이 평가받고 있다.

그러나 천연가스는 기체 상태이기 때문에 많은 양을 한 곳에 저장하는 데에는 많은 어려움이 있을 뿐만 아니라 파이프라인을 통한 수송 이외에는 대량으로 운반하는 데에 큰 문제가 따르고 있다. 그러나 천연가스 액화 기술이 개발되어, 대량 저장과 원거리 대량 수송이 가능하게 되었다. 천연가스의 세계적인 확인 가채매장량은 약 141조 m^3로서 가채년수는 약 66.4년인 것으로 추정되고 있으며, 이를 매장된 지역별 분포율로 살펴보면 OPEC가 가장 많은 57.6조 m^3인 40.8%를 차지하고 있으며, 비 OECD 유럽이 56.7조 m^3인 40.2%, OECD가 14.9조 m^3로서 10.6%, 기타 11.8조 m^3인 8.4%를 점유하고 있는 것으로 분석되고 있다.

액화천연가스(LNG ; Liquified Natural Gas)는 천연가스가 생성될 때 포함된 수분과 질소 같은 불순물을 제거한 후 $-162℃$의 아주 낮은 온도에서 액화시킨 상태로서 필요한 곳으로 수송한 후 다시 기화시켜 사용한다. 우리나라에는 1986년 처음 도입되기 시작하였으며 사용량이 점차 증가하는 추세이다.

액화천연가스는 공해 요인이 거의 없는 청정에너지로 최근 들어 크게 각광받는 에너지원의 하나이다. 특히 폭발 범위가 적어 위험성 측면에서 어느 정도 보장이 가능하며, 높은 발열량에 따라 그 이용 분야가 다양하다.

액화천연가스의 이용 분야는 도시가스로서 가정용 연료로 사용되거나, 발전용 또는 산업용 가스보일러의 연료로 사용되는 것 이외에 새로운 이용기술로서 LNG 냉열(冷熱)을 이용하는 방법이 있다. LNG가 수입 기지에서 재기화(再氣化)될 때 흡수하는 열을 냉열이라 부르는데, 이때 kg당 200kcal의 냉열이 발생되고 이 열을 이용하는 기술이 개발되어 활용되고 있다.

LNG 냉열을 이용하여 발전을 하거나 공기를 액화시켜 액체산소, 액체질소 및 액체 드라이아이스 등을 만들기도 한다. 또 냉열은 식품의 냉동 및 냉장에 이용될 수 있으며 고무, 플라스틱 및 금속을 저온 분쇄하여 가공 처리하는 데에 이용되기도 한다.

④ LPG(Liquefied Petroleum Gas)

액화석유가스의 영문 약자이며 부탄과 프로판이 있다. LPG는 원유의 채굴, 정제 과정에서 생산되는 기체상의 탄화수소를 액화시킨 혼합물로서, 프로판(Propane) 제품과 부탄(Butane) 제품으로 구분하여 사용된다. 프로판 제품은 프로판(C_3H_8)이 주성분이며, 소량의 메탄, 에탄, 부탄 등이 혼합되어 있다.

주로 가정. 상업용 취사, 난방 등에 사용되며 도시가스의 제조 원료로도 공급되고 있으며 산업체(도자기 공장의 노 등)에서 사용된다. 부탄 제품은 노말부탄($n-C_4H_{10}$), 이소부탄($i-C_4H_{10}$)등 부탄 성분 등이 대부분을 차지하며, 프로판 등 타성분이 일부 혼합되어 있는 제품으로서, 국내에서는 주로 자동차용 연료로 사용되며 이동용 버너 캔, 일부 난방용 연료 및 석유화학 연료로 사용된다. 또한, LPG는 산업용으로 일부 사용되고 있으나, 외국의 예를 볼 때 LPG가 가진 우수한 특성 등으로 향후 비약적인 보급, 확대가 예상된다.

순수한 LPG는 무색, 무취, 무미이나 누설 시 이를 감지할 수 있도록 미량의 착취제를 첨가하고 있으며, 독성 물질 및 불순물을 함유하지 않은 청결한 연료이다. 일부 청소년들이 환각을 목적으로 흡입하는 경우가 있으나 환각 작용이라기보다는 뇌에 산소 공급이 중단되는 질식 상태인 것이다. 뇌에 장시간 산소 공급이 중단되면 질식사하거나 심각한 장애를 초래할 수 있다.

LPG는 액화 및 기화가 용이하다, 즉, 프로판의 경우 대기압 상태에서 $-42.1℃$ 이하로 냉각시키거나 상온에서 $7kg/cm^2$ 이상으로 압력을 가하면 쉽게 액화되며, 부탄은 $-0.5℃$, $2kg/cm^2$로서 더욱 쉽게 액화시킬 수 있다. 또한 LPG는 액화시키면 부피가 매우 작아지므로(프로판은 약 270분의 1, 부탄은 약 240분의 1) 수송과 저장이 용이하다.

LPG는 기화하면 공기보다 무겁고, 액화하면 물보다 가볍다. 또한 공기 중에서의 연소 한계농도가 낮아 누설이 되면 낮은 부분에 고여 화재 또는 폭발의 위험이 있으므로 별도의 안전장치를 구비하여 이에 대비하여야 한다. 실내에 가스 탐지기를 설치하는 경우 LPG의 경우 공기보다 무거우므로 바닥에 가깝게 설치하며 LNG의 경우 공기보다 가벼우므로 천정에 가깝게 설치한다.

LPG를 연료로 하는 난방기(캐비닛 히터 등 히터류, 보일러)를 사용 시는 환기에 주의하여야 한다. LPG는 연소 시 산소 소비량이 많기 때문에 밀폐된 공간에서 사용 시는 환기에 주의하여야 하며 보일러실은 적정한 통풍구를 설치하여야 산소 결핍에 의한 질식 사고를 미연에 예방할 수 있다. LPG는 기화 잠열이 높아 기화시킬 때 많은 기화열이 필요하다. 따라서 공업용 등 대량 사용 시에는 별도의 기화 설비를 갖추어야 한다.

화력발전의 일반적인 상업 발전소에서의 전력 효율은 약 33%에서 48% 정도이지만 복합 화력과 가스터빈의 대형화 등으로 에너지 효율이 점차 높아지고 있다. 이 효율은 모든 열 기계들이 따르는 열역학 때문에 제한되고. 나머지 에너지는 열로 빠져버린다. 이 폐열은 주로 복수기에서 냉각수와 냉각탑에서 빠져버리게 되고 이 폐열을 지역난방에 사용하는 발전소를 가리켜 열병합발전소라고 칭한다. 사막 국가에 위치한 화력발전소는 전력과 더불어 폐열을 이용하여 탈염 설비를 가동하기도 한다.

본질적으로 화력발전소의 효율은 증기의 절대 온도의 비율에 제한되어 있어, 효율을 높이기 위해서 증기를 고온 고압으로 만드는 것이 중요하다. 역사상에는 물 대신에 수은을 이용한 화력발전소 실험이 있었다. 수은은 물보다 더 높은 온도를 가지면서도 더 낮은 압력으로 발전하는 것이 가능하였으나, 수은의 독성과 낮은 열 순환능력으로 인해서 퇴출당하였다.

모두가 알다시피 우리나라 연료의 해외 수입 비중이 97% 이상이다. 석유, 가스 등 화석연료의 가격 상승은 화력발전의 경제성을 약화시키는 요인으로 작용한다. 그리고 다른 발전소에 비해 생산 단가가 높기 때문에 경제성은 좋지 않다.

3 원자력발전

댐에서 떨어지는 물의 힘으로 터빈을 돌려 전기를 만드는 것이 수력발전이다. 화력발전은 석유나 석탄을 때서 물을 끓이고 여기서 나오는 증기의 힘으로 터빈을 돌려서 전기를 만든다. 원자력발전도 화력발전과 마찬가지로 증기의 힘으로 터빈을 돌려서 전기를 만든다. 다만 원자력발전은 우라늄을 원료로 하여 핵분열할 때 나오는 열로 증기를 만든다는 점이 차이가 있을 뿐이다. 원자력발전에서는 원자로가 화력발전의 보일러와 똑같은 역할을 하고 있다. 말하자면 원자로는 우라늄이 핵분열하여 에너지를 낼 수 있도록 만들어진 우라늄 전용 보일러이다.

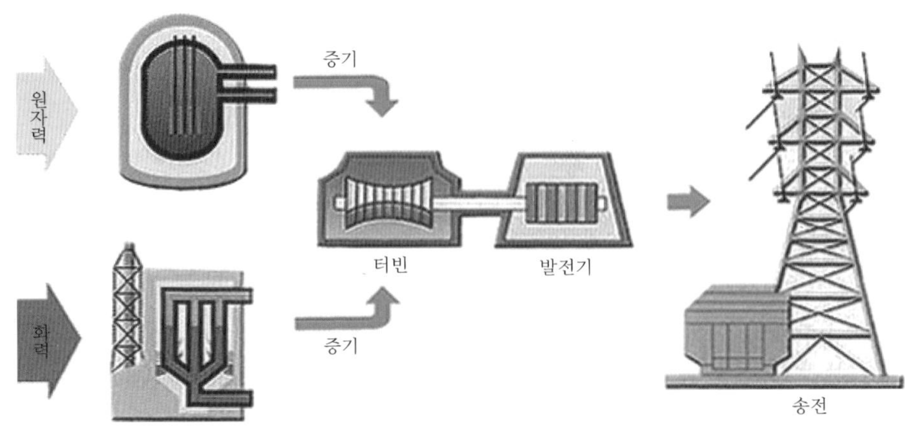

┃ 그림 5-27 원자력발전과 화력발전의 차이(출처 : 원자력문화재단) ┃

원자로는 원자로의 기능과 개발 단계에 따라 여러 가지로 구분된다. 먼저 기능에 따라 분류해 보면 연구용 원자로, 동력용 원자로, 플루토늄 생산용 원자로로 구분할 수 있다.

연구용 원자로는 동위원소 생산, 재료 시험, 그리고 중성자 조사 연구 등에 이용되는 원자로이다. 동력용 원자로는 선박 추진이나 전력 생산 및 열원으로 이용되는 원자로이며, 플루토늄 생산 원자로는 폭탄용 플루토늄 생산을 위해 만들어진 군사용 원자로를 말한다.

개발 단계에 따라 구분해 보면 원자로에 관한 이론의 실증을 위한 "실험로", 실용화

가능성을 확인하기 위한 '원형로', 원자로의 안전성과 경제성을 입증하기 위한 '실증로' 그리고 상업적으로 이용하기 위한 '상용로'로 구분해 볼 수 있다.

(1) 원자력의 원리

모든 물질을 구성하는 원자는 양성자와 중성자로 구성된 원자핵과, 그 주위를 돌고 있는 전자로 구성된다.

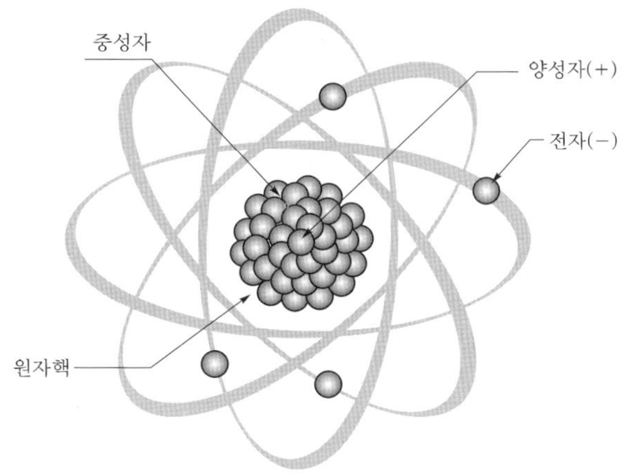

┃ 그림 5-28 원자의 구조 ┃

그중 우라늄, 플루토늄과 같이 무거운 원자핵이 중성자를 흡수하면 원자핵이 쪼개지는데, 이를 핵분열이라고 한다. 무거운 원자핵이 분열하면 많은 에너지와 함께 2~3개의 중성자가 나오고, 이 중성자가 다른 무거운 원자핵과 부딪치면 또다시 핵분열이 일어난다. 이런 식으로 계속해서 핵분열이 이어지는 것을 핵분열 연쇄반응이라고 하며, 이 과정에서 생기는 막대한 에너지가 바로 원자력이다.

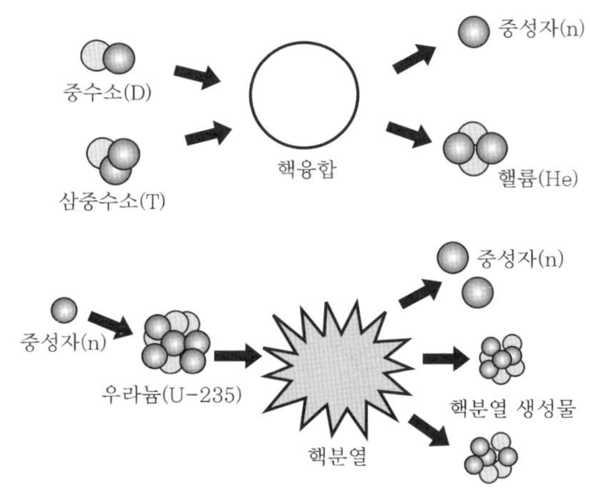

┃ 그림 5-29 핵융합과 핵분열 ┃

우라늄 1g이 핵분열할 때 나오는 에너지는 석유 9드럼, 석탄 3톤을 태울 때 나오는 에너지와 맞먹는 양이다. 핵분열로 에너지를 얻는 것은 아인슈타인의 상대성이론을 기초로 한다. '에너지 질량 등가법칙($E = mc^2$)으로 핵분열 전후에 발생한 원자핵의 무게 차이(질량결손)만큼 에너지가 발생한다는 원리다($E =$ 에너지, $m =$ 물체의 정지질량, $c =$ 빛의 속도).

그런데 핵융합 시에 발생되는 에너지량은 핵분열 시에 발생되는 에너지량보다 훨씬 더 크기 때문에 흔히 말하는 원자탄(핵분열반응을 이용한 핵폭탄)보다는 수소탄(핵융합반응을 이용한 핵폭탄)의 위력이 훨씬 더 크다는 것을 알 수 있다.

일반적으로 모든 물질은 온도를 높임에 따라 고체→액체→기체로 변해간다는 것은 누구나 다 아는 상식이다. 그런데 더욱더 온도를 높여서 수백만 도(℃) 이상(예를 들면 태양의 외곽)이 되면 원자를 구성하고 있는 원자핵과 전자의 결합 상태가 허물어져서 제각기 맹렬한 속도로 불규칙하게 흩어져 공간을 떠돌게 된다. 원자의 이러한 상태를 "플라즈마(Plasma)" 상태라고 한다. 이런 "플라즈마" 상태에서 1억 도(℃) 이상이 되면 핵융합 반응이 일어나게 된다고 한다. 이 핵융합반응을 일명 "열핵반응"이라고도 한다. 그런데 이 핵융합반응을 우리들의 생활에 실용화하기란 그리 쉬운 일이 아니다. 우선 그와 같은 초고온(超高溫)에서 이루어지는 핵융합반응은 핵분열반응 때와는 비교할 수 없는 초고열이 발생하기 때문에 거기에 견딜 수 있는 용기를 만들어 낼 수 있는 방법과 기술이 문제이다. 일반적인 핵분열반응 시에 발생하는 온도는 환경에 따라 다르지만 수백 도 정도라고 생각하면 된다.

만일 핵융합반응을 통제할 수 있는 핵융합로와 같은 기구를 만들어 실용화할 수 있는 시대가 온다면 우리 인류가 걱정하는 에너지 문제는 거의 영원히 해결된다고 말할 수 있을 것이다. 왜냐하면 핵융합 반응의 원료가 되는 중수소(^{2}H 또는 D(Deuterium)이라고도 표기함)는 바닷물이든 호수 물이든 또는 강물이든 시냇물이든 간에 모든 물속에 중수(重水)로써 약 0.015%의 비율로 함유되어 있기 때문이다.

좀 더 구체적으로 설명하면 이 지구상에 있는 바닷물의 양은 무려 1.5×10의 18제곱 톤(1조 톤의 150만 배)이나 되며, 바닷물 1톤 속에 들어 있는 중수소로부터 얻을 수 있는 에너지는 석탄 270톤을 태웠을 때 나오는 에너지와 같다고 한다. 그러므로 바닷물 속의 모든 중수로로부터 얻을 수 있는 에너지의 총량은 4억 년 이상 인류가 사용할 수 있는 에너지량에 해당한다고 한다.

(2) 원자로의 기본 구성

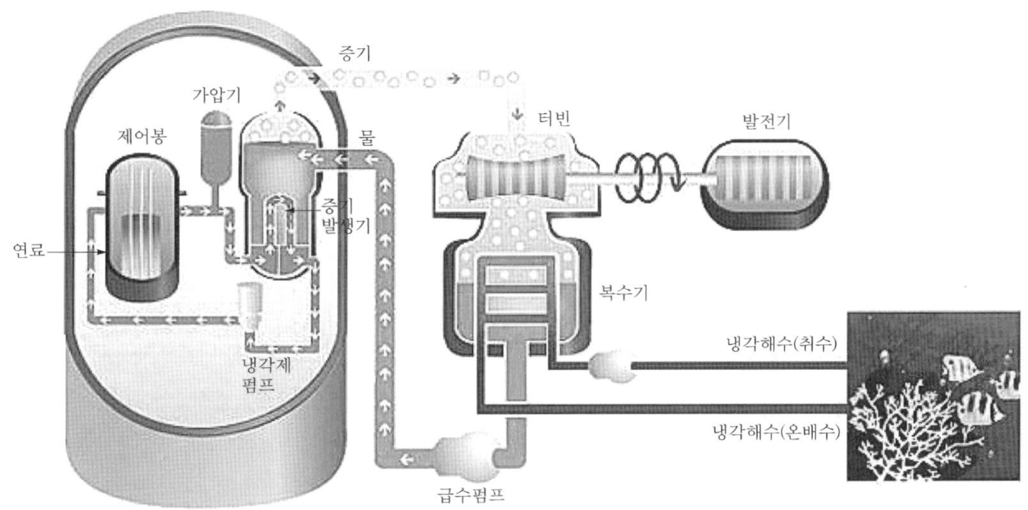

그림 5-30 원자로의 기본 구성

① 핵연료(Nuclear Fuel)

천연에서 얻을 수 있는 유일한 핵분열성 물질은 U-235이다. 이외 U-233, Pu-239, Pu-241 등의 핵분열성 물질과 Th-232와 U-238 등의 핵원료성 물질로부터 중성자 조사를 통해 얻을 수 있다. 핵연료는 기체 상태, 액체 상태도 이용이 가능하지만 기체 상태의 경우 그 밀도가 너무 낮다는 결함이 있고 액체 상태의 경우 심한 화학 반응 및 방사능 문제가 따른다. 따라서 대개의 경우 고체 상태의 핵연료가 이용되는데, 화학적 침식을 받거나 핵연료에서 생긴 방사능이 연료 밖으로 새어 나가지 않도록 한다. 핵연료 재료는 우수한 핵적 특성을 가져야 할 뿐만 아니라, 높은 열전도도, 방사선 조사에 대한 안전성, 화학적 안정성(특히 냉각재와의 반응 관점에서), 높은 용융 온도, 제작 용이성, 낮은 열팽창계수, 높은 핵연료 밀도 등의 물리, 화학적 특성을 갖추는 것이 바람직하다. 우라늄 핵연료는 금속 우라늄의 형태 또는 탄화우라늄(UC) 또는 이산화우라늄 형태로 이용되며, 이들은 각각 다음과 같은 특징이 있다.

- 금속 우라늄 – 핵연료 밀도가 높고 가공이 용이하나, 중성자 조사를 받으면 부풀어 오르며, 내식성이 약한 결함을 갖고 있다.
- 탄화우라늄 – 화학적 친화력이 강하여 냉각재를 경수와 중수가 아닌 물질로 제한한다. 예로써 이 연료는 고온 가스 냉각로에 이용되며, 고온 가스 냉각로에서는 헬륨과 같은 가스를 냉각재로, 흑연을 감속재로 이용하고 있다.
- 이산화우라늄 – 열전도 특성이 좋고, 산소 원자핵의 흡수 단면적이 적고 핵연료 연

소가 과다할 때 깨어지는 점을 제외하면 기하학적으로 안정하고 성형 가공이 쉬운 장점이 있다.

이상과 같은 특징 때문에 대부분의 동력로는 이산화우라늄을 핵연료로 이용하고 있다.

② 감속재(Moderator)

속중성자를 효율적으로 열중성자로 감속하기 위해서 감속재는 반드시 가벼운 원소로 구성된 물질이어야 한다. 감속재는 기체, 액체, 고체 상태로 이용될 수 있지만, 기체 상태는 밀도가 너무 작기 때문에 대개 액체 및 고체 상태로 이용된다. 액체상의 감속재는 기체 상태에 비해 밀도가 높고 또한 냉각재로도 이용될 수 있다. 좋은 감속재가 되기 위해서는 중성자 산란 단면적이 크고, 한 번의 충돌에서 일어나는 중성자 에너지 손실이 크며(질량수가 작은 원자핵일수록 유리함), 중성자 흡수 단면적은 작아야 한다. 흔히 이용되고 있는 감속재로는 경수, 중수가 있으며 그 특징은 아래와 같다.

- 경수 – 값싸게 구할 수 있고, 열전달 특성이 좋기 때문에 냉각재로도 쓰인다. 중수나 흑연에 비해서 중성자 흡수 단면적이 큰 것이 단점이며 이 때문에 경수 감속 원자로는 천연 우라늄을 바로 핵연료로 사용하지 못하고 농축우라늄을 사용한다.
- 중수 – 값이 비싼 것이 흠이다. 중성자 흡수 단면적이 적기 때문에 중수 감속 원자로는 천연우라늄을 핵연료로 사용할 수 있다.

고체상의 감속재로는 흑연이 대표적이다. 흑연은 용융점이 높고 열용량이 크며 흡수 단면적이 적은 장점을 갖고 있다. 가격 또한 비싸지 않다. 단 고체상 감속재는 계속 사용시 냉각시켜 주어야 한다.

중성자의 속도가 빠르면 핵분열이 일어나기 어렵다.
감속재(물)를 통과한 고속 중성자는 속도가 느린 열중성자가 되어 핵분열이 일어나기 쉽다.

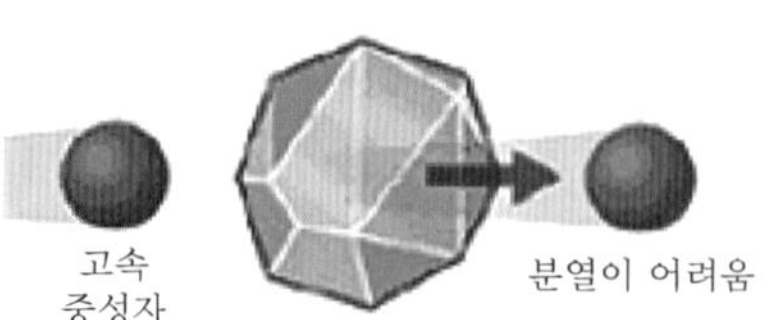

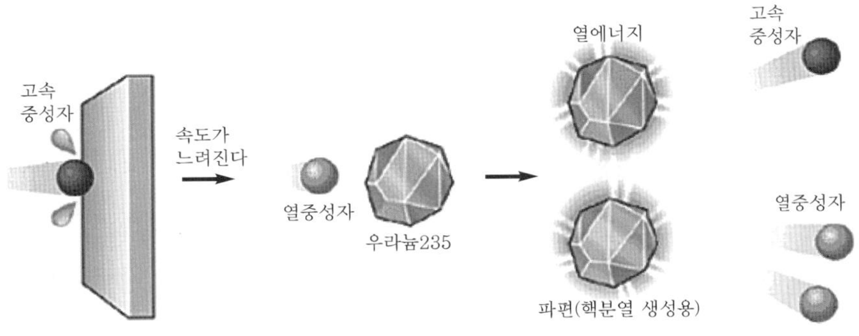

그림 5-31 감속재의 역할

③ 냉각재(Coolant)

핵분열 에너지를 핵연료로부터 제거하여 터빈 구동에 직접 사용하거나(직접 사이클), 다른 2차 냉각재에 열을 전달하여 터빈 구동에 필요한 증기를 발생시킨다(간접 사이클). 우수한 냉각재가 갖추어야 할 일반적인 특성으로는 우수한 열전달 특성, 다른 원자로 구성 재질과의 화학적 적합성(낮은 부식성 등), 작은 펌프 출력 요구, 합리적인 운전 압력 (낮은 용융점 및 높은 비등점), 중성자 및 감마선 조사 안정성, 작은 중성자 흡수, 풍부성 및 경제성, 취급의 용이성 등을 들 수 있다. 냉각재는 기체상 및 액체상의 두 종류가 있는데 그 특징을 요약하면 다음과 같다.

- 기체 – 밀도가 낮아 노 안의 중성자에는 영향이 적다.
  냉각 효과를 높이기 위해서는 가압이 필요하고 또한 열전달 면적이 커야 한다.
  펌핑 비용이 높은 것이 흠이다.
  기체상의 냉각재로는 이산화탄소 및 헬륨을 들 수 있다.
- 액체 – 고밀도이기 때문에 기체보다 좋으나 흡수 단면적은 작아야 한다.
  열전달특성이 좋은 물질이어야 한다.
  액체상의 냉각재로는 경수, 중수 그리고 나트륨을 들 수 있다. 이중 나트륨은 액체 금속물질로서 고속로의 냉각재로 쓰인다.

④ 반응도 제어 물질(Control Material)

원자로 내에서 중성자를 흡수하여 중성자속을 조절하는 물질로서, 제어봉(Control Rods), 가연성 독물질(Burnable Poison), 수용성 독물질(Chemical Shim) 등의 세 그룹이 있다. 원자로 내에 중성자 흡수 물질이 많아지면 중성자속이 줄어들어 출력이 감소하고, 반대로 흡수 물질이 적어지면 출력이 증가한다.

- 제어봉 물질 – B, Cd, Ag-In-Cd, Hf, Ag-Hf, Ag-In-Hf 등
- 가연성 독물질
- 수용성 독물질 – 붕산 용액

⑤ 구조재(Structural Materials)

구조재는 구조재로서의 강도에 대한 요구 조건과 그 사용량의 정도에 따라 여러 종류의 물질들이 사용될 수 있다. 원자로 내부 구조재가 갖추어야 할 바람직한 특성은 용도에 따라 다르기는 하지만, 낮은 중성자 흡수 단면적, 높은 기계적 강도 및 연성, 높은 열적 안정성, 방사선 조사에 대한 안정성, 우수한 열전달 성능, 고온에서의 부식 저항성 등이 있다. 핵연료는 핵분열 생성물이 냉각재로 방출되는 것을 방지하기 위해 금속이나 세라믹 형태의 피복재(Cladding)로 둘러쌓이는데, 피복재 물질에는 스테인리스강, 지르코늄합금(Zircaloy), 알루미늄 및 그 합금, 마그네슘 및 그 합금, 베릴륨 등의 금속과 흑연, SiC, BeO, MgO 등의 세라믹이 있다. 대표적인 구조재를 살펴보면 다음과 같다.

- Inconel – 재질의 강도는 가장 좋으나 중성자 흡수 단면적이 커서 특별히 그 강도가 요구되는 경우에 한해 소량으로 사용된다.
- Zircaloy – 강도가 떨어지지만, 흡수 단면적이 가장 작기 때문에 대량으로 사용이 가능하다.
- 스테인리스강 – 적당한 강도 및 작은 흡수 단면적으로 미루어 보아 구조재로 적합하지만 중성자 조사를 받게 되면 연성이 나빠지고 응력 부식으로 균열을 일으키는 결함이 있다.

(3) 원자로의 종류

원자로는 천연우라늄을 사용하는 중수로와 저농축우라늄을 사용하는 경수로에서 점차 열효율이 높은 고속증식로로 변천되어가고 있다. 현재 전 세계적으로 가동되고 있는 상용 원자로는 미국에서 개발한 가압경수로와 비등경수로, 영국에서 개발한 고온 가스 냉각로, 캐나다에서 개발한 가압중수로 등 크게 4종류로 나눌 수 있다.

① 가압경수형 원자로(Pressurized Water Reactor ; PWR)

가압경수형 원자력발전소는 평균 3% 정도의 농축우라늄을 연료로 사용하고 1차 계통과 2차 계통이 서로 직접 접촉하지 않고 분리되어 있기 때문에 방사선 차폐가 잘 되어 있다. 냉각재로는 보통의 물(경수, H_2O)을 사용하고 감속재는 따로 없다.

1차 계통은 완전히 폐쇄된 회로로서 냉각재 펌프에 의하여 강제로 물이 순환되고 있다. 원자로를 통과하면서 가열된 물은 증기 발생기로 가서 그 곳에서 2차 계통에 열을 전달하고, 이때 온도가 낮아진 물은 냉각재 펌프에 의하여 다시 원자로 입구로 들어간다.

　원자로와 증기 발생기 사이에 있는 가압기에는 별도의 전기 가열기가 있어 전열기에 의해 가압기 내에 증기를 일부 발생시켜 그 증기의 힘으로 1차 계통 전체 압력을 조절하는 역할을 한다. 따라서 가압기 내부는 1차 계통보다 온도가 높다. 2차 계통에서는 1차 계통으로부터 열에너지를 받은 물이 1차 계통보다 낮은 압력의 증기로 변하여 터빈을 돌린다. 즉 급수 펌프에 의하여 증기 발생기로 들어온 물은 증기 발생기 내부의 1차 계통의 냉각재로부터 U자 모양의 관을 통해 열을 받아 수증기로 변한다. 2차 계통은 1차 계통보다 압력이 훨씬 낮으므로 낮은 온도에서도 증기가 발생될 수 있다.

　이렇게 해서 생긴 증기는 증기 발생기를 빠져나와 터빈의 날개를 돌리며, 터빈은 다시 같은 축에 연결되어 있는 발전기를 돌려 전기를 발생시킨다. 가압경수로는 세계적으로 가장 안전하고 경제적인 원자로로 평가받고 있다. 우리나라에는 현재 11기의 원자로가 가동 혹은 건설 중인데 그중 10기가 가압경수로형이다.

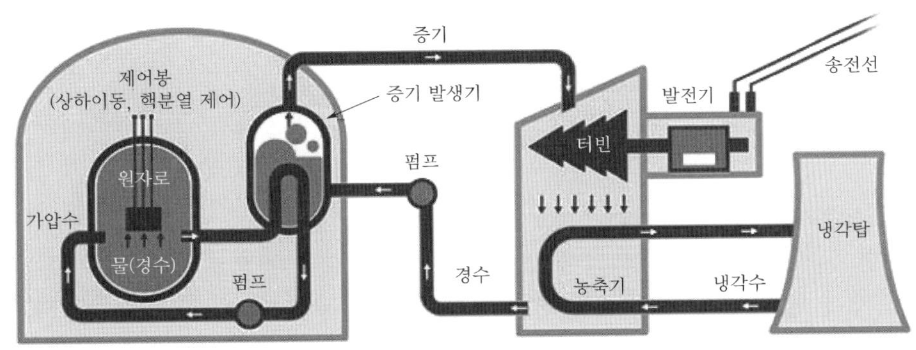

그림 5-32 가압경수형 원자로(PWR) 구조

　② 가압중수형 원자로(Pressurized Heavy Water Reactor ; PHWR)

　가압중수형 원자력발전소는 값싼 천연우라늄을 핵연료로 사용하는 대신 감속재와 냉각재로 값비싼 중수(D_2O)를 사용한다. 가압중수로 중 대표적인 것은 캐나다가 개발한 캐나다형 중수로(CANDU라 부름)로서 우리나라 원자력 3호기가 바로 이것이다.

　가압중수로 역시 1차 계통과 2차 계통이 완전히 분리되어 있고, 열교환은 증기 발생기에서 이루어진다. 2차 계통은 가압경수로와 같으나 1차 계통은 조금 다르다.

　큰 통으로 되어있는 가압경수로와는 달리 칼란드리아는 격리된 여러 개의 채널로 구성되어 있어 각 채널마다 연료가 들어 있고 그 주위를 냉각재가 흐른다. 따라서 경수로보다는 핵연료 교환이 훨씬 쉽다. 경수로는 1년에 한 번 정도 원자로를 정지시켜, 원자로 뚜껑을 열고 그 속에 있는 핵연료의 1/3 정도를 바꾸어 채워야 하지만 중수로는 수백 개의 핵연료 막대가 분리된 채널 속에 각각 들어있으므로, 채널만 정지시킨 상태에서 수시로 몇 개씩 간단히 교체할 수 있다.

　즉 운전 중 교체가 가능하므로 발전소의 가동률이 높으며 우리나라의 월성 원자력 발전소는 이용률 세계 1위의 기록을 갖고 있다. 중수로는 천연우라늄을 사용하므로 핵분열을 일으킬 수 있는 확률이 경수로에 비해 낮으므로 핵분열시 발생하는 고속중성자를 잘 감속시켜야 할 필요가 있다. 따라서 반드시 감속재를 별도로 사용하고 있다.

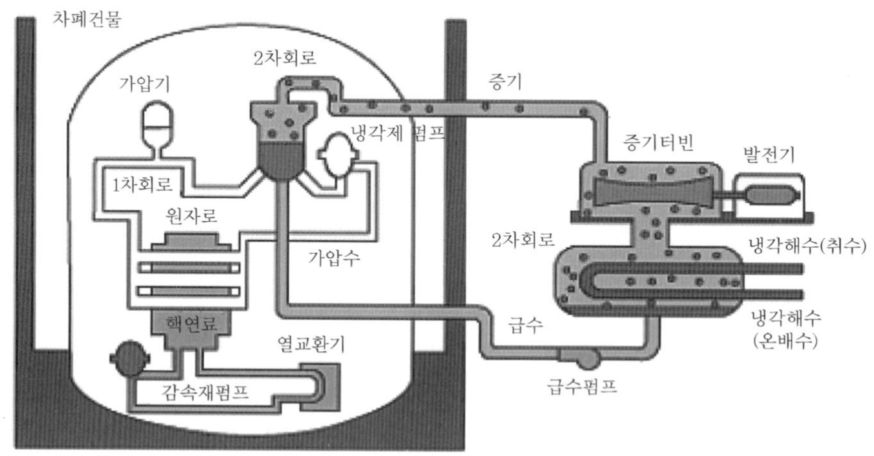

┃ 그림 5-33 가압중수형 원자로(PHWR) 구조 ┃

③ 비등경수형 원자로(Boiling Water Reactor ; BWR)

비등수형 원자로는 가압수형 원자로보다 먼저 실용화된 것으로 냉각재가 경수이고 별도의 감속재는 없다. 2~3%의 저농축 우라늄을 사용한다. 가압기가 없어 냉각재가 직접 원자로 내에서 끓어 수증기로 변한다. 따라서 1차 및 2차 계통이 분리되어 있지 않고 하나로 연결되어 있으므로 전체적인 구조가 간단하다. 또한 가압경수로에 비해 원자로계통의 온도와 압력이 낮으므로 안전성 면에서 유리한 점이 있다.

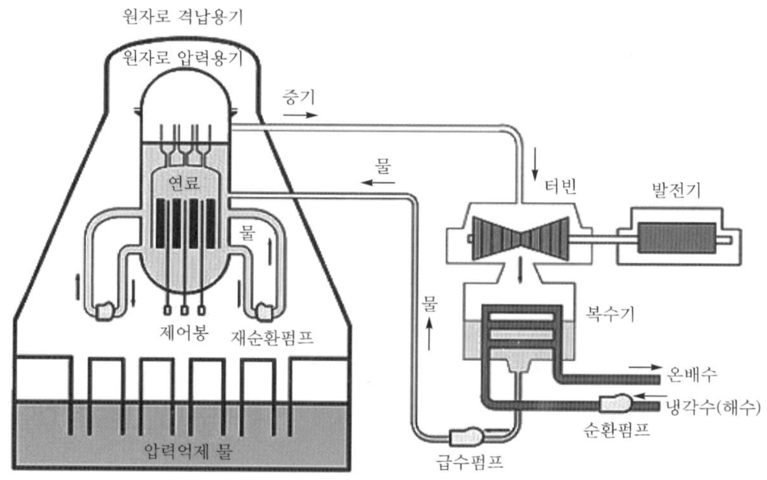

┃ 그림 5-34 비등경수형 원자로(BWR) 구조 ┃

그러나 1차와 2차 계통이 분리되어 있지 않으므로 사고 시 방사능의 확산 가능성이 크며 원자로 주위에 복잡한 차폐 및 안전 설비를 설치해야 한다. 미국, 독일, 일본 등의 국가에서 이 원자로를 보유하고 있으나 가압경수로형이 보다 기술적으로 유리하다는 평가를 받고 있다. 우리나라에는 비등수형 원자로가 없다.

④ 고온 가스 냉각로(High Temperature Gas-Cooled Reactor ; HTGR or HTR)

고온 가스 냉각로(HTGR 혹은 HTR)의 개발은 1950년대 후반부터 정력적으로 수행되어 오고 있다. 원자로 냉각재 온도를 700℃ 이상으로 하기 위하여 노심 구성 재료로 금속 재료를 일체 사용하지 않고 출력밀도를 약 $6MW/m^3$까지 높인 것이 이 원자로의 특징이다.

즉 핵연료 요소의 기본단위로서 세라믹 미소 핵연료 입자를 열분해탄소(PyC)나 탄화규소(SiC)로 다중 피복하여(피복 핵연료 입자라고 함) 핵분열 생성물을 직경 1mm 이하의 입자 속에 가두는 것이다. 감속재의 흑연 재료는 1,000℃ 이상의 고온에서 조사되기 때문에 그 건전성을 유지하기 위하여 일정한 운전 기간마다 교환하도록 되어 있다.

고온 가스 냉각로는 지금까지 3기의 실험로와 2기의 발전용 원자로가 건설, 운전되고 있다. 실험로로는 Dragon 원자로(OECD 20MWt, 1964~1976년),(독일, 13MWe, 1966~1988년) 및 Peach Bottom-1 원자로(미국, 40MWe, 1966~1974년)가 있다. 원형로는 Fort St. Vrain 원자로(미국, 330MWe)과 THTR(독일, 300MWe)이 각각 1981년과 1986년에 운전 개시하였으나 둘 다 초기고장과 경제적인 이유로 이미 운전을 종료하고 있다.

현재 고온 가스 냉각로는 중소형 발전로와 높은 고유 안전성을 구비한 원자로라는 새로운 관점에서 세계적인 관심을 모으고 있다. 즉 여러 외국에서는 1980년대 초 이후 500MWe(상당)이하 중소형로의 도입이 진지하게 검토되고 이와 더불어 고도의 고유 안전성을 갖는 플랜트 설계 개념이 고안되고 있다. 구체적인 예비 안전성 심사에까지 이른 것으로는 독일의 HTR-500, HTR-M, 미국의 MHTGR 등을 들 수 있다.

이들은 발전용 상용로이며 양국의 기존 HTGR 원자로에서의 실증 기술을 발판으로 하여 경제성, 안전성, 신뢰성을 중시한 설계라고 알려져 있다. 이들 기술적 배경으로부터 그 밖의 여러 나라에서 시험로나 지역난방용 소형로가 검토되고 있다. 예를 들면 HTR-10(중국), GHT-10(스위스) 등이 있고, HTR-10(10MWt, 페블 베드형 실험로)는 청화대학의 핵능기술연구소에서 1999년의 임계를 목표로 건설 중에 있다. 또한 1990년대 초에 모듈형 고온 가스 냉각로와 폐사이클 헬륨 터빈을 접속한 발전 플랜트 개념이 생겨나 미국의 GT-MHR(600MWt, 286MWe) 계획, 러시아의 VGM(200MWt, 80MWe, 페블 베드형)계획, 프랑스, 일본의 HTTR 계획, 남아프리카, 독일 등에서 국제 협력에 의하여 설계 검토를 추진 중에 있다.

⑤ 일체형 원자로

일체형 원자로는 기존의 원자로가 노심과 압력 용기, 가압기, 냉각제 펌프 등으로 분리된 데 반해 원자로의 각종 기기가 하나의 압력 용기에 포함된 일체형으로 설계된 것이 특징이다. 일체형 원자로는 다음과 같은 장점을 가지고 있다.

우리나라는 순수 국내 기술로 개발한 중소형 원자로 '스마트(SMART)'가 표준설계 인가를 획득함으로써, 즉 일체형 원자로가 세계 첫 인허가를 받으면서 중소형 원전 분야 세계 최고 기술 보유 국가로 등극했다. SMART는 원자력 중장기 사업의 일환으로 한국 원자력연구소에서 주도적으로 연구 개발하고 있는 원자로 이름이다. SMART는 System integrated Modular Advanced ReacTor에서 따온 말로 신형 일체형 모듈식 원자로란 의미를 내포하고 있다.

SMART는 원자로 계통을 구성하는 주요 기기를 하나의 압력 용기 안에 넣어 안전성을 획기적으로 높인 일체형 원자로이다. 증기발생기·가압기·원자로 냉각재 펌프 등 원자로 1차 계통 기기를 한 개 원자로 압력 용기에 설치했다. SMART는 자연적으로 발생되는 밀도차로 일어나는 흐름(자연대류)에 의해 냉각수를 순환시키는 피동 잔열 제거 계통을 채택했다. 일본 후쿠시마 사고 같은 전원 상실 사고가 발생해도 전원 복구 없이 20일까지 노심의 잔열을 제거할 수 있다. 대형 항공기가 충돌해도 안전한 격납 건물을 채택해 안전성을 강화했다.

SMART는 전기 출력이 대형 원전(1,000MW 이상) 10분의 1 이하 수준인 100MW의 소형 원전이다. 전력 생산·지역난방·공정열 공급뿐 아니라 해수 담수화용으로 활용 가능한 다목적 원자로다. 원전에서 생산된 에너지를 이용해 해수를 증발시켜 바닷물을 민물로 바꿀 수 있다. SMART 1기로 인구 10만명 규모 도시에 전기(9만 kW)와 물(하루 4만 톤)을 동시에 공급 가능하다.

SMART는 연구용 원자로 HANARO(1995년), 한국 표준형원전 OPR1000(1996년), 한국형 신형경수로 APR1400(2001년)에 이어 4번째 국내 독자 개발 원자로다. 해외 원천기술을 전수받거나 개량해 국산화한 것이 아닌 100% 순수 토종 기술로 완성했다.

SMART는 향후 미래 원자력 수요 환경에 대비하고 증가 일로의 해수 담수화 수요 등 원자력에너지의 비전력 분야 활용을 위해 대용량 원자로에 비해 활용성이 다양한 다목적 중소형 원자로로 개발되었다. 또한 SMART는 대형 냉각재 상실 사고 방지 등으로 획기적인 안전성이 보장되는 일체형 원자로(Integral Reactor)이며, 선진 외국의 경우도 유사한 목적으로 활용 예정인 원자로는 대부분 일체형 원자로이다. 중소형 원자로인 SMART는 대용량 발전용 원자로와는 달리 고유 안전 또는 피동 안전 등의 신 안전기술 접목이 용이하며 이는 궁극적으로 한 단계 높은 원자로 안전성을 보장할 수 있다. 또한 모듈 개념적용과 기기 제작 공장에서 제작·조립하여 현장에서 모듈 단위로 설치하는 방법 활용으로 품질 향상에 따른 안전성 향상, 건설 기간을 단축하여 경제성을 높일 수 있는 기술 집약적 원자로이다.

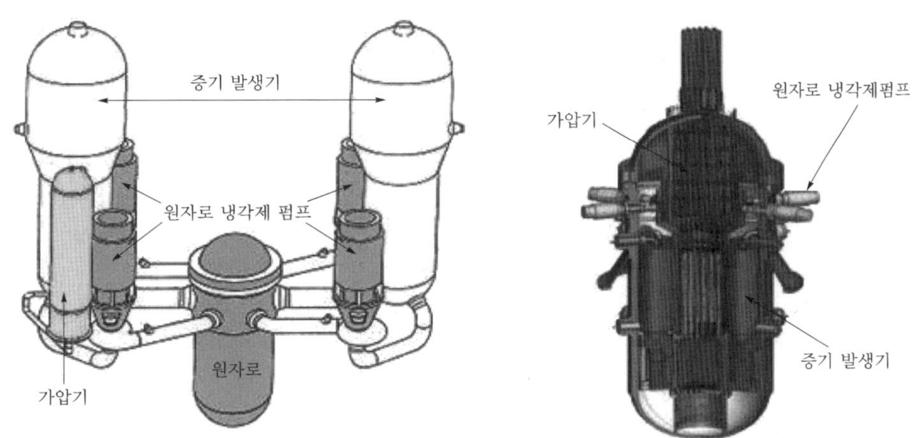

그림 5-35 기존 원자로와 일체형 원자로의 비교

⑥ 액체금속로(고속증식로)(Liquid Metal Reactor ; LMR)

액체금속로는 고속중성자를 이용하여 핵분열반응을 일으켜 에너지를 생산함과 동시에 비핵분열성 물질인 우라늄 238을 핵분열성 물질인 플루토늄 239로 변환시키는 일명 고속증식로라고도 한다.

경수로에서도 우라늄 238이 플루토늄 239로 변환되지만, 그 비율이 높지 않다. 이에 비해 액체금속로에서는 핵분열에 의해 발생하는 중성자의 수가 많고, 또한 냉각제에 의한 중성자 흡수가 적어 우라늄 238이 플루토늄 239로 변환되는 비율이 훨씬 높기 때문에 소비한 연료보다 많은 새로운 연료를 만들어낼 수 있다. 따라서 액체금속로가 실용화될 경우 우라늄의 이용 효율을 60배 정도 높일 수 있을 것으로 기대하고 있다.

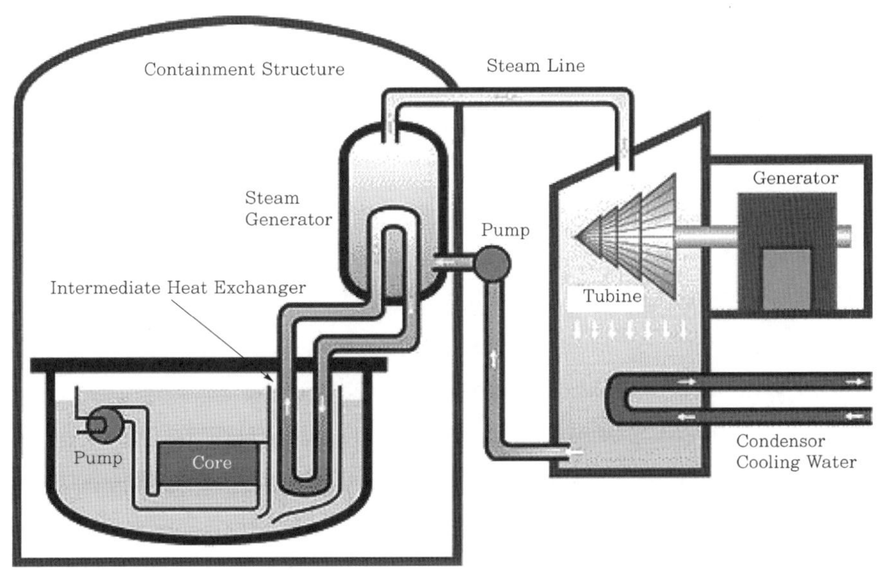

그림 5-36 액체금속로의 구조

(4) 원전 연료

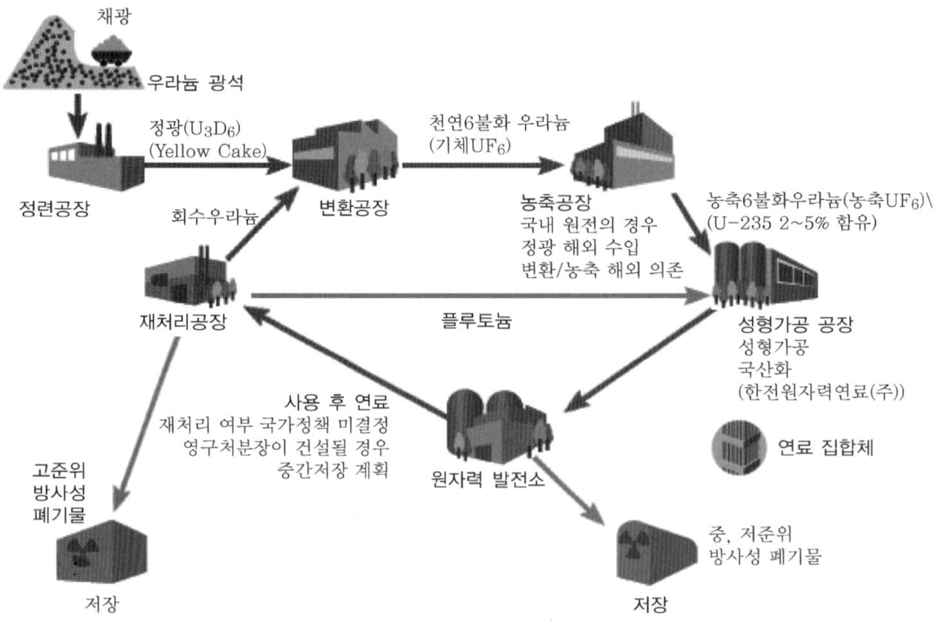

| 그림 5-37 원전 연료 주기 |

우라늄은 석탄처럼 땅속에 묻혀 있기 때문에 먼저 채굴 작업을 통해서 캐내야 한다. 광산에서 캐낸 우라늄 원광 속에는 흙과 같은 불순물을 제거하는 정련 작업이 필요하게 된다. 자연 속에 존재하는 천연우라늄에는 원자핵분열이 가능한 우라늄 235가 약 0.7% 밖에 없고 나머지는 우라늄 238로 구성되어 있다. 우라늄을 원자력발전소의 연료로 사용하기 위해서는 천연우라늄에 포함되어 있는 우라늄 235의 비율을 2~5%로 높여 주어야 한다. 이러한 작업을 농축이라고 부른다.

농축공장에서 만들어진 농축우라늄을 담배필터 모양으로 만들어서 고온 처리를 하게 되면 원자력발전소에서 사용되는 원전 연료의 소자(펠렛)가 된다. 이를 지르코늄으로 만든 가느다란 튜브에 수백 개를 집어넣고 원전 연료봉을 만든다. 이렇게 만들어진 원전 연료봉을 여러 개로 묶어 하나의 다발로 만든다. 원자로에 들어가는 원전 연료의 최종 형태는 바로 이러한 원전 연료 집합체가 된다.

이렇게 원전 연료 집합체를 만드는 작업 과정을 원전 연료 성형 가공이라고 한다. 원자로에 장전된 원전 연료는 발전 연료로서의 역할을 수행한 뒤 원자로에서 끄집어내는데, 이것을 사용 후 연료라고 한다. 이 사용 후 연료에는 연료로 다시 사용할 수 있는 우라늄 235와 플루토늄 239가 남아 있다. 이처럼 사용 후 연료에 남아 있는 유효 성분을 다시 활용하기 위하여 분리하는 작업을 재처리라고 한다. 이와 같이 땅속에 묻혀 있던 우라늄을 원전 연료로 만들어 전기를 만드는 데 사용하고, 사용하고 난 후의 원전 연료를 재처리하여 다시 원전 연료로 활용하는 우라늄의 일생을 원전 연료 주기라 한다.

(5) 원자력발전소의 방사능 누출 방지 구조

원자력발전의 안전 개념은 운전 중에 이상이 발생하지 않도록, 이상이 생겨도 사고로 확대되지 않도록 하며, 만약 사고가 발생하더라도 주변에 영향이 없도록 하는 것이다. 안전성 확보를 최우선으로 하는 원자력발전소는 방사성물질이 밖으로 새어나가지 못하도록 설계부터 건설, 운영까지 안전에 만전을 기하고 있다. 원자력발전소는 운전원의 실수나 기기 고장이 발생했을 경우에도 그것이 사고로 이어지지 않도록 다음과 같은 설계 개념으로 구성돼 있다.

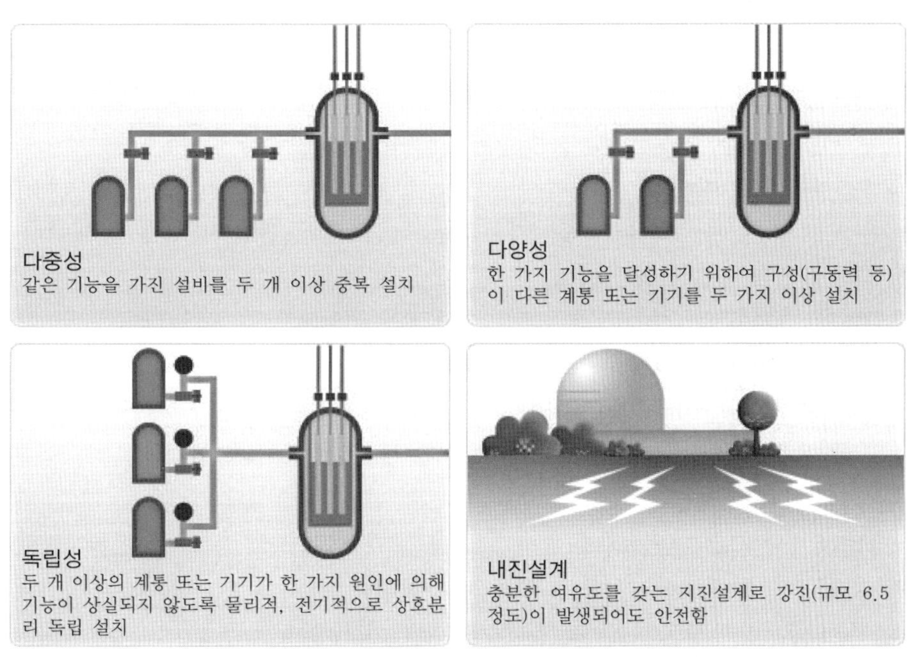

그림 5-38 원자력발전소의 방사능 누출 방지 구조

- 다중성 : 같은 기능을 가진 설비를 2개 이상 중복 설치
- 독립성 : 2개 이상의 계통 또는 기기가 한 가지 원인에 의해 기능이 상실되지 않도록 분리(독립)해 설치
- 다양성 : 한 가지 기능을 달성하기 위해 성질이 다른 계통이나 기기를 2개 이상 설치
- 견고성 : 원자력발전소의 구조물이나 기기, 설비는 지진 등의 어떠한 비상 상태에서도 구조적 건전성을 유지
- 고장시 : 안전한 방향으로 작동, 어떤 원인에 의해 설비 본래의 기능이 상실될 때 발전소가 안전한 방향으로 유도되도록 설계
- 연동 기능 : 설비 또는 기기의 오동작 등에 의한 손상 및 사고를 방지하기 위해 정해

진 조건이 만족되지 않으면 기기가 작동되지 못하도록 설계

모든 기계가 그렇듯이 원자력발전소도 아무리 완벽하게 설계해서 건설하고 운영하더라도 고장이나 사고를 완전히 배제할 수는 없다. 그러므로 만일의 사고가 일어나더라도 그 피해가 확대되지 않도록 철저히 방지하는 일이 중요하다. 이를 위해 우리나라 원자력발전소는 방사선을 완벽하게 가둘 수 있도록 5중 방호벽으로 이루어져 있다.

① 제1방호벽(핵연료봉 피복재)

핵연료 펠릿을 담고 있는 핵연료봉을 말하며, 재질은 지르코늄이 주성분인 지르칼로이(zircaloy)라는 특수 합금이다. 펠릿 내의 핵분열 생성물이 펠릿 바깥으로 나오더라도 봉 밖으로 못 나가게 한다. 그러므로 핵연료에 옷을 입힌 것과 같다 하여 피복재라는 용어를 사용한다.

② 제2방호벽(연료피복관)

재질은 열, 방사선, 부식에 강한 지르코늄 합금이며, 연료 펠릿에서 새어나온 소량의 기체 방사성물질까지 밀폐시킨다.

③ 제3방호벽(원자로 용기)

연료 피복관에 결함이 생겨 방사성물질이 새어나와도 25cm 두께의 강철로 된 원자로 용기와 배관에 의해 방사성물질이 누출되지 못하도록 되어 있다.

④ 제4방호벽(원자로 건물 내벽)

원자로건물 내벽에 6cm 두께의 두꺼운 강철판이 설치돼 있어 중대 사고 시 원자로에서 누출돼 나온 방사성물질을 격납 용기 안에 가둔다.

⑤ 제5방호벽(원자로 건물 외벽)

최종적으로 120cm 두께의 철근콘크리트 원자로 건물 외벽이 있어서 어떤 경우에도 방사성물질은 이 건물 안에 갇혀 밖으로 나오지 못하도록 설계되어 있다.

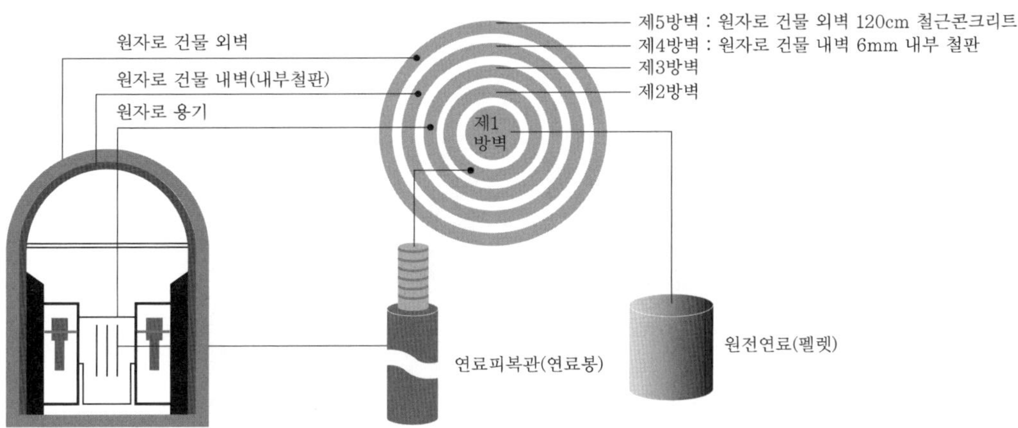

┃ 그림 5-39 원자력발전소 다중 방호 설비 ┃

(6) 원자력발전소의 현황

① 우리나라 원자력발전소 현황

우리나라는 1958년 공표한 원자력법을 기반으로, 에너지의 안정적 수급을 위해 원자력발전을 도입했다. 1978년 4월 고리원전 1호기가 첫 상업 운전을 시작한 이후 원자력발전소를 지속적으로 건설해 왔고, 현재 총 23기의 원자력발전소를 운영하고 있다.

┃ 표 5-9 우리나라에서 운전 중인 원전 현황 ┃

구분	PWR(가압경수로)형	PHWR(가압중수로)형	합계
운전중 원전	19기	4기	23기
설비 용량	17,937MWe	2,779MWe	20,716MWe
소재 지역	고리본부(6기) : 부산광역시 기장군 영광본부(6기) : 전남 영광군 울진본부(6기) : 경북 울진군	월성본부(5기) : 경북 경주시	

출처 : 한국원자력산업회의(KAIF)

설비용량은 1,872만 kW로 미국, 프랑스, 일본, 러시아, 독일에 이은 세계 6위의 규모이다. 2009년도의 국내 원자력 발전량은 1,478억 kWh로 국내 총 발전량의 34.1%를 차지했으며, 이는 서울시가 약 3.5년간, 국내 전 가정이 약 3년간 사용할 수 있는 전력량에 해당한다.

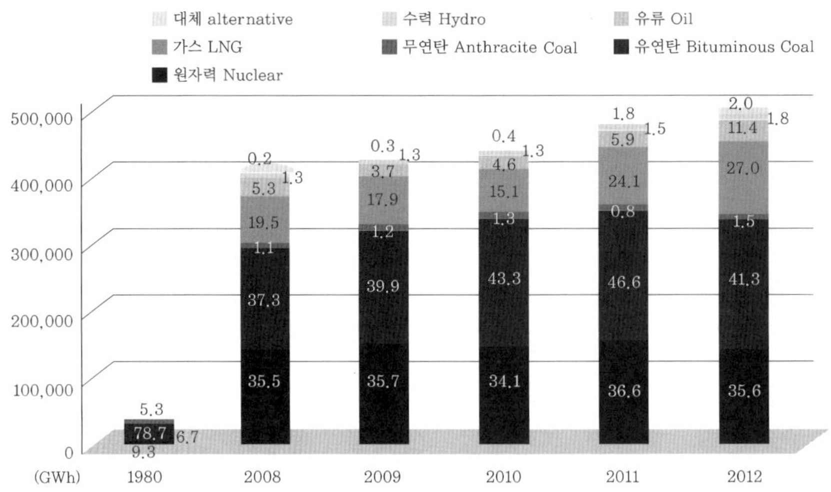

┃ 그림 5-40 에너지원별 발전량 ┃

우리나라 전력 생산 현황(2012년 기준)을 보면 석탄 45%, LNG 27%, 수력 1.8%에 그치는 데에 비하여 원자력은 전체 생산 전력 중 약 35.6%를 차지하고 있다. 최근 원자력 관련 통계 자료를 보면 한국의 원자력 평균 이용률은 미국과 일본을 훌쩍 뛰어넘는다. 세계 평균과 비교해도 15~20%를 더 웃도는 비율이다.

현재 가동 중인 23기의 원자력 발전소는 4개 지역에 나뉘어 있다. 우리나라 최초로 상업 운전을 시작한 고리 원자력발전소(5기)는 부산시 기장군에, 월성 원자력발전소(4기)는 경주, 영광 원자력발전소(6기)는 전남 영광군, 울진 원자력발전소(6기)는 경북 울진군에 자리했으며, 모두 해안 지역에 위치하고 있다. 이 외에 신고리 2~4호기, 신월성 1, 2호기, 신울진 1,2호기 등 총 7기의 원자력 발전소를 건설하고 있다.

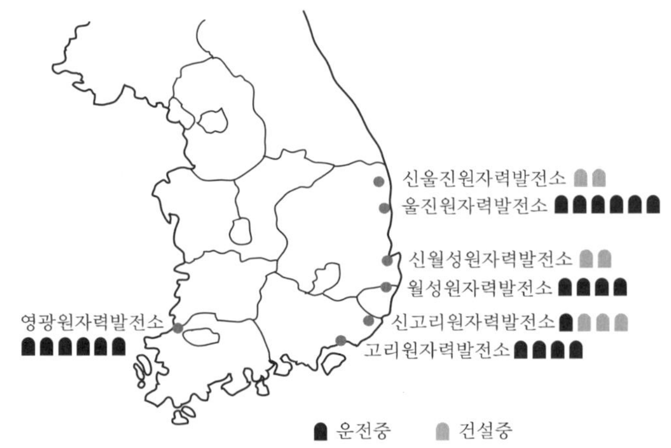

┃ 그림 5-41 우리나라의 원전 운영 현황 ┃

　현재 운영중인 원자력발전소의 운전 현황을 살펴보면 2012년 기준으로 한울 5호기가 9,238,073MWh로 제일 많다. 각 발전소의 설비 용량과 2012년 발전량, 그리고 발전 형태를 살펴보면 다음과 같다.

표 5-10 우리나라의 원자력발전소 운전 현황

발전소 명칭	설비용량 (MWe)	발전량 (MWh, 2012년)	이용률 (%, 2012년)	가동률 (%, 2012년)	노형
고리 1호기	587	2,699,989	50.97	51.17	PWR
고리 2호기	650	5,008,400	84.47	86.59	PWR
고리 3호기	950	7,146,838	78.08	78.27	PWR
고리 4호기	950	9,160,337	100.08	100.00	PWR
신고리 1호기	1,000	7,455,109	81.22	82.19	PWR
신고리 2호기	1,000	5,703,367	98.50	99.94	PWR
월성 1호기	679	4,287,645	80.99	80.51	PHWR
월성 2호기	700	5,786,755	94.38	93.20	PHWR
월성 3호기	700	5,655,168	90.68	89.11	PHWR
월성 4호기	700	6,316,592	100.15	99.07	PHWR
신월성 1호기	1,000	5,245,695	95.66	96.75	PWR
한울 1호기	950	6,930,343	80.10	79.55	PWR
한울 2호기	950	8,717,777	98.65	98.60	PWR
한울 3호기	1,000	6,377,935	69.35	69.78	PWR
한울 4호기	1,000	−	−	0.00	PWR
한울 5호기	1,000	9,238,073	100.35	100.00	PWR
한울 6호기	1,000	8,118,433	88.19	88.38	PWR
한빛 1호기	950	8,039,727	92.92	92.25	PWR
한빛 2호기	950	8,735,939	101.69	100.00	PWR
한빛 3호기	1,000	7,310,494	80.10	79.62	PWR
한빛 4호기	1,000	8,103,551	88.79	88.40	PWR
한빛 5호기	1,000	6,624,148	72.10	73.18	PWR
한빛 6호기	1,000	7,664,944	83.11	83.39	PWR
원자력 전체	20,176	150,327,259	82.27	82.26	

② 세계 원자력 발전소 현황

　현재 가동 중인 원자력 발전소의 설비용량을 기준으로 놓고 보면 미국이 104기에 1억

122.9만 kW로 1위, 프랑스가 58기에 6,313만 kW로 2위, 일본이 55기에 4,734.8만 kW로 3위를 차지하고 있다. 그 뒤로는 러시아, 독일, 한국, 우크라이나, 캐나다 등이 뒤를 잇고 있으며 중국은 11위이다. 최근 우리나라와 일본, 중국 등 아시아 지역을 중심으로 전력 수요가 급증하고 있어 이를 충족하기 위한 원전 건설이 활발하게 추진되고 있는 상황이다.

미국은 2005년 에너지법 제정을 통해 신규 원전 건설 인센티브를 부여하였고, 신규 원전 건설 지연을 보상하고 건설 비용을 보증해주고, 세제 혜택을 주는 등 원자력발전을 통한 에너지 확보에 전폭적인 지원이 있었고, 그로 인해 세계 1위의 원자력 발전 국가로 자리매김하고 있다. 프랑스의 경우에는 원자력으로 잉여 전력을 주변 국가에 수출하고 있는 상황이며, 법률로 에너지원의 다양화와 원자력의 중요성을 명시하고 있다. 2020년, 2030년, 2040년 장기적인 계획으로 제 3세대, 제 4세대 원자로의 이행 계획을 수립하고 있다.

표 5-11 세계 원자력발전소 개발 현황(2011 기준)

	국가	운전 중		건설 중		계획 중		합계	
		출력	기수	출력	기수	출력	기수	출력	기수
1	미국	10,534.4	104	120.0	1	940.0	8	11,594.4	113
2	프랑스	6,602.0	59	163.0	1			6,765.0	60
3	일본	4,884.7	54	303.6	3	1,655.2	12	6,843.5	69
4	러시아	2,319.4	27	838.0	10	802.0	7	3,959.4	44
5	독일	2,150.7	17					2,150.7	17
6	우크라이나	1,381.8	15	200.0	2			1,581.8	17
7	캐나다	1,328.4	18					1,328.4	18
8	영국	1,195.2	19					1,195.2	19
9	스웨덴	938.4	10					938.4	10
10	중국	911.8	11	2,944.4	26	902.2	10	4,758.4	47
11	스페인	772.7	8					772.7	8
12	벨기에	620.1	7					620.1	7

출처 : 한국 원자력 문화재단

가장 활발하게 원자력 발전소 건설이 추진되고 있는 국가인 중국은, 2007년 10월 원자력 발전 중장기 계획을 수립하고 2030년까지 4,000만 kW 출력을 목표로 하고 있다. 2009년 12월에는 2020년까지 원전 규모 8,600만 kW로 확대하는 것을 검토 중에 있으며, 낙후된 기술을 보완하기 위해 해외 기술 도입과 국산화 노선을 동시에 추진하고 있다. 프-아레바, ROSATOM, WH, 캐-AECL 등의 개발 회사들이 수주경쟁을 전개하고 있다.

(7) 원자력발전소의 장점

① 경제성

원자력은 가격 또한 월등히 싸다. 2010년 한국전력의 '발전 원료 종류에 따른 전기 판매 가격 비교' 자료에 따르면 원자력 발전 방식으로 생산한 전기는 kWh당 39.7원에 판매된 반면 석탄(60.8원), 액화천연가스(LNG) 복합(126.7원), 석유(187.8원) 등 화력발전 방식은 적게는 1.5배에서 많게는 4배 이상 비쌌다. 태양광(566.9원) 같은 신재생에너지는 그 값이 무려 14배 이상 높았다. 만약 2010년 한 해 동안 원자력 발전 방식으로 생산한 전기를 석유로 생산했다면 약 20조 원에 이르는 원료 수입 비용이 더 들었을 것이다.

▌ 표 5-12 1kg당 에너지 ▌

목재	석탄	석유	우라늄
1kWh	3kWh	4kWh	50,000kWh

또한 상대적으로 긴 사용 기간을 들 수 있다. 우라늄의 매장량은 약 60년 가량 사용할 수 있는 매장량을 확보하고 있다. 수치상으로는 그리 오래 쓸 수 있어 보이지 않는다. 하지만 우라늄의 재처리를 통해서 몇 번이고 다시 사용을 할 수가 있다. 이를 기간으로 계산해보면 약 3,600년 가량 사용할 수 있다. 즉. 원자력발전소의 주원료인 우라늄은 에너지를 생산하고 난 후 다시 우라늄과 플루토늄을 만들어낸다. 이때 이 원료들은 재처리 과정을 통해 가능해 몇 번이고 사용이 가능하다는 것이다.

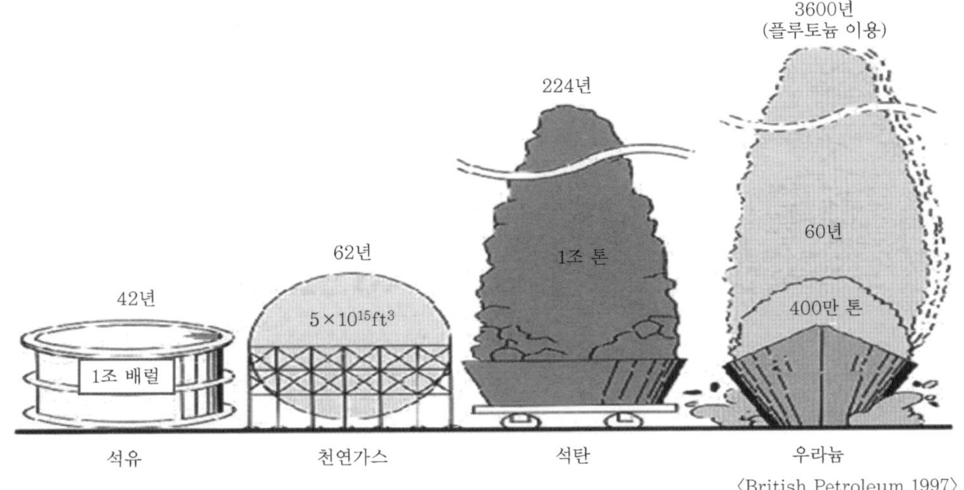

▌ 그림 5-42 에너지 자원의 이용 예상 기간 ▌

② 효율성

우라늄은 높은 효율성을 자랑한다. 천연우라늄에는 핵분열이 가능한 우라늄 235가 0.7% 가량 들어 있으며, 원자력 발전 연료로 사용하기 위해 우라늄 235의 양을 2~5%로 높이는 농축을 통해 약 5g의 무게의 원통형 펠릿으로 만든다. 이 펠릿들을 연료봉에 넣고 연료봉을 다발 형태로 묶어 발전소 연료로 사용하게 된다. 펠릿 1개(5g)가 생산할 수 있는 전력량은 1600kWh로 우리나라 1가구(4인 기준)가 8개월간 사용할 수 있는 전력량이다. 다른 에너지원과의 비교를 통해 원자력의 효율성을 보다 명확하게 알 수 있다. 우라늄이 석탄, 석유 등에 비해 소량으로 많은 에너지를 창출해 냄을 알 수 있다.

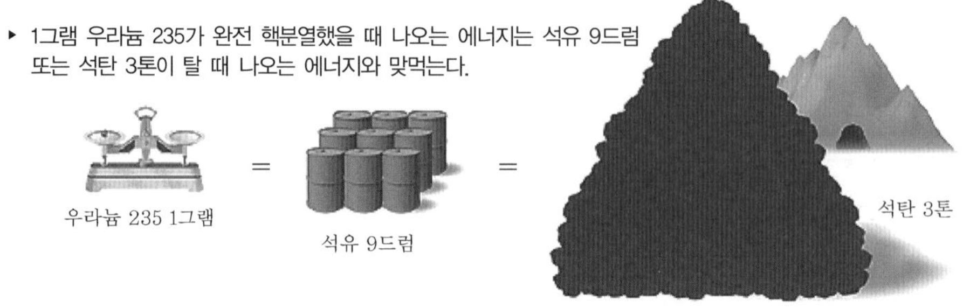

그림 5-43 우라늄의 에너지 효율 비교

③ 취약한 에너지 수급 개조 개선

원자력은 에너지 밀도가 높아 수송과 비축이 용이하며, 연료 수급이 안정적이다. 아래 그림은 발전 원가에서 연료비가 차지하는 비율이다. 석유나 LNG가 약 70~80%인 점에 비해 원자력은 11%이다. 다른 에너지들은 연료 가격이 오르면 그만큼 발전 원가에 영향을 미치게 되나 원자력은 우라늄의 가격이 상승해도 발전 원가에 미치는 영향이 제한적이다.

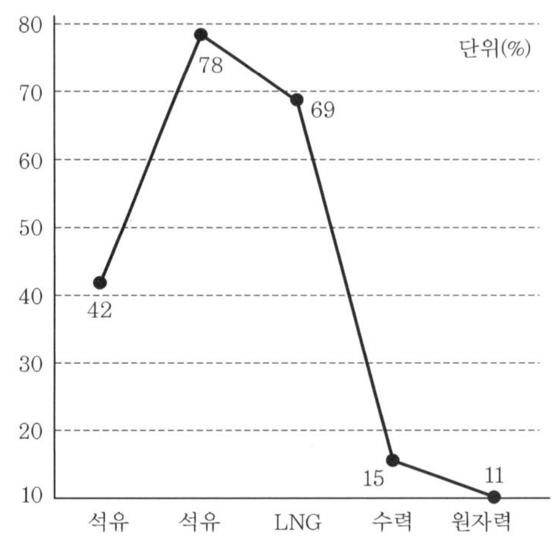

그림 5-44 발전 원가에서 연료비가 차지하는 비율

실제 우리나라 에너지 수입액은 2010년 약 1217억 달러로 반도체와 선박 수출 합계 986억 달러보다도 많은 규모이다. 이는 우리나라가 중화학공업 중심의 에너지 다소비형 구조이기 때문이다. 이 중 원유 수입량은 8억 7200만 배럴로 원유 가격이 배럴당 1달러만 상승해도 연간 8억 7200만 달러의 수입액이 증가하게 된다. 하지만 위에서 말했듯이 우라늄의 효율성이 높아 우리나라와 같은 에너지 다소비형 구조 국가들에게는 에너지 수급 개조에 최적의 에너지원이 된다.

④ 저탄소 녹색 성장에 적합한 환경적인 원자력

19세기 산업혁명이 시작된 이래로 대량생산이 시작되면서 화석연료 사용이 급증하게 되었고, 이로부터 발생한 이산화탄소로 온실효과, 산성비, 급격한 기후 변화 등 각종 부작용을 낳았다. 원자력 발전은 석탄, 석유 등의 화석연료가 발생시키는 이산화탄소의 양에 비해 약 1/10 수준으로 상당히 적은 양을 배출한다. 실제로 이와 같은 온실 가스 배출 저감량을 돈으로 환산할 경우 한 해 3조 원 이상의 경제적 가치가 있는 것으로 전문가들은 분석한다.

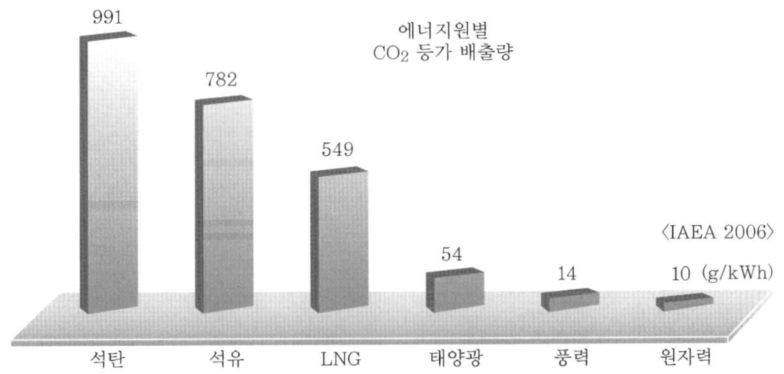

그림 5-45 에너지원별 이산화탄소 등가 배출량

물론 신재생에너지도 친환경성 면에서 우수한 발전 방식이다. 그러나 그 청정성과 지속 가능성에도 불구하고 아직은 발전 효율이 매우 낮고, 시설 비용이 비싸며, 발전 용지 면적이 너무 많이 필요하다는 게 문제다. 예를 들어 풍력발전 방식은 100만 kWh급 전기를 생산해 내는 데 여의도 면적의 약 50배 크기 땅이 필요한데, 그 발전 시설 효율성은 채 20%가 되지 않는다. 태양광발전은 시설 비용이 풍력의 5배 수준인데, 그 효율성은 10~15%대로 더 낮다.

02 송 전

1 전력 계통

전기의 존재는 이미 기원전 600년경 호박을 마찰시켰을 때 발생하는 마찰전기에서 인류가 최초로 인식하였으며 이러한 이유로 전기(Electricity)의 어원은 호박(Electron)에서 비롯되었다. 이후 지구상에 존재하는 전기를 인류가 에너지원으로 활용하기 시작한 것은 1880년경 에디슨이 처음으로 전구를 발명하여 실용화한 이후였으며, 이렇게 실용화된 전기의 활용은 초기에 매우 작은 규모의 직류(DC: Direct Current)로 공급과 소비가 이루어졌다.

그 당시는 전력 산업의 기술적 기준을 정립했던 시기로 에디슨 연구소(제너럴 일렉트릭의 모태)의 직류 방식과 조지 웨스팅하우스가 추진한 변압기를 통한 교류 송전 방식 사이에 기술 경쟁이 치열했다. 이후 전기는 모든 국가의 중요한 에너지원으로, 큰 규모의 발전과 전력 수송이 요구되었고 이를 위해 발전기의 구조, 신뢰성 및 사용 전압과 송전 전압의 변환에 유리한 교류(AC: Alternative Current) 기술이 전력 산업의 근간이 되었다.

이러한 대규모의 주요 에너지원으로 활용되는 교류 전기의 발생에서 수용가에 이르는 구성은 아래의 그림과 같다.

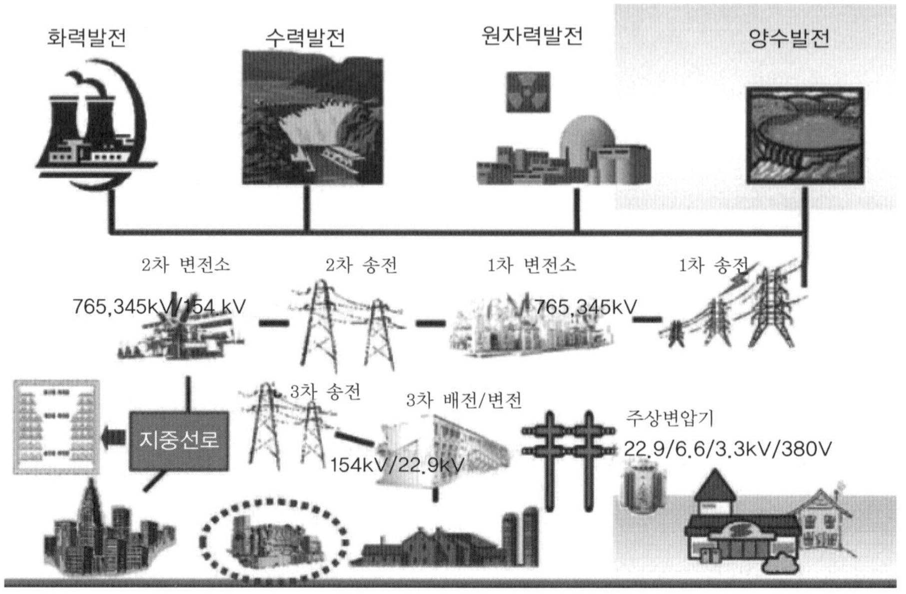

┃ 그림 5-46 전력 계통 개요도 ┃

이렇게 전기를 생산하고 사용자에게까지 공급하는 일련의 설비를 전력 계통이라고 한다. 전력 계통은 여러 가지 요소로 구성되어 있는데, 발전소 및 송전선로, 변전소, 배전선로 등으로 나눌 수 있다.

┃ 표 5-13 전력 계통의 설비와 기능 ┃

전력 계통의 설비와 기능	
설 비	**기 능**
발전소	여러 종류의 에너지(화력, 수력, 원자력 등)에서 전력을 생산함 ※ 전압 : 10kV ~ 20kV
송전용 변전소	발전소에서 생산한 저전압(10 ~ 20kV)의 전력을 사용자까지 경제적으로 수송하기 위해서 고전압(154kV, 345kV, 765kV)으로 변환시킴. 고전압의 경우 많은 용량을 먼 거리까지 수송할 수 있음 ※ 전압 : 10kV ~ 20kV → 154kV/345kV/765kV
송전선로	높은 전압으로 바뀐 전력을 저손실로 장거리 대량 수송함 ※ 전압 : 154kV/345kV/765kV
배전용 변전소	고객의 안전과 효율적인 전력 배분을 위해서 소비지 부근에서 전압을 낮추어 배전 선로에 전력 공급 ※ 전압 : 154kV → 22.9kV
배전선로	대규모 고객이 사용할 수 있는 전압(22.9kV)으로 전력을 수송하거나 배전용 변압기로 가정용 고객이 사용가능한 전압으로 낮추어 전력을 각 고객에게 공급 ※ 22.9kV → 220V/380V
수용가	공급된 전력을 최종적으로 소비함 ※ 전압 : 220V/380V/22.9kV

수력, 화력 또는 원자력 발전소에서 발전된 전력은 발전기가 회전기이고 발전기의 회전자가 120°의 위상각을 갖도록 배치되어 있기 때문에 그 전압은 3상 교류로서 6.6~24kV 정도로 낮다. 수전 전력은 전압의 제곱에 비례해서 결정되므로 낮은 발전 전압을 가지고는 대전력을 먼 곳까지 송전하기에 부적당하다. 따라서 발전 단에 승압 변압기(stepup transformer)를 설치해서 송전에 적당한 전압 154~345kV 또는 그 이상의 초고압(765kV)으로 송전단 전압을 승압하여 이것을 송전선로를 통해서 수용지 부근의 변전소에 송전하게 된다. 부하에 따라서 직접 높은 전압으로 수전하는 경우도 있으나 일반적으로 이 변전소에서 22~154kV 정도의 전압으로 강압하고 다시 2차 송전선로를 거쳐서 수용지에 가까운 2차 변전소에 보내게 되며 여기서 다시 11~66kV 정도로 강압한다. 2차 변전소로부터는 다시 3차 송전선로에 의해서 수용 지역에 있는 배전용 변전소로 송전되고 여기서 최종적으로 3.3kV 또는 6.6kV 정도의 전압으로 낮추어진 후 배전선로라든지 배전용 변압기를 사용해서 수용가에게 직접 공급하게 된다(우리나라에서는 이 3.3kV 또는 6.6kV의 전압을 모두 22.9kV로 승압, 통일). 이와 같은 일련의 계통을 송배전 계통이라 한다.

2 고전압 송전

우리들이 가정에서 사용하는 전기는 110볼트와 220볼트이지만, 전주의 배전선(配電線)에는 22,900볼트라는 높은 전압으로 보내지고 있다. 더 거슬러 올라가 발전소와 변전소를 잇는 고압송전선이 되면 154kV에서 345kV, 765kV라는 대단히 높은 전압으로 송전되고 있다. 전압이 높으면 그만큼 위험성도 많기 때문에 송전선도 지상에서 높이 가설해야 하고, 철탑도 키가 높은 튼튼한 것을 사용해야 한다.

그렇다면 어째서 그런 고전압으로 송전하는 것일까?

잘 알려져 있지 않은 사실이지만, 에디슨은 저전압의 직류 송전을 지지하였다. 그래서 미국에서 처음 발전소가 건설되었을 때, 에디슨은 110볼트의 직류전기를 송전하도록 지도했던 것이다. 그리고 발전소에서 가까울수록 굵은 전선을 사용하고 멀어질수록 가는 전선으로 가정에 배전했다. 그러자, 발전소에 가까울수록 전구가 밝아진다는 불공평이 발생했다. 교류전기일 경우, 이러한 일은 일어나지 않는다. 교류는 변압기로 전압을 자유로이 올리고 낮출 수 있기 때문이다.

그렇지만 직류로는 이러한 변압을 간단히 할 수가 없다. 변압기로 교류전기의 전압을 높여서 송전하면 전선을 굵게 하지 않아도 멀리까지 송전할 수 있는 것이다. 물론 에디슨은 변압기에 대해서도 알고 있었다. 그러나 고압의 교류 전기의 위험성에 대해서 우려한 나머지 그런 고안을 했던 것이 아닌가 여겨진다. 그러나 에디슨의 의도와는 달리 점점 교류 송전선망이 확대되어, 더욱 높은 전압으로 송전하였다가, 공장이나 집 근처에 와서 다시 전압을 낮추어 쓰고 있다. 물론 이 다음부터는 여전히 에디슨이 발명한 전등에 불을 켜고 있다.

그렇다면 전압을 높게 하면 구체적으로 어떤 이점이 있을까?

송전선은 거리가 길어질수록 전선에 의한 저항도 상당히 커진다. 그 때문에 전기저항이 큰 송전선에 전류가 흐르면 큰 줄열이 발생하고 이것이 손실로 되어 없어져 버린다. 더구나 이 손실은 $P = I^2 R$라는 형태로 전류의 제곱에 비례하므로 전류가 클수록 손실은 더욱 많아진다는 것을 알 수 있다. 그래서 송전 전압을 높여서 송전하면 그만큼 전류를 적게 할 수 있는 것이다. 또는 같은 손실이라면 전선을 가늘게, 시설비를 적게 들여도 될 것이다.

즉, 같은 전력이라면 전력 = 전압×전류, $P = VI$(W)의 관계가 성립되어 V를 크게 하면 I를 적게 해도 된다. 전류를 적게 함으로써 열 손실을 적게 하는 것이 이상적이긴 하지만, 그렇다고 전압을 무한정 높일 수는 없다. 송전선의 전압을 높게 하면 전선의 둘레에 코로나 방전이라는 방전 현상이 일어나 도리어 전력 손실이 오기 때문이다. 또 애자도 큰 것을 사용하지 않으면 안 되어 시설비가 늘어난다. 결국 전체의 조건을 고려해서 전압을 정하는 것이다.

3 우리나라의 송전 방식

우리나라의 전력 사업은 1898년 1월 26일 서울에 한성전기회사가 설립되면서 시작되어 1920년대까지는 소화력발전 설비에 의한 도시 배전 규모로 영위되어 왔다. 최초의 송전선로는 1923년 경성전기주식회사에서 건설한 중대리에서 한성(서울) 간의 166km의 66kV 송전선로이다. 계통 계획에 의하여 송전선로가 건설된 것은 조선총독부에서 전기사업조사위원회에 의뢰하여 1930년 8월부터 1932년 12월에 걸쳐 수립한 발전 및 송전망 계획과 전국적인 계통 계획에 의하여 시행된 것이 최초이다. 154kV 송전선로가 처음 건설된 것은 장진강 제2발전소에서 평양 간의 200km로서 1935년 10월에 건설되었으며, 1940년 5월에는 허천강 수력발전소에서 청진 및 흥남 간에 동양 최초로 초고압인 220kV 송전선로를 건설하였다.

이후 해방과 남북 분단에 이은 1948년 5월 14일의 단전으로 남한의 전력 사정이 암울하던 시대를 거쳐 1961년부터 시작된 경제개발계획에 의한 경제 성장에 힘입어 전력 수요가 급증하게 되었다. 증대하는 전력 수요와 발전기의 대용량화에 따른 대전력을 수송할 수 있는 초고압 송전 계통의 필요성이 대두되어 1968년에 미국 CAI(Common Wealth Associates Inc)와의 용역에 의한 검토에 따라 1970년 1월 345kV 송전선로 건설 계획을 확정하여 1976년 10월에 여수 화력발전소에서 옥천까지 190km의 345kV 송전선로를 본격 운전하였다.

765kV 송전선로는 당진 화력~신서산~신안성까지의 178km와 신태백~신가평까지의 162km등 총 선로길이 340km를 1996년 2월 착공하여 2002년 4월에 상업 운전을 실시하고 있다.

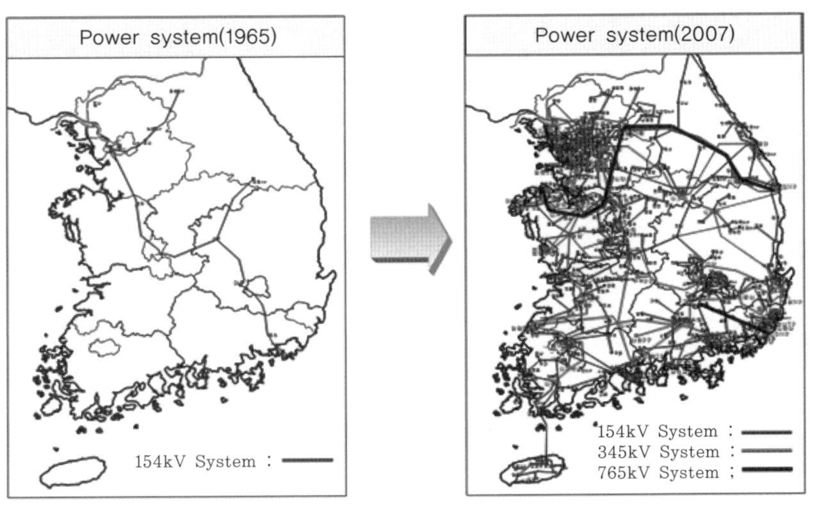

┃ 그림 5-47 국가 전력 계통 변천도(출처 : 전력거래소) ┃

4 765kV 송전 방식

일정한 거리에 일정한 전력을 보낼 경우 전선로의 저항에 의해 발생하는 전력 손실(전선로에서 열이 되어 잃는 전력. Joule 손실이라 한다)은 전압의 2제곱에 반비례하므로 전압이 높을수록 전력 손실은 적어지며 송전 효율이 좋아진다. 또 전력은 전압과 전류의 곱으로 결정되므로 전압을 높이면 그 만큼 송전선에 흐르는 전류는 적어진다. 따라서 가늘어도 되며 전선비가 적어지는 이점이 있다. 그 때문에 송전선의 전압은 높으며, 현재는 765kV가 가장 높은 송전 전압이다.

(1) 765kV 송전방식 도입 현황

① 세계 각국의 765kV급 송전 방식

1965년에 캐나다 Hydro-Quebec 전력 회사가 북쪽 Church Fall 수력발전소에서 발전한 약 5백만 kW의 전력을 700km 떨어진 Montreal까지 수송하기 위하여 공칭전압 735kV, 최고전압 765kV로 송전하기 시작한 것이 700kV급으로는 세계에서 처음이다. 이후 미국 AEP 전력 회사가 1969년부터 공칭전압 765kV, 최고전압 800kV로 송전을 개시하였으며, 이후 미국의 New-York 전력, 남미의 브라질, 베네수엘라, 아프리카의 남아프리카공화국에서도 공칭전압 765kV 송전선로를 도입 운전하고 있으며, 동구권에서는 소련의 연방이었던 폴란드와 헝가리가 공칭전압 750kV의 송전방식을 소련으로부터 전력을 수송받기 위하여 1970년대부터 운영해 왔으나 최근에는 송전이 중지된 상태이다.

표 5-14 각국의 송전 방식

국명	전압 (kV)	송전 거리 (km)	건설 연도	비고
캐나다	735	600	1965	북부 지역의 5,000MW 규모의 수력발전소 전력 수송
우크라이나	750	4000	1967	750kV 송전선로 설계 기술은 유럽 지역에서 독보적이며, 러시아의 1,100kV DC 송전선로도 설계 1,800kV 시험용 변압기 제작
미국	765	300	1969	현재 1,500kV 송전 기술 개발 중
헝가리	750		1979	
남아프리카 공화국	765	440	1984	세계 최초의 GIS 변전소(1988년)
폴란드	750	114	1984	러시아와 연계
베네수엘라	765	650	1984	수력발전소 전력 수송
브라질	765	900	1984	13,000MW 규모의 수력발전소 전력 수송
러시아	1,150	2500	1985	시베리아 지역의 대규모 화력·수력발전소 전력 수송 현재 500kV로 운전 중

일본	1,000	250	1992	1,000kV GIS 변전소 건설 계획 10,000MW 원자력발전소 전력 수송
인도	765	450	1994	부하 증가에 대비하여 현재 400kV로 운전 중
한국	765	332	2002	중부 및 남부 지역의 화력 · 원자력발전소 전력 수송

② 우리나라의 765kV 도입 배경

우리나라는 1980년대 이후 급격한 경제 성장에 따라 년 10%대의 급격한 전력 수요 증가를 보이고 있으며, 1인당 전력 소비량 또한 매년 큰 폭의 증가세를 보이고 있다. 우리나라의 경우, 주요한 전력 수요 증가 지대가 경인 지역에 집중되어 있으나, 이 지역은 인구 밀집 지역으로 환경과 입지적인 관점에서 새로운 발전원을 개발하기 어려우며, 이에 따라 대용량 발전단이 있는 중부권이나 영동권으로부터 수요지인 경인 지역으로의 대규모 전력 전송로가 필요하게 되었다. 이에 따라 1979년부터 765kV로의 전압격상을 준비하였으며, 1983년부터 765kV 연구 개발을 시작하여 1997년 10월에 1차로 765kV 송전선로에 345kV 가압을 시작하여 2002년 4월 26일에 역사적인 765kV 송전을 개시하였다. 우리나라의 765kV 송전선로는 외국의 수평 배열 1회선보다 2배의 전력 수송 능력을 가진 수직 배열 2회선 방식으로 세계에서 최초로 시도되었다.

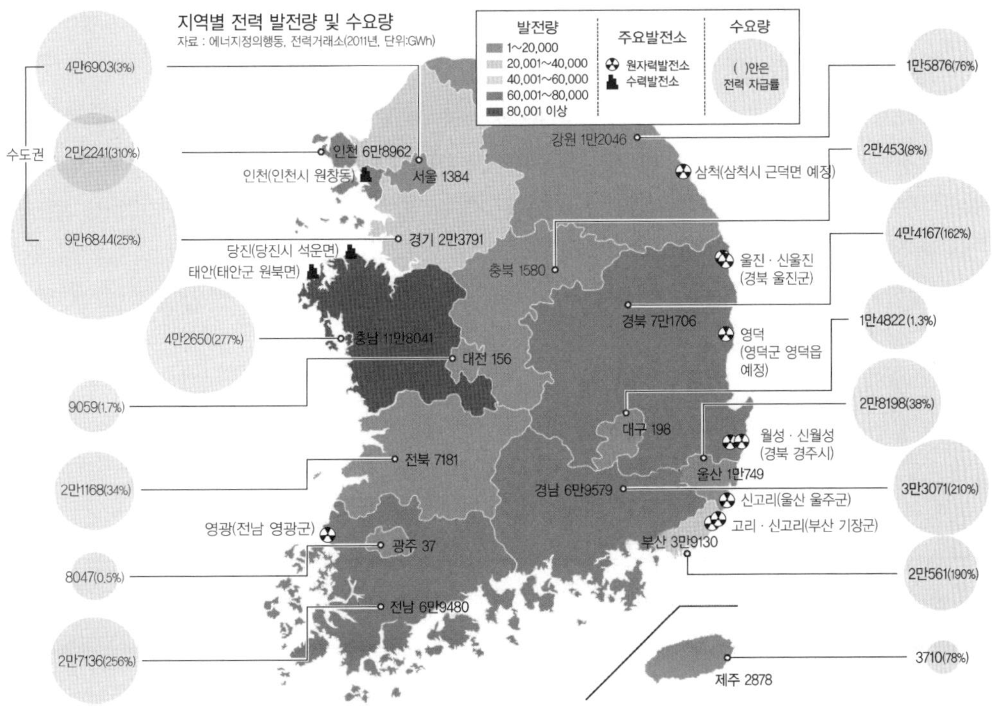

┃ 그림 5-48 지역별 전력 발전량 및 수요량(출처 : 전력거래소) ┃

2012년 현재 우리나라의 765kV 송전선로는 당진 화력–신서산–신안성까지의 178km와 신태백–신가평까지의 162km 등 총 선로 길이 340km가 건설되어 운용 중에 있으며, 향후 신안성–신가평 구간과 신안성–서경북–북경남–신고리 원전을 잇는 송전선로가 건설될 예정에 있다.

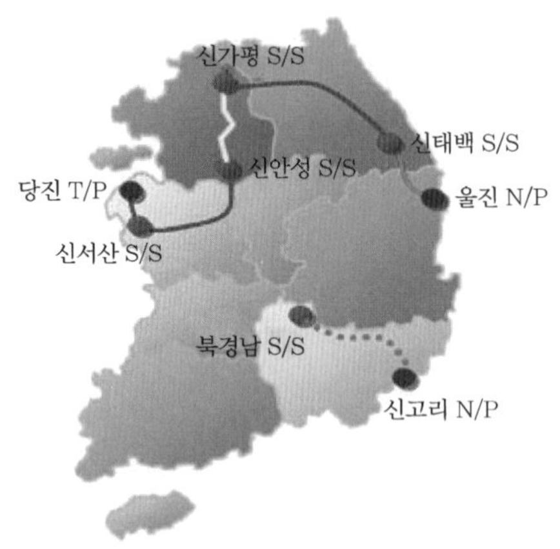

| 그림 5-49 765kV 전국 계통도 |

(2) 765kV 송전의 장점

① 송전 용량 증대 및 합리적인 국토 이용

기존 345kV급으로 송전선로를 건설할 경우와 비교해서 765kV로 전압을 격상할 경우, 송전 용량을 5배로 증대시킬 수 있을 뿐만 아니라, 철탑 부지 및 선하지 면적을 대폭 줄일 수 있으므로 국토의 효율적인 이용 측면에서 매우 큰 장점을 가지고 있다.

② 송전 손실 최소화

송전 손실은 전압의 제곱에 반비례하는 특성을 가지고 있어서 전압을 765kV로 격상할 경우, 송전 손실이 345kV에 비해 20% 감소하게 된다.

③ 건설원가 절감(kW · km)

765kV 송전선로는 건설 원가가 절감되어서 kW당 원가가 345kV에 비해 74% 정도이다.

| 표 5-15 송전선로의 건설 원가 비교 |

구 분		154kV T/L	345kV T/L	765kV T/L
송전 용량(2회선)		48만 kW	180만 kW	840만 kW
손실		1.2%	0.26%	0.05%
동일 용량 비교	선로 수	18개	5개	1개(기준)
	부지 면적	2380m²(4.5배)	992m²(1.9배)	530m²(기준)

원 가		650원/kW 12억 원/km	480원/kW 39원/km

④ 환경 친화적인 설계

756kV 송전선로는 실규모 시험선로를 통한 장기 시험을 통해 코로나로 인한 소음, 라디오 잡음뿐만 아니라 전계, 자계, 풍소음 등에 대한 충분한 검토를 통해 환경 친화적인 설계를 통해 건설되었다.

5 직류 송전(High Voltage Direct Current ; HVDC)

19세기 에디슨의 시대에서 사용되던 전기는 직류였지만, 현재 우리가 사용하는 전기는 50 또는 60Hz 정현파 전압을 기본으로 하는 교류이다. 하지만, 컴퓨터나 노트북, 휴대폰 등 우리가 쓰는 전자제품 가운데는 이 교류 전기를 다시 직류로 바꿔주는 장치인 어댑터를 필요로 하는 경우가 많다. 만약 각 가정으로 배전돼 오는 전류가 직류라면 이런 어댑터는 불필요한 부가 장비이다. 다소 불편해 보이는 교류전류를 세상이 사용하게 된 배경은 1880년대 미국으로 거슬러 올라간다.

당시는 인류가 찾아낸 가장 이상적인 에너지라는 전기를 각 가정으로 배전하는 방식을 놓고 직류 옹호론자였던 에디슨(Thomas Edison)과 교류 선호론자였던 테슬라(Nikola Tesla) 간에 논쟁이 벌어졌다. 송·배전의 효율을 놓고 벌어진 이 '전류 싸움(Current War)'에서 에디슨은 자유로운 전압 변환이 어렵다는 직류의 현실적인 단점을 극복하지 못한 채 끝내 무릎을 꿇고 말았고, 이때부터 세계는 100년 넘게 교류 배전 방식을 채택해왔다.

하지만 최근 HVDC에 대한 관심이 전 세계적으로 급증하고 있다. 이 기술은 발전소에서 나온 교류 전력을 직류로 변환해 송전하는 기술로, 고부가가치를 창출할 고급 기술로 인정받고 있는 것이다. HVDC는 교류 발전기에 의해서 만들어지는 교류 전력을 AC/DC 변환기를 이용, 직류 전력으로 변환하여 배전 대상 지역으로 직류 전력을 전송하고, 다시 DC/AC 변환기를 이용하여 교류 전력으로 변환하여 전력을 공급하는 방식을 말한다.

에디슨도 포기해야 했던 직류 송·배전 방식이 이제 와서 각광을 받고 있는 것은 전력용 반도체 기술의 발전 때문이다. 직류 변환 장치인 사이리스터(Thyristor, 전력용 반도체소자)의 성능이 향상됨에 따라 고전압의 직류를 쉽게 얻을 수 있게 된 것이다. 만약 직류로 배전한다면, 각종 전자제품의 크기가 대폭 줄어들 것이고 각종 교류 장치에 필요한 변압기 역시 모두 제거될 수 있을 것이며, 다양한 속도를 낼 수 있는 모터 역시 직류 전기를 쓸 수 있게 된다.

건전지, 축전지, 연료전지 등 전기를 얻어내는 방법이 화학에너지를 전기에너지로 직접 바꾸는 경우에는 직류만 가능하고 휴대하기 편리하다는 장점이 있고, 운동에너지를 전기로 직접 바꾸는 경우에는 교류가 편리하고 대용량화가 가능하기 때문에 교류, 직류 두 방식을 사용하고 있다. 발생된 전기를 저장하였다가 다시 사용하는 경우 축전지에는 직류가 편리하며, 교류에너지를 저장하기 위해서는 교류를 직류로 바꾸어 저장하거나, 아니면 교류를 운동에너지로 바꾸어 저장해야 하기 때문에 손실이 커지게 된다. 발생된 전기를 먼 거리로 전송하기 위해서는 초고압으로 승압이 필요한데 초창기에는 기술의 한계로 인하여 직류보다 교류가 우세하였으나 현대에 와서는 교류보다 직류가 유리한 점이 많아서 직류를 채택하는 경향이 커지고 있다. HVDC 시스템은 400km를 넘는 장거리 계통연계에 있어서 AC 계통연계와 비교해서 경제성을 가지고 있다고 보고되고 있다.

(1) HVDC의 특징 및 종류

① 50~60Hz 간 2개의 교류시스템 사이를 비동기로 연결하는데 사용한다.
② 주어진 송전선로에서 최대의 전력 수송이 가능하다.
③ 장거리 송전 시 경제적으로 가장 유리한 방식이다.
④ 지하 혹은 바다 밑 송전 시 가장 유리한 방식이다.
⑤ 기존 송전선로 사용 시 AC 송전 대비 200% 송전 용량이 증가한다.

HVDC 시스템은 사이리스터 밸브를 이용하는 전류형 HVDC 시스템과 IGBT 소자를 이용하는 전압형 HVDC 시스템으로 크게 구분할 수 있다.

전자인 전류형 HVDC 시스템은 전력 시스템에서 전류 및 전압의 제어에 사용되는 전력 반도체 소자인 사이리스터를 이용하는 것으로, 제주~해남 간에 설치된 시스템이며, 최근 한전에서 추진하는 제주~진도 간에도 적용될 예정이다.

이는 400MW의 용량이라면 10MW의 사이리스터 밸브를 40개 쌓아 전압을 맞추면 되는 구조인데, 손실률이 1%에 불과해 매우 경제적인 시스템이다. 다만, 이 시스템의 경우, 사이리스터 밸브를 정류하기 위해 발전기나 동기조상기와 같은 회전기 기기가 인버터 측 계통에 필요하며, 무효전력 보상을 위한 커패시터 뱅크가 인버터 측이나 Rectifier 측에 존재해야 하는 단점이 있다. 특히 이 시스템은 고조파를 발생시키기 때문에 이를 제거하기 위한 고조파 필터가 필수적으로 필요하다.

이러한 전류형 HVDC 시스템의 단점을 보완하기 위한 것이 IGBT 전력용 반도체 소자를 이용한 전압형 HVDC 시스템인데, 전류형 시스템과 비교했을 때 고속 스위칭에 의해 점차 고조파가 큰 폭으로 감소해 고조파 필터의 크기가 상대적으로 적어질 수 있으며, 무효전력 공급이 필요하지 않음은 물론 유효전력과 무효전력 제어가 독립적으로 가능하다는 것이 장점이다. 특히 모듈화되고 규격화된 설계로 짧은 기간에 전력 전송이 가능하며, 전압과 전력의 제어가 용이하다는 점이 중요하다.

하지만 고속 스위칭을 해야 하기 때문에, 전압형 HVDC 시스템의 경우 손실률이 5~ 10% 가까이 되기 때문에 대용량일 경우 경제성이 떨어지며, 수명도 전류형 HVDC에 비해 뒤떨어진다는 분석이다.

따라서 100MW 또는 150MW 이상의 대용량의 경우엔 전류형이, 소용량 또는 계통 안정화가 절대적으로 필요한 경우엔 전압형이 적절하겠지만, 이 역시 절대적인 기준은 아니며, 상황과 환경에 따른 선택이 필요하다.

(2) HVDC의 장점과 단점

① HVDC의 장점

- 직류 방식의 전압은 교류 전압의 약 70%에 불과하여, 기기의 절연이 용이하고, 현수애자의 수량 및 전선의 소요량을 그만큼 줄일 수 있거나, 철탑의 높이를 낮게 할 수 있어 우수한 경제성을 얻을 수 있다.
- 직류는 교류처럼 교번하는 성분이 없으므로(주파수가 0) 리액턴스 성분에 의한 무효전력이 발생하지 않는다. 따라서 리액턴스에 제한받지 않고 전선의 허용한도까지 송전이 가능하다. 교류 송전의 경우 열, 전압, 안정도 등에 크게 영향을 받기 때문에 230kV는 400MW, 345kV는 1100MW 등 큰 폭으로 용량이 작아지는데, 직류 송전의 경우 같은 전압에 대해 용량은 교류 실효치의 2배가 되며, 열과 전압의 안정도에 대한 제약 조건은 교류에 비해 거의 없고, 또한 전력 조류를 제어할 수 있다. 만약 동일한 피상전력을 직류와 교류 방식으로 공급한다면 직류 송전 방식이 교류 송전 방식에 비해 유효전력 성분이 많아지므로 보다 높은 송전 효율을 보인다.
- 직류 송전은 대지(Earth)를 하나의 도체로 이용할 수 있으므로 최소 2선 이상이 소요되는 교류 송전에 비하여 경제적이다. 즉, 대지 귀로로 송전 가능한 경우는 귀로 도체의 생략이 가능하다. 따라서 용지 교섭이 어려워 선하 부지를 축소시킬 필요가 있는 지역에서 유리하다.
- 직류 송전은 상대 계통에 유효전력을 공급하지만 무효전력을 전달하지는 않으므로, 교류 계통 사고 시 인접 계통으로부터 유입 전류가 증대하지 않아 계통 분할의 효과가 있다. 그러므로 기존의 교류 계통을 적정 규모로 분할하여 직류 계통과 연계할 경우 단락 전류를 효율적으로 억제할 수 있어 계통 운영을 원활하게 수행할 수 있다.
- 송전 거리에 대한 제약이 없고 특히 400km가 넘는 육지 전송이나 40km가 넘는 해저 전송에 있어서 교류 송전에 비해 건설비가 저렴하다.
- 송전선로의 전자파 발생이 줄어 통신선 및 각종 기기에 발생하는 오작동과 잡음을 줄일 수 있다.
- 또한 주파수 및 전압이 서로 다른 송·수전 계통이 직류 계통으로 연계가 가능하되, 각 계통이 전기적, 기술적 제약 없이 각각 독립적인 운전이 가능하다.

② HVDC의 단점

- 대용량 AC/DC 변환기에서 다량의 고조파가 발생하기 때문에 고조파 필터를 설치해야 한다.
- 직류에서는 전류 0점이 형성되지 않기 때문에 교류보다 우수한 성능의 차단기가 필요하고 전압강하가 송전 전력의 크기에 비례해 증가한다.
- 직류전압을 높이면 부하 손실은 줄지만 절연 레벨을 높이기 위해 투자비가 증가하는 만큼 절연 레벨과 부하 손실을 고려한 최적의 직류전압을 산정해야 한다.

(3) HVDC의 현황 및 향후 전망

녹색성장을 위한 신재생 에너지원의 보급 확대는 송·배전망의 확충에 의한 전력 시스템의 유연성 확보를 필요로 하며, 최근 논의되고 있는 스마트 그리드의 필요 이유도 풍력발전을 비롯한 신재생 에너지원의 가변적인 발전 축력 문제를 전력망 차원에서 해결해 신재생 에너지원의 전력 시스템 연계를 원활하게 하는 것이다. 특히 대규모 해상 풍력 발전 단지가 증가하면서 HVDC를 이용한 전력 시스템 연계가 증가하고 있다. 해상 풍력 발전 단지는 점차 대형화되고 육지에서의 거리도 증가하는 추세에 있기 때문에 향후 해상 풍력 발전 단지의 전력 전송을 위한 HVDC의 수요는 더욱 높아질 것으로 예상된다.

또한 우리의 경우 HVDC는 남·북 간 계통 연결 시 최적 대안으로서도 평가받고 있는데, 북한의 전력 계통의 경우, 시스템 주파수가 60Hz로 남한과 같아 AC로 연결하는 방식도 가능했지만, 직접적인 AC 연결이 차후에 가져다 줄 문제점을 사전에 차단하기 위해서는 HVDC 방식이 최적의 대안이라는 것이다.

더불어 북한의 전력 계통이 극심하게 불안한 상태에서 북한에 계통상 발생한 문제는 남한으로 직결될 수 있는데, 교류 전송 방식으로는 이에 대한 적절한 대처가 불가능하기 때문에 일정 전력(약 200만 kW)만을 공급할 수 있는 변환소를 설치, HVDC 방식으로 평양 또는 일정 지역까지 전송하는 방식이 현재로선 가장 적합한 방안이라는 점도 무시할 수 없다.

한편, 향후 러시아와 중국 등 동북아시아 국가들과 상호 간 전력 융통에 따른 경제적 이익을 추구하기 위해 계통 연계를 추진하게 된다면, 러시아와 중국의 계통 주파수(50Hz)가 우리의 그것(60Hz)과 다르기 때문에 HVDC 송전 방식을 적용해야 한다.

물론, 직류 송전 방식이 교류 송전 방식에 비해 절대적인 기술적 우위를 보이는 것은 아니다. 또한 현재 대부분의 전력 계통이 교류식 인프라로 이루어져 있기 때문에 현재의 교류 기반 전력 시스템을 직류 시스템으로 온전히 바꾸는 것은 불가능하고 비실용적일 것이다.

다만, 교류 전력 시스템 기반 하에서 직류 방식이 우월한 경우에 한해 적극적인 도입이 필요할 것이며, 이는 최근 중국, 인도 등 면적이 넓은 지역의 대형 송전 방식에서 HVDC 방식이 급속하게 도입되는 등, 점차 현실화되고 있다.

현재 HVDC 시장 규모는 세계적으로 60조 원대로 추산된다. 하지만 HVDC 관련 기술은 현재 독일(지멘스), 프랑스(아레바), 스위스(ABB) 등 3개국이 절대적으로 독점하고 있다. 국내 HVDC 기술은 이들과의 차이를 점차 좁혀 기술 자립도가 지멘스 등에 비해 90% 수준까지 올라온 것으로 평가받고 있다.

따라서 HVDC 활용이 증대되는 환경 변화에 따른 국내 관련 기술 발전에 대한 적극적인 지원이 필요하며, 이를 바탕으로 보다 수준 높은 한국형 HVDC 시스템 개발을 통해, 향후 남북 간 계통 연결뿐만 아니라, 해외 HVDC 시장에서 선도적인 역할을 할 수 있는 국내 기업이 나오길 기대해본다.

03 변전

발전소에서 생산된 전력을 수용가까지 수송하기 위하여서는 장거리의 송전선로를 통과해야 한다. 그런데 왜 발전기에서 발생된 전압을 765kV 같은 높은 전압으로 승압하여 전송할까 하는 기초적인 질문은 이미 앞장의 송전 부분에서 다루었다. 송전선의 목적은 발전 전력을 전송하는 것이다. 그런데 발전기의 출력단에는 수만 볼트의 전압이 유기된다. 그리고 발전 단자에는 외부로의 전력 전달을 위하여 성인 팔뚝보다 굵고 큰 도체가 연결되어 있다. 보통은 이것을 발전기 모선(bus)이라고 한다. 이러한 큰 도체를 송전선로로 하여 장거리를 통하여 일반 소비자에게까지 전달하는 것은 기술적, 경제적으로 많은 어려움이 있다. 이러한 문제점을 해결하는 방안이 승압이다. 승압을 함으로서 대전력을 전송할 수 있는 것이 주요 이유가 되며, 동일 전력 전송 시에도 승압을 하면 송전손실을 줄일 수 있는 효과가 또 다른 이유가 된다.

보통 발전기의 전압은 제작 비용 등을 고려하여 통상 2만~3만 V이며, 변전소에서 발전 전압을 높여서 송전한다. 한국에서는 송전 전압으로 154kV, 345kV, 및 765kV를 사용하고 있다. 이런 전압으로 일반 가정까지 전력을 수송할 수 없으므로 또 다른 변전소에서는 이들 전압을 배전 전압(한국의 경우 22.9kV)으로 낮추어 배전하며, 이 배전 전압을 주상변압기 등을 통하여 다시 380/220V로 낮추어 가정에 전기를 공급한다.

발전 전압을 송전전압으로 높이는 변전소를 승압변전소, 송전전압을 배전전압이나 더 낮은 송전전압으로 낮추는 변전소를 감압 변전소라고 분류한다. 또한 감압 변전소를 더욱 세분화하여 1차변전소, 2차변전소로 구분하기도 한다.

1 변전소 기능 및 구조

(1) 변전소 설비

[그림 5-50]에는 변전소에 대한 내부적 이해를 위하여 각종 설비를 보여주고 있다. 단로기, 차단기, 변압기, 피뢰기, 가공지선, 모선, 변류기, 계기용 변압기 등 다양한 설비를 볼 수 있다. 몇 가지 중요한 설비에 대하여 간략히 소개한다.

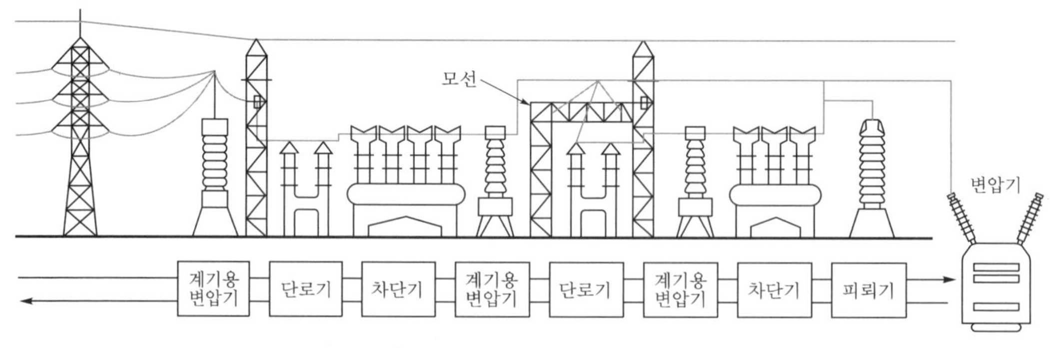

그림 5-50 변전소의 구성

변전소에는 전압을 변성하기 위해 변압기가 필요한데, 이 변압기를 주변압기라 한다. 그리고 주변압기, 차단기, 조상설비, 송전선, 배전선, 그 밖의 부속 설비들이 접속되어 있는 공동 도체가 있는데, 이를 모선(bus)라고 한다. 또, 변전소 내의 점검·수리, 선로 및 구내 전력 기기에 고장이 발생하였을 때 고장 전류의 차단을 위한 차단기가 있다. 그 밖에, 송·수전단의 전압 조정과 역률 개선을 위한 조상설비, 선로로부터 기기를 분리, 구분 및 변경을 위한 단로기, 전력 계통의 전압, 전류 등을 계측하기 위한 계기용 변압기, 전력 시스템에 발생한 이상 전압으로부터 전력 기기의 보호를 위한 피뢰설비, 접지 사고 또는 낙뢰가 발생하였을 때 변전소의 전위 상승으로부터 기기의 위험을 막기 위한 접지 설비, 운전원이 계통 및 기기의 상태를 감시하고 필요 시 기기의 조작 및 전압·전류·전력 등을 계측하기 위한 배전반이 있다. 부대설비로 소화 설비, 냉각 설비, 제어회로, 소내 회로, 보안 통신 회로, 충전 설비가 구비되어 있다.

(2) 변전소 기능

송전선로에는 낙뢰가 발생하기도 하고, 배전 선로의 부하 변동에 따른 송전 선로 전압이 변동하기도 하고, 그 밖에도 지락 사고 등이 발생한다. 이러한 다양한 문제에 대하여 변전소는 수용가에게 양질의 전력 품질을 제공하기 위한 목적을 위하여 각종 기능을 수행한다. 변전소는 송전선로와 배전선로가 변압기, 모선, 차단기 등을 통하여 함께 결합되는 전력 계통의 한 지점으로서 주변의 다른 변전소 또는 다른 설비와 상호연계되어 동작한다. 간단한 동작의 예로서 계통의 조류를 감시하고 사고 시 변전소를 보호하는 기능을 수행한다.

① 변전 기능

변전소의 주요 기능 중의 하나는 발전소에서 발생된 대전력을 손실을 줄이면서 장거리에 걸쳐 효율적으로 전송하게 하는 것이다. 전기에너지를 승압 또는 감압을 하여 전송하는 원리에 대하여는 앞 절에서 기술하였다. 따라서 변전소의 주요 기능은 승압 또는 감압하는 변전 기능이라 하겠다.

[그림 5-51]에 설명된 것처럼 변전소에서는 전압 신호를 승압 또는 감압하여 변경한다. 이렇듯 변전소는 전기에너지 형태를 바꾸어서 다른 변전소 또는 다른 설비로 전송한다.

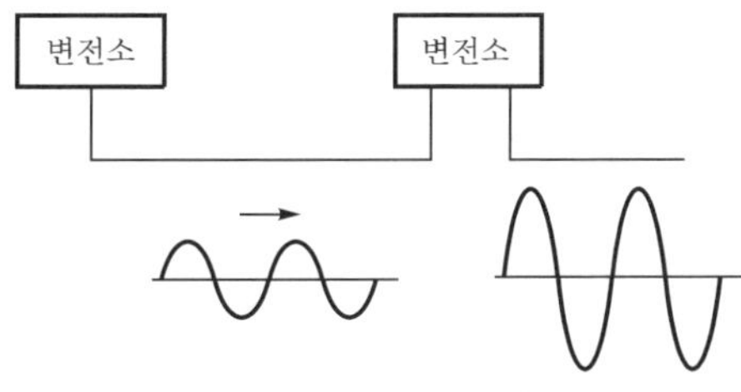

그림 5-51 변전소의 변압 기능

② 조류 제어

변전소의 또 다른 주요 기능으로 조류 제어 기능이 있다. 인입 전력을 모선에 연결된 여러 급전선을 통하여 전력 조류를 분배한다. 다른 변전소 또는 급전선으로 전달할 전력 조류를 분배한다. 송전계통은 망 구조로 선로가 형성되어 유효전력 흐름이 양방향이나, 배전계통은 통상 트리구조로 되어 있어 단방향으로 유효전력이 흐른다. 점차 배전계통에서도 재생에너지의 계통 접속으로 유효전력 전송 방향이 양방향으로 이루어질 것이라 예상한다. 배전 전문가는 변전소에 개별 급전선에 흐르는 전류가 얼마인지, 급전선 간의 전력 분배를 어떻게 하는지, 또한 적절한 전력량이 흐르는지를 판단할 수 있어야 한다. 국내의 경우 송전계통에서 765kV 1차 전압을 345kV, 154kV 등의 복수의 2차 전압으로 변전하는 변전소도 있다.

③ 사고 및 보호 관리

송변전 계통에서는 조류, 식물, 자연재해, 사람, 동물 등 다양한 원인에 의하여 사고가 언제든지 발생할 수 있다. 지락, 단락, 단선, 및 낙뢰 등 사고의 형태가 다양하다. 어느 곳에서 어떤 원인에 의하여, 어떤 형태의 사고가 발생하였는지를 판단하고, 이에 대한 적절한 조치를 취하는 것이 중요한 도전과제가 된다. 예를 들어서, 장거리 송전선로의 어느 한 지점에서 조류에 의한 단락 사고가 발생하였을 때 이것을 관할 변전소에서 신속히 알아내고 빨리 조치를 취하는 것은 매우 중요하다. 어떤 방법으로 알아낼 것이며 어떤 조치를 취하여야 할 것인가. 만약에 사고에 대한 복구를 하지 않으면 계통 전반에 어떤 문제를 야기시킬 수 있는지를 판단하여야 한다.

④ 절연 협조

변전소의 전력기기들은 고전압에서 동작되기 때문에 절연성능이 시간이 지남에 따라 떨어지는 현상을 갖는다. 어떤 전력기기가 절연능력이 떨어지면 기기의 파손 뿐만 아니라 계통 전체로의 사고로 전파될 수도 있다.

⑤ 전압 관리

기본적으로 전력 계통의 어느 지점에서의 전압은 발전소 전압, 전력이 전달되는 송배전 계통의 특성, 전력 조류의 수준, 소비자의 전력 소비 특성에 의하여 결정된다. 여러 요인에 의하여 송배전 계통의 전압이 변동되는데 어느 곳에서 어떤 전압 제어를 수행하여 전압 관리를 수행하여야 하는 것이 주요 이슈가 된다.

배전선로는 선로에 대한 전기적 모델이 주로 저항과 리액턴스 성분으로 묘사되기 때문에 배전 선로거리가 길어질수록 전압강하가 증가한다. 반면 또한 50km 이상 되는 중장거리 선로에서는 송전 선로가 저항, 리액턴스, 커패시턴스로 모델링이 되는데, 무부하 시 수전단 전압이 송전단 전압보다 커지는 페란티 현상이 발생한다. 중장거리 선로에 있는 충전전류 또는 정전용량의 원인에 의해 수전단 전압이 송전단보다 상승할 수 있다. 송전선로, 배전선로 각각에서 다른 전압 변동 특성을 나타내고 있는데 각각의 위치에서 전압 관리를 수행하여야 한다.

계통의 전압이 항상 변화하고 있으며, 때로는 계통의 공칭전압을 벗어날 수도 있다. 또한 계통의 변동하는 공급 전압은 소비자에게 공급되는 전압을 변동시켜 소비자의 각종 기기에 나쁜 영향을 주기도 한다. 변전소의 변압기 탭 또는 무효전력을 제어하는 조상설비를 사용하여 전압을 제어하는 방법을 사용한다. 변동하는 전압을 변전소에서 변압기 탭 또는 조상설비를 사용하여 전력 계통의 전압을 공칭전압으로 유지하려 하려하는 일련의 작업을 전압 관리라 한다.

⑥ 전력 품질관리

전력의 품질관리란 전기의 전압과 주파수 품질을 규정된 값으로 일정하게 유지시키기 위한 일련의 작업을 의미한다. 전력 품질에서 가장 중요한 것은 정전을 적게 하는 것이고, 정전 발생 시 어떠한 조치를 취하여 전기가 회복되도록 하게 할 것인가가 중요한 이슈가 되겠다. 전압 품질로는 공칭전압으로 전기를 공급하는 것 외에, 전압 파형을 정현파로 공급하게 하는 것이다.

하지만 실제는 변압기의 비선형 특징, 최근 전력반도체 응용회로의 보급 등으로 고조파가 발생하여 선로에 존재한다. 고조파 성분의 존재는 정현파의 파형을 왜곡하여 비정현파로 만든다. 이런 경우 변전소에서 어떻게 필터를 설계하여 고조파 성분을 감소 내지 제거할 것인가가 변전소 전문가에게 중요한 과제가 된다. 또 한 가지 중요한 것으로 전력 계통에서 순간 정전, 순간 과전압과 같은 현상이 존재한다는 것이다. 이러한 현상도 계통전압을 왜곡하여 소비자에게 나쁜 영향을 준다. 이러한 경우 변전소 운전자는 어떻게 처리하고, 해결할 것인가가 중요한 도전 이슈가 되겠다.

2 변전소의 종류

변전소에는 다양한 종류가 있고 이들 변전소를 분류하는 방법은 어떤 기준으로 분류하느냐에 따라 종류가 다양하게 나타난다. 전력 계통에서 전압의 체계는 발전 전압이 수만 V인데 345, 765kV 같은 높은 전압으로 해서 송전선에 보내고, 1차, 2차, 3차 등 몇 개의 변전소를 거치면서 차례로 고전압을 감압시켜서 안전하고도 사용하기 쉬운 전압으로 바꾸는 구조로 되어 있다. 발전 전압을 송전 전압으로 높이는 승압변전소와 송전전압을 낮추는 감압변전소가 있다. 감압변전소는 다시 그 기능에 따라 송전전압을 1차변전소와 2차변전소로 나눈다.

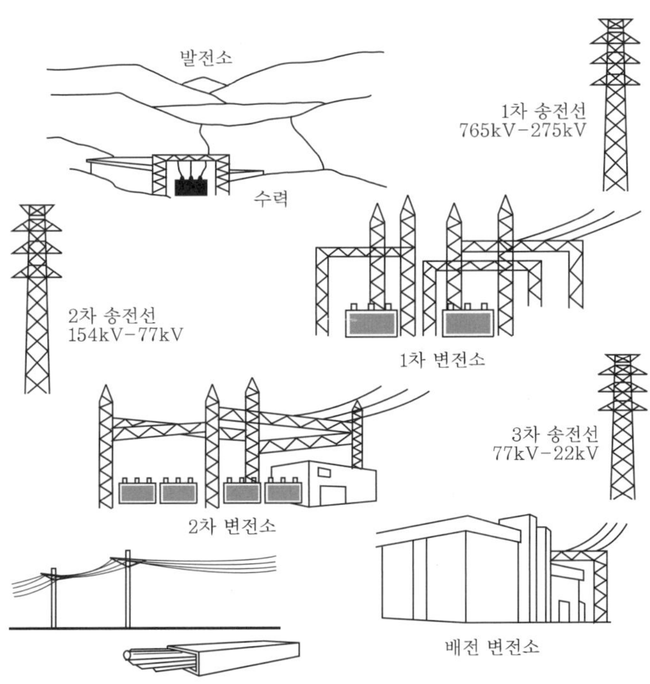

그림 5-52 송변전에서의 변전소 종류

① 승압변전소

발전소에서 생산된 전력을 승압하여 전송하는 기능을 갖는 변전소를 말한다. 다른 변전소로 계통을 통하여 대용량의 전력 전송을 수행한다. 이러한 변전소에는 승압변압기가 있고 많은 스위치 설비가 존재한다. 이러한 변전소는 발전소의 조차장(switchyard)

에서 출발하는 송전선로의 말단에 위치하여 다른 변전소에 전력 공급을 위한 회로가 있다. 이러한 변전소는 대용량의 에너지를 전달하는 기능 뿐만 아니라 전력 계통의 장기적 신뢰성과 통합에 중요한 역할을 한다. 따라서 이러한 설비는 전략적 설비로서 건설 및 유지에 많은 비용이 소요된다. 발전소 전문가에 의해 설계 및 건설된다. 그리고 계획, 건설 및 재정이 일반 변전소에서 이루어지는 것과는 조금 다른 과정을 갖는다. 이러한 특별한 특성으로 본 교재에서는 자세히 기술되지 않는다. 하지만 이곳의 설비를 확장 또는 변경하려 할 때는 일반적인 과정을 따른다.

② 1차변전소[primary substation]

발전소의 승압변전소로부터 전력을 최초로 수전하는 변전소를 말한다. 이 변전소 내의 변압기에 의해 전압을 낮춘 후 다시 2차변전소까지 보낸다. 1차변전소에서는 일반적으로 전압을 조정하는 것이 목적인데, 조상기 또는 대용량의 전력용 콘덴서가 설비된다.

③ 2차변전소[secondary substation]

1차변전소에서 송전선에 보내진 전력을 감압하는 변전소를 말한다. 이와 같은 분류 방법은 전력 계통이 고정되어 있을 때는 좋지만, 차례차례로 높은 전압이 도입될 경우에는 같은 전압변성을 하는 변전소가 전력 계통상의 위치에 따라 2차변전소가 되기도 하고 3차변전소가 되기도 한다. 같은 변전소의 이름이 변하는 단점이 된다.

2차, 3차 변전소는 주로 수용가 변전소 또는 배전용 변전소로 알려져 있는데 특정한 수용가를 위한 전력 공급을 주 기능으로 한다. 직접 수용가에 전력을 공급하는 배전 회로 설비를 갖고 있다. 주로 부하의 중심에 위치하고 수용가에 직접 관련되는 특징을 갖는다. 이러한 경우 기술적 및 영업적 요구 사항은 주로 전력 회사의 요구 사항보다는 수용가의 요구에 의존한다.

다음 변전소를 건설하는 형태에 따라 건물 내부에 기기를 설치하는 변전소를 옥내 변전소라 하며 옥외에 기기를 설치하는 변전소를 옥외 변전소라 하는데 대도시에서는 옥내 변전소가 많이 건설된다. 변전소 내의 기기 절연 방식에 따라 공기절연, 가스 절연, 가스와 공기의 혼합형으로 구분한다. 고정이냐 이동이냐에 따라 고정형 또는 이동형 변전소로 분류하기도 한다.

최근에는 고밀화된 도시 발전으로, 전력 소비 부하 중심지에 변전소를 건설하는 것이 어려워지고 있다. 이러한 문제점을 해결하는 방법으로 SF_6 가스를 이용한 GIS(Gas Insulated Switchgear) 변전소가 확대되고 있는 추세에 있다. 이 GIS의 기술은 변전 설비의 최소화, 고전압화, 대용량화, 고신뢰도화를 이룰 수 있다.

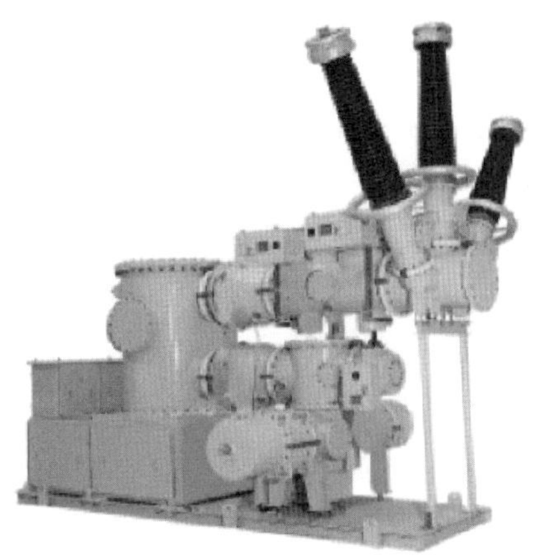

그림 5-53 170kV GIS(가스 절연 개폐 장치) 설비(출처 : ILJIN)

3 변압기

동일한 전력을 보낼 때 전압을 높이면 흐르는 전류가 적어져 선로에서의 전송 손실이 감소한다. 직류를 사용하는 경우 전압의 변동이 쉽지 않지만 교류에서는 변압기가 있어서 용이하다. 전기를 생산하는 곳과 소모하는 곳의 위치가 멀기 때문에 변압기는 전력의 전송에 아주 중요한 역할을 하고 있다.

발전소에서는 11kV에서 30kV까지 발전되며 이 전압이 154kV, 345kV, 765kV까지 승압되어 송전되며, 이 전압은 변전소를 거쳐 수용가까지 가면서 각종 변압기에서 22.9kV, 380V, 220V, 120V 등으로 강압된다.

변압기 동작의 원리는 마이클 패러데이(1791–1867)의 연구로부터 비롯되었다. 패러데이는 자기적으로 결합된 두 코일이 있을 때 어느 한 코일에 흐르는 전류가 변화하면 다른 코일에 기전력이 유도되는 전자기유도 현상을 발견하였다. 이렇게 전자기적으로 유기된 기전력을 변압기 전압(transformer voltage)이라 부르며 이러한 현상이 잘 일어날 수 있도록 코일을 배치한 것을 변압기라 한다.

변압기는 매우 다양한 용도를 가지고 있다. 교류 배전계통과 송전계통에서 변압기는 전압을 올리거나 낮추는 데에 사용된다. 교류전동기의 저전압 기동에 사용되기도 하고 어떤 전기회로를 다른 전기회로와 분리하기 위해 사용되기도 한다. 그리고 직류회로에서 교류 성분을 중첩시키기 위해, 전자회로에 사용되는 낮은 전압을 공급하거나 배터리의 충전, 초인종 등에서도 사용된다.

변압기는 손실 없이 전압의 크기만을 변화시키지만, 실제 변압기는 그렇지 못하다. 실제 변압기는 열 또는 소리로 발생되는 손실이 존재하며, 내부 임피던스가 있기 때문에 부하 변화에 따라 변압기 출력전압이 변화하게 된다.

(1) 변압기의 원리

변압기에 전원을 연결하면, 누설이 없다고 가정하였을 때 양 코일에는 같은 양의 자속 (상호 자속 ; mutual flux)이 존재한다. 만약 자속이 시간에 대해 변화한다면 1차 측 및 2차 측에 발생되는 전압은 다음과 같다.

$$e_p = N_P \frac{d\phi_M}{dt}, \ e_s = N_S \frac{d\phi_M}{dt} \quad\cdots\cdots\cdots (5\text{-}1)$$

여기서, e_p 및 e_s는 1차 측 및 2차 측에 발생되는 역기전력 및 유기 기전력이 된다. N_P와 N_S는 각각 1차 측 및 2차 측의 권수이며, ϕ_M은 쇄교자속의 순시치이다.

렌츠의 법칙에 의해 각 코일에 발생되는 전압은 그 발생원인을 방해하는 방향으로 유기된다. 따라서 코일 1에 유기되는 기전력은 인가되는 전압과 반대 방향이 되어야 하며, 이 전압을 역기전력(conter-emf)이라 부른다. 코일 2에는 자속의 변화에 따라 전압이 유기되며, 이를 우리는 유기 기전력이라 부른다.

정현파 전원을 연결하면, 전압과 전류는 식 (5-2)와 같이 페이저(phasor)로 표현할 수 있다. 여기서는 예비적인 설명을 위해 아래와 같이 단순한 상황을 가정하도록 한다.

① 철심의 투자율은 일정하고 따라서 철심의 자기저항도 일정하다.
② 누설자속이 없어서 1차측과 2차측 권선에 같은 양의 자속이 쇄교한다.

각 코일창 안에서의 정현적인 자속 변화에 의해 1차측과 2차측 권선에 유기되는 전압은 실효치로 표현하였을 때 다음과 같다.

$$E_P = 4.44 N_P f \Phi_{\max} \quad\cdots\cdots\cdots (5\text{-}2)$$

$$E_S = 4.44 N_S f \Phi_{\max} \quad\cdots\cdots\cdots (5\text{-}3)$$

식 (5-2)와 식 (5-3)에서 주파수 f와 쇄교 자속 $\Phi_{\max}$는 공통된 값이므로, 이 두 식의 비를 구하면 식 (5-4)와 같다.

$$\frac{E_P}{E_S} = \frac{N_P}{N_S} \quad\cdots\cdots\cdots (5\text{-}4)$$

따라서 누설자속이 없다고 할 때 유기전압의 비율은 턴 수의 비율과 같다.

(2) 이상적 변압기

이상적 변압기란 누설자속이 없고 철손도 없으며 철심의 투자율이 무한히 커서 자속을 유지하기 위한 여자전류도 필요 없고 권선의 저항은 0인 가상적인 변압기를 말한다. 실제 이러한 이상적 변압기는 존재하지 않지만 여기서의 수학적인 관계식은 실제 변압기의 등가회로를 만드는 데에, 유도전동기의 등가회로를 만드는 데에, 그리고 임피던스 변환에서 적용될 수 있다.

이상적 변압기의 기본적 관계식을 이상적 변압기의 2차 측에 부하가 접속된 것을 나타내는 [그림 5-54]를 통하여 유도하기로 한다. 그림에서 프라임 표시가 되어 있는 기호들은 이상적인 변압기에서의 유기전압과 입력 임피던스를 나타내고 있다.

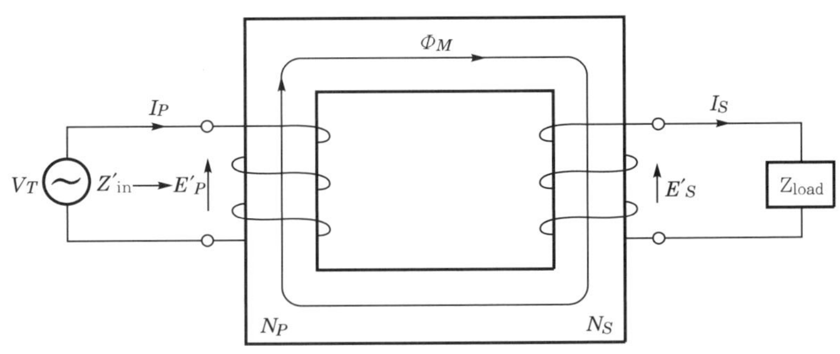

┃ 그림 5-54 이상적 변압기 ┃

① 권선비

권선비(turn ratio)는 고압측 권선수와 저압측 권선수 사이의 비율이다. 이상적인 변압기에서 권선비는 전압의 비율(고압대 저압)과 같고 실제의 변압기에서는 2차측에 부하가 연결되지 않아서 누설자속과 권선저항의 영향이 미미한 무부하 상태에서의 전압의 비율과 거의 같다. 그러므로 권선비에 대한 정보를 얻을 수 없고 무부하 상태에서의 전압 측정을 행할 수 없을 때에는 명판에 기재된 전압의 비율을 근사적으로 권선비로 간주할 수 있다.

즉 고압측(high-side, HS)과 저압측(low-side, LS) 값으로부터

$$a = \frac{N_{HS}}{N_{LS}} = \frac{E_{HS}'}{E_{LS}'} \approx \frac{V_{HS}}{V_{LS}} \quad \cdots\cdots\cdots\cdots\cdots(5\text{-}5)$$

여기서, a = 권선비, V_{HS}/V_{LS} = 명판상의 전압비, E_{HS}'/E_{LS}' = 유기전압의 비율

따라서 [그림 5-54]의 이상적 변압기에서 1차 측이 고압 측이라고 하였을 때 다음과 같이 된다.

$$\frac{E_P'}{E_S'} = \frac{N_P}{N_S} = a$$

$$E_P{}' = a\,E_S{}'$$

(3) 단권변압기(auto-transformer)의 특성

345kV 변전소에서 사용하고 있는 주변압기는 단권변압기이다. 단권변압기는 한 권선의 중간에 탭을 만들어 사용하는 변압기로, 1차와 2차의 전기회로가 절연되지 않고 권선의 일부를 공통 회로로 사용하며, 변압기가 1의 근처에서 가장 경제적이고 특성도 좋다. 단권변압기는 권선의 일부분이 1차와 2차를 공통으로 사용하고 있기 때문에 1, 2차 권선을 따로 사용하는 변압기에 비해 동량을 줄일 수 있다. 따라서 동손이 감소하며 효율이 좋아지고 온도 상승이 저하된다. 또한, 일반 변압기에 비해 전압 변동률이 좋아지는 장점도 가지고 있다. 그러나 1차 측에 이상 전압이 발생하면 2차 측에 영향을 주고, 누설 임피던스가 적어 단락사고가 발생하는 경우에는 단락전류가 커서 기계적 강도가 커야 하는 단점이 있다. 단권변압기의 종류에는, [그림 5-55]와 같이 2차 측의 전압을 내려주는 강압 단권변압기와 2차 측의 전압을 올려주는 승압 단권변압기가 있다.

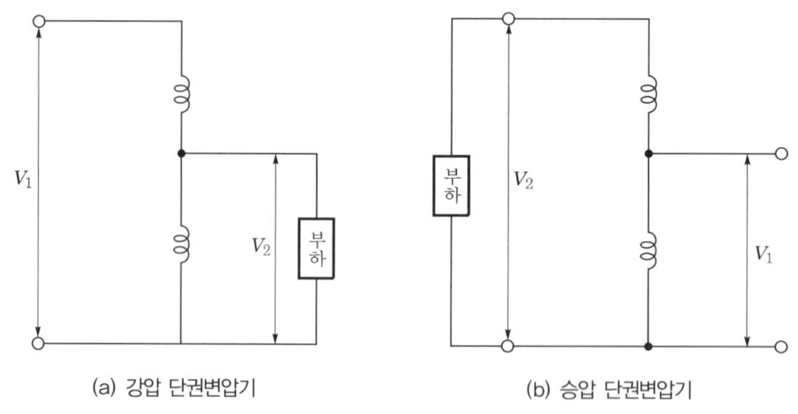

(a) 강압 단권변압기　　　　(b) 승압 단권변압기

그림 5-55 단권변압기

4 냉각장치(cooling system)

변아기의 냉각 방식은 권선과 철심을 직접 냉각하는 매체와 이 매체를 냉각하는 외부 냉매의 종류, 그리고 순환 방식에 따라 여러 가지로 나누어진다.

(1) 건식 자냉식

건식 자냉식은 일반적으로 10MVA 미만의 소용량 변압기에 사용된다.

(2) 건식 풍냉식

건식 풍냉식은 권선 하부에 풍로를 만들어 송풍기로 바람을 보내서 냉각하는 방식이다. 500kVA 이상에 채용하고 있다.

(3) 건식 밀폐 자냉식

건식 밀폐 자냉식은 권선과 철심을 밀봉한 함 속에 넣고 공기 또는 가스를 봉입하여 내부 송풍기에 의해 가스를 순환시켜 냉각하는 방식이다.

(4) 유입 자냉식과 유입 풍냉식

이 방식은 유지, 보수가 간단하여 가장 많이 사용하고 있다. 권선과 철심에 발생한 일은 대류에 의해 절연유에 전달되고, 절연유의 열이 외함과 방열기에 전달되면, 외함과 방열기의 표면에서 방사와 공기의 대류에 의해 냉각된다. 외함과 방열기에서 냉각된 절연유는 하강하여 다시 내부를 냉각시키고 상승 순환한다. 변압기의 용량 10~60MVA까지는 유입 자냉식 또는 유입 풍냉식을 사용하고 있다. 유입 자냉식에서 유입 풍냉식으로 전환하면 변압기의 용량은 약 1/3 정도 증가한다. 변압기의 명판에 45/60으로 표시되어 있는데, 이것은 유입 자냉식으로 사용할 때에는 45MVA까지 사용할 수 있고, 유입 풍냉식으로 사용할 때에는 60MVA까지 사용할 수 있다는 뜻이다.

(5) 송유 풍냉식

송유 풍냉식은 유입 자냉식에 절연유를 강제로 순환시키기 위하여 유(油) 순환 펌프를 본체와 방열기 사이에 부착하고 송풍기를 방열기에 달아 냉각 성능을 향상시키는 방식이다. 보통 변압기의 용량이 60MVA를 초과하는 경우에는 송유 풍냉식을 사용하고 있다.

(6) 송유 수냉식

변압기를 옥내 또는 지하에 설치해야 할 경우가 있는데, 이럴 때에는 통풍에 제한을 받는 일이 있다. 이러한 경우에 송유 수냉식을 적용한다. 송유 수냉식의 냉각기는 유니트형으로 제작한 형태가 널리 사용되고 있다. 송유 수냉식에는 내부관의 파열로 인한 물이나 기름의 누출에 대비한 감시 장치가 별도로 설치되어 있고, 내부관은 대부분 이중관의 형태로 제작되어 있다.

04 배전

1 배전이란?

배전선로(Distribution Line)는 발전소, 변전소 또는 송전선로로부터 다른 발전소 또는 변전소를 거치지 아니하고 전기 수용 장소에 이르는 전선로를 말한다. 이 배전선로를 이용해서 직접 고객에 전력을 공급하는 것을 배전이라고 한다. 우리나라의 1차 배전 전압은 22.9kV가 대부분이다. 그런데 이 전압은 일반 가정 또는 소규모의 공장 등에 시설되어 있는 전력 설비에 공급하기에는 부적당하다. 따라서 배전 선로에 주상 변압기를 설치하여 220V 또는 380V 등으로 강압시킨다. 일반적으로 일반 가정에 공급되는 결선 방식은 220V이고, 소규모 공장에 공급되는 결선 방식은 3상 4선식 380V이다.

배전 설비는 수용가의 전력 설비와 가장 근접하여 시설되어 있기 때문에, 배전 선로의 고장은 수용가의 전력 설비에 직접적으로 영향을 끼치게 된다. 따라서 배전 설비가 정전되지 않도록 노력하여야 한다. 특히 전국 투 · 개표소의 전력 공급, 국내외 대형 체육행사, 대학입시 등의 국가적 중요 행사 시 전력 공급에 차질이 없어야 한다. 또한 배전 설비는 인가와 인접하여 시설하는 것이므로 일반인에 대한 전기 안전사고가 발생하지 않도록, 배전 선로에 사용되는 모든 기기는 완전히 절연된 전력 설비를 설치하고, 그 시설에 대한 철저한 유지, 보수가 필요하다. 뿐만 아니라 일반인들에게 올바른 전기 사용 방법과 안전에 대한 홍보가 필요하다.

2 배전선로의 배전 방식

(1) 특고압 배전 방식

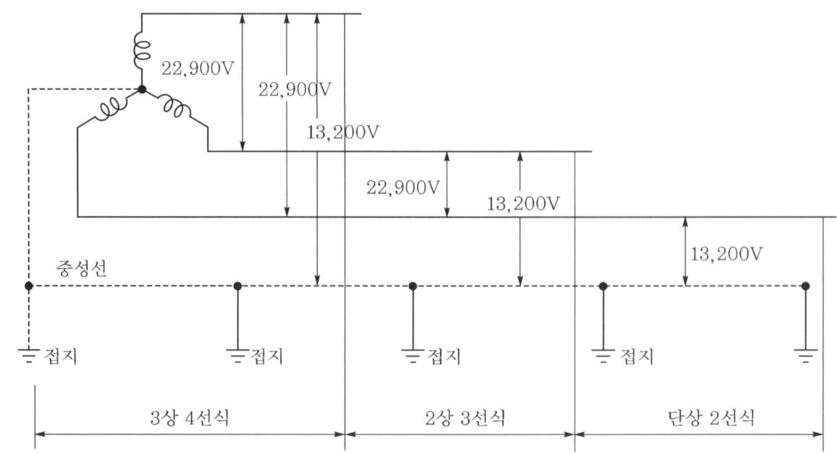

▍그림 5-56 특고압 배전 방식 ▍

우리나라의 특고압 배전 방식은 [그림 5-56]과 같이 Y결선 방식을 사용하고 있다. Y 결선된 중성점에서 중성선을 인출하여, 이 중성선을 일정한 간격으로 접지하고 있는데, 이러한 방식을 22.9kV 다중 접지 계통 방식이라고 한다. 특고압의 배전 전압은 전압선의 한 상과 중성선 사이에 나타나는 상전압이 13.2kV이고, 전압선의 한 상과 또 다른 전압선 사이에 나타나는 선간전압은 22.9kV가 된다. 특고압 배전 선로의 전압선은 특별한 사유가 없는 한 공중의 안전을 위하여 절연 전선을 사용하고 있다. 이 특고압 배전 방식은 변전소에서 인출될 때 3상 4선식으로 인출되지만, 선로 말단 및 분기 선로에서 단상 부하만 있는 경우에는 단상 2선식으로 선로를 구성할 수 있다. 그러나 단상 선로의 구성률이 높은 경우에는 부하 불평형이 발생하므로, 현재는 대부분의 선로를 3상화하여 운영하고 있다.

중성선은 특별한 사유가 없는 한 나선을 사용하고 있다. 이 중성선은 인가가 밀집되어 있는 지역에서는 매 전주마다 접지를 하고, 인가가 없는 야외 지역에서는 300m 이하마다 1개소식 접지를 하고 있다.

(2) 저압 배전 방식

① 단상 2선식(110V, 220V)

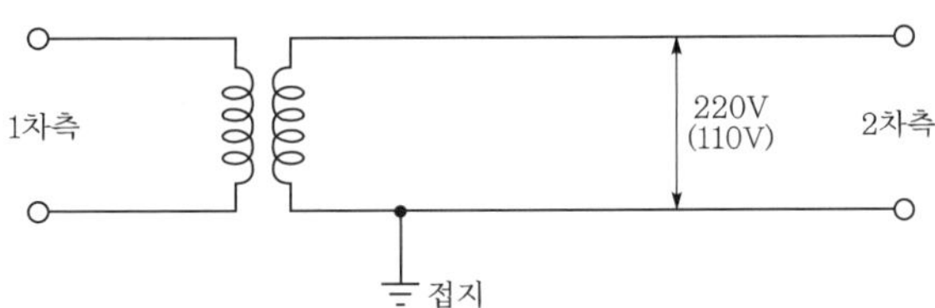

┃ 그림 5-57 단상 2선식 결선(110V, 220V) ┃

[그림 5-57]의 단상 2선식 배전 방식은 단상교류 전기를 전선 2가닥(전압선 및 접지측 전선 각각 1가닥)으로 구성하여 배전하는 방식으로, 주로 저압 전등 부하가 많은 일반 가정의 전기를 공급하는 방식으로 사용하고 있다. 이 방식은 변압기 2차 결선에 따라 110V 또는 220V의 전압이 유도된다. 우리나라에는 110V는 사용하지 않고, 220V 전압 방식을 사용하고 있다.

② 단상 3선식(110V, 220V)

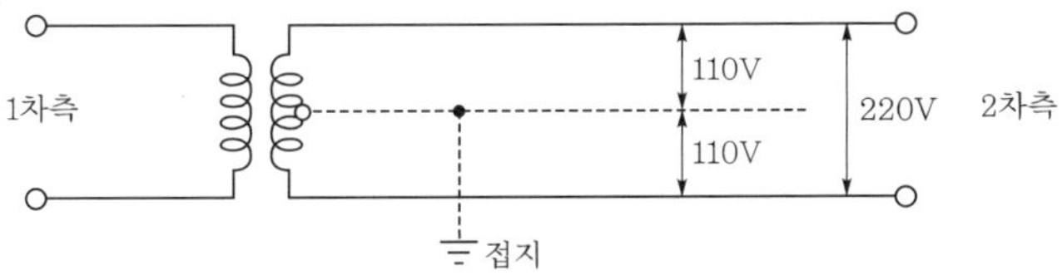

┃ 그림 5-58 단상 3선식 결선(110V, 220V) ┃

[그림 5-58]의 단상 3선식 배전 방식은 단상교류 전기를 전선 3가닥(전압선 2가닥, 중성선 1가닥)으로 구성하여 배전하는 방식이다. 이 방식은 일반 가정의 전등 부하 또는 소규모의 공장 등에 전력을 공급하는 방식이다. 결선에 따라 110V 또는 220V의 전압을 사용할 수 있어, 한 장소에 두 종류의 전압이 필요한 경우 이 배전 방식을 사용한다. 그러나 중성선이 단선되면 부하가 적게 걸린 단자(저항이 큰 쪽 단자)의 전압이 상승하여 과전압이 인가될 수 있기 때문에, 현재는 사용하지 않는 결선 방식이다.

③ 3상 3선식(220V)

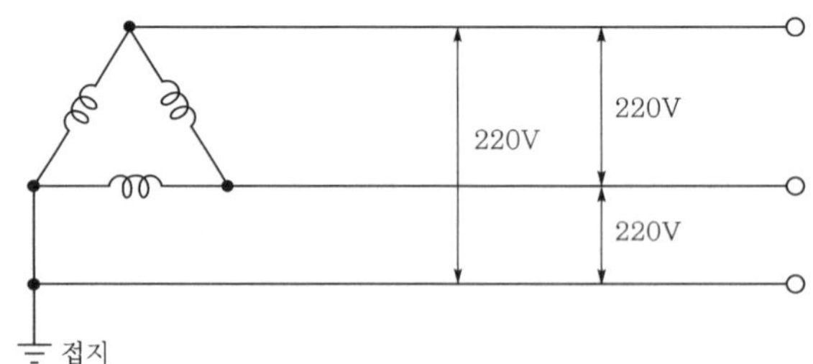

| 그림 5-59 3상 3선식 결선(220V) |

[그림 5-59]의 3상 3선식 배전 방식은 전압선 3가닥으로 구성하여 배전하는 방식으로, 전압은 낮고 전류가 많은 결선 방식이다. 전류가 선로에 많이 흐르기 때문에 선로 손실이 커지므로, 우리나라에서는 저압 배전 선로의 결선 방식으로는 사용하지 않고 있다. 그러나 고압 수용의 구내 설비에는 이 방식을 많이 사용하고 있는데, 그 이유는 사용 중에 변압기 3대 중 1대가 고장이 발생하였을 때 변압기 2대로 V결선하면, 변압기 용량이 적어질 뿐 전압의 크기에는 변동이 없고, 부하 설비의 결선 변경 없이도 긴급 조치가 가능하므로 이 방식을 선호하고 있다.

④ 3상 4선식(110V, 220V)

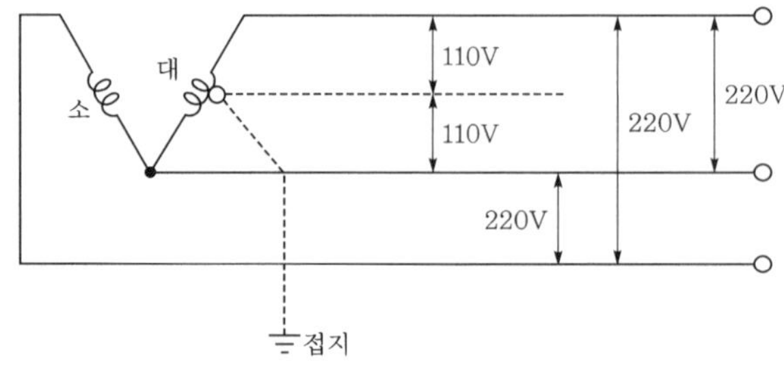

| 그림 5-60 3상 4선식 결선(110V, 220V) |

　[그림 5-60]의 3상 4선식 V결선 방식은 단상 변압기 2대를 3상 4선식(저압선 3가닥, 중성선 1가닥)으로 결선하여, 동력 설비뿐만 아니라 전등 설비에도 전력을 공급할 필요가 있는 경우에 이 결선 방식을 사용한다. 이 결선의 경우 동력 전용의 변압기는 용량이 작고 전등·동력 공용의 변압기는 용량이 큰 것이 일반적이다. 동력 설비에 전력을 공급하는 경우에는 3상 220V로 결선하고 전등 설비에 전력을 공급하는 경우에는 단상 110V 또는 220V로 결선할 수 있다. 이 결선 방식은 3상 4선식 380V로 승압하고 있어 점차 없어지고 있는 결선 방식이다.

　⑤ 3상 4선식(220V, 380V)

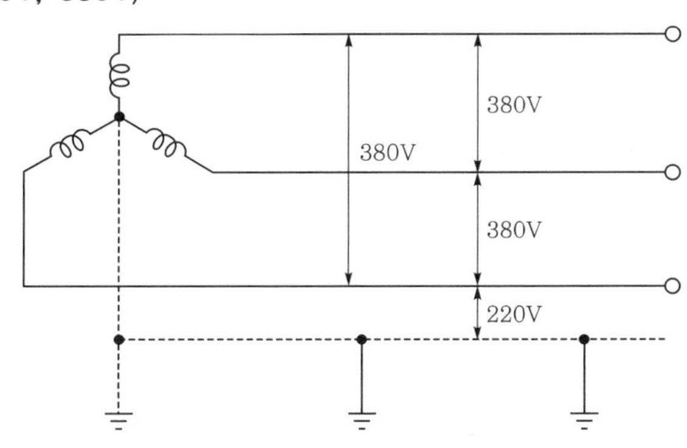

┃ 그림 5-61 3상 4선식 결선(220V, 380V) ┃

　[그림 5-61]의 3상 4선식 결선 방식은 단상 변압기 3대를 3상 4선식(전압선 3가닥, 중성선 1가닥)으로 결선하여 동력과 전등 부하에 전력을 공급할 필요가 있을 때 이 결선 방식을 사용한다. 이 결선의 경우, 사용되는 변압기의 용량은 3대 모두 동일한 용량을 사용하는 방식과, 1대의 변압기 용량은 크게, 다른 2대의 용량은 작게 구성하여 사용하는 방식이다. 동력 전용의 변압기는 용량이 작고 전등·동력 공용의 변압기는 용량이 큰 것이 일반적이다. 공급 전압은 동력은 3상 380V이고 전등은 단상 220V로 공급할 수 있다. 이 방식도 중성선이 단선되면 단상 부하에 과전압이 인가될 수 있다.

Chapter 06

가정용 전기기기

06 가정용 전기기기

01 조명기기

1 백열등

백열등은 진공 유리구 안에 저항이 큰 텅스텐으로 만든 필라멘트를 봉입하고 전류를 흘려주면 열이 발생하고 온도가 높아지며, 빛을 발산하게 되는 발광현상을 이용한 조명 기구다. 백열등은 유리구 안에 들어 있는 스템 끝의 앵커에 필라멘트가 매달려 있고, 도입선을 통해 밖으로부터 필라멘트에 전기가 공급돼 빛을 내게 된다. 유리구는 보통 연질의 소다석회유리를 사용하고 있으나, 고용량 전구에는 높은 온도에 견딜 수 있는 경질유리인 붕규산유리가 사용된다. 베이스는 전구에 전류를 도입하는 단자를 말하며, 동을 주성분으로 하는 동-아연계 합금이다. 앵커는 필라멘트가 움직이지 않도록 지지하는 것으로서, 그 지지점의 온도를 낮추지 않고 높은 온도에서도 인장강도가 변하지 않으며, 유리와 잘 밀착되는 몰리브덴선을 사용한다.

백열등은 필라멘트에 전류를 통해서 고온으로 가열해 온도복사에 의한 발광원리를 이용한 것인데, 이러한 필라멘트의 재료로는 녹는점이 높고, 높은 온도에서 기계적 강도가 크며 증발성이 적은 텅스텐을 많이 사용한다. 백열등의 필라멘트는 높은 온도에서 증발하기 쉬우므로 이를 막기 위해 유리구 안에 아르곤과 질소의 혼합가스를 넣고 밀봉해 만든다.

백열등의 수명은 약 1000시간 정도이며, 용량은 2~1000W인 것들이 있다. 또한 백열등은 같은 밝기의 경우 형광등에 비해 에너지 소모가 3배 정도 많지만 켤 때 에너지 소모가 적어 자주 켜고 꺼야 하는 현관, 세면실, 화장실 등에 사용한다. 특히 빛이 부드럽고 따뜻해 아늑한 분위기가 요구되는 식사실, 거실이나 장식을 위한 조명에 알맞다.

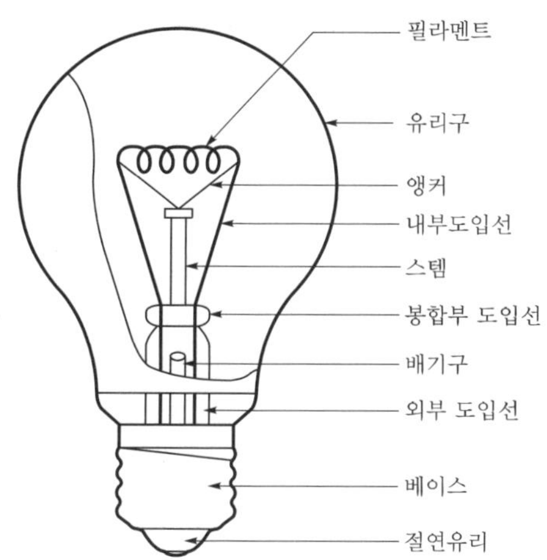

그림 6-1 백열전구의 구조

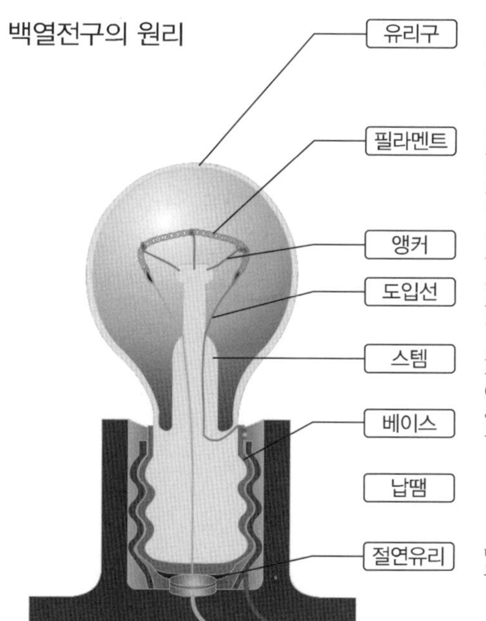

진공 유리구 속에는 30W 이상의 전구에 가스를 봉입하는데, 백열된 텅스텐에 화합하지 않고 열전도율이 적으며 전리전압이 높은 가스를 봉입하면 가스압력으로 텅스텐의 증발을 억제하여 수명이 길어지게 되고 고온으로 유지되므로 발광효율이 높아진다. 성분 : 100V 전구에서는 아르곤 90~95%, 나머지는 질소, 200V 전구에서는 아르곤 50%와 질소를 섞는다.

텅스텐을 재료로 만들며 발광체인 필라멘트는 고온도를 유지하기 위하여 녹는점이 높은 재료가 요구되고 있다. 그리고 고온에서 될 수 있는 한 증발하지 않아야 한다. 텅스텐은 융점이 탄소보다 높고(3650.3℃) 팽창계수도 매우 적으며 필라멘트로서 모양이 변하지 않고 전기저항과 온도계수가 높고 전압의 변화에 따라 광속, 전류 등의 변화가 적다.

필라멘트 지지물로 내열성, 내진성이 요구되며 보통 몰리브덴선, 때로는 텅스텐이 사용되기도 한다.

베이스와 필라멘트를 연결하는 부분으로 바깥쪽 도입선과 안쪽 도입선이 있다. 바깥쪽 도입선은 선팽창률이 유리와 같은 듀밋선을 사용하며, 안쪽 도입선은 니켈 도금 철선이나 몰리브덴선 등을 사용한다.

도입선과 앵커를 지지해주는 역할을 하며 유리구와 같은 재질로 최고온도는 일반전구 317℃ 이하, 스포트라이트전구(바이포스트베이스)는 475℃ 이하, 연붕규산유리(파이렉스 유리)를 사용한 것은 525℃ 이하의 온도에서 견딜 수 있도록 되어 있다.

알루미늄(합금)으로 만들어지며 전구가 소켓에 쉽게 끼워질 수 있도록 둥근나사로 구성되어 있다.

베이스 쪽으로 공급되는 전원과 중앙의 끝부분으로 공급되는 전원은 분리되어야 하므로 절연 역할을 유리를 사이에 두고 있다.

그림 6-2 백열전구의 세부 구조 및 역할

2 형광등

형광등이 언제 만들어졌는지를 알아보기 위해서는 전구의 역사를 알아보아야 한다. 많은 사람들이 아는 것처럼 현재 실용화된 전구는 에디슨(T. A. Edison)이 1879년에 발명했었다. 에디슨은 탄소 필라멘트를 사용하여 40시간 정도 빛을 내는 전구를 만들어

냈다. 사실 전구는 1808년 산업혁명이 한창일 때 화학자 험프리 데이비(H. Davy)가 2개의 탄소 전극 사이에서 방전을 일으켜 주위의 공기가 이온과 전자로 나누어지는 플라즈마 상태의 아크방전을 시키는 아크등이 최초였다. 이 아크등은 빛이 너무 강렬하여 실내에서 사용하기에는 무리가 있어 실용화되지 않았다.

그 후 1879년 10월 미국의 토머스 에디슨이 탄소 필라멘트를 이용하여 40시간 이상 꺼지지 않고 빛을 발하는 전구를 만들어냈지만 내구성이 좋지 않아 탄소 필라멘트가 금방 끊어져 버리는 단점이 있었다. 이러한 단점을 보완하여 1910년 쿨리지(W. D. Coolidge)가 현재 쓰이는 텅스텐 필라멘트를 발명하여, 전구가 더 밝고 수명도 길어지게 되었던 것이다. 요즘 사용하는 백열전구는 아르곤에 소량의 질소를 혼합한 가스를 넣어 텅스텐의 증발을 막아 전구의 수명을 더 늘린 것이다. 필라멘트에 텅스텐을 사용한 결과 탄소보다 온도를 높일 수 있고, 빛은 자연광에 가까워지고, 수명은 한층 더 길어졌다고 한다.

이러한 백열전구에 비해 긴 수명, 높은 발광 효율 등의 장점을 가진 현재의 형광등은 1938년 General Electric(GE)사의 인만(G. Inman)이 발명하여 특허를 내어 실용화한 것이다. 형광등은 사실 1857년 프랑스의 물리학자 알렉산더 에드먼드 백쿼렐(Alexandre E. Becquerel)이 전기 방전으로 빛을 낼 수 있다는 자신의 이론을 실험적으로 증명해 보인 후 1901년 미국의 피터 쿠퍼 휴잇(Peter Cooper Hewitt)이 수은 방전등을 만든 것을 거의 지금의 형광등이라고 보는 경우도 있고, 1927년 에드먼드 저머(Edmund Germer)가 몇 명의 동료들과 함께 시험적인 형광등을 만들어낸 것을 시초로 보는 경우도 있다.

형광등의 원리에 대하여 알아보자.

형광등은 양끝에 단자가 달려있고 가운데 흰색 유리봉이 있는 형태를 띠고 있다. 아마 다들 알고 있는 내용일 것이다. 바로 이 가운데의 유리봉을 방전관이라고 부르는데 이 방전관 속에 수은 기체를 넣어서 만든 것이 바로 형광등이다.

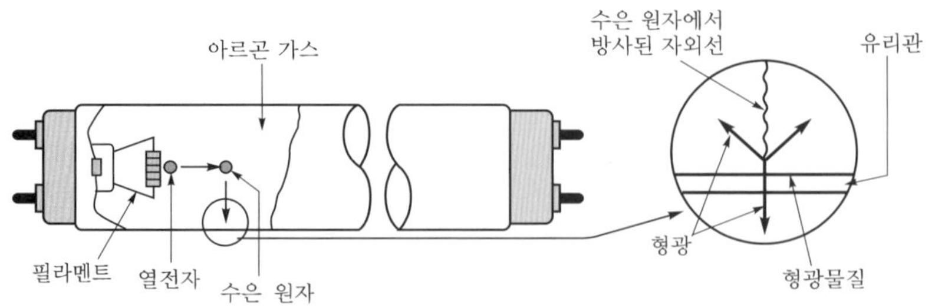

┃ 그림 6-3 형광등의 원리 ┃

형광등은 (−)극에서 나온 전자들이 방전관 속의 수은 기체와 충돌하여 수은 기체가 빛은 내는 원리로 작동을 한다. 하지만 그 빛은 우리 눈에 보이지 않는 자외선으로 이루어져 있다. 그렇다면 형광등은 어떻게 해서 우리에게 그토록 밝은 흰 빛을 만들어 줄 수가 있는 것일까? 자외선은 우리 눈에 보이지 않지만 지금처럼 황화아연을 물질에 쪼이면 흰 빛이 나온다. 이렇게 눈에 보이지 않는 빛을 받아 눈에 보이는 빛을 내는 현상을 형광이라고 하고, 그런 작용을 하는 물질을 형광물질이라고 한다. 황화아연은 대표적인 형광물질이다. 하지만 형광물질은 스스로 빛을 만들어 내지는 못해서 형광등을 만들려면 방전관 표면에 황화아연을 바르고 전류를 흘려보내어 빛이 들어오면 빛을 내게 되는 것이다. 간단히 말해 형광등은 (−)극에서 나온 전자들이 수은과 부딪쳐서 자외선을 만들게 되는 것이고 그 자외선이 형광등에 칠해 놓은 형광물질과 충돌하여 가시광선을 내게 되는 것이다.

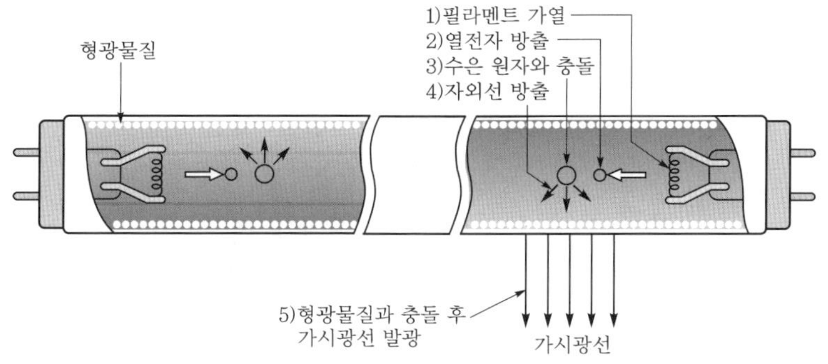

그림 6-4 형광등의 빛을 내는 과정

형광등의 구조는 형광방전관(형광램프), 안정기, 점등관, 축전기, 스위치 등이 서로 연결된 구조로 돼 있다. 형광방전관은 자외선을 받으면 빛을 발생하는 형광물질을 바른 것으로, 형광방전관의 양끝에는 필라멘트 전극을 설치하고, 그 내부에는 아르곤과 수은을 넣어 밀봉했다. 필라멘트의 두 전극에 높은 전압이 걸리면 형광방전관의 내부에는 방전이 일어나고, 자외선이 발생해 형광물질을 자극시켜 빛을 내게 된다.

점등관은 바이메탈로 돼 있어서 평상시에는 고정전극에서 떨어져 있다가 온도가 올라가면 펴져서 고정전극에 붙는다. 점등관이 동작되는 순간에는 라디오 등에 잡음이 일어나며, 이것을 방지하기 위해서 점등관과 축전기를 병렬로 연결해 준다.

안정기는 얇은 규소강판을 겹쳐 쌓은 철심에 코일을 감아서 만든 것으로, 점등관 회로가 떨어지는 순간에 높은 전압이 발생해 형광방전관이 방전되는 것을 돕는다. 또 형광방전관이 점등된 후에는 저항 역할을 해 전류가 안정되게 흐르도록 해주며 형광방전관과 직렬로 접속된다.

형광등의 특징은 백열전구에 비해 발광 효율이 매우 좋고, 수명은 약 5000시간 정도로 백열전구에 비해 매우 길며, 다만 1회의 점멸로 약 1.5시간 정도 수명이 짧아져 되도록 점멸횟수를 줄이는 게 좋다.

백열전구에 비해 눈부심도 적고, 빛에 흔들림이 있으며, 교류전압이 기준값 이하로 내려가면 켜지지 않는다. 또 스위치를 넣은 후 형광등이 빛을 내기까지는 약간의 시간(수초)이 걸린다. 전등을 켤 때 에너지 소모가 많아서 한 번 켜면 오랜 시간 사용하면서 작업, 독서 등 주로 밝기를 위주로 하는 조명에 이용한다.

또한 요즈음에는 점등관이 필요 없고 짧은 시간에 점등되는 여러 가지 형광등이 개발되어 사용되고 있다.

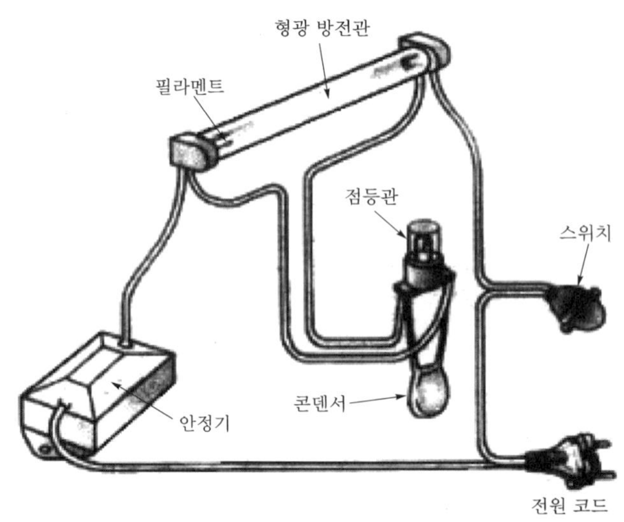

| 그림 6-5 형광등의 구조 |

3 LED 조명

발광 다이오드는 전혀 새로운 타입의 광원으로 반도체 기술의 발달에 따라 1968년 탄생되었다. 이하 발광 다이오드를 LED로 부른다.

LED는 19세기 말부터 지속적으로 조명의 주역이었던 백열등을 가까운 시일 안에 대체할 것으로 기대되고 있다. 백열등은 열의 부산물로 빛을 얻는 것으로서 에너지를 쓸데없이 낭비하는 경우가 많다. 그러나 LED는 전기를 직접 빛으로 바꾸는 것으로 에너지 측면에서도 효율이 좋은 것이다. 전기가 직접 빛이 되는 현상을 [electro luminescence(EL)]이라고 부른다. 장래의 광원으로 기대되는 LED이지만 실제로 그 원리는 어떠할까? 이번에 이른바 무기결정을 사용한 LED의 구조와 용도, 나아가 장래성에 대해 생각해보자.

LED를 알기 전에 우선 다이오드가 무엇인지를 알아야 한다. 다이오드란 원래 2극 진공관을 일컫는다. 다이오드는 반도체의 대명사처럼 받아들여지고 있는데 이름의 유래는 진공관에서 왔다. 반도체의 다이오드가 무엇인지를 살펴보자면, 전류를 한쪽 방향으로만 흐르게 하는 반도체 부품으로 특히 그림과 같이 한 방향으로 전류가 흐르는 목적을 가진 것을 말한다. 용도는 전원 장치의 교류전원을 직류전류로 하는 정류기로서의 용도, Radio의 고주파에서 신호를 잡아내는 검파용, 전류의 ON/OFF를 제어하는 Switching 용 등, 매우 광범위하게 사용된다.

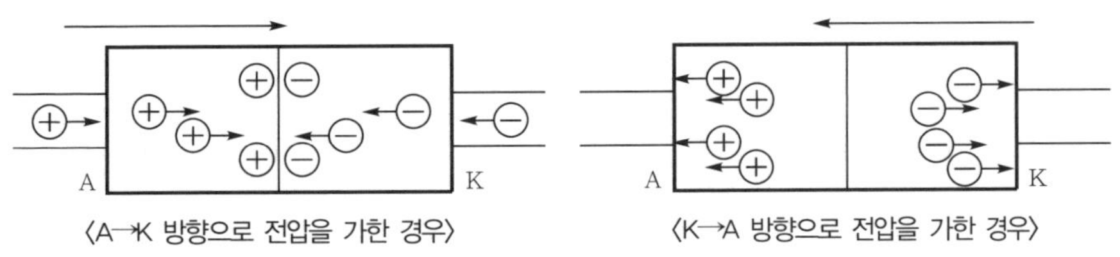

그림 6-6 다이오드의 원리

지금부터 본격적으로 LED에 대하여 알아보자. LED는 왜 빛이 나는 것일까?

다이오드에 순방향 전압을 가하면 아래의 그림과 같이 다이오드 안을 전자와 정공이 이동하여 전류가 흐르는데, 내부에는 서로 부딪치게 되는 전자와 정공이 있다. 이와 같이 전자와 정공이 부딪치면 이 두 개는 자석의 N극, S극과 같이 서로 끌어당겨 붙어 버린다. 이것을 재결합이라고 하는데 재결합하면 전자와 정공이 각각이 됐을 때 서로가 갖고 있던 에너지를 합친 것보다 작은 에너지가 되고, 나머지 에너지가 반짝거리게 된다. LED Chip에 순방향 전압을 가하면 LED Chip 내부를 전자와 정공이 이동하여 전류가 흐르게 된다. 이동 도중 반대 부호의 전자와 정공이 부딪치면 결합한다. 재결합 상태에서 전자와 정공이 각각 가진 에너지보다도 작은 에너지가 된다. 이 때 생긴 여분의 에너지가 광 에너지로 변환되어 발광하는데, 이것이 LED의 발광 원리이다.

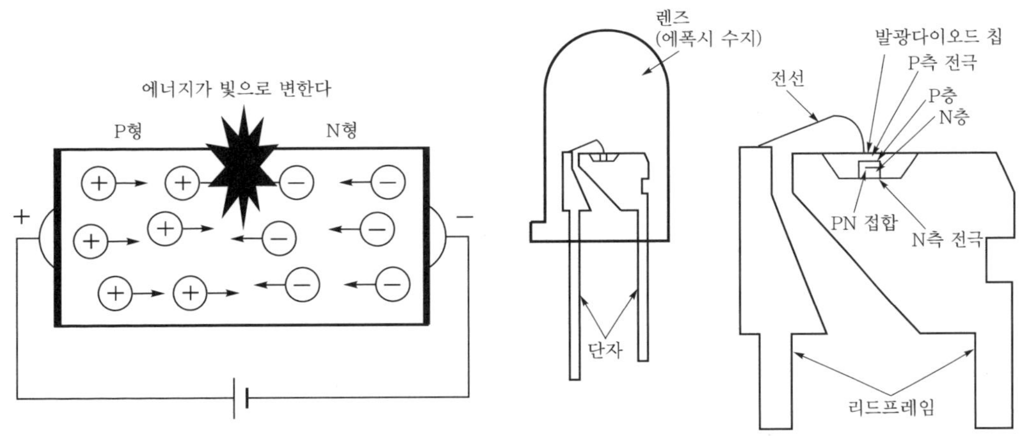

그림 6-7 LED의 발광 원리 및 구조

LED device가 만들어지고 곧바로 LED 조명의 이용이 제안되었다. 이후 LED는 확실하게 효율 상승을 계속하여 90년대 전반 고휘도 적색 LED가, 90년대 말 고휘도 청색

LED가 완성되고 LED의 성능은 커다란 진보를 이룩하였다. LED는 여러 가지 화합물에 따라 발광색이 달라진다. 기본적으로 그래프 내의 색을 내는 것이 가능하다. 이외에도 TV나 비디오의 리모컨에 사용되는 적외선 LED나 자외선 LED 등 가시광 이외 발광하는 LED도 존재한다.

LED 개발의 역사는 적외 발광으로 시작되어 적색, 녹색을 거쳐 청색 영역까지 이르고 나아가 필라멘트 램프를 대체될 만한 고휘도화를 지향하고 있다. 요즈음 교통정보 표식에도 고휘도 LED가 사용되는 이외에 승용차의 tail 램프에 여러 개의 LED array를 넣은 램프도 발표되고 있다.

현재 LED의 효율은 백열등을 능가하는 정도까지 이르렀다고 할 수 있다. 특히 단색광원으로 사용되는 경우에는 백열등 효율보다 훨씬 뛰어나다. 예를 들어 신호기를 생각해보면 잘 알 수 있다. 신호기의 직경 30cm의 백열등은 filter가 씌워져 있지 않은 백색광 그대로이면 140W에서 2000lm(루멘)인데 비해서 적색 filter를 씌움으로써 백색광의 대부분(청색 범위 등)이 흡수되어 버려서 결과적으로 200lm 정보가 된다. 200lm은 기본적으로 적색 LED 10개 정도로 실현되며 소비전력은 15W 정도에 지나지 않는다.

백열광을 이용해 단색광을 실현하는 것이 얼마나 낭비인지를 알 수 있다.

LED를 사용한 대형 영상표시장치의 화면은 발광소자인 Red, Green, Blue의 LED를 사용한 광의 3원색으로 이루어져 있다. 기본적으로 TV의 원리지만 각각의 광이 1024단계의 계조를 갖고 있어서 계조를 변화시킴으로써 중간색을 표현할 수 있다. RGB 각각의 소자는 독립적으로 발광하지만 멀어짐에 따라 혼색되어 균일한 색을 표현한다. 같은 방법으로 매쉬 타입의 LED를 커튼과 같은 구조로 하여 후면의 조명이나 연출 효과와의 융합을 고려한 대형 영상기기도 몇몇의 회사에서 개발되었다. 조명 기재에 있어서도 LED를 사용한 등기구가 비약적으로 늘어나고 있다. 초고휘도의 spot type부터 wash type까지 개발이 진행되고 있다. LED의 특징인 저전압구동을 살린 방수 가공의 옥외용 수중 라이트, 점포나 주택용 down light나 wall light의 등기구도 많이 개발되었다.

TV 조명의 형광등을 LED로 광원을 바꾼 기구도 볼 수 있고 LED의 특성인 절전, 소형, 경량을 특징으로 한 기구류도 진시회를 통해 발표되고 있지만, TV 조명에서는 아직 조도면에서 만족할 만한 수준은 아니고 색온도도 매우 높은 것이 많아서 실용적인데까지는 도달하지 못하고 있다.

열을 빛으로 바꾸는데 대전력을 소비하는 전구와 전류를 직접 빛으로 바꾸는 절전형인 LED 에너지의 근본적인 차이는 빛을 멀리까지 퍼트리는 에너지의 차이가 되어서 아직은 전구에 미치지 못하는 것이 현재의 상황이다. 그러나 TV 무대, 점포, 기타 오락 시설의 전식(illumination)에서 LED가 주류가 되고 있으며 LED 이외의 광원을 찾는 것이 어려울 지경이다.

종래 전구를 사용하던 전식도 LED로 바뀜에 따라 절전, 안전성의 향상, 전용 Controller나 조명용 콘솔로 DMX Control 등을 채용하여 무한대에 가까운 여러 가지 다양한 컬러를 표현하고 다채로운 chase control의 Programming도 가능하게 되었다.

조명에 가장 가까운 백색 LED를 어떻게 실현할 것인가? 조명에서 백색광이 가장 최적인 것은 말할 필요도 없지만 LED로 백색광을 얻을 경우 고려해야 할 점이 몇 가지 있다. LED 빛의 색은 에너지가 높은 전자가 에너지가 낮은 위치로 떨어질 때의 차이(band gap : Eg금제대폭)에 의존하므로 LED chip에 사용하는 반도체 결정에 따라 달라진다. 그래서 LED의 빛은 적색이나 녹색, 청색 등의 단색이다. 그럼 백색을 얻기 위해서는 어떻게 하면 좋을까? 전기가 직접 빛으로 변하는 현상을 electro luminescence라고 부르는데 빛이 다른 파장의 빛으로 변하는 현상을 Photo luminescence(PL)이라고 한다.

이 EL과 PL을 적절히 조합하여 청색 LED 하나와 YAG계 형광체 등으로 백색 LED를 실현할 수 있다. 형광체를 LED와 비교할 때 훨씬 싼 편이므로 청색 LED의 가격에 가까운 백색 LED를 만들 수 있다. 그러나 패키지 상에 하나의 LED로 백색광이 얻어진다. 청색광을 황색의 빛으로 변환하는 LED chip(GaN)이 방사하는 청색광의 일부는 형광체층을 투과하고 나머지는 형광체에 부딪쳐 황색의 빛이 되고, 이 2가지 색의 빛이 섞여 백색으로 보이는 원리이다. 그러나 이러한 방법으로 얻어진 백색광은 색의 재현성이 나쁜 것이 흠이다.

황색과 청색을 섞음으로써 백색을 재현하는데 이 백색광에 적색을 비추면 실제보다 검게 보인다. 재현성을 좋게 하기 위해서는 여러 가지 색의 형광체를 늘리면 좋지만 너무 늘리면 형광체에 빛의 대부분이 흡수되어 에너지 효율이 떨어지는 문제가 있다. 어쨌든 색온도와 배합이 백색조명을 대신하기까지는 시간이 걸릴 것이다.

그러나 LED의 고효율화와 저가격화가 실현되어 표시등(Sign 등) 용도뿐만 아니라 조명기구로서도 활용이 넓어지는 것에 대해서는 말할 필요도 없다. 현재 실용화되고 있는 LED의 발광효율은 20lm/W이지만 2005년에는 60lm/W 정도까지 향상될 것으로 예상되어서 200lm이상의 고출력 type의 실용화가 진전되어 조명 분야의 획기적인 용도 확대가 기대되고 있다. 공공장소나 기업의 필요성은 물론 일상생활을 윤택하게 비추는 빛으로서도 LED의 커다란 가능성이 이미 돋보이고 있다. 더구나 현재의 백색 초고휘도 LED를 능가하는 high power LED라는 소자의 개발도 진행되고 있어서 규격상으로 다음의 Data를 만족할 것으로 본다.

광속 : 25lm

전압/전류 : 3.42V / 350mA(MAX)

색온도 : 4500~10000K

이렇게 되면 본래 LED의 특징인 Compact, 에너지 절약의 최대 장점이 결여될 것으로 생각할 수도 있으나 미래의 광원으로 조명업계에서 기대되는 소자의 하나가 될 것이다.

아래의 [표 6-1]은 LED의 장단점을 비교한 것이다.

┃ 표 6-1 LED의 장점과 단점 ┃

장 점	단 점
• 장수명(광속 반감기 : 약 4만 시간) • 수명이 길고 갈아 끼우는 등의 수고 생략 • 고휘도(시인성 양호) • 직류 저전압 : 소출력으로 점등 기능, 유지비 저렴 • 기구의 Compact화 가능 : 소형, 경량 • 조광, 점멸이 자유롭게 가능 : 연출 효과 • 저온에서도 발광효과가 저하되지 않음 • 방수 구조가 용이 : 야외 사양, 수중 라이트 • 형광등과 같은 수은 등의 유해물질을 사용하지 않음	• 1개당 광속이 작아서 밝기의 확보에 필요한 개수가 많아짐 • 초기 설비 비용 높음 • 각가의 차이가 커서 특히 백색 LED는 밝기, 색도 좌표가 크게 다름 • 고온에서 발광 효율이 증가함

차세대 에너지 절약용이면서 고효율의 조명으로 사용될 LED 광원을 기존의 백열전구, 형광등과 비교하여 그 특성을 비교해 보면 여러 면에서 기존 조명기구의 특성을 대신할 수 있으며 수명이나 소비전력, 광효율 측면 부분에서 우수한 특성을 지닌 것을 볼 수 있다.

┃ 표 6-2 LED와 기존 조명 비교 분석 ┃

	LED	백열등	형광등	
특징	점광원	점광원	선광원	
광효율(lm/w)	52.2 lm/W	7.8 lm/W	37.6 lm/W	높을수록 좋음
연색성	80	90	80	100에 가까울수록 자연광에 가까움
수명(시간) 하루 12시간 사용 시	8,000시간 18년	1,000시간 83일	10,000시간 2년	
소비전력(W)	18.2W	103W	21.2W	
디밍(밝기 조절)	가능 에너지효율 증가	가능 에너지효율 매우 감소	가능 에너지효율 감소	

02 냉장고

예로부터 사람들은 음식을 시원하게 보관하면 오랫동안 보존할 수 있다는 것을 알고 있었다. 중국인들은 기원전 1000년 무렵부터 얼음을 지하실에 보관하여 음식을 상하지 않도록 저장했고, 우리나라에서는 신라시대에는 석빙고, 조선시대에는 얼음을 채취, 보존, 출납을 하던 관청인 동빙고와 서빙고가 있었다.

석빙고는 신라시대에 만들어진 우리나라 최초의 냉장고라 할 수 있다. 가장 유명한 것은 경주에 있는 경주 석빙고(보물 제66호)를 꼽을 수 있다. 석빙고에 보관하는 얼음은 겨울부터 이듬해 추석까지 사용하였다고 한다. 어떻게 동굴 모양 같은 곳에서 얼음을 녹지 않게 보관할 수 있었을까? 석빙고를 살펴보면 우리 조상들의 지혜를 엿볼 수 있다.

석빙고는 이중벽 구조로 돼 있다. 바깥쪽은 외부의 열을 차단할 수 있도록 진흙을 발랐고 안쪽은 화강암을 쌓았다. 또 석빙고의 외벽에 잔디를 심어 햇빛을 차단했고, 내부에는 수로를 파서 녹은 물이 곧바로 빠져나갈 수 있도록 했다. 얼음은 짚을 덮어서 보관하였는데, 이것이 아이스박스의 역할을 해서 얼음을 그냥 뒀을 때보다 5배 정도 더 오래 보관할 수 있었다.

천장에는 환기구가 있는 것이 특징이다. 따뜻한 공기는 분자운동이 활발해 위로 올라가고 찬 공기는 아래로 내려온다. 따라서 석빙고의 입구를 통해 들어온 따뜻한 공기를 천장의 환기구로 빠지게 설계한 것이다.

▌ 그림 6-8 석빙고 ▌

석빙고와 비슷한 시설은 다른 나라에서도 찾을 수 있다. 중국인들은 기원전 1000년 무렵부터 얼음을 지하실에 보관하여 음식을 상하지 않도록 저장했다. 이탈리아에서는

17세기에 소금물이 증발하면서 주변의 열을 빼앗아가기에 소금물이 저장된 용기는 차가운 상태를 유지한다는 것을 알아냈다. 즉 액체가 기체로 바뀔 때의 기화열을 이용해 원시적인 형태의 냉장고를 만들었다. 즉 전기냉장고와 동일한 원리와 비슷한 원시적인 형태의 원리를 이미 터득했던 것이다. 그러나 간단하게 응용되지는 못했다.

런던에 사는 68세의 제이콥 퍼킨스는 얼음을 인공적으로 만드는 압축기를 만들어 1834년에 특허를 받았다. 퍼킨스는 압축시킨 에테르가 냉각 효과를 내면서 증발하였다가 응축되는 원리를 이용하였는데, 이 기계는 오늘날 가정용 냉장고가 탄생할 수 있는 계기가 되었다. 물론 요즘의 냉장고용 압축기는 퍼킨스가 사용한 에테르 대신 암모니아와 프레온 가스가 냉매로 사용되고 있지만, 퍼킨스의 냉동 압축기 발명은 음식뿐만 아니라 세상을 한층 시원하게 변화시켰다.

이러한 원리를 바탕으로 1874년에는 스위스의 라울 픽텟이 냉각제를 이산화황으로 바꾼 장치를 개발해 인조 스케이트장을 만들 수 있는 발명의 초안을 이룩하였고, 1902년 윌리스 케리어는 퍼킨스로부터 시작된 냉동 압축기로부터 에어컨을 유추해 냈고, 브룩클린 인쇄소에 그 새로운 발명품을 설치한 후 얼마되지 않아 극장과 백화점에 에어컨이 모습을 드러냈다.

우리가 알코올을 피부에 바르면 시원하거나 더울 때 땀이 나와서 그 땀이 증발하면서 시원해지는 것과 같은 원리이다. 문제는 이 과정을 계속해서 순환적으로 이루어지게 하는 것이다. 우리가 지금 사용하고 있는 냉장고는 대기압에 가까운 압력에서 쉽게 증발하는 냉매(refrigerant)의 증발과 응축을 반복함으로써 냉동작용을 하는 '증기압축 냉동법(vapour compression refrigeration)'을 사용한다.

[그림 6-9]는 냉장고의 간단한 개요를 보여주고 있다. 냉장고는 증발기, 압축기, 팽창밸브, 응축기의 네 개의 주요한 부분으로 구성되어 있다. '증발기'는 냉장고 내부에 있으며, 냉매가 증발할 때 흡수하는 잠열(latent heat)을 이용하여 냉장고 내의 온도를 낮추게 된다.

차가워진 공기는 작은 냉장고의 경우 자연 대류 방식으로 큰 냉장고는 강제 순환 방식으로 냉장고 전체에 퍼져나가게 된다. 이렇게 증발된 냉매 기체는 '압축기(콤프레서)'가 전기 모터로부터 기계적인 일을 받아서 고온 고압의 기체를 만들고 냉장고 뒤편에 있는 '응축기(콘덴서)' 관에서 압력을 받는다. 이 압축과정이 증기를 응결시킴에 따라 잠열이 주변으로 방출되며, 이 때 냉장고 뒤편의 팬이 이 열을 여러 방향으로 분산시킨다. 다시 응축된 냉매를 '팽창밸브'에서 증발기로 보내면 다시 증발하여 냉각작용이 반복된다. 이 '팽창밸브'를 조절하여 냉각의 세기를 조절할 수 있다. 증발기에서 흡수된 열이 모두 응축기에서 나오게 되기 때문에 냉장고에서는 '증발기'와 '응축기' 사이를 단열 벽으로 차단하게 된다.

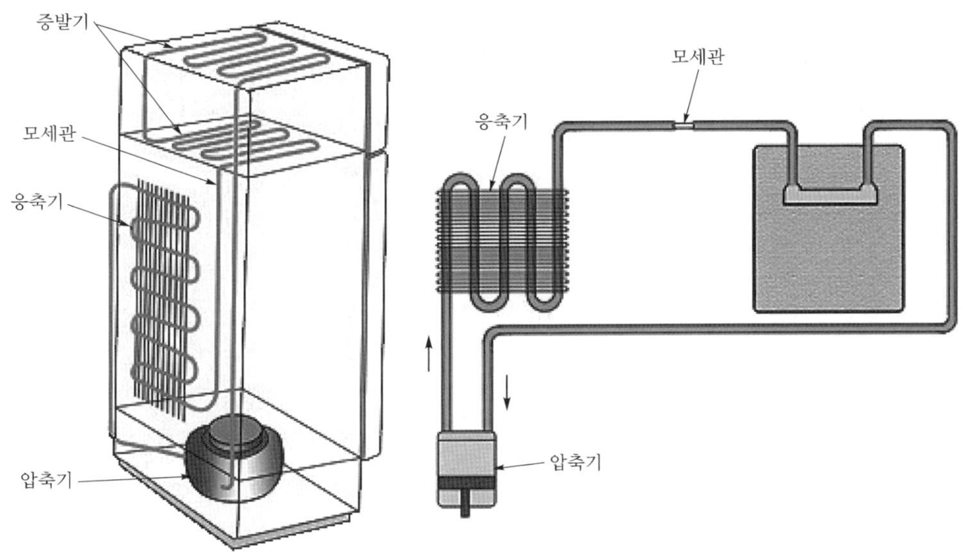

그림 6-9 냉장고의 구조

이 단열재는 보통 폴리우레탄 폼을 사용한다. 마치 온도를 낮추는 '증발기'는 보온병 속에, '응축기'는 바깥에 있다고 볼 수 있다. 냉장고의 큰 문제점 중의 하나인 소음은 압축기와 강제 순환용 팬(선풍기)에서 주로 일어나게 된다. 이러한 순환과정을 이용한 냉각 작용은 '에어콘'에서도 그대로 적용된다. 그런데 냉장고는 '에어콘'과 달리 '증발기'와 '응축기'가 단열 벽으로만 차단되어 있기 때문에 부엌의 냉장고를 열어둔다고 해서 부엌이 시원해지지는 않는 것이다.

얼음은 옛날부터 천연의 냉장고로 사용되어져 왔으며 우리나라에서도 경주의 '석빙고'와 같이 겨울에 얼음을 보관하였다가 더울 때 사용하여왔다. 미국에서도 19세기 초반에 미국 뉴잉글랜드 지방의 언 호수에서 얼음 덩어리들을 잘라내어 인도나 오스트레일리아로 수출까지 하였다고 한다.

1830년대 얼음을 만드는 '기계'가 나오게 됨으로써 천연 얼음을 사용하는 시대는 끝을 맺게 된다. 이때의 얼음 기계는 증기로 구동되는 아주 큰 공장으로, 차가운 압축 공기를 밸브로 통과시키면서 팽창시키거나 에테르나 암모니아와 같은 액체가 증발할 때 온도가 내려간다는 원리를 이용했다. 미국, 오스트레일리아, 프랑스에서 등장한 기계들은 고기를 냉동하거나, 더운 날씨에도 양조할 수 있도록 맥주를 차갑게 하는데 사용되었다. 덕분에 1870년대 말에는 아르헨티나나 오스트레일리아에서 영국으로 냉동고기를 운송할 수 있게 되었다.

이러한 냉동 기계의 역할은 유럽의 육류 소비가 급증하는 시기와 일치하였다. 과일과 채소뿐 아니라 계란과 다른 낙농제품들도 최적 냉장조건이 정해지면서 육류와 더불어 주요 수출품이 되었다. 서인도 제도산 바나나는 19세기 말 이후로 다량으로 유럽에 유입된 과실 중의 하나였다. 상업적인 얼음 제조는 어업의 번영을 회복하는데 주된 역할을 담당했다.

1860년대와 1870년대에는 증기트롤선이 개발되어 신속한 항해가 가능해졌고, 선창에 저장 얼음을 운반함으로써 잡는 즉시 얼음에 채워진 생선은 증기와 철도에 의한 신속한 왕복 여정을 통해서 도시의 생선 판매상들에게 도달할 때까지 냉각 상태가 계속 유지될 수 있었다.

최초의 실용적인 냉장고는 냉매로 암모니아를 사용한 것으로, 독일의 공학자 카를 폰 린데(Karl von Linde)가 1871(혹은 1876)년 뮌헨의 양조 공장에 산업용 냉장 시스템으로 도입했다. 그는 이것을 써서 1883년 액체 산소를 만들었지만 그렇게 차가운 액체를 보존하는 것이 당시의 기술로는 불가능했다. 1892(혹은 1872)년 영국의 과학자 제임스 듀어(James Dewar)가 액체 산소를 저장할 목적으로 보온병(발명자의 이름을 따서 'Dewar'병이라고도 부른다.)을 개발했다. 듀어는 1898년 −252.8℃에서 수소를 액화하는데 성공하였고, 1899년에는 −259℃에서 수소를 고체로 만드는데 성공했다. 이는 1845년 영국의 패러데이(Faraday)가 수증기나 암모니아와 같이 비교적 끓는점이 높은 액체의 증기를 액화시킨 이후 계속된 발전의 결과였다. 이러한 발전은 반데르발스의 제자 카멀리히 온네스가 헬륨(5.22K)을 액화시키는데 성공하고 이를 바탕으로 초전도 현상을 발견할 수 있었던 바탕이 되었다. 이러한 냉각 기술의 발달은 응용과 기초 연구가 함께 진행된 좋은 예가 된다.

그러나 이러한 기술의 발전이 곧바로 '가정용' 냉장고로 이어진 것은 아니었다. 미국에서는 1920년대 말까지 이미 상업적 냉장고가 널리 사용되고는 있었지만 작고 가벼우며 지속적으로 작동하면서도 고장이 잘 나지 않는 ─ 그래서 일상적인 유지를 위해 숙련공이 필요하지 않는 ─ 안전한 가정용 냉장고를 만드는 것은 쉬운 일이 아니었다. 그 당시에는 많은 냉매가 유독성이거나 가연성이어서 '얼음공장'에서 사고가 많이 발생하였다고 한다. 그런데 이 당시 위에서 설명한 '증기 압축 냉동법' 이외에 흡수 냉동법(absorption refrigeration)을 이용한 흡수식 가스냉장고의 개발이 함께 진행되고 있었다. 암모니아처럼 물에 잘 녹는 냉매는 그 화학적인 특성을 이용하여 압축기를 사용하지 않고 저압가스를 고압가스로 만들어 냉동 작용을 시킬 수 있다.

[그림 6-10]의 '흡수식 냉동기'에서는 가스를 압축하는 대신 온도, 압력 차에 따라 가스가 흡수, 용해되는 비율이 다른 작용을 이용한다.

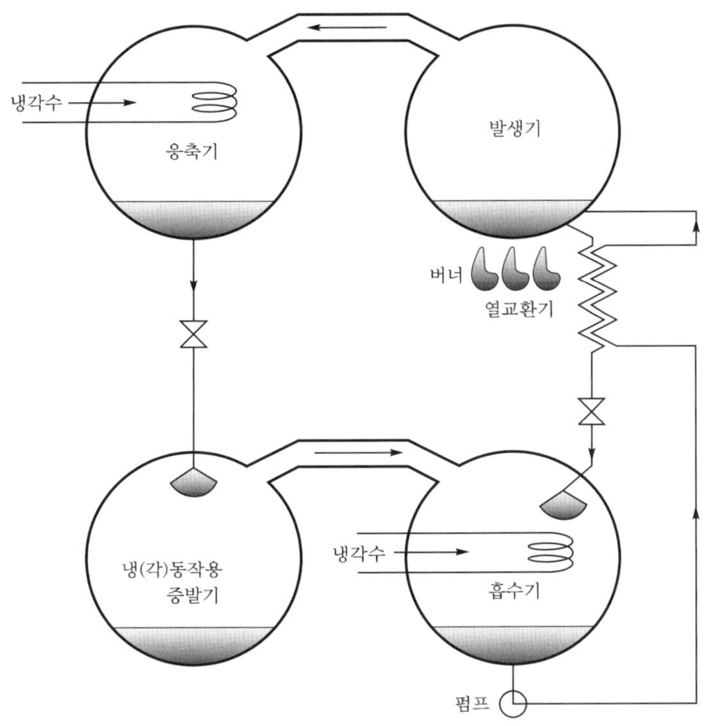

그림 6-10 흡수식 냉장고의 개요

증발기 내에서 암모니아 냉매 액체가 증발하면서 냉각수로부터 열을 흡수하여 냉동 목적을 달성한 냉매 기체는 흡수기에서 물에 흡수된다. 이 짙은 암모니아 용액은 펌프에 의해 발생기로 보내지고 발생기에서 짙은 암모니아 용액은 가스에 의해 가열되어 고온, 고압의 암모니아 증기를 발생시키고 묽은 용액이 되어 흡수기로 되돌아간다. 이 때 냉매 기체는 고온, 고압의 기체가 되어 나오므로 기계적 압축과정과 같은 효과를 올릴 수가 있다. 고온, 고압의 냉매 기체는 응축기에서 액화되어 팽창밸브를 통해 압력과 온도가 낮춰진 후 증발기로 주입되어 냉동 작용을 되풀이한다.

이 방법은 모터를 이용한 기계적인 압축기 대신에 가스를 이용하기 때문에 냉각 순환 통제를 위해 가스 불꽃을 켜고 끄는 장치인 온도 스위치를 제외하면 지속적으로 작동하여야 하는 부분이 없기 때문에 고장나거나 '소음'이 발생할 가능성이 아주 적다.

1925년만 해도 미국에서 가스 서비스가 전기 서비스보다 훨씬 보편적이었기 때문에 흡수식 냉장고가 더 경쟁력이 있는 것으로 받아들여졌다. 그러나 결국은 현재와 같은 기계 압축식 냉장고가 시장을 지배하게 되었는데, 이는 전기설비회사와 관련된 제너럴일렉트릭 사의 역할이 컸다. 이 때 수냉식이었던 응축기도 공랭식으로 바뀌어 전력소비가 더 늘게 되었다(물론 물 소비는 줄었지만).

냉장고에 사용되는 '냉매'로 이른바 '프레온' 가스가 널리 사용되었으나 지구 오존층 파괴 원인으로 지목되어 새로운 대체 용매가 사용되고 있다. 냉매는 증발 잠열이 크고,

액화와 증발이 용이하며, 증기의 비열이 크고 액체의 비열이 작은 것 등의 조건이 요구된다.

　일반적인 생각보다 상당히 많은 종류의 냉매가 사용될 수 있다. 암모니아(R-717), 탄산가스, 물(R-718)과 같은 무기화합물과 메탄, 에탄, 프로판, 부탄과 같은 탄화수소 냉매, 그리고 보통 '프레온'이라고 불리우는 할로겐화 탄화수소 냉매가 있다. 휴대용 가스버너를 사용할 때 부탄가스통이 아주 차가워지는 것이 '부탄'이 냉매로서의 역할을 하는 것으로 생각할 수 있다. 할로겐화 탄화수소란 한 개 또는 그 이상의 할로겐 원소(Cl, F, Br, I)를 포함하는 물질로서 비교적 독성이 없으며 폭발성이나 연소성이 없어 안전하고 열 특성도 뛰어나서 여러 종류가 개발되었다. 탄화수소가 한 개인 메탄(CH_4)과 두 개인 에탄(C_2H_6)에 할로겐 원소들이 치환된 냉매로 대별된다.

　메탄계 할로겐 냉매는 CCl_2F_2(R-12), $CClF_3$(R-13), 그리고 $CHClF_2$(R-22) 등이고 에탄계 냉매는 CF_3CH_2F(R-134a), $CClF_2CH_3$(R-142b) 등이 있다. 여기에서 괄호 안에 R로 시작되는 기호는 냉매(Refrigerant)를 뜻하는 R로 시작되는 냉매의 명명법이다. 이 중에서 R-11과 R-12가 널리 사용되었으나 오존층 파괴 문제로 규제 대상 물질이 되었고 R-22가 R-12보다 오존층 파괴 효과가 적어 향후 상당 시간 사용될 수 있다고 한다. R-134a는 오존층을 파괴하지 않고 온실 효과 지수도 낮아 R-12의 대체용으로 개발되었다.

　또 다른 냉동기의 원리는 금속이나 반도체의 열전(Thermoelectric) 현상을 이용하는 것이다. 이러한 방법을 열전 냉동(Thermoelectric refrigeration) 혹은 전자냉동법이라고 하는데 우리나라에서 최근 이른바 '화장품 냉장고'라는 이름으로 출시되어 특허 분쟁이 일어날 정도로 관심을 끌고 있다.

　이 냉동 방법은 서로 다른 종류의 금속이나 반도체를 연결하여 직류 전류를 흐르게 하면 한 쪽의 접점은 고온이 되고 다른 한 쪽의 접점은 저온이 되며, 이 저온 쪽 접점에 의하여 냉동을 얻는다. 이것을 펠티어 효과(Peltier Effect)라 하며 [그림 6-11]에 그 개요를 나타내었다. 종래의 보통 재료로는 전기가 잘 통하면 열도 잘 통하여 고온 쪽으로부터 저온 쪽으로 열이 전달되어 냉동작용을 얻을 수 없었으나, 열을 잘 전달시키지 않지만 전류를 잘 통과시키는 N형(Bi)과 P형(Bi_2Te_3) 반도체 등의 재료가 개발됨으로써 전자 냉동기가 가능하게 되었다. 이러한 열전 냉동 방식은 반도체나 금속 내의 '전자'가 냉매 역할을 한다고 볼 수 있을 것이다.

　그래서 흡수식 냉장고와 같은 소음이 없으나 아직 효율이 떨어지기 때문에 15℃ 정도의 냉장을 하는데 이용된다고 한다. 또 아주 최근에는 '가돌리늄 합금[$Gd_5(Si_2Ge_2)$]'이 채워진 바퀴를 영구자석 사이에 회전시켜 '자기 냉동 방법(Magnetic Cooling)'을 이용한 냉장고를 만들려는 시도도 이루어지고 있다.

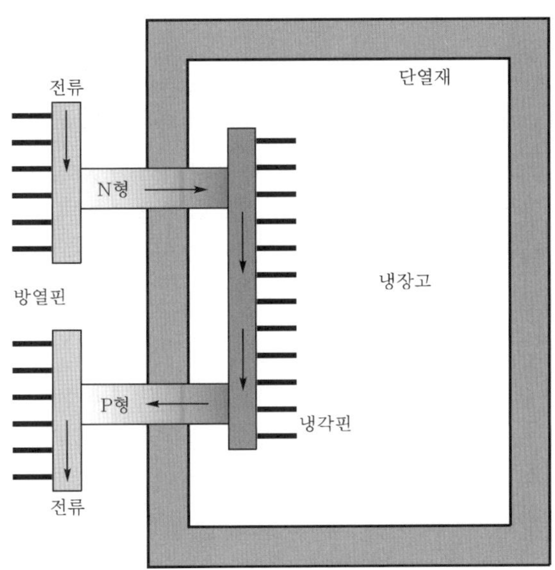

그림 6-11 전자냉동법(화장품 냉장고)의 원리

열전 냉동이나 자기 냉동 방법과는 달리 '김치 냉장고'의 기본적인 냉각 방법은 일반 냉장고와 다를 바가 없다. 단지 좀 더 정밀한 온도 제어 기술을 사용하고 냉장실의 공기를 차갑게 하는 것이 아니라 냉장실 자체를 차갑게 하는 직접 냉각 방식을 사용하므로써 냉장고 내의 온도 변화를 작게 만들어 준 것이다. 더불어 일반 냉장고와 달리 문을 작게 만들고 자주 여닫지 않으며 또한 위쪽에 달아서 차가운 공기가 위로 잘 빠져나오지 않는 특성을 이용하여 온도변화가 거의 없도록 만든 것이다. 우리나라에서의 냉장고의 생산은 1965년 4월 당시 '금성사'에서 제조함으로써 시작되었다.

참고로 냉장고에 사용되는 전력 소비량의 표시에 대하여 간단히 언급하고자 한다. 보통의 전열기들은 60W 백열전구와 같이 전력(일률)으로 전기 소모량이 표시되어있다. 여기에 시간만 곱하면 전력량(보통 kWh로 표시)으로 계산할 수 있다. 그런데 냉장고는 한 달에 어느 정도의 전기를 사용하는가로 표시되어있다. 예를 들어 조그만 냉장고의 경우 38kWh/월로 표시되어있다. 이러한 표현은 냉장고가 백열전구와 같이 항상 일정한 전력을 소모하는 것이 아니라 압축기를 사용할 때와 같은 경우에만 전력을 많이 소모하기 때문인 것 같다.

냉장고에서 소비하는 전력은 냉장고를 얼마나 효율적으로 이용하느냐에 따라 10~20%의 절전효과를 얻을 수 있다. 또한 냉장고는 만능고가 아니므로 지혜롭게 냉장고를 활용해야 건강한 생활을 할 수 있다.

냉장고를 효율적으로 이용하는 방법을 정리해보면,

① 냉장고의 내부가 음식물로 꽉 채워져 있으면 냉기의 순환이 잘 이뤄지지 않아서 음식물을 냉각시키는 것이 어렵다. 따라서 냉장고 저장고 공간의 2/3 정도만 음

식물을 채운다.

② 먹다 남은 음식이나 뜨겁게 가열된 음식물은 반드시 식혀서 보관한다.

③ 음식물은 작게 나누어서 보관해야 한다. 음식물의 부피가 크면 냉각시간도 많이 걸리고, 음식물의 겉과 속의 온도가 차이가 나서 상하기 쉽다.

④ 고기류나 생선 종류를 장기간 보관하는 경우에는 1회의 사용 분량씩을 나누어 신문지 등에 싸서 냉동실에 보관한다.

⑤ 바나나, 파인애플 등의 열대과일은 냉장고에 보관하면 냉해를 입기 쉬우므로 냉장고에 넣기 전에 밀폐된 봉지 등으로 싸서 넣는다.

⑥ 야채는 냉장고 안에 오랫동안 보관하면 건조해지므로 야채를 신문지에 싸서 비닐 주머니에 넣은 다음 냉기의 대류가 적게 일어나는 야채박스에 보관해야 한다.

⑦ 냉장고의 문을 여닫는 횟수와 시간에 따라 전력소비가 크게 증가하므로 될 수 있는 대로 횟수를 적게, 시간은 짧게 하고 문을 꼭 닫아야 한다.

냉장고에 음식을 보관하면 무조건 안전하다고 믿었다가는 장염이나 식중독 등에 걸리기가 쉬우므로 이러한 피해를 막기 위해서는 무엇보다도 냉장고를 현명하게 이용할 수 있는 지혜가 필요하다.

대표적인 음식물에 대해 냉장고에 보관하는 적정 기간은 다음과 같다.

▌표 6-3 냉장고의 음식물별 적정 보관 기간 ▌

음식물	음식물별 적정 보관 기간			
	냉장 보관		냉동 보관	
	적정 온도[℃]	적정 기간	적정 온도[℃]	적정 기간
쇠고기	−2~0	14일	−18	6개월
돼지고기	−2~0	14일	−18	4개월
닭고기	−2~0	10일	−18	3개월
생선, 어패류	3~6	2~3일	−18	3개월
어육 가공물	10 이하	15일		
두부, 묵	0~10	3일		
과일류	3~6	1~2주		
채소류	7~10	2~5주		
우유(살균제품)	0~10	5일		

03 세탁기

세탁기는 전기의 힘에 의해 세제와 물, 기계적인 충격을 이용하여 의복에 묻어 있는 오물을 떼어내는 기계이다. 매일 쏟아져 나오는 가족들의 빨래는 주요한 가사일 중의 하나이고 주부들에겐 너무나 힘겨운 노동이었다. 이 힘겨운 빨래를 쉽게 해줄 수 있도록 전기세탁기가 등장하게 되었고, 이제는 세탁기가 단순히 빨래하는 기계를 넘어 하나의 인테리어로 자리 잡게 되었다. 세계 최초의 세탁기는 명확하지 않으나, 현대적 개념의 세탁기의 시초는 1851년 미국의 제임스 킹이 발명한 실린더식 세탁기이다. 이 세탁기는 전동기를 주동력으로 하고, 물과 세제의 작용 및 물리적 힘에 의해 세탁과 헹굼, 탈수 과정이 이루어진다. 이후 1874년 윌리엄 블랙스톤이 자기 부인의 생일 선물로 손으로 돌리는 세탁기를 고안했으며, 1908년 아버 피셔가 전기모터가 달린 드럼통 세탁기를 발명하였는데, 이것이 오늘날 드럼세탁기의 원조가 된다. 1911년 미국의 가전업체 메이택이 판매 가능한 전기세탁기를 처음으로 고안하고, 이후 월풀 회사가 자동세탁기를 만들어 바야흐로 전기세탁기의 시대가 열리게 된다. 우리나라에서 생산된 최초의 세탁기는 1960년대 후반으로 알려져 있다.

전기세탁기는 동력장치인 전동기와 빨래에 에너지를 전달하는 기계부, 세탁 과정을 조정하는 제어부(조작판), 그리고 물을 넣고 빼는 급수장치와 배수장치들로 이루어져 있다. 세탁기의 종류는 세탁의 기능에 따라 세탁, 헹굼, 탈수를 하나의 통에서 전자동으로 수행하는 전자동세탁기, 세탁과 헹굼을 하는 통과 탈수를 하는 통이 나뉘어져 있는 2조식 세탁기, 세탁기의 드럼이 회전하면서 세탁하는 드럼세탁기 등으로 나눌 수 있다. 또한 세탁 방식에 따라 분류할 수도 있는데 밑부분에 있는 회전날개가 회전하면서 형성되는 물살을 이용하는 펄세이터식(pulsator type, 회전빨래판식), 세탁통 중앙에 회전날개가 달린 세탁봉이 회전해 세탁하는 방식인 아지테이터식(agitator type, 봉세탁식), 드럼을 회전시켜 드럼 내에서 세탁물이 떨어지는 힘을 이용해 세탁하는 방식인 드럼식(drum type, 원통형식)으로 분류된다.

- **제어방식에 따른 분류** : 세탁공정의 세탁 · 헹굼 · 탈수가 자동적으로 이루어지는 것을 전자동식, 연속하여 2공정이 자동적으로 되는 것을 반자동식, 세탁공정이 모두 따로따로 이루어지는 것을 수동식이라 한다.
- **세탁방식에 따른 분류** : 의류에 대해 기계력이 가해지는 방식에 따라 분류된 것으로, 분류식은 세탁조의 옆쪽에 있는 회전날개에 의해 상 · 하로 회전하는 수류를 일으켜 의류를 회전시킨다. 와류식은 세탁조의 바닥에 회전날개를 달아 소용돌이 모양의 수류를 일으킨다. 교반식은 세탁조의 바닥 중앙에 3~4개의 대형 날개가 달린 교반날

개가 있어 이 교반날개를 좌·우 교대로 교반시켜 의류를 왕복운동시켜 세척한다. 또 드럼식은 원통모양의 세탁조를 상·하 방향으로 회전시켜 의류를 위로 들어올렸다가 떨어뜨려 그 충격력으로 세척하는 방식이며 업무용의 대형 세탁기 및 세액에 유기 용제를 이용하는 드라이클리닝기에도 이 방식이 이용된다.

- **구조에 따른 분류** : 세탁조와 탈수조가 나란히 위치한 것이 2조식이며 2개의 조를 겸용하여 1개로 한 것이 1조식이다. 전자동식에는 1조식이 이용된다.

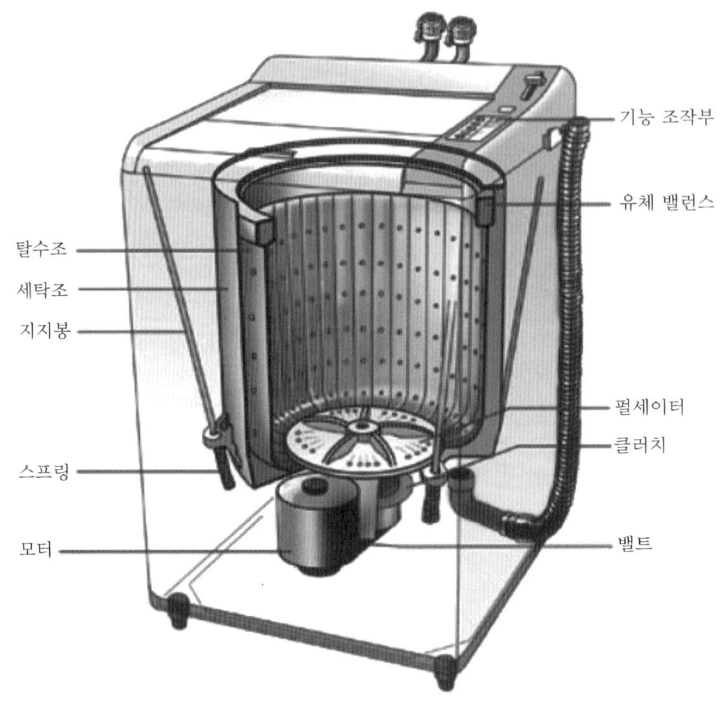

| 그림 6-12 세탁기의 구조 |

수돗가에서 빨래를 한다고 하자. 손으로 빨래하는 과정을 보면 빨래를 물에 담근 후 비누를 칠한다. 그 다음, 손으로 비비거나 빨래 방망이로 두드리고 헹군다. 마지막으로 빨래를 꼭 짠 후 빨랫줄에 넌다. 이러한 과정은 세탁기에도 그대로 적용되는 데 마이컴에 입력된 프로그램에 따라 전자동으로 이루어진다.

전자동세탁기는 빨랫감을 넣고 전원 스위치를 누르면 물이 들어오기 전에 2~3회 공회전한다. 이는 발전기의 역할을 하는 센서가 전압의 차이로 회전저항을 알아내어 빨래의 양을 감지하기 위해서이다. 빨래의 양을 감지하면 전자석으로 된 급수밸브에 전원이 켜지면서 전자석을 당기면 물을 막고 있던 판이 당겨져 물이 들어온다. 이때 수위를 감지하는 수위센서가 세탁에 필요한 만큼 물의 양이 들어오면 이 정보를 마이컴에 전달하여 급수밸브의 전원이 차단되고 세탁이 시작된다. 세탁이 시작되면 세탁조 아래에 있는 날개(펄세이터)가 좌우로 회전하면서 강한 물살이 생기고, 이 물살의 마찰에 의해 세탁이 이루어진다. 세탁이 끝나면 헹굼을 위한 배수가 시작되고, 배수모터가 작동하여 세탁조의 물을 밖으로 내보낸다. 마이컴에 입력된 프로그램에 따라 헹굼과 배수 과정을 되풀이한다. 헹굼과 배수 과정이 끝나면 탈수 과정이 시작된다. 탈수조가 고속으로 회전하면 원심력에 의해 빨래의 탈수가 이루어진다.

펄세이터식 세탁기와 아지테이터식 세탁기는 짧은 시간 동안 세탁할 수 있어 세척력은 우수하나 세탁물이 엉키고 삶을 수 없다는 단점을 가지고 있다. 이러한 단점을 해결한 것이 드럼세탁기이다. 일반적으로 세탁할 때에는 옷을 비벼 때를 분리해낸다. 드럼세탁기는 전기세탁기의 원리에 덧붙여 드럼의 안쪽에 물, 세제, 빨래를 넣고 회전시켜 빨래가 돌출부에 의해 올라갔다가 떨어지는 힘을 이용하여 세탁을 하게 된다. 이 방식은 옷끼리 서로 마찰이 일어나는 경우가 적어 빨래의 손상이 거의 없고, 옷이 바닥에 부딪힐 때만 물이 필요하기 때문에 물을 적게 사용할 수 있는 장점이 있다. 또한 물을 데워 빨랫감을 삶아 찌든 때를 쉽게 제거할 수 있으며 건조 기능을 추가할 수 있다. 그러나 세척력이 약하고 전기 히터를 사용하여 물을 데워줘야 하므로 전기소모가 많다. 또한 세탁 시간이 오래 걸리고 소음이 크다는 단점이 있어 최근에는 이러한 단점을 조금씩 개선한 제품이 나오고 있다.

세탁기는 펄세이터식, 아지테이터식, 드럼식 이외에도 기계적 충격으로 진동판을 진동시키는 진동식 세탁기, 전기적으로 진동자를 발진시키는 초음파 세탁기, 고압펌프를 이용한 수압식 세탁기 등이 있으며, 세탁소에서 사용되는 드라이클리닝용 세탁기가 있다. 드라이클리닝용 세탁기는 보통의 세탁기와는 달리 물을 사용하지 않고 드라이클리닝용으로 만들어진 석유계 용제나 과클로로에틸렌 등을 이용하여 세척을 하므로 건식세탁기로 구분된다. 물세탁 시 의복의 형태가 손상 및 변형되기 쉬운 모직물이나 견직물 제품에 주로 이용된다.

세탁소에서 사용하는 드라이클리닝용 세탁기 이외에 물이 매우 적게 드는 세탁기는 없을까? 이 세탁기가 바로 스팀세탁기이다. 고농도의 세제수와 98℃ 고온의 스팀(수증기)을 분사해 세제수로 세탁물을 적시고 스팀으로 때를 불려 깨끗이 세탁할 수 있다. 즉 스팀과 열풍만으로 구김과 냄새를 제거할 수 있다. 이 세탁 방식은 스팀을 이용해 세척력이 향상될 뿐만 아니라 물과 전기가 많이 절약된다고 한다. 세탁을 물로만 하는 것이 아니라 스팀으로도 할 수 있어 물 절약, 전기 절약 등 에너지 절약에 큰 역할을 할 수 있다. 또한, 최근에는 무세제 세탁기가 등장하고 있다. 무세제 세탁기의 원리는 물을 전기분해하여 물의 성질을 변화시킨다. 물에 전해질 탄산나트륨을 넣으면 물이 전기분해되어 물보다 작은 이온들이 생성되어 이 이온들이 오염물질을 분해하거나 살균하여 세탁이 된다. 세제를 사용하지 않아 환경보호에 안성맞춤이다.

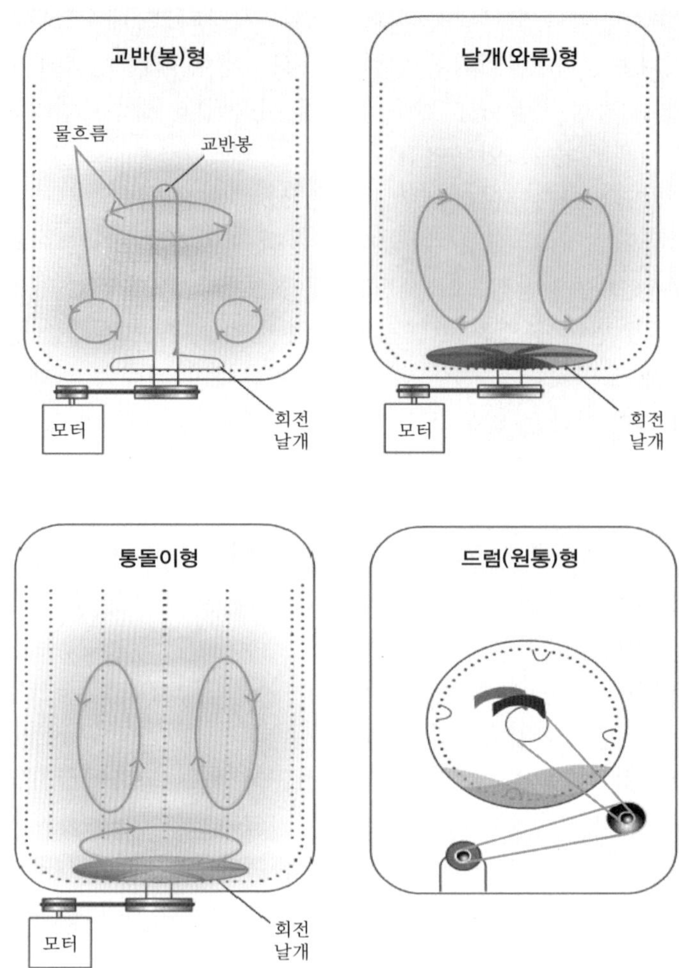

그림 6-13 세탁 방식에 따른 분류

04 에어컨

여름을 앞두고 판매 전쟁에 나선 에어컨 업체들은 각종 첨단 기능을 앞세워 소비자의 호주머니를 공략한다. 그러나 에어컨의 기본적인 기능은 예나 지금이나 변함없이 습기를 줄이고 공기를 냉각하는 것이다. 고대 로마인은 집 안을 시원하게 하기 위해 찬 물이 순환되도록 벽 뒤에 수도관을 설치했고, 2세기 중국인인 딩 환은 직경이 3m에 달하는 회전하는 바퀴가 달린 팬을 개발해서 연못 주위의 찬 공기를 집 안으로 끌어들였다. 이와 같이 공기를 순환·냉각시키려는 시도는 오래 전부터 이어져 왔다. 1758년 벤자민 프랭클린(1706~1790)과 그의 동료인 존 하들리(1731~1764)는 수은 온도계에 에테르를 적신 후 계속 풀무질을 해 에테르를 증발시켜 온도를 −14℃까지 떨어뜨렸다. 이 실험은 현재 우리가 잘 알고 있는 사실, 즉 물질이 상태변화를 할 때 열의 흡수나 방출이 일어난다. 열이 흡수되면 온도가 내려가고 열이 방출되면 온도가 올라간다. 액체인 에테르가 증발하는 것은 기체로 상태 변화하는 것이고 이 때 열을 흡수하여 온도가 내려가는 것을 보여준다.

마이클 패러데이(1791~1867)는 1820년에 압축, 액화된 암모니아가 다시 기화할 때 공기가 차갑게 변하는 것을 발견했다. 암모니아의 독성이 문제였으나 아무튼 모든 현대의 냉각 기술은 마이클 패러데이의 발견에 바탕하고 있다고 볼 수 있다. 1842년에는 존 고리에가 패러데이의 압축 기술을 얼음을 만드는 데 이용했고 1902년에 미국의 윌리스 하빌랜드 캐리어가 최초의 상업적인 에어컨을 만들어 인쇄 공장에 이용했다. 캐리어의 설계 역시 패러데이의 암모니아에 의한 냉각 시스템에 기초한 것이다.

초기 에어컨과 냉장고의 냉각제로 암모니아, 염화메틸, 프로판 등의 기체가 쓰였는데 독성과 가연성 때문에 이러한 기체들이 누출될 경우 위험했고 사고도 잦았다. 1920년대 인체에 안전한 프레온을 개발했으나 이후 프레온이 대기의 오존층을 파괴한다는 사실이 밝혀졌다. 현재 에어컨에 가장 많이 사용되는 냉매는 R−22로 알려진 HCFC인데 역시 오존층을 파괴하는 물질이다. 이 R−22는 우리나라의 경우 2013년까지 생산·수입을 제한해 2030년에는 완전히 금지될 전망이다.

에어컨의 기본적인 원리는 한마디로 기화열에 의한 냉각이다. 액체가 기체로 기화할 때는 열을 흡수하고 기체가 액체로 응축할 때는 열을 방출한다. 기화할 때 흡수하는 열이 기화열이다. 에어컨은 압축기로 압력을 크게 변화시켜 기체 상태였던 냉각제를 액체로 응축한 후 압력을 낮춰서 증발기 안에서 액체 상태의 냉각제가 다시 증기로 기화할 때 열을 빼앗아 주위의 온도를 낮춘다. 에어컨과 냉장고에 의한 냉각은 많은 기화열을 효율적으로 얻을 수 있는 간단한 냉각 사이클을 통해 이루어진다. 열은 원래 높은 온도에서 낮은 온도로 이동하지만 에어컨의 냉각 사이클을 통해서 반대 방향인 낮은 온도의 실내에서 높은 온도의 실외로 옮겨간다. 실내기에서는 찬바람이 나오고 실외기에서는 더운 바람이 나온다. 냉장고도 마찬가지로 열이 낮은 온도의 기기 안에서 높은 온도의 기기 밖으로 옮겨간다.

구체적인 냉각 과정은 냉각제가 압축기, 응축기, 팽창밸브, 증발기를 거치며 이루어진다.

1) **압축기** : 실외기 속에 있다. 기체 상태의 냉각제는 먼저 압축기에서 고온, 고압의 상태가 된다. 대부분의 냉각 시스템은 압축기를 작동하기 위해 전기 모터를 사용한다.

2) **응축기** : 실외기 속에 있다. 압축기를 나온 고온, 고압의 기체는 외부에서 흡입된 공기와 만나 식으면서 액체가 된다. 이 때 열을 방출하므로 실외기에서는 더운 공기가 토출된다.

3) **팽창밸브** : 실내기나 실외기 어느 한 곳에 있다. 좁은 곳을 통과할 때 유체의 속도가 커지고 압력이 낮아지는 현상을 이용해 모세관을 통과시켜 고압 상태인 액체의 압력을 낮춘다. 압력을 낮추어야 액체가 증발기에서 잘 증발될 수 있기 때문이다.

4) **증발기** : 실내기에 있다. 팽창밸브를 나온 액체 상태의 냉각제는 온도와 압력이 낮다. 이러한 액체는 주위의 더운 공기에서 열을 흡수해 기체 상태로 증발한다. 주위의 공기는 차가워지고 팬이 돌면서 이 공기를 실내로 내보낸다. 완전히 증발된 기체는 다시 압축기로 들어가 냉각 시스템의 순환이 계속된다.

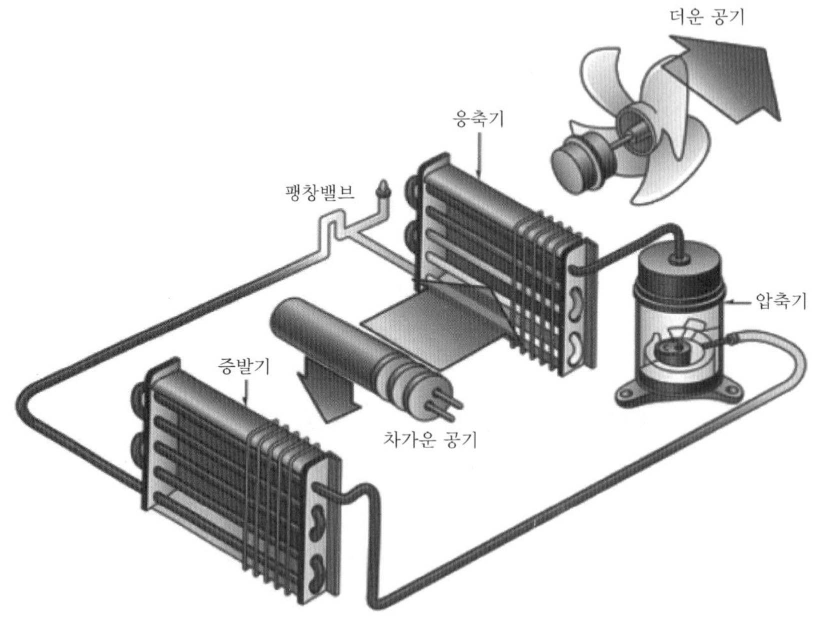

그림 6-14 에어컨의 냉각 과정

이렇듯 에어컨은 저온에서 고온으로 열에너지를 전달한다. 여기에 이상한 점이 있다. 뜨거운 국에 담긴 숟가락이 뜨거워지듯이 열에너지는 고온에서 저온으로 이동하는 것이 아닌가? 증기 엔진을 살펴보자. 이 열기관은 뜨거운 열원에서 열에너지를 얻어 바퀴를 돌리는 등의 일을 하는데 이 때 일부의 열은 저절로 낮은 온도로 흘러가 손실된다. 엔진을 아무리 잘 설계해도 주어진 열을 100% 일로 바꾸는 열기관을 만드는 것은 불가능하다. 이것이 열역학 제2법칙이다. 이것은 자연계에 비가역적인 과정이 있음을 의미한다. 저온에서 고온으로 열에너지를 전달하는 대표적인 열펌프인 에어컨은 열역학 제2법칙에 어긋나는 것처럼 보인다. 그러나 에어컨은 전기에너지를 소비해야만 작동한다. 즉 저온에서 고온으로 열에너지를 전달하기 위해 그보다 더 많은 에너지를 소모하므로 계 전체의 엔트로피는 증가하게 되고 결국 열역학 제2법칙을 만족시킨다. 에어컨이 없는 여름을 생각할 수 없는 세상이 되었지만 시원한 공기가 저절로 주어지는 게 아니라는 것을 고려한다면 지나친 냉방을 삼가게 될 것이다.

05 선풍기

1 날개 있는 선풍기

선풍기 한 대쯤 없는 집이 거의 없을 정도로 선풍기는 우리에게 매우 친숙한 가전제품 중 하나이다. 이번에는 여름철의 풍물인 선풍기의 구조 및 원리 등에 대해서 살펴보도록 하겠다. 먼저 선풍기의 역사를 보면, 최초의 선풍기는 1600년대 천장에 매달아 놓은 추의 무게를 이용하여 기어장치의 회전축을 돌려 1장으로 된 커다란 부채를 시계추 모양으로 흔들어 바람을 일으키는 것이었다. 이어 1850년대는 현재의 탁상선풍기 모양으로 된 것에 태엽을 감아 사용하는 것이 고안되었다. 최초의 전기선풍기는 T.A.에디슨이 발명하였으며, 이것이 점차 발달하여 보호망을 씌운 현재의 아름답고 정교한 것으로 진보되었다.

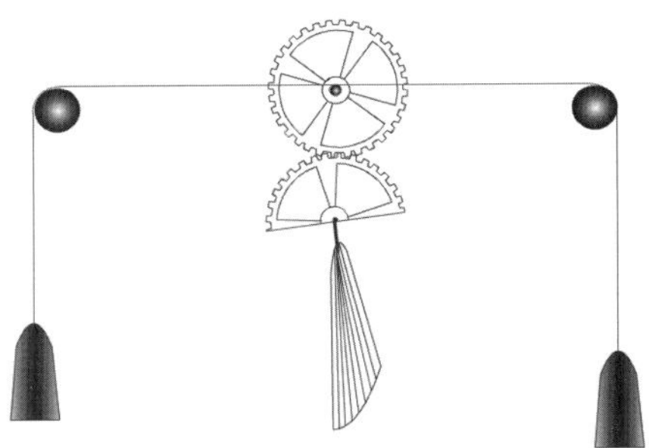

그림 6-15 커다란 부채를 시계추 모양으로 만들어 바람을 내는 장치

선풍기에는 사용자의 기호에 맞는 바람을 내기 위한 여러 가지 기능이 달려 있다. 대표적으로 회전기구, 타이머, 높이조절 기구 등이 있으며 가장 중요한 기능인 미풍에서 강풍까지 날개의 회전속도를 바꾸는 스위치가 있다.

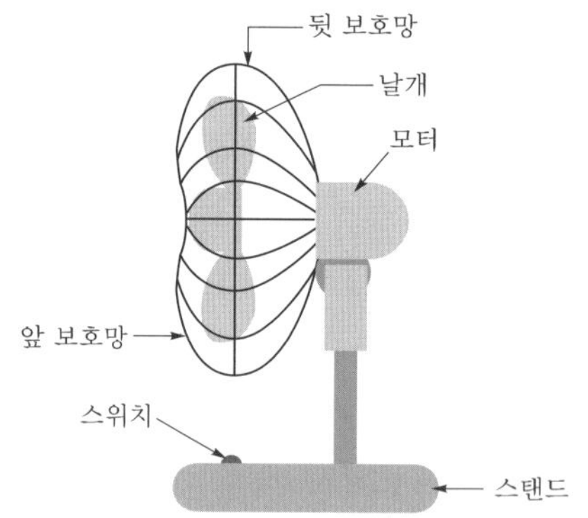

그림 6-16 선풍기의 구조 및 각부 명칭

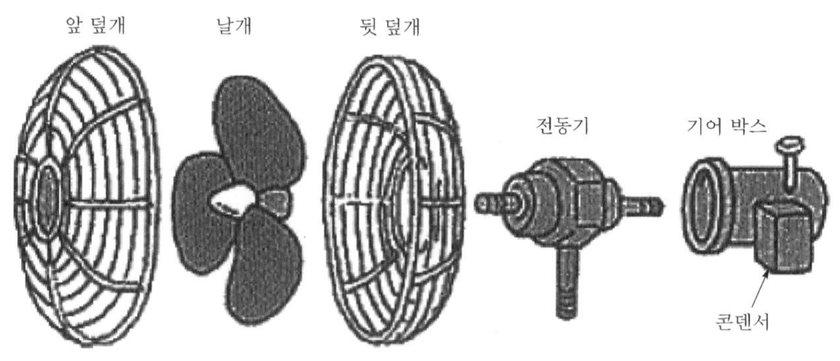

그림 6-17 선풍기 전개도

선풍기 전동기의 속도 조절이 어떻게 이루어지는가를 알아보자. 대부분 선풍기에는 유도전동기가 사용된다. 그 중에서도 농형기기가 제일 많이 사용되고 있다. 이는 세탁기 전동기와 비슷한 콘덴서 기동형 전동기로서, 콘덴서의 90도 위상차를 이용하여 회전자계를 발생시켜 회전토크를 일으키게 된다. 이러한 회전토크는 전동기의 주권선에 가해지는 전압의 크기에 비례하게 된다. 그러므로, 주권선의 전압을 조절하면 전동기의 토크가 변하게 되어 선풍기 날개의 회전속도를 조절할 수 있게 되는 것이다. 그렇다면, 전동기 주권선에 가해지는 전압을 변화시키려면 어떻게 하면 될까? 바로 [그림 6-18(a)]와 같이 조속코일을 넣어 코일에 탭을 낸 다음 접점을 바꾸어줌으로써, 전동기 주권선에 걸리는 전압을 쉽게 바꾸어줄 수 있다. 조속코일과 주권선에 전압이 적절히 나누어 걸리게 되어 결과적으로는 주권선의 전압을 원하는 대로 조절할 수 있게 되는 것이다. 하지만, 선풍기 회로에 조속코일을 추가하게 되면 선풍기의 무게가 증가될 뿐만 아니라, 제작비용이 상승하게 되는 문제가 생기게 된다. 그래서 회로를 좀더 효율적으로 설계하기 위해 [그림 6-18(b)]와 같이 조속코일을 추가 장치하지 않고 전동기의 보조권선을 이용하여 여기에 탭을 낸 다음 사용하는 방법도 있다. 이렇게 보조권선을 이용하여 회로를 설계해도 별 문제가 없을 뿐만 아니라, 오히려 더 효율이 좋아 요즘에는 선풍기 제조 시 대부분 이 방식을 채택하고 있다.

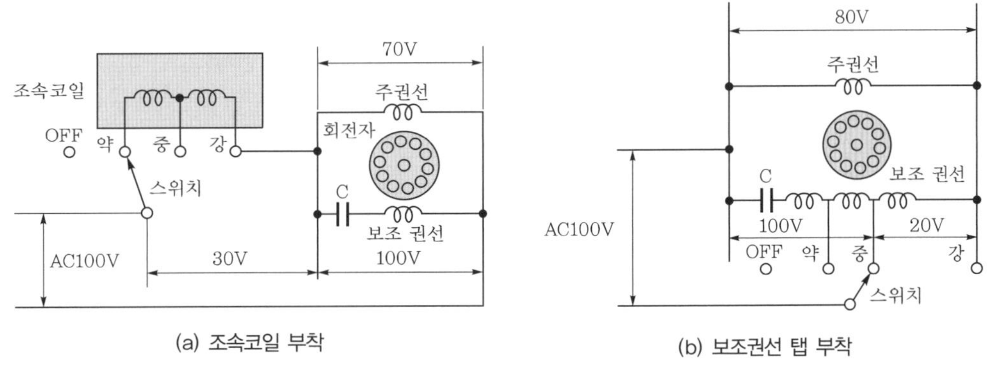

(a) 조속코일 부착　　(b) 보조권선 탭 부착

그림 6-18 선풍기 회로도

다음으로는 선풍기의 방향 회전 원리이다. 선풍기의 방향이 자동으로 회전하는 것은 자동차 와이퍼가 움직이는 것과 같은 원리라 할 수 있다. 선풍기의 방향 조절 기구에는 래칫 버튼과 각도 전환 레버가 붙어 있다. 이러한 기구를 이해하려면 메커니즘을 분해하여 관찰하는 것이 필요한데 바로 [그림 6-19]가 팬 전동기의 뒤쪽 커버를 벗겨낸 그림이다.

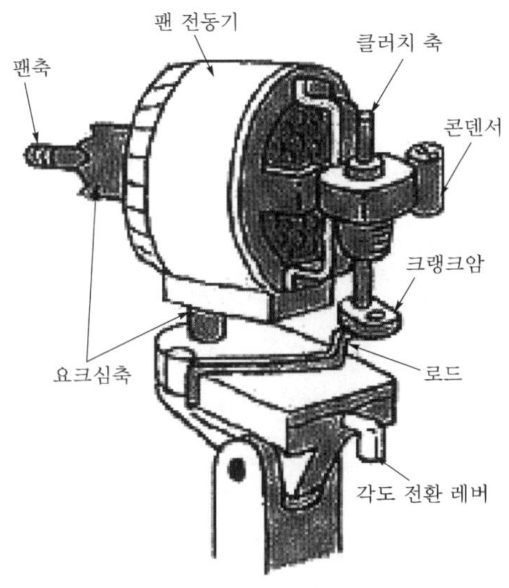

그림 6-19 선풍기 덮개를 떼어낸 그림

이 그림을 보면 전동기의 회전 운동이 기어에 의해 감속되고 크랭크 기구에 의해 좌우 회전운동으로 바뀌게 된다는 것을 알 수 있다. 회전각도는 전환레버에 의해 요크심축과 로드 축과의 간격을 조정함으로써 얻어진다. [그림 6-19]를 더 세밀히 분석한 것이 [그림 6-20(a)]이다. 전동기의 회전축은 웜기어로 되어 있으며, 웜휠에 의해 세로 방향의 회전으로 바꿀 수 있다. 이 과정에서 선풍기 전동기의 빠른 회전 속도를 기어 비(比)를 통해 적당한 속도로 감소시킨다. 다음에는 로드 축을 고정시켜 크랭크 암을 회전시키면 로드는 좌우운동을 하게 된다. [그림 6-20(b)]는 상·하식 클러치버튼 스위치를 나타낸 것이다. 이 그림은 스위치가 들어간 상태로, 클러치축의 일부에 베어링이 들어갈 구멍이 있고, 그 속에는 용수철이 들어 있다. 웜휠의 위쪽 벽에 있는 凹부위 스프링에 의해 베어링이 들어가 凸부위 역할을 한다. 이 凹凸이 맞물려 웜기어에서 클러치 축으로 회전이 전달된다. 클러치 버튼을 당기면 클러치 커버 속의 축이 올라가 凹凸이 풀리고 웜휠이 회전해도 클러치 축으로는 전달되지 않으므로 회전이 정지하게 된다.

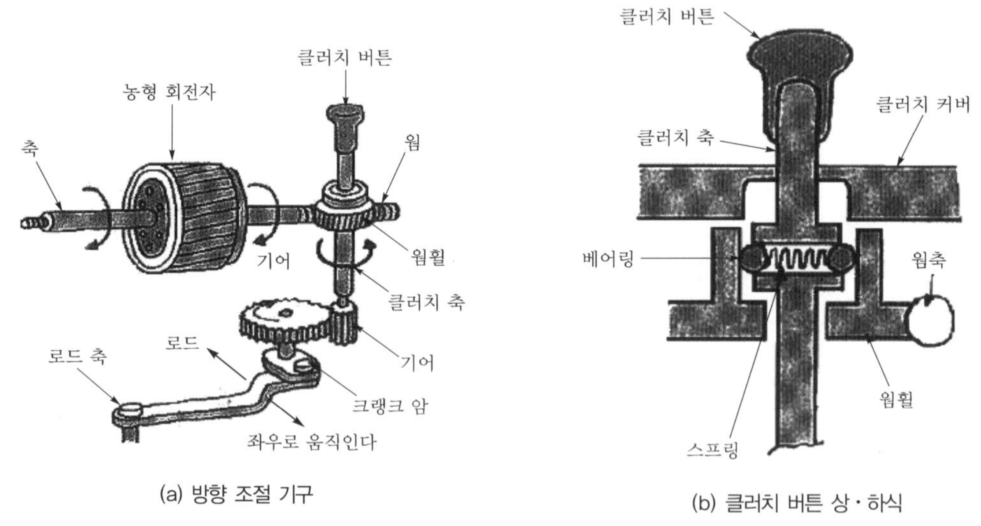

(a) 방향 조절 기구　　(b) 클러치 버튼 상·하식

그림 6-20 선풍기 덮개 제거 후 세부 구조

선풍기는 모양과 용도에 따라서 탁상선풍기, 스탠드선풍기, 환기선풍기, 천장선풍기, 탁하선풍기 등이 있다. 대부분 더운 여름에 선선한 바람을 일으키기 위하여 사용되지만 공기가 탁한 지하실 같은 곳에서는 환기용으로 사용되기도 하고 또 색다른 사용법으로는 세탁물을 건조시킬 때, 더운 음식을 식힐 때, 목욕 후 머리를 말릴 때 등, 그 사용 범위가 매우 다양하다.

최근 선풍기에는 속도 조절과 회전 조절이 먼 거리에서도 가능한 리모컨식과 마이컴을 내장하여 자동적으로 바람의 속도를 조절하여 쾌적하게 잠이 들 수 있도록 프로그램이 내장되어 있는 것도 있다. 여기에 안전을 생각하여 선풍기 몸체에 손이 닿으면 회전하고 있던 선풍기 날개가 자동으로 정지하는 전자 스톱 선풍기까지 등장하고 있다.

2 날개 없는 선풍기

　지금과 같은 날개가 달린 선풍기가 나온 것은 1800년대 중반쯤으로 태엽을 감아서 선풍기 날개를 돌아가게 했다고 알려져 있다. 이후 동력이나 사용의 편리함을 위해 기능이 조금씩 변화하긴 했지만 선풍기를 떠올리면 풍차나 바람개비와 같은 날개가 회전하면서 바람을 일으키는 모습이 떠오르는 사실에 큰 변화가 없다. 하지만 인간의 상상력은 언제나 획기적인 발명품을 만들어 내는 법, 2009년 영국의 다이슨(Dyson) 회사가 날개 없는 선풍기를 개발했다. 날개가 없는데 어떻게 바람이 생기는 것일까? 겉으로 보기에 너무 간단한 구조라 도대체 바람이 어떻게 만들어지는지 더 궁금할 것이다. 실제로 선풍기 날개는 없어진 것이 아니라 바람을 일으키는 선풍기의 날개(팬)는 모터와 함께 원기둥 모양의 스탠드에 숨어 있다. 스탠드 안을 들여다보면 비행기의 제트 엔진을 연상시키는 팬과 모터가 있다. 즉 공기를 끌어들이기 위해 제트엔진의 원리를 이용한 것이다.

그림 6-21 다이슨(Dyson)사에서 만든, 날개 없이 바람을 만들어 내는 선풍기

　제트엔진이 추진력을 얻기 위해 필요한 공기를 팬을 회전시켜 흡입하듯이 날개 없는 선풍기도 스탠드에 내장된 팬과 전기 모터를 작동하여 아래쪽으로 공기를 빨아들인다. 이렇게 빨아 올린 공기를 위쪽 둥근 고리 내부로 밀어 올린다. 이 모터는 1초에 약 5.28 갤런(약 20리터) 정도의 공기를 흡입하여 끌어올릴 수 있고 비교적 적은 양의 전력으로 일을 할 수 있기 때문에 에너지 효율이 좋은 편이다.

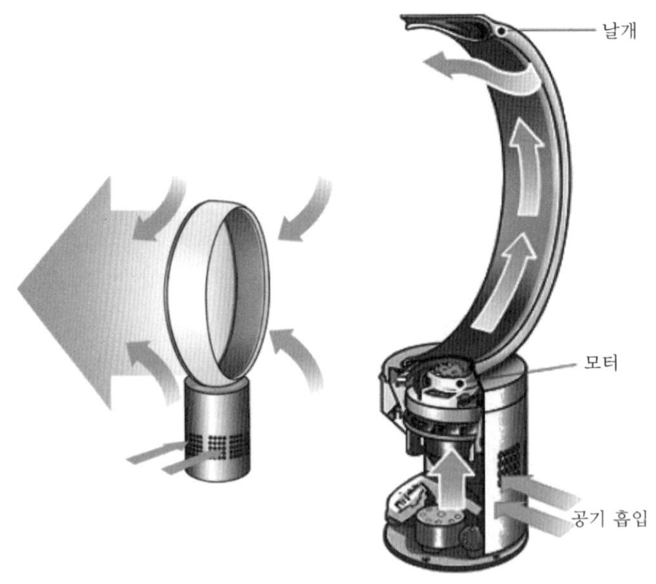

┃ 그림 6-22 날개 없이 시원한 바람이 만드는 선풍기의 원리 ┃

[그림 6-22]에서 보는 것처럼 둥근 고리의 단면은 속이 빈 비행기 날개의 모양이다. 속이 빈 둥근 고리 내부로 밀려 올라간 공기는 고리의 구조적 특징 때문에 약 88km/h 정도로 유속이 빨라진다. 이 빠른 속력의 공기가 빈 고리 내부의 작은 틈을 통해 빠져나오면서 둥근 고리 안쪽 면의 기압은 낮아지게 된다. 이 때문에 선풍기 고리 주변의 공기는 고리 안쪽으로 유도되어 고리를 통과하는 강한 공기의 흐름을 생기게 한다. 이 때 고리를 통과하는 공기의 양은 모터를 통해 아래쪽으로 빨려 들어간 공기의 양보다 15배 정도로 증가하게 되는데 이러한 원리로 바람이 만들어지기 때문에 이 고리가 날개 없는 선풍기 역할을 톡톡히 하게 된다.

속이 빈 고리의 단면 위쪽(고리 바깥 면)은 비행기 날개 윗면과 비슷한 곡면이고, 아래쪽(고리 안쪽 면)은 비행기 날개 아랫면처럼 상대적으로 평평하다. 고리를 이루는 바깥 면과 안쪽 면은 약 1.3mm 정도의 작은 틈을 사이에 두고 맞물려 있다. 그런데 고리 단면은 왜 비행기의 날개 모양을 닮았을까?

비행기가 날기 위해서는 공기가 비행기를 위로 밀어 올리는 힘이 필요하다. 이 힘의 비밀은 비행기 날개 모양에 있다. 비행기 날개는 윗면이 아랫면보다 불룩하다. 공기가 비행기의 평평한 아랫면보다 불룩한 윗면을 지나갈 때 마치 좁은 관 속을 지나는 것처럼 속도가 더 빨라지게 된다. 공기의 속도가 빠른 윗면은 기압이 낮아지고 상대적으로 평평한 아랫면의 기압은 높아지게 되는 것이다. 공기의 힘은 고기압에서 저기압으로 작용하므로 기압이 높은 아래쪽에서 위로 힘이 작용하게 된다. 이로 인해 비행기는 뜨게 된다. 이를 베르누이 원리 라고 하는데 날개 없는 선풍기의 고리 모양도 이 원리를 이용하고 있다. 비행기 날개 모양을 닮은 빈 고리 내부에서 빠른 공기의 흐름이 생기게 되고 이 공기가 맞물린 작은 틈을 통해 강하게 불어나오며 고리 바깥 주변의 공기가 둥근 고리를 통과하게 되는 일정한 방향의 강한 기류가 생기게 된다.

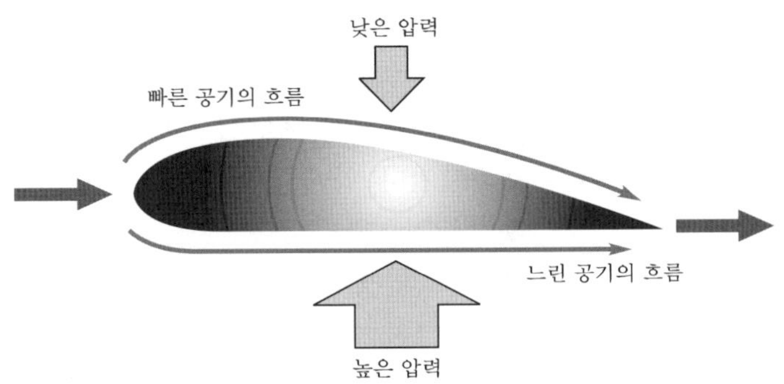

┃ 그림 6-23 속이 빈 고리 내부와 그 주변에서 바람이 생기는 원리 ┃

날개 없는 선풍기는 크기가 작고 구조가 매우 간단하다. 고리와 모터가 있는 부분이 분리되기 때문에 간편하게 보관할 수 있고, 먼지가 쌓일 날개가 없기 때문에 위생적이며 청소도 간편하다. 또한 겉으로 드러나는 회전날개가 없기 때문에 아이가 있는 집에서 안심하고 사용할 수 있다. 전기에너지를 이용하는 날개 달린 선풍기가 처음으로 사용되었던 1900년 초에는 어린아이들이 손가락을 넣어 다치는 일이 자주 발생했었다고 한다. 물론 지금도 어린아이들이 실수로 선풍기 날개에 손을 넣거나 장난을 하지 않도록 집에서 선풍기망을 씌우고 주의를 주고 있는 상황이다. 그렇다면 실수로 아이들이 날개가 없는 선풍기 고리에 손을 넣으면 어떻게 될까? 산꼭대기에서 계곡으로 바람이 불어오듯이 시원한 바람을 맞게 될 뿐 사고의 걱정은 하지 않아도 좋을 것이다. 날개 없는 선풍기의 또 하나의 장점은 바람이 훨씬 부드럽다는 것이다. 날개 있는 선풍기는 바람개비처럼 날개가 돌기 때문에 공기를 비스듬하게 쪼개면서 바람을 만든다. 이 때문에 불규칙한 바람이 불게 되는데, 선풍기 앞에서 소리를 내면 소리가 요동치는 것이 바로 이 때문이다. 하지만 날개 없는 선풍기는 균일한 바람을 불게 한다.

06 ▶ 전자레인지

바쁜 아침시간에 전자레인지가 없었다면 지각하는 직장인은 훨씬 많아졌을 것이다. 또한 군인들의 낙인 PX의 냉동식품은 구경도 할 수 없을 것이다. 패스트푸드와 환상의 짝꿍인 전자레인지는 단지 몇 분만으로 식은 반찬을 데우거나 냉동식품을 해동할 수 있는 편리함 덕분에 국내시장 보급률 80~90%를 기록하면서 우리 부엌에서 빼놓을 수 없는 살림으로 자리 잡았다.

전통적인 조리는 용기를 가열해 전도나 대류를 통해 열이 전달되고, 용기 안의 재료를 덥힌다. 오븐은 오븐 안의 공기를 뜨겁게 해 대류 열로 내부의 음식물을 익히며, 가스레인지는 가스 열로 용기를 가열하고 용기 안의 음식물로 열이 전도되어 요리를 하는 것이다.

전자레인지에 음식을 넣고 스위치를 켜서 작동시키면, 음식물 속의 수분과 지방 성분이 전파를 흡수해 전파가 가지고 있던 에너지가 열에너지로 바뀌어 뜨거워지고, 이 열이 주변으로 전달되면서 음식물이 따뜻해지거나 익게 된다.

전파가 가지고 있던 에너지가 열로 바뀌는 원리는 전극 사이에 음식물을 놓고 고주파를 가하면 음식물 속에 전기장이 생기고, 발생된 전기장은 높은 주파수의 전파에 의해 방향이 반복해서 바뀌게 된다. 그러면 음식물 속의 전기적으로 극성을 가지고 있는 물질의 분자가 진동하거나 회전하면서 서로 마찰에 의해 열을 내는 것이다. 이와 같이 모든 물체에는 고유의 주파수를 갖고 있는데 각 물체는 고유의 주파수에 해당하는 전파나 파동에너지를 흡수하는 성질이 있다. 물의 고유주파수가 2.45GHz에 해당돼 전자레인지에서 이 주파수의 전파를 발생시키면 물 분자가 이 전파의 에너지를 흡수해 진동을 하게 되며, 이 진동에 의해 물 분자끼리 서로 충돌을 일으켜 마찰열을 발생시키는 것이다. 이 마찰열이 음식물을 따뜻하게 하는 열원이 돼 전기에너지가 효율적으로 열에너지로 변환되는 것이다.

여기서 음식을 뜨겁게 하기 위해 사용하는 전파를 마이크로파(micro wave)라고 한다. 그래서 전자레인지를 영어로 표기할 때 'microwave oven'이라고도 한다. 마이크로파는 주파수(진동수) 300MHz~300GHz, 파장으로 보면 1mm~1m인 전자기파의 한 영역을 말한다. 전자기파의 영역은 진동수에 의해 임의로 구분되어지는데 진동수는 1초 동안 파동이 진동하는 횟수이다. 진동수(f), 파장(λ), 빛의 속도(c)의 관계는 다음과 같다.

$$f = c / \lambda$$

즉, 파장이 짧을수록 진동수가 크고 파장이 긴 전자기파는 진동수가 작다. 이렇게 파장에 따라서 전자기파는 파장이 가장 짧은 영역인 감마선에서부터 라디오파 등으로 구분되며, 마이크로파는 진동수가 매우 크고 파장이 짧은 전자기파로 레이더나 내비게이션, 통신 등에 이용된다.

1945년 군사용 레이더를 점검하던 미국의 한 연구원이 주머니 속의 과자가 녹는 것을 관찰하여 이를 계기로 전자레인지에 대한 아이디어를 얻었고 1947년에 'Radarange'라는 첫 제품이 탄생하였다. 이 최초의 전자레인지는 높이 1.8m, 무게 340kg의 거대한 몸집에 가격도 5000달러로 매우 비쌌다. 이후 개량을 거듭하여 현재 가정에서 흔히 볼 수 있는 크기의 전자레인지가 보급되기에 이르렀다.

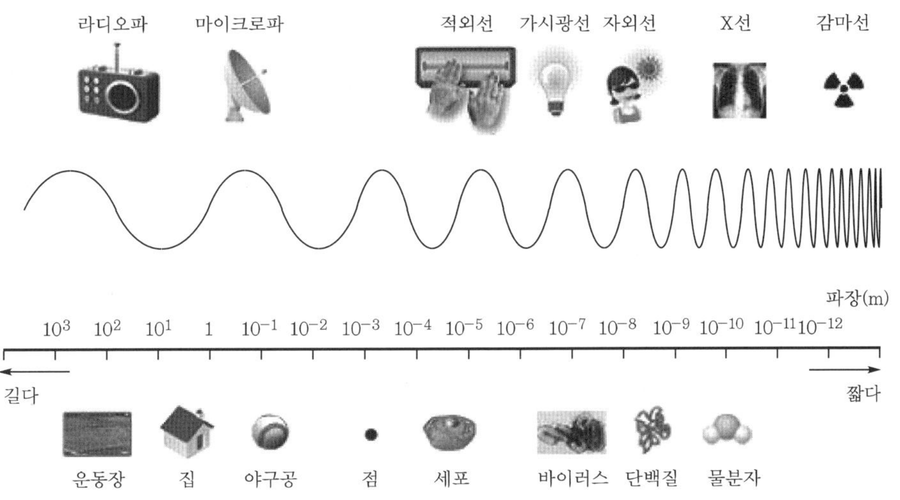

┃ 그림 6-24 전자기파 스펙트럼 ┃

전자레인지의 핵심적인 구조는 마이크로파를 만들어내는 마그네트론(magnetron)이다. 마그네트론은 높은 주파수의 진동을 만들어내는 장치로 기본 구조는 음극, 필라멘트로 된 양극, 안테나, 그리고 자석이다. 가정 내 교류 전압인 220V를 4000V 이상의 고전압으로 바꾸어 마그네트론에 전류를 흘리면 마그네트론에서 2.45GHz의 높은 주파수로 진동하는 마이크로파가 만들어진다. 이 마이크로파를 웨이브가이드를 따라 전자레인지 용기 내부에 쏘이게 되면 금속으로 된 벽에 반사되어 식품에 흡수된다.

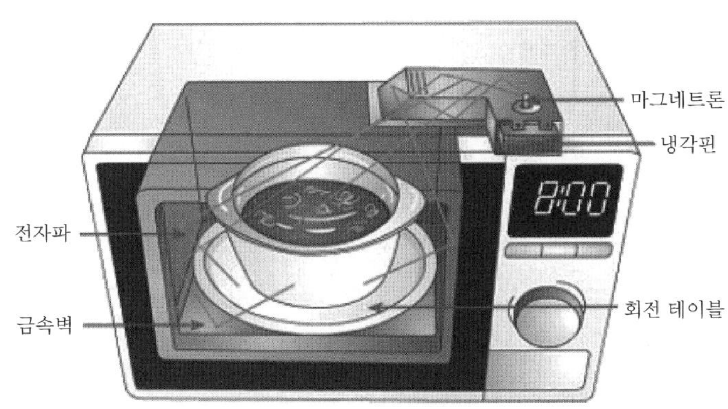

┃ 그림 6-25 전자레인지의 구조 ┃

전자레인지 내부는 금속인 철로 만들어져 있고 투시창을 통해 전자기파가 외부로 나오는 것을 막기 위해 설치한 그물망도 금속망이다. 전자레인지 용기 밖으로 전자기파가 유출되는 것을 막기 위해 2.45GHz의 마이크로파가 투과하지 못하고 반사되는 금속을 사용한 것이다. 그런데 보통 전자레인지에는 금속 용기의 사용을 금하고 있다. 그 이유는 우선 마이크로파가 금속을 통과하지 못하므로 금속 용기에 음식물을 넣어 사용할 경우 음식물을 데울 수 없기 때문이다. 또한 내부 벽면도 금속이므로 금속을 넣을 경우 금속과 금속의 접촉에 의한 마찰 부위에서 전자기파의 간섭이 일어나 스파크나 화재가 발생할 수 있다. 특히 금속의 뾰족한 모서리나 꼭짓점과 같은 부분에는 전자기파의 집중도가 커지므로 주의해야 한다. 또한 유리문에 금속망이 있어 전자기파의 유출을 막아주지만 안전을 위해 전자레인지가 작동하는 동안 너무 가까이에 있지 않도록 한다.

전자레인지에 의한 조리법의 특징은 영양가의 파괴와 음식물의 열 손상에 의한 변화가 적고, 음식물의 모양, 맛, 향기의 변화가 적으며, 살균효과가 있다.

전자레인지를 사용할 때는 반드시 수평으로 놓고, 감전의 위험이 있으므로 접지를 확실히 하며 습기가 많은 장소는 피해야 한다. 음식의 조리 외에 의류 건조 등과 같은 다른 용도의 사용은 화재의 위험이 있다. 도자기 그릇이나 파이렉스 외의 그릇은 사용하지 말아야 하며, 플라스틱 그릇은 3분 이상 사용하지 않아야 한다. 달걀이나 밤 등과 같이 껍데기가 있는 음식물을 그대로 조리하면 내부의 압력이 커져서 폭발할 수 있으므로 껍데기를 제거한 후에 조리해야 한다.

07 가습기

우리 주변 공기의 습도를 적당하게(55~60%로) 유지하는 것은 의식하지는 못하지만, 우리가 마시는 물만큼이나 중요하다. 적당한 습도는 호흡기 질환을 예방하거나 치료하는 데 도움이 될 수 있으며 쾌적한 실내 환경도 만들 수 있기 때문이다. 그래서 겨울철처럼 건조한 계절이나 다른 요인으로 인해 적절한 습도가 필요할 때 인위적으로 원하는 습도를 유지시키는 기구가 가습기이다. 가습기는 전기에 의해 물을 입자화하거나 혹은 수증기로 만들어 실내로 뿜어내는 장치이다. 가습기의 종류에는 '가열식'과 '초음파 방식', 그리고 이 두 가지 방식이 합쳐진 '복합식'과 '원심분무식(흡입한 물을 원심력으로 날려 스크린에 부딪히게 해 작은 입자로 쪼개서 내 보내는 방식)', '필터 기화식(젖은 필터로 공기가 통하게 하여 물을 증발시켜 습기를 만드는 방식)' 등이 있다.

1 가열식 가습기

물을 가열하면 김이 나오게 되고 자연히 방 안의 습도가 높아지게 되는데, 이러한 원리를 이용한 것이 가열식 가습기이다. 전기 커피포트처럼 가습기 안에서 히터나 전극봉으로 물을 가열시켜 증기를 발생시키고 그것을 강제적으로 방안에 내뿜는 것이다.

이렇게 뿜어져 나온 증기가 방안의 찬 공기를 만나면 수증기가 응결되어 하얗게 보이게 된다.

　뜨거운 물에서 나오는 김은, 이론적으로는 증류수이기 때문에 중금속 등이 섞여 있지 않아 깨끗하다는 장점이 있다. 그러나 물을 끓이기 때문에 세균 살균 효과는 우수하지만, 뜨거운 증기로 인해 유아들이 화상을 입을 가능성이 있다. 또한 수증기 발생량이 적어 충분한 가습이 이루어지지 않을 수 있으며 전력 소모가 많아 경제적 부담이 존재한다는 단점이 있다. 따라서 단일 기능으로 가열식 가습기는 잘 사용하지 않으며 다른 기능을 가지고 있는 가습기와 복합적으로 사용된다.

2 초음파 방식 가습기

　초음파란 사람이 귀로 들을 수 있는 소리의 주파수 범위(20~20,000Hz)보다 높은 주파수를 뜻하는데, 사람이 들을 수 없으며 소리의 성질도 가지고 있지만 전파나 빛의 성질도 가지고 있어 여러 가지 용도에 사용되고 있다. 초음파 방식 가습기도 이런 초음파를 이용하여 물을 안개처럼 만든 후, 작은 팬으로 방안에 불어 보내는 것이다.

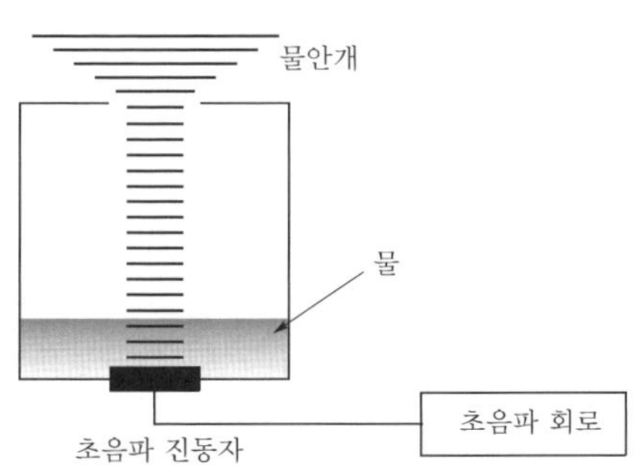

| 그림 6-26 초음파 가습기의 원리 |

　가습기의 구조를 보면 진동판은 물의 바닥면에 설치되어 있는데 그 뒷면에는 초음파 진동자(압전세라믹)가 붙어 있다. 초음파 진동자는 전류가 흐르면 형상이 변하는 물질로서 재료에 따라 그 진동수가 다르지만, 세라믹형은 보통 0.3~25MHz 정도(1초에 30만~2500만 번 진동)이다. 그런데 이 재료에 교류전류가 흐르면 주파수에 따라 진동자의 크기가 변하고 여기에 붙어있는 진동판이 따라서 진동하게 된다.

　그 진동에 의해 초음파가 발생하고 물에 진동을 일으킨다. 가습기는 전자레인지와 달리 물 분자에 진동을 일으키는 것이 아니라 물 분자의 덩어리에 진동을 일으킨다. 이 초음파 진동자에 전원을 공급해주면 진동자가 물 밑바닥부터 진동을 일으킨다. 그렇게 되면 물속의 물 분자들이 서로 부딪히면서 분자들 사이에 진동을 전하고 그 진동이 물의 표면까지 닿으면, 물 표면에 있던 물 입자들이 미세한 알갱이 상태로 물표면 위로 튀어

나온다. 이렇게 해서 발생한 작은 물방울들은 가습기 내의 송풍기에서 나오는 바람을 따라서 관을 타고 밖으로 나오게 되는 것이다. 이런 방식으로는 물을 끓이지 않고도 실내를 가습시켜 줄 수가 있다. 이것이 초음파 가습기의 원리다.

초음파 가습기는 물을 가열하지 않으므로 뜨겁지 않아 화상을 입을 염려는 없지만 실내에서 기화되기 때문에 기화열에 의한 주변 온도 강하현상이 나타난다. 또한 물속에 들어 있던 세균이 살균되지 않은 채로 습기와 함께 방안으로 분출되기도 하며 중금속이나 염소 같은 것도 분출되어 가구나 전자제품, 벽 등을 더럽히는 백화현상을 일으키기도 한다. 그래서 초음파 가습기 안에는 자외선 살균기와 정수 장치가 들어 있다. 가습기 사용 시에는 물을 매일 갈아주고 가능하면 끓였다 식힌 물을 사용하는 것이 좋다. 그리고 정수 필터도 청소해주어야 하는 번거로움이 있다. 그러나 이러한 여러 단점에도 불구하고 초음파 가습기는 낮은 전력(약 45W) 소모로 운영비가 적게 들고 가습량은 가열식 가습기에 비해 풍부하다는 장점이 있다.

3 복합식 가습기

히터 가열 방식의 장점인 살균 기능과 초음파식의 여러 장점을 고루 이용한 방식이 복합식 가습기이다. 이 가습기의 핵심 기술은 물의 표면 장력이 물의 온도가 상승함에 따라 약해지는 원리를 이용해서 가습량을 증가시키는 것이다. 데워진 물은 상온의 물에 비해 표면장력이 감소하기 때문에 물 입자들이 훨씬 쉽게 쪼개질 수 있다. 이런 원리를 이용해 기존의 가습기보다 최소 50%에서 최대 100% 이상의 가습량 향상을 얻을 수 있어 습도를 빠른 시간 내에 조절할 수 있을 뿐 아니라 여러 단계의 가습 조절 양식을 설치할 수 있어 사용자들이 편리하게 원하는 습도를 유지할 수 있다. 또한 물을 섭씨 75~80℃

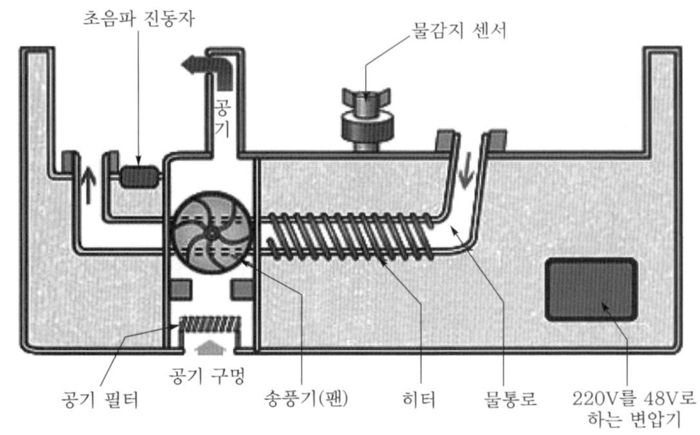

┃ 그림 6-27 가습기의 구조 ┃

로 데운 후 초음파(1.525~1.74MHz)로 가습하도록 되어 있어 미생물 및 중 · 저온성 세균을 없애주며 가습기 내부의 불순물 침전도 적다. 분사되는 습기 온도도 섭씨 35℃ 정도로 체온과 비슷하기 때문에 화상의 위험이 없을 뿐 아니라 실내의 온도를 따뜻하게 유지시켜 주는 등 여러 가지 장점이 있다.

4 가습기 종류별 특성 비교

가습기를 용어 자체로 풀이하면 습도를 높이는 것이 주요 용도이다. 하지만 습도가 과도할 경우 세균 · 미생물 · 곰팡이 등의 번식이 용이하고, 습도가 낮으면 피부, 점막 수분 이탈, 기관지염 등의 부작용이 발생할 수 있다. 가습기는 실내 습도를 원하는 수준에서 유지 · 관리하는 목적의 용도가 바람직하다. 사용목적에 따라 가습기는 사계절 실내 습도를 일정하게 유지하여 감기 예방, 피부 건조 예방 등을 위한 건강관리용 생활 가전 제품으로도 분류될 수 있다. 단순히 가정에서 실내 습도를 높이는 목적으로 가습기를 고려한다면 일정 부분 대체가 가능하다. 예를 들어 손으로 탈수한 목욕 타월 2장이면 일반 가습기의 가습량(200g/h 이상)과 비슷하다. '실내 습도를 원하는 수준에서 유지 · 관리'의 관점에서 세탁물 · 어항 · 가습 식물 등의 대체품을 고려할 때 소비자가 가습량(g/h)을 조절하기 어려우며 원하는 실내 습도를 유지할 수 없다. 따라서 효과가 미미하거나 과습 우려가 있어 가습기를 온전히 대체하기에는 무리가 따른다. 가습기는 세균의 온상은 될 수 있어도 세균을 만들어내지 않는다. 가습기를 통해 분출되는 세균은 가정에 존재하는 세균이 증식 · 배출되는 것이다. 가습기 세균에 대한 불안감은 집안을 청결하게 하고 문제 요인을 해결하는 것이 먼저다. 가습기의 세균 문제를 이야기할 때 주로 초음파 가습기가 나쁜 것처럼 거론된다. 초음파 가습기는 에너지 사용량 · 소음 · 가벼운 제품 특성과 저렴한 가격 등의 장점이 많아 무조건 불신하는 것은 합리적이지 못하다.

모든 종류의 가습기는 청소가 필요하다. 세균 발생량 측면에서는 초음파식 · 가열식 · 기화식 가습기에 따라 차이가 있으나 물때 제거 · 악취 등을 예방하기 위해서는 정기적으로 청소해야 한다.

가습기의 종류별 특성을 비교해 보면 어떤 가습기의 성능이 우수한지 어떤 용도에서 사용을 할 것인지를 비교할 수 있을 것이다. 각각의 비교 항목은 대기 중 방출 세균, 소음, 이동의 편리성, 에너지 소비량 등으로 비교하였다.

(1) 대기 중 방출 세균

일반적으로 가습기 내부에서 증식한 세균은 가습기 종류에 따라 공기 중으로 방출되는 양에 차이가 난다. 기화식은 일부 팬 작동에 따른 바람의 영향을 제외하고, 세균보다 훨씬 작은 물 입자를 방출시키는 구조로 안심하고 사용이 가능하다. 복합식(가열식+초음파식)은 수조의 물을 60~80℃ 정도로 가열한 후 초음파 방식과 동일하게 물 입자를 공기 중으로 방출함에 따라 저온성 세균에 선택적으로 살균 효과가 나타난다. 하지만, 수조의 물을 목표 온도까지 가열하는 시간은 30분~1시간 정도 소요될 수 있다. 제품이 작동하는 초기에는 초음파 가습기와 유사하다. 가열식(증기식)은 물을 끓여 증기로 바꾸어 가습하는 방식으로 정상 작동 상태에서 공기 중으로 세균 방출의 걱정은 없다. 초음파식은 수조의 물을 입자 단위로 공기 중으로 방출함에 따라 수조에 증식한 세균이 물 입자를 통해 공기 중으로 방출될 수 있다.

(2) 소음

일반적으로 초음파 · 복합식 가습기의 경우 30dB(데시벨) 이하 수준의 소음으로 상대적으로 조용하며, 가열식 가습기는 35dB 이하 수준이다. 팬이 부착된 기화식 가습기 대부분은 소음이 크고 동일한 종류의 제품들 사이에서도 30~45dB로 편차가 크다. 일반적으로 소음 10dB 차이는 크기가 두 배 정도라는 것을 의미한다.

(3) 이동의 편리성

기화식 가습기는 가습필터와 수조부 · 팬 등의 부품이 포함돼 일반적으로 다른 형태의 가습기보다 부피가 크고 무겁다. 복합식 가습기는 대부분 기화식 가습기보다 가벼우나 물통 용량이 초음파나 가열식 가습기보다 큰 경우가 많아 상대적으로 무겁다.

(4) 에너지 소비량

전열 매트 · 전기 주전자와 같이 가열 장치가 포함된 제품의 경우 전기 소비량이 큰 것이 일반적이다. 가습기 중에서는 히터로 물을 끓이는 가열식 제품의 에너지 소비량이 가장 크며, 비등점 이하의 온도로 가열하는 복합식 제품도 에너지 소비량이 다소 큰 편이다. 가정에서 사용하는 초음파식과 기화식 제품은 소비 전력이 대부분 50W 이하로, 최소 100W 이상인 가열식 · 복합식 제품보다 에너지 소비량에서 유리하다. 하지만 일부 기화식 가습기에는 가열 장치가 포함돼 있어 제품을 사용할 때 주의가 필요하다.

표 6-4 가습기 특성과 구조

종 류	특 성	구 조
기화식 가습기 (최근 출시된 형태)	• 필터에 물을 적셔 기화시키는 방식으로 자연 대류식과 팬을 이용한 강제 대류식이 있음 • 자연 대류식은 가습량의 한계로 팬을 이용한 강제 대류식이 주종을 이루고 있으며 히터를 내장한 제품도 있음	
복합식 가습기 (최근 출시된 형태)	• 통상 히터를 내장한 초음파식 제품을 말함 • 물을 비등점 이하(통상 60~870℃ 수준)로 가열시켜 분무실로 공급하는 방식으로 가습은 전적으로 초음파 방식에 따름	

가열식 가습기 (초기 형태)	• 물을 끓여 가습하는 방식으로 증기식이라고도 함 • 가습기에 내장된 전기 장치로 물을 증발시켜 강제 가습하는 구조	
초음파 가습기 (초기 형태)	• 물을 초음파 진동에 의해 미세 입자화시켜 공기 중으로 불어내는 방식 • 장치가 간단하고 소비 전력이 작아 소형의 저렴한 가습기 제조가 가능함	

┃ 표 6-5 가습기 종류별 특성 ┃

제품 형태 항목	기화식	복합식 (가열 · 초음파)	가열식	초음파식
세균 안심	★★★	★★	★★★	★
소음	★	★★★	★★	★★★
이동의 편리성	★	★★	★★★	★★★
에너지 소비량	★★★	★★	★	★★★
비고	별 개수가 많을수록 항목별 특성 우수			

5 가습기 선택 요령

(1) 습도 설정이 가능한 제품을 선택

가습기를 단순히 습도를 높이는 목적이 아닌 일정한 수준의 습도로 실내를 유지함으로써 쾌적한 환경 조성을 통한 건강 관리에 활용하고자 한다면 목표 습도(범위) 설정 기능을 보유한 제품을 선택하는 것이 좋다.

(2) 유지 관리 비용을 계산(생각)

가습기는 주기적으로 청소해야 할 뿐만 아니라 가습필터 · 항균 물질 등의 소모품도 정기적으로 교체해야 제품의 초기 기능이 유지될 수 있다. 소모품 종류에 따라 교체 시기와 교체 비용에 차이가 있으므로 제품 선택 시 소모품 비용도 고려해야 한다.

(3) 청소할 때 편리한 제품을 선택

가습기는 관리가 소홀할 경우 물때와 악취가 발생하는 원인이 되므로 주기적으로 청소할 필요가 있다. 청소하기가 불편하거나 어렵다면 이는 제품의 세균 증식 및 악취 발생 가능성이 높다고 생각할 수 있다.

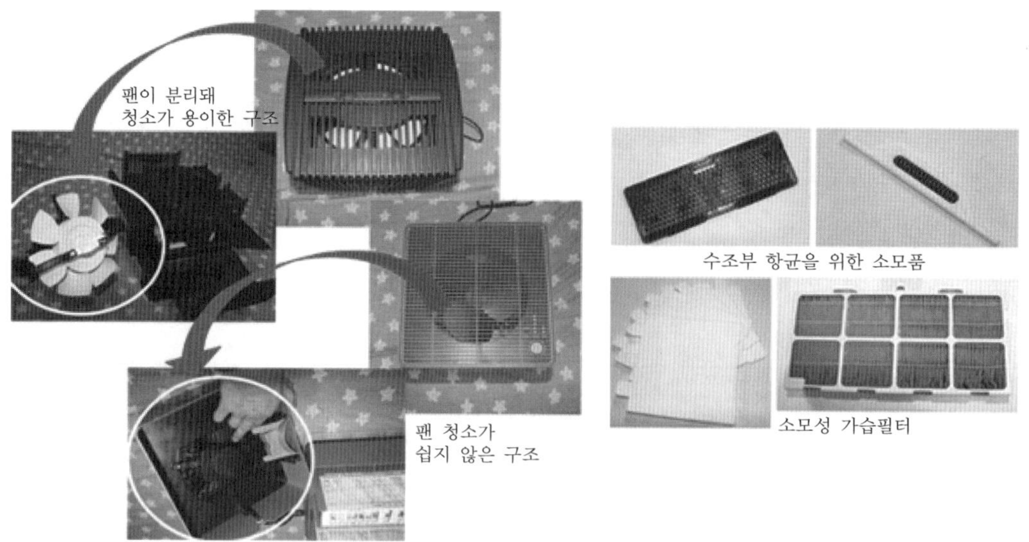

그림 6-28 청소하기가 편리한 가습기를 사용하자.

(4) 자주 옮겨야 하는 제품은 무게를 고려

기화식 가습기는 가습량의 한계를 극복하기 위해 가습 필터·수조부·팬 등의 부품이 포함돼 일반적으로 다른 형태의 가습기보다 부피가 크고 무겁다. 방이나 거실 등 다른 장소로 이동 빈도가 높은 경우 제품 무게와 손잡이 등의 구조를 고려해 편리한 제품을 선택하는 것이 바람직하다.

08 진공청소기

인간은 태어나서 생을 다할 때까지 생애의 90%를 실내에서 보낸다. 머리카락이 집안 여기저기에 돌아다니고 먼지가 뭉쳐 덩어리로 나뒹굴고 있는 것을 볼 때 가장 먼저 떠오르는 것은 진공청소기이다. 게다가 카펫이라도 있어서 카펫 구석구석에 박혀 있는 먼지를 제거해야 한다면 진공청소기의 필요성은 더욱 커질 것이다. 먼지와 오물을 순식간에 빨아들일 뿐만 아니라 빗자루로 해결하기 힘든 자잘한 먼지까지도 말끔히 제거해주는 진공청소기에는 어떤 원리가 숨어 있는 것일까?

진공청소기는 공기의 압력차를 이용한 기구이다. 공기는 압력차가 생기면 압력이 높은 고기압에서 압력이 낮은 저기압으로 이동하게 된다. 진공청소기는 전기에너지를 이용해서 공기의 압력차를 만들어낸다. 완벽한 진공은 아니지만 불완전한 진공을 만들어내어 주변보다 기압이 낮은 청소기 안으로 공기가 빨려 들어오도록 하는 것이다.

그렇다면 진공이란 무엇일까? 진공이란 어떤 입자도 없이 텅 비어 있는 공간이라고 말할 수 있다. 그러나 우리 주변에서 진공 상태를 찾기란 쉽지 않다. 우주공간은 거의 완벽한 진공이라 말할 수 있으나 지구상에서는 완벽한 진공 상태를 흔히 볼 수도, 만들어내기도 어렵다. 주변에서 흔히 접하는 진공 포장, 진공 건조에서의 진공도 완벽한 빈 공간을 뜻하는 것이 아니라 공기 입자수를 보통의 기압 상태보다 현격히 줄였다는 의미일 것이다. 따라서 진공청소기의 진공은 완벽히 텅 빈 공간을 의미하는 것이 아니라 공기 분자의 수가 주위보다 아주 적은 상태의 불완전한 진공을 의미한다.

진공청소기를 처음 만든 사람은 1901년 영국의 발명가 세실 부스(Cecil Booth)이다. 그는 의자에 먼지를 뿌린 뒤 어느 정도의 거리를 두고 손수건을 고정시켜놓은 후 입으로 공기를 빨아들이는 실험을 하여 흡입식 진공청소기를 개발하였다. 그러나 세실 부스가 처음 발명한 흡입식 진공청소기는 지금처럼 조그마한 청소기가 아니고 마차에 펌프를 장치한 거대한 기계였다.

진공청소기의 크기를 현재 가정에서 사용하는 크기 정도로 줄인 사람은 미국인 제임스 스팽글러(James Spangler)이다. 늘 기침에 시달리던 그는 1907년 먼지를 빨아들이는 휴대용 진공청소기를 발명했으나 그것을 상용화시키지는 못했다. 제임스 스팽글러가 발명한 진공청소기를 상용화시킨 것은 그에게 진공청소기의 특허권을 사들인 친척 윌리엄 후버(William Hoover)였다. 1908년부터 윌리엄 후버에 의해 세계 곳곳으로 퍼져나간 진공청소기는 발전을 거듭해 오늘날의 진공청소기가 되었다. 우리나라에는 1960년에 처음으로 진공청소기의 국산화가 이루어졌다.

이때까지 널리 상용화된 진공청소기는 공기를 먼지와 함께 빨아들여 먼지봉투에 먼지만을 모으는 먼지봉투가 있는 진공청소기였다. 이러한 먼지봉투 진공청소기는 형태에 따라 캐니스터형(canister type), 업라이트형(upright type), 드럼형(drum type), 핸디형(hand type) 등 4가지로 나눌 수 있는데 현재 가정에서 가장 흔하게 쓰이는 진공청소기는 캐니스터형 진공청소기이다.

그 후 1979년 영국의 제임스 다이슨(James Dyson)은 지금까지와는 다른 새로운 원리의 진공청소기를 발명했다. 1990년대 초에 상용화를 시작한 이 새로운 청소기는 원심력을 이용한 먼지봉투 없는 진공청소기이다. 원심분리기식 집진 장치를 이용해 원통 바깥쪽으로 먼지를 모으는 형식인데 탈수기에서 물이 빠지는 것처럼 원통 안의 더러운 먼지를 빠르게 회전시켜 원통 벽 쪽으로 먼지가 몰리게 하는 것이다.

보통의 먼지봉투 진공청소기는 사용할수록 봉투에 먼지가 많이 차게 되어 구멍이 막히게 된다. 점점 구멍이 막히게 되면 공기가 쉽게 통과하지 못하므로 흡입구의 빨아들이는 힘도 약해지기 마련이지만 원심분리기식 집진 장치 진공청소기는 구멍이 막힐 일이 없으므로 흡입력이 떨어지지 않는 것이 장점이다. 2000년대에 들어서는 로봇청소기가 출시되어 진공청소기의 새로운 바람을 일으키고 있다.

(좌로부터 스팀 사이클린(대우일렉트로닉스), 스팀진공슬림(한경희생활과학), D19(다이슨), 룸바(아이로봇))

┃ 그림 6-29 여러 가지 진공청소기 ┃

우리 주변에서 흔히 볼 수 있는 진공청소기의 구조는 [그림 6-30]에서처럼 일반적으로 세 부분으로 구성된다. 즉, 진공청소기의 내부는 오물과 먼지가 포함된 일반 공기가 들어오는 호스 부분, 오물과 먼지를 걸러내 주고 깨끗한 바람만 통과시키는 필터 부분, 모터의 회전에 의해 약한 수준의 진공 상태를 만들어내는 송풍 장치 부분으로 나눌 수 있다.

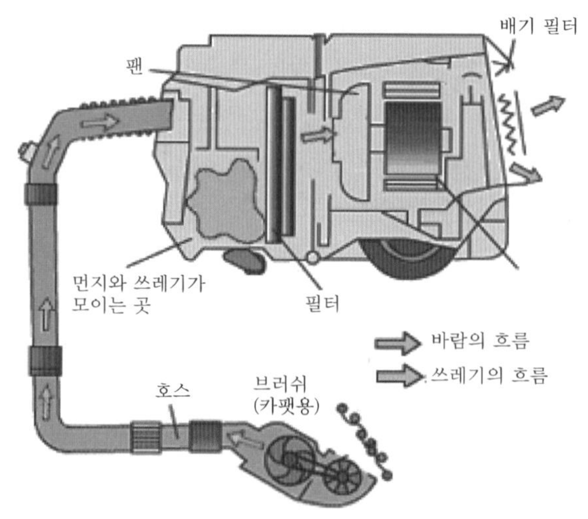

┃ 그림 6-30 진공청소기의 구조 및 원리 ┃

위 [그림 6-30]에서 모터가 연결된 송풍장치는 강한 회전을 통해 청소기 내부를 외부의 보통 기압보다 낮은 기압 상태(진공 상태)로 만든다. 1분에 만 번 이상의 강력한 모터 회전은 청소기 내부의 공기를 환풍기처럼 청소기 외부로 뽑아내게 된다. 그러면 청소기 내부의 기압이 외부에 비해 현격히 낮아지게 되므로 고기압에서 저기압으로 이동하는 기체의 이동 원리에 의해 고기압 상태인 청소기 외부 공기가 저기압 상태인 청소기 내부로 빨려 들어오게 되는 것이다. 호스를 통해 청소기 내부로 외부 공기가 빨려 들어올 때 먼지와 티끌 등도 함께 섞여 들어오게 된다.

호스를 따라 들어온 먼지와 티끌 등 오물이 섞인 외부 공기는 먼지봉투에 모이게 되는데, 먼지봉투의 미세한 구멍을 통해 공기는 빠져나가게 되고 먼지와 티끌은 먼지봉투에 남게 된다. 먼지봉투를 빠져나온 공기는 아직도 남아 있는 미세한 먼지를 걸러내주는 필터 시스템을 거치게 된다. 미세한 먼지까지 모두 걸러낸 깨끗한 공기만 청소기 뒤로 빠져나가게 되는 것이다. 필터시스템이 좋지 못한 진공청소기는 흡입되는 먼지만 본다면 청소를 깨끗이 하고 있는 것처럼 보이지만 흡입한 공기 중에 들어있던 크기가 작은 미세먼지는 걸러내지 못하고 다시 배출하여 오히려 집안 공기를 더럽히는 결과를 낳기도 한다. 그러므로 건강과 환경을 위해서는 필터 시스템이 좋은 진공청소기를 사용해야 한다. 특히 집먼지 진드기에 의한 천식이나 알레르기 환자가 있는 가정이나 젖먹이 아기가 있는 가정에서는 0.0001mm 크기의 작은 입자까지도 걸러내는 필터 시스템의 진공청소기를 선택하는 것이 좋다.

미세한 먼지까지 걸러내는 필터는 오래 사용하면 필터 사이에 먼지가 끼어서 청소기의 흡입 능력을 떨어뜨리게 할 수도 있다. 또한 먼지봉투가 가득 차게 되어도 봉투에 나 있는 미세한 구멍이 막혀서 공기가 쉽게 통과하지 못하므로 청소기는 빨아들이는 힘이 약해지게 된다. 그러므로 강력한 흡입력을 유지하기 위해서는 필터 청소를 자주 해주어야 하고 먼지봉투의 교환 시기도 늦지 않게 해주어야 한다. 1분에 만 번 이상의 강력한 모터 회전에 의해 발생하는 열은 흡입된 공기가 먼지주머니와 필터를 거쳐 진공청소기 뒤로 배출되는 공기의 흐름에 의해 식기 때문에 과열을 방지할 수 있다.

진공청소기의 성능은 흡입력의 정도와 필터의 조밀도에 달려 있다. 진공청소기의 먼지를 빨아들이는 흡입 능력이 좋으면 좋을수록, 필터가 걸러낼 수 있는 먼지의 크기가 작으면 작을수록 성능이 우수한 진공청소기라고 할 수 있다. 그러나 필터가 조밀하면 할수록 미세한 먼지를 잘 걸러내지만 공기가 빠져나가는 것도 힘들어져서 진공청소기의 흡입력도 함께 감소하게 된다. 그리고 진공청소기의 흡입력을 높이기 위해 모터의 회전을 늘리면 흡입력은 높일 수 있겠지만 전력소모는 커지게 된다. 그러므로 적정한 전력소모 수준을 유지하면서 흡입력을 크게 떨어뜨리지 않고, 될 수 있으면 미세한 먼지를 걸러내 줄 수 있는 진공청소기라야 성능이 우수한 진공청소기라 할 수 있을 것이다.

 **09 디스플레이 장치**

사람은 신체의 모든 기능을 총 동원하여 다양한 방법으로 정보를 주고 받는다. 신체가 외계로부터 정보를 전달받을 수 있는 기관은 흔히 5감(五感)이라 하여 시각, 청각, 후각, 촉각, 미각 5가지로 나눌 수 있다. 그 중에서도 특히 시각과 청각이 정보 전달에 있어서 가장 중요한 감각이다. 자신의 입냄새로 오늘의 기분을 전달하는 엽기적인 친구가 있을 지도 모르겠지만 이런 원시적인 정보는 배제하자. 주로 말(청각), 글, 그림, 행동(시각) 들을 통해 정보를 전달한다. 그런데 사람의 신체로 만들어내는 정보의 형태는 다양하고 복잡한 현대의 정보를 전달하기에 역부족이다. 그래서 여러 가지 도구를 이용해 정보를 전달한다. 도구들을 이용하면 시공간을 초월하여 정보를 전달할 수도 있고 뿐만 아니라 동시에 여러 사람에게 정보를 전달하는 것도 가능하다. 앞에 사람이 있다면 직접 말로 정보를 전달해 줄 수 있지만 멀리 떨어져 있다면 전화로 이야기를 전해줄 수 있다. 당장 에 말을 전해줄 사람이 자리에 없다면 음성 메시지를 남길 수도 있고 팩스를 이용해 문 서를 전달할 수도 있다. 신문이나 TV와 같은 매스 미디어는 동시에 수천 수억 명의 사 람들에게 정보를 전달해 준다.

컴퓨터 또한 이와 같이 사람들에게 정보를 전달해줄 수 있는 도구이다. 사람과 컴퓨터 사이의 정보 전달 매개체는 소리와 시각 매체이다. 정보 전달을 위해 사람이 주로 사용 하는 감각이 시각과 청각이기 때문이기도 하지만 현재의 컴퓨터가 구현할 수 있는 정보 교환 매개체는 소리와 시각 매체뿐이기 때문이다. 아직까지 냄새를 만들어내는 컴퓨터 가 있다는 말을 들어보지 못했지만 가까운 미래에 그녀의 향기를 인터넷으로 다운로드 받을 수 있는 날이 올지도 모른다.

컴퓨터가 만들어내는 시각과 청각 정보 가운데에서 특히 시각 정보가 더욱 중요하고 빈번하게 사용된다. 사운드 카드가 없는 컴퓨터는 있을 수 있어도 모니터나 그래픽 카드 없는 컴퓨터는 제대로 된 컴퓨터가 아니다.

Z80이나 6502와 같은 8비트 CPU 컴퓨터 시절에는 PC 전용 모니터라는 것이 없었고 TV 수상기를 개조한 아날로그 모니터를 주로 사용하였다. TV 튜너만 없지 TV와 똑같기 때문에 모니터의 RCA 커넥터에 TV 신호를 넣어주면 TV 화면을 볼 수가 있었다. 8086/88과 같은 16비트 CPU를 사용한 IBM-PC가 탄생하면서 본격적인 PC 전용 모니 터가 사용되기 시작했다. 초창기 PC 모니터들은 그래픽 카드로부터 그래픽 데이터를 디 지털 방식으로 전달받았다. 디지털 방식은 신호의 변형이 없다는 장점은 있지만 아날로 그 방식보다 굉장히 높은 주파수 대역을 필요로 한다. 그래서 표현 가능한 해상도와 색 상 수가 한계가 있고 사용할 수 있는 그래픽 카드가 정해져 있었다. VGA 카드가 개발되 면서 더 많은 수의 색상에 대한 요구가 높아지고 해상도가 높아져 더 이상 디지털 방식

의 모니터에 의존할 수가 없어졌다. 그래서 다시 아날로그 모니터의 시대가 돌아오게 된 것이다. 현재 여러분들이 사용하고 있는 CRT 모니터들은 대부분이 아날로그 방식의 모니터이다. 아날로그 방식의 모니터는 이론적으로는 사용 가능한 색상 수와 해상도의 제약이 없다. 한편 노트북에서는 그래픽 디스플레이 장치로 무겁고 덩치 큰 CRT 모니터를 사용할 수 없기 때문에 LCD를 사용해 왔다. 초기 흑백만 가능했던 LCD는 컬러가 가능해지고 TFT LCD 기술이 발달하면서 고감도 저전력의 평판 그래픽 디스플레이 장치 개발이 가능해졌다. 초창기 LCD는 대단히 비싸고 크기가 작았기 때문에 노트북 외의 용도로는 거의 생각하지 못했다. 하지만 지금은 값이 많이 싸졌고 크기도 CRT 모니터 만큼이나 커졌기 때문에 노트북에서 벗어나 CRT 모니터를 대체할 수 있을 정도가 되었다. LCD 모니터는 원리상 CRT 모니터와 달리 디지털 방식이다.

1 CRT(Cathode Ray Tube)

CRT는 Cathode Ray Tube의 약자로 우리 말로 풀어 쓰면 음극선관이지만 그 보다는 발명자 Karl Ferdinand Braun의 이름을 따서 브라운관이라는 이름을 더 많이 쓴다. [그림 6-31]은 브라운관의 구조이다.

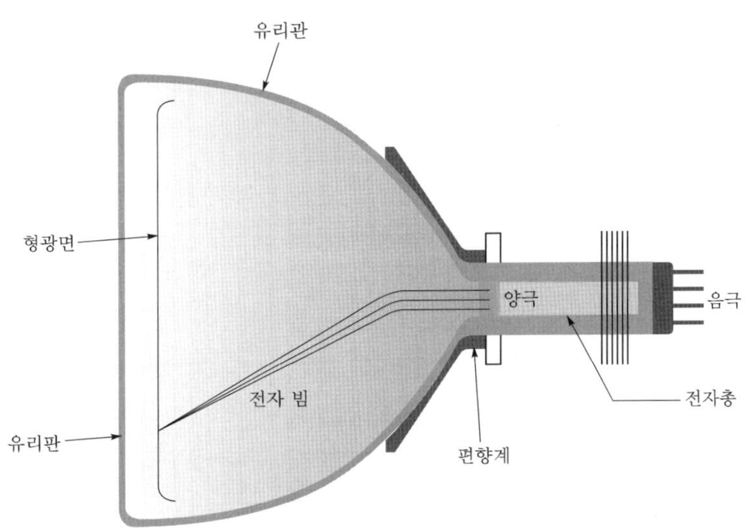

| 그림 6-31 브라운관의 구조 |

전자총에 전류가 흐르면 전자총 내부의 필라멘트가 가열되면서 열전자가 방출된다. 방출된 전자는 고전압을 가진 양극판에 의해 가속되어 빠른 속도로 전자총 밖으로 튀어 나오게 된다. 이와 같이 빠른 속도로 전자총에서 나오는 전자 다발을 전자빔(electron beam)이라고 한다. 전자총 내의 포커싱 전극에 의해 전자빔이 퍼지지 않고 접속되어 브라운관 면까지 날아가게 된다. 브라운관 면 바로 뒤에는 인과 같은 형광 물질이 발라져 있는데 빠른 속도로 전자가 부딪히면 짧은 시간 동안 빛을 발해 사람이 볼 수 있게 된다. 브라운관 내부는 전자총에서 전자가 잘 생성되고 생성된 전자가 브라운관 표면까지 잘 날아갈 수 있도록 진공 상태로 되어 있다. 전자총에서 발사된 전자빔은 편향 코일이 만들어내는 자기장에 의해 진행 방향이 상하 좌우로 바뀌게 된다. 따라서 2차원 평면의 브라운관 위 임의의 위치에 전자빔을 맞추어서 빛을 낼 수가 있다.

전자빔이 브라운관 면에 닿아서 만들어내는 빛은 하나의 점이다. 편향 코일로 전자빔을 어느 한 방향으로 빠르게 바꾸면 그에 따라 브라운관 면 위의 점이 빠른 속도로 이동하게 된다. 사람의 눈은 이와 같이 빠른 변화를 따라가지 못해 점의 궤적을 따라 선이 그어진 것처럼 보게 된다. 마찬가지로 그림 2와 같이 전자빔이 만들어내는 점을 화면을 가로질러 좌우로 빠르게 이동시키면서 아래로 움직이면 마치 면이 그려진 것처럼 보이게 된다. 이와 같이 화면을 좌우상하로 훑는 것을 scan(주사)이라고 한다. 전자빔의 세기에 따라 점의 밝기가 변하게 되므로 전자빔이 화면을 스캔하면서 그 세기를 변경하면 원하는 패턴을 만들어 낼 수가 있다. 실선은 전자빔이 그림을 그리는 것을 의미하고 점선은 다음 라인을 그리기 위해 빔이 다음 라인 좌측으로 이동하는 것을 의미한다. 화면의 맨 아래 우측까지 도달하면 다시 맨 처음 라인으로 돌아가 반복해서 화면을 그린다. 실선의 경우에만 실제 전자빔이 켜져 화면에 그림을 그리고 점선일 때는 전자빔이 꺼져 있는 상태이다. TV가 되었던 디지털 모니터가 되었던 아날로그 모니터가 되었던 브라운관을 사용하는 디스플레이 장치는 모두 이와 같은 원리로 화면을 그린다.

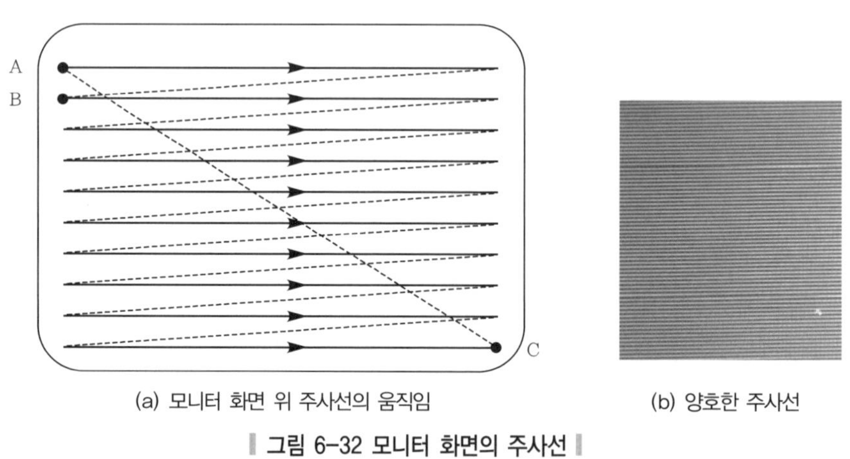

(a) 모니터 화면 위 주사선의 움직임　　　　(b) 양호한 주사선

그림 6-32 모니터 화면의 주사선

1초 동안에 좌우로 긋는 주사선의 개수를 수평 주파수, 1초 동안에 한 화면을 스캔하는 개수를 수직 주파수라 한다. 또는 전자빔이 A점에서 출발해 다음 라인의 좌측 B점까지 도달하는데 걸리는 시간의 역수가 수평 주파수이며 전자빔이 A점에서 출발해 C점까지 도달한 뒤 다시 A점으로 돌아오는데 걸리는 시간의 역수가 수직 주파수이다. 수직

주파수는 Refresh rate라고도 하며 약 60Hz에서 85Hz, 크게는 160Hz까지도 가능하다.

전자빔이 형광 물질에 부딪히는 순간에만 짧은 시간 동안 빛이 난다. 다시 전자빔이 형광 물질을 때려주지 않으면 더 이상 빛이 나지 않는다. 전자빔은 단 하나이기 때문에 동시에 화면 전체를 빛나게 할 수 없다. 그럼에도 불구하고 사람 눈에는 화면 전체가 동시에 빛나는 것처럼 보인다. 이미 설명했듯이 사람 눈은 굉장히 빠른 변화를 제대로 구분하지 못한다. 굉장히 빠른 속도로 연속적으로 불을 껐다 켜면 계속 불이 켜진 것처럼 착각하게 된다. 따라서 화면 전체를 계속해서 켜줄 필요 없이 돌아가면서 부분적으로 켜주어도 전체가 다 켜진 것처럼 본다. 대신 껐다가 켜는 속도를 빨리 해야 한다. 그렇지 않으면 껐다 켜는 것을 느낄 수 있어 화면이 깜빡이게 된다. 1초 동안에 화면 위의 한 점을 전자빔이 껐다가 켜는 횟수가 수직 주파수이다. 따라서 수직 주파수가 높을수록 화면 번쩍임(flicker)이 적은 것이다. 보통 1초에 약 60번 정도 껐다 켜기를 반복하면 계속 켜진 것처럼 보인다.

수평 주파수는 수직 주파수와 수직 해상도의 곱에 비례하는데 그림이 그려지지 않는 영역까지도 스캔을 하기 때문에 실제 수직 주파수×수직 해상도보다는 약 5% 정도 더 크다. 수직 주파수가 60Hz이고 수직 해상도가 480라인 정도 되면 60Hz×480=28.8kHz보다 좀 더 큰 31.5kHz의 수평 주파수를 가진다.

과거에는 모니터의 수직 주파수가 고정되어 있었으며 그에 따라 사용 가능한 그래픽 카드도 한정되었다. 하지만 수직 주파수가 50Hz에서 약 100Hz까지 자유롭게 가변 가능한 멀티싱크 모니터(Multi-sync monitor)가 등장하면서 사용 가능한 그래픽 카드의 제약이 없어졌다.

흑백 TV나 흑백 모니터의 경우 하나의 전자총을 사용하며 브라운관에 발라진 형광 물질의 종류도 하나이다. 흑백 모니터 중에는 흰색 뿐만 아니라 비록 한가지 색이지만 녹색, 오렌지색 등 여러 가지 색의 모니터가 있다. 그래서 흑백 모니터라는 말보다는 단색 모니터(monochrome monitor)라는 말이 더 맞는 것 같다. 이와 같이 여러 가지 색의 모니터가 가능한 것은 형광 물질이 발광색과 발광 시간에 따라 수천 종이 있기 때문이다. 그렇다면 서로 다른 색을 내는 여러 가지 형광 물질을 브라운관에 입히면 컬러 모니터도 가능할 것이다. 하지만 수많은 색을 표현하기 위해 수천 가지의 서로 다른 형광 물질을 입힌다는 것은 불가능하다. 그래서 빛의 3원색 원리를 이용하여 단 3가지 형광 물질로 모든 색을 표현한다. 빨강(Red), 초록(Green), 파랑(Blue) 이 세 가지 색을 조합하면 모든 색을 다 표현할 수 있다는 것이 빛의 3원색 원리이다. 예를 들어 빨간빛과 초록빛을 겹치면 노란빛으로 보이고 빨간빛과 파란빛을 겹치면 보랏빛이 나게 된다. 세 가지 빛을 모두 겹치면 하얀 빛이 된다. 검은색은 어떻게 표현할까? 불을 끄면 깜깜해지듯이 R,G,B 세 빛을 모두 꺼버리면 검은색이 되는 것이다. 브라운관을 어둡게 만드는 이유 중에 하나가 검은색을 제대로 표현하기 위해서이다. 각 색의 밝기는 전자빔의 세기로 조절할 수 있다.

컬러 모니터는 [그림 6-33]과 같이 브라운관 면 뒤에 빨강, 초록, 파랑의 세 가지 빛을 내는 형광 물질을 점 또는 줄 형태로 발라 놓았다. 그리고 단색 모니터와 달리 3개의 전자총이 있어서 각각의 전자총이 서로 다른 형광 물질을 때리게 되어 있다. 각각의 전자총이 만들어내는 전자빔의 세기에 따라 여러 가지 색이 만들어지는 것이다. 3가지 형광 물질은 겹쳐져 있지 않고 서로 일정 거리 간격으로 떨어져 있다. 브라운관 표면을 크게 확대해서 보면 3색이 분리되어 빛을 내는 것을 볼 수 있다. 그러나 형광 물질 한 점의 크기가 매우 작기 때문에 사람 눈에는 겹쳐져서 빛을 내는 것처럼 보인다. 서로 인접한 같은 색을 내는 형광 물질 사이 거리를 보통 도트 피치라고 한다. 도트 피치가 작을수록 표현 가능한 해상도가 높아진다.

형광 물질이 발라진 면 바로 앞에는 쉐도우 마스크(Shadow mask)라는 철망이 놓여 있다. 전자빔이 발광 물질 위에 닿을 때 최대한 작은 점의 형태가 되어야 해상도를 높일 수 있다. 전자총에서 전자빔을 집속해 최대한 작은 점이 되도록 만들지만 한계가 있다. 보통 전자빔의 단면적은 하나의 형광 물질 크기보다 크다. 그래서 전자빔이 원하지 않는 다른 색의 형광 물질까지 때릴 수 있다. 이것을 막기 위해 쉐도우 마스크를 사용하는 것이다.

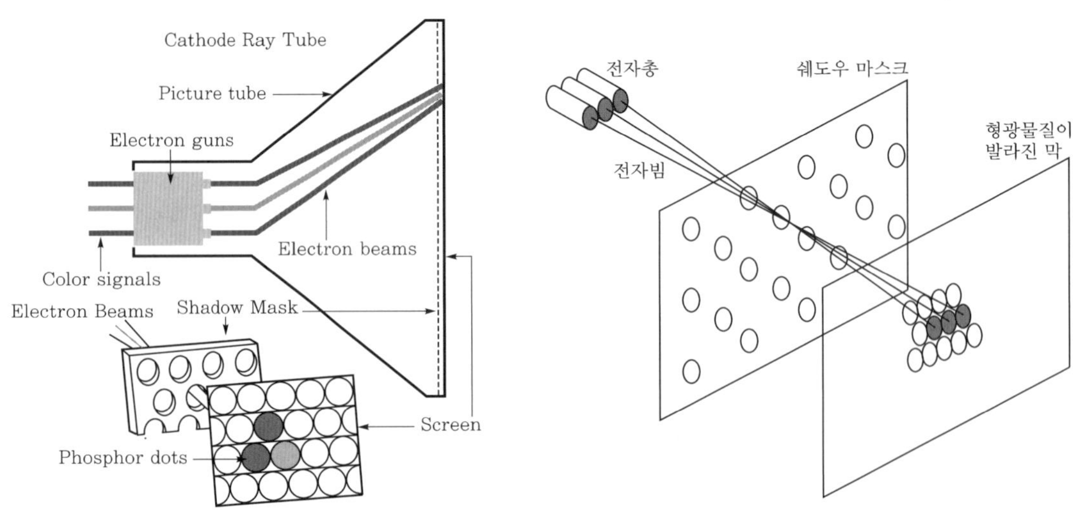

그림 6-33 컬러모니터의 구조

2 LCD(Liquid Crystal Display)

LCD란 Liquid Crystal Display의 약자로 우리 말로는 '액정 디스플레이'이다. 액정은 액체와 고체의 성질을 모두 가지고 있는 유기 화합물이다. 액체에서는 분자들이 불규칙적으로 배열되어 있고 결정(crystal)과 같은 고체에서는 분자들이 어느 한 방향으로 일정하게 배열되어 있다. 액정은 액체처럼 보이지만 고체처럼 분자들이 일정 방향으로 배열될 수 있을 뿐만 아니라 분자의 배열 방향을 자유롭게 바꿀 수가 있다.

LCD는 핵심은 화면을 표현하는 소자인 액정(Liquid crystal: 液晶)이다. 수많은 액정을 규칙적으로 배열한 패널을 전면에 배치한 뒤, 그 뒤쪽에 위치한 백라이트(back light: 후방 조명)가 빛을 가하도록 한다. 각 액정 소자는 외부에서 가해진 전기 신호에 따라 내부적인 분자의 배열이 변화하며 각각 일정한 패턴의 방향성을 띄게 된다. 이에 따라 백라이트에서 전해진 빛은 각각의 액정을 통과하면서 각기 다른 패턴으로 굴절하며, 이 빛이 액정 패널 앞에 있는 컬러 필터와 편광 필터를 통과하면 굴절 패턴에 따라 각기 다른 색상과 밝기를 띤 하나의 화소(pixel: 화면을 구성하는 하나의 점)가 되므로 이들이 모여 전체 화면을 구성하게 된다. 물론, 위와 달리 백라이트 없이 외부의 빛에 의존하는 경우도 있으며, 흑백 화면만 표시하는 경우도 있는 등, 제조사나 제품에 따라 세부 구조에 차이가 나기도 한다.

LCD의 개발은 전자공학이 아닌 생물학에서 시작되었다. 1888년, 오스트리아의 식물학자인 프리드리히 라이니처(Friedrich Reinitzer, 1857~1927)가 콜레스테롤 화합물을 가열하는 실험을 하다가 특정 물질이 2단계의 녹는점을 가진다는 사실을 발견했다. 이 물질은 첫 번째 녹는점에서는 액체에 가까우면서도 결정(고체)과 같이 일정한 방향성을 가지고 빛을 굴절시켜 불투명한 상태가 되었다가 두 번째 녹는점에서는 완전히 투명해지는 현상을 발견한 것이다.

이 물질에 흥미를 가지게 된 독일의 물리학자인 오토 레만(Otto Lehmann, 1855~1922)은 연구를 계속하여 액체와 결정의 성질을 동시에 가진 물질이 존재한다는 것을 증명하고, 1904년에 논문을 발표하면서 이 상태에 '액정'이라는 이름을 붙였다. 레만의 논문이 발표된 이후, 많은 학자들이 관심을 두고 연구한 결과, 여러 종류의 액정 물질이 개발되었다. 다만, 발견 당시의 액정은 별다른 응용 방법을 찾을 수 없어 한동안 일부 과학자들의 연구 대상에 머무르는 데 그쳤다.

하지만 1927년에 러시아의 물리학자인 브세볼로드 프레데릭스(Vsevolod Frederiks, 1885~1944)가 전기장을 이용해 액정의 분자 배열을 변화시킬 수 있다는 것을 발견, 액정의 응용 가능성에 대한 가능성을 제시했으며, 1962년에는 미국 RCA사의 연구원인 리처드 윌리엄스(Richard Williams)가 액정 물질을 얇게 바른 패널에 전기적 자극을 가하면 광학적인 효과를 볼 수 있다는 내용의 특허를 출원, LCD의 본격적인 개발이 시작된다.

그리고 1964년, RCA의 조지 H. 헤일마이어(George H. Heilmeier, 1936~)가 리처드 윌리엄스의 원리를 응용, 실제로 액정을 이용한 흑백 표시의 전환이 가능하다는 것을 증명했으며, 1968년에는 세계 최초의 LCD를 시험 제작했다. 그리고 1973년부터는 LCD를 실제로 이용한 시계 및 전자 계산기가 본격적으로 출시되기 시작하여 전세계적인 붐을 일으켰다. 그리고 1983년에 일본의 세이코 엡손(Seiko Epson)사가 세계 최초의 컬러 LCD TV를 발표한 이후, LCD는 TV나 모니터에도 본격적으로 탑재되기 시작했다.

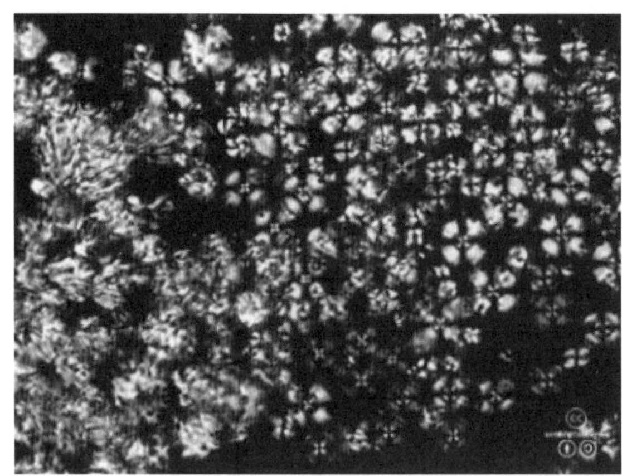

그림 6-34 현미경으로 관찰한 액정의 모습〈출처:(CC)Polimerek at Wikipedia.org〉

[그림 6-35]는 LCD 패널의 구조이다. 액정은 배향막(alignment film)이라 불리우는 얇은 필름과 투명 전극 사이에 놓여 있고 아래 위에 편광 필터가 놓여 있다. 컬러 LCD 의 경우 R, G, B 빛의 3원색을 표현하기 위해 3가지 색의 컬러 필터가 삽입되어 있다.

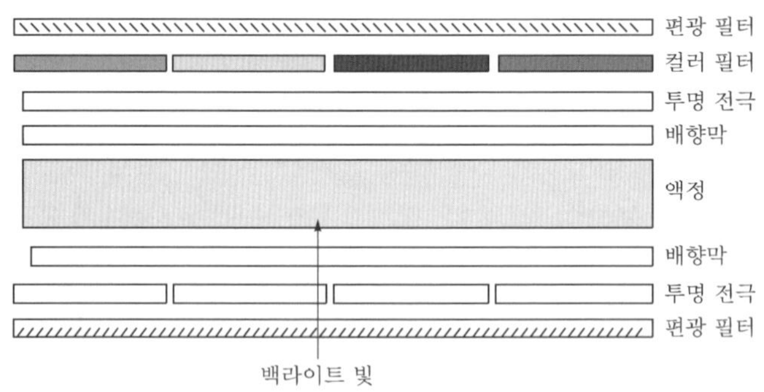

그림 6-35 컬러 LCD의 구조

액정은 스스로 빛을 내지 못하기 때문에 LCD 패널 뒤에 백색광을 내는 백라이트 (back light)가 있다. 백라이트는 일종의 형광등이라 볼 수 있다. 백라이트에서 나온 백 색광이 컬러 필터를 통과하면서 빨강, 초록, 파랑의 3원색으로 분리된다. 두 편광 필터 사이의 액정에 적당한 전압을 가하면 투과되는 빛의 세기를 조절할 수 있기 때문에 빨 강, 초록, 파란색의 세기를 마음대로 조절할 수 있으며 원하는 색의 조합을 만들어 낼 수가 있다.

빛은 전자기파의 일종으로 전기장과 자기장이 진행 방향에 대해 수직하게 진동하면서 진행하는 파동(wave)이다. 이와 같이 빛이 일정 방향으로 진동하며 진행하는 성질을 편 광(polarization)이라고 한다. 보통의 빛은 편광 방향이 매우 불규칙하고 시간과 공간에 따라 변하게 된다. 백라이트의 빛도 마찬가지이다. 편광 필터는 편광 필터가 가진 편광

축과 평행한 빛만 투과하는 성질이 있다. 따라서 편광 방향이 불규칙한 빛이 편광 필터를 통과하면 편광축과 평행한 성분만 투과하고 나머지는 통과하지 못한다. 만일 두 개의 편광 필터를 편광축이 서로 수직하게 놓으면 어떠한 빛이라도 두 개의 편광 필터를 모두 투과하지 못한다. 첫번째 편광 필터를 투과한 빛의 편광 방향이 두 번째 편광 필터의 편광축과 항상 90도로 놓여지기 때문이다. LCD 패널의 두 편광 필터들은 편광축이 서로 90도로 놓여져 있다. 만일 편광 필터 사이에 액정이 없다면 백라이트의 빛은 두 개의 편광 필터를 전혀 통과하지 못해 까맣게 보일 것이다. 하지만 액정 때문에 백라이트의 빛이 두 편광 필터를 투과할 수 있다.

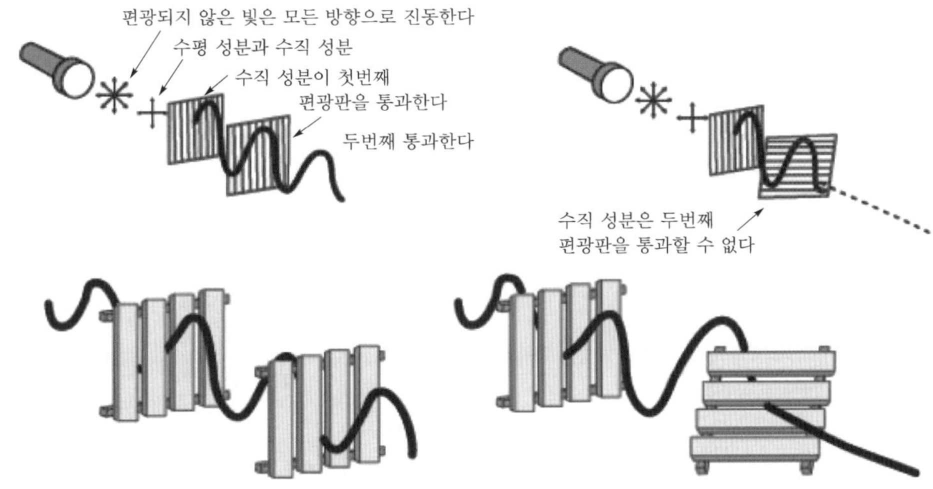

그림 6-36 서로 수직한 편광 필터는 빛을 투과하지 못한다

액정의 분자들은 배향막과 나란하게 놓이려는 성질이 있기 때문에 아래 위 두 배향막의 축 방향을 서로 수직하게 해 놓으면 [그림 6-37]과 같이 액정의 분자들의 배열이 꼬이게 된다. 편광 필터를 투과한 편광이 꼬인 액정을 통과하면 꼬인 정도에 따라 편광 방향이 틀어지게 된다. 그래서 두 번째 배향막을 통과할 때에는 완전히 90도로 틀어져 두 번째 편광 필터의 편광축과 나란하게 된다. 그래서 두 번째 편광 필터를 무사히 통과할 수 있는 것이다. 그런데 액정 사이에 일정한 전압이 걸리면 액정 분자들이 전압 방향에 나란하게 배열되면서 꼬인 구조가 풀리게 된다. 그러면 편광 방향이 틀어지지 않게 되어 두 번째 편광 필터를 통과하지 못하게 되는 것이다. 따라서 전압이 걸리지 않으면 백라이트 빛이 투과하여 밝아지고 전압을 걸면 빛이 투과하지 못해 어두워진다. 액정 사이에 걸리는 전압에 따라 꼬임이 풀리는 정도가 달라지기 때문에 적절하게 전압을 조절하면 투과율을 단계적으로 조절할 수 있다. 컬러를 표현하고 싶으면 브라운관의 경우와 마찬가지로 빛의 3원색을 이용하면 된다. 즉, 두 번째 편광 필터 밑에 빨강, 초록, 파랑 필터

를 두면 3가지 색의 빛을 단계적으로 조절할 수 있어 임의의 색을 표현할 수 있다. 보통 각 색깔마다 256단계로 휘도를 조절할 수 있다. 따라서 표현 가능한 색의 수는 빨강(256)×초록(256)×파랑(256)=16,777,216가지로 사람이 구분 가능한 색은 모두 다 표현할 수 있다.

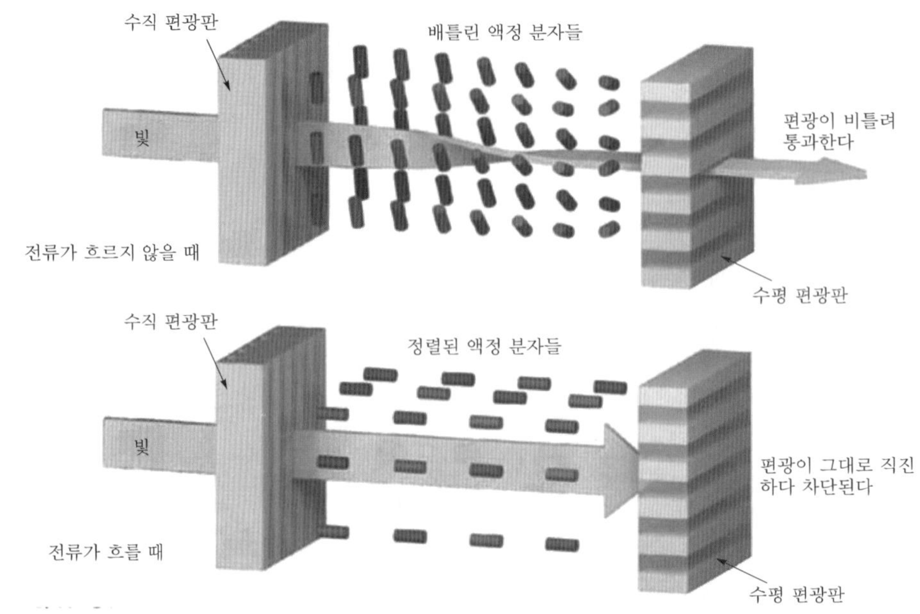

| 그림 6-37 LCD의 동작 원리 |

브라운관 면 뒤에 R,G,B 3가지 빛을 내는 형광 물질이 번갈아 가면서 발라져 있듯이 LCD 패널도 R,G,B 3가지 빛을 내는 액정 셀이 번갈아 가면서 배열되어 있다. 각각의 셀을 구동하는 방식에 따라 여러 가지 LCD 장치가 있는데 대표적인 것이 TN LCD, STN LCD, TFT LCD이다. TN(Twisted Nematics) LCD와 STN(Super Twisted Nematics) LCD는 수동 매트릭스(Passive matrix) 방식이고 TFT LCD는 능동 매트릭스(Active matrix) 방식이다. TN LCD와 TFT LCD는 지금까지 설명한 것처럼 보통 상태에서 액정의 분자가 90° 꼬여있고 STN LCD는 180°~270° 꼬여 있다.

LCD는 구동 방식에 따라 수동형과 능동형으로 구분된다.

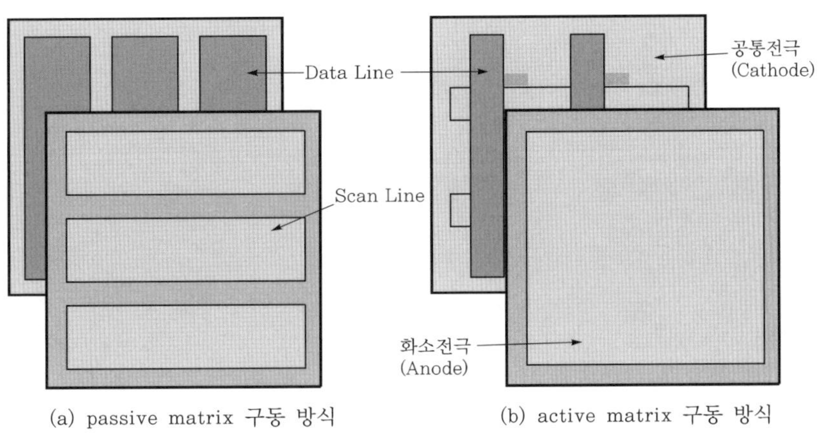

▌ 그림 6-38 구동 방식에 따른 LCD의 구분 ▌

　수동형(passive matrix) 방식은 액정이 배열된 패널의 가로축과 세로축에 전압을 가해 그 교차점에 있는 액정을 구동시키는 방법으로 화면을 구성한다. 수동형 LCD에는 각 소자별로 270도까지 선회가 가능한 STN(Super Twisted Nematic) 방식의 액정을 사용하는 경우가 일반적이다. 구조가 단순해서 생산성이 높고 생산 단가도 싼 것이 장점이지만 화질이 낮고, 응답 속도도 느려서 빠르게 움직이는 영상을 표시할 때 잔상이 심하게 발생하는 것이 단점이다. 전자계산기나 시계와 같은 소형 제품에 주로 쓰인다.

　능동형(active matrix) 방식은 독립적으로 제어가 가능한 액정을 배열하는 방식으로 화면을 구성한다. 대표적인 능동형 LCD는 각 화소를 박막 트랜지스터로 제어하는 TFT(Thin Film Transistor) 방식이다. 수동형 LCD에 비해 한층 높은 화질을 구현할 수 있으며 응답속도가 빨라서 움직이는 화면을 표시할 때의 잔상도 적다. 다만, 구조가 복잡한 편이라 생산단가가 높은 편이다. 시중에 쓰이는 절대 다수의 LCD TV나 모니터가 바로 능동형, 그 중에서도 TFT 방식이다. TFT LCD는 패널의 액정 배열 방식에 따라 다시 몇 가지로 구분이 된다. 디스플레이 패널은 크게 TN 방식, VA 방식, IPS 방식으로 나뉜다. 노트북이나 모니터, TV 등에 장착되는 TFT-LCD라는 점은 동일하지만 구동 방식에 차이가 있기 때문에 명칭도 다르다. TN 패널이 가장 먼저 개발된 방식이고, VA 패널과 IPS 패널은 TN 패널을 보완하기 위해 성능을 개선한 방식이다.

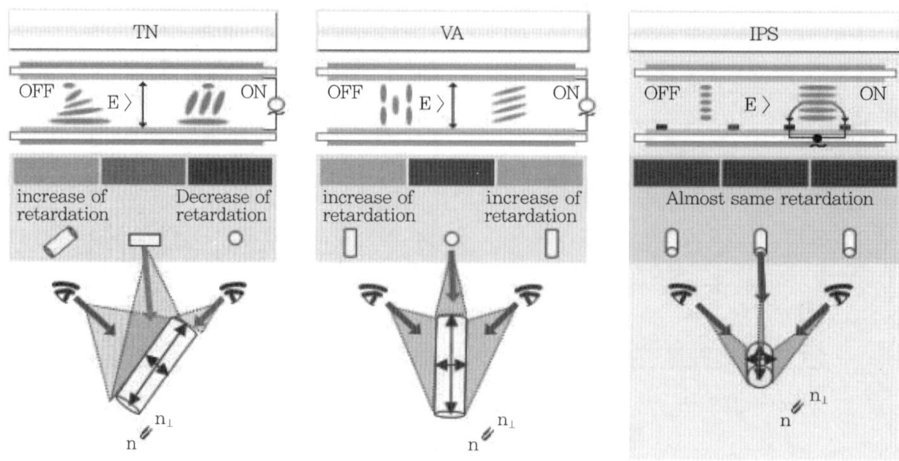

┃ 그림 6-39 TFT LCD의 구동 방식 ┃

① TN(Twisted Nematic) 방식 TFT 패널

평소에 수평 방향을 향하고 있는 액정 입자가 전압이 들어오면 수직으로 방향이 전환되며 화면을 표시한다. 가장 오래되었고 또 많이 쓰이는 TFT-LCD 방식이다. 반응 속도가 빨라서 잔상이 적다. 상대적으로 생산 단가도 낮고 전력 소비도 적다. 다만, 색상 표현 능력이 떨어지는 편이고 시야각이 좁아서 좌우나 상하 방향에서 보면 화면이 왜곡된다. 보급형 TV나 모니터에 주로 쓰인다.

② IPS(In Plane Switching) 방식 TFT 패널

수평 방향의 액정 입자를 옆으로 회전시키며 화면을 표시한다. TN 방식의 단점을 개량한 것으로 색상 표현력이 높고 다양한 각도에서 보더라도 화면 왜곡이 적은 것이 최대의 장점이다. 시야각이 넓다고 하여 광시야각 패널로 불린다. 다만, TN 방식에 비해 화면 응답 속도가 늦은 편이며 전력 소비가 많고 생산 단가도 높은 것이 단점이다. 주로 디자이너와 같은 전문가용 디스플레이 기기에 많이 쓰인다.

③ VA(Vertical Alignment) 방식 TFT 패널

평소에 수직을 향하고 있는 액정 입자가 수평으로 방향이 전환되며 화면을 표시한다. IPS와 함께 광시야각 LCD 패널 시장을 양분하고 있는 방식이다. 색상 표현 능력은 TN과 IPS의 중간 정도 수준이며, 응답 속도는 느린 편이지만 화면의 밝은 부분과 어두운 부분을 구분하는 명암비가 우수해 사진 감상에 유리하다. 가격도 TN과 IPS의 중간 정도다.

초기의 LCD는 CCFL(Cold Cathode Fluorescent Lamp: 냉음극 형광램프) 방식의 백라이트를 사용했다. CCFL은 생산 단가가 낮은 장점이 있는 반면, 수명이 짧고 소비 전력이 높은 것이 단점이다. 하지만 2010년을 즈음에 LED(Light Emitting Diode: 발광다이오드) 방식의 백라이트를 탑재한 LCD가 본격적으로 보급되기 시작했다. LED 백라

이트는 수명이 길고 소비 전력이 낮으며 화면 전체에 균일한 빛을 뿌려 줄 수 있어 주로 고급형 디스플레이 기기에 탑재된다.

참고로, 시중에서 'LED TV'라는 이름으로 판매되고 있는 제품들은 기존 LCD에서 백라이트만 LED로 바꾼 것이다. 이는 'LED 백라이트의 LCD TV'라고 표기하는 것이 정확하며, 차세대 디스플레이인 OLED와는 다른 것이다.

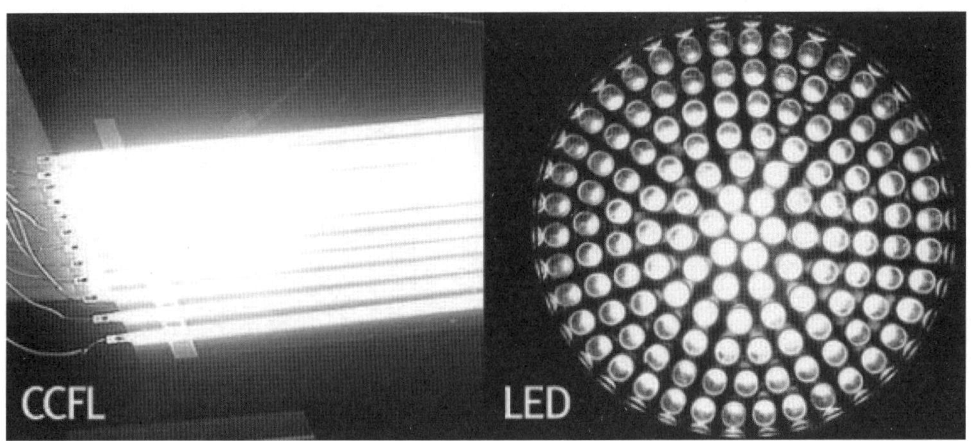

▌그림 6-40 LED 백라이트 종류에 따른 분류 ▌

Chapter 07
전기요금의 체계와 에너지 절약

01 전력과 전력량

(1) 전력(3.2절 상세 내용 참조)

- 일반적으로 1초 간에 하는 작업을 일의 능률이라고 하듯이 전류가 1초 간에 하는 일 즉, 전류의 작업 능률을 전력이라고 한다.
- 전력 : 전압에 전류를 곱한 값
  전력[W] = 전압[V] × 전류[A]
- 전력의 단위 : 와트[W](Watt)
  - 전기의 에너지가 1초 간에 하는 일의 양
  - 1W=1V의 전압에서 1A의 전류가 1초 동안 할 수 있는 일의 양
- 가정에서 사용되는 전기제품에는 빠짐없이 소비전력이 얼마라고 적혀 있는데 이 것은 이 기기를 쓰면 얼마만한 전기를 소비하는가를 보여주는 일종의 참고서

(2) 전력량

- 실제로 전기가 얼마만큼의 일을 했는가를 나타내는 척도
- 전력량 ; 전력(1초 간에 하는 일)에 그것을 사용한 시간을 곱한 것.
  전력량[Wh] = 전력[W] × 시간[h]
- 전력량의 단위 : 와트시[Wh](Watt·hour), 보통은 킬로와트시[kWh]를 사용
  - 이것은 1킬로와트의 전력을 1시간 사용했을 때의 전력량을 의미
  - 1W=1V의 전압에서 1A의 전류가 1초 동안 할 수 있는 일의 양

(3) 전력과 전력량과의 관계

- 전력(P; power) : 단위 시간 동안에 전류가 한 일 또는 1초 동안에 공급된 전기에너지(전기에너지의 일률)

$$P = \frac{W}{t} = VI = I^2R = \frac{V^2}{R} \text{ [W]} \quad\cdots\cdots(7.1)$$

- 전력량(W; watt) : 임의의 시간 동안에 전류가 한 일 또는 사용한 전기에너지의 총량

$$W = Pt = VIt = I^2Rt = \frac{V^2}{R}t\,[J] \quad \cdots\cdots\cdots(7.2)$$

※단위 : 1kWh＝1kW×1h＝1,000W×3,600s＝3,600,000W·s
         ＝3,600,000J＝3,600,000×0.24＝864,000cal＝864kcal

(4) 가정에서 사용되는 전기기기의 전력

표 7-1 가정용 전기기기의 사용 전력(일례)

기기명	용량(W)	사용 시간	전력량[kWh]
칼라TV(16인치:구형)	55	5시간×30일＝150h	8.3
선풍기(14인치:Fan 크기)	55	5시간×30일＝150h	8.3
전기다리미	600	30분×30일＝15h	9
보온밥통	40	10시간×30일＝300h	12
전기밥솥(5인용)	500	2시간×30일＝60h	30
냉장고(200l)	100	10시간×30일＝300h	30
믹서(800cc)	250	30분×30일＝15h	3.8
커피포트	500	20분×30일＝10h	5
전기세탁기(1.5kg)	130	20분×30일＝10h	1.3
전기청소기	500	20분×30일＝10h	5
토스트기	800	20분×30일＝10h	8
에어컨	1,300	6시간×30일＝180h	234
전기난로	850	4시간×30일＝120h	102
전기장판	150	12시간×30일＝360h	54
가스배출기	8	24시간×30일＝720h	5.7
백열등	60	5시간×30일＝150h	9
형광등	24	5시간×30일＝150h	3.6
가습기	42	10시간×30일＝300h	12
계(참고)			541kWh(참고)

 **우리나라의 주요 전기요금제도**

(출처: 한국전력공사, 2013년 1월 14일 적용기준)

- 용도별 차등요금제
- 2부요금제
- 7~9월분 최대수요전력 연동 기본요금 부과
- 계절별,시간대별 차등요금제
- 부하율별 선택요금제
- 주택용전력 요금 누진제
- 아파트 전기요금제도
- 주택용 복지할인 요금제
- 대가족·생명유지장치 요금제

(1) 용도별 차등요금제

현행 우리나라의 전기요금체계는 전기를 사용하는 용도에 따라 주택용, 일반용, 산업용, 교육용, 농사용, 가로등의 6가지 종별로 구분하여 운영하고 있으며, 종별 전기공급비용, 에너지 정책 등 여러 가지 요인이 반영되어 종별간 요금수준에 차이가 있다.

이는 부하형태가 유사한 소비부문으로 구분된 용도별 전기사용패턴에 따라 종별 전기공급비용의 차이가 발생되며, 전기요금이 저소득층·농어민 보호, 에너지 절약, 산업경쟁력 제고 등 국가의 각종 정책 요인을 반영하고 있기 때문이다. 예를 들면, 산업용의 경우 전력 손실이 적은 특고압(공급전압 154kV 이상)으로 공급받는 고객의 비중이 높으며, 공급원가가 낮은 심야시간대의 사용량이 많은 등 부하율이 좋은 특성으로 타 종별에 비해 전기공급비용이 낮은 점이 상대적으로 저렴한 요금이 적용되고 있는 요인이다.

또한, 소비부문의 에너지 절약을 유도하기 위해 주택용과 일반용에 대하여는 상대적으로 높은 요금을 적용하고, 산업경쟁력 향상 및 농·어민 보호를 위해 산업용과 농사용에 대해서는 낮은 요금을 적용하는 등 국가 정책적 요인이 반영되어 종별간 요금수준에 차이가 발생하게 되도록 되어있다. 특히, 주택용 요금은 에너지 소비 절약을 유도하고 동시에 저소득층을 보호하기 위해 사용량이 증가함에 따라 순차적으로 높은 단가가 적용되는 누진제를 적용하고 있으며, '74년 1차 석유파동 이후 도입된 이래 현재는 6단계의 구조로 되어 있다.

① 용도별 전기요금체계

표 7-2 계약종별 전기 사용 용도

계약종별	전기 사용 용도
주택용	− 주거용 고객 − 계약전력 3kW 이하의 고객 − 독신자합숙소(기숙사 포함)나 집단주거용 사회복지시설로서 고객이 주택용 전력의 적용을 희망할 경우

교육용	– 유아교육법, 초·중등교육법, 고등교육법에 따른 학교(부속병원 제외) – 평생교육법에 따른 학력인정 평생교육시설 – 영유아보육법에 따른 영유아보육시설 – 도서관 및 독서진흥법에 따른 도서관 – 박물관 및 미술관진흥법에 따른 박물관·미술관 – 과학관육성법에 따른 과학관
산업용	– 한국표준산업분류상 광업, 제조업 고객 – 산업용전력 적용대상 기타사업 고객
농사용	– 양곡생산을 위한 양수, 배수펌프 및 수문조작 – 농사용 육묘 또는 전조 재배 – 농작물재배, 축산, 양잠, 수산물양식업 고객 – 농수산물 생산자의 농수산물 건조시설, 농작물 저온보관 시설, 수산업 협동 조합 또는 어촌계가 단독 소유, 운영하는 수산물 제빙·냉동시설 – 농작물재배·축산·양잠·수산물양식업 고객의 해충 구제 및 유인용 전등
가로등	– 일반 공중의 편익을 위한 도로·교량·공원 등의 조명용 전등이나 교통신호등, 도로표시등, 해공로표시등 및 이에 준하는 전등 – 문화재, 기념탑, 분수대 등 공공시설에 설치된 경관조명시설
일반용	– 상기 요금종별 이외의 고객

② 용도별 판매 현황(2011년)

표 7-3 용도별 판매 현황과 판매 단가

구분	호수(천호)	판매량 (백만 kWh)	구성비(%)	판매 수익 (억 원)	구성비(%)	판매 단가 (원/kWh)
주택용	13,181	63,523	14.0	76,219	18.8	119.90
일반용	2,711	99,504	21.9	101,188	24.9	101.69
교육용	35	7,568	1.7	7,128	1.8	94.18
산업용	358	251,491	55.3	204,283	50.3	81.23
농사용	1,336	11,232	2.5	4,799	1.2	42.72
가로등	1,272	3,145	0.7	2,742	0.7	87.18
종합	19,815	455,070	100	406,471	100	89.32

(2) 2부 요금제(기본요금+전력사용량)

2부 요금제는 설비용량을 기초로 산정하는 기본요금과 전력사용량에 따라 산정하는 전력량요금을 조합하여 전기요금을 책정하는 방식으로 1892년 영국의 존 홉킨슨(John Hopkinson)에 의해 제시되어 오늘날 대부분의 국가에서 널리 채택하고 있는 요금제도이다.

이중 기본요금은 전력공급설비 투자에 따른 감가상각비, 지급이자 등 고정비에 해당하는 요금이며, 전력량요금은 전기의 사용량에 따라 발생되는 연료비 등의 변동비를 회수하기 위한 요금이다. 전력공급원가는 발전소, 송전선로, 변전소, 변전선로 등의 시설비로 구성된 고정비와 연료비 등 생산량에 관계된 변동비로 구분되며, 이러한 체계에 대하여 설비용량(kW)에 비례하는 기본요금과 전력사용량(kWh)에 비례하는 전력량요금으로 구성된 2부 요금제는 전력공급 원가구조에 관련된 요금제도라 할 수 있다.

또한, 기본요금은 설비용량을 기초로 산정하므로 전력사용량과 관계없이 계약전력 또는 최대수요전력을 기준으로 부과되며, 최대수요전력계 설치 고객의 경우 검침 당월을 포함한 직전 12개월 중 7~9월분 및 당월분 중 가장 큰 최대수요전력으로 연간 기본요금을 연동 적용함으로써 고객의 자발적인 전력수요관리 유인을 제공하고 있다.

한편, 2부 요금제는 전기사용시간이 적은 고객의 경우 기본요금에, 반대로 전기사용시간이 많은 고객의 경우 전력량요금에 불만을 가지게 되는 경향이 있으므로, 전기사용시간의 長短(부하율)에 따라 기본요금 및 전력량요금의 상대적 크기를 달리하여 고객에게 유리한 요금메뉴를 선택토록 하는 부하율별 선택 요금제도를 시행하고 있다.

- 기본요금 : 전력공급설비 투자에 따른 고정비(감가상각비, 지급이자 등) 회수 및 적정 설비 가용성 유지를 위해 최대전력수요, 부하율 등을 고려하여 결정
- 전력량요금 : 전기의 사용량에 따라 발생하는 변동비(연료비 등) 회수

(3) 7~9월분 최대수요전력과 연동되는 기본요금 부과

① 기본요금 산정법 : 검침 당월을 포함한 직전 12개월 중 7~9월분 및 당월분 중 가장 큰 최대수요전력으로 연간 기본요금을 연동 적용한다.

- 이는 하계에 연간 최대수요가 발생하고 전력 설비에 대한 투자는 최대전력수요를 기준으로 이루어진다.
- 전력수요가 집중되는 7~9월의 최대수요전력을 연간 기본요금에 연동하여 적용함으로써 비용발생자부담원칙에 충실함은 물론 고객의 전력수요관리 유인을 제공하기 위한 것이다.
- 참고로, 미국, 일본의 경우에도 검침 당월을 포함한 직전 12개월 중 가장 큰 최대수요전력으로 연간 기본요금을 연동 적용하고 있다(Duke Power, 동경전력 등).

② 최대수요전력 연동에 대한 산정 방법 변천 내용

▌ 표 7-4 최대수요전력의 산정 방법 변천 과정 ▌

구분	산정 방법	비고
'72.10 ~ '91. 9	직전 3개월의 최대수요전력	–
'91.10 ~ '97. 6	직전 12개월 중의 최대수요전력	최대수요의 높은 증가세에 따른 수요관리 강화
'97. 7 ~	직전 12개월 중 7~9월분 및 당월분 중 가장 큰 최대수요전력	– 하계 전력수요 관리 – 고객 부담 완화

③ 산정 방법 변경 전의 문제점 : 부하율이 낮은 고객의 발생비용의 일부가 부하율이 높은 고객에게 전가되어 비용 발생자 부담원칙에 어긋나는 결과를 초래했다.

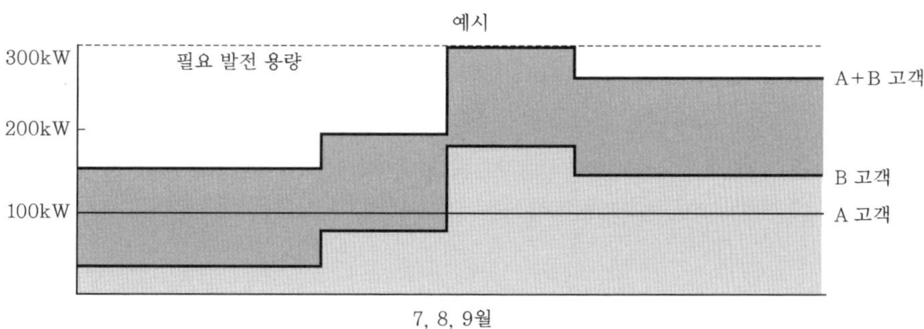

┃ 그림 7-1 A, B 고객의 평균전력 사용량 비교 그래프 ┃

- [그림 7-1]과 같이 A, B 고객의 평균전력 사용량은 각각 100kW로 동일하나, 최대수요전력은 300kW로 A고객 Peak는 100kW, B고객 Peak는 200kW를 차지하고 있다.

- 따라서 전력공급설비 투자는 최대수요전력(300kW)을 기준으로 하여야 하므로 원인 유발자 비용 부담 원칙에 따라 A고객은 최대수요전력 100kW, B고객은 200kW에 대한 전력공급설비 투자비를 부담하여야 하나, 당월 Peak(평균전력)기준으로 기본요금 결정시 월평균전력이 100kW로 A, B 모두 동일하므로 전기요금을 50%씩 분담하게 되어 7~9월 최대수요전력이 200kW인 B고객은 150kW, 최대수요전력이 100kW인 A고객도 150kW 투자비에 대한 부담을 하게 된다.

- 그리하여 비용 발생자 부담 원칙과 달리 A고객은 50kW 많이, B고객은 50kW 적게 부담한다.

- 따라서 비효율적 전력사용으로 인한 투자비 증가 및 전기요금 인상요인 발생함. 즉 당월 최대수요전력으로 기본요금 적용 시 하계 전력수요관리의 유인이 줄어들어 연간 최대전력 상승 및 투자비 증가가 불가피하므로 투자비 상승에 따른 전력공급비용 증가로 전기요금 인상요인이 발생된다.

④ 7~9월분 최대수요전력과 연동되는 기본요금을 부과하는 이유?

결국 당월분 최대수요전력에 의한 기본요금 적용시 비용발생자 부담원칙과 달리 부하율이 낮은 고객의 발생비용의 일부가 부하율이 높은 고객으로 전가되어 오히려 많은 고객에게 불합리한 것이며, 투자비 증가에 따른 전력공급비용 상승으로 전기요금 인상 요인이 발생하는 등 많은 문제점이 예상된다. 우리나라는 하계에 연간 최대전력수요를 기준으로 이루어지므로, 7~9월분 최대수요 전력으로 연간 기본요금을 연동 적용하는 것은 비용발생자 부담원칙에 충실함은 물론 전력수요관리를 통한 전기공급비용 절감이 결국 공공의 이익이 되는 것이다.

⑤(참고) 이를 해결하는 기기 : 최대수요전력제어기기(Demand controller)
- 전기요금을 상당히 줄이는 최대수요 전력 감시제어장치
- 기본요금 부과의 기준이 되는 최대수요전력(peak전력)을 사전에 미리 예측하여 목표치를 넘지 않도록 자동으로 부하를 제어하는 system
- Peak전력을 관리하는 Demand Controller
- Demand Controller는 15분 단위별로 나타나는 평균 전력 값을 미리 예측하여 사전에 설정한 목표치(Peak)를 넘지 않도록 자동 관리함으로서 기본요금 부과의 기준이 되는 Peak전력을 낮추어 기본요금을 낮추어 준다.

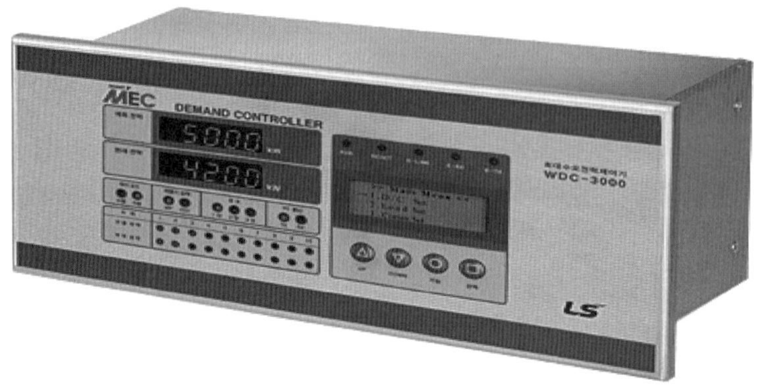

┃ 그림 7-2 최대수요전력제어기기(Demand controller)의 모습(출처 : LS산전) ┃

(4) 계절별 · 시간대별 차등요금제

계절별 · 시간대별 차등요금제는 기본적으로 계절 및 각 시간의 전력공급원가에 따라 요금을 다르게 부과하는 제도이다. 즉, 계절을 하계, 동계, 춘추계로 구분하고 하루 24시간을 몇 개의 시간대로 구분하여 각 계절 및 시 · 구간별로 요금을 차등하여 적용하는 것이다.

전기는 저장이 되지 않고 생산과 소비가 동시에 일어나므로 전력 회사는 전기를 가장 많이 소비할 때를 기준으로 발전소를 비롯한 전력 설비를 건설해야 한다. 이는 최대전력 수요가 증가할수록 신규투자비 증대에 따른 공급원가가 상승하는 것을 의미한다.

또한, 계절별 · 시간대별로 달라지는 전력수요를 충족하기 위해 연료비가 서로 다른 여러 유형의 발전소(원자력, 유연탄, LNG 등)를 적절하게 운영해야 한다. 전력수요가 낮을 때는 연료비가 저렴한 기저발전기(원자력, 유연탄발전소) 위주로 전력을 공급하고, 전력수요가 집중될 때는 연료비가 비싼 첨두발전기(유류, LNG발전소)의 비중이 높아지게 된다.

따라서, 전력수요 변동에 따라 매시간별로 공급원가는 달라지게 되며, 전기사용량이 집중될 때 연료비가 비싼 발전소의 가동률이 높아지게 되어 공급원가가 상승하는 것이다. 이러한 공급원가의 차이를 반영하여 계절별, 시간대별로 전기요금을 달리 설정하는 것이며, 전력수요가 집중되는 시기에 상대적으로 높은 요금을 적용하는 것이다.

우리나라의 전력소비구조를 살펴보면 계절별로는 여름철에 1년 중 가장 높은 전력수요를 나타내며, 하루를 기준하면 여름철에는 오후, 겨울철에는 저녁시간대에 전력수요가 높게 나타나고 있다. 이에 따라, 연중 최대수요가 발생하는 여름철과 하루 중 수요가 집중되는 최대부하시간대에 상대적으로 고율의 요금을 적용하여 설비 이용률을 높이고 합리적인 전기 사용을 유도하고 있는 것이다.

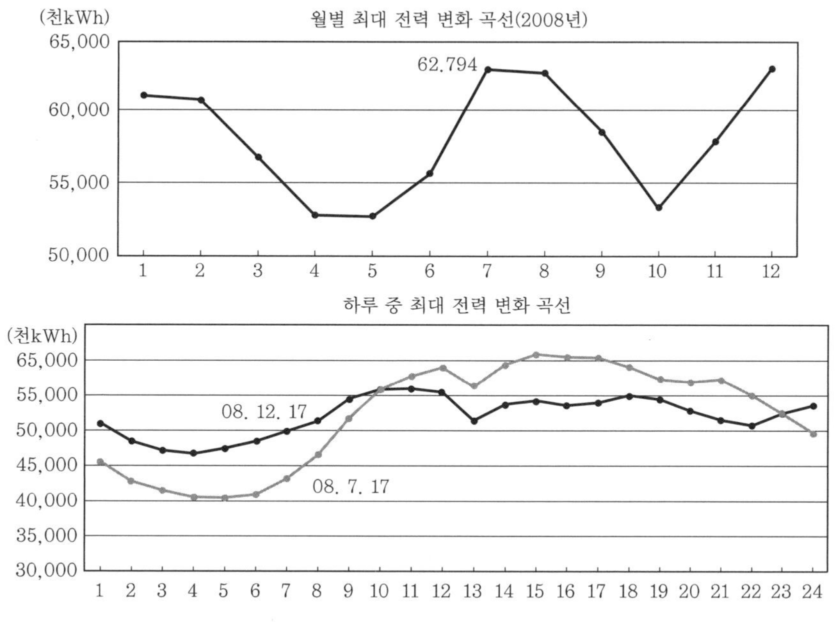

그림 7-3 계절별·시간대별 최대 전력

결국 계절별·시간대별 차등요금제는 공급자 입장에서는 부하율과 전력 설비 이용률 향상을 통해 신규투자비 등 원가를 절감할 수 있으며, 전력소비자 측면에서도 설비의 효율적 사용을 통해 전기요금 부담을 경감할 수 있고, 국가 전체적으로는 자원의 효율적 이용을 가능하게 한 것이다.

따라서, 계절별·시간대별 차등요금제는 고객과 전력 회사 모두에게 필요한 것이며, 우리나라뿐만 아니라 미국, 일본, 프랑스 등 선진 외국의 전력 회사에서도 시행하고 있다.

▶ 계절별 차등요금

┃ 표 7-5 계절별 차등요금의 비율 ┃

종별 구분	요금 비율			비고
	춘·추계 (3~6, 9~10월)	동계 (11~2월)	하계(7~8월)	
일반용(갑) 1,000kW 미만	1 : 1.1 : 1.5			'90.5 도입
교육용	1 : 1.1 : 1.6			
산업용(갑) 300kW 미만	1 : 1.1 : 1.3			

▶ 계절별 · 시간대별 차등요금

┃ 표 7-6 계절별 · 시간대별 차등요금의 비율 ┃

구분	계절 구분		시간대 구분			요금 비율 (경부하 : 중간부하 : 최대부하)
			경부하	중간부하	최대부하	
산업용(을) (300~999kW) ('77.12 도입)	하계	7~8월	23~09시 (10시간)	18~23시 (5시간)	09~18시 (9시간)	1 : 1.9 : 2.8
	춘,추계	6월	23~09시 (10시간)	18~23시 (5시간)	09~18시 (9시간)	1 : 1.6 : 1.9
		3~5월 9~10월	23~09시 (10시간)	09~18시 (9시간)	18~23시 (5시간)	1 : 1.9 : 2.3
	동계	11~2월	23~09시 (10시간)	18~23시 (9시간)	09~18시 (5시간)	
산업용(병) 일반용(을) (1,000kW 이상) ('95.5 도입)	하계	7~8월	23~09시 (10시간)	09-11,12-13 17-23시 (9시간)	11-12, 13-17시 (5시간)	1 : 2.2 : 3.8
	춘,추계	3~6월 9~10월	23~09시 (10시간)	09-11,12-13 17-23시 (9시간)	11-12, 13-17시 (5시간)	1 : 1.6 : 2.2
	동계	11~2월	23~09시 (10시간)	09-18 (9시간)	18~23시 (5시간)	1 : 2.0 : 2.8

(5) 부하율별 선택요금제

① 부하율별 선택요금제는 전기 사용시간의 長短(부하율)에 따라 기본요금 및 전력량요금의 상대적 크기를 달리하여 고객에게 자신의 부하 형태에 맞는 요금 메뉴 선택 기회를 제공함으로써 요금을 절감토록 하고, 동시에 고객들의 자발적인 피크시간대 부하 관리를 유도하여 전력 설비 투자비용을 절감할 수 있는 요금제도이다.

> **부하율 : 일정기간에 있어서 최대전력에 대한 평균전력의 비율**

즉, 전기 사용시간이 긴 사용자일수록 부하율이 높고 완만한 부하 형태를 나타내며, 전기 사용시간이 짧은 사용자일수록 부하율이 낮고 가파른 부하 형태를 나타내는 것이 일반적이다. 비용구조 측면에서도 장기 사용자일수록 고정비가 높고 변동비가 낮은 기저발전기(원자력, 석탄발전소)의 운전형태 및 비용구조에 근접하며, 단기 사용자일수록 고정비가 낮고 변동비가 높은 첨두발전기(유류, LNG발전소)의 운전 형태 및 비용 구조에 가깝다.

따라서, 우리나라뿐만 아니라 선진 외국의 전력 회사는 이러한 비용 특성을 고려하여 전기사용시간의 장단(부하율)에 따라 기본요금 및 전력량 요금의 상대적 크기를 달리하는 2~4종류의 선택요금을 통해 소비자들이 자신의 부하 형태에 맞는 요금을 선택토록 하고 있다.

② **부하율별 선택요금제도 체계** : 우리나라는 '95년부터 일반용, 교육용, 산업용의 고압 고객(공급전압 3,300V 이상)을 대상으로 월간 200시간을 기준으로 선택(Ⅰ, Ⅱ)요금을 제공하고 있으며, '03년부터는 공급전압이 154,000V 이상인 산업용(병) 고객을 대상으로 한 선택(Ⅲ)요금을 운영하고 있다.

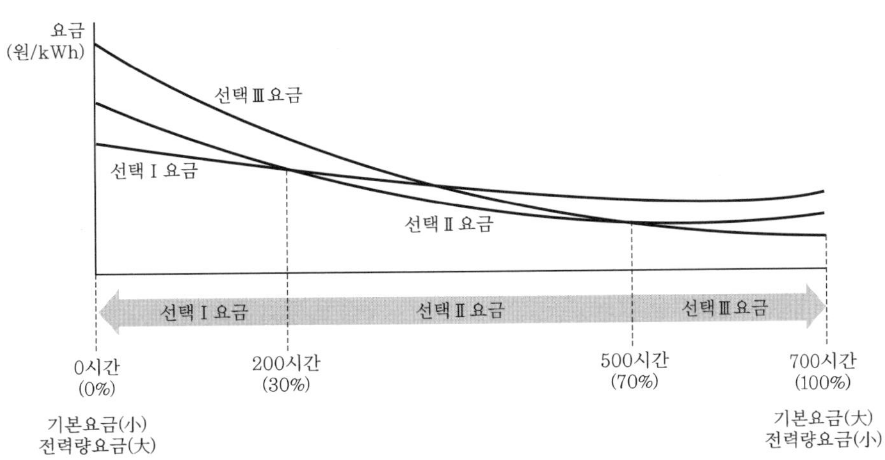

┃ 그림 7-4 부하율별 선택요금제도 체계 ┃

▶ 선택요금제도

▌ 표 7-7 부하율별 선택요금제도의 특징 ▌

선택(Ⅰ)요금	기본요금이 낮고 전력량요금이 높으므로 전기 사용시간(설비가동률)이 월 200시간 이하인 고객에게 유리
선택(Ⅱ)요금	전기사용시간(설비가동률)이 월 200시간 초과, 500시간 이하인 고객에게 유리
선택(Ⅲ)요금	기본요금이 높고 전력량 요금이 낮으므로 전기사용시간(설비가동률)이 월 500시간 초과인 고객에게 유리(단, 산업용(병)고압 B, C 고객만 선택 가능)

▶ 고객의 전기 사용 특성에 따라 고객에게 유리한 요금을 선택할 수 있도록 하는 요금 제도

(6) 주택용 전력 요금 누진제

① 주택용 요금 누진제는 '74년 1차 석유파동 이후 에너지 소비절약을 유도하고 동시에 저소득층을 보호하기 위해 도입된 이래 국가에너지 정책방향에 따라 현재는 6단계 11.7배로 되어 있다.

② 누진 요금은 사용량이 증가함에 따라 순차적으로 높은 단가가 적용되는 요금이다. 예를 들어, 월 300kWh를 사용한 가정은 처음 100kWh에 대해서는 kWh당 59.1원이 적용되고, 다음 100kWh는 122.6원, 나머지 100kWh에 대해서는 183.0원이 각각 적용되며, 이 경우 kWh당 요금이 121.5원으로 이는 [표 7-3] 용도별 판매현황과 판매단가에서처럼 주택용 평균 판매단가와 비슷한 수준이다. 그러나, 월 300kWh를 초과하여 사용하는 고객에 대해서는 400kWh까지는 kWh당 273.2원이 적용되고, 다음 100kWh는 406.7원, 500kWh 초과 사용분에 대해서는 690.8원의 비싼 요금이 적용되는 것이다(이상 주택용 저압요금 기준). 이처럼 주택용 요금 누진제는 전기사용량이 적은 저소득층 보호를 위해 월 200kWh 이하를 사용하는 고객에게는 주택용 평균판매단가 이하로 공급하고, 월 300kWh를 초과하여 사용하는 고객에 대해서는 에너지 소비 절약을 위해 비싼 요금을 적용하는 것이며, 미국, 일본 등 외국 전력 회사에서도 가정용 전기요금에 대해서는 누진제를 채택하고 있다([표 7-14] 참조).

③ '10년 월평균 실적 기준으로 볼 때 전체 가구 수의 33%가 월간 300kWh를 초과 사용(특히 높은 누진요금이 적용되는 월 400kWh 초과 사용 가구수는 9.4%임)하여 주택용 평균판매단가보다 비싼 요금이 적용되고 있으나, 월간 200kWh 이하를 사용하는 가구 수가 전체의 37.1%에 달해 우리나라 전체 가정의 절반 가량이 평균 판매단가 이하의 저렴한 요금을 적용받고 있다. 이와 같이, 저소득층을 보호하고 에너지 소비 절약을 유도할 목적으로 시행하고 있는 우리나라의 주택용 요금 누진제는 그 순기능에도 불구하고 누진단계 및 누진율이 외국에 비해

과도한 수준으로 요금체계를 개선할 필요가 있다. 그러나, 주택용 누진요금체계를 일시에 조정하는 것은 월 사용량 200kWh 이하 저소득층의 요금부담 증가를 불러오고, 에너지 소비절약 기조를 후퇴시킬 가능성도 있으므로 누진제의 순기능을 최대한 유지하면서 점진적으로 누진요금체계를 개선하는 것이 바람직하다. 이를 위해, 한전에서는 기초생활수급자 할인 등의 복지할인 요금 제도를 도입하여 서민층의 주택용 요금 누진제로 인한 요금 부담을 경감시키는 제도를 시행하고 있으며, 보다 근본적인 해결을 위해 주택용 전기사용형태를 조사하는 등 누진제 개선을 위한 연구를 수행하고 있다. 아울러, 에너지 자원의 97% 이상을 해외에 의존하고 있는 우리나라의 현실을 감안할 때 전기 소비자도 주택용 요금 누진제의 취지를 이해하고, 특히 전력소모가 많은 냉·난방 전기설비를 합리적으로 사용하려는 노력이 필요하다.

④ 주택용 전력사용현황

‖ 표 7-8 누진 단계별 수용 분포와 가구당 월평균 사용량 ‖

▶ 누진 단계별 수용 분포(10년 월평균)

사용량(kWh)	100 이하	101~200	201~300	301~400	401~500	501 이상
점유율(%)	2.5	14.2	31.0	33.8	13.1	5.4

▶ 가구당 월평균 사용량 (단위:kWh/월)

연도	'01	'02	'03	'04	'05	'06	'07	'08	'09	'10
사용량	184	188	200	208	214	220	225	229	232	242

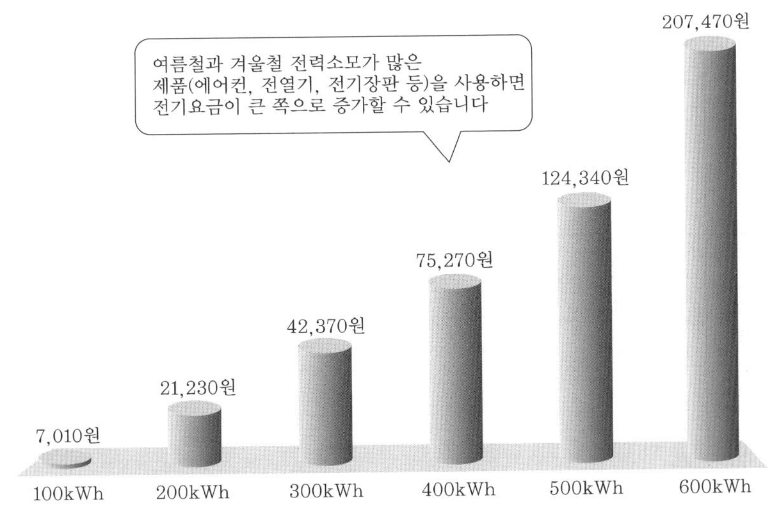

‖ 그림 7-5 주택용 전력 요금 누진제에 따른 요금 변화 추이(출처 : 한전 전기사용메뉴얼) ‖

(7) 아파트 전기요금제도

① 아파트 전기요금 제도의 개요 : 현행 우리나라의 전기요금체계는 전기를 사용하는 용도에 따라 주택용, 일반용, 산업용, 교육용, 농사용, 가로등의 6가지 종별로 구분하여 운영하는 용도별 요금체계로서, 주택용 전력은 주거용 용도로 전력을 사용하는 고객에게 적용하고 있다. 아파트는 한 건물 안에 독립된 여러 세대가 살 수 있는 구조의 공동주택으로 전기를 사용하는 용도가 단독주택과 같이 주거 목적이므로 기본공급약관 제56조에 따라 주택용 전력을 적용하고 있다. 그러나, 아파트는 전기를 사용하는 규모가 크고, 엘리베이터, 난방설비 등 각 세대가 공동으로 사용하는 설비가 존재하기 때문에 전기 공급 특성상 단독주택과는 다음과 같은 차이가 있다.

| 표 7-9 단독주택과 아파트 전기 공급 비교 |

구 분	단독주택	아파트
공급 전압	저압(220V ~ 380V)	고압(22,900V)
변전설비	없 음	있 음
설비유지관리 비용	없 음	고객 부담
공동사용설비	없 음	있 음

② 전기공급 규정상 계약전력이 100kW 이상인 고객에게는 전기를 고압으로 공급해야 하는데, 아파트의 경우 세대수가 많고 엘리베이터 등 공동설비 용량으로 인해 대부분 계약전력이 100kW를 초과하게 되어 전기를 고압으로 공급받고 있다. 이에 전기를 고압으로 공급받는 아파트의 경우 고객이 고객소유의 변전설비를 설치해야 하고 설비 유지관리 비용을 부담해야 하나 저압으로 공급받는 단독주택 고객은 이러한 비용부담이 없다.

| 표 7-10 고압 아파트 요금 계산(주택용전력 요금표) |

기본요금(원/호)			전력량요금(원/kWh)		
사용량 구간	저 압	고 압	사용량 구간	저 압	고 압
100kWh 이하 사용	400	400	100kWh까지	59.10	56.10
101~200kWh 사용	890	710	다음 100kWh까지	122.60	96.30
201~300kWh 사용	1,560	1,230	다음 100kWh까지	183.00	143.40
301~400kWh 사용	3,750	3,090	다음 100kWh	273.20	209.90
401~500kWh 사용	7,110	5,900	다음 100kWh까지	406.70	317.10
500kWh 초과 사용	12,600	10,480	500kWh 초과	690.80	559.50

또한, 일반용, 교육용, 산업용 등은 공급되는 전압의 차이에 따라 별도의 요금이 적용되나, 주택용은 공급 전압에 따른 별도의 요금 체계가 없어 아파트와 단독주택이 동일한 주택용 요금이 적용되는 것에 대해 형평성 문제가 제기되어 왔다. 이러한 점을 고려하여 고압 공급 아파트에 대해서는 개별세대 및 공동설비의 전체 사용량에 대해 주택용 요금을 적용하는 '단일계약' 방법과, 개별세대는 주택용 요금을 적용하고 공동설비 사용량에 대해서는 일반용 요금을 적용하는 '종합계약' 방법 중에 고객에게 유리한 방법을 선택토록 하고 있다.

'종합계약' 방법은 원칙적으로 주택용 요금 적용대상인 공동설비 사용량에 대해 일반용 요금을 적용함으로써 누진제 적용으로 인한 요금부담을 경감시켜 아파트 고객에게 혜택을 주고 있는 것이다. 또한, '02. 5월에는 아파트 고객의 변전시설 설치·유지관리 비용 부담, 공급 전압에 따른 원가 차이 등을 고려하여 기존의 주택용 요금보다 저렴한 단일계약 방법에 의한 주택용 고압 요금을 신설하여 아파트 고객에게 보다 유리한 요금을 선택토록 하고 있다.

(8) 주택용 전력의 복지할인 요금제

① 복지할인 요금제는 사회적으로 보호를 필요로 하는 고객(기초생활수급자, 장애인 등)의 주택용 누진제등으로 인한 과도한 요금 부담을 경감하고자 주거용 전력 등에 대해 전기요금을 할인하여 주는 제도이다. 신체 또는 정신상의 장애로 근로능력이 현저하게 상실된 중증장애인의 경우 재활치료를 위해 전력소비량이 많은 산소발생기, 물리치료기 등 의료기기를 사용할 수밖에 없어 월간 전력사용량이 불가피하게 많아지게 되며, 저소득층 가정의 경우 난방용 전기기기 사용 등 계절적 요인으로 인해 전력사용량이 일시에 증가할 수 있다.

┃ 표 7-11 주택용 전력 복지할인 요금제도('11년 08월 1일 시행) ┃

대 상	할인내용
기초생활수급자	전기요금 감액(월 8천 원 한도)
장애인, 독립·상이유공자	전기요금 감액(월 8천 원 한도)
차상위 계층	전기요금 감액(월 2천 원 한도)
3자녀	전기요금 20% 할인(월 1만 2천 원 한도)
대가족	누진 1단계 하향 적용(월 1만 2천 원 한도)

※신청 방법 : 가까운 지점 방문, 전화, 인터넷 등(아파트는 관리사무실에서…)

(9) 대가족 · 생명유지장치 요금제

① 대가족 및 생명유지장치 요금제는 가족 수가 많거나 생명유지를 위한 필수기기를 사용하여 부득이하게 전력사용량이 많은 가구(5인 이상 · 3자녀 이상 가구, 생명유지장치 사용 고객)의 주택용 누진제로 인한 과도한 요금부담을 경감하고자 주거용 전력에 대해 누진요금을 완화하여 주는 제도이다. 주택용 요금은 전력사용량이 증가함에 따라 순차적으로 높은 단가가 적용되는 누진 체계로 되어 있어 가족 수가 많은 가구는 적은 가구보다 불가피하게 월간 전력사용량이 많게 되어 누진요금의 부담이 커지며, 호흡기장애 또는 희귀난치성질환 고객의 경우 산소발생기나 인공호흡기 등 생명유지에 필수적인 장치 및 의료기기를 사용할 수밖에 없어 많은 사용량으로 인한 과도한 누진요금을 부담하게 된다.

이러한 누진제로 인한 과도한 요금부담을 경감하고자 '07년 1월에는 5인 이상 또는 3자녀 이상의 대가족 가구에게 월 사용량 300kWh 초과 600kWh 이하 사용량에 대해 주택용 누진단계를 하향 적용하는 제도를 신설하였으며 '07년 8월에는 산소발생기나 인공호흡기 등의 생명 유지장치를 사용하는 가구에게 확대 적용하여 누진요금 부담을 완화하고 있다.

03 우리나라 전기요금의 특성과 주택용 전기요금의 계산

(1) 우리나라의 전기요금 체계 및 특성 요약

우리나라 전기요금의 특성은 소비 부문에 대해서는 에너지 절약을 유도하고, 생산 및 교육 부문은 저렴한 요금으로 지원하고, 수요 관리에 의한 자원 이용의 합리화를 도모한다는 것이 큰 특징이다. 이는 주택용 전기요금에서는 6단계(11.7배) 누진요금으로 저소득층 보호 및 과다 소비를 억제하고, 일반용 전기요금은 타종별보다 높은 요금을 적용하였으며, 산업용은 물가 안정 및 국제경쟁력 강화를 위한 정책 반영, 농사용은 영세농 · 어민 지원 및 농수산물 가격 안정 정책을 반영하고 교육용은 교육 재정 지원을 위해 마진 없는 공급 원가 수준이다. 또한 계절별 차등 요금제도로 연중 최대 수요가 발생하는 하계에 비싼 요금을 적용하고, 시간대별 차등 요금제도로 하루 중 전력 수요가 집중되는 시간대에 비싼 요금을 적용하여 수요 관리에 의한 자원 이용의 합리화를 도모하고 있으며, 이의 관계를 [표 7-12]에 나타내었다.

▌ 표 7-12 우리나라의 전기요금의 체계와 특성 ▌

▶ 요금체계

(단위 : 원/kWh)

종별	적용범위	요금체계	판매단가(지수)
주택용	주거용	6단계 누진요금제	105.12(118)
일반용	공공, 영업용	계절별 차등(7~8월 고율) 1,000kW 이상 시간대별 차등	101.69(114)
교육용	학교, 박물관 등	계절별 차등(7~8월 고율)	94.18(105)
산업용	광업, 공업용	계절별 차등(7~8월 고율) 1,000kW 이상 시간대별 차등	81.23(91)
농사용	농업, 어업용	단일요금(갑, 을 차등)	42.72(48)
가로등	가로, 보안등	단일요금	87.18(98)
평 균			89.32(100)

＊ 판매단가는 2011년 실적 기준이며, 주택용은 심야전력을 포함한 것임.

▌ 표 7-13 우리나라의 전기요금 변동과 소비자 물가의 변동 ▌

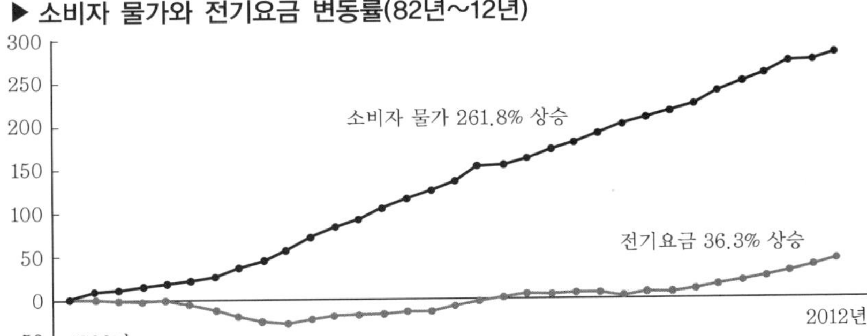

(2) 주택용 전기요금의 계산방법

※ 이의 전기요금 계산 방법은 2013년 01월 14일부터 시행되는 한전 사이버 전기요금의 방법을 참고하였음. (http://cyber.kepco.co.kr)

기본적으로 전기요금은 기본요금과 전력량요금으로 구성되며, 기본요금과 전력량요금의 합계에 전력산업기반기금과 부가가치세가 포함되어 청구 금액이 결정된다. 기본요금 및 전력량요금 단가는 전기공급방식(고압, 저압), 계약종별(주택용, 일반용, 산업용, 교육용, 농사용 등)에 따라 다르다.

주택용 전력은 사용량에 따라 기본요금은 6단계, 전력량요금은 6단계로 구분하여 누진율을 적용한다. 주택용 전력을 제외한 모든 계약종별의 기본요금 적용은 계약전력을 기준으로 하므로 계약전력은 요금계산의 기준이 되는 요금적용전력이 된다. 다만, 최대수요전력계를 설치한 고객에 대해서는 검침당월을 포함한 직전 12개월 중의 7월, 8월, 9월 및 검침 당월 중의 최대수요전력을 요금적용전력으로 하여 기본요금을 산정한다.

① 기본요금(원 미만 절사)
② 사용량요금(원 미만 절사)
③ 전기요금계 = ① + ② − 복지할인
④ 부가가치세(원 미만 절사) = ③ / 10%
⑤ 전력산업기반기금(원 미만 절사) = ③ × 3.7%
⑥ 청구금액 : ③+④+⑤

◆ 주택용 전력의 전기요금 계산 예 : 521kW 사용 시
① 기본요금 : 500kWh 초과이므로 12,600원
② 전력량요금 : 118,966원
- 처음 100kWh 구간 × 59.10원 = 5,910원
- 다음 100kWh × 122.60원 = 12,260원
- 다음 100kWh × 183.00원 = 18,300원
- 다음 100kWh × 273.20원 = 27,320원
- 다음 100kWh × 406.70원 = 40,670원
- 마지막 21kWh × 690.80원 = 14,506원
③ 요금 합계(기본요금+전력량요금) : 12,600원 + 118,966원 = 131,566원
④ 부가가치세(요금 합계×0.1원) : 131,566원 × 0.1 = 13,156원(원 미만 절사)
⑤ 전력산업기반기금(요금 합계×0.037원) : 131,566원 × 0.037 = 4,867원(원 미만 절사)
⑥ 청구금액 : ③+④+⑤
        =131,566원+13,156원+4,867원=149,580원
        (국고금단수법에 의해 10원 미만 절사)

▌ 표 7-14 주택용전력의 기본요금과 전력량요금 표 ▌

주택용전력(저압)

기본요금(원/호)		전력량요금(원/kWh)	
100kWh 이하 사용	400	처음 100kWh 까지	59.10
101~200kWh 사용	890	다음 100kWh 까지	122.60
201~300kWh 사용	1,560	다음 100kWh 까지	183.00
301~400kWh 사용	3,750	다음 100kWh 까지	273.20
401~500kWh 사용	7,110	다음 100kWh 까지	406.70
500kWh 초과 사용	12,600	500kWh 초과	690.80

(일반주택용)

주택용전력(고압)

기본요금(원/호)		전력량요금(원/kWh)	
100kWh 이하 사용	400	처음 100kWh 까지	56.10
101~200kWh 사용	710	다음 100kWh 까지	96.30
201~300kWh 사용	1,230	다음 100kWh 까지	143.40
301~400kWh 사용	3,090	다음 100kWh 까지	209.90
401~500kWh 사용	5,900	다음 100kWh 까지	317.10
500kWh 초과 사용	10,480	500kWh 초과	559.50

(아파트용)

(3) 기타의 전력요금 관련 사항

① 일반용 전력의 적용 대상 : 일반용 전력은 주택용, 교육용, 산업용, 농사용 전력, 농사용 전등, 가로등, 예비전력, 임시전력 이외의 고객에게 적용한다. 주로 도·소매 및 소비자용품 수리업, 음식·숙박업, 일반사무 및 행정업무용, 각종 서비스업 등의 용도에 전기를 사용하면 일반용 전력이 적용된다고 볼 수 있다.

    ㉠ 일반용 전력의 전기요금은 계약전력에 따라 1,000kW 미만일 경우 일반용 전력(갑), 1,000kW 이상인 경우 일반용 전력(을)로 구분하며, 계절에 따라 요금을 차등 적용한다. 또한, 계약전력 100kWh 이상 고압 고객은 설비용량과 사용량에 따라 요금을 적게 낼 수 있는 요금제를 선택할 수 있도록 선택요금제로 세분되어 있다.

    ㉡ 일반적으로 상가나 사무실의 경우 계약전력이 5kW~70kW 미만이 대부분 이다. 그래서 일반용(갑)에 따른 전기요금이 부과된다.

② 산업용 전력 적용 대상 : 산업용은 한국표준산업분류 기준으로 작성한 전기공급약관 별표2 "산업용전력 적용대상 기준표"에서 정한 광업과 제조업 및 기타 사업의 산업에 전력을 사용하는 고객에 적용한다.

③ 산업용 전력의 구분

    ㉠ 산업용 전력(갑) : 광업 및 제조업에 전력을 사용하는 계약전력 4W 이상 300kW 미만의 고객과 기타 사업에 전력을 사용하는 계약전력 4kW 이상 고객에게 적용

    ㉡ 산업용 전력(을) : 광업 및 제조업에 전력을 사용하는 계약전력 300kW 이상 1,000kW 미만의 고객과 기타 사업 중 계약전력 300kW 이상으로서 희망하는 고객에게 적용

④ 산업용 전력의 전기요금은 시간대별, 계절별 차등 적용을 하고 있다.

⑤ 기타의 요금적용 체계는 교육용, 농사용, 가로등, 심야전력, 전기자동차 충전 전
력의 요금체계가 있다.

⑥ 전기요금의 계약에서 계약종별은 전기사용 계약단위가 영위하는 주된 경제활동
에 따라 전기요금의 적용을 달리하는 분류 방법이며, 전기를 사용하는 용도에
따라 주택용 전력, 일반용 전력, 교육용 전력, 산업용 전력, 농사용 전력, 가로
등, 예비전력, 임시전력으로 구분하고, 다시 공급전압, 계약전력, 계량여부 등
사용형태에 따라 세분화하고 있다.

⑦ 국제 수준의 전기요금 비교

표 7-15 국제 수준의 전기요금 비교

단위:원/kWh

구 분	한 국	일 본	미 국	프랑스	영 국
종 합	86.80 (100)	222.14 (256)	112.87 (130)	129.20 (149)	172.61 (199)
기준연도	'10	'10	'10	'10	'10
환율	'10.12.31 기준	1¥=13.9708	1¢=11.389원	1€=1513.6원	1페니=17.577

* 1. 전기요금 국제 비교는 비교 방법에 따라 결과가 달라질 수 있으므로, 비교 목적에 따라 적절한 비교 방법을
선택해야 함. 전기요금 국제 비교시에는 각국 요금 제도의 다양성, 전력 사용 상황의 상이성 등을 고려해야 하
며, 국제 비교 결과에 따라 한 국가의 요금수준이 절대적으로 저렴하다거나 높다고 결론내리는 것은 바람직하지
않음.
2. 자료출처 : 일본 : 10사 결산 자료, 미국 : Energy Information Association(EIA), 프랑스(EDF) :
Annual Report, 영국 : Digest of UK energy statistics

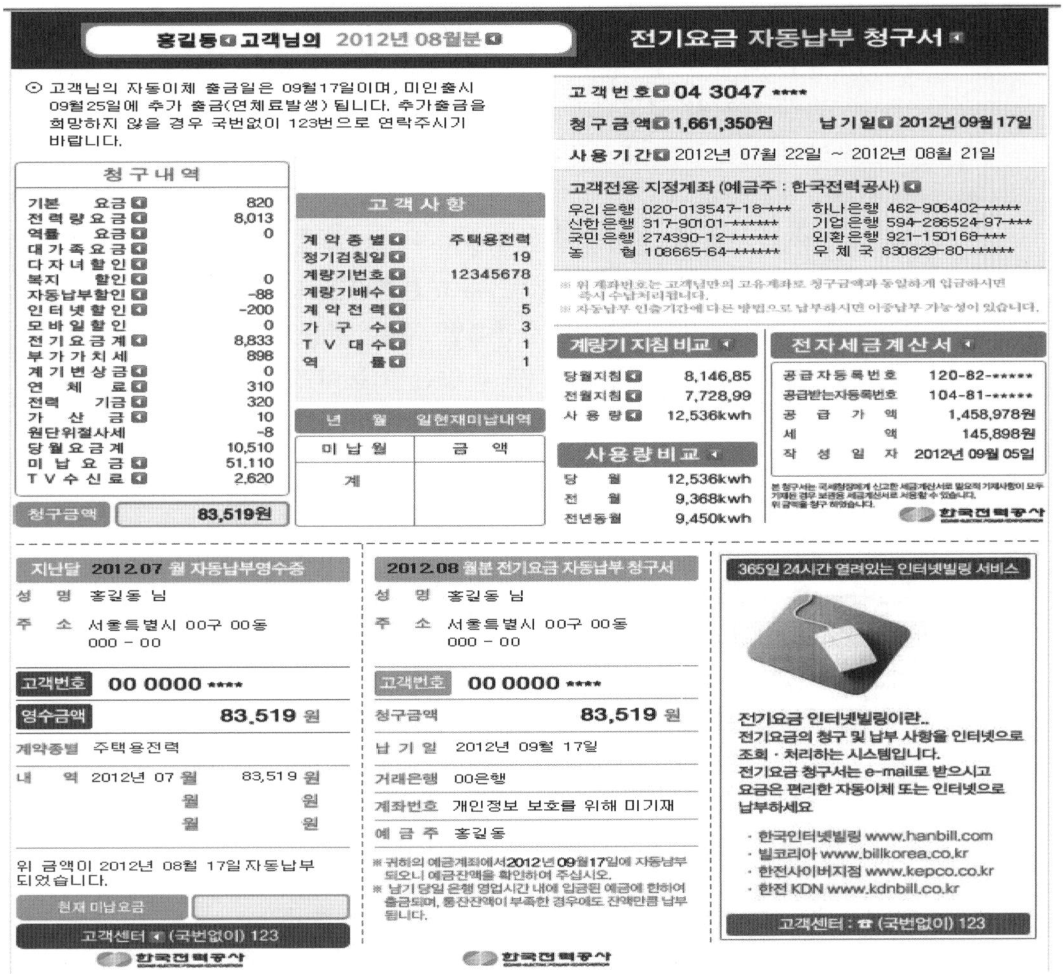

홍길동◀ 고객님의 2012년 08월분◀ **전기요금 자동납부 청구서◀**

⊙ 고객님의 자동이체 출금일은 09월17일이며, 미인출시 09월25일에 추가 출금(연체료발생) 됩니다. 추가출금을 희망하지 않을 경우 국번없이 123번으로 연락주시기 바랍니다.

고객번호◀ 04 3047 ****

청구금액◀ 1,661,350원   납기일◀ 2012년 09월 17일

사용기간◀ 2012년 07월 22일 ~ 2012년 08월 21일

고객전용 지정계좌 (예금주 : 한국전력공사)◀
우리은행 020-013547-18-*** 하나은행 462-906402-*****
신한은행 317-90101-****** 기업은행 594-286524-97-***
국민은행 274390-12-****** 외환은행 921-150168-***
농   협 108665-64-****** 우 체 국 830829-80-******

※ 위 계좌번호는 고객님만의 고유계좌로 청구금액과 동일하게 입금하시면 즉시 수납처리됩니다.
※ 자동납부 인출기간에 다른 방법으로 납부하시면 이중납부 가능성이 있습니다.

청구내역

기본 요금◀	820
전력량요금◀	8,013
역률 요금◀	0
대가족요금◀	
다자녀할인◀	
복지 할인◀	0
자동납부할인◀	-88
인터넷할인◀	-200
모바일할인	0
전기요금계◀	8,833
부가가치세	898
계기변상금◀	0
연 체 료◀	310
전력 기금◀	320
가 산 금◀	10
원단위절사세	-8
당월요금계	10,510
미납요금◀	51,110
TV수신료◀	2,620

청구금액 83,519원

고객사항

계약종별◀	주택용전력
정기검침일◀	19
계량기번호◀	12345678
계량기배수◀	1
계약전력◀	5
가구수◀	3
TV대수◀	1
역률◀	1

년 월 일현재미납내역

미납월	금액
계	

계량기 지침 비교◀

항목	값
당월지침◀	8,146.85
전월지침◀	7,728.99
사용량◀	12,536kwh

사용량비교◀

항목	값
당 월	12,536kwh
전 월	9,368kwh
전년동월	9,450kwh

전자세금계산서◀

항목	값
공급자등록번호	120-82-*****
공급받는자등록번호	104-81-*****
공급가액	1,458,978원
세 액	145,898원
작성일자	2012년 09월 05일

본 청구서는 국세청장에게 신고한 세금계산서로 필요적 기재사항이 모두 기재된 경우 보관용 세금계산서로 사용할 수 있습니다. 위 금액을 청구 하였습니다.

한국전력공사

지난달 2012.07 월 자동납부영수증

성 명 홍길동 님
주 소 서울특별시 00구 00동 000 - 00

고객번호	00 0000 ****
영수금액	83,519 원

계약종별 주택용전력
내 역 2012년 07 월   83,519 원
      월   원
      월   원

위 금액이 2012년 08월 17일 자동납부 되었습니다.

현재 미납요금

고객센터◀ (국번없이) 123
한국전력공사

2012.08 월분 전기요금 자동납부 청구서

성 명 홍길동 님
주 소 서울특별시 00구 00동 000 - 00

고객번호	00 0000 ****
청구금액	83,519 원

납기일 2012년 09월 17일
거래은행 00은행
계좌번호 개인정보 보호를 위해 미기재
예금주 홍길동

※ 귀하의 예금계좌에서 2012년 09월17일에 자동납부 되오니 예금잔액을 확인하여 주십시오.
※ 납기 당일 은행 영업시간 내에 입금된 예금에 한하여 출금되며, 통장잔액이 부족한 경우에도 잔액만큼 납부 됩니다.

한국전력공사

365일 24시간 열려있는 인터넷빌링 서비스

전기요금 인터넷빌링이란..
전기요금의 청구 및 납부 사항을 인터넷으로 조회 · 처리하는 시스템입니다.
전기요금 청구서는 e-mail로 받으시고 요금은 편리한 자동이체 또는 인터넷으로 납부하세요

· 한국인터넷빌링 www.hanbill.com
· 빌코리아 www.billkorea.co.kr
· 한전사이버지점 www.kepco.co.kr
· 한전 KDN www.kdnbill.co.kr

고객센터 : ☎ (국번없이) 123

┃ 그림 7-6 전기요금 청구서(자동납부) 보는 법 ┃

⑧ 계량기 보는법

㉠ 기계식 전력량계(저압)

🔋 **전력량계 검침**

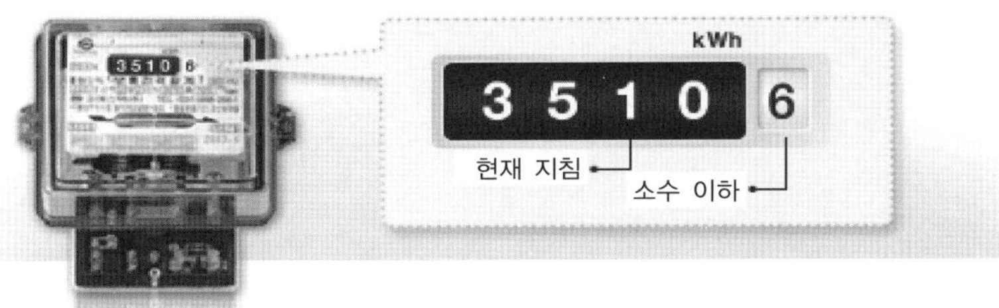

위 그림 전력량계의 사용량 지침 : 3,510kWh
- 검침은 정수까지 하며, 위에 kWh 표시까지가 정수이다.

- 당월 사용량 = 당월지침 − 전월지침
  - (예시) 당월 검침일 전력량계 지침 : 3,510kWh
  - 전월 검침일 전력량계 지침 : 3,305kWh
  - 당월 사용량 : 205kWh

ⓒ 저압 전자식 전력량계
- 종류 : 저압 전자식 전력량계(표준형), 역률관리용 저압 전자식 전력량계, 심야전력용 저압 전자식이 있으며, 유효전력량(kWh), 무효전력량(Lagging kVarh), 역률 등의 계량 및 시간대별 구분 계량과 심야부하 유효전력량 (kWh), 현재 누적 유효전력량 등 다양한 기능이 있다.

(7.2 및 7.3절 출처 : http://cyber.kepco.co.kr)

04 가정에서의 녹색 전기에너지 절감 방안

(1)(법령에 의한) 전기요금 절약의 3대 실천 요소와 효율관리

(출처 :  에너지관리공단 **효율관리제도**)

┃ 표 7-16 전기요금 절약의 3대 실천 요소 ┃

전기요금 절약의 3대 실천 요소	관련 근거
• 권장 냉난방 온도 준수 – 냉방: 26℃ 이상 – 난방: 20℃ 이하	• 정부 냉방온도 규제 '에너지이용합리화법' 제31조 2항의 냉난방온도의 제한온도 기준 및 제78조 4항의 냉난방 온도 제한 관련 법령 위반에 따른 과태료 부과
• 대기전력 저감	• 「에너지이용합리화법 시행규칙('08.8.27)」및 대기전력저감 프로그램 운용규정(지식경제부고시 제2008–116호, '08.8.28)」
• 에너지소비효율등급표시제도	• 「에너지이용합리화법」제15조 및 제16조 등 "효율관리기자재 운용규정"(지식경제부 고시 제2010–124호, 2010. 6.16)

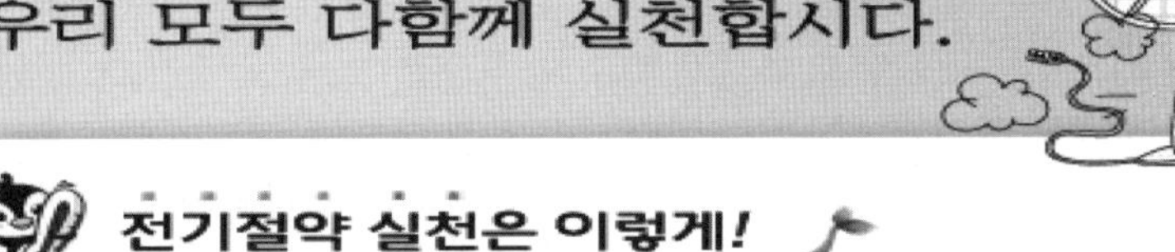

그림 7-7 에너지관리공단의 전기절약 실천

그림 7-8 우리나라의 효율관리 3대 프로그램(에너지관리공단)

(2) 대기전력이란 무엇인가?

※아래의 내용은 에너지관리공단(http://www.kemco.or.kr) 생활실천홍보실 보도자료(2010.10.1)

① 대기전력 저감의 필요성

컴퓨터, 텔레비전 등 사무·가전기기는 실제로 사용하지 않는 대기상태(standby)에서도 많은 전력을 소비하고 이를 대기전력이라 한다. 대기전력 소비량은 상당히 많으며, 복사기나 비디오의 경우는 전체 전력소비의 80%를 차지하는 것으로 추정되며, 사무기기는 근무시간 내내 켜 있지만 사용시간은 많지 않다. 텔레비전의 경우도 전원을 꺼도 플러그가 전원에 연결되어 있으면 일정 부분의 전력은 소모되며 이렇게 대기시간에 버려지는 에너지비용은 우리나라 가정·상업부문 전력사용량의 10%를 넘고 있다고 판단된다.

이러한 대기전력을 손쉽게 줄이면서 지구 환경 보전 운동에도 참여하는 방법은 바로 절전형 제품을 구매하는 것이다. 대기전력저감 프로그램에 등록된 대기전력 저감 우수 제품(에너지절약마크 제품)은 사용하지 않는 시간에 자동적으로 슬립모드 등의 최소 전력모드로 전환되어 에너지를 절약하게 된다. 이러한 대기전력 저감 우수 제품은 제품에 부착된 에너지 절약 마크를 통해 알 수 있으며, 인터넷 에너지 절약 제품 리스트를 통해서도 확인할 수 있다.

② '전기 흡혈귀'라고도 불리우는 대기전력은 TV, 컴퓨터 등과 같은 전자제품이 사용되지 않는 상태에서 낭비되는 전력을 말한다. 가정 전력 사용량의 약 11%를 차지하고 있으며, 이를 모두 차단할 경우 가정당 연간 약 한달치 전기요금을 절약할 수 있고 국가적으로는 연간 5,000억원을 절감할 수 있다고 판단된다.

③ 이러한 대기전력 차단을 위한 실천사항으로는 ㉠ 제품 구입 시 대기전력 저감 우수 제품 확인(에너지 절약 마크 확인), ㉡ 대기전력저감기준 미달 제품 사용 자제, ㉢ 멀티탭 사용과 플러그 뽑기 등이 있다.

④ 대기전력 경고 표시제란 최근 개정된 「에너지이용합리화법 시행규칙('08.8.27)」 및 「대기전력저감 프로그램 운용 규정(지식경제부고시 제2008-116호, '08.8.28)」에 따라 대기전력 신고와 대기전력저감기준에 미달하는 제품에 경고 라벨 부착을 의무화하는 제도로, 세계 최초로 시행되어 국제 사회의 주목을 받고 있는 제도이다.

대기전력저감기준
미달제품
(의무표시)

대기전력저감기준
만족제품
(임의표시)

〈대기전력저감 우수제품에 대한 에너지절약마크 및 대상 품목〉

	컴퓨터, 모니터, 프린터, 팩시밀리, 복사기, 스캐너, 복합기, 자동절전제어장치, TV, 비디오테이프레코더, 오디오, DVD 플레이어, 라디오카세트, 전자레인지, 셋톱박스, 도어폰, 비데, 유무선전화기, 모뎀, 홈 게이트웨이 등 20개 품목

〈대기전력저감기준 미달제품에 경고표시 및 대상 품목〉

	컴퓨터, 모니터, 프린터, 팩시밀리, 복사기, 스캐너, 복합기, TV, 비디오테이프레코더, 오디오, DVD 플레이어, 라디오카세트, 전자레인지, 셋톱박스, 도어폰, 비데, 유무선전화기, 모뎀, 홈게이트웨이 등 19개 품목

그림 7-9 대기전력저감기준에 대한 심벌과 대상 품목

그림 7-10 에너지관리공단의 대기전력 차단 홍보를 위한 캠페인 사진

(5) 에너지소비효율등급 표시 제도

(※출처 : 에너지관리공단(http://www.kemco.or.kr) 효율관리제도)

① 제도 개요 : 에너지소비효율등급 표시 제도는 제품을 에너지소비효율 또는 에너지 사용량에 따라 1~5등급으로 구분하여 표시하도록 하고, 에너지효율의 하한선인 최저 소비효율기준(MEPS : Minimum Energy Performance Standard)을 적용

하는 의무 제도이다. 이는 소비자들이 효율이 높은 에너지절약형 제품을 손쉽게 식별하여 구입할 수 있도록 하고 제조(수입)업자들이 생산(수입)단계에서부터 원천적으로 에너지절약형 제품을 생산·판매하기 위함이다.

에너지소비효율등급 표시 제도는 에너지절약형 제품의 보급 확대를 위하여 국내 제조업자(국산제품), 국내 수입업자(수입제품)에게 에너지소비효율등급 라벨 등의 의무 표시, 의무적인 제품 신고, 최저소비효율기준 적용이라는 3가지 의무를 부여한다.

   ㉠ 제품의 에너지소비효율 또는 사용량 등에 따라 1~5등급으로 구분하여 라벨 표시(에너지소비효율등급 라벨 의무 표시)

   ㉡ 시험 후 제품의 의무적인 신고

   ㉢ 5등급 기준 미달 제품의 생산·판매 금지(최저소비효율기준 의무 적용)

② 에너지소비효율등급 라벨

> 에너지소비효율등급 라벨은 에너지절약형 제품에 대한 변별력 향상을 통해 고효율 제품의 보급을 촉진하기 위하여 제품의 효율에 따라 1~5등급으로 나누어 표시하는 라벨이다.
> 전체 22개 품목 중 형광램프용 안정기, 삼상유도전동기, 어댑터·충전기를 제외한 19개 품목에 이 라벨을 적용하고 있다. 에너지소비효율등급 라벨을 적용하지 않는 3개 품목에는 별도의 최저소비효율기준 라벨이 적용된다.

③ 최저소비효율기준 : 저효율 제품의 보급 방지와 생산업체의 기술개발 촉진을 위하여 정부가 제시하는 최소한의 에너지효율 기준이다. 이를 만족하지 못할 경우 국내 생산과 판매가 금지되며, 22개 전체 대상품목에 대하여 최저 소비효율기준이 적용되며, 위반시 2천만원 이하의 벌금이 부과된다.(관련근거 :「에너지이용합리화법」제15조 및 제16조 등, 「효율관리기자재 운용규정」(지식경제부고시 제2010-124호, 2010. 6. 16))

④ 에너지소비효율등급의 확인

에너지소비효율등급 라벨은 일반적으로 소비자가 확인하기 쉬운 제품의 전면 또는 측면 등에 부착되어 있으며, 조명기기 등과 같이 제품의 크기가 작아 제품상 표시가 어려운 경우에는 개별포장과 전체 포장물 등에 라벨을 표시한다. 에너지소비효율등급이 높은 제품을 선택하는 것이 에너지절약과 기후변화 대응 등에 있어 가장 합리적인 방법이다.

⑤ 이산화탄소(CO_2) 배출량 표시

현재 국제적으로 심각한 환경문제를 야기하고 있는 기후변화는 인간의 경제활동 등에 의한 온실가스 배출이 가장 큰 원인이며, 이러한 온실가스 배출량의 84%가 에너지 사용에 의해 발생한다. 지식경제부와 에너지관리공단은 저탄소 녹색제품

의 보급 확대를 통하여 이러한 기후변화에 능동적으로 대응하기 위하여 에너지
소비효율등급표시제도 주요 대상품목의 에너지소비효율등급 라벨에 이산화탄소
(CO_2) 배출량을 표시하도록 하였다.

이는 전기에너지 역시 상당 부분 화석연료 등을 연소시켜 발전기를 돌림으로써
생산되고, 이 과정에서 이산화탄소 등의 온실가스가 배출되기 때문에 제품 사용
시 소비되는 전력량에 해당되는 이산화탄소 배출량을 표시하여 에너지절약과 기
후변화에 대한 소비자의 경각심을 일깨우기 위함이다.

- 이산화탄소 배출량은 시험기관에서 측정한 1시간 소비전력량을 바탕으로 다음
  과 같은 식으로 계산되어 표시된다. 1시간 소비전력량을 1시간당 CO_2 배출량으
  로 환산하는 계수는 "1Wh(소비전력량)＝0.425g(CO_2 배출량)"을 적용한다.
- 계산식 : 1시간 소비전력량(Wh)×0.425g/Wh＝1시간 사용시 CO_2 배출량(g)
- 0.425g/Wh : 최근 5년 동안의 국내 전력부문 온실가스 배출계수 평균값

이러한 이산화탄소(CO_2) 배출량 표시는 에너지소비효율 등급표시제도 대상품목
중 19개 품목에 대하여 시행하며, 품목별 시행 시기는 [표 7-17]과 같다.

┃ 표 7-17 이산화탄소(CO_2) 배출량 표시 제품 ┃

시행시기	이산화탄소(CO_2) 배출량 표시 제품(19개 제품)
'08.8.1부터	자동차
'09.7.1부터	전기냉장고, 김치냉장고, 식기건조기, 전기진공청소기, 선풍기, 공기청정기, 백열전구, 안정기내장형램프
'09.8.1부터	전기세탁기, 전기드럼세탁기
'10.1.1부터	전기냉동고, 전기냉방기, 식기세척기, 전기냉온수기, 전기밥솥, 형광램프, 삼상유도전동기, 상업용 전기냉장고.

⑥ 연간 에너지비용 표시

에너지소비효율등급 라벨에는 에너지소비효율등급 및 월간소비전력량 등이 표
시되어 있다. 이와 더불어 보다 쉬운 에너지절약 제품 선택을 위하여 연간 에너
지비용을 표시하도록 하였다. 이는 소비자가 에너지소비효율등급뿐만 아니라 실
제 전기요금 절감 효과까지 파악할 수 있게 되므로 실질적인 고효율기기 보급에
크게 기여할 것으로 기대된다. 연간 에너지비용은 시험기관에서 측정한 "연간소
비전력량[kWh]×160원"으로 계산하여 백원 단위 이하에서 반올림하여 천원 단
위로 표시한다.

- 연간 에너지비용 표시 환산기준 : 1kWh ＝ 160원
  연간 에너지비용 표시는 에너지소비효율등급표시제도 대상 품목 중 다음과 같

이 13개 품목에 대하여 시행한다.

┃ 표 7-18 연간 에너지비용 표시 제품 ┃

시행시기	연간 에너지비용 표시 제품(13개 제품)
'10.7.1부터	전기냉장고, 전기냉동고, 김치냉장고, 전기냉방기, 전기세탁기, 전기드럼세탁기, 식기세척기, 식기건조기, 전기밥솥, 전기진공청소기, 선풍기, 공기청정기, 상업용 전기냉장고

⑦ 에너지 절약의 효과 비교

에너지소비효율 1등급 제품은 다른 제품에 비해 에너지 절약 효과가 월등하여 상당한 에너지 절약 효과를 볼 수 있다. 전기냉장고, 전기냉방기, 전기밥솥 등 주요 가전에 대해 연간 소비전력량과 에너지비용을 비교한 자료는 [표 7-19]와 같다. 신고제품 현황이 변화하고 효율등급별 시장 점유율 등에 따라 지속적으로 기준강화를 시행하므로 에너지 절약 효과는 다소 달라질 수 있다.(2012년 9월 기준)

┃ 표 7-19 품목별 주요 용량별 소비전력량 및 전기요금 비교(1:3:5등급) ┃

구 분		1등급		3등급		5등급	
품 목	규 격	월간 소비전력량 (kWh)	월간 에너지비용 (원)	월간 소비전력량 (kWh)	월간 에너지비용 (원)	월간 소비전력량 (kWh)	월간 에너지비용 (원)
냉장고	700L	34.5	5,520	40.9	6,544	55.5	8,880
텔레비전	42인치	43.7	6,992	88.1	14,096	105.9	16,944
에어컨	10kW 미만	232.4	37,184	291.8	46,688	412.1	65,944
세탁기	10kg	1.9	304	2.6	416	3.6	576
전기밥솥	10인용 이하	17.9	2,864	20.2	3,232	22.3	3,568

＊ 전력단가 1kWh＝160원 적용

(4) 고효율기자재 및 인증제도

① 이는 고효율시험기관에서 측정한 에너지소비효율 및 품질시험결과 전 항목을 만족하고 에너지 관리공단에서 고효율에너지기자재로 인증받은 제품이다. 에너지이용합리화법 제22조 및 제23조 등에 따라 고효율에너지기자재의 보급을 활성화하기 위하여 일정기준 이상 제품에 대하여 인증하여 주는 효율보증제도로 96년 12월부터 시행하고 있다.

② 주요 고효율인증 대상품목인 LED의 경우, 에너지효율이 기존 조명에 비해 매우 우수함은 물론 다양한 경제적, 환경적 효과가 커서 현재 활발한 제품 인증 및 보급 지원이 이루어지고 있다. 대표적인 저효율조명기기인 백열전구와 고효율조명기기인 안정기내장형램프와 LED램프를 비교한 자료는 [표 7-20]과 같다.(2010년 12월 기준)

표 7-20 조명별 특성 비교

구 분	백열전구	안정기내장형램프	컨버터내장형 LED램프
소비전력	30~100W(60W)	12~20W(15W)	5~15W(10W)
광효율	10~15 lm/W	45~80 lm/W	50~60 lm/W
수 명	1,000시간	6,000시간	50,000시간
가 격 (60W형 기준 추정 가격)	500~800원 (700원)	2,200~6,600원 (6,000원)	15,000~160,000원 (50,000원)

③ 일반조명 대비 LED조명의 특징
  - 광변환 효율이 높아 소비전력이 매우 적다.(90%까지 절감 가능)
  - 최대 10만 시간까지 사용이 가능하다.(백열전등의 100배)
  - 점등 및 소등 속도가 매우 빠르다.
  - 가스필라멘트가 없기 때문에 충격에 강하고 안전하다.
  - 수은을 사용하지 않아 환경 친화적이다(백열등, 형광등은 수은을 사용).

④ 인증제품목록(2011년 기준)

- 조도자동조절 조명기구
- 열회수형 환기장치
- 고기밀성 단열창호
- 산업 · 건물용 가스보일러
- 펌프
- 원심식 · 스크류냉동기
- 무정전전원 장치
- 전력용 변압기
- LED 교통신호등
- 복합기능형 수배전시스템
- 직화흡수식 냉온수기
- 단상유도전동기
- 환풍기
- 원심식 송풍기
- 수중폭기기
- 메탈할라이드램프
- 터보블로어
- LED 유도등
- 항온항습기
- 컨버터외장형 LED램프
- 컨버터내장형 LED램프
- 매입형 및 고정형 LED 등기구
- LED 보안등기구
- LED 센서등기구
- 메탈할라이드램프용 안정기
- LED모듈 전원공급용 컨버터
- 기름연소 온수보일러
- 인버터
- 고기밀성 단열문
- 축열식버너
- 고휘도 방전(HID) 램프용 고조도 반사갓
- 나트륨램프용 안정기
- PLS(Plasma Lighting System)
- 산업 · 건물용 기름보일러
- 난방용 자동온도조절기
- 초정압 방전램프용 등기구

Chapter 08
전기의 안전과 환경문제

■ 전기에 대한 생각

전기는 편리하다는 장점 때문에 주의를 하지 않고 사용하면 재산상에 큰 손실 및 피해를 일으키거나 생명의 위험을 가져올 수 있다. 따라서 전기의 올바른 사용법과 취급방법을 잘 숙지하고 습관화하여 위험을 피하고 아무 탈 없이 생활하는 것이 안전하다. 특히 전기는 소리도, 냄새도, 크기도, 보이지도 않는 물체라고 해서 위험과 안전에 상관하지 않고 사용한다면 큰 재앙을 일으킬 수 있는 매우 위험한 물질이라고 늘 생각하여야 한다.

■ 전기 안전과 관련된 용어 정리

- 감전 : 전기가 누전되어서 흐를 때 사람이나 동물이 전기에 접촉되어 전류가 몸을 통하게 되어 전기를 느끼는 현상
- 접지 : 감전을 피하기 위하여 전기 기기를 전선으로 이어 땅에 연결하는 일
- 누전 : 전류가 흘러야 할 정상적인 도선으로 흐르지 않고 전선 피복이 손상되어 전기가 새고 있거나, 손상된 피복으로 다른 전기기계나 전기기구, 금속재료 등으로 흘러가는 현상
- 합선 : 가정의 배선이나 배선기구의 용량을 무시한 전기기기의 과다 사용시 과전류로 인한 열의 발생으로 전선 피복이 녹아 양극과 음극으로 된 두 전선이 맞닿은 상태로 이때 스파크와 불꽃이 동시에 일어나 고열이 발생되는 경우

■ 전기의 위험성

일반적으로 감전 재해는 다른 재해에 비하여 발생률이 낮으나 일단 재해가 발생하면 치명적인 경우가 많으며, 또한 다행히 생명을 건졌다 하더라도 일생 동안 불구가 되는 예가 적지 않다. 이것은 감전되었을 때의 호흡정지, 심장마비, 근육이 수축되는 등의 신체기능 장애와 감전사고에 의한 추락 등으로 인한 2차 재해 때문에 일어난다.

01 전기 감전과 방지 대책

1 감전의 발생 메커니즘

감전은 인체에 전류가 흐름으로써 발생한다. 즉 220V의 전압 등 정전압원에 인체의 일부가 접촉됐을 때 인체를 통하여 전기회로가 형성되어 일어난다. 감전의 발생 상황은 다음의 4종류로 크게 나눌 수 있다.

① 전기회로 또는 누전되고 있는 물체와 접촉해서 감전되는 경우
② 공기처럼 원래는 절연 물체였던 것이 절연이 파괴되어 방전됨으로써 감전되는 경우
③ 정전유도에 의해 콘덴서(condenser) 또는 같은 성질을 갖는 물체에 전압이 발생하고, 이에 접촉해서 감전되는 경우
④ 전자유도에 의해, 안테나 또는 안테나와 같은 특성을 지닌 물체에 접촉해서 감전되는 경우

2 감전의 방지 대책

① 충전 부분의 절연과 격리 : 감전의 원인이 되는 위험원은 절연 및 격리를 하고 작업자가 접촉 또는 접근하는 기회를 감소시켜서, 감전 재해를 방지한다.

그림 8-1 충전 부분의 절연과 격리 개념도(출처: 한국전력공사)

- 전기설비는 만지지 말고 멀리 떨어져야 한다. 전주상의 전력선(절연전선)과 접촉 시 매우 위험하며, 전력선은 피복으로 감싸여 있어도 인체와 접촉하게 되면 감전될 우려가 있다.
- 이삿짐을 옮길 시 전력선 접촉에 의한 감전사고가 발생하지 않도록 주의하여야

한다. 전력선 근처에서 상가 간판 등을 이동 시에도 특고압선을 각별히 주의하여야 한다.

- 일반 가정집 지붕(위)에서 특고압 절연전선까지의 적정 이격거리는 2.5m이다. 일반가정집 측(옆)면에서 특고압 절연전선까지의 적정 이격거리는 1.0m이다.

② 전기 접촉 시 안전 사항 준수

┃ 그림 8-2 전기 접촉 시에 대한 안전 개념도 ┃

- 덮개가 파손되거나 부서진 콘센트 및 스위치를 교환한다.
- 전기가 물을 만나면 전류를 많이 발생케 하여 위험하니 젖은 손으로 전기기구를 만지지 않는다. 몸이 젖었거나 물 속에 있을 때에는 어떠한 전기설비도 만지면 안된다.
- 어린아이가 콘센트 등 전기기구에 접촉하지 않도록 한다.
- 플러그를 반쯤만 꽂는다거나 전선을 불완전하게 접속하는 것은 과열이 되면 위험하므로 완벽하게 접속해두는 습관이 필요하다.

③ 기기 조작의 설비적 안전화
- 누전차단기 점검
- 고장 수리 시에는 반드시 전원을 끄고 작업한다.
- 전기기기의 조작에 있어서 작업자가 위험원에 접근한다든지, 위험성이 높은 조작을 적게 하기 위해 회로차단기 조작의 원격화나 차단기의 오동작방지 시스템 등의 전기기기 설비를 개선한다.

④ 전기기구는 반드시 안전하게 접지한다. 이는 감전사고의 대부분이 기구의 대지전압(對地電壓)에서 일어나므로 기구의 대지전압을 0V로 하기 위함이다.

⑤ 사용 전압을 낮게 줄임 : 사용 전압이 높을수록 감전 시의 전류가 크게 되고, 피해의 정도도 커지기 쉽다. 설비의 사용 전압을 될 수 있는 한 낮추고 감전의 위험이 적은 전압을 사용함으로써 감전 피해를 적게 한다.

⑥ **참고** : 전기 관련 제품은 가능한 한 손으로 만지는 것이 큰 감전사고를 예방할 수

있는 방법이 된다. 또한 가급적이면 심장에서 먼 오른손을 사용하는 것이 더 안전하다.

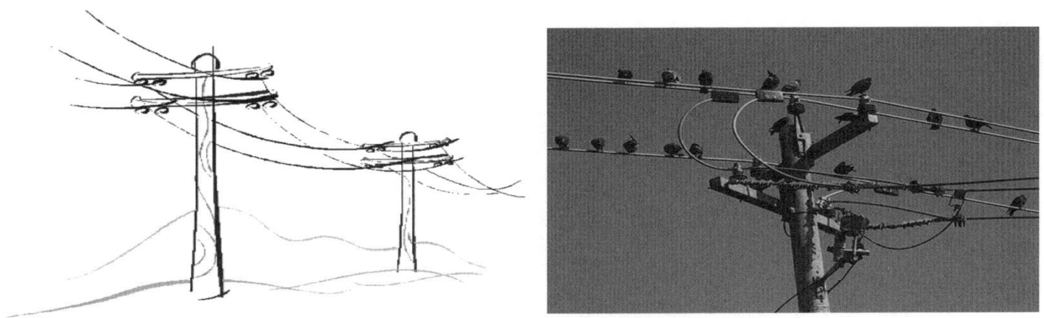

그림 8-3 전선 위에 앉아 있는 새들의 모습

[그림 8-3]은 전선 위에 앉아 있는 새들의 모습이며 [그림 8-4]는 동물들이 한 선 위에 앉아 있는 경우와 두 선을 잡고 있는 경우의 개념도에 따른 등가회로와 등가저항을 나타낸 회로도이다.

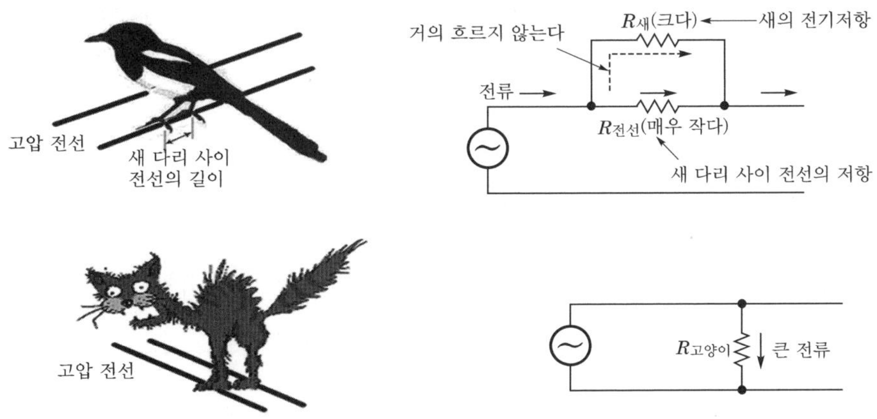

그림 8-4 동물들이 전선 위에 앉아 있는 경우의 등가회로

02 ▶ 가정 내 및 옥외의 전기 안전

1 가정 내 전기 안전

① 전기는 물기가 있을 때에 더욱 잘 통하게 되므로 젖은 손으로는 전기기구를 만지지 말아야 한다.([그림 8-5] 참조)

- 전기기구를 싱크대, 욕조와 같이 물이 있는 근처에 두지 말아야 하며, 물 근처에서 사용되는 전기기구를 사용하지 않을 때에는 플러그를 빼두어야 한다.
- 전기기구가 물에 젖었을 때에는 플러그를 뽑고 전문 수리공의 점검을 받기 전까지 사용해서는 안 된다.

그림 8-5 가정 내 전기 안전의 개념도

② 전기기구를 문어발식으로 사용하지 말아야 한다. 한 개의 콘센트에 많은 전기기구를 연결하여 쓰면 한꺼번에 많은 전류가 흐르게 되어 화재의 위험이 있다.

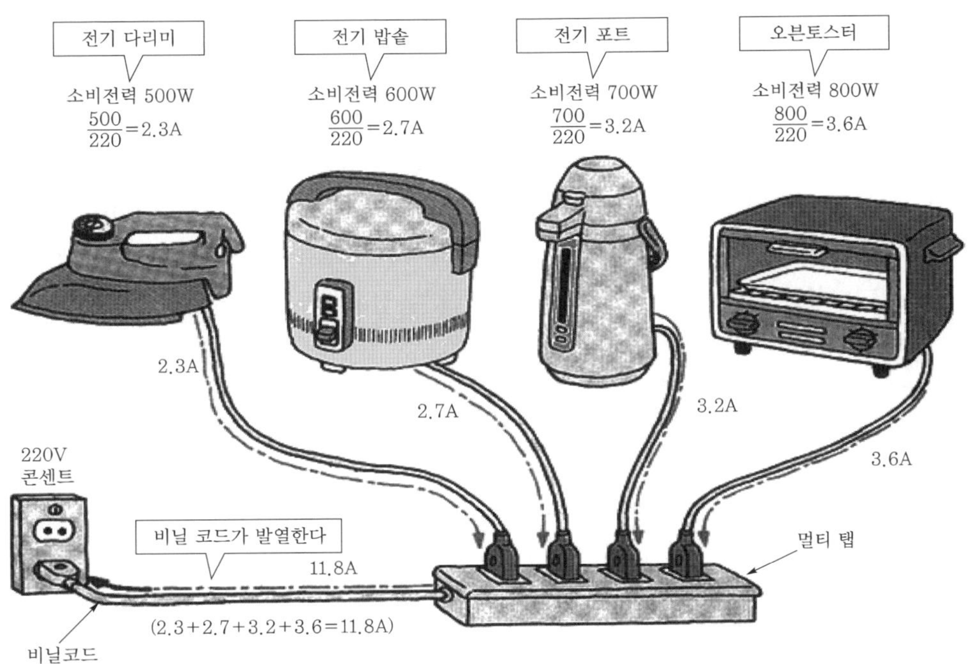

┃ 그림 8-6 전기기구의 문어발식 사용 일례 ┃

- 플러그 : 각 콘센트에 적합한 타입의 플러그를 사용해야 한다. 방에서 2구 콘센트에 3핀 플러그를 사용하게 될 때 접지 핀을 플러그로부터 분리하면 안 된다. (전기적 충격 위험 우려) 이에 대한 좋은 해결책은 2핀 어댑터를 사용하는 것이다. 화재나 감전이 발생될 수도 있으므로 플러그가 콘센트에 잘 맞지 않을 때 억지로 끼우면 안 된다. 플러그는 콘센트에 안전하게 삽입되어야 하고 콘센트는 과부하가 되어서는 안 된다.
- 콘센트 : 콘센트에 플러그가 헐겁게 끼워져 있으면 과열로 인해 화재가 발생할 수 있으므로 꼭 확인해야 한다. 파손된 것은 바꾸고, 쓰지 않는 콘센트는 아이들이 손댈 수 없도록 커버를 해야 한다.

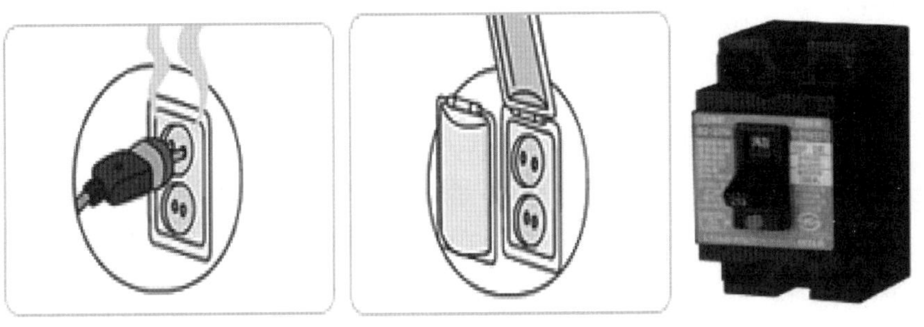

┃ 그림 8-7 플러그 · 콘센트 · 누전차단기의 모습 ┃

③ 누전차단기 이상 유무 동작시험 : 월 1회 이상 시험단추를 눌러 정상적으로 작동되는지 확인하여, 누전 시 발생될 수 있는 감전사고나 화재 등에 대비하여야 한다. 누전차단기가 자주 동작한다고 해서 누전차단기를 제거하면 위험하니, 반드시 전기공사업체의 확인, 점검을 받은 후 안전하게 조치하여야 한다.

④ 콘센트에 완전히 접속하고, 뽑을 때에는 플러그를 잡고 뽑아야 한다. 플러그가 콘센트에 완전히 접속되지 않으면 접촉 불량으로 과열되어 화재 발생의 위험이 있다. 코드를 뽑을 때는 반드시 플러그를 잡고 뽑아야지 전선을 잡아 당기면 전선이 끊어지거나 합선이 될 우려가 있다.

⑤ 불량 전기기구를 사용하지 않는다. 불량 전기제품을 사용하면 누전이나 합선 등으로 인해 감전, 화재의 위험성이 높다.(전자 또는 "KS"표시품 사용)

⑥ 세탁기 등 습기가 많은 창고의 전기기구는 반드시 접지하여야 한다. 전기기구 외함 등을 통해 전류가 누설될 경우 누전차단기가 동작되어 감전사고를 예방할 수 있다. 접지가 곤란할 경우에는 꽂음접속식 누전차단기를 구입·사용해야 한다.

2 옥외의 전기 안전

(1)건축(건설)공사 현장에서

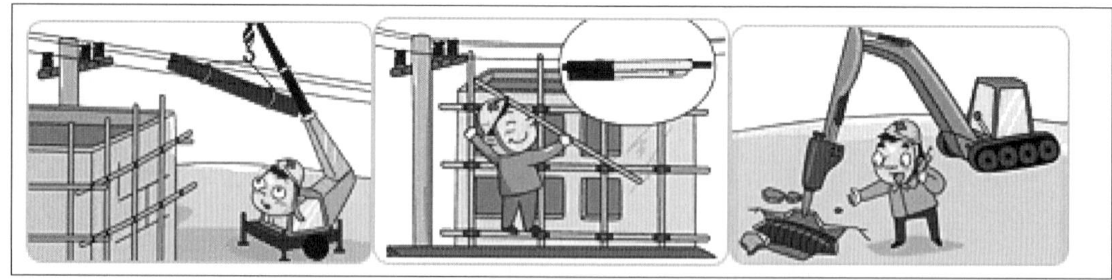

그림 8-8 옥외에서의 전기 안전 관련 그림

- 건축물의 건축주(또는 시공자)는 공사현장의 위해를 방지하기 위하여 필요한 조치를 하여야 한다.(산업안전보건법 및 전기 사업법)
- 고압전선과 근접한 장소에서 건물의 증·개축공사를 할 경우 한전에 연락하여 전선과 충분한 안전거리를 확보하고, 충전부위에 대한 방호(안전조치)를 취한 후, 작업을 하여야 한다.
- 철근, 파이프의 운반이나 취급 중에 부근의 전력선 주변에 근접되지 않도록 주의하고, 크레인이나 펌프카 등 중장비 사용 시에는 부근의 전력선에 근접되지 않도록 작업 위치를 잘 선정하여야 한다.
- 피복전력선에 잠깐 접촉될 경우에도 감전되므로, 안전하다고 잘못 판단하여 계속

접촉하면 위험하므로 절대로 손이나 쇠붙이로 접촉하면 안 된다.

- 지하 굴착 시에는 지하 매설 전력선이 있는지 반드시 사전에 관할지역 한전으로 확인하여야 하며, 필요 시 한전 직원의 입회하에 안전하게 작업해야 한다.

② 낚시터에서 : 낚시터 인근에 전력선이 있는 장소, '감전 위험' 경고판이 있는 곳에서는 절대로 낚시를 하지 말도록 하며, 낚시 중 또는 낚시터에서 이동할 때에는 부근의 전력선에 낚싯대가 닿지 않도록 특별히 주의하여야 한다.

③ 농어촌에서 전기 사용 시

- 양수기용 전선은 지지대를 세워, 땅에서 충분히 띄워서 설치하여야 한다.
- 양수기 취급 및 스위치 조작은 마른 손으로 장갑을 끼고 하여야 하며, 위치 이동이 필요할 경우 반드시 전원 스위치를 끈 후에 이동시켜야 한다.
- 무단으로 전기를 연결하여 모터 등을 사용하지 않아야 한다.
- 비닐하우스 설치 시 전선에 접촉되지 않도록 주의하여야 한다.

④ 이삿짐 운반 시

- 고가 사다리 차를 이용하여 이삿짐 운반 시 작업에 지장이 된다 하여 전력선을 만지는 경우가 있으나, 피복이 있는 절연전선도 접촉하면 감전되므로 절대로 밧줄로 묶거나, 막대기, 쇠붙이 등으로 지지하면 안 된다.
- 전력선 근처에서 이삿짐 운반 작업 시에는 전력선과 충분한 거리를 확보한 후 작업하여야 하며, 불가피하게 전력선에 접근이 필요한 경우 반드시 사전에 한전과 연락하여 안전조치를 취한 후 작업을 하여야 한다.

⑤ 기타 야외에서

그림 8-9 야외에서의 전기 안전 관련 그림

03 누전이란?

(1) 누전이란?

피복이 벗겨진 전선이나 전기제품의 절연이 불량한 부분을 통하여 전기가 땅으로 흐르는 현상을 말한다. 누전이 되면 감전 및 화재의 발생으로 뜻하지 않는 인명피해 및 재산상 크나큰 손실을 가져오기도 한다. 또한 전기가 땅으로 흘러 전기요금이 많이 나오는 경우가 발생하니 누전이 된다고 판단되면 전기공사업체를 선정하여 빨리 개수하셔야 한다. 누전 점검은 한국전기안전공사(http://www.kesco.or.kr/) 또는 전기공사업체에서 유상으로 시행하고 있다.

참고로 누전이 되면 건물의 쇠붙이가 달린 곳을 만질 때 짜릿짜릿한 감각이 오게 되며 전기를 사용하지 않는데도 계량기가 돌아가 전기요금이 전에 비해 많이 나오기도 한다. 이럴 경우는 누전이 되고 있는 현상이므로 속히 수리하여야 한다. 맑은 날에는 전기설비가 이상이 없다가도 비가 오는 날 쇠붙이를 만지면 전기가 통하는 것 같이 느껴지는 것도 누전이 되고 있는 현상이다.

(2) 누전차단기란?(전기 안전의 파수꾼)

- 누전차단기는 옥내에 누전이 될 경우 아주 미세한 누전현상(30mA 정도)이 발생해도 0.03초 이내로 전기를 고속 차단시키므로 누전으로 인한 감전사고의 위험을 미연에 방지할 수 있는 안전장치이다. 따라서 누전차단기가 작동되면 일단 누전을 의심해야 하나, 간혹 천둥에 의한 충격으로도 떨어지는 경우가 있으며, 이러한 경우에는 스위치를 위로 올리면 전기가 통하게 된다.
- 누전차단기의 설치 및 수리 : 누전차단기는 1Ø2W(단상 2선식) 220V 및 3Ø4W(3상 4선식) 220V/380V의 220V 전등용에 부설하도록 되어 있으며, 부설 위치는 전력량계와 인입개폐기 사이에 설치하여야 한다.
- 가정과 같은 일반 저압전선로에서 상용 전원에 의한 감전사고를 방지하기 위해서는 [그림8-10]의 개념도와 같이 누전차단기를 이용하는 방법이 일반적이다. 이때 누전차단기의 동작은 다음과 같이 수행한다. 정상상태(누전전류가 흐르지 않는 상태)에서는 전기회로의 스위치(SW)는 닫혀 있지만, 부하기기에 누전사고가 발생하면 누전차단기에 내장되어 있는 영상변류기(ZCT; zero current transformer)가 이상을 검출하여 스위치를 동작시킴으로써 전로를 차단한다. 이때의 ZCT는 부하기기가 정상적으로 가동되고 있을 경우 즉, 누전사고가 발생하지 않은 상태라면 ZCT 내를 왕복하는 전류는 같으므로 균형을 유지하고 있다. 이 상태에서는 ZCT의 2차측 코일에 전압이 나타나지 않는다. 그러나 부하기기에 문제(예를 들

면, 절연 열화로 인한 누전)가 발생하면 왕복하는 전류의 균형이 깨져버린다. 이 때, ZCT의 2차 측에는 전압이 발생하므로, 이 전압을 이용하여 전로의 스위치를 개방한다. 일반적으로 사용되고 있는 누전차단기의 성능은 고감도형으로, 정격감도전류는 5, 10, 15, 30mA이며, 동작시간은 0.1s 이내 및 0.03s 이내의 차단기 등 몇 가지 종류(KS C 4613)로 되어 있으나, 우리나라에서는 감전보호용 누전차단기의 정격감도전류는 30mA, 동작시간 0.03s 이내이다.

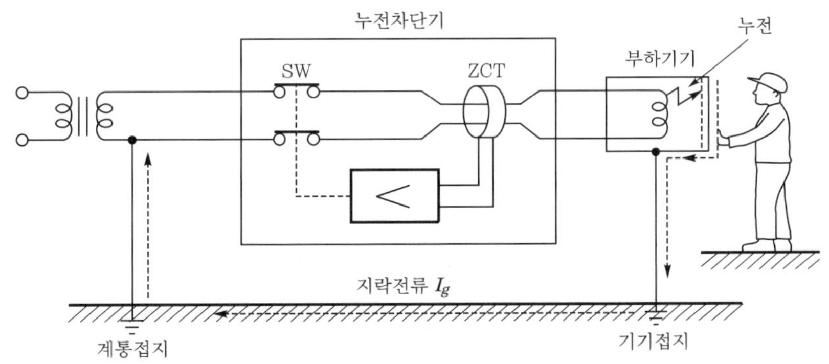

그림 8-10 누전차단기의 동작 개념도

(3) 누전차단기 점검 방법

누전차단기가 떨어지면 우선 다음과 같이 누전차단기의 정상 작동 여부를 점검하여야 한다.

- 먼저 분전반에 있는 누전차단기 개폐기의 스위치를 내린다.
- 누전차단기의 시험용 단추를 누른다(누전 및 과전류 겸용 누전차단기는 적색, 일반 누전차단기는 녹색).
- 이때 누전차단기 스위치가 아래로 떨어지면 정상이고 떨어지지 않으면 불량이다.

(4) 누전차단기의 종류

- 누전차단기의 종류에는 두 가지가 있다. 하나는 누전이 될 때만 동작하는 것이고 다른 하나는 누전이 될 때는 물론 과전류가 흐를 때도 동작이 되는 겸용의 것이 있다. 구별하는 방법은 누전차단기에는 시험용 단추가 있는데 누전전용의 차단기는 시험용 단추 색깔이 초록색이며 누전 및 과부하 겸용차단기는 시험용 단추의 색깔이 붉은색이다. 따라서, 누전전용개폐기 즉 시험용 단추가 초록색인 경우는 누전이 될 때만 동작하게 된다.
- 누전이 되면 옥내 회로를 자동으로 차단하여 누전으로 인한 사고를 사전에 방지할 수 있는 누전차단기와 누전시 경보음을 울려 주는 누전 화재 경보기가 있다.

일반가정에서는 누전차단기가 주로 이용되고 있으나 대형 빌딩이나 건물 면적이 큰 장소 및 대중 이용 장소에는 누전차단기와 화재 경보기가 같이 사용되고 있다.

- 누전 차단기와 배선용 차단기의 차이: 누전차단기는 ELB(Earth Leakage Breaker)라고도 표기하며 과부하 차단도 목적이 되지만 주 목적은 누전 차단이 목적이다. 배선용 차단기는 NFB(No Fuse Braker) 또는 MCCB(Molded Case Circuit Breaker)라고 쓴다. 배선용 차단기는 과부하 차단 보호가 목적이다. 전에 두꺼비집이나 커버나이프 스위치를 사용할 때에는 안에 퓨즈가 들어가서 일정한 전류 이상이 흐르면 퓨즈가 끊어지게 되어 있다. 그런 방식이 불편해서 이것을 보완해서 만든 것이 배선용 차단기이며, 과부하란 합선에 의한 과대전류, 기기나 기계의 과다 사용으로 인한 전류의 과다한 흐름, 그리고 누전에 의한 과전류를 말한다.

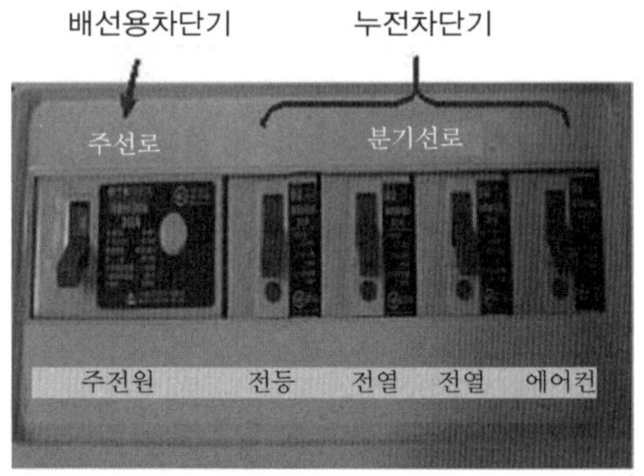

| 그림 8-11 배선용 차단기와 누전 차단기 |

04 ▶ 인체와 감전 전류

감전 사고는 아래 [그림 8-12]와 같이 저압 전기회로의 경우와 같이, 직접 접촉이나 간접 접촉에 상관없이 인간에게 대지 전압(또는 접촉전압) U_t가 인가되고 인체에 감전 전류 I_h가 흐르는 경우이다.

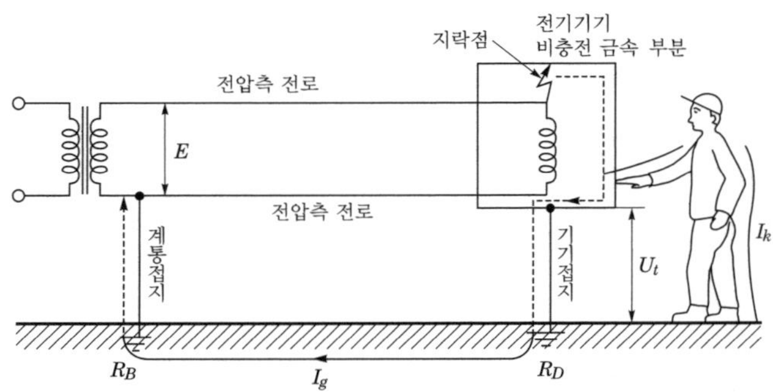

‖ 그림 8-12 저압 전로의 경우에서 감전 사고의 상정도 ‖

이와 같은 감전 사고 시 감전 보호를 실시할 경우 가장 중요한 지표는 감전 전류이다. 인체에 전류가 흐르더라도 단지 감지하는 정도라면 불쾌감만이 남을 뿐 사망에 이르지는 않는다. 문제가 되는 것은 인체에 전류가 흘러 호흡 곤란과 근육 수축이 발생함으로써, 몸을 마음대로 움직일 수 없게 되어 2차 재해를 야기하는 경우와 심실 세동으로 인해 심장이 멈춤으로써 사망에 이르는 경우이다.

(1) 인체의 전기적 특성

- 인체를 전기적 도체라고 생각했을 경우, 피부, 혈액, 근육, 기타 세포 및 관절 등, 인체의 각 부위는 전류에 대해 저항성과 용량성으로 이루어진 임피던스(저항, 코일, 축전기가 직렬로 연결된 교류회로의 합성저항을 임피던스(Impedance)라고 하며, 교류회로에서 전류가 흐르기 어려운 정도를 나타냄)를 갖고 있다. 이 임피던스의 값은 전류경로, 접촉전압, 통전 지속시간, 주파수, 피부가 젖은 상태, 접촉 면적, 접촉 압력 및 온도에 의해 결정되므로 일반적으로 비선형성을 나타낸다. 미국의 Dalziel은 인체의 임피던스 개념을 아래 [그림 8-13]과 같이 나타내었으며, 독일의 Freiberger는 보다 정교하게 실험하여 임피던스 등가회로를 표현하였다.

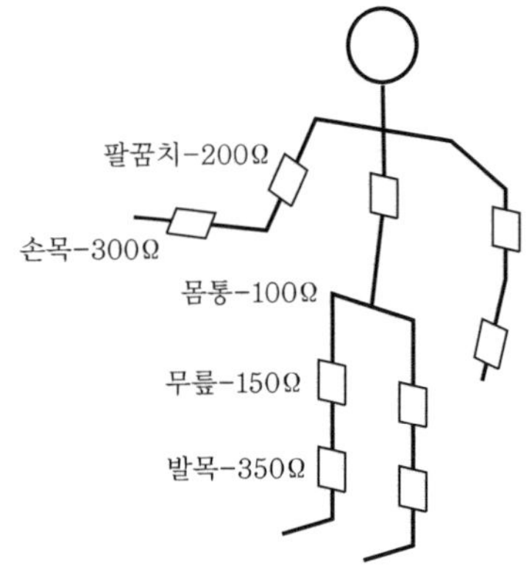

‖ 그림 8-13 Dalziel에 의한 인체 임피던스 ‖

- 이러한 인체의 임피던스는 인체 내부의 임피던스와 인체 피부의 임피던스로 크게 나눌 수 있다. 인체 내부의 임피던스는 대부분 저항성이며 그 값은 주로 전류 경로와 접촉 면적에 따라 달라진다. 피부 임피던스는 전류가 증가함에 따라 감소하며 전압, 주파수, 통전 지속시간, 접촉 면적, 접촉 압력, 피부가 젖은 정도 및 온도에 의해 결정된다고 보고되고 있다.(출처 ; 일본의 다카하시 다케히코, "접지 · 등전위 본딩 설계의 실무지식")

(2) 인체의 통과 전류와 누전차단기 용량

- 가령 220V의 전기기구에 손이 접촉된 경우 인체 내부의 임피던스가 $1,000\Omega$이고, 피부 임피던스가 $1,800\Omega$, 발과 신발 사이의 저항 $1,000\Omega$, 신발과 지면 사이의 저항이 $1,200\Omega$이라면 인체에 흐르는 전류는 옴의 법칙을 이용하여 다음과 같이 구할 수 있다.

- 인체에 흐르는 전류 $= \dfrac{220V}{4,800\Omega} = 45.8 mA$로 상당히 위험한 수준이다.

- 서구권에서 동물 실험 결과 얻은 심실세동 한계치는 15mA를 감전 방지 목표치로 삼고 있지만 인간에게서는 더욱 더 안전도를 요구하기 때문에 1.67이라는 안전율을 부과하여

  $15mA \times 1.67 \times 1s \fallingdotseq 30mA \cdot s$

  $20mA \times 1.5s \fallingdotseq 30mA \cdot s$

  $60mA \times 0.5s \fallingdotseq 30mA \cdot s$를 안전 전류로 정하고 있다.

  즉, 20mA 1.5sec 또는 60mA 0.5sec 이하로 인체 통과 전류를 설정해야 한다.

- 30mA·s는 누전차단기의 감도, 전류, 동작 시간을 정하는 기본 기준으로 하고 있고, 우리나라 공업 규격으로 제정 판매되고 있는 누전차단기(ELB)의 규격은 30mA 0.1sec의 것과 30mA 0.03sec에 동작하는 것이 판매되고 있다.

- 따라서 누전차단기(ELB)의 선택은 선로(전압) 종류에 따라 선택 취부하는 것이 바람직하며 그 계산 예는 다음과 같다.

(예) 전압 100V, 200V, 400V 회로에 어느 규격의 ELB를 취부하는 것이 안전할까?

- 100V 회로에서의 인체 통과 전류

  $I = V / R = 100/500(인체\ 저항) = 200mA$

  이때 30mA 0.1sec 정격의 것을 사용 시 0.1sec 동안 인체에 흐르는 전류 시간은 $200mA \times 0.1(sec) = 20mA \cdot s$. 즉 100V에서는 정격 30mA 0.1sec의 것을 사용해도 실제의 인체 통과 전류는 20mA·s로 제한할 수 있어 안전 전류 30mA·s 보다 적기 때문에 양호하다.

- 200V 회로에서의 인체 통과 전류

$$I = \frac{V}{R} = \frac{200}{500}(\text{인체 저항}) = 400\text{mA}$$

$$400\text{mA} \times 0.1\text{sec} = 40\text{mA·s}$$

이때 30mA 0.1sec 정격의 것을 200V 회로에 사용하면 인체에는 40mA·s가 흐르기 때문에 안전전류 범위를 넘어서게 된다.(0.1sec일 때는 누전차단기 사용 불가) 따라서, 400mA×0.03sec=12mA·s로서, 즉 0.03sec에 동작하는 고속형 누전차단기를 사용하게 되면 인체에 통과하는 전류는 12mA·s 밖에 되지 않기 때문에 더욱 안전하다.

- 400V 회로에서의 인체 통과 전류

$$I = \frac{V}{R} = \frac{400}{500} = 800\text{mA}, \quad 800\text{mA} \times 0.1\text{sec} = 80\text{mA·s}$$

이때는 0.1sec 누전차단기 사용 불가. 즉 인체 통과 전류 800mA×0.03sec=24.0mA·s이므로 0.03sec에 동작하는 고속형 누전차단기(ELB)를 사용하면 된다.

감전에 따른 생리 현상 및 전류 비례

1. 심실세동 현상

   통과 전류치가 증가하면 심실에 경련을 일으켜 맥박의 박동이 어렵게 되고 심장이 정지하게 된다.

2. 인체의 반응과 감전전류치의 비교(교류 60Hz, 3sec 기준)

감전 전류치(mA)	인체의 반응
0.5 이하	• 감지할 수 없다.
5~30	• 호흡 곤란, 혈압 상승 – 수분 간 견딜 수 있다.
31~50	• 심장 고동 불규칙, 경련 발생 – 수 분 견딘다.
51~100	• 짧은 시간의 경우 강렬한 쇼크는 받지만 아직 심실세동은 없다. – 수 초 견딘다.
100 초과	• 즉시 심실세동 현상 발생

그림 8-14 감전에 따른 생리 현상 및 전류 비례

05 ▶ 접 지

(1) 접지의 목적

- 접지란 전기 · 전자 · 통신 설비 기기를 대지(지구)와 전기적으로 접속하는 것으로서 접속하기 위한 터미널 역할을 하는 것이 접지극이다. 이 접지극이 대지와의 사이에 전기저항, 다시말해 접지저항을 가지기 때문에 접지전류(혹은 지락전류)로 인해 전위상승이 발생하여 여러 가지 방해를 발생시키게 되며, 이상적으로는 접지저항이 "제로"[Ω]이면 아무런 장해가 발생하지 않는다.
- 따라서 접지는 누전 시에 인체에 가해지는 전압을 감소시킴으로써 감전을 방지하고(기기 접지) 지락전류를 원활히 흐르게 함으로써 차단기를 확실히 동작시켜 화재 · 폭발의 위험을 방지(계통 접지)하기 위해 시행하는 것이다.
- 일반적으로 가정 내에서 물기에 접하기 쉬운 곳에 설치하는 기기는 반드시 전기설비 기술기준에 적합하도록 기기 접지를 시행하여야 감전으로 인한 재해를 예방할 수 있다.

(2) 전기기기의 비접지 상태와 접지 상태

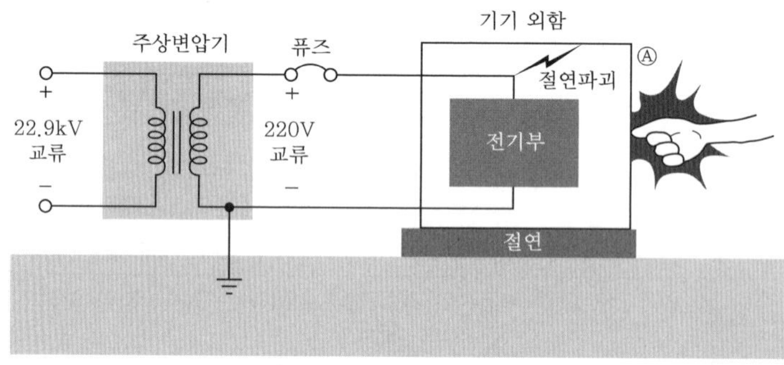

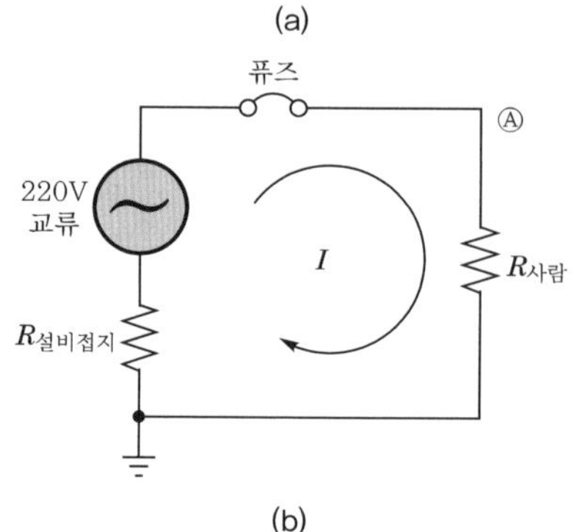

그림 8-15 전기기기의 비접지 상태와 등가회로

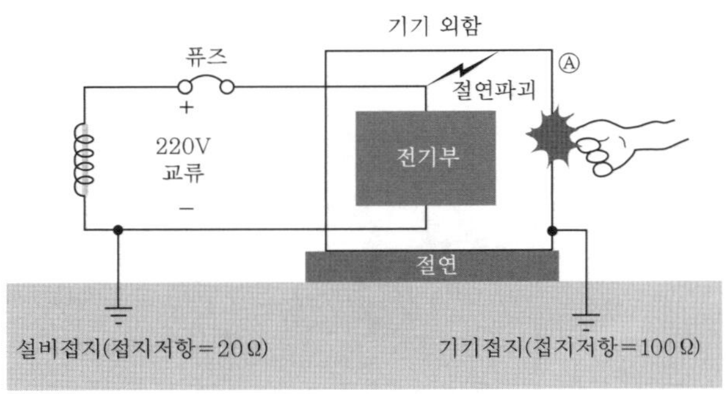

(a)

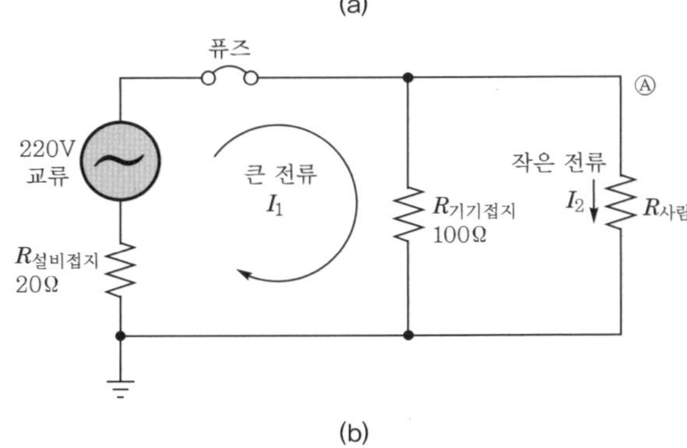

(b)

┃ 그림 8-16 전기기기의 접지 상태와 등가회로 ┃

(3) 접지로 인한 감전 사고 예방 사례

• 접지하지 않으면 누전된다 •	• 접지하면 감전되지 않는다 •
• 누전된 전기는 신체를 통하여 땅으로 흐르기 때문에 건드리면 감전된다.	• 누전된 전기는 접지선을 통하여 땅으로 흐르기 때문에 건드려도 감전되지 않는다.

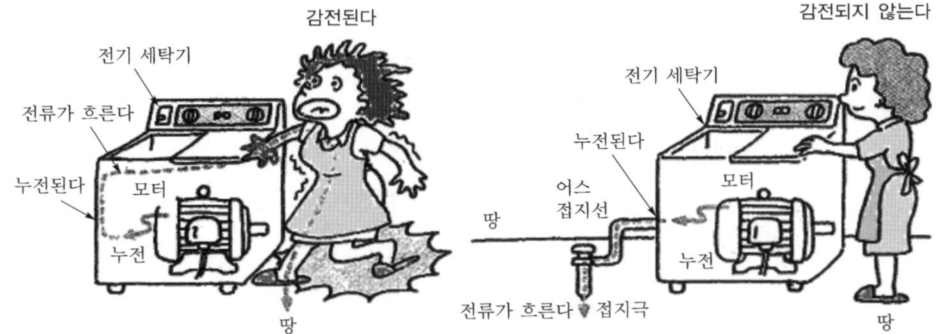

┃ 그림 8-17 접지로 인한 감전 사고 예방 사례의 모습 ┃

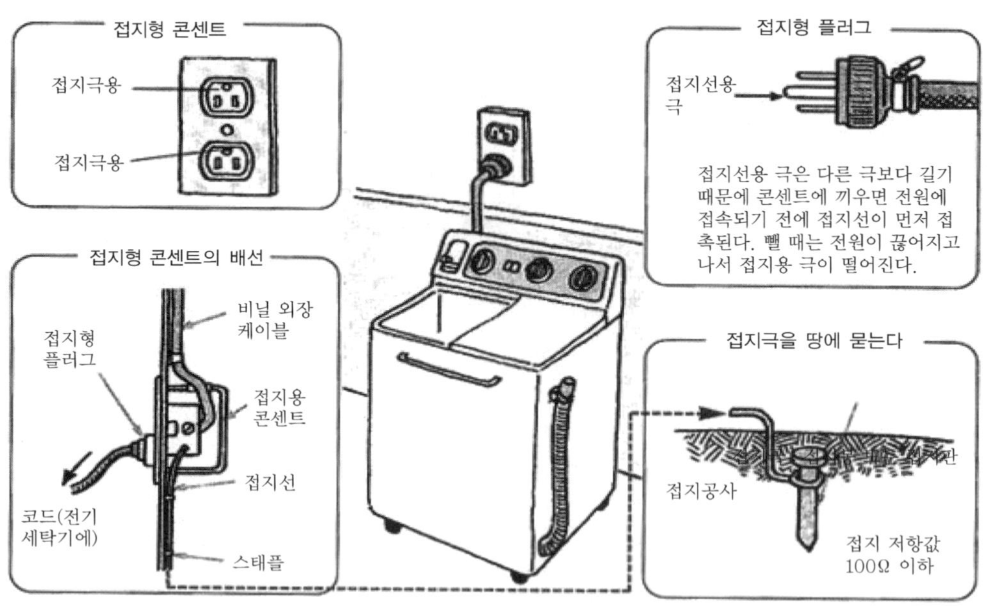

┃ 그림 8-18 세탁기에서의 접지로 인한 감전 사고 예방 사례 ┃

(4) 접지전극과 기호

- 납작한 것은 접지로서 대지와 연결된다.
- 만일 전압이 걸린 선이 잘못되어 전기제품의 몸체에 접촉되면 전류는 접지선으로 흘러가고 제품을 만지던 사람은 아무런 해도 입지 않게 된다.

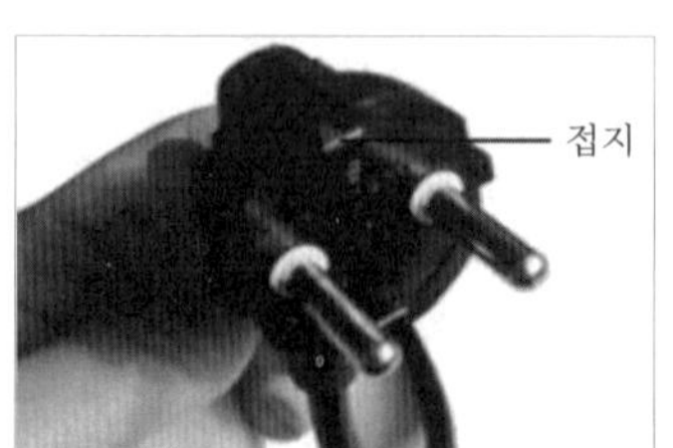

┃ 그림 8-19 전기코드에서의 접지 ┃

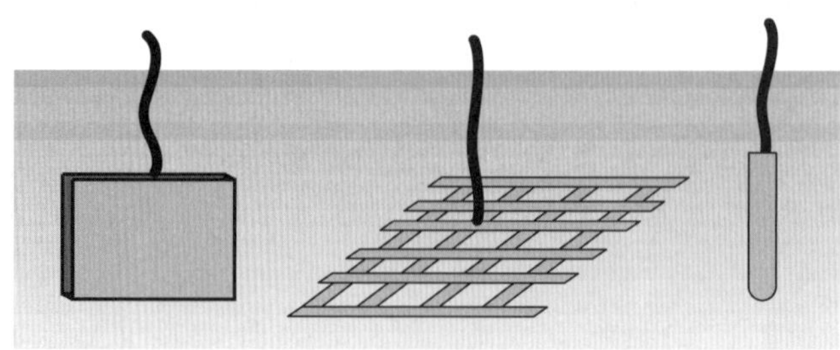

┃ 그림 8-20 접지전극의 여러 가지 모습 ┃

　접지의 그림 기호를 [표 8-1]에서 나타내고 있다. IEC(국제전기 표준회의)에서 정의하고 있는 접지에 관한 그림 기호는 표에 나타난 바와 같이 다섯 가지이다. 그것을 크게 나누어 보면 보안용, 기능용, 등전위용이다.

▎표 8-1 접지의 그림 기호(IEC규격) ▎

그림 기호	명칭 및 적용
	Earth(Ground) : 대지 그림기호 5018, 5019가 명확하게 사용되지 않는 경우에 사용하는 단자. 여기서는 이 그림 기호가 IEC에서는 대지라고 정의하고 있으나 일반적으로 접지 혹은 어스(Earth)라고 칭하고 있다.
	Noiseeless(clean) earth(ground) : 무잡음 접지 클린 접지라고도 한다. 기기의 주변에서 나오는 잡음(노이즈)이 기기 오작동을 발생시키지 않도록 설계한 시스템 단자
	Protective earth(ground) : 보안용 접지 감전 또는 화재의 방지를 위한 단자
	Frame(chassis) : 프레임 또는 섀시 특히 고주파 신호 회로의 경우 전위의 기준면을 설계하기 위한 단자. 신효용 접지라고도 한다. 여기서는 앞부분의 5017, 5018, 5019는 대지를 대상으로 하고 있으나 이 접지 그림 기호는 기기의 프레임 또는 섀시에 접속하는 것을 의도하고 있다.
	Equipotentially : 등전위성 복수의 장치와 시스템을 같은 전위로 만들기 위한 단자

Chapter 09
녹색 환경의 구현과 그린카

01 친환경 그린카의 탄생과 종류

최근의 친환경 자동차(Green-car, Eco-car)의 확산은 거스를 수 없는 대세로 자리 잡고 있는 실정이다. 세계의 각국에서는 자동차 연비 및 배기가스 규제가 갈수록 강화되면서 전기자동차 등 그린카의 입지는 더욱 확고해질 전망이다. 이러한 그린카의 확산 배경은 [그림 9-1]에서 설명한 바와 같이 지구상의 환경적 문제에서 기인하며 그 원인을 화석연료를 주 원료로 사용하는 기존의 자동차에서 그 문제를 찾을 수 있다. 즉 화석연료의 과도한 소비로 인한 천연자원의 고갈과 온실가스에 의한 지구 환경오염 및 기후 변화는 지구상에 존재하고 있는 모든 생물체의 삶과 연계되어 심각한 문제로 대두되고 있다. 지구상에 현존하는 원유의 개발과 소비가 현재의 추세로 계속 진행된다면 화석연료의 가채년수는 향후 30~40년을 전후하여 고갈되는 것으로 많은 보고서에서 보고되고 있다.

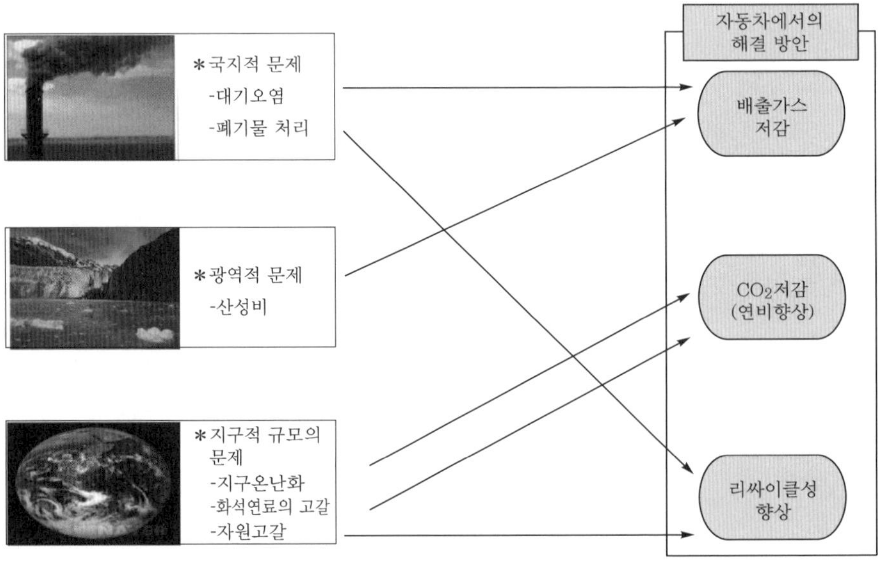

그림 9-1 지구의 환경 문제에 대한 자동차에서의 해결 방안

이렇듯 현재의 자동차는 이러한 원유를 가장 많이 사용하는 수송 수단이며 따라서 대기오염의 주된 요인으로 작용한다. 이에 따라 자동차 관련 연구자와 엔지니어들은 대기오염 방지를 위하여 자동차의 공해를 감소시키고, 국가차원에서의 에너지 안보와 사회적·경제적 차원에서 원유의 의존도를 감소시킬 수 있는 대체 에너지와 이를 사용하는 새로운 구동장치의 개발에 전력을 다하고 있다. 이러한 원유에 대하여 이를 1차 에너지로 할 때의 에너지효율 비교에서 [그림 9-2]와 같이 가솔린 자동차의 종합에너지 효율은 9~14%로 나타난 반면에 전기자동차의 종합에너지 효율은 16~21%로 나타나면서 효율적 측면에서도 유리하다.

따라서 이와 같은 다양한 문제를 해결하려는 시도로 전기 자동차, 하이브리드 자동차, 연료전지 자동차와 같은 차세대-친환경 자동차가 속속 등장하고 있으며 새롭고 다양한 제품 및 연구 결과가 발표되고 있는 실정이다. 이러한 움직임 가운데 하이브리드 자동차는 전기 자동차와 기존의 내연기관 차량의 장점 모두를 이용할 수 있는 현실적이고 구체적인 대안으로 주목받고 있으며 새로운 제품도 속속 등장하고 있다. 이는 가솔린 엔진과 전동기-드라이브를 함께 쓰는 방식을 주로 많이 사용하고 있으며 유해가스를 기존의 차량보다 최대 90% 이상 줄일 수 있고, 대도시의 공기와 주변 환경을 개선할 수 있으며 교통통제와 도로계획 등과도 맞아떨어지기 때문에 당분간 친환경자동차의 대표적 수단으로 평가받고 있다. 이러한 친환경자동차에 대한 주요 특징과 종류는 다음과 같이 분류할 수 있다.

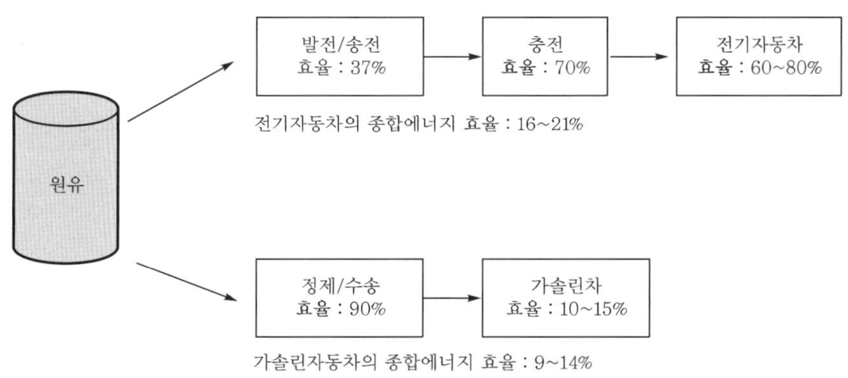

그림 9-2 원유를 1차 에너지로 할 때의 에너지효율 비교

(출처: 電気自動車のすべらない話~モータ制御で雪道でも安全走行~; ポンサトーン研究室)

친환경 자동차로서 가장 보편적으로 알려져 있는 이상적인 형태가 순수 전기로 차량을 구동하는 형태의 전기차이다. 공해가 전혀 없기 때문에 제로 에미션(zero emission) 자동차로 불리며 가장 지향하고 있는 형태의 목표 차량이지만 에너지원인 배터리의 무게와 부피 그리고 안전성과 신뢰성을 위한 제어 기술 등이 가격과 맞물려 본격적인 양산

및 사용의 확산은 당분간은 어려움이 있을 것으로 생각된다.

항목	하이브리드 자동차	플러그-인 자동차	전기 자동차
구조	 모터 / 엔진 / 배터리 / 연료탱크	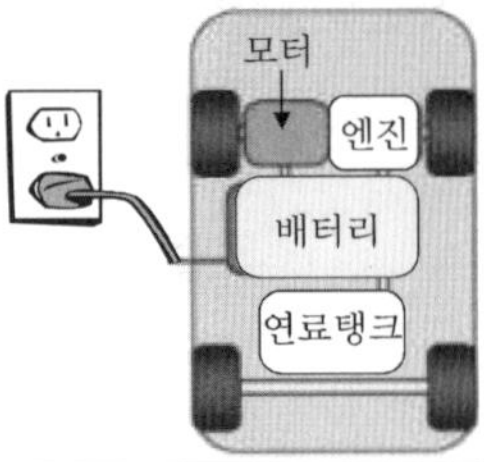 모터 / 엔진 / 배터리 / 연료탱크	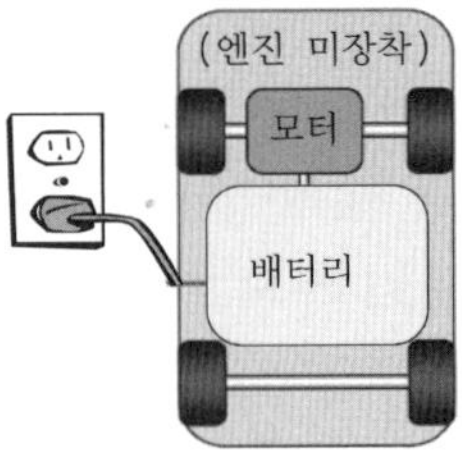 (엔진 미장착) / 모터 / 배터리
동력원	엔진+모터	엔진+모터	모터
에너지원	가솔린	전기, 가솔린	전기

그림 9-3 그린카의 3가지 종류별 구조와 에너지원

그러나 구조적, 기술적 완성도적인 측면에서 소형·경량차량 또는 제한된 운행범위를 가지는 차량에 대한 적용 가능성은 충분하며 그 시기는 이미 가시화되고 있다. 상기 내용을 고려할 때 순수 전기로 구동하는 차량을 보급하기 전의 과도기적 방안 중 하나로 떠오르는 것이 바로 하이브리드 차량이며 장기적으로는 수소연료전지차량 시대라는 것이 많은 전문가들이 예상하는 친환경차량의 시장화 순서이다. 이러한 친환경차량은 크게 전기자동차인 EV(electric vehicle), 하이브리드 전기자동차인 HEV(hybrid electric vehicle), 플러그인 하이브리드 전기자동차인 PHEV(Plug-in HEV), 연료전지 자동차인 FCEV(fuel cell electric vehicle) 등 4가지로 구분할 수 있으며 [그림 9-3]에서 이의 3가지 종류에 대한 구조와 에너지원을 나타내었다.

02 전기자동차(electric vehicle ; EV)

전기자동차는 엔진의 구조가 연소로부터 회전력의 에너지를 얻는 기존의 내연기관 엔진과 달리 전기에너지를 통하여 구동되는 자동차를 말한다. [그림 9-4]는 전기자동차의 구성 개념도를 나타낸 것이다. 그림과 같이 전기자동차는 배터리에 저장된 전기로부터 구동 에너지를 얻기 때문에 배기가스나 환경오염 문제가 전혀 없으며, 소음도 매우 작은 장점을 지니고 있다. 기존의 가솔린을 에너지원으로 사용하는 자동차는 연료를 엔진 내부에서 압축, 발화, 폭발, 팽창의 4행정 사이클로 나오는 에너지를 이용하는 것이다. 이는 화학적 에너지가 연소되면서 발생되는 열, 압력, 소리 등의 에너지 중 압력에너지가 바퀴를 회전할 수 있게 하는 운동에너지로 변환되는 것이고, 이에 반하여 전기자동차는

배터리에 축전되어 있는 화학에너지가 전기에너지로 변환하여 모터를 구동시키는 운동
에너지로 변환하는 원리를 이용한다. 전기자동차는 내연기관 엔진의 폭발·행정 과정이
없는 관계로 소음이 전혀 없게 된다. 다만 동력을 발생시키는 힘이 전기의 힘이므로 동
력 전달과정에서 차륜을 회전시킬 때 발생하는 정도이므로 폭발·행정을 거치는 폭음의
연속 과정이 생략되어 기타 차량에 비하여 소음에 대한 장점을 가지게 된다.

그림 9-4 전기자동차의 구성 개념

[그림 9-5]는 전기자동차의 기본적인 구성 요소를 나타낸 것으로 자동차의 추진시스
템, 전력을 구성하는 파워시스템, 탑재에너지원 등으로 구분하여 그림이 그려져 있으며,
여기서의 컨버터는 배터리를 충전하기 위한 DC/DC 컨버터를 의미하고 컨트롤러는 3상
AC전동기를 구동하기 위한 DC/AC 인버터를 의미하며 [그림 9-6]은 이를 자세히 나타
낸 회로로서 3상을 구성하기 위한 IGBT(insulated gate bipolar transistor) 6개로 구
성된 전력 제어 회로와 동력 전달 경로를 나타낸 것이다.

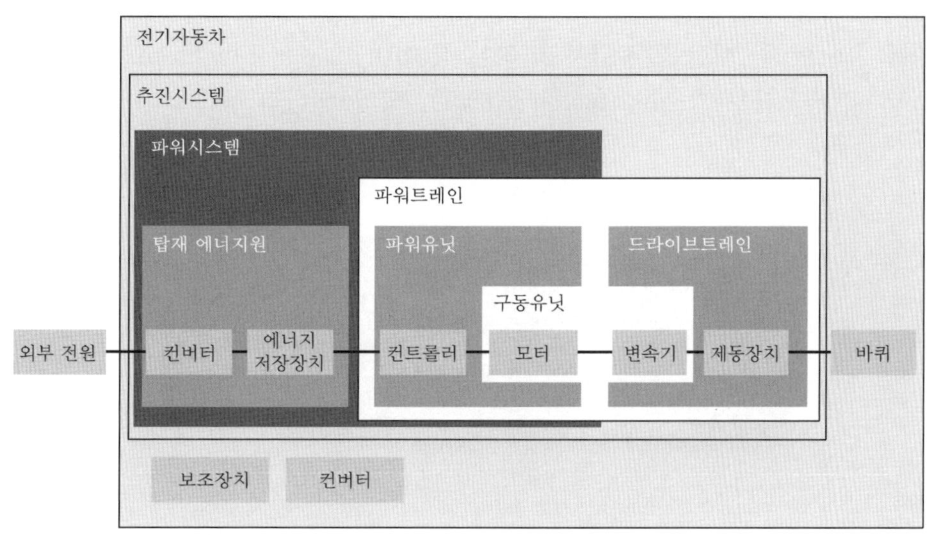

그림 9-5 전기자동차의 기본 구성 요소

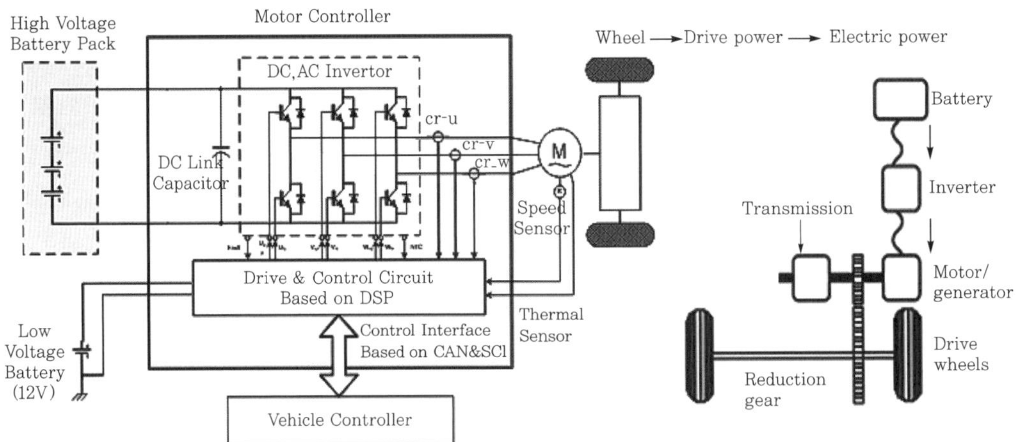

▌ 그림 9-6 3상 AC전동기를 구동하기 위한 인버터 회로와 동력 전달 경로 ▌

03 ▶ 하이브리드 자동차(hybrid electric vehicle ; HEV)

　하이브리드 자동차는 엔진의 가동 및 정지에 따른 에너지 손실을 줄이기 위해 엔진의 출력을 전기에너지로 변환하여 전력을 배터리에 저장해 두었다가 필요에 따라 전동기를 회전시키는 방식이다. 하이브리드 자동차는 2개의 이상의 동력원을 혼합(hybrid)하여 구동되는 자동차를 말하며 가솔린 엔진과 전동기, 천연가스와 가솔린엔진, 디젤엔진과 전동기 등 2개의 동력원을 함께 사용하는 자동차를 포함한다. 일반적인 하이브리드 자동차는 기존 자동차의 내연기관 엔진에 전동기를 결합한 형태이다. 이는 [그림 9-7]과 같이 전동기와 엔진, 이들을 종합 제어하는 HCU(hybrid control unit)와 무단변속기(continuously variable transmission ; CVT), 고압 배터리 등으로 구성되어 있다.

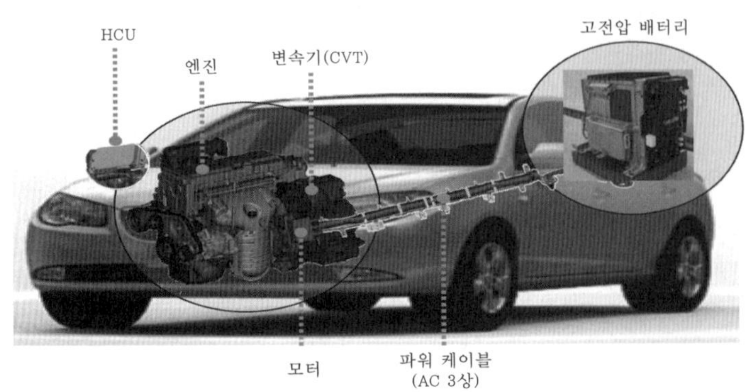

▌ 그림 9-7 하이브리드 자동차의 기본 구성 요소(출처 : 현대자동차) ▌

[그림 9-7]과 같이 일반적인 하이브리드 자동차는 기존 자동차의 내연기관 엔진에 전동기를 결합한 형태이다. 운행 중 전동기는 차량 내부에 부착된 고전압 배터리로부터 전원을 공급받고 배터리는 자동차의 제동 시 다시 충전된다. HEV는 차량의 속도나 주행 상태 등에 따라 엔진과 전동기의 힘을 적절하게 제어함으로써 자동차 운행의 효율성을 극대화시키는 것이 주요 기술이다. 이는 자동차가 처음 출발할 때 전동기로 엔진 시동을 걸고, 도로 주행이나 가속할 때는 엔진이 주 동력원 역할을 수행하며 전동기가 보조 동력원이 된다. 감속 시 브레이크를 밟으면 차량의 운동에너지가 전기에너지로 변환되어 배터리에 충전되고 차량이 정지하면 엔진과 전동기가 모두 정지하게 되며 이의 과정을 [그림 9-8]에 나타내었다.

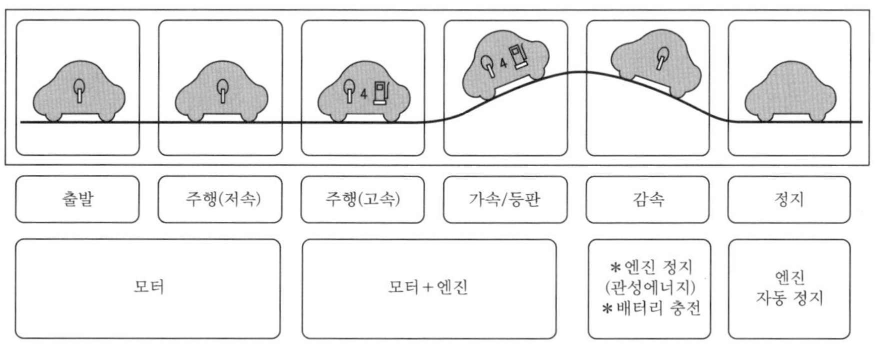

그림 9-8 하이브리드 자동차의 운전 과정 (출처 : 현대자동차)

따라서 [그림 9-8]과 같은 동작과 같이 차량이 정지할 때나 교통이 혼잡할 때 자동차의 공회전에 따른 에너지 손실과 같은 단점 등을 극복할 수 있다. [그림 9-9]는 이와 같이 하이브리드 자동차로 인하여 에너지 효율 향상에 기여하는 요소를 그림으로 나타낸 것이다.

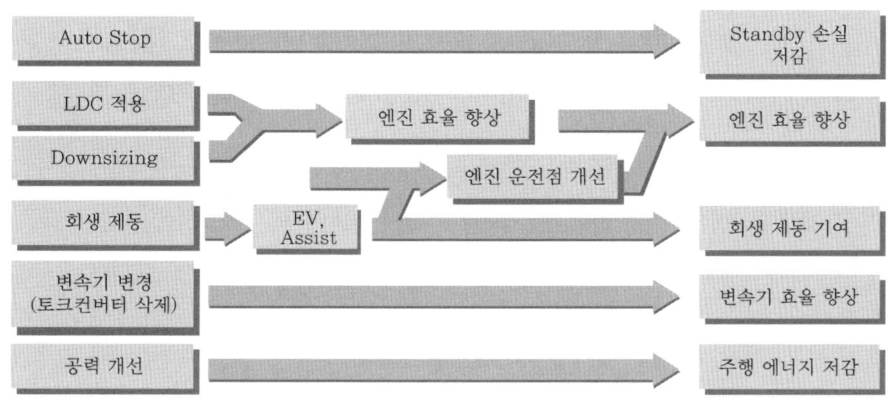

그림 9-9 하이브리드 자동차로 인한 에너지 효율 향상의 기여 요소

HEV는 엔진을 일정 조건하에서 회전시킬 수 있으므로 연비 효율이 향상될 뿐만 아니라 질소산화물의 배출량도 감소시킬 수 있다. 이러한 HEV 차량은 동력 전달 구조에 따라 직렬(series type HEV ; SHEV) 방식과 병렬(parallel type HEV ; PHEV) 방식, 복합(combination) 방식으로 나누어지며 이에 대한 배치 그림을 [그림 9-10]에 나타내었다.

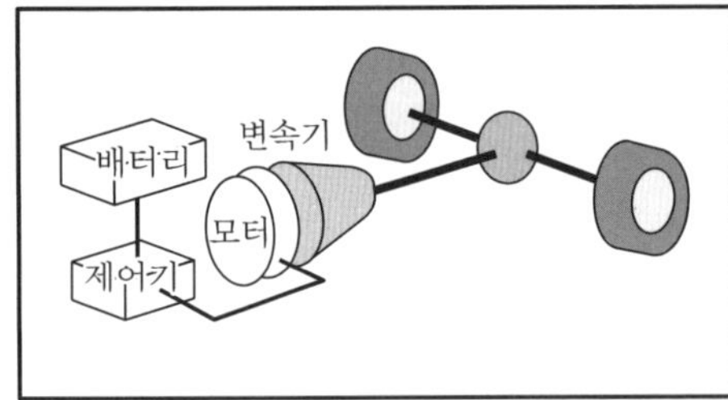

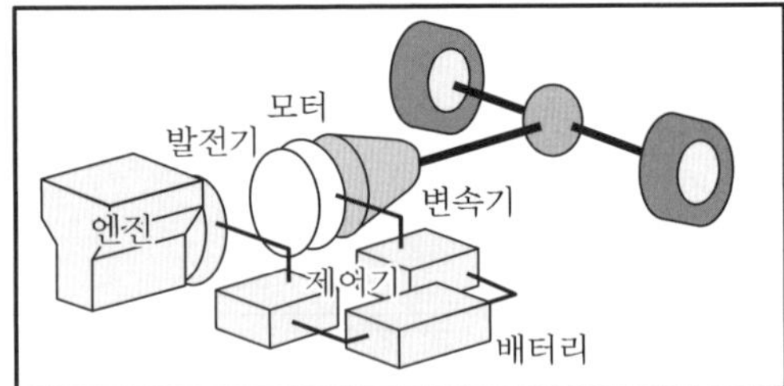

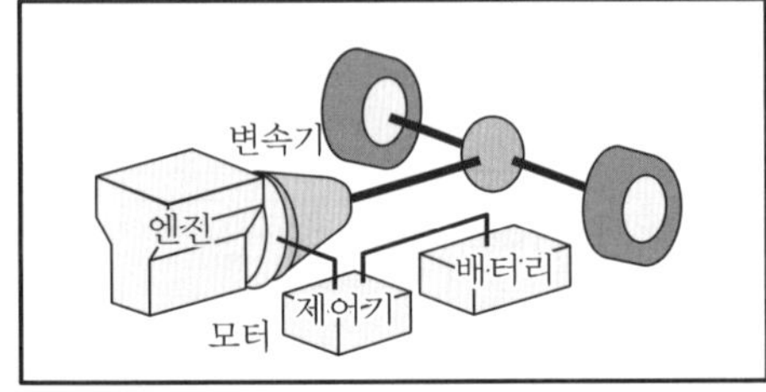

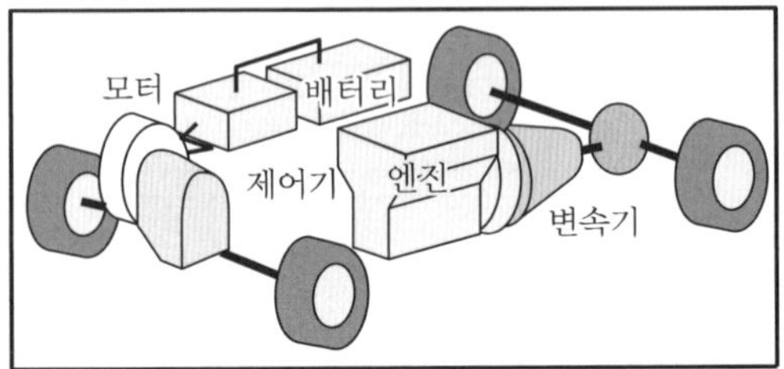

그림 9-10 하이브리드 차량의 동력 전달 구조

- **직렬 방식(SHEV)** : 엔진과 발전기를 직렬로 연결하여 엔진을 작동시켜 발전기로 전력을 생성하여 모터에 공급하고, 순수하게 전동기의 구동만으로 차량을 주행시키는 방식이다. 내연기관은 단지 발전기로서의 역할만 수행하고, 내연기관으로 인해 생성된 전기로 전동기를 가동하여 차량을 구동시키는 방식으로 전기자동차의 가장 큰 단점인 주행거리를 늘리는데 도움이 된다.
- **병렬 방식(PHEV)** : 변속기 전후에 엔진 및 전동기를 병렬로 배치하는 방식으로 복수의 동력원(엔진, 전동기)을 설치하고, 주행상태에 따라 한쪽의 동력을 이용하여 구동하는 방식으로 시동부터 일정 속도 도달 전까지는 배터리의 출력을 이용해 전동기로, 정속 주행시는 엔진 출력을 이용하여 최고속도 가속시는 엔진과 배터리의 출력을 함께 이용하는 방식이다. 엔진 구동 시 배터리에 충전이 되기 때문에 외부 충전은 따로 필요없다.
- **복합 방식 HEV** : 직렬 및 병렬 방식의 장점을 활용한 방식. 이의 하이브리드 차량으로 세계적으로 널리 알려진 일본의 도요타 PRIUS는 두 방식의 장점을 활용한 혼합형을 채용하여 연비 향상 및 주행 안정성, 배출가스 감소 등에 있어서 우수한 성능을 발휘하고 있다.

04 플러그인 하이브리드 자동차(plug-in hybrid electric vehicle ; PHEV)

일반적인 하이브리드 자동차가 석유 연료에 의해 자동차에서 발전되는 전기에너지에 의존하는 데 비해 PHEV는 일반 상용(商用) 전기를 사용하여 완전하게 배터리가 충전될 수 있다는 점이 다르다. PHEV에서 배터리 전원은 주로 단거리 주행의 동력원으로 사용되며, 장거리 주행으로 인하여 배터리의 충전량이 일정한 값 이하로 소진되면 자동적으로 엔진이 가동된다. PHEV는 전 주행거리를 전기로 운행하며 매일 한 번의 충전으로 주행이 가능하므로 연료를 전혀 사용하지 않을 수도 있기 때문에 전기 모드와 하이브리드 모드의 모든 조건에서 높은 성능과 연료 효율을 가질 수 있다. 배출가스도 기존의 하이브리드 자동차에 비해 NO_x는 25~55%, 온실 가스는 35~65% 감소하고, 가솔린 소비는 40~80% 절감이 가능하다.

PHEV는 HEV에 비해 대용량의 에너지 저장장치를 필요로 하며, 10~15년의 수명 기간 동안에 4,000회 이상의 완전 방전과 충전 사이클에 견딜 수 있는 내구 성능을 가져야 하는 점이 요구되고 있다. 따라서 현재까지 개발된 배터리 중에서는 리튬 이온(Lithium-ion) 배터리나 니켈 금속(Ni-metal hydride) 배터리가 가장 적합할 것으로 판단되고 있다.

05 연료전지 자동차(fuel cell electric vehicle ; FCEV)

연료전지 자동차는 에너지원으로 연료전지를 사용하는 것으로 공기 중의 산소와 수소 연료를 이용하여 전기화학적 반응원리를 통해 전기를 발생시키는 것으로 연료와 공기를 외부에서 공급하여 배터리의 용량에 관계없이 계속 발전을 할 수 있는 시스템이다. 이와 같은 연료전지는 연료의 화학에너지를 열에너지로의 변환 없이 직접 전기에너지로 변환시키기 때문에 효율이 매우 높고 공해가 거의 없는 이상적인 발전 시스템이다.

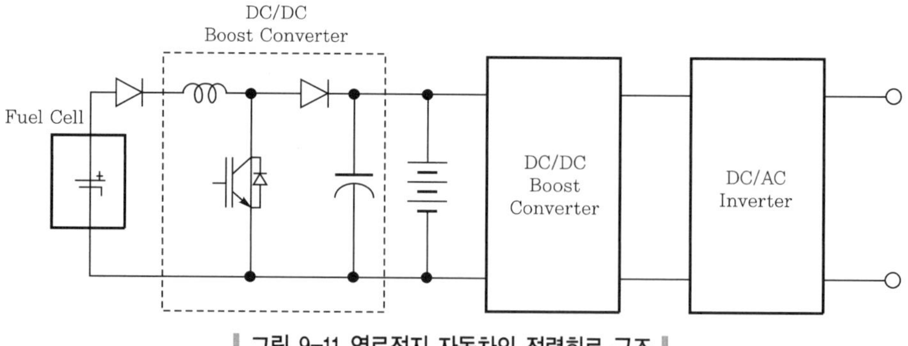

┃ 그림 9-11 연료전지 자동차의 전력회로 구조 ┃

연료전지의 기본원리는 수소와 산소 사이의 화학반응에 의해 전기에너지가 생성되는 것이다. 산성 전해질 기반의 연료전지를 기준으로 설명하면 산성 전해질 연료전지의 연료극(cathode)에서는 수소 가스가 이온화되어 전기가 방출되고 수소 이온이 생성된다. 이 반응으로 에너지가 방출되고, 공기극(anode)에서는 산소와 전극에서 이동해 온 전자 및 전해질을 통과한 수소 이온이 반응해서 물이 생기는 원리를 이용한다. 이와 같은 원리에 의하여 발전된 전압은 12V급의 낮은 전압을 승압형 컨버터(boost DC/DC converter)를 거쳐 고압 배터리에 저장하게 된다. 이후 다시 3상의 인버터(DC/AC inverter)를 제어하기 위하여 한 번 더 승압을 하게 되는 전력회로 구조를 가지며 이를 [그림 9-11]에 나타내었다.

06 ▶ 전기 구동의 주요 부품

친환경자동차의 다양한 종류인 EV, HEV, FCEV의 기술적 원리나 구조 등은 서로 상이하나 주요 전기 구동 부품에 기본적으로 요구되는 성능은 크게 다르지 않다. 주요 구동부품은 4가지 정도로 각각의 기능 및 회로도는 다음과 같다.

(1) 배터리팩

배터리는 에너지를 저장하고 공급하는 장치이다. EV 및 HEV, 그리고 FCEV 자동차에서 배터리팩 내부에는 배터리 외 배터리의 전원을 부하로 공급하기 위한 전원 단속장치, 냉각장치, 그리고 배터리 제어기 등이 있다. 현재 양산되는 하이브리드 자동차에 사용되는 배터리 종류는 크게 2가지 정도로 리튬을 이용한 리튬이온 폴리머 배터리와 니켈수소 배터리로 구분된다. 리튬이온 폴리머 배터리는 음극에 리튬 금속을, 양극에는 전이금속의 중간 산화물을 사용하는데 화학반응을 통해 리튬산화금속이 생성되면서 에너지가 방출되는 원리를 이용하며 충전 시의 반응은 방출되는 반응의 역으로 발생한다.

$$x\,Li + M_yO_z \leftrightarrow Li_xM_yO_z$$

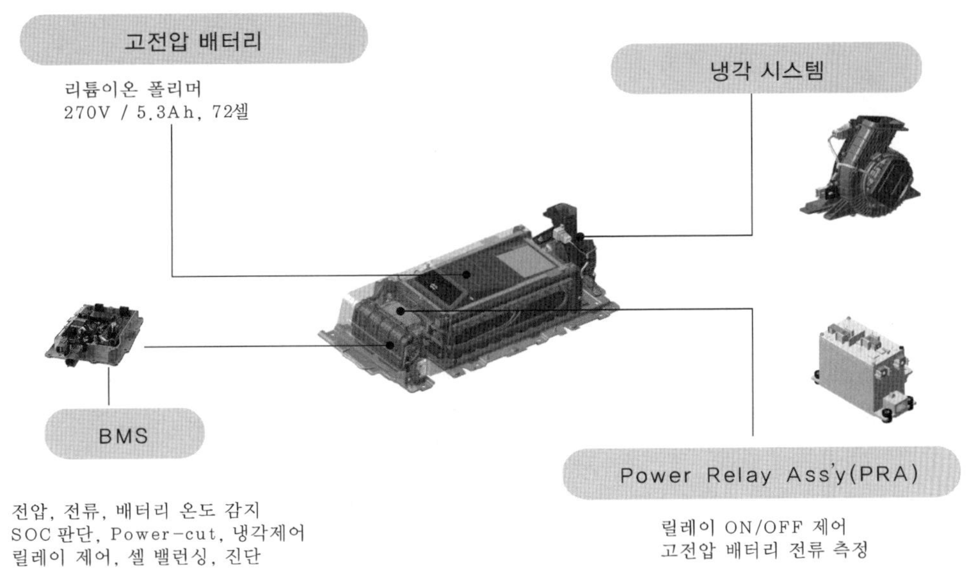

그림 9-12 배터리팩의 구성 요소(출처 : 현대자동차)

또한 리튬이온 폴리머 배터리는 양극에 리튬화 천이금속을, 음극에는 리튬화탄소를 사용하는데 리튬화탄소와 산화금속이 결합되어 탄소와 산화리튬 금속이 생성되면서 전기에너지가 얻어지는 원리를 이용한다. 리튬이온 폴리머 배터리의 문제점은 리튬 셀을 충전시킬 때 전압을 정확히 제어할 필요가 있다는 것이다. 만약 조금이라도 전압이 더 높으면 배터리가 손상될 수 있고 너무 낮으면 충전량이 충분치 않게 된다. 리튬이온 폴리머 배터리는 다른 배터리에 비해 무게 면에서 상당한 장점을 가지고 있으므로 향후 미래자동차의 배터리용으로 검토되고 있다. 토요타와 파나소닉 합작사에서 개발한 전기자동차용 니켈수소 배터리는 1회 충전으로 차량에 따라서 200km 이상도 달릴 수 있고, 충방전 반복이 1000회 이상 가능한 성능을 가지고 있는 것으로 알려져 있다. [그림 9-12]는 배터리팩의 구성요소를 나타낸 것으로 고전압배터리와 이에 해당하는 냉각시스템 그리고 BMS(battery management system)와 전력용 릴레이 조합(power relay assembly) 등으로 구성되어 있다. [그림 9-13]은 전기자동차의 다양한 충전 장치의 모습을 나타낸 것이다.

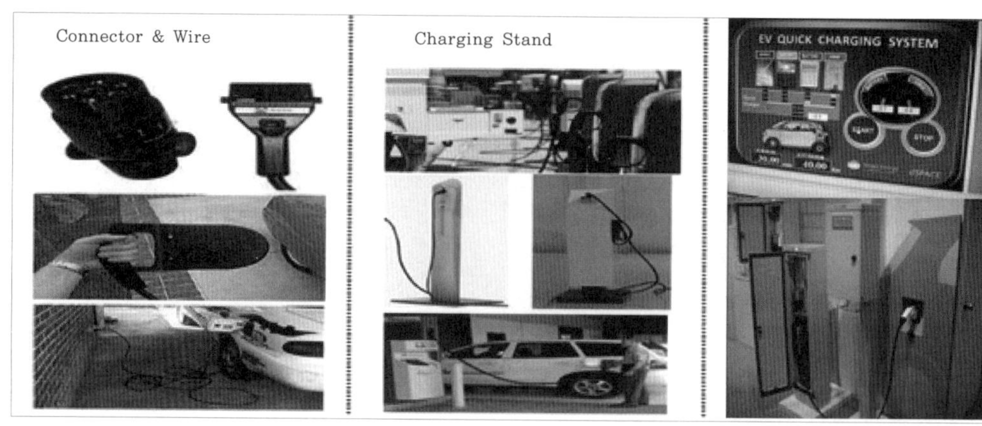

그림 9-13 전기자동차의 다양한 충전 장치 모습

(2) HPCU(hybrid power control unit) 또는 전력변환장치

국내에서 운행되는 하이브리드 차량의 주행제어는 HPCU라는 장치에 의해 이루어진다. 인버터와 직류변환장치 등으로 구성되며 주행 특성에 따라서 시스템을 최적화 제어할 수 있고, 엔진과 모터의 특성을 최대한 발휘할 수 있는 전력변환 장치이다. HPCU 내부의 인버터 주요 기능은 배터리의 전기적 에너지를 이용하여 전동기를 구동 및 발전함으로써 차량을 기동시키고 배터리를 충전하는 것이다. 배터리의 충방전은 직류로 이루어지지만 전동기의 구동 또는 발전 기능은 교류를 사용한다. 이와 같은 전력변환제어장치 HPCU의 구조도를 [그림 9-14]에 나타내었다.

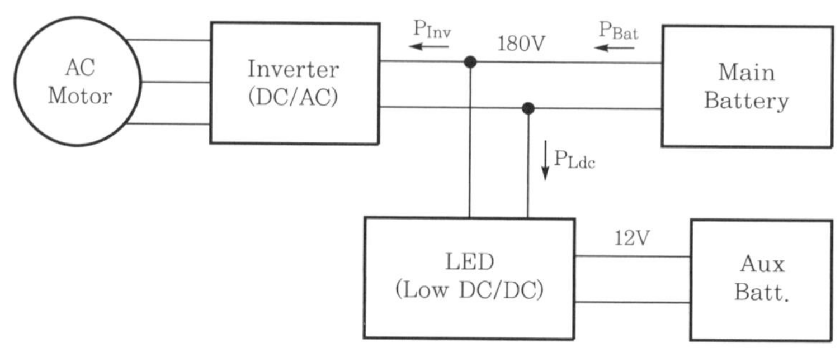

그림 9-14 하이브리드 전력제어장치 HPCU의 구조도

즉, 인버터는 배터리와 전동기 사이에 위치하여 배터리의 직류를 AC 전동기용 교류로 변경하여 전동기를 구동하고, 전동기가 발전기 역할을 수행할 때는 교류를 직류로 바꾸어 배터리에 저장하는 임무를 가진다. 직류변환장치(DC-DC 컨버터)는 하이브리드 차량의 고압 배터리의 고전압을 저전압으로 변환하여 라이트 등 전장계통과 보조기기 배터리에 전원을 공급하는 일종의 DC 변압기의 역할을 하게 되며 이를 LDC(low DC/DC converter)라 칭한다. 이에 대한 개념도를 [그림 9-15]에 나타내었다. 이는 종래 내연기

관 자동차의 기계식 동기발전기의 역할을 대체한다. 하이브리드 자동차는 연비 향상과 배기가스 저감을 위해 Idle Stop System을 채택하고 있고, 동기발전기를 사용할 수 없기 때문에 전원공급 DC-DC 컨버터의 사용이 필수적이다.

DC-DC 컨버터에는 엔진룸 내에서 사용할 수 있는 수냉식과 차량 실내에서 냉각할 수 있는 공랭식의 두 종류가 있다. DC-DC 컨버터는 고전압 배터리의 전압을 저전압으로 변환하기 위한 전력 반도체의 스위칭 작업을 수행하게 되는데 이때 발산되는 발열에 대한 냉각 특성 개선과 효율적인 스위칭 제어, 소형 경량화에 대한 기술이 주요 기술이다.

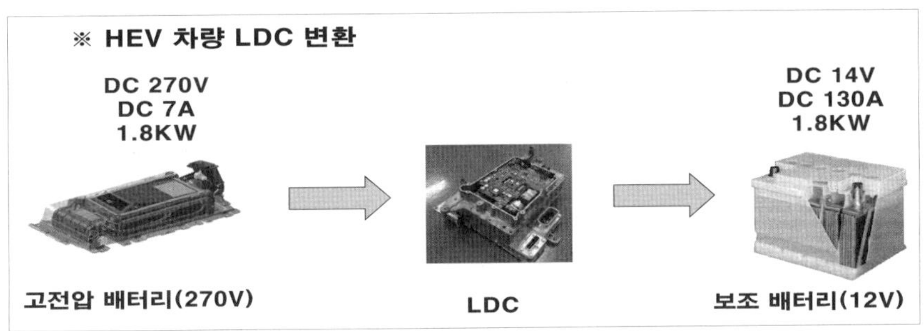

그림 9-15 LDC 전력 변환 개념도(출처 : 현대자동차)

① DC-DC 컨버터의 동작 원리

DC/DC 컨버터(converter)는 배터리와 같은 DC전압을 또 다른 DC전압 레벨로 승압(boost)시키거나 강압(buck)하여 전압을 변환시키면서 일정한 출력을 제공해 주는 전력전자 회로이다. 이는 [그림 9-16]과 같은 다양한 종류의 전력용 반도체 스위칭 소자 BJT(bipolar junction transistor), Thyristor 또는 SCR(silicon controlled rectifier), MOSFET(metal oxide semiconductor field effect transistor), IGBT(insulated gate bipolar transistor), GTO(gate turn-off thyristor), TRIAC(Thyristor of AC), MCT(MOS-controlled thyristor) 등의 스위칭 소자를 이용한다.

[그림 9-17]은 스위치에 의한 DC/DC 컨버터의 동작 개념과 출력 제어 파형을 나타낸 것이다. 그림 (a)는 BJT가 선형 영역이 아닌 포화 영역과 차단 영역인 ON/OFF 동작 영역에서만 동작한다면 이는 스위칭 소자로 그림 (b)와 같이 표현할 수 있다. 이러한 스위칭 동작을 그림 (c)와 같이 일정 주기 T시간 내에 DT 구간에서는 스위치를 닫히게 하여 ON시키며, (1-DT)T 구간에서는 스위치를 열리게 하여 OFF시키면서 부하저항에 걸리는 출력전압을 제어하는 원리가 바로 DC/DC 컨버터이다.

[그림 9-17]에서 스위치가 이상적이라 가정한다면, 스위치가 닫혀져 있을 때(ON) 출력전압 V_O은 입력전압 V_S과 같고, 스위치가 개방되어 있을 때(OFF) 출력 V_O는 0이 된다. 이때 스위치에 대하여 주기적인 시간 T 동안에 스위치의 열고 닫음은 [그림 9-17](c)와 같이 펄스 출력의 결과로 된다.

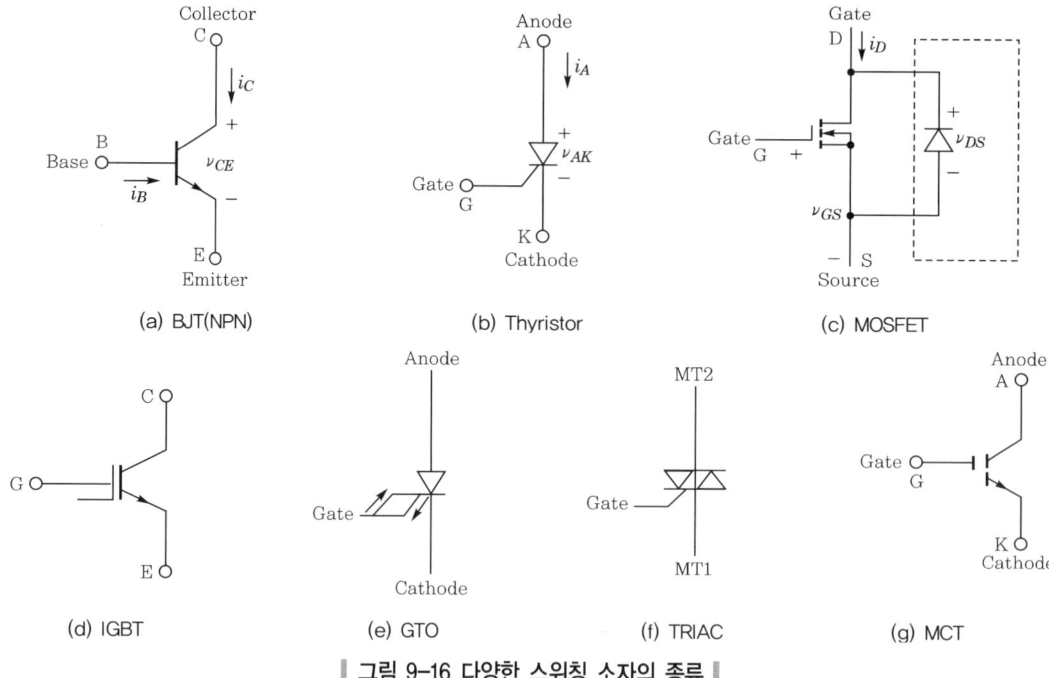

그림 9-16 다양한 스위칭 소자의 종류

이때 출력의 평균전압 또는 DC 성분은 식 (9-1)과 같이 입력전압과 듀티비와의 곱으로 구해진다.

$$V_0 = \int_0^T v_0(t)dt = \frac{1}{T}\int_0^{DT} V_s dt = V_s D \quad \cdots\cdots(9\text{-}1)$$

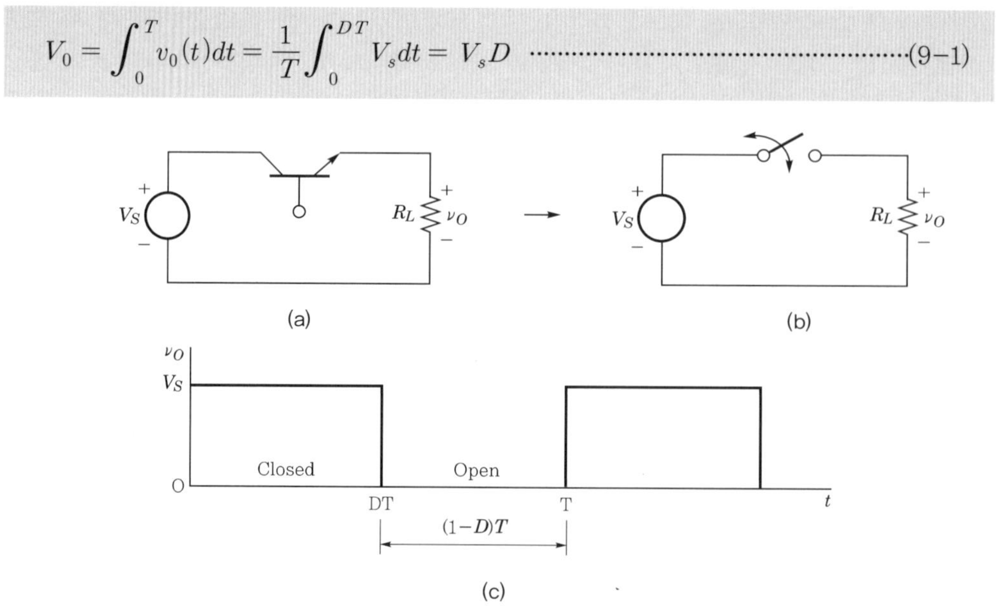

그림 9-17 스위치에 의한 DC/DC 컨버터의 동작 개념과 출력 제어

따라서 출력의 DC 성분은 듀티비 D를 조절하는 것에 의하여 제어되고 듀티비 D는 주기에 대하여 스위치가 닫히는 비율을 말하며 식 (9-2)와 같이 정의된다.

$$D = \frac{t_{on}}{t_{on} + t_{off}} = \frac{t_{on}}{T} = t_{on}f \quad \cdots\cdots\cdots\cdots\cdots\cdots\cdots\cdots\cdots\cdots(9-2)$$

여기서 t_{on}은 스위치가 ON되는 시간, t_{off}는 스위치가 Off되는 시간을 말하며 f는 스위칭 주파수[Hz]이다. 따라서 이러한 컨버터에서는 출력 DC성분은 입력과 같거나 그보다 더 적게 되는 강압형 컨버터가 될 것이다.

여기서의 스위치는 BJT, MOSFET, IGBT 등의 스위치를 채용하게 될 것이며, 이의 스위치가 이상적인 스위치라면 이 소자에서의 전력소비는 0이 된다. 즉 스위치가 개방(OFF)될 때 전류는 흐르지 않아서 손실은 0이 되며, 스위치가 닫힐 때(ON) 소자양단 전압은 0이므로 전력 손실은 역시 0이 된다. 따라서 스위치의 ON/OFF시 모든 전력은 부하에서 소비되고 소자에서는 손실이 나타나지 않으므로 에너지 효율은 100%이다. 그러나 실제의 스위칭에서 스위치는 하나의 상태에서 다른 상태로 즉 턴 온(turn-on) 또는 턴 오프(turn-off)로 변화하는 중에 스위칭 시간이 걸려서 손실이 발생한다. 즉 스위치가 닫혀있을 때 스위치 양단 전압이 0이 아니기 때문에 손실은 발생할 것이며 이의 열손실 때문에 방열의 설계가 필요하다.

　㉠ 강압형 컨버터(Buck Converter)

[그림 9-18]에 스위칭에 의한 강압형 DC/DC 컨버터의 동작 회로와 ON/OFF에 따르는 등가 회로를 각각 나타내었다. 이 회로의 개념은 스위치의 듀티비 제어에 의하여 입력전압(V_S)보다 출력전압(V_O)이 더 적기 때문에 "Buck 컨버터" 또는 "Step-down 컨버터"라 불린다.

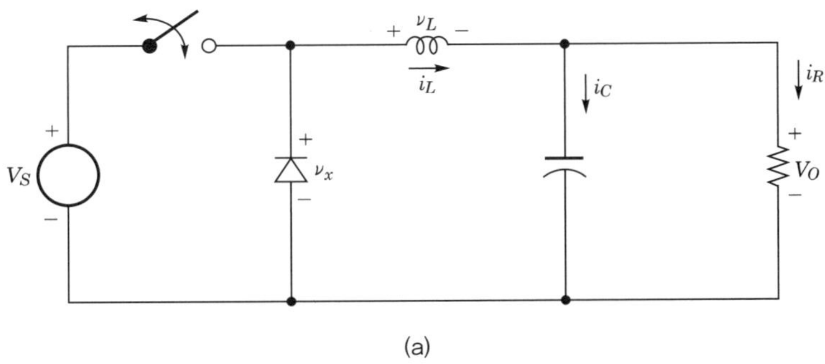

(a)

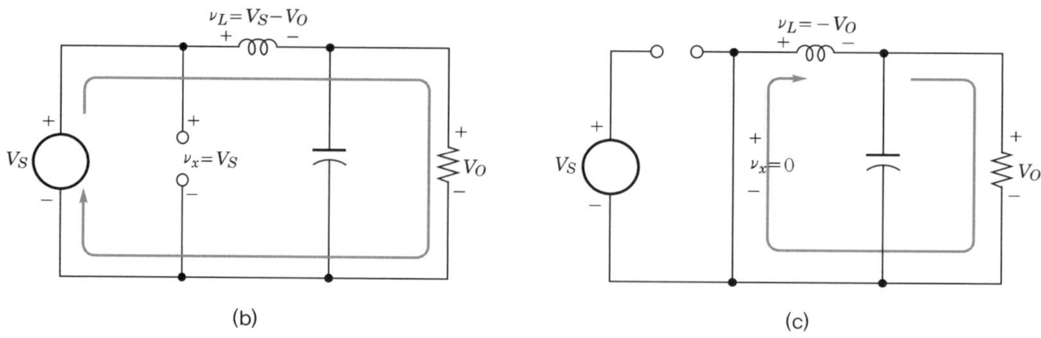

그림 9-18 강압형 DC/DC 컨버터의 동작 회로와 ON/OFF 등가 회로

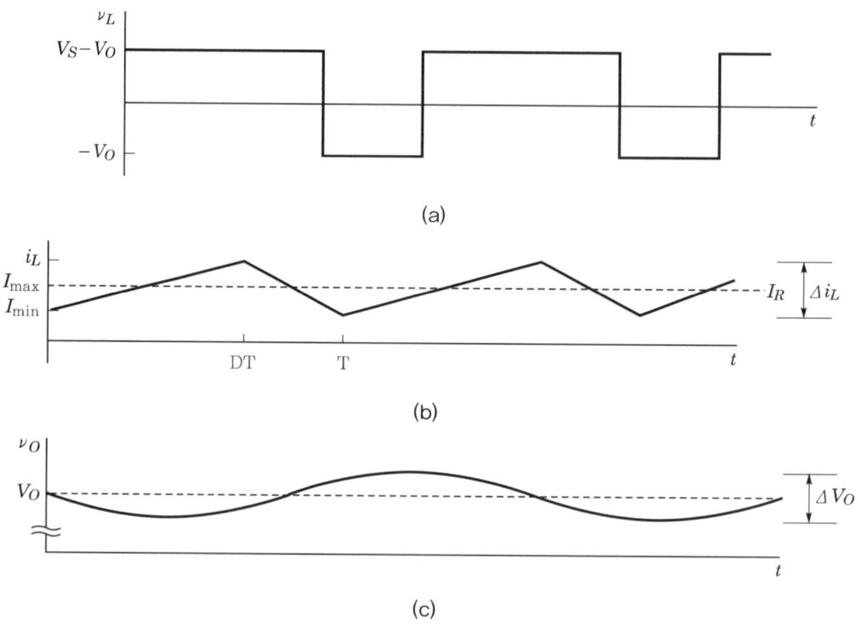

그림 9-19 강압형 DC/DC 컨버터에 대한 인덕터에서의 전압/전류 및 출력 전압

위의 [그림 9-17](c)에서처럼 출력전압 V_O는 펄스 형태의 출력전압으로 나타나기 때문에 이를 평활화(smoothing)를 시켜 순수 DC성분의 형태로 만들어 내야할 필요가 있다. 따라서 [그림 9-18]의 (a)와 같은 스위칭회로에서 평활한 DC 출력을 얻기 위한 하나의 방법은 스위치 뒷단에 저역통과(low pass) 필터를 삽입하는 것이다. 즉 [그림 9-18](a)처럼 기본적인 컨버터에 인덕터와 커패시터(L-C)로 구성된 저역통과 필터를 추가시키게 된다. 이때의 다이오드는 [그림 9-18](b)와 같이 스위치가 닫혀 있을 때에는 역 바이어스(bias)되어 OFF되고, [그림 9-18](c)와 같이 스위치가 열려 있을 때는 인덕터를 전원소스로 하여 화살표 방향으로 전류가 흐르면서 다이오드는 전기가 통하게 되어 부하에 전류가 연속적으로 통하게 된다.

[그림 9-19]는 [그림 9-18]과 같은 강압형 DC/DC 컨버터에 대하여 인덕터에 걸리는 전압 V_L과 인덕터 전류 I_L 및 출력전압 V_O의 파형을 각각 나타낸 것이다. 일반적으로 DC-DC 컨버터는 정상상태에서 동작할 때 스위칭이 주기적이라면 인덕터 전류는 주기적이며, 이때의 인덕터 평균전압 및 평균 캐패시터 전류는 0이다. [그림 9-18](b)와 같이 스위치가 닫힐 때 다이오드는 역바이어스되며, 이때의 인덕터 양단의 전압은 식 (9-3)으로 계산되고 이 구간을 DT구간이라 할 수 있으며, [그림 9-19]의 (a), (b)와 같이 파형이 나타난다.

$$v_L = V_s - V_0 = L\frac{di_L}{dt} \quad\cdots\cdots\cdots(9\text{-}3)$$

마찬가지로 [그림 9-18](c)와 같이 스위치가 개방일 때는 인덕터 전류를 연속적으로 흘리기 위하여 다이오드는 순방향 바이어스되며, 이때의 인덕터 양단의 전압은 식 (9-4)로 계산되고 이 구간을 (1-D)T 구간이라 할 수 있으며, [그림 9-19]의 (a), (b)와 같이 파형이 나타난다.

$$v_L = -V_0 = L\frac{di_L}{dt} \quad\cdots\cdots\cdots(9\text{-}4)$$

이의 결과 파형에 대하여 정리하면, 정상상태에서 인덕터 전류의 동작은 스위칭 사이클의 시작 부분과 끝부분에서 인덕터 전류가 같게 되고, 즉 주기적인 파형에서 인덕터 전류의 순수 변화는 0임을 의미하며, 이는 $(\Delta i_L)_{closed} + (\Delta i_L)_{open} = 0$의 관계이므로 이를 잘 정리하면 식 (9-5)의 최종 출력식을 얻을 수 있다. 그러나 이러한 관계를 이용하면 출력식을 얻기가 복잡하므로 인덕터의 평균 전압을 이용하면 간단하다. 즉 주기적 동작에 대해서 인덕터 평균 전압은 0이기 때문에 이는 [그림 9-19](a)처럼 인덕터 전압 V_L에 대한 면적을 $(V_s - V_O)DT - (V_O)(1-D)T = 0$로 놓고 구하면 평균이 0이고 이를 정리하면 최종 식 (9-5)와 같이 구할 수 있다.

$$V_0 = V_s D \quad\cdots\cdots\cdots(9\text{-}5)$$

따라서 강압형 컨버터는 입력전압과 같거나 더 적은 출력전압을 낸다. 이때의 출력전압은 오로지 입력과 듀티비 D에 의하여 달려 있음을 알 수 있다. 출력전압 V_O의 맥동은 커패시터 C에 의하여 출력전압을 일정하게 유지하게 되며 그 용량이 클수록 맥동이 줄어들게 되어 평활한 파형을 얻을 수 있다.

이러한 컨버터를 설계할 때에는 스위칭 주파수가 증가함에 따라서 연속적 전류를 생성하기 위한 인덕터의 최소 사이즈와 출력전압 맥동을 제한하기 위한 커패시터의 최소 사이즈도 줄어듦을 알 수 있다. 따라서 높은 스위칭 주파수는 인덕터와 캐패시터의 사이

즈를 최소시키기 위하여 바람직하지만 이는 스위치에서 전력 손실을 증가시키게 되며
이에 따라 방열(heat sink) 사이즈도 동시에 커지게 되므로 이러한 요소들을 잘 감안하
여 적절히 설계해야 한다.

ⓒ 승압형 컨버터(Boost Converter)

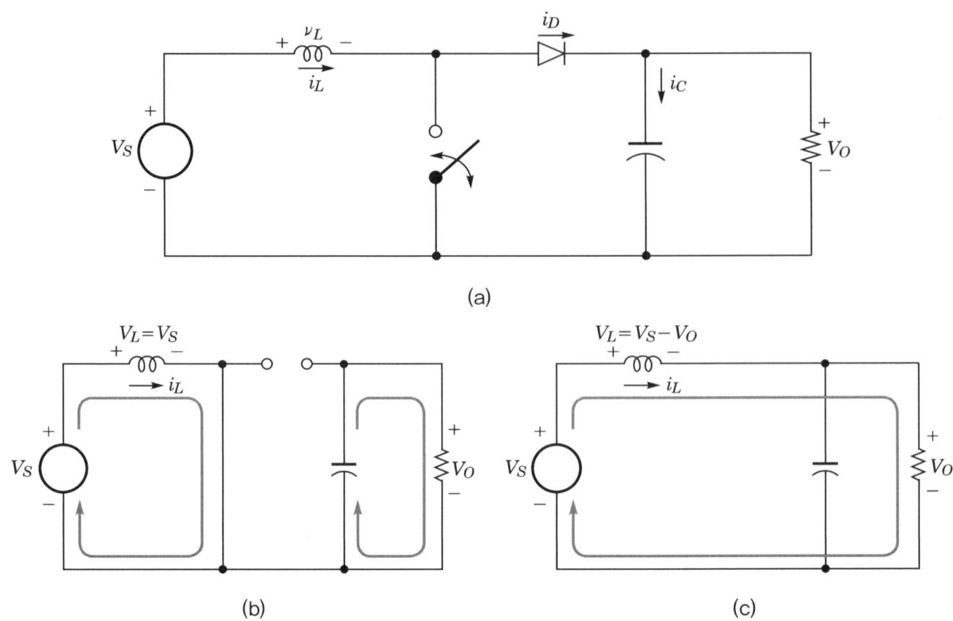

그림 9-20 승압형 DC/DC 컨버터의 동작 회로와 ON/OFF 등가 회로

[그림 9-20]에 스위칭에 의한 승압형 DC/DC 컨버터의 동작회로와 ON/OFF에 따르
는 등가회로를 각각 나타내었다. 이 회로의 개념은 스위치의 듀티비 제어에 의하여 입력
전압(V_S)보다 출력전압(V_O)이 더 크기 때문에 "Boost 컨버터" 또는 "Step-up 컨버터"
라 불린다.

일반적으로 [그림 9-17](c)와 같이 출력전압 V_O과 전류는 펄스 형태의 출력으로 나타
나기 때문에 이를 평활화(smoothing)를 시켜 순수 DC성분의 형태로 만들어 내야 할 필
요가 있다. 따라서 [그림 9-20]의 (a)와 같은 스위칭회로에서 평활한 DC출력을 얻기 위
한 하나의 방법으로 스위치 뒷단에 저역 통과(low pass) 필터를 삽입하였다. 즉 [그림
9-20](a)처럼 기본적인 컨버터에 인덕터와 커패시터(L-C)로 구성된 저역 통과 필터를
추가시키게 된다. 이때의 인덕터는 역기전력을 이용한 승압의 효과를 누리기 위한 기능
도 같이 포함되어 있다. 또한 이때의 다이오드는 [그림 9-20](b)와 같이 메인 스위치가
닫혀 있으므로 인덕터의 전류는 전원 쪽으로 흐르면서 다이오드가 OFF되고, [그림
9-20](c)와 같이 스위치가 열려 있을 때에 다이오드는 역기전력으로 인하여 승압된 인
덕터와 전원 전압이 더해져 순방향 바이어스되어 다이오드는 전기가 통하므로 부하 쪽
과 같이 화살표 방향으로 전류가 연속적으로 흐르게 된다.

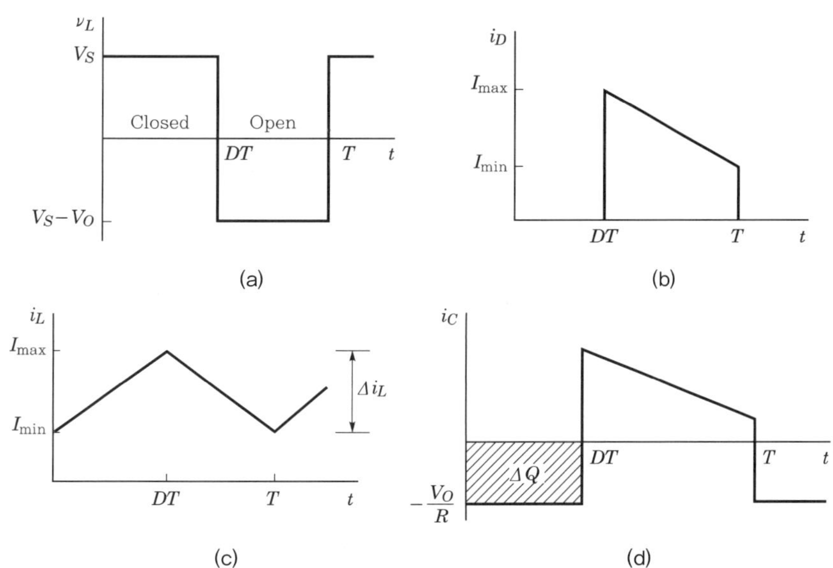

| 그림 9-21 승압형 DC/DC 컨버터에 대한 각 부분에서의 전류 파형 |

[그림 9-21]은 [그림 9-20]과 같은 승압형 DC/DC 컨버터에 대하여 인덕터에 걸리는 전압 V_L과 인덕터 전류 I_L , 다이오드에 흐르는 전류 i_D 및 출력 커패시터 i_C에 흐르는 파형을 각각 나타낸 것이다. 일반적으로 DC-DC 컨버터는 정상상태에서 동작할 때 스위칭이 주기적이라면 인덕터 전류는 주기적이며, 이때의 인덕터 평균전압 및 평균 캐패시터 전류는 0이다. [그림 9-20](b)와 같이 메인 스위치가 닫힐 때 다이오드는 전류가 흐르지 않게 되며, 이때의 인덕터 양단의 전압은 식 (9-6)으로 계산되고 이 구간을 DT구간이라 할 수 있으며, [그림 9-21]의 (a), (b)와 같이 파형이 나타난다.

ⓒ DC/DC 컨버터의 제어

이상적인 스위칭 모드의 DC/DC 컨버터에서 직류 출력 전압 V_O는 입력전압 V_S과 듀티비 D의 함수이다. 그러나 이상적이지 않은 소자로 구성된 실제의 회로에서는 입력이 부하전류의 함수일 수도 있다. 대부분의 전력 변환 장치에서는 입력 또는 부하에서의 변동을 보상하기 위하여 듀티비를 변조하여 출력을 제어한다. 전원 장치를 제어하기 위한 궤환(feedback) 제어시스템에서는 출력전압 V_O를 기준전압 V_{ref}과 비교한 다음에 그 오차를 듀티비로 변환시킨다.

[그림 9-22](a)는 연속전류모드로 동작하는 벅 변환기와 궤환 루프를 나타내고 있으며, 이는 ① 구동회로를 포함한 스위치와 다이오드, ② 출력부의 저역통과 필터, ③ [그림 9-22](b)에 구성된 오차보상 증폭기(compensated error amplifier), ④ [그림 9-22](c)에 구성된 스위치를 구동하기 위하여 오차보상 증폭기의 출력을 듀티비 D로 변

환시키는 펄스폭 변조회로(pulse-width modulating ; PWM circuit)로 구성된 시스템
에 의하여 원하는 직류출력 전압을 제어하여 출력할 수 있다.

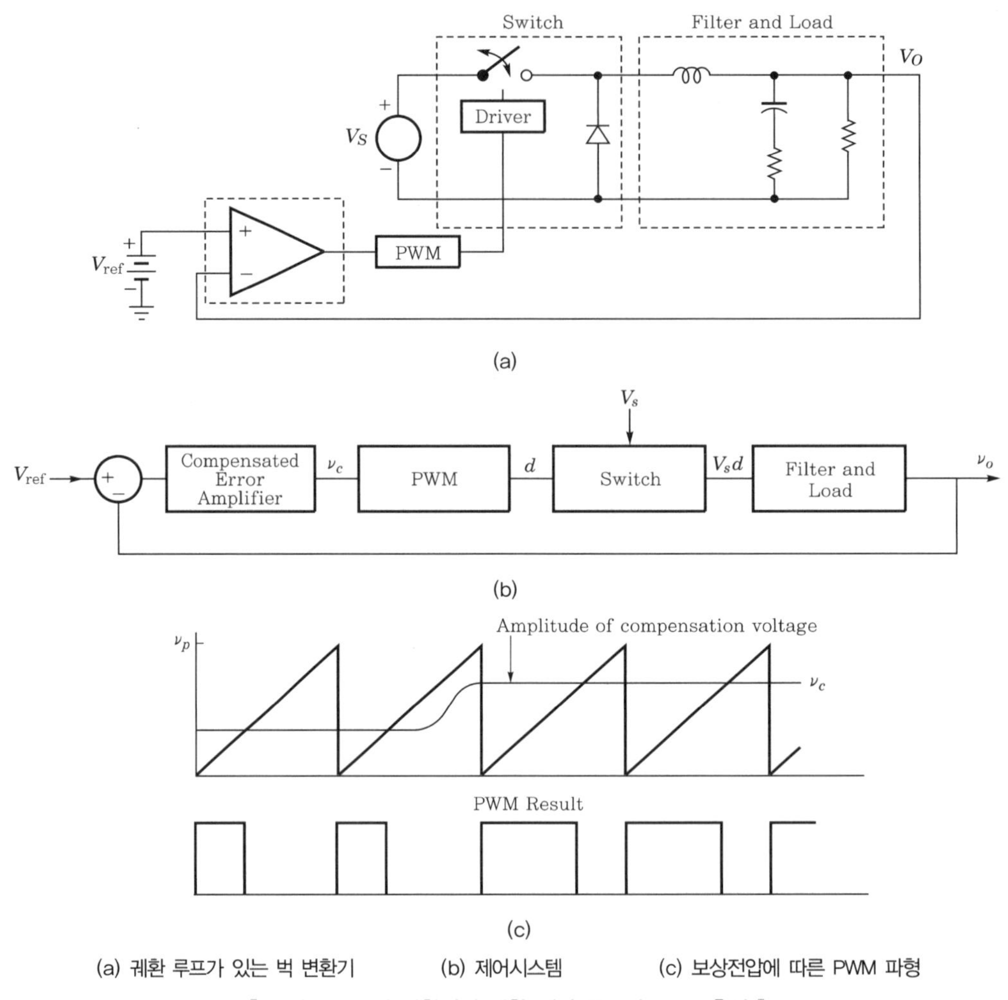

(a) 궤환 루프가 있는 벅 변환기   (b) 제어시스템   (c) 보상전압에 따른 PWM 파형

┃ 그림 9-22 벅 변환기의 궤환 제어 루프와 PWM 출력 ┃

[그림 9-22](c)의 PWM 펄스폭 변조회로는 오차보상 증폭기의 출력 V_C를 듀티비로
변환시킨다. 즉 [그림 9-22](c)에 나타낸 것처럼 오차증폭기의 출력전압 V_C는 크기가
V_p인 삼각파와 비교된다. PWM 회로의 출력은 V_C가 삼각파보다 큰 경우에는 높은 값
(high)이고 스위칭 소자가 턴 온되고 V_C가 삼각파보다 작을 경우에는 0, 즉 스위칭 소
자가 턴 오프된다. 만일 출력전압 V_O가 기준값 V_{ref}보다 낮아지면 변환기의 출력과 기
준 신호 간의 오차가 커져서 V_C가 증가하며, 이에 따라 듀티비가 커진다. 반대로 출력
전압이 높아지면 듀티비가 작아진다.

② DC/AC 인버터의 동작 원리

㉠ 단상 인버터의 동작 원리

인버터(inverter)는 직류를 교류로 변환하는 회로이며, 이는 직류전원으로부터 교류 부하로 전력을 전송한다는 의미이다. 이러한 인버터는 엘리베이터 등 교류전동기의 속도 조절 드라이브 장치나 무정전 전원 장치인 UPS(uninterruptible power supply), 그리고 전기자동차용 구동 장치로 널리 사용된다. [그림 9-23]은 단상 인버터의 기본회로의 동작과 출력파형의 그림을 각각 나타낸 것이다. [그림 9-23](a)는 4개의 스위치로 구성된 전파 브리지(full-bridge) 인버터의 기본 회로를 나타낸 것이다. 직류측 전압 V_{dc}는 스위치 S_1, S_2와 S_3, S_4의 교번적인 스위칭 작용으로 출력에는 교류의 전압파형인 V_O의 파형과 i_O의 교류전류를 얻는다. 이때 [그림 9-23](b)에서는 스위치 S_1, S_2가 동시에 통할 때 부하전류 i_O는 화살표 방향으로 전류가 흐르며 부하에 걸리는 전압은 $+V_{dc}$를 얻는다. 마찬가지로 [그림 9-23](c)에서는 스위치 S_3, S_4가 동시에 통할 때 부하전류 i_O는 화살표 방향으로 전류가 흐르며 부하에 걸리는 전압은 $-V_{dc}$를 얻게 된다. 따라서 인버터 회로에서는 이러한 스위칭을 주기적으로 반복하면 원하는 교류 파형을 얻을 수 있다.

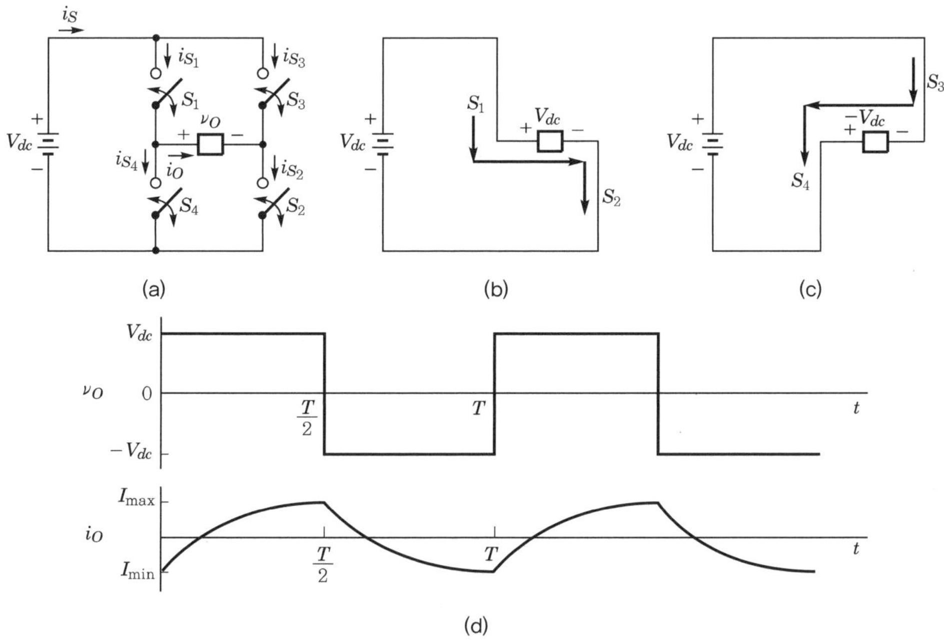

그림 9-23 단상 인버터의 기본 회로의 동작과 RL부하의 출력 파형

[그림 9-23](d)는 위의 동작 과정에 대하여 부하가 RL(저항과 인덕터)일 때의 출력전압 및 전류파형을 각각 나타낸 것이다. 이는 주기 T시간 동안에 반복적인 스위칭을 하

게 되며 구간 0에서 $T/2$까지는 S_1, S_2가 동시에 통하고, 구간 $T/2$에서 T시간까지는 S_3, S_4가 동시에 통하여 출력을 나타낸다.

이때에 주의할 점은 S_1과 S_4는 같은 시간에 통하면 단락이 되며, 또한 S_2와 S_3도 마찬가지로 동시에 통하면 단락이 되므로 주의하여야 한다. 특히 실제의 스위칭 동작에서는 순간적으로 턴 온(turn-on) 또는 턴 오프(turn-off)되지 않고 스위칭의 천이 시간(턴 온 및 턴 오프 시간)이 걸리므로 스위치 제어 시 이 시간을 고려해야 한다. 이러한 스위치가 온(on)되는 시간이 동시에 중복(overlap)되면 직류 전원의 양단에 단락 회로가 구성되며, 즉 스위치 OFF 동작이 실패되어 단락 사고를 야기하게 된다. 이러한 단락을 피하기 위하여 스위칭을 고려하는 시간을 공백(blanking)시간이라 부르며, 이 시간 동안 사실상 제어를 할 수 없으므로 데드타임(dead time)이라고도 한다.

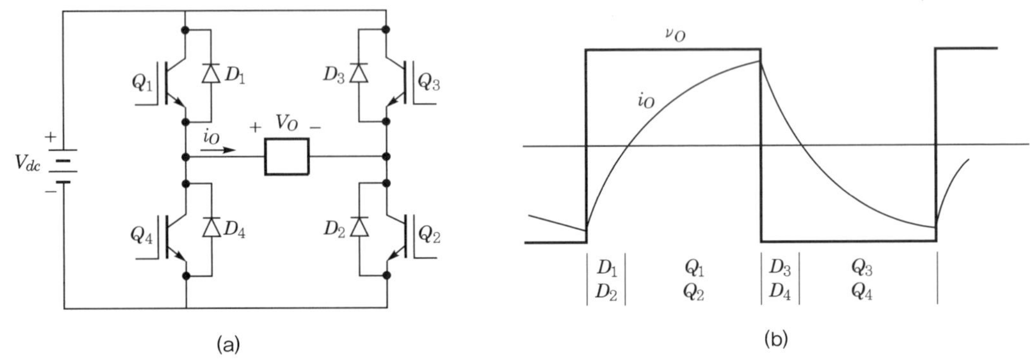

┃ 그림 9-24 IGBT로 구성된 단상 인버터의 회로와 RL부하의 출력 파형 ┃

[그림 9-24] 단상 인버터의 회로에 IGBT와 다이오드 및 RL부하로 구성된 회로와 교류출력의 전압 및 전류파형을 각각 나타낸 것이다. [그림 9-23]의 스위치에 대한 전류는 R-L부하에서 +와 −전류 모두를 공급할 수 있는 능력이 있어야만 한다. 그러나 실제의 반도체 스위칭 소자는 일반적으로 전류를 한 쪽 방향으로만 흐르게 하며 양방향으로는 흐르지 못한다. 그러므로 이러한 문제는 각각의 스위치에 역 병렬로 궤환 다이오드(feedback diode)를 부착시킴으로써 해결된다. 즉 스위치의 전류가 −일 때의 그 시간 동안에는 궤환 다이오드가 전류를 통하게 되며, 스위치의 전류가 +일 때의 다이오드는 역방향 바이어스된다. 따라서 [그림 9-24](a)는 스위치로써 궤환 다이오드가 있는 IGBT를 사용하는 전파 브리지 인버터의 회로를 보여주고 있으며, [그림 9-24](b)는 R-L부하에 대하여 구형파(square waveform) 출력전압 v_O에 대한 IGBT와 다이오드에 흐르는 전류파형 i_O을 보여주고 있다. 이러한 양방향 동작에 대하여 대부분의 전력용 반도체 모듈(power semiconductor module)은 메인 스위치와 역방향으로 궤환 다이오드를 포함하고 있다. 즉 [그림 9-24](b)에서의 동작을 살펴보면 IGBT Q_1과 Q_2가 턴 오

프(turn-off)될 때 부하전류는 연속적으로 흘러야 하며 그 연속적인 전류는 다이오드 D_3와 D_4을 통하여 계속 통하게 될 것이며, $-V_{dc}$ 의 출력 전압을 만들게 된다. 또한 IGBT D_3와 D_4가 턴 온 되기 전에 필수적으로 전류 경로는 D_3와 D_4가 턴 온 된다. IGBT D_3와 D_4는 부하전류가 0으로 감소하기 전에 턴 온 되어야 한다. 이는 IGBT Q_1 과 Q_2가 턴 온 되기 전에 그전에 수행되었던 전류의 방향으로 연속적인 전류를 흐르게 하기 위하여 각각 다이오드가 D_1와 D_2 방향으로 흐른 후 비로소 Q_1과 Q_2 방향으로 전류가 흐른다. 마찬가지로 IGBT Q_3와 Q_4가 턴 온 되기 전에 그전에 수행되었던 전류의 방향으로 연속적인 전류를 흐르게 하기 위하여 각각 다이오드가 D_3와 D_4 방향으로 흐른 후 비로소 Q_3와 Q_4 방향으로 전류가 흐른다.

　ⓒ 인버터의 PWM과 주파수 제어

　[그림 9-25]는 [그림 9-24]와 같은 단상 인버터의 회로에서 펄스폭 변조기법인 PWM 동작 방법과 RL부하에서의 출력파형을 나타낸다. 이와 같은 펄스폭 변조 PWM 기법은 부하전류의 찌그러짐(distortion)을 줄이고 정현파의 파형에 가깝도록 하기 위한 변조기법이다. 즉 이의 기법은 고조파를 줄이기 위한 방법으로 [그림 9-24](b)인 구형파 스위칭 기법보다 더 정현파(싸인파) 파형 조건을 만족시킨다.

　이러한 PWM 기법에서 출력 전압의 크기 제어는 [그림 9-25](a)와 같이 v_{sine}의 전압 크기를 변조하여 제어할 수 있다. PWM 기법의 사용은 출력 전압의 크기 제어 및 주파수 제어가 가능하고 고조파의 크기를 감소시켜 고조파 필터의 크기를 감소시킬 수 있다는 것이 큰 장점이며 단점은 스위치에 대한 더 복잡한 제어 회로와 높은 스위칭 주파수로 인한 손실의 증가이다.

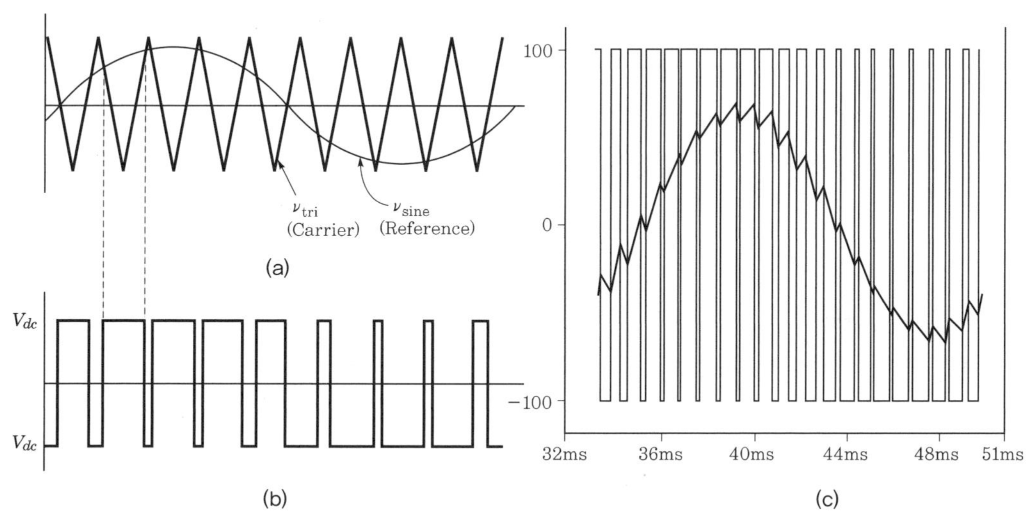

┃ 그림 9-25 단상 인버터의 PWM 동작과 RL부하의 전류 파형 ┃

[그림 9-25](a)에서의 reference 신호는 기준신호 또는 변조신호라 하며 v_{sine}의 정현파 신호이다. 이때의 carrier 신호는 운송신호이며 스위칭 주파수를 결정하고 v_{tri}의 삼각파 신호이다. 즉 [그림 9-25](a)에서 주어진 기준신호(reference)와 삼각반송파(carrier)에서 사인파 기준신호의 순시값이 삼각반송파보다 클 때에는 IGBT 스위치 Q_1과 Q_2는 ON되면서 출력은 $+V_{dc}$이고, 기준파가 반송파보다 작을 때는 IGBT 스위치 Q_3과 Q_4가 ON되면서 출력은 $-V_{dc}$이다. PWM 방식은 출력전압이 직류 공급 전압의 +, - 간을 교번하게 되며 이의 결과를 그림(b)에 나타내었고, 그림(c)는 이의 +, - 교번 출력전압에 대하여 RL부하에 대한 전류 파형을 나타낸다. 이의 출력 전류 파형은 전동기와 같은 인덕터 L의 효과 때문에 필터링이 되면서 사인파와 가까운 파형으로 나타나면서 고조파가 줄어드는 효과를 얻을 수 있다. 이때의 출력주파수는 기준신호(reference)와 동일하기 때문에 이를 조정함으로써 전체 주파수를 제어하면서 전동기의 속도를 제어할 수 있다.

$$v_{sine} > v_{tri} \quad (v_0 = +V_{dc}) \quad \text{일 때 } Q_1 \text{과 } Q_2 \text{가 닫힌다.}$$

$$v_{sine} < v_{tri} \quad (v_0 = -V_{dc}) \quad \text{일 때 } Q_3 \text{과 } Q_4 \text{가 닫힌다.}$$

ⓒ 3상 인버터의 동작 원리

[그림 9-26]은 3상의 DC/AC 인버터의 전력회로(a)와 스위칭 시퀀스(b), 스위칭에 따른 출력 선간전압(c)과 상전압(d) 파형을 각각 나타낸 것이다. 이러한 회로는 주로 유도전동기(induction motor)나 동기전동기와 같은 전기자동차 또는 엘리베이터 등의 속도제어에 이용되며 출력주파수는 가변적이다.

이때의 스위칭은 그림(b)와 같이 순차적으로 개폐되며, 각 스위치들은 50%의 듀티비(duty ratio)를 가지면서 매 $T/6$시간 간격, 즉 $60°$ 간격마다 스위칭 동작이 일어난다. 스위치 S_1과 S_4는 (S_2, S_5), (S_3, S_6)와 마찬가지로 서로 반대로 개폐된다. 단상 인버터에서는 이러한 스위치 쌍은 미리 설정되어 있으며 전원에 대해 단락회로가 되지 않으려면 위 아래 스위치(S_1과 S_4)가 동시에 ON되지 않도록 해야 한다. [그림 9-26](c)는 출력 선간 전압을 나타낸 파형으로 이때의 V_{AB}, V_{BC}, V_{CA}는 각각 $+V_{dc}$, 0, $-V_{dc}$이다. 이러한 출력전압에 연결된 3상 부하는 Y결선으로 접속되어 있는 일반적인 부하이며 각 상에 걸리는 전압은 [그림 9-26](d)에서 보듯이 상-중성선 전압(V_{AN})이다. 각 주기마다 여섯 번의 스위칭변화에 의해 상-중성선 간의 전압에 대한 출력파형은 여섯 단계를 나타내기 때문에 이러한 스위칭 상태를 갖는 회로를 6-step 인버터라 하며 이에 대한 정교한 제어를 위해서는 [그림 9-25]와 같은 PWM동작 기법이나 기타 다양한 PWM 기법이 있다.

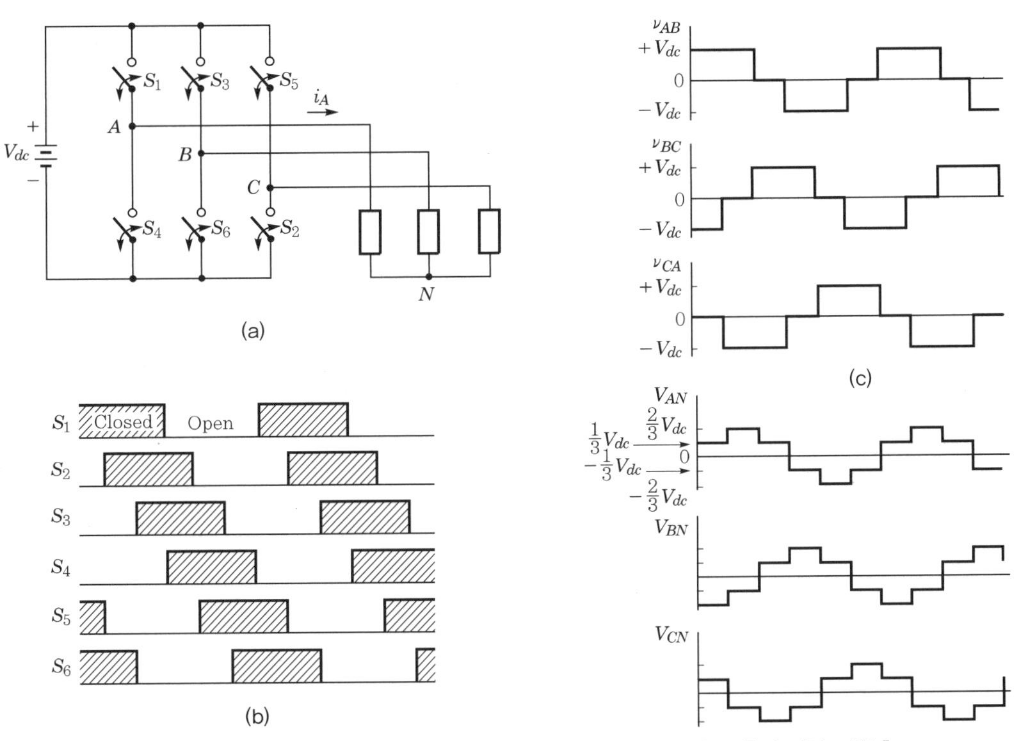

그림 9-26 3상의 DC/AC 인버터의 회로와 스위칭에 따른 출력 전압 파형

(3) 전동기(motor)

전동기의 역할은 차량 주행시 엔진의 출력을 보조하고 제동 시에는 전동기가 발전기의 기능으로 변경되어 차량의 감속에너지를 전기에너지로 변환하며, 이의 에너지를 회수해서 배터리에 저장하는 역할을 수행한다. 즉, HEV, EV 부품 중 심장과 같은 부품이라 할 수 있다. 특히 HEV의 경우 차량에 탑재되는 전동기는 차량 공간의 제한 때문에 소형화 기술력이 중요하고 넓은 운전 특성을 만족시키기 위해서 고출력화가 필요하다. 이러한 특성을 만족시키기 위해서는 유도전동기를 일반적으로 사용하였으나 최근에는 이보다 더 고에너지밀도를 갖는 희토류계 영구자석을 사용한 PMSM(Permanent Magnet Synchronous Motor) 전동기가 대세를 이루고 있다. 향후 필요한 기술로는 고속 운전시 회전자 이탈을 방지하기 위한 고강도 강판, 높은 보자력 및 잔류자속밀도를 갖는 영구자석개발과 전자기적 소음/진동을 줄이는 설계가 필요하다. EV, PHEV 및 FCEV용 모터의 경우에는 AC 유도전동기를 적용하는 경우가 많은데 이는 가격적으로 유리하면서 높은 신뢰성을 확보할 수 있고, HEV에 비해 상대적으로 넓은 장착공간에 적용 가능하기 때문이다. 주로 수냉식 냉각 방식과 알루미늄 재질의 구조물을 채택하여 소형 경량화가

가능하고 무엇보다도 수입자재인 영구자석을 사용하지 않기 때문에 상대적으로 안정된 생산이 가능한 장점이 있다.

전기자동차에서 일반적으로 사용되고 있는 전동기는 AC 전동기인 PMSM 동기전동기를 일반적으로 사용하며 이와 전동기의 속도 제어식은 식 (9-6)과 같이 된다.

$$N = \frac{120f}{P}(1-s) = N_S(1-s) \cdots\cdots\cdots (9\text{-}6)$$

여기서, N : 전동기의 속도(rpm), f : (1차) 주파수, P : 전동기의 극수, s : 슬립(slip), N_S는 동기속도이며 $120f/P$를 나타낸다. 따라서 f, P, s의 파라미터(Parameter)를 변화시키면 전동기의 속도를 변화시킬 수 있다. 이러한 속도 제어에 있어서 대표적인 방법으로는 다음의 [그림 9-27]과 같이 분류할 수 있다. 이때의 전동기의 극수 P의 변환 제어는 기계적인 방식이므로 거의 사용되지 않으며, 슬립 s의 제어는 부하 제어 방법으로는 거의 쓰지 않고 2차 저항 제어 방법으로 제어를 수행하기도 하나 거의 대부분은 주파수 f의 제어 방법으로 수행하며 이의 주파수 변환을 위하여 DC/AC 인버터를 사용하고 전압과 주파수를 동시에 제어하여 전기자동차의 전동기 속도를 조절한다.

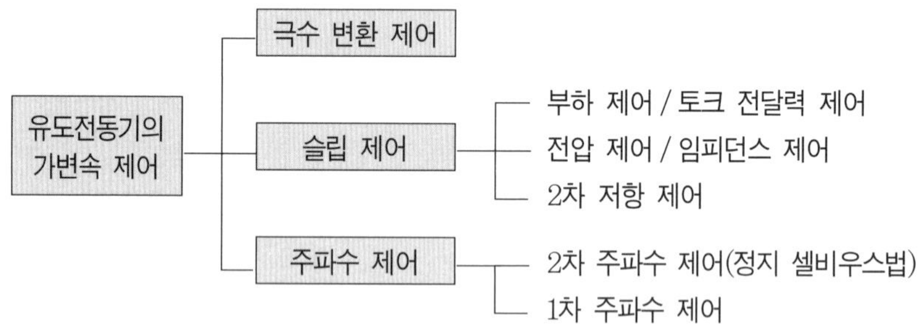

그림 9-27 AC 전동기의 속도 제어 기법의 종류

(4) 트랜스미션

하이브리드 자동차는 가솔린 엔진을 사용하기 때문에 작동 영역에 따라 연비 및 배기가스의 성능 변화가 심하므로 유단변속기 대신에 엔진 출력특성을 최대한 이용할 수 있는 파워트레인 통합 제어가 가능한 무단변속기가 장착된다면 엔진을 최적 작동 영역에서 구동하는 데에 유리하다. 따라서 상용화된 대부분의 가솔린 하이브리드 차량에서는 무단변속기가 사용되고 있다. 하이브리드 자동차의 변속장치로는 수동변속기, 자동변속기, 무단변속기, 자동화변속기 등이 적용되는데 하이브리드차량 구동방식에 따른 구조 및 사양에 맞게 선택적으로 사용되며, 일반적으로 연비 및 배기가스 성능을 고려하여 무단변속기와 자동화변속기가 사용되고 있다. 토요타 자동차에서 출시된 PRIUS의 경우에는 유성기어계와 발전용 전동기를 이용한 전자식 무단변속기가 사용되기도 한다.

Chapter 10

신재생에너지와 스마트그리드

01 신재생에너지의 필요성

(1) 화석연료의 고갈

인류 문명의 번영과 안전은 여러 가지 형태의 에너지 공급과 사용을 통하여 이루어져 왔다해도 과언은 아니다. 이러한 에너지의 대부분은 주로 액체와 가스의 형태이며 석유와 석탄, 천연가스와 같은 화석에너지로부터 공급을 받고 있는 실정이다. 그러나 화석에너지는 인류가 언제까지나 쓸 수 있도록 무한정 존재하지는 않고 [표 10-1]과 같이 세계의 에너지 존재량은 한정되어 있다. 이는 전 세계적으로 채굴할 수 있는 매장량을 연간 생산량으로 나눈 가채년수로 따지고 있으며, 석유는 약 42년, 천연가스는 약 60년, 석탄은 133년 정도라고 보고되고 있다.

┃ 표 10-1 세계 에너지 가채 매장량과 가채년수 ┃

구 분	석 유	석 탄	천연가스
가채 매장 확인량	12,379억 bbl	8,475억 톤	177조 m^3
연간 생산량	298억 bbl	64억 톤	3조 m^3
가채년수	42년	133년	60년

자료 : BP Statistical Review of World Energy(2008.6)

이와 같이 인류 문명의 주요 에너지원인 화석에너지에 지속적으로 의존하게 된다면 이는 문명의 지속에 심각한 위기를 초래할 수 있다. 또한 화석에너지의 생산과 소비는 본질적으로 대기의 오염과 수질오염을 초래하게 할 뿐만 아니라 또한 방대한 경제적 희생을 필요로 하게 한다. 이와 함께 온실가스의 대기방출은 인류에게 돌이킬 수 없는 재앙을 초래할 것이라는 과학자들의 숱한 경고가 설득력을 높이고 있는 실정이다. 따라서, 이제 국제사회가 이에 적절히 대응하지 않는다면 우리 인류는 에너지안보(Energy security), 환경보호(Environmental protection), 경제개발(Economic development)의 3대 위기에 직면하게 될 것으로 추정됨에 따라 지금 바로 대응할 필요가 있다.

(2) 에너지시장 불안정 심화

현재 전문가들이 지적하는 에너지수급 구조상의 몇 가지 주된 현상은 다음과 같다. 우선, 공급 제한에도 불구하고 석유의 소비가 지속적으로 증가되고 있다는 것이다. 석유의 소비 증가는 소득 증대와 인구 증가에 의해 견인되고 있으며 결과적으로 가격의 상승으로 이어지고 있다. 이러한 현상은 과거와는 다른 양상으로 나타나고 있다. 즉 과거에는 OPEC이 결성되어 공급력을 제한하는 역할을 하였다. 그러나 최근의 에너지 서비스에 대한 수요는 선진국의 대규모 에너지 소비와 함께 개도국의 에너지 소비 증가로 대변된다. 즉 미국과 유럽, 아시아 공업국의 석유와 천연가스, 석탄의 소비는 대규모이지만 비교적 안정적인 반면, 1990년대 이후 중국의 석유 소비 증가세가 두드러져 2000년대 이후 중국의 석유 소비와 GDP는 세 배로 증가하여, 중국은 현재 매일 수백만 배럴의 석유를 수입하고 있으며 수입량은 매년 늘어나고 있는 실정이다.

이와 같이 에너지수요는 향후에도 지속적으로 증가할 것이고 2030년에 이르러 지금보다 50% 이상 증가하게 될 것이며, 이러한 증가분의 2/3 이상을 개도국이 차지할 것으로 전망된다. 이러한 추세가 지속된다면 21세기 말에는 에너지 소비가 2배로 증가할 할 것으로 예측되며, IEA의 전망에 따르면 2030년의 에너지 수요 증가에 대응한 공급 증대를 위한 신규 투자가 22조 달러에 이를 것으로 산정하였다.

(3) 온실가스 감축 의무화

대규모적인 화석에너지의 생산과 소비는 본질적으로 대기의 오염과 수질오염을 초래하게 될 것이며, 이와 함께 온실가스의 대기 방출은 인류에게 돌이킬 수 없는 재앙을 초래할 것이라 예측된다. 즉 이와 같은 에너지의 수요 및 사용 증가는 지구의 온난화를 가속시킬 것이다. 지금까지 수집되고 검증된 지구과학적 증거에 따르면 지난 100년간 세계평균기온이 0.74℃ 상승하였고, 범지구적인 특단의 조치가 취해지지 않는다면 온실가스의 배출량이 지속적으로 증가하여 지구 평균기온이 2100년에 이르러 1990년 대비 6.4℃ 상승할 것으로 예상된다. 특히 2010년 발간된 IEA의 "세계에너지전망(International Energy Outlook; IEO)"의 기준 시나리오에 의하면 2007년 29Gt인 CO_2 배출량이 2030년에는 40Gt에 이르고, 더 나아가 "에너지기술전망 2010(Energy Technology Perspective 2010)"에 의하면 2050년에는 57Gt에 이를 것으로 내다보고 있다.

따라서 이러한 에너지의 수요 증가는 원유 가격의 상승과 함께 기후 변화에 대한 우려 때문에 지금까지 비용적 측면에서 경쟁력을 갖추지 못한 비화석에너지나 재생에너지의 개발 도입을 촉진시키는 계기로 작용하게 된다. 또한 에너지 수요의 예상되는 증가는 대기의 질에도 영향을 미쳐 특히 개발도상국가에서는 심각한 공공 건강 문제와 환경 문제를 유발하게 될 것이다.

최근 국내의 에너지 부문의 여건 변화는 다음과 같다. 국제 유가(두바이유 기준)는

2003년도부터 신고유가로 진입하여 2008년 7월에는 사상 최고치인 141$ 수준까지 폭등하였다. 이러한 유가 폭등에 따라 국내의 경제에 심각한 충격을 최소화하기 위하여 정부는 다양한 방법과 대책으로 공공부문 등에 강력한 에너지 절약 조치를 시행하였으며, 민간부문 요일제의 자율적 참여와 네온사인 등 옥외광고물의 과도한 전기 사용 자제 등 경제 활동의 지장을 주지 않는 범위 안에서 적극적인 에너지 절약 활동을 장려하는 등 다양한 방법을 시도하였다. 따라서 미래의 우리 경제가 지속 성장하기 위해서는 에너지 보유국의 자원민족주의 확대 및 에너지소비국의 자원 확보경쟁이 치열해지고 있는 현시점에서 우리 경제 구조의 체질을 바꾸지 않으면 국제 사회에서 생존하기 어렵다는 것을 인식하였다.

뿐만 아니라 우리나라의 에너지 공급 안정성은 매우 취약한 반면, 물가 안정, 국가 경쟁력 등을 고려한 에너지 저가격 정책으로 인한 에너지 절약 의식의 이완과 경제 성장 등으로 에너지 소비와 이에 따른 온실가스 배출량도 지속적으로 증가하고 있다. 그러므로 고유가 및 기후 변화에 대응하여 지속 가능한 성장이 가능하도록 에너지 저소비형 경제 및 사회 구조로의 전환이 시급한 상황이다.

그리고 기후변화협약과 관련하여 2005년도에는 교토의정서가 발효되어 온실가스 배출에 대한 선진국의 온실가스 감축 목표를 부여하고 2008년부터 38개의 국가에서 본격적인 의무 감축을 시행하고 있다. 또한 2007년 12월에는 교토의정서에 따른 2012년까지의 1차 감축 이행 기간 이후의 기본 방향과 일정 등을 담은 발리 로드맵이 채택되어 선진국은 측정, 보고, 검증 가능한 감축 공약 및 정량적인 목표 설정을 해야만 하고 개도국들도 측정, 보고 및 검증 가능한 방법을 통해 국내적으로 적정한 온실가스 감축을 위한 노력을 기울이도록 요청하고 있다.

(4) 국가 간 기술 경쟁 심화

현재의 에너지 부문의 큰 문제는 화석연료의 한정된 매장량으로 인한 수급 불안과 그 사용에 따른 환경오염이라는 것을 위에서 살펴보았다. 이러한 에너지 문제의 심각성은 불안한 국제 유가 상황에서 여실히 드러나고 있다. 중국, 인도 등 BRICs 국가들의 경제 성장에 따른 에너지 수요의 급격한 증가와 자원보유국들의 카르텔 강화 등으로 인한 에너지 자원의 수급 불안은 세계 경제를 뒤흔들고 있으며, 앞으로 어려움은 더욱 더 심각해 질 것이라 예상하여 본다.

특히 우리나라의 경우 에너지의 97% 이상을 해외에서 수입하고 있는 에너지 자원 빈국이며, 세계 에너지 소비 11위, 석유 소비 7위의 막대한 에너지 소비국이기도 하다. 온실가스의 배출을 규제하는 기후변화협약이 더욱 강화되고 있으며, 2013년부터 온실가스 배출 감축이 의무화되는 등 온실가스 감축 의무가 선진국뿐 아니라 신흥경제국으로까지 확대되는 것이 가시화되고 있다. 이렇게 급변하는 에너지 환경에 대하여 에너지 저소비형 사회 시스템의 마련, 에너지 공급 루트의 다변화와 함께 대체 에너지원의 개발이 절실하다.

따라서 환경오염을 최소화시키고 한정된 화석연료를 보완, 대체할 새로운 에너지원의 개발이 불가피한 상황이며, 신재생에너지가 그 유력한 대안이자 희망으로 부상하고 있다. 이미 세계의 선진국들은 신재생에너지 기술개발의 중요성을 인식하고 기술 개발 및 상용화를 위하여 중장기적인 개발 계획을 수립하고 과감한 정책적, 재정적 지원을 하고 있다.

미국은 2017년까지 휘발유 소비의 15%를 신재생에너지 연료로 대체할 것을 선언하고 에너지 안보 확립 및 기후변화협약에의 적극적 대응을 주창하였으며 수소의 제조 및 인프라 구축을 위한 대규모 투자에 나서는 등 2025년까지 신재생에너지로 전력 25%를 공급하겠다고 발표한 바 있다. 일본은 NEDO를 중심으로 2030년까지 원유 의존도를 40%까지 낮추고 태양광발전 원가를 화력발전 수준으로 낮추기 위한 장기적인 플랜을 추진하고 있다. 이렇듯, 세계 선진국들은 신재생에너지기술의 개발 및 보급에 총력을 기울이고 있으며, 새로운 에너지기술 개발을 통한 에너지 강국의 입지를 확보하기 위하여 중장기적인 정책을 마련하고 다각적인 투자와 육성 정책을 펴고 있다.

따라서 우리나라도 급변하는 세계 에너지 환경 속에서 신재생에너지 분야 기술 주도권 선점과, 수소 경제(Hydrogen Economy) 체제로의 조기 이행을 위해 체계적이고 적극적인 기술개발 사업 추진이 어느 때보다 중요하다. 이렇듯 신재생에너지는 장기적인 선행투자와 사회적 수용성이 필요하고 공공성이 강한 특성으로 인해 정부 주도의 적극적인 지원이 필요한 분야이다. 신재생에너지 마켓이 신흥시장으로 급성장하고 있으며 해외 선진국들은 이의 보급 확대를 통해 온실가스와 환경오염을 줄이고, 자국의 신재생 산업 경쟁력을 강화하여 세계 시장 선점에 열을 올리고 있다.

이에 정부에서도 2030년 1차 에너지의 11%를 신재생에너지로 공급한다는 목표를 설정하고 그 실행을 위하여 그린홈 100만 호 보급사업, 일반보급보조사업, 지방보급사업 등 보조 사업, 융자 및 세제 지원, 공공기관 신재생에너지설비 설치 의무화, 발전차액지원제도, 설비 인증 및 표준화, 전문기업제도 등을 적극적으로 추진하고 있다. 따라서 우리나라는 이와 같은 기후 변화에 대하여 위기가 아닌 새로운 기회로 활용하기 위하여 저탄소형 에너지 이용 시스템을 구축하고, 에너지 효율 제고 및 청정에너지에 대한 수요 창출 및 투자 증대를 통해 새로운 성장 동력을 창출해야만 하겠다.

┃ 표 10-2 신재생에너지의 도입 필요성 ┃

신재생에너지의 필요성	주요 내용
화석연료의 고갈	• 화석연료의 가채매장량 한계로 에너지 고갈 예상 • 미래 신에너지원으로 수소 경제 부상

에너지 시장 불안정 심화	• 에너지 해외 의존율 97%('04년 수입액 496억 $) • 중동의 정정 불안 및 BRICs 국가의 에너지 소비 급증 • 유가 1$ 상승시 국내 경제 파급효과 지대함 – 소비자물가 0.15P↑, 경상수지 7.5억 $↓ • 에너지 안보를 위한 국산 에너지 확보 절실

온실가스 감축 의무화	• EU의 배출권거래제 시행('05.1) 등 본격 환경경제시대 도래
	• 교토의정서 발효('05.2)
	  – 선진국은 1차기간 중('08~'12) 온실가스 감축 의무화
	  – 우리나라는 2차기간 중('13~'17) 감축 의무 부담 예상

국가간 기술 경쟁 심화	• 수소·연료전지, 태양광, 풍력 등 신에너지기술 시장규모가 향후 IT, BT를 넘어서는 거대 신성장동력산업으로 급부상 – 2010년 세계 시장 규모 전망 : 수소·연료전지 1천억 $, 태양광 3백억 $, 풍력 340억 $

02 신재생에너지의 분류(한국전력공사)

우리나라는 「신에너지 및 재생에너지 개발·이용·보급 촉진법」의 제2조 규정에 의거하여 신·재생에너지를 「기존의 화석연료를 변환시켜 이용하거나 햇빛·물·지열·강수·생물유기체 등을 포함 재생 가능한 에너지로 변환시켜 이용하는 에너지」로 정의하고 11개 분야로 구분하였으며 그 정의는 [표 10-3]과 같다.(한국전력공사)

▷ **신에너지** : 연료전지, 석탄(중질잔사유) 액화 및 가스화, 수소에너지(3개 분야)
▷ **재생에너지** : 태양열, 태양광, 바이오, 풍력, 수력, 해양, 폐기물, 지열(8개 분야)

이러한 신재생에너지는 과다한 초기 투자의 장애 요인에도 불구하고 화석에너지의 고갈 문제와 이산화탄소 배출 등 심각한 환경문제에 대한 중요 해결 방안이라는 점에서 선진 각국에서는 신재생에너지에 대한 과감한 투자와 보급 정책 등을 추진하고 있는 실정이다.

‖ 표 10-3 신재생에너지의 분류와 정의 ‖

구분	에너지원	정 의
신에너지	연료전지	수소, 메탄 및 메탄올 등의 연료를 산화($酸化$)시켜서 생기는 화학에너지를 이용하여 생산하는 에너지
	석탄 액화 및 가스화	고체 상태인 석탄을 액화 및 가스화하여 얻어지는 에너지로 가스터빈 및 증기터빈을 구동하여 생산하는 에너지
	수소에너지	수소를 기체 상태에서 연소 시 발생하는 폭발력을 이용하여 생산하는 에너지

재생에너지	태양열	태양으로부터 방사되는 복사에너지를 흡수·저장하고, 열기관을 통하여 열로 변환시키어 생산하는 에너지
	태양광	반도체 소자에 일정량의 태양광을 입사, 그 전위차를 이용하여 생산하는 에너지
	바이오에너지	각종 유기성 생물체를 변환시켜 얻어지는 기체·액체 또는 고체의 연료를 연소 또는 변환시켜 생산하는 에너지
	풍력	공기의 유동이 가진 운동에너지의 공기 역학적 특성을 이용하여 회전자를 회전시켜 생산하는 에너지
	수력	개천, 강, 호수 등에서 물의 흐름을 인공적으로 유도하여 수차터빈을 회전시켜 생산하는 에너지
	해양	해양의 조석, 파도, 온도차 등의 변환으로부터 얻어지는 에너지
	폐기물	가정 또는 사업장에서 발생되는 가연성 폐기물 소각 시 발생하는 열을 이용하여 생산하는 에너지
	지열	지하에 존재하는 뜨거운 물(온천)과 돌(마그마)을 포함하여 땅이 가지고 있는 열을 이용하여 생산하는 에너지

1 태양열(에너지관리공단/신재생에너지센터)

(1) 태양열에너지의 개념

태양의 복사에너지는 지표면에 도달되는 저밀도의 에너지로 낮에만 존재하며, 시간에 따라 그 변화가 크다. 지표면에 도달되는 태양 복사에너지는 파장대별로 다른 분포를 가지며, 우리가 주로 열에너지로 이용하는 파장대는 가시광선(visible) 대역이다. 태양으로부터 지표면에 도달되는 복사광선은 직달 일사와 확산 일사 2가지로 구분된다.

- **직달 일사** : 태양으로부터 구름이나 먼지 등에 산란이나 굴절되지 않고 지표면에 직접 도달되는 복사광선으로 임의의 면에 도달되는 이들 광선의 입사 각도는 동일하다. 지표면에 도달되는 전체 일사량 중 직달 일사가 차지하는 비율이 높으면 높을수록 날씨가 청명하다는 것을 의미한다.
- **확산 일사** : 태양으로부터 지구로 오는 도중에 구름이나 먼지 등에 산란/확산되어 지표면에 도달되는 복사광선으로 임의의 면에 도달되는 이들 광선의 입사 각도는 제각각 다르다. 일부 복사광선은 구름 등에 의해 반사되어 대기권 밖으로 빠져나가기도 한다. 따라서 고온을 얻기 위해서 집광하는 경우에는 확산 일사는 집광할 수가 없으며, 직달일사만이 집광이 가능하게 된다. 구름이 많거나 오염이 심한 지역의 일사는 대부분 확산 일사이다.

따라서, 태양열에너지는 태양으로부터 오는 복사에너지를 흡수하여 열에너지로 변환해서 직접 이용하거나 저장했다가 필요 시 이용하는 방법과, 복사광선을 고밀도로 집광해서 열 발전 장치를 통해 전기를 발생하는 방법이 있다. 대부분의 경우가 태양에너지를 열에너지로 변환해서 사용되고 있다.

(2) 태양열에너지의 이용 기술

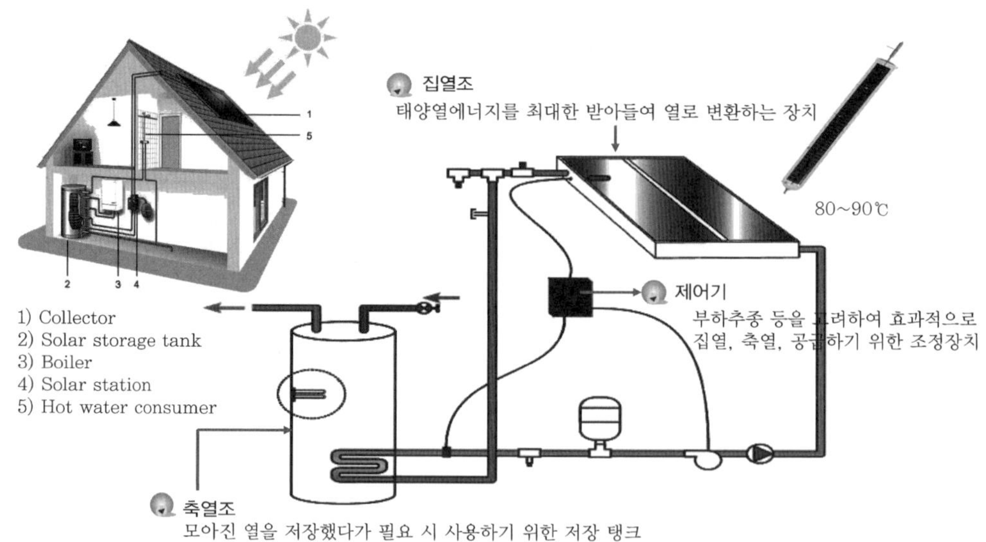

┃ 그림 10-1 태양열 시스템의 기본 원리 ┃

태양열의 이용 기술은 태양광선의 파동 성질을 이용하는 태양에너지의 광열학적 이용 분야로 태양열의 흡수 · 저장 · 열변환 등을 통하여 건물의 냉난방 및 급탕 등에 활용하는 기술로 태양열 이용시스템은 집열기, 축열조, 제어기 등으로 구성되며, 이의 역할과 구성은 [그림 10-1]에 나타낸 바와 같다.

(3) 태양열시스템의 관련 기술

① 집열 기술 : 태양열의 집열은 집열기에 의해서 이루어진다. 이들 태양열 집열기는 집열 온도에 따라 여러 종류로 나누어져 있으며 [표 10-4]에 있는 바와 같은 것들이 상용화되었다.

┃ 표 10-4 온도에 따른 태양열 집열기 분류 ┃

구 분	저온용	중 · 저온용	중온용	고온용
활용 온도	90℃ 이하	150℃ 이하	3000℃ 이하	300℃ 이상
집열기	평판형 집열기	진공관형 집열기 CPC형 집열기	PTC형 집열기	Dish형 집열기 Power Tower 태양로

집열 온도는 집열기의 열손실 계수가 작을수록 그리고 집광비가 클수록 높은 온도를 얻을 수가 있다. 저온용 집열기는 태양광선을 집광하는 장치 없이 집열을 하는 집열기로, 평판형 집열기와 진공관형 집열기가 있다. 이 중에서 진공관형 집열기는 유리관 내

부를 진공으로 만들어 열손실을 최소화시킨 것으로 비집광형 집열기임에도 불구하고 비교적 높은 온도를 집열하는 데 효과적이다. 중온용 및 고온용 집열기는 집광 장치가 있어서 일사광선을 고밀도로 집광해서 집열하는 집열기들이 여기에 포함되며, 대체적으로 집광비에 따라 집열 온도가 달라진다. 즉 집광비가 큰 것일수록 집열 온도가 높은 집열기이다. 각각의 집열기의 형상을 [그림 10-2]에 나타내었다.

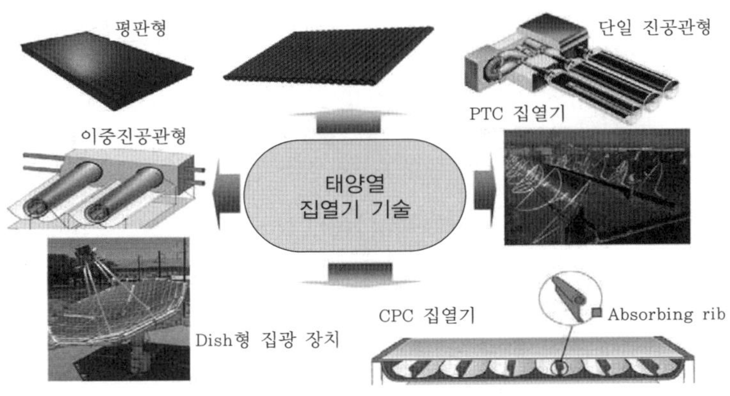

그림 10-2 태양열 집열기의 종류

② **축열 기술** : 태양열 축열기술은 집열기에서 집열된 태양열을 필요한 시간에 필요한 양만큼 수요 측에 공급하기 위한 것으로 태양열을 효과적으로 사용할 수 있도록 열에너지를 효율적으로 저장하였다가 공급하는 기술이다. 태양열시스템에서 축열은 집열되는 시점과 사용 시점이 일치하지 않기 때문에 필요하다. 태양열 축열은 현열축열과 상변화 물질을 활용한 잠열축열에 의한 방법이 있으나, 현재는 저온용으로는 물의 온도를 올려서 축열하는 현열축열방법이 주로 사용된다. 태양열 집열 열교환기를 축열조 내부에 삽입 여부, 온수열교환기 또는 온수탱크를 난방 축열조 내부에 삽입 여부 등에 따라서 여러 가지 형태가 있을 수 있다. 모든 축열조는 일반적으로 온도가 높은 물이 축열조 상단부에, 온도가 낮은 물은 하단부에 위치하도록 하는 온도 성층화 장치가 있다. 주택용 태양열 축열조는 최근 펌프, 열교환기, 각종 악세서리 등을 축열조와 함께 컴팩트화시켜서 설치가 간편하고 적은 공간에도 설치할 수 있도록 하는 노력이 경주되고 있다.

③ **태양열 시스템 및 제어 기술** : 태양열 시스템은 크게 집열기, 축열조와 같은 주요 컴포넌트의 기술과 시스템 설계 기술 또는 시스템 제어 기술이 핵심기술이다. 따라서 태양열 시스템은 열부하 조건과 동파방지, 과열방지 등 시스템 안전성에 따라서 적정하게 설계되어야 한다. 우리나라와 같이 동절기·혹한기가 있는 지역에서는 동파 방지를 위해서 대부분 부동액을 집열 매체로 사용하고 있지만 자동 배수 방식 등 다른 여러 가지 방법도 사용될 수 있다. 시스템 제어기술은 부하 추종 등을 고려하여 집열, 축열을 공급하기 위한 조정기술이다.

2 태양광(에너지관리공단/신재생에너지센터, 대한전기학회/전기의 세계)

(1) 태양광발전의 정의

태양에너지는 청정하면서 재생이 가능한 에너지원으로서 태양의 빛에너지를 이용하여 인간의 실생활에 활용하는 태양광에너지기술과 태양의 열에너지를 이용하여 활용하는 태양열기술로 크게 분류된다. 태양광에너지기술은 태양이 가지고 있는 광전자 에너지를 전기에너지로 변환하는 발전 기술로 태양광발전 기술이라고 말하며 일반적으로 태양광 기술로 칭해지고 있다. 태양광발전 기술은 pn접합의 반도체 특성으로 이루어진 태양전지의 발전 소자를 가지고 설명할 수 있으며 이에 대한 설명으로는 다음과 같다.

- 태양광발전은 반도체가 갖는 광전효과(photovoltaic(PV) effect)를 이용하여 반도체 혹은 염료, 고분자 등의 물질로 이루어진 태양전지를 이용하여 태양의 빛 에너지를 전기에너지로 변환시키는 기술이다.
- 태양전지의 최소단위는 하나의 셀(cell)로부터 나오는 전압이 0.5V로 작으므로 다수의 태양전지를 직병렬로 연결하여 사용하며, 그 범위에 따라 실용적인 범위의 전압과 출력을 얻을 수 있도록 1매로 패키징하여 제작된 발전장치를 태양전지 모듈이라고 한다.
- 태양전지 모듈은 외부 환경으로부터 태양전지를 보호하기 위해서 유리, 완충재 및 표면제 등을 사용하여 패널 형태로 제작하며, 내구성 및 내후성을 가진 출력을 인출하기 위하여 외부단자를 연결하며 이의 모두를 포함한다.
- 따라서, 태양광발전 시스템은 반도체 재료, 전기, 전자, 설치·운용, 규격, 기기 등의 여러 전문 기술들이 복합적으로 연계가 되어 있으며 계절, 기후, 설치 위치에 따라 변화하는 태양광 출력을 안정한 전원으로 변환하여 기존 전력의 계통망에 연계시키기 위한, 계통 연계형 기술 등 고도의 전기 기술 개발이 포함되고 있다.

(2) 태양광발전의 원리

태양전지는 실리콘으로 대표되는 반도체이며 반도체 기술의 발달과 반도체 특성에 의해 자연스럽게 개발되었으며, 이는 진성반도체의 특성과, 전기적 성질이 다른 n(negative)형의 반도체와 p(positive)형의 반도체를 접합시킨 구조를 하고 있으며 2개의 반도체 경계부분의 pn 접합(pn-junction) 구조를 이용한 것이 태양전지의 원리이다.

- 진성 반도체(Intrinsic semiconductor) : 저항률이 절연체에 비해 매우 낮고, 도체에 비해서는 매우 높은 물질이다.
- n형 반도체 : 순수한 실리콘에 인, 비소 또는 안티몬과 같은 소량의 5족 원소를 도

핑하면 불순물의 각 원자는 느슨한 전자를 잃으면서 실리콘 격자와 공유결합을 형성한다. 이러한 느슨한 전자(자유전자)는 물질의 전도도를 크게 증가시키는데 이러한 물질을 n형 반도체라고 한다.

- p형 반도체 : 불순물이 붕소, 갈륨 또는 인듐과 같은 3족 원소이면서, 홀(hole)이라고 불리는 빈 공간이 실리콘 격자에 생성된다. 홀은 인접한 전자로 채워지며, 전자가 있던 자리에는 홀을 남길 수 있기 때문에 움직이는 전하 캐리어로 취급하며, 순수한 실리콘보다 좀 더 큰 전도도를 갖는 물질을 p형 반도체라고 한다.

즉, 태양전지의 기본 구조 및 전기의 생산과정은 [그림 10-3]과 같은 실리콘 태양전지 단면도를 이용하여 설명할 수 있다. 태양전지는 p형과 n형 반도체를 접합시키고(PN접합) 앞뒤의 표면에 금속 전극을 붙여 제작한다. 빛이 반도체에서 흡수되면 전자와 정공의 쌍이 생성되고 전자와 정공은 p-n 접합부에 존재하는 전기장의 영향으로 서로 반대 방향으로 흘러간다. 따라서 도선으로 연결된 외부 회로에 전기가 발생하게 된다.

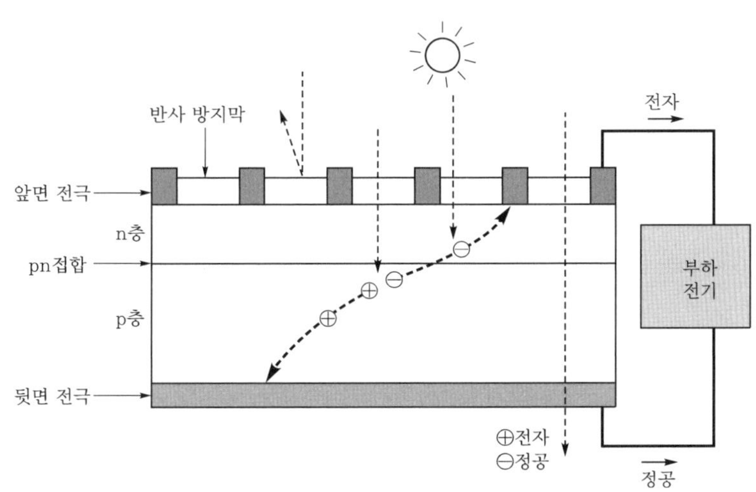

┃ 그림 10-3 태양전지의 기본 구조 및 동작 원리 ┃

이러한 태양전지의 동작에서 에너지의 변환 효율을 높이기 위해서는 첫째, 가급적 많은 빛이 반도체 내부에서 흡수되도록 하여야 하고, 둘째로 빛에 의해 생성된 전자와 정공 쌍이 소멸되지 않고 외부 회로까지 전달되도록 하며, 셋째로는 p-n 접합부에 큰 전기장이 생기도록 소재 및 공정을 설계해야 한다. 또한 태양광발전기술은 앞에서도 언급하였듯이 무한정, 무공해의 햇빛에너지를 전기에너지로 변환하여 전기를 생산하는 발전기술이며 이의 기술은 [그림 10-4]와 같이 발전기에 해당하는 태양전지 셀(어레이), 태양전지에서 발전한 직류를 교류로 변환하는 전력변환장치인 PCS(Power Conditioning System) 인버터(inverter), 전력 저장 기능의 축전 장치, 시스템 제어 및 모니터링, 전력소비를 이루는 각각의 부하로 구성된 발전 시스템 기술이라 할 수 있다. 이러한 태양광 기술은 원료(폴리실리콘) 기술, 기판(잉곳/웨이퍼) 기술, 태양전지 셀 공정 기술, 모듈 공정 기술, PCS 기술(인버터 기술), 시스템 기술 등으로 기술의 가치 사슬을 이루고 있다.

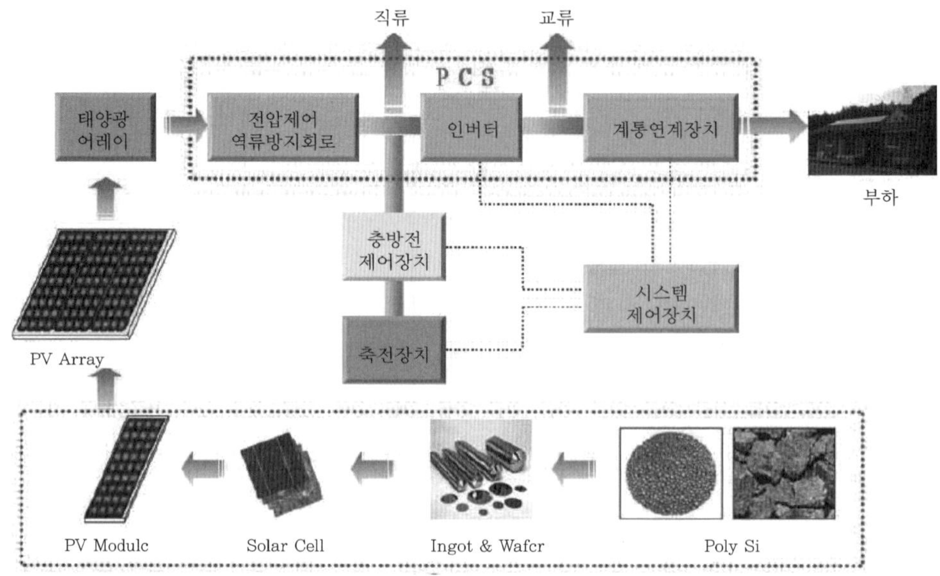

┃ 그림 10-4 태양광발전시스템의 구성 ┃

(3) 태양광발전시스템의 관련 기술

[그림 10-4]와 같이 태양광발전시스템의 구성 요소 중 핵심 부품은 태양전지이다. 태양전지는 기본적으로 반도체소자이며 빛을 전기로 변환하는 기능을 수행한다. 이때 태양전지는 최소단위인 셀(cell)을 기본으로 하는데 보통 셀 1장에서 나오는 전압이 약 0.5~0.6V로 매우 작기 때문에 여러 장을 직렬로 연결하여 수 V에서 수 십 V 이상의 전압을 얻기 위하여 패널의 형태로 제작하며 이를 모듈(module)이라고 한다. 이러한 모듈을 여러 장으로 직병렬 연결함으로써 부하의 용량에 적합하게 연결하여 설치한 것을 어레이(array)라고 하며 회전형 발전 방식의 발전기에 해당한다.

• 태양전지의 종류 : 현재 실용화되어 지상 설치의 전원용으로 사용되고 있는 태양전지의 대부분은 결정질 실리콘(Si) 태양전지이다. 실리콘 태양전지 기술은 반도체 분야의 기술과 더불어 발전되어 왔으며 기술의 신뢰성이 검증된 태양전지 소자이다. 이러한 결정질 실리콘 태양전지는 전세계 태양전지 시장의 85% 이상을 차지하고 있으며 초저가 초고효율화를 달성하기 위한 연구가 활발히 진행되고 있다. 최근 태양광발전시스템의 급격한 보급 확산으로 인한 실리콘 결정질 태양전지의 품귀 현상으

로 태양전지의 가격이 상승되고 있으며, 저가형의 태양전지 상용화 기술 개발이 추진되어 실리콘 박막태양전지와 화합물반도체 태양전지, 염료감응, 유기태양전지 등의 미래 지향형 태양전지에 대한 상용화의 개발이 활발하게 진행되고 있어 박막태양전지의 시장점유율은 점진적으로 높아질 것으로 전망된다.

이러한 태양전지는 그 소재나 이용 분야 또는 태양전지 구조에 따라 다양하게 분류할 수 있으며, [그림 10-5]와 같이 분류하는 것이 일반적이다. 결정계 태양전지는 현재 태양광발전 보급 시장에서 가장 널리 사용하고 있는 태양전지이며, 단결정 태양전지는 고효율 고가형, 다결정 태양전지는 중효율 중저가형, 아몰파스 태양전지는 낮은 효율에 저가형의 특성을 갖고 있다.

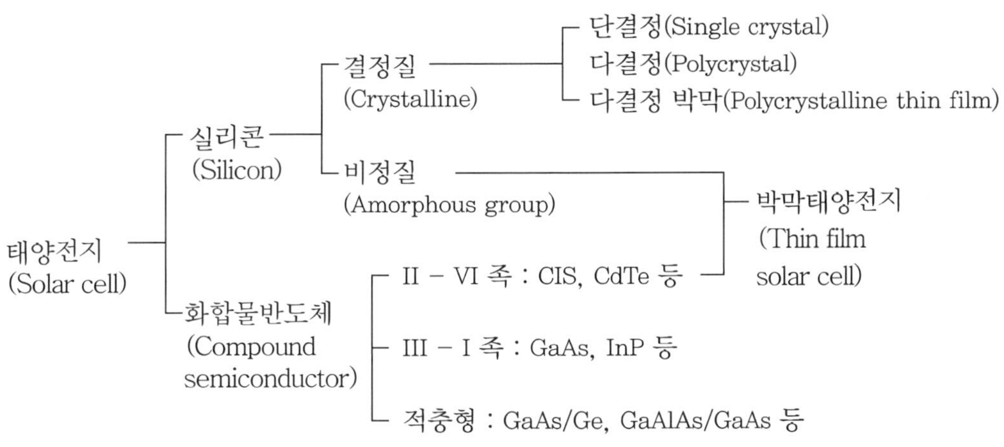

┃ 그림 10-5 일반적인 태양전지의 분류 ┃

- PCS 인버터 : 태양전지로 발전된 DC 에너지는 AC 부하의 조건에 맞게 연계되도록 전력을 제어해 주어야 하기 때문에 PCS(power conditioning system)의 장치가 필요하다. 따라서 DC를 AC로 변환시켜주는 전력변환장치의 하나인 PCS 인버터는 태양전지 어레이로부터 발생된 직류전기를 60Hz의 상용주파수의 교류전압으로 변환하여 전력계통에 연계하여 전력을 송전하는 역할을 함과 동시에 시스템의 직류와 교류 측의 전기적인 감시ㆍ보호를 하게 된다. 태양광시스템 구성 요소 중에서 태양전지 모듈을 제외한 주변장치 중에서 가장 큰 가격 점유율을 차지하게 되며, 이러한 PCS 인버터는 [그림 10-6]과 같이 계통 연계형과 독립형 PV시스템으로 분류된다.
- 독립형 PV시스템: 태양전지가 발전하는 전력만으로 부하의 소비전력을 충당하는 시스템으로 휴대용기기, 원격지 유인도서지역, 비상등 등에 주로 이용된다. 이는 크게 축전지가 있는 시스템과 없는 시스템, 그리고 태양광 이외의 다른 에너지원과 연계하여 사용되는 하이브리드 시스템으로 구분할 수 있다. 독립형의 경우 축전지가 있

는 시스템은 가로등, 교통표시, 무선기기의 전원, 비상전화 등에 주로 사용되며, 축전지가 없는 시스템은 펌프, 배터리 충전 전원 등에 이용된다.

- 계통연계형 태양광발전시스템 : 한낮에 태양전지가 발전할 수 있을 때에는 태양전지에서 발전된 전력을 부하에 공급하고, 태양전지가 발전할 수 없는 우천 시나 야간에는 연계되어 있는 상용계통으로부터 전력을 공급받는 시스템을 말한다. 계통연계형 태양광발전시스템은 부하의 소비전력 모두를 태양광에서 부담할 필요가 없으므로 부하의 소비전력보다 적은 용량을 설치하는 것이 일반적이다. 일반적인 계통연계형 태양광발전시스템은 태양전지 모듈, 태양광 인버터 및 계통연계장치로 구성된다. 계통연계형 시스템은 태양광발전시스템에서 발전을 할 수 없는 경우일지라도 계통으로부터 전력 수급이 가능하므로 별도의 전력저장장치(축전지)가 필요 없는 것이 일반적이지만, 다수의 태양광발전시스템이 계통에 연계되는 경우 상용계통전압을 안정화하기 위한 수단으로써 혹은 비상 시 전력공급의 신뢰성 향상을 위한 대응책으로써도 태양광 축전지를 활용할 수 있다.

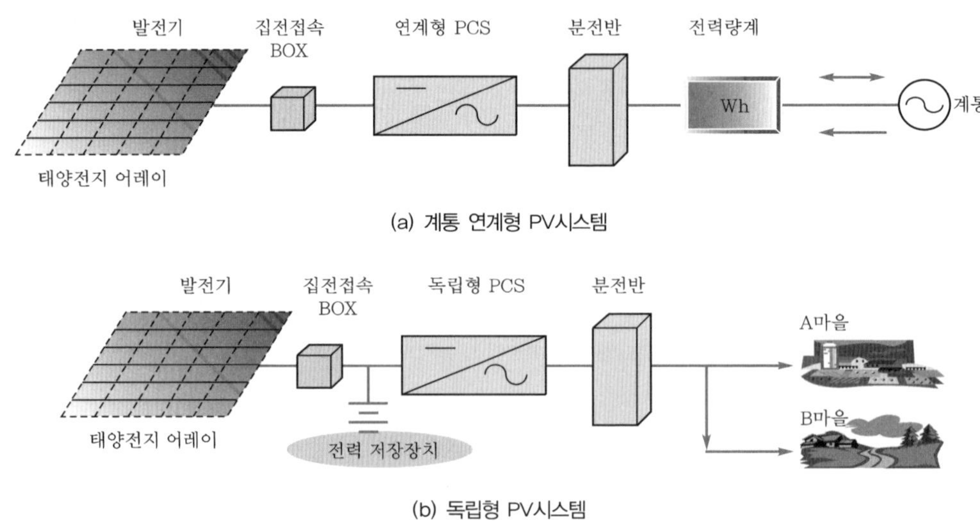

(a) 계통 연계형 PV시스템

(b) 독립형 PV시스템

| 그림 10-6 계통 연계형과 독립형의 PV시스템 |

(4) 태양광발전시스템의 장단점

21세기 저탄소사회에 적합하면서 신성장 동력산업으로 기대되는 태양광발전 기술은 최근 몇 년 동안 비약적으로 성장하고 있으며, 이제는 기술개발의 성과를 산업화를 위한 보급 확산을 촉진하는 초기시장 형성단계에서 성장 단계의 새로운 녹색성장산업으로 자리매김을 하고 있다고 하여도 과언이 아니다. 현재 태양전지효율은 7~17%, 수명은 20년 이상이며, 모듈가격 6$/W 내외, 발전단가 0.25~0.5$/kWh로 알려지고 있다(신재생

에너지 홈페이지 참조). 이에 대한 태양광발전의 장점과 단점을 [표 8-5]에 기술하였으며, 가정에서의 설치 개략도를 [그림 10-7]에 나타내었다.

표 10-5 태양광발전의 장점과 단점 비교

장 점	• 환경 적합성 : 배기가스, 폐열 등 환경 오염과 소음이 없음 　　　　　　　(석탄 화력발전 대비 약 240g-carbon/kWh 절감) • 연료, 냉각수 불필요 : 에너지-자원 보존, 입지상의 제약이 적음 • 모듈화 : 발전용량의 신축성, 발전 시설의 유동성 • 단기건설기간 : 수요 증가에 신속 대응 가능 • 부하 패턴 적합성 : 첨두부하 경감, 공급예비력 감소에 효과적 대응 • 무보수성, 고신뢰성 : 무인 자동화 운전 가능, 운전 비용 절감
단 점	• 대면적 필요 : 일사량에 의존, 대규모 발전에 대면적이 필요 • 이용률 낮음 : 야간, 우천시에 발전 불가능 • 불안정성 : 일사량 변동에 따라 출력이 불안정 • 고출력 불가능 : 공급 가능 출력에 한계, 급격한 전력 수요 대응 불가

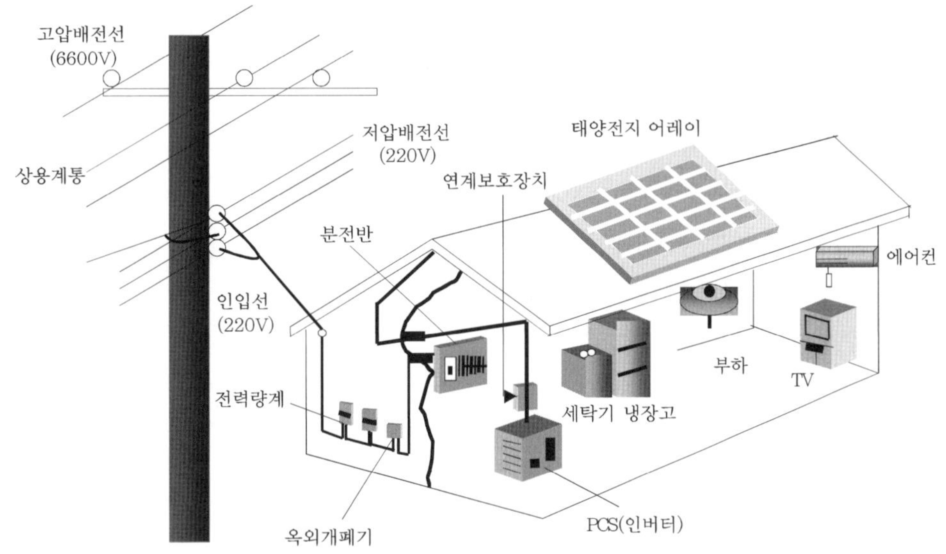

그림 10-7 태양광발전의 설치 개략도

3 바이오에너지(에너지관리공단/신재생에너지센터)

(1) 바이오에너지의 개요

- 이는 태양광을 이용하여 광합성되는 유기물(주로 식물체) 및 유기물을 소비하여 생성되는 모든 생물 유기체(바이오매스)의 에너지를 바이오에너지라 한다.
  - 바이오에너지 생산기술이란 생물 유기체를 각종 가스, 액체 혹은 고형 연료로 변환하거나 이를 연소하여 열, 증기 혹은 전기를 생산하는 데 응용되는 화학, 생물, 연소공학 등을 일컫는다.
- 바이오매스(Biomass)란?
  - 태양에너지를 받은 식물과 미생물의 광합성에 의해 생성되는 식물체, 균체와 이를 먹고 살아가는 동물체를 포함하는 생물 유기체를 일컫는다.
  - 따라서 바이오매스 자원은 곡물, 감자류를 포함한 전분질계의 자원과 초본, 임목과 볏짚, 왕겨와 같은 농수산물을 포함하는 셀룰로오스계의 자원과 사탕수수, 사탕무와 같은 당질계의 자원은 물론 가축의 분뇨, 사체와 미생물의 균체를 포함하는 단백질계의 자원까지를 포함하는 다양한 성상을 지닌다.
  - 이들 자원에서 파생되는 종이, 음식찌꺼기 등의 유기성 폐기물도 포함한다.

(2) 바이오에너지의 분류

바이오에너지는 바이오매스(생물유기체)를 직접 또는 생화학, 물리적 변화과정을 통해 기체, 액체, 고체 연료나 전기연소 및 열에너지형태로 이용하는 기술을 말하며, 이에 대한 주요 바이오매스 에너지의 종류 및 용도를 [그림 10-8]로 나타낼 수 있다.

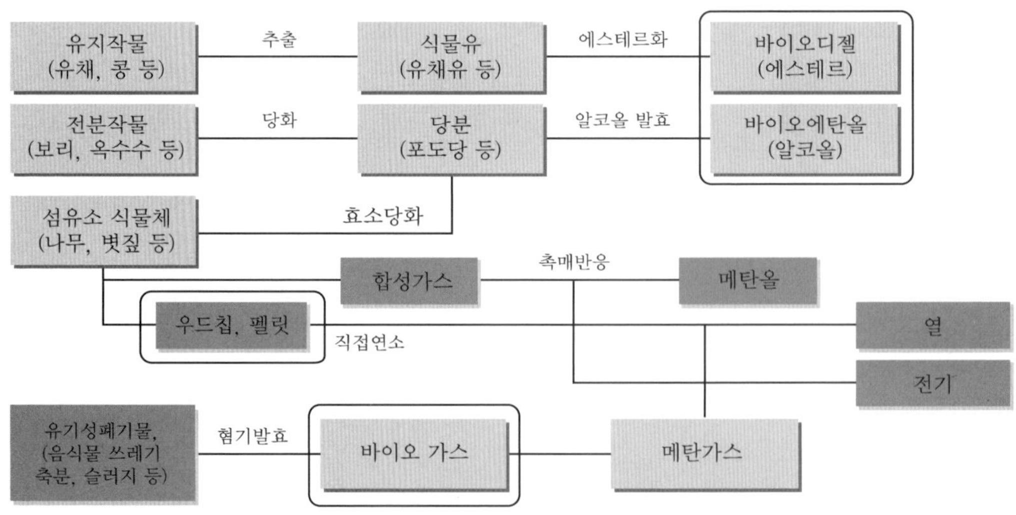

┃ 그림 10-8 주요 바이오매스 에너지의 종류 및 용도 ┃

‖ 표 10-6 바이오에너지의 특징과 기술의 분류 ‖

• 특징

장 점	단 점
• 풍부한 자원과 큰 파급 효과 • 환경 친화적 생산시스템 • 환경오염의 저감(온실가스 등) • 생성에너지의 형태가 다양(연료, 전력, 천연화학물 등)	• 자원의 산재(수집, 수송 불편) • 다양한 자원에 따른 이용 기술의 다양성과 개발의 어려움 • 과도 이용 시 환경 파괴 가능성 • 단위 공정의 대규모 설비투자

• 바이오에너지 기술의 분류

대분류	중분류	내 용
바이오 액체연료 생산기술	• 연료용 바이오 에탄올 생산 기술 • 바이오 디젤 생산 기술 • 바이오매스 액화 기술(열적전환)	• 당질계, 전분질계, 목질계 • 바이오디젤 전환 및 엔진 적용 기술 • 바이오매스 액화, 연소, 엔진 이용 기술
바이오매스 가스화기술	• 혐기소화에 의한 메탄가스화 기술 • 바이오매스 가스화 기술(열적전환) • 바이오 수소 생산 기술	• 유기성 폐수의 메탄가스화 기술 및 매립지 가스 이용 기술(LFG) • 바이오매스 열분해, 가스화, 가스화 발전 기술 • 생물학적 바이오 수소 생산 기술
바이오매스 생산, 가공 기술	• 에너지 작물 기술 • 특징생물학적 CO_2 고정화 기술 • 바이오 고형 연료 생산, 이용 기술	• 에너지 작물 재배, 육종, 수집, 운반, 가공 기술 • 바이오매스 재배, 산림 녹화, 미세 조류 배양 기술(왕겨탄, 칩, RDF(폐기물 연료) 등)

(3) 바이오에너지의 최근 추세

• 지금까지 바이오매스자원을 이용한 연료(eg. bio-ehyanol, hydrogen etc.)나 화학원료(eg. organic acid, other platform chemical) 생산기술은 주로 석유자원(protrochemical feedstocks)를 이용한 화학적 합성 공정에 의존하였으나 이로 인한 환경 문제 및 자원 고갈 등의 문제가 대두되었다. 따라서 이러한 공해 유발형 및 고에너지 소비형 화학 원료 생산 공정을 재생 가능한 자원(renewable feedstocks)인 바이오매스(biomass)를 이용한 생물공학적 발효공정으로 대체하여 탈공해 및 저공해의 청정생물공학기술(green-biotechnology)을 이룩하려는 연구가 활발히 진행되고 있다.

  – 생물유기체(바이오매스)를 구성하는 탄수화물은 석유를 구성하는 탄화수소와 마찬가지로 이론적으로는 화학, 생물공학기술을 응용하여 우리 일상생활에 쓰이는 거의 모든 화학제품을 만들 수 있다.

  – 다만 탄탄한 인프라를 구축하고 값싸게 공급되는 석유화학제품을 경제성 면에서 극복하지 못하고 있을 뿐이다. 예) 미국의 카길사(Cargill corp.)는 네바라스카 주에 건설된 Biorefinery에서 옥수수를 원료로 Lactic acid(젖산)를 포함한

수 개의 화학제품과 생분해성 플라스틱인 Polylactic Acid를 생산하기 시작했다.
- 이와 같은 바이오매스를 이용한 범용 화학제품의 생산은 비 연료유용 석유(나프타)의 소비를 절약할 뿐만 아니라 공정 자체의 에너지 소비를 줄일 수 있어 석유 소비를 절감하며, 유화계 플라스틱 등을 대체하여 환경오염을 저감한다.

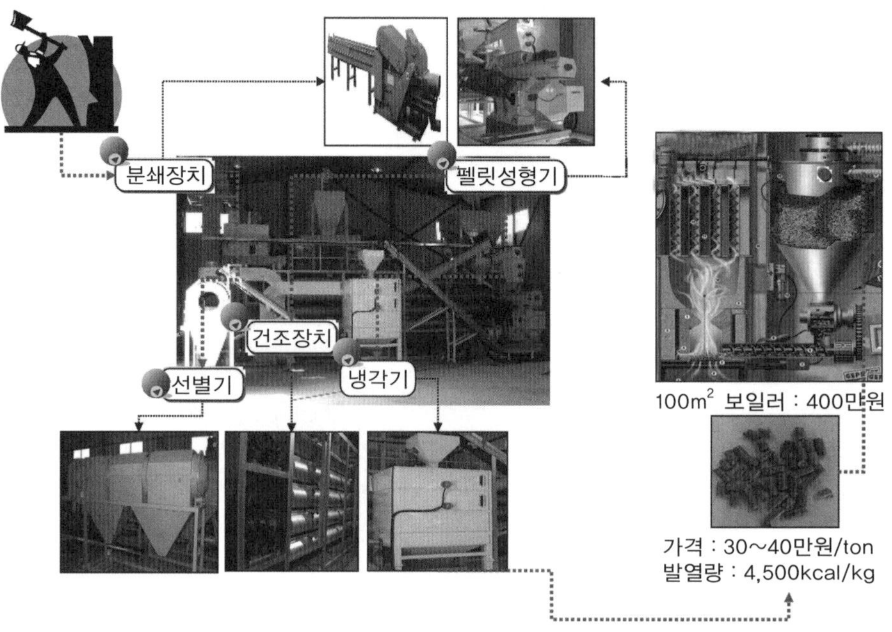

그림 10-9 펠릿 제조 시스템 및 보일러의 운영 사례

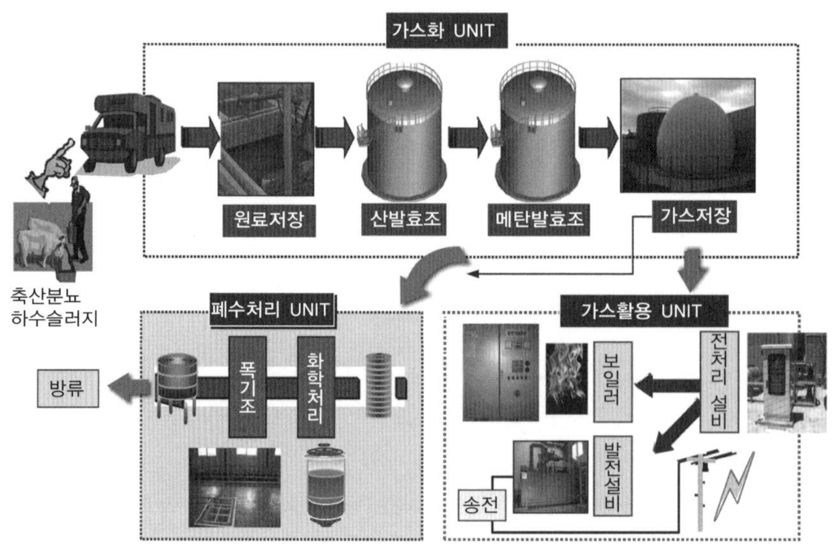

그림 10-10 바이오가스 생산 공정

- 현재 국내외에서 바이오에너지 생산 원료로 사용되는 바이오매스는 농업 작물(예: 유채, 옥수수, 콩 등)이거나 농임산 부산물(간벌목, 볏짚, 왕겨 등) 또는 유기성 폐기물(음식쓰레기, 축산 분뇨) 등이어서 바이오에너지는 농업과 매우 밀접한 관계가 있다. 하지만 바이오에너지는 재래 에너지인 화석연료에 비해 경제성이 낮다는 취약점이 있다. 그러나 최근 지구온난화 및 석유 자원 고갈에 대한 적극적인 대응이 지속 성장에 필수 요소라는 인식이 확산됨에 따라 바이오에너지의 보급 필요성이 부각되고 있으며 이를 충분히 인식한 미국, EU, 일본 등 선진국에서는 바이오에너지 보급을 늘리기 위해 적극적인 지원 정책을 마련, 시행하고 있다.

4 풍력

(1) 풍력발전의 개요

- 풍력발전은 바람의 힘을 회전력으로 전환시켜 발생되는 유도전기를 전력계통이나 수요자에게 공급하는 기술이다. 이는 바람에 의해 발생하는 에너지를 전기에너지로 변환하는 에너지 변환 기술이라고도 할 수 있으며, 바람이 가지는 운동에너지에서 로터 블레이드(blade; 회전날개)가 기계적 에너지를 추출하고 이 회전력으로 발전기의 로터(rotor)를 회전시켜 전력을 생산한다.

- 블레이드를 통과하는 바람에 의하여 발생하는 양력과 항력으로부터 로터 블레이드를 회전시키는 힘이 발생하며, 이 때 바람이 가지는 운동에너지의 일부를 기계적인 에너지로 추출하게 된다. 블레이드의 회전 동력은 주축을 통하여 발전기의 회전자로 전달되어 전기를 생산한다. 발전기에서 생산된 전력은 축전지에 저장하여 사용하거나 전력계통에 연계하여 송전한다.

- 증속기를 갖는 풍력터빈에서는 저회전 고토크의 로터 회전 동력이 고회전 저토크의 동력으로 증속되어 발전기에 연결된다. 저회전 로터의 주축이 직접 발전기에 연결되는 풍력터빈은 계통 주파수와 일치시키기 위하여 전력변환장치를 사용한다.

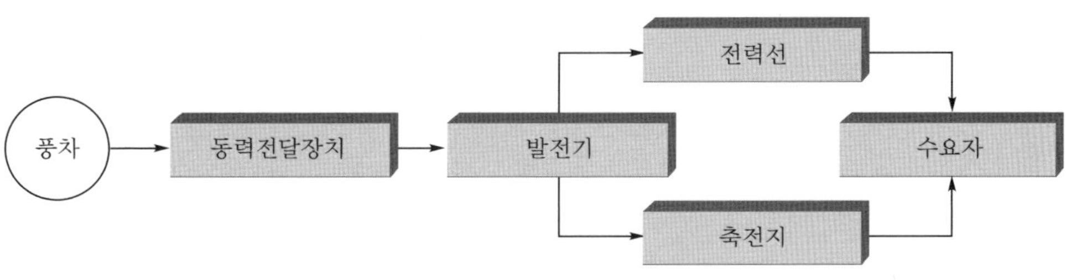

┃ 그림 10-11 풍력발전의 개요 ┃

(2) 풍력발전기의 구조

풍력발전 시스템은 크게 풍력발전기에 대하여 구조물 시스템과 풍력발전기를 제어하는 제어시스템으로 나누어진다. 풍력발전기 구조는 [그림 10-12]와 같이 바람이 가지는 에너지를 회전력으로 변환시키는 블레이드(blade), Shaft(회전축)를 포함한 Rotor(회전자), 블레이드를 연결하는 허브(hub), 회전력을 증속기에 전달하는 주축(main shaft), 저회전 고토크의 회전을 고회전 저토크의 회전으로 변환하는 증속기(gearbox)(단, Gearless형은 Gearbox 없음), 기동 · 제동 및 운용 효율성 향상을 위한 브레이크(Brake), 회전력을 전력으로 바꾸는 발전기(generator), 풍력발전기를 지지하는 타워(tower), 블레이드의 경사각을 조절하는 피치 시스템(pitch system), 바람부는 방향을 향하도록 블레이드의 방향을 조절하는 요 시스템(yaw system) 그리고 풍력발전기를 제어하면서 안정된 전력을 공급토록 하는 전력안정화 장치로 구성되는 전기제어부 및 원격지 제어와 지상에서 시스템 상태 판별을 가능케 하는 모니터링 시스템으로 구성되어져 있다.

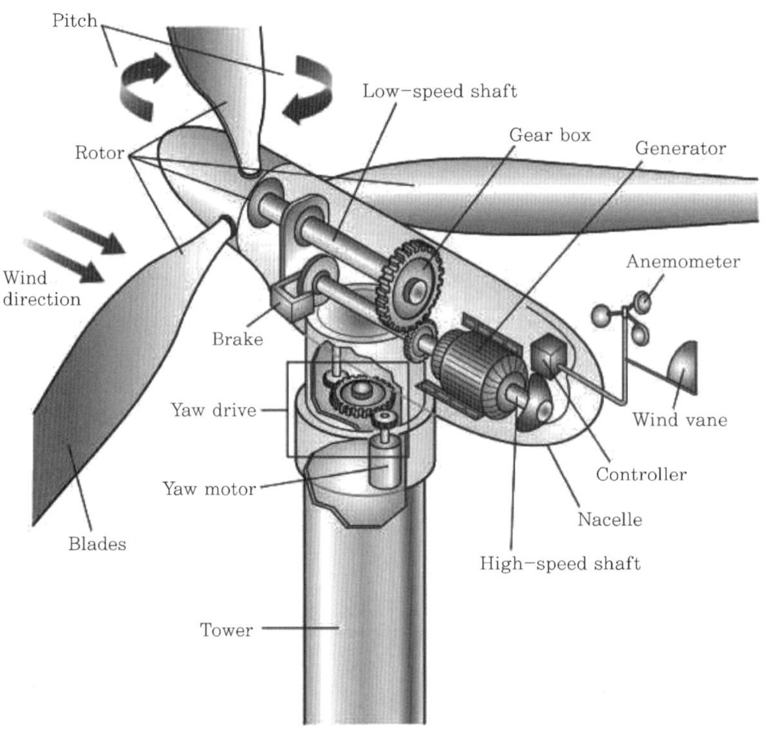

┃ 그림 10-12 풍력발전기의 구조 및 구성 요소 ┃

(3) 풍력발전의 종류

① 회전축에 의한 분류 : 풍력발전기는 회전축의 방향에 따라 분류하면 수평축과 수직축으로 크게 구분한다. 바람이 불어오는 방향에 대하여 로터의 회전축 방향이 평행하게 설치되면 수평축 풍력발전기, 수직으로 설치되면 수직축 풍력발전기이다. 바람이 지면에 대하여 평행하게 불어온다고 하면 수평축은 회전축이 지면과 나란한 방향으로 설치되고, 수직축은 지면과 수직으로 설치된다.

- 수직축 풍력발전기(Vertical Axis Wind Turbine)는 바람이 부는 방향에 관계없이 운전이 가능하기 때문에 요잉(yawing) 시스템이 불필요하다. 방향에 관계가 없어 사막이나 평원에 많이 설치하여 이용 가능하지만 소재가 비싸고 수평축 풍차에 비해 효율이 떨어지는 단점이 있다.

- 수평축 풍력발전기(Horizontal Axis Wind Turbine)는 회전축의 방향이 지면과 평행하게 설치된다. 덴마크식 풍력발전기의 개념에서 정립된 프로펠러형 수평축 풍력발전기가 가장 대표적이다. 출력이 가장 안정적이고 효율이 높기 때문에 현재의 대용량 풍력발전기에서 채택하고 있는 형태이다. 수평축은 최대의 효율을 내기 위하여 회전축을 바람이 부는 방향에 일치시키기 위한 요잉(yawing) 시스템이 필요하다. 그리고 수평축 풍력발전기는 로터 블레이드가 바람을 맞이하는 방식(수풍 방식)에 따라 전방향(upwind)과 후방향(downwind) 형식으로 구분된다.

- 중대형급 이상은 수평축을 사용하고, 100kW급 이하 소형은 수직축도 사용된다.

┃ 그림 10-13 수직축 및 수평축 풍력발전기 ┃

② 운전 방식에 의한 분류 : 로터 블레이드의 회전수에 따른 분류로서 정속운전(fixed rotor speed)과 가변속운전(variable rotor speed) 방식으로 구분되며, 이에 따라 계통의 주파수, 증속비, 발전기에 대한 설계를 함께 고려하여야 한다.

- 정속운전 방식(통상 Geared형)은 방식은 풍속에 관계없이 로터의 회전속도가 일정하다. 과거의 덴마크형 풍력발전기는 단순하고 저가이며 견고한 유도발전기와 전력변환장치를 적용하기 위하여 정속운전 방식을 채택하였다. 정속운전 방식은 특정 풍속에서 최대의 효율을 낼 수 있기 때문에 실속제어와 함께 초기의 풍력발전기에 많이 사용되었다.

- 가변속운전 방식(통상 Gearless형)은 풍속의 변화에 대하여 로터의 회전속도를 연속적으로 받아들인다. 가변속운전 시스템은 발전기의 토크를 일정하게 유지하고 풍속의 변화는 발전기의 속도를 변화시켜 대응한다. 넓은 범위의 풍속에서 최대의 공력 효율을 얻을 수 있도록 설계하며, 풍속의 변화에 따른 출력계수가 최적이 되도록 주속비를 조절한다. 가변속운전은 같은 풍향조건에서 정속운전보다 출력을 많이 얻을 수 있고 보다 우수한 전력품질을 얻을 수 있기 때문에 현재 개발되고 있는 대부분의 풍력발전기에 채택되고 있다.

| 그림 10-14 Geared형 및 Gearless형 풍력발전시스템 |

표 10-7 Geared형 및 Gearless형 풍력발전시스템의 비교

구 분	Geared형 풍력발전시스템	Gearless형 풍력발전시스템
장 점	• 저렴한 제작비용으로 고신뢰도의 동력전달계 구성이 가능함. • 장기간의 기술적 노하우와 경험을 바탕으로 신뢰도가 매우 높음. • 보편적 요소기술로서 어느 지역에서도 설계 제작이 가능한 보편기술임. • 유지보수가 용이하며 부분품의 교체로서 쉽게 성능유지가 가능함. • 계통연계가 간편하고 용이한 기술적 특성을 지님.	• 증속 기어장치 등 많은 기계부품을 제거할 수 있음. • 넛셀(nacelle) 구조가 매우 간단 단순해져 유지보수상의 간편성 증대 • 증속기어의 제거로 기계적 소음의 획기적 저감. • 역률제어가 가능하여 출력에 무관하게 고역률 실현 가능함.
단 점	• 증속기어의 기계적 마모나 이에 따른 유지관리상의 문제가 야기될 수 있음. • 기계적 소음 발생의 원인이며 고장 발생의 주요 원인이 될 수 있음. • 통상 전체시스템의 운전 수명인 20년보다 짧은 8~10년 이내의 운전 수명을 지님으로써 유지관리 비용의 상승을 초래. • 저출력시 추가적인 보상회로에 의한 역률개선이 필요하게 됨.	• 매우 크고 무거우며 제작비용이 많이 들어가는 다극형 링발전기가 필요함. • 다극형 동기발전기 공극이 외기에 노출되어 염해나 먼지 등의 부유물에 영향을 받을 수 있으며, 전기적 절연성에 있어서의 안전성 확보가 절대 필요. • 중량이 큰 발전기를 외팔보 형태로 지지해야 하는 구조적 문제가 발생. • 장기적 입장에서 인버터 등 전력기기의 신뢰도에 대한 검증이 되지 않음.

③ **출력제어방식에 의한 분류** : 풍력발전기는 정격풍속에서 최대의 출력이 발생할 수 있도록 설계되며, 정격풍속 이상의 풍속에 대하여 풍력터빈 시스템의 보호를 위하여 발전량을 조절하는 출력제어를 한다. 출력제어 방식은 크게 실속제어(stall control)와 피치제어(pitch control)로 구분된다.

• 실속제어 방식은 실속현상을 이용하여 일정 풍속 이상에서 블레이드에 작용하는 양력을 증가시키지 않거나 줄어들도록 함으로써 로터의 회전속도를 제어하는 방식이다. 블레이드의 피치각은 일정하게 고정되어 있으며, 풍속이 빨라지면 블레이드의 받음각이 증가하여 실속이 자연적으로 발생하여 양력을 감소시키게 된다.

• 피치제어 방식은 블레이드의 피치각을 조절하여 출력을 제어한다. 실속제어와 반대로 정격풍속 이상에서 받음각을 감소시키는 방향으로 피치각을 조절하여 블레이드에 작용하는 양력을 감소시켜 출력을 제어한다. 피치제어 방식은 출력제어를 효율적으로 할 수 있고 전력 생산량을 높일 수 있기 때문에 현대의 중대형 풍력발전기에서 거의 대부분 필수적으로 채택하고 있다. [그림 10-15]는 국내의 풍력발전시스템 설치 현황 및 광경을 나타낸 것이다.

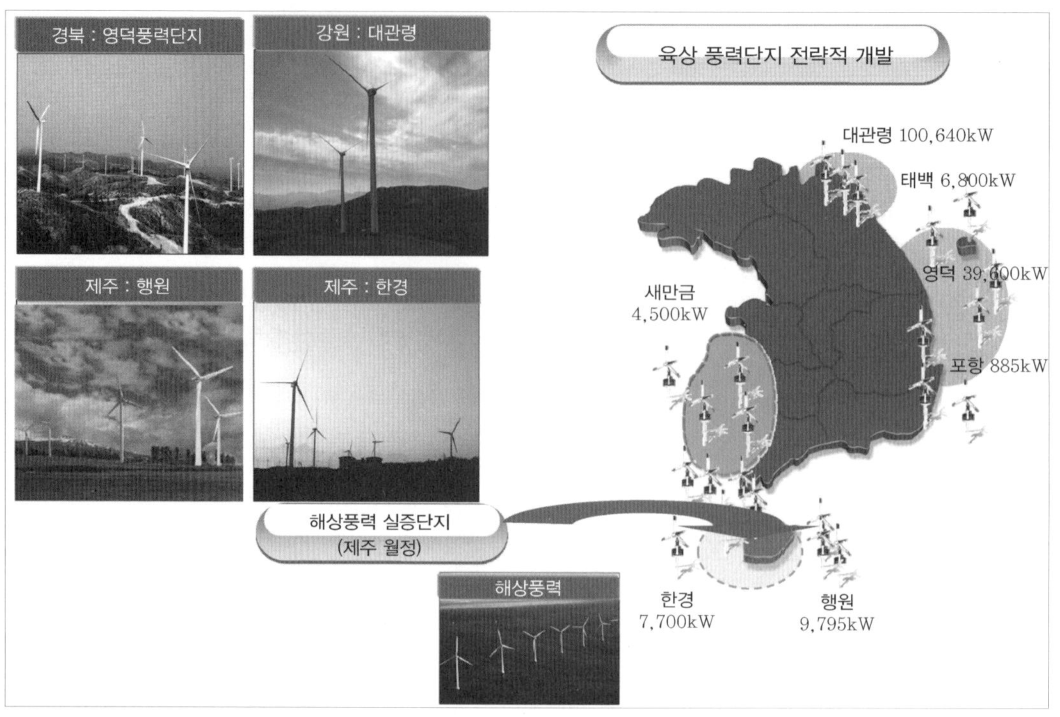

그림 10-15 국내의 풍력발전시스템 설치 현황 및 광경

④ **기타** : 전력사용 방식에 따라 계통연계형과 독립전원형으로 나누어지며 계통연계형으로는 유도발전기와 동기발전기가 주로 사용되고, 독립전원형으로는 동기발전기와 직류발전기가 주로 사용된다.

- [그림 10-16]은 풍력발전시스템의 전기적인 구성도이다. 터빈과 기어박스로 연결된 회전력은 유도발전기와 결합하여 AC전력을 발전시키고 이는 AC/DC 컨버터와 DC 연계(link) 커패시터와 DC/AC 인버터를 거치면서 무효전력 및 유효전력, 그리고 주파수가 변환된 전력변환제어를 수행하여 변압기에 연결시킨 후 전력망 그리드와 연결되는 구조로 구성되어 있다.

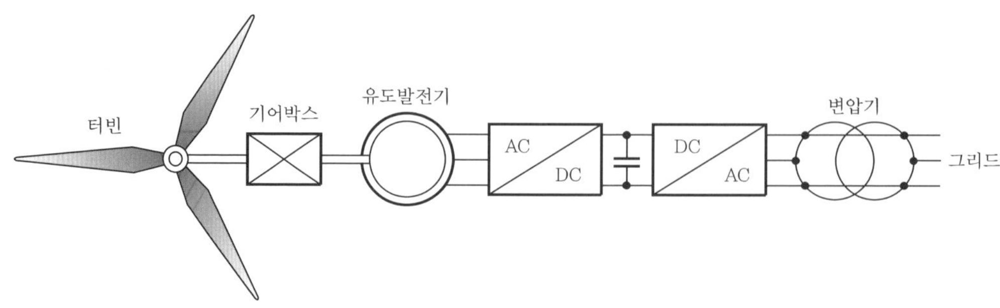

그림 10-16 풍력발전시스템의 전기적인 구성도

5 수력

(1) 수력발전의 개요

- 수력발전은 물의 유동 및 위치에너지를 이용하여 전기에너지로 변환한다.
- 물은 중력의 영향을 받아 높은 곳에서 낮은 곳을 향해서 흐른다. 그 흐름을 수로로 끌어들여 유입물량과 압력으로 수차발전기를 회전시켜 전기에너지를 발생시키는 것이 수력발전(hydropower generator)의 원리이다. 이러한 수력발전은 높은 곳에서 낮은 곳으로 물이 흐르는 모든 장소에 이용할 수 있는 장점이 있다.
- 즉, 물에 대하여 높은 위치에 있는 하천이나 저수지의 유량(Q)을 유도하여 위치에너지인 낙차(H)를 이용, 수차에 의해 회전력을 발생시키고 수차와 직결되어 있는 발전기에 의해서 전기에너지로 변환시키는 것을 말하는 것으로, 낙차(H)는 상부에서 하부로 이용 가능한 최대 수직거리이다. 실제 낙차는 물이 관로나 설비로 이동할 때 발생하는 손실 때문에 총 낙차보다 약간 적어지게 된다. 이로 인한 손실로 감속한 낙차를 정격낙차(Net Head)라 하고, 강에 흐르는 유량(Q)은 초당 지나가는 물의 양(m^3/sec)이다. 수차를 회전시키는 물의 유량이 많고, 낙차가 클수록 발전 설비용량이 커지고 전력량도 그만큼 많아진다.
- 수력발전시스템의 구성은 [그림 10-17]과 같이 하천이나 수로에 댐이나 보를 설치하고 발전소까지 물을 유동하는 수압관로, 물이 떨어지는 낙차로 전기를 생산하는 수차발전기, 생산된 전기를 공급하기 위한 송·변전설비, 출력제어를 위한 감시제어설비, 유수를 차단하기 위한 밸브설비로 구성되어 있다.
- 수력은 2005년에 신에너지 및 재생에너지개발·이용·보급촉진법으로 개정되어 수력설비용량 기준을 삭제하여 '물의 유동에너지를 변환시켜 전기를 생산하는 설비'로 양수를 제외한 모든 수력설비를 일원화하여 신재생에너지로 분류하고 있다.
- 따라서 소수력(small hydropower)을 포함 수력 전체를 신재생에너지로 정의하며, 신·재생에너지 연구개발 및 보급 대상은 주로 소수력 발전기를 대상으로 한다.

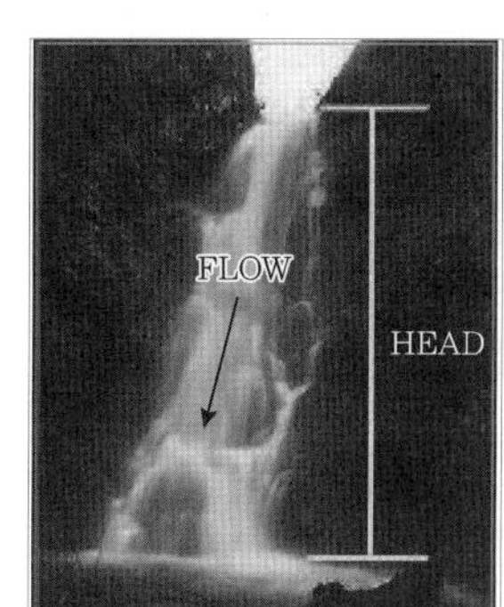

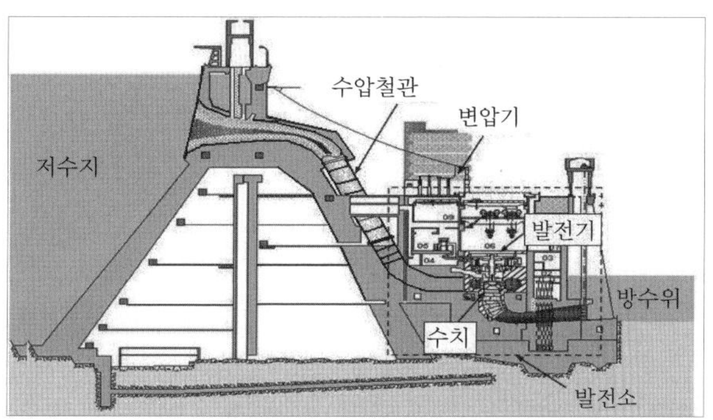

| 그림 10-17 수력발전시스템의 구성 개념도 |

(2) 소수력발전시스템의 기술

- 수력발전은 재생 가능한 순수 국산 에너지로 에너지 안정성에 기여함과 동시에 이산화탄소 배출량이 가장 적어 범세계적인 환경규제에 대비하는 친환경 청정에너지로 지구온난화 방지에 공헌하고 있다.

- 수력은 에너지밀도가 높아 타 에너지원에 비해 꾸준한 발전 공급이 가능하며, 전력을 생산하는데 5분 이내의 짧은 시간에 전력수요량의 변화에 가장 민첩하게 대응이 가능한 피크시간대에 발전이 가능하며, 사회적 및 환경적 효과의 높은 기대치로 인하여 고전적인 기술에 첨단 IT기술과 친환경 기술을 접목하여 경제적 파급효과를 크게 하고 있으며, 이의 주요 기술로서는 다음과 같다.

① 수차 : 가장 중요한 설비로 수차(Turbine)란 물이 가진 위치에너지를 기계적 에너지로 전환하는 기계를 말한다. 좁은 의미로는 회전력을 발생시키는 회전차(runner)를 말하나, 일반적으로 회전차와 회전차를 둘러싼 케이싱(casing)과 그 내부에 장치된 부속 기기들을 일괄하여 말한다. 수차는 약 100년의 역사를 갖고 있다. 수차의 종류는 에너지 발생 면에서 대별하면 충격수차와 반동수차로 나눌 수 있다. 충격수차(impulse turbine)는 유수의 속도수두를 이용하고, 반동수차(reaction turbine)는 압력수두를 이용한다. 현재 실용화되어 있는 수차 종류는 [그림 10-18]과 같다. 수차 중에서 충동수차는 펠톤(Pelton) 수차, 튜고(Turgo) 수차 등이 있고, 반동수차는 프란시스(Francis) 수차, 프로펠러 수차 등이 있다.

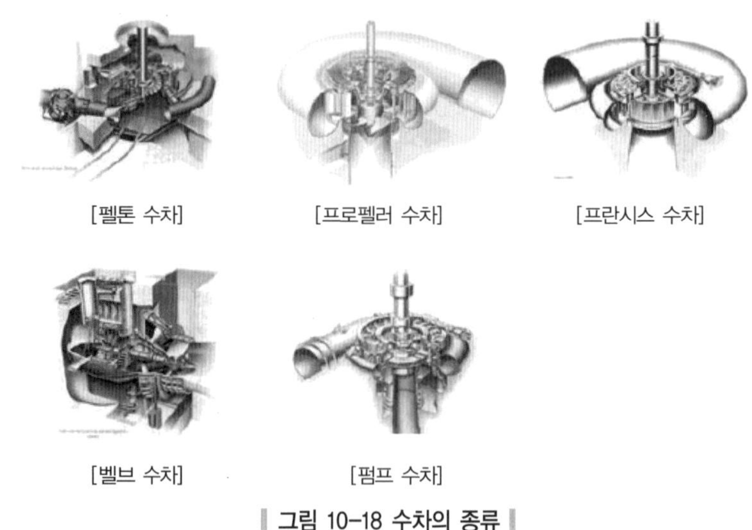

┃ 그림 10-18 수차의 종류 ┃

② 발전기 : 수력발전에 사용되는 발전기는 유도발전기와 동기발전기가 있다. 설비용량 3천 kW 이하인 소수력은 구조가 간단하고 별도의 제어장치를 필요로 하지

않는 유도발전기를 많이 선정하고, 설비용량 3,000kW 이상인 수력발전소의 경우 한전의 계통 운영 및 전압강하 기준에 문제가 없도록 하기 위해서 부수적인 운전제어설비인 자동전압조정장치 및 동기투입장치가 필요한 동기발전기를 선정한다.

③ **계통과의 연계 및 자동화 기술** : 수력발전은 주로 발전사업자로서 운영되며 전력계통에 연계 운영되고 있다. 전력계통에 연계 운전되는 다른 에너지원과 동일하게 수력발전도 계통연계에 관련된 국내·외 표준 및 기술기준을 준수해야 한다. 계통연계기술기준은 전력계통 보호 및 전력품질이 중요한 요인이다.

수력발전소에 적용된 IT기술은 발전소의 원격감시, 운전성능 종합관리 기능을 구비하여 설치 및 운영유지관리 비용의 최소화를 목표로 하고 있다. 효과적이고 경제적인 운영을 위해 도입되는 발전소 자동제어기술, HMI(Human Machine Interface) 기술이나 운전 방식의 다양화 및 운전 신뢰성을 높이기 위해 적용되는 디지털화 기술은 기확보하고 있는 기술들이며 이를 구현하는 수단인 PLC 등 제어기기 부분도 국산화되어 보다 콤팩트한 시스템 기술이다. 또한 자동화 및 무인화기술은 수력발전소를 안전하게 운영하기 위하여 수차발전기와 변압기, 차단기 등의 송·변전설비, 출입자 감시, 원격감시제어설비 등 발전 설비 운영 상태를 점검하고 고장에 대한 신속한 조치와 복구를 스스로 판단하고 결정할 수 있는 체계적이고 과학적인 실시간 상태 감시 및 원격감시제어시스템 기술이다.

안동 소수력발전소(1,500kW)

광천 소수력발전소(450kW)

┃ 그림 10-19 소수력발전소의 설치 사례 ┃

6 해양에너지

(1) 해양에너지(Ocean Energy)의 개요

- 해양에너지는 해양에 존재하는 파랑, 조위, 조류, 수온, 염도 등 다양한 에너지원을 변환시켜 전기나 열을 생산하는 기술로써 전기를 생산하는 방식으로는 조력 · 파력 · 온도차발전 등이 있다.
- 해양에너지를 이용한 발전기술은 해양이라는 환경의 가혹성 때문에 다른 신재생에너지 분야에 비하여 상대적으로 미개척 분야로 남아왔다. 그러나 최근에는 해양공학의 기술 발전에 따라서 기술적 어려움을 극복하고 화석연료의 가격 급등과 지구의 기후환경 변화 등 새로운 청정 대체에너지 개발의 필요성이 급증하면서, 해양에너지에 자원에 대한 관심과 기대가 커지고 이의 관련 기술에 대하여도 연구가 활발히 진행되고 있는 실정이다.
- 앞서 언급하였듯이 해양에너지는 파력, 조력, 조류력, 해수온도차, 해수염도차를 비롯하여 해상풍력, 해상태양광, 해양바이오 등의 에너지원이 다양하게 존재한다. 이들 중에서 해양에만 부존하는 에너지원이면서 기술개발 단계가 실용화에 근접한 것은 파력, 조력, 조류력 및 해수온도차를 이용한 해양에너지라 할 수 있으며 이들에 대해서 각각 설명한다.

(2) 해양에너지의 변환기술

- 해양에너지의 자원을 효과적으로 이용하여 전기에너지로 변환하는 다양한 방식의 해양에너지 변환기술이 발표되고 있다. 해양에너지의 변환시스템은 다양한 해양에너지의 원천으로부터 운동에너지, 위치에너지 또는 열에너지를 기계적인 운동에너지로 변환시키거나(파력, 조력, 조류, 해수온도차발전), 열교환기를 이용하여 공기 또는 해수를 냉각 또는 가열함으로써 에너지를 흡수하는 해수온도차 냉난방을 하는 방식이 있다.
- 따라서 해양에너지 자원이 갖고 있는 운동에너지와 위치에너지를 이용하여 정해진 물체를 선형 방향이나 회전 방향으로 움직이게 하는 기계적인 운동에너지로 변환시키면, 이를 발전기에 적용하여 기계적인 에너지를 전기에너지로 변환할 수 있으므로 해양에너지원으로부터 전기를 생산할 수 있게 된다. [그림 10-20]은 이러한 해양에너지를 얻는 시스템의 구성도를 나타낸 것이다.

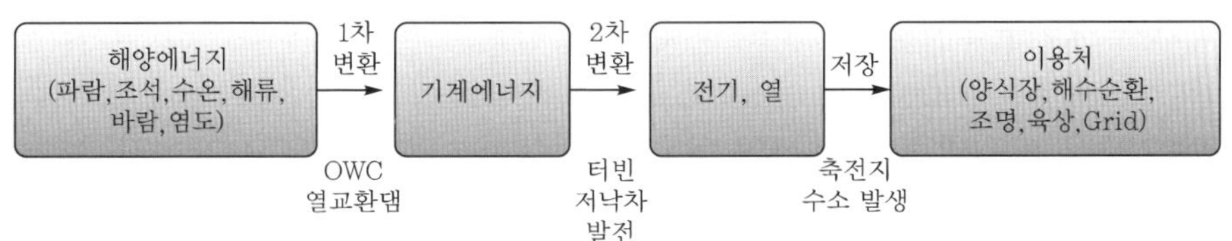

그림 10-20 해양에너지의 시스템 구성도

- 이와 같은 해양에너지는 에너지의 이용방식에 따라 조력, 파력, 온도차발전으로 구분되며, 기타 해류발전, 근해 풍력발전, 해양 생물자원의 에너지화 및 염도차 발전 등이 있으며 이의 입지 조건 선정은 [표 10-8]과 같다.

표 10-8 해양에너지의 입지 조건

구 분	입지 조건
파력발전	– 자원량이 풍부한 연안 – 육지에서 거리 30km 미만 – 수심 300m 미만의 해상 – 항해, 항만 기능에 방해되지 않을 것
조력발전	– 평균조차: 3m 이상 – 폐쇄된 만(灣)의 형태 – 해저의 지반이 견고 – 에너지 수요처와 근거리
온도차발전	– 연중 표·심층수와 온도차가 17℃ 이상인 기간이 많을 것 – 어업 및 선박 항행에 방해되지 않을 것

① **파력발전** : 파력발전은 파랑의 운동 및 위치에너지를 이용하여 터빈을 구동하거나 원동기와 같은 기계장치의 운동으로 변환하여 전기를 생산하는 기술이다. 이는 파고가 높고 파주기가 긴 해역이 적지로 평가된다. 파력발전은 에너지의 변환 원리에 따라 가동물체형, 월파형, 진동수주형 방식이 적용되고 있으며 설치의 형태에 따라서 착저식(또는 고정식)과 부유식으로 구분하기도 한다.

가동물체형은 수면의 움직임에 따라 민감하게 반응하도록 고안된 여러 형태의 기구를 사용하여 파랑에너지를 물체에 직접 전달하고, 이 때 발생하는 물체의 움직임을 전기에너지로 변환하는 방식으로 파력발전의 가장 오래된 형태이다.

월파형 파력발전은 파랑의 진행방향 전면에 경사면을 두어 파랑에너지를 위치에너지로 변환하여 저수한 후 형성된 수두차를 이용하여 저수지의 하부에 설치한 수차터빈을 돌려 발전하는 방식이다.

진동수주형 파력발전은 파랑에너지를 공기의 흐름으로 변환하고, 발생된 공기의 흐름 중에 터빈을 위치시켜 전기를 얻는 파력발전 방식이다. 입사파가 장치의 전면에서 반사되어 중복파가 형성되고, 이 때 발생하는 수면의 상하 움직임이 장치

전면의 개구부를 통해 공기실 내로 전달되어 공기실 안의 공기가 압축/팽창을 반복하게 되면, 이에 의해 공기실 상부 노즐분에 공기의 흐름이 발생하게 된다.

② **조력발전** : 조력발전은 조석을 동력원으로 하여 해수면의 상승하강 현상을 이용하여 전기를 생산하는 발전방식이다. 이는 일정 중량의 부체가 받는 부력을 이용하는 부체식, 조위의 상승하강에 따라 밀실에 공기를 압축시키는 압축공기식 그리고 방조제를 축조하여 해수저수지 즉, 조지를 조성하여 발전하는 조지식으로 나눌 수 있다. 오늘날의 실용화된 조력발전방식은 조지식으로 강한 조석이 발생하는 큰 하구나 만(灣)에 방조제를 설치하여 조지를 만들고 외해 수위와 조지 내의 수위차를 이용하여 발전을 하게 된다. 조지식 조력발전은 일반적으로 조지의 수에 따라 단조지식과 복조지식으로 구분되며, 조석의 이용 횟수에 따라 단류식과 복류식으로 나눌 수 있다. 단류식은 조지 내의 수위가 외해 수위보다 높을 때 해수를 내보내면서 발전하는 낙조식 단류발전과 외해 수위가 조지 내의 수위보다 높을 때 해수를 채우면서 발전하는 창조식 발전으로 나누어지며 복류식은 낙조와 창조를 함께 이용하는 방식이다.

③ **조류발전** : 조류발전은 조류의 흐름이 빠른 곳을 선정하여 그 지점에 수차발전기를 설치하고, 자연적인 조류의 흐름을 이용하여 설치된 수차발전기를 가동시켜 발전하는 기술이다. 해양에 대규모 댐을 건설할 필요 없이 발전에 필요한 수차와 발전장치를 설치하기 때문에 비용이 적게 든다. 그러나 조류가 빠른 지역에 발전장치를 설치해야 하기 때문에 적지 대상 해역이 제한적이며 조력발전과 같은 대규모의 적용이 어려울 수 있다. 조류발전의 큰 장점은 날씨 변화나 계절에 관계없이 발전량 예측이 가능하여 신뢰성 있는 에너지원으로 활용이 가능하다는 것이다. 또한 해수유통이 자유롭고 해양환경에 미치는 영향이 거의 없어 조력발전보다 더 친환경적으로 간주된다.

조류발전의 터빈은 터빈의 회전 방향에 따라 수평축 터빈과 수직축 터빈으로 나눌수 있으며 수평축인 경우 단방향 흐름, 하천과 같이 일정한 흐름을 유지하는 경우에 유리하고 수직축인 경우는 조류와 같이 흐름의 방향이 변하는 경우에 유리하다. 일반적으로 조류발전은 유속이 1m/s 내외인 곳에서도 가능하나 경제성 있는 발전을 위해서는 최소한 2m/s 이상인 곳을 후보지로 선정한다.

④ **해수온도차 이용기술** : 해수의 온도차 에너지 발전은 수심에 따른 바닷물의 온도차를 이용하여 에너지를 얻는 기술이다. 열대 해역에서 해면의 해수 온도는 흔히 20℃를 넘으나 해면으로부터 500~1000m 정도 깊이의 심해에서는 4℃에서 거의 일정하다. 이와 같은 표층수와 심층수의 온도차를 이용하여 작동 유체를 증발시켜 터빈을 구동하여 전력을 얻고 다시 작동유체를 응축하는 방식으로 발전하는 기술을 해수온도차 발전(ocean thermal energy conversion; OTEC)이라 한다. 해수온도차발전시스템 OTEC는 작동 유체로 저온 비등 냉매를 사용하

는 폐순환 시스템(closed-cycle system)과 저압의 증발기를 이용하여 온수 자체를 작동유체로 사용하는 개방순환시스템(open-cycle system)으로 구분되며 혼합순환시스템(hybrid-cycle system)이 사용되기도 한다.

폐순환 시스템은 해수 표층의 온수를 사용하여 암모니아나 프로필렌 같은 비등점이 낮은 작동유체를 증발시켜 터빈 원동기를 돌려 발전하는 방법이다. 개방순환시스템은 해수 표층의 온수를 작동유체로 직접 사용하는 방법이다. 표층 온수는 펌프로 증발기에 유입되고 증발기는 진공펌프로 압력을 낮추어 온수가 상온에서 비등하게 하며 생성된 증기로 저압 터빈을 구동시켜 전력을 생산하는 방식이다. 터빈을 통과한 증기는 심층 냉수로 열교환기에서 응축되어 부산물로 담수가 얻어진다. 개방순환시스템은 상대적으로 효율이 높아 더 많은 전력의 생산이 이루어지고 담수의 활용이 가능한 장점이 있으나, 플랜트 설비 단가는 폐순환 시스템보다 다소 비싼 편이다.

해수온도차를 이용한 냉난방시스템은 해수온도와 대기온도와의 차를 이용하여 대기온도를 냉각 또는 가열하는 공기히트펌프(air heat pump)와 해수를 이용하여 냉난방 계통 내에 순환되는 냉온수를 냉각 또는 가열하는 해수열원 히트펌프(sea water heat pump)로 구성된다. 또한 냉각시스템에 이용되는 냉동기의 응축기 부분에서 공기 열원 대신에 해수 열원을 이용하여 냉매를 냉각시킴으로써 냉동 효과를 증대시키고 시스템의 효율을 높일 수 있다.

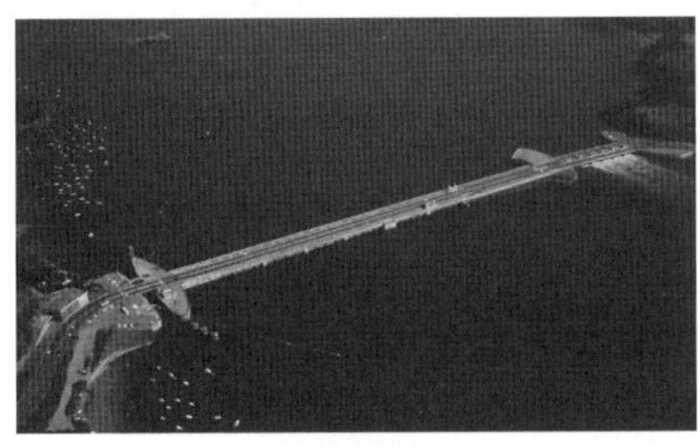

조력발전소
(시화호 건설 : 2009완공 254MW)

조류발전소
(영구 프로펠러형 조류발전 터빈)

파력발전소

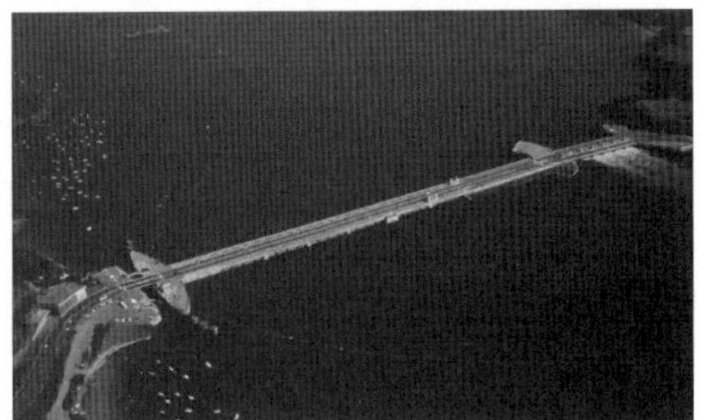

프랑스 Rance 조력발전소

그림 10-21 국내외 해양에너지의 설치 사례

7 폐기물

(1) 폐기물에너지의 개요

- 폐기물에너지는 일반 사업장이나 가정생활 또는 산업의 활동으로 인해 필연적으로 발생하는 폐기물을 단순 소각이나 매립처리를 하지 않고 적정한 기술로 폐기물을 가공하여 연료로 만들어서 석탄이나 석유 또는 가스연료의 대용으로 활용하는 것을 말하며 소각 시 발생하는 폐열을 에너지로 이용하는 것도 포함한다.
- 폐기물에너지화의 기술은 폐기물을 수거한 상태 그대로 소각로에서 소각하고 그때 발생하는 폐열을 바로 활용하는 소각폐열보일러 방법과, 폐기물을 물리화학적으로 가공하여 기존의 화석연료와 비슷한 폐기물 재활용 연료를 생산하는 기술이 있다. 최근에는 폐기물 재활용 연료를 생산하는 시설이 증가하고 있으며 생산된 연료는 그 형태에 따라 고체상의 폐기물 고형연료화, 액체상의 유화 및 기체상의 가스화로 나눌 수 있으며 폐기물의 종류에 따라 적합한 기술을 각각 적용할 수 있다.

(2) 폐기물에너지의 종류

① 소각폐열보일러 방법의 가장 대표적인 사례는 대형 생활폐기물의 소각로에서 감량화를 목적으로 폐기물을 소각하는 과정에서 발생하는 폐열을 에너지로 활용하는 것이다. 이 기술은 오래된 방법으로 세계적으로 널리 사용되고 있으며 가장 간단한 공정으로 폐기물에너지를 활용할 수 있는 방법이다. 생활 폐기물 외에도 사업장에서 발생하는 가연성 폐기물을 소각해서 소각폐열을 이용하는 시설도 많이 있다. 그러나 소각폐열보일러 방법은 소각로 인근에 열사용 시설이 있어야 하며, 열사용 효율을 높이기 위하여 소각로를 대형화하는 것이 필요하고 오염물질 배출방지를 위해서 환경설비를 철저히 갖추어야만 한다.

② 폐기물재활용연료의 생산 방법은 폐기물고형연료화의 대표적 방법인 RDF(Refuse Derived Fuel) 기술인데, 이는 생활 폐기물을 파쇄, 선별, 건조, 성형 공정을 거쳐서 석탄과 비슷한 고체연료를 만드는 것으로서 발열량이 4,000~5,000 kcal/kg 정도로 국내산 무연탄과 비슷한 수준이다. 사업장에서 발생하는 폐플라스틱을 재료로 만든 RPF(Refuse Plastic Fuel)는 발열량이 7,000~8,500 kcal/kg 정도로서 석탄보다 훨씬 높은 발열량이 나타난다. 폐기물고형연료는 수분을 건조시키고 소석회를 첨가하여 제조하기 때문에 연소 시 다이옥신, 염화수소 및 황산화물과 같은 유해가스의 발생을 줄일 수 있다. 그러나 폐기물고형연료의 법적 품질기준을 맞추기 위해서는 정교하고 복잡한 선별 기술과 건조 기술이 각각 필요하다.

③ 액체연료화는 폐플라스틱, 폐타이어, 폐비닐, 폐유, 폐고무 등의 고분자 폐기물

을 무산소 조건하에서 외부에서 열을 가하여(350~450℃) 고분자 탄소 사슬을 끊어서 저분자로 만드는 열분해 반응을 통하여 액체연료로 변환시키는 방법이다. 원료 전처리, 원료 투입, 용융, 열분해 반응, 생성유 정제 시스템 등으로 구성되는 열분해 유화공정은 회분식, 반연속식 및 연속식으로 다양하게 구성이 될 수 있으며, 열분해 과정에서는 다이옥신과 같은 유해물질이 발생되지 않고 폐수나 폐기물 등의 2차 공해를 최소화할 수 있다. 또한 저급의 고분자폐기물이 보유한 에너지 잠재량을 부가가치가 높은 연료유의 형태로 회수하는 비교적 고급 폐기물에너지화 기술로 평가되고 있다. 그러나 안정적인 시스템 운전을 위해서는 불순물이 적고 균질한 폐기물이 투입되어야 하므로 적합한 폐기물을 확보하는 것이 관건이며 일상적인 폐기물을 처리하기 위해서는 폐기물 전처리공정이 필요하다.

④ 열분해 가스화는 가연성 폐기물을 무산소 고온으로 열분해하거나 또는 산소나 수증기와 반응시켜서 탄화수소류나 CO, H_2 등으로 구성되는 합성가스를 제조한 후 이것으로 메탄올을 합성하거나 또는 복합발전 등에서 연료로 이용하는 기술이다. 폐기물 가스화의 주원료는 물질재활용 또는 열분해 오일의 원료물질로 사용하기 어렵거나 안정적 처리가 어려운 저급의 혼합폐기물이며 공정 특성상 가연성 폐기물의 선별도 불필요하고 금속, 불연성 물질이 혼합되어도 처리가 가능하다. 또한 가스화 기술은 촉매를 사용하지 않기 때문에 PVC의 허용도가 상대적으로 높고 고분자 폐기물, 생활쓰레기 종말처리품, 폐목재류를 포함한 농수산 폐기물류 및 Shredder Dust 등과 같은 다양한 종류의 폐기물을 처리할 수 있다는 장점이 있다. 그러나 연료가 기체로 생성되므로 저장과 이동에 제약이 있고 이를 극복하기 위해서는 액체연료로 변환하는 추가 공정이 필요하다.

(3) 폐기물에너지의 국내 설치 사례

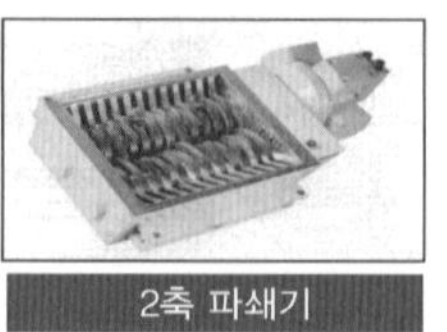

┃ 그림 10-22 국내의 RDF 생산 설비 설치 사례 ┃

(a) 충남 계룡 소각열 발생시설

(b) 열분해로 내부

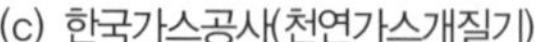

(c) 한국가스공사(천연가스개질기)

(d) 폐열 이용

┃ 그림 10-23 국내의 RDF 생산 설비 설치 사례 ┃

8 지열

(1) 지열에너지의 개요

- 지열에너지(geothermal energy)는 물, 지하수 및 지하의 열 등의 온도차를 이용하여 냉/난방에 활용하는 기술이다. 태양열의 약 47%가 지표면을 통해 지하에 저장되어 있으며 이렇게 태양열을 흡수한 땅속의 온도는 지형에 따라 다르지만 지표면 가까운 땅속의 온도는 개략 10℃~20℃ 정도로 유지하며 이를 열펌프를 사용하여 냉난방시스템에 이용한다.

- 우리나라 일부 지역의 심부(지중 1~2km) 지중온도는 80℃ 정도로서 직접 냉난방에 이용 가능하다.

- 일반적으로 지열에너지는 직접 이용과 간접 이용의 두 가지 기술로 구분한다. 이는 인간이 이용할 수 있는 최종 생산물의 관점에서 분류한 것으로 열을 생산하면 직접이용이고 전기를 생산하면 간접이용이 된다. 지열에너지의 직접이용은 가장 오래된 기술로서 온천, 건물, 난방, 시설 원예 난방, 지역난방 등이 대표적인 기술이다. 땅에서 중온수(30~150℃)를 추출하여 사용자에게 직접 공급할 수 있으며 또한 열펌프나 냉동기와 같은 에너지 변환기기의 열원으로 활용할 수 있다. 지열 열펌프 시스템을 제외한 나머지 기술들은 중온수가 풍부한 지역에서 가능하기 때문에 지리적 제약이 다소 있다.

- 직접 이용 기술 중 가장 큰 부분을 차지하는 기술이 지열 열펌프 시스템(geothermal heat pump system; GHP)이다. 이 시스템은 저온(10~30℃)의 지열에너지를 효율적으로 활용하는 지열 분야의 대표 기술이라고 할 수 있다. 상대적으로 저온의 에너지를 활용하지만 연중 일정한 온도를 유지하기 때문에 항온성이 우수하며 지리적 제약이 없는 것이 큰 장점이다. 반면 간접 이용 기술은 땅에서 추출한 고온수나 증기(120~350℃)로 플랜트를 구동하여 전기를 생산하는 지열발전을 일컫는다. 최종 생산물은 전기이며 화산지대에서 유리하기 때문에 지리적 제약이 매우 크다. 이러한 지리적 제약을 극복하기 위한 연구개발이 지열 분야 선진국을 중심으로 진행 중이다.

(2) 지열에너지의 시스템 구성

- [그림 10-24]와 [그림 10-25]는 지열에너지시스템의 설치 개념 및 구성도를 나타낸 것이다. 여기서의 핵심은 히트(열)펌프(heat pump)와 지중열교환기(ground heat exchanger)라고 할 수 있다. 통상 히트펌프 또는 열펌프로 불리지만, '시스템'과 구분하기 위해 '열펌프유닛'으로 표현하며, 이는 열의 흡수/방출을 통해 실

내의 냉·난방온도를 일정하게 유지하는 지열시스템의 핵심장치로 펌프유닛은 물 대 물(water to water) 방식과 물 대 공기(water to air) 방식으로 구분된다. 지중열교환기는 땅속에 HDPE(고밀도 폴리에틸렌 파이프)를 묻고, 파이프 내부에 유체를 삽입하여 펌프로 순환시켜 땅속의 열과 열을 교환하는 것으로 건물에 필요한 냉난방 부하, 가용 면적, 지중 조건 등에 따라 다양한 형식으로 설치될 수 있다. [그림 10-25]와 같이 다양한 타입이 있다. 열펌프 유닛의 작동 유체인 냉매의 증발과 응축에 필요한 에너지를 공급하기 위해, 지중열교환기를 이용한다는 점이 지열 시스템의 가장 큰 특징이다.

- 또한 지열 히트펌프 시스템은 지중열교환기를 순환하는 열매체(물, 부동액, 지하수 등)를 열펌프의 열원으로 활용하여 냉방 시에는 건물 내의 열을 지중으로 방출하고 난방과 급탕 시에는 지중의 열을 실내와 온수에 공급한다. 하나의 시스템으로 냉난방과 급탕을 동시에 구현할 수 있으며, 냉방과 난방 모드에서 각각 히트싱크(heat sink)와 열원(heat source)의 역할을 하는 지중 온도는 연중 안정적이기 때문에 높은 효율과 우수한 성능을 갖는다.

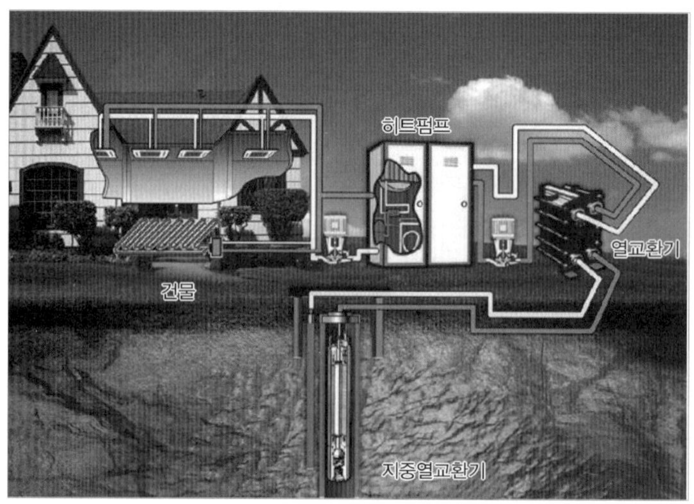

┃ 그림 10-24 지열에너지시스템의 설치 개념 ┃

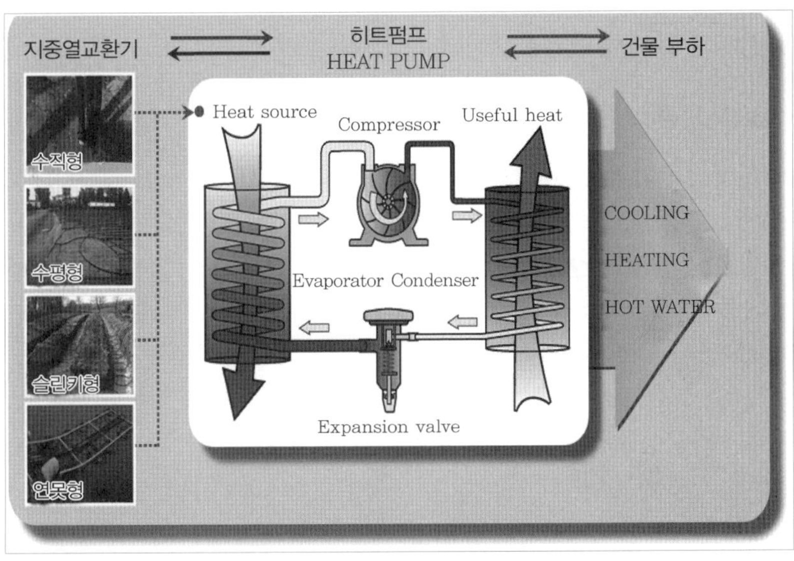

그림 10-25 지열에너지시스템의 구성도

- 히트펌프라는 것은 하나의 완성된 싸이클이라고 할 수 있다면 열교환기는 그 싸이클을 구성하는 하나의 구성품이라 할 수 있다. 즉 히트펌프는 낮은 온도의 열을 높은 온도로 끌어 올리는 것으로 이를 위해서는 [그림 10-25]의 순환 싸이클과 같이 압축기(compressor)를 통하여 열을 압축하여 냉매로 만든 후, 압축기에서 토출된 고온·고압의 기체냉매의 열을 상온하의 공기 및 냉각수 중에 방출시켜 응축하는 응축기(condenser)를 통한 다음, 다시 압력이 낮아지도록 팽창밸브(expansion valve)를 통하여 열어주며 증발기(evaporator)를 통하여 열을 증발시킨 후 다시 처음의 싸이클을 반복하게 되며, 이때의 응축기와 증발기를 각각 열교환기라 한다.

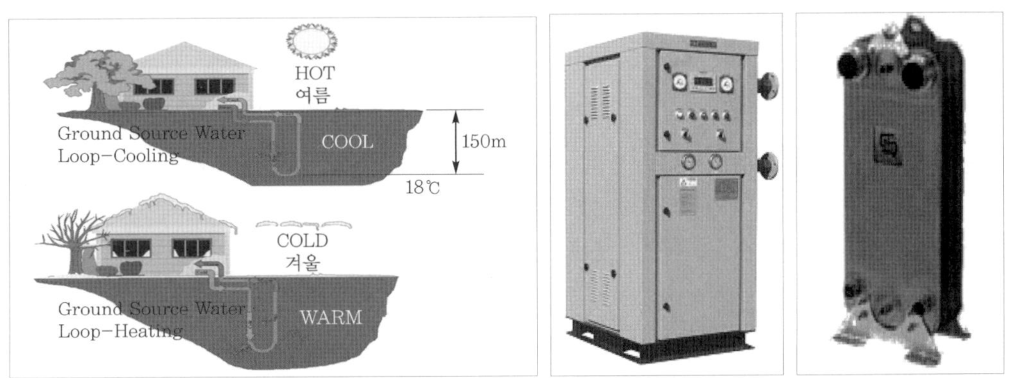

그림 10-26 지열에너지시스템의 응용과 히트펌프 및 열교환기의 모습

9 신에너지 : 연료전지

(1) 연료전지의 개요

- 연료의 화학에너지를 전기화학반응에 의해 직접 전기에너지로 변환시키는 전지를 말하는 것으로 일종의 발전장치(發電裝置)라고 할 수 있으며 산화 · 환원반응을 이용한 점 등 기본적으로는 보통의 화학전지와 같지만, 닫힌 계내(系內)에서 전지반응(電池反應)을 하는 화학전지와 달라서 반응물이 외부에서 연속적으로 공급되어 반응생성물이 연속적으로 계외(系外)로 제거된다. 가장 전형적인 것에 수소-산소 연료전지가 있다.

- 수소 외에 메탄과 천연가스 등의 화석연료(化石燃料)를 사용하는 기체연료와 메탄올(메틸알코올) 및 히드라진과 같은 액체연료를 사용하는 것 등 여러 가지의 연료전지가 나왔으며 이 중에서 작동온도가 300℃ 정도 이하의 것을 저온형, 그 이상의 것을 고온형이라고 한다. 또, 발전효율의 향상을 꾀한 것이나, 귀금속 촉매를 사용하지 않는 고온형의 용융탄산염(溶融炭酸鹽) 연료전지를 제2세대, 보다 높은 효율로 발전을 하는 고체전해질 연료전지를 제3세대의 연료전지라고 한다.

(2) 연료전지의 발전 원리

물을 전기분해하면 수소와 산소가 발생한다. 연료전지는 이와는 반대로 수소와 산소로부터 전기를 생산하는 전기화학적 발전장치이다.

$$H_2 + \frac{1}{2}O_2 \rightarrow H_2O + 전기, 열$$

연료전지에서는 전기와 동시에 열이 발생한다. 연료전지의 기본 구성은 연료극/전해질층/공기극으로 접합되어 있는 셀(cell)이며, 다수의 셀을 적층하여 스택(stack)을 구성함으로써 원하는 전압 및 전류를 얻을 수 있다. 일반적으로 연료전지 기본 셀에서 전기를 발생시키기 위하여 연료인 수소 가스를 연료극 쪽으로 공급하면 수소(hydrogen)는 연료극의 촉매층에서 수소 이온(H^+)과 전자(e^-)로 산화되며, 공기극(air)에서는 공급된 산소(oxygen)와 전해질(electroyte)을 통해 이동한 수소 이온(hydrogen ion)과 외부 도선을 통해 이동한 전자가 결합하여 물(H_2O)을 생성시키는 산소 환원 반응이 일어난다. 이 과정에서 전자의 외부 흐름이 전류를 형성하여 전기를 발생시킨다.

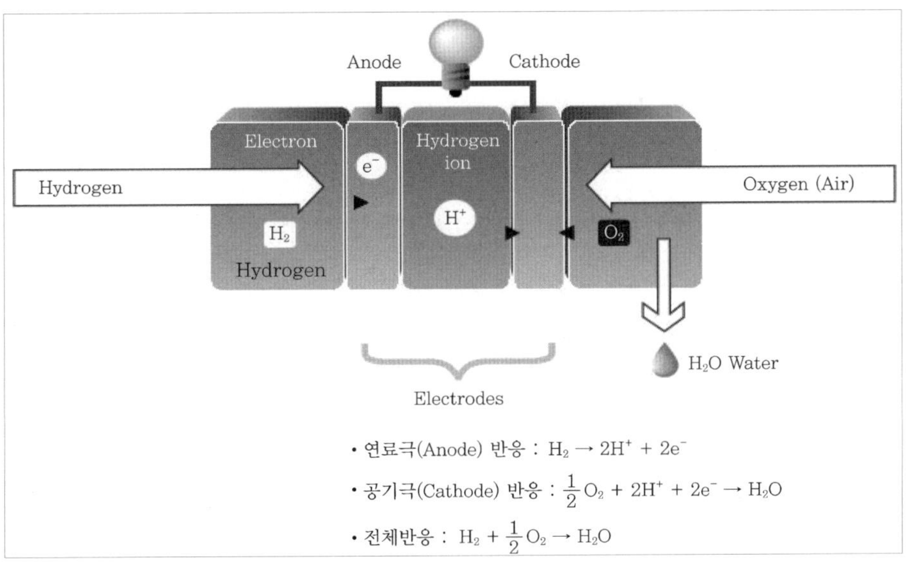

- 연료극(Anode) 반응 : $H_2 \rightarrow 2H^+ + 2e^-$
- 공기극(Cathode) 반응 : $\frac{1}{2}O_2 + 2H^+ + 2e^- \rightarrow H_2O$
- 전체반응 : $H_2 + \frac{1}{2}O_2 \rightarrow H_2O$

그림 10-27 연료전지의 기본 구성도

(3) 연료전지의 특징

- 발전효율이 높음 : 기존의 발전 방식은 연료의 에너지로부터 전기를 얻기까지의 과정에서 열 및 운동에너지를 포함하고 있기 때문에 여러 곳에서 에너지 손실이 발생한다. 연료전지의 전기발전 효율은 운전 장치 사용 전력 또는 열 손실 등을 감안하더라도 30~60% 이상이며, 열병합발전까지 고려하면 전체 시스템 효율은 80% 이상이다. 디젤엔진, 가솔린엔진, 가스터빈의 경우 출력 규모가 클수록 발전 효율이 높아지는 경향이 있으나 연료전지의 경우 출력크기에 상관없이 일정한 높은 효율을 얻는 것도 큰 이점이라고 할 수 있다.

- 저공해 : 연료전지는 기본적으로 수소와 산소를 전기화학적으로 반응시켜 전기를 발생하는 발전장치이기 때문에 화력 발전이나 디젤 발전기에서와 같이 연소과정이 없으며, 발생하는 것은 전기과 물, 그리고 열뿐이다. 현재는 천연가스, 석탄 등의 화석연료로부터 수소를 얻고 있으나 궁극적으로 풍력, 태양광 등의 대체에너지를 사용한 물의 전기분해로 수소를 얻게 되면 연료전지는 이산화탄소와 질소산화물(NO_x), 황산화물(SO_x) 배출이 전혀 없는 무공해 에너지 시스템으로 자리매김하게 될 것이다.

- 또한, 발전 규모 조절이 용이하고, 설치 장소의 제약이 적다는 것도 최근 부각되는 연료전지의 장점이다. 일반적으로 연료전지는 규모에 따른 에너지 전환 효율의 변화가 크지 않은 것으로 알려져 있다. 다시 말해 소형에서도 높은 에너지 전환 효율을 기대할 수 있다는 것이다. 이 때문에 연료전지는 수 W급에서 수십 MW급까지 다양한 용도로 사용하는 것이 가능하다. 또한 연료전지는 회전 부위가 없

어 소음이 없으며, 유해가스 배출을 획기적으로 낮출 수 있어 도심 어디에도 설치가 가능하다. 기존 화력발전과 같은 다량의 냉각수가 불필요하고 부하 변동에 따라 신속히 반응하며, 설치 형태에 따라서 현지 설치용, 분산 배치형, 중앙 집중형 등의 다양한 용도로 사용 가능한 것이 큰 장점이다.

(4) 연료전지의 구성 요소별 기술 개발 내용과 발전 추이

표 10-9 연료전지의 구성 요소별 기술 개발 내용

대분류	중분류	소분류	기술개발내용
본체제작기술(Stack) : H_2와 O_2로 전기 화학 반응을 일으키는 장치 (전기, 열 생산)	요소기술	재료기술	− 촉매성능 향상 − 재료특성 향상
		제조기술	− 전극(Anode, Cathod) − 분리판 − 매트릭스
	적층기술	설계기술	− 단위전지 − 스택 설치 − 냉각 및 유체 이동
		구성기술	− 단위전지 적층 − 택 구성 및 최적화 − 스택 밀봉
− 주변기술 및 운영 − 연료를 개질하여 수소로 만드는 장치 − 생산된 직류전기를 교류로 전환 장치 − 연료전지시스템 설치/운전 기술	주변기술	연료개질기 (Reformer)	− 개질촉매 및 반응조건 최적화 연구 − Reactor 개발 및 운전
		전력변환 (Inverter)	− 직류/교류 변환기(Inverter) − 부하 및 시스템 제어기술
	시스템종합 및 운영 기술	시스템종합	− 시스템 설계 − 시스템 최적화 및 구성 설치
		운영기술	− 발전플랜트 설치 − 운전 특성

- 알칼리형(AFC : Alkaline Fuel Cell)
  - 1960년대 군사용(우주선 : 아폴로 11호)으로 개발
  - 순 수소 및 순 산소를 사용
- 인산형(PAFC : Phosphoric Acid Fuel Cell)
  - 1970년대 민간차원에서 처음으로 기술 개발된 1세대 연료전지로 병원, 호텔, 건물 등 분산형 전원으로 이용
  - 현재 가장 앞선 기술로 미국, 일본에서 실용화 단계에 있음
- 용융탄산염형(MCFC : Molten Carbonate Fuel Cell)
  - 1980년대에 기술개발된 2세대 연료전지로 대형 발전소, 아파트 단지, 대형 건물의 분산형 전원으로 이용
  - 미국, 일본에서 기술개발을 완료하고 성능 평가 진행 중
- 고체산화물형(SOFC : Solid Oxide Fuel Cell)
  - 1980년대에 본격적으로 기술개발된 3세대로 MCFC보다 효율이 우수한 연료전지이며 대형 발전소, 아파트 단지, 대형 건물의 분산형 전원으로 이용
  - 최근 선진국에서는 가정용, 자동차용 등으로도 연구를 진행하고 있으나 우리나라는 다른 연료전지에 비해 기술력이 가장 낮음
- 고분자전해질형(PEMFC : Polymer Electrolyte Membrane)
  - 1990년대에 기술개발된 4세대로 가정용, 자동차용, 이동용 전원으로 이용
  - 가장 활발하게 연구되는 분야이며, 실용화 및 상용화도 타 연료전지보다 빠르게 진행되고 있음

10 신에너지 : 석탄(중질잔사유)가스화 · 액화

(1) 석탄(중질잔사유)가스화 및 액화의 기술의 개요

위의 신에너지 기술은 석탄(중질잔사유)가스화 기술과 석탄액화의 기술로 대별된다. 이의 석탄가스화 · 액화기술을 이용하면 원유로부터 추출하는 대부분의 화학물질을 C1 합성을 통하여 제조가 가능하고 기후변화협약, 환경규제, 자원의 제약에 대응할 수 있는 석유나 천연가스의 고갈에 대비한 새로운 에너지원의 안정적인 확보 차원에서 저비용, 저공해, 고효율화의 기술이다.

(2) 석탄(중질잔사유)가스화 기술

- 가스화 복합발전기술(integrated gasification combined cycle; IGCC)은 석탄, 중질잔사유 등의 저급원료를 고온 · 고압의 가스화기에서 수증기와 함께 한정된 산소로 불완전연소 및 가스화시켜 일산화탄소와 수소가 주성분인 합성가스를 만

들어 정제공정을 거친 후 가스터빈 및 증기터빈 등을 구동하여 발전하는 신기술이다.

- 즉, 석탄가스화의 가장 대표적인 활용 방식인 위의 가스화 복합발전(IGCC)은 저급연료를 고온고압 조건에서 불완전연소 및 가스화 반응을 시켜 합성가스(CO, H_2가 주성분)를 만들어 정제공정을 거친 후 가스터빈으로 1차 발전, 증기터빈으로 2차 발전하는 고효율, 친환경적 복합발전방식이다. 석탄가스화 시스템은 가스화기, 산소공급 장치인 공기분리설비, 가스정제설비로 구성되며, 최종 활용목적에 따라 다른 설비가 연계된다. 최종 목적이 전력 생산인 경우에는 복합발전 설비가 연계되고, 중국과 일본에서 현재 많이 활용하는 방안인 비료를 생산하는 경우에는 석탄을 가스화시킨 후 정제과정을 통한 다음 암모니아 가스로 합성하여 비료의 원료로 사용하며 특정한 화학원료 생산이 목적일 경우는 적절한 전환 공정이 연계된다.

(3) 석탄액화 기술

- 고체 연료인 석탄을 휘발유 및 디젤유 등의 액체연료로 전환시키는 기술로 고온고압의 상태에서 용매를 사용하여 전환시키는 직접 액화 기술과 석탄가스화 후 촉매 상에서 액체연료로 전환시키는 간접 액화 기술이 있다.

- 즉, 위의 석탄액화(CTL : Coal to Liquid) 기술은 석탄 가스화, 탈황, CO_2 분리 등의 과정을 거쳐 만들어진 합성가스를 Fisher-Tropsch 등의 공정을 통하여 디젤을 위주로 한 중질유, 가솔린, 올레핀 등의 합성연료유를 제조하는 것에 관한 것이다. 석탄액화 기술은 두 가지 기술로 대별할 수 있다. 그것은 직접 액화 기술과 간접 액화 기술이다. 직접 액화 기술은 액체 솔벤트와 함께 석탄을 수소와 400℃ 이상, 100기압 이상에서 촉매를 사용하여 반응시키는 기술이고 간접액화 기술은 석탄을 가스화시켜서 CO와 수소가 주성분인 합성가스를 만들고 이를 Fischer-Tropsch(FT) 공정이나 Methanol-to-Gasoline(MTG) 공정으로 합성연료유를 생산하는 기술이다.

(4) 석탄(중질잔사유)가스화 및 액화의 기술의 특징과 시스템의 구성

| 표 10-10 석탄가스화 · 액화 기술의 특징 |

장 점	단 점	비 고
− 고효율 발전 − SO_x를 95% 이상, NO_x를 90% 이상 저감하는 환경친화기술 − 다양한 저급연료(석탄, 중질잔사유, 폐기물 등)의 고부가가치 에너지화	− 설비구성과 제어가 복잡하여 설비 최적화, 고효율화 및 저비용화가 요구됨 − 소요 면적이 넓고 시스템 비용이 고가이므로 투자비가 높은 대형 장치산업으로 일부 대기업 중심의 기술개발로 한정	

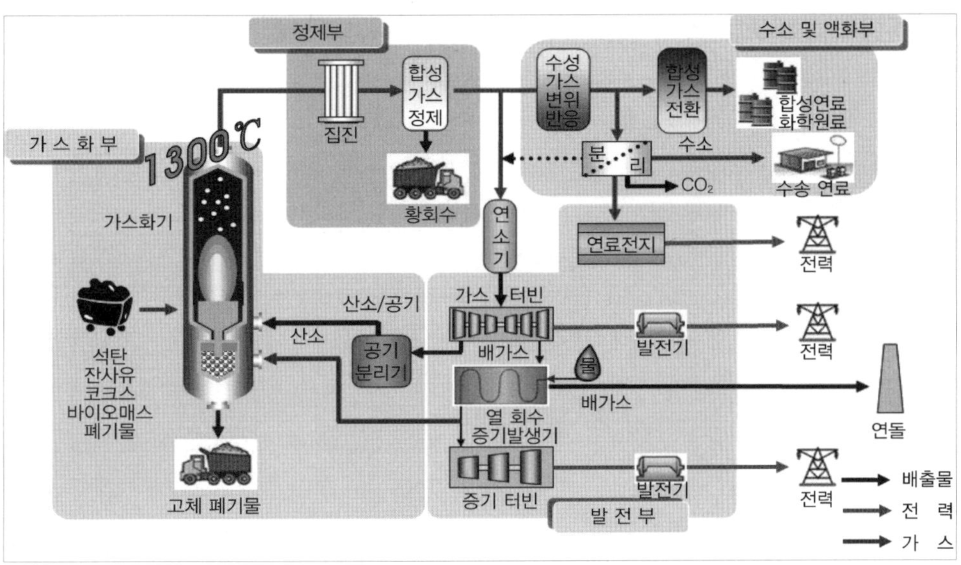

┃ 그림 10-28 가스화 복합발전(IGCC)의 시스템 구성도 ┃

11 신에너지 : 수소

(1) 수소에너지 기술의 개요

- 수소에너지 기술은 무한정인 물 또는 유기물질을 변환시켜 수소를 생산 또는 이용하는 기술이다.
- 수소는 물의 전기분해로 가장 쉽게 제조할 수 있으나 입력에너지(전기에너지)에 비해 수소에너지의 경제성이 너무 낮으므로 대체전원 또는 촉매를 이용한 제조기술 연구가 활발하다.
- 수소는 가스나 액체로서 쉽게 수송할 수 있으며 고압가스, 액체수소, 금속수소화물 등의 다양한 형태로 저장이 용이하다.
- 현재 수소는 기체 상태로 저장하고 있으나 단위 부피당 수소저장밀도가 너무 낮아 경제성과 안정성이 부족하여 액체 및 고체 저장법을 연구 중이다.

(2) 수소에너지의 시스템 구성과 기술별 개발 내용

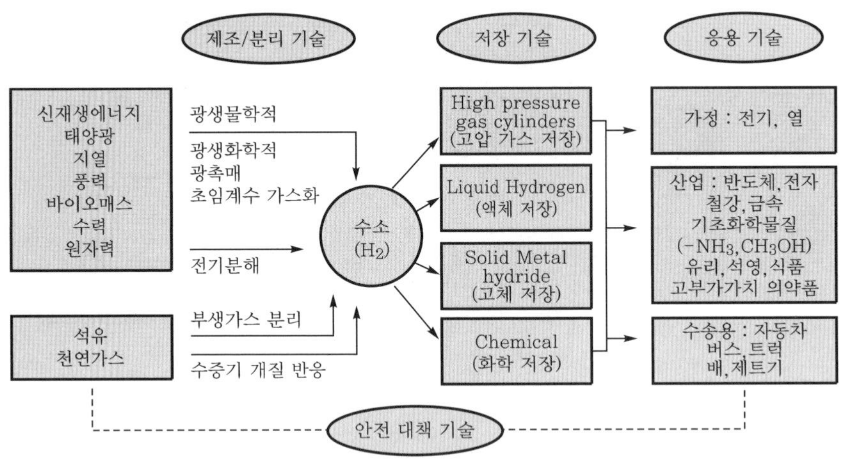

┃ 그림 10-29 수소에너지의 시스템 구성 ┃

┃ 표 10-11 수소에너지의 기술별 개발 내용 ┃

대분류	중분류	기술 개발 내용
제조	물로부터 수소 제조 (세계적으로 연구단계임)	− 전기분해(SPE, 태양광, 풍력 등 대체 전원 이용 등) − 저온열분해(산화물, 유황화합물, 염화물, 불화물, 요오드화물 등) − 광촉매(금속 산화물, 페롭스카이트, 제올라이트 등) − 바이오(광합성 직·간접, 혐기발효, 광합성 발효 등)
	화석연료로부터 수소 제조	− 수증기 개질(상용화되어 있음) − 플라즈마 개질(반응기, 플랜트 건설) → 미국 상용화 − 고온열분해(이론 정립, 촉매, 반응기) → 미국 개발 단계
	수소 정제	− 고순도 수소 제조(PSA, MH이용 등) → 선진국 기술 확립
저장	물리적 저장	− 기체저장(상용화되어 있음) − 액체저장(저장용기, 극저온 연구 등) → 독일 상용화 − 고체저장(재료, 고용량저장, 무게 등) → 일부 상용화 − CNT(재료, 합성, 공정 기술 등) → 선진국 개발 단계
	화학적 저장	− CO_2 이용 메탄올, 에탄올 합성(상용화되어 있음)
이용	이용	− 가정(전기, 열), 산업(반도체, 전자, 철강 등), 수송(자동차, 배, 비행기) → 수소의 제조, 저장 기술이 확립되지 않아 실용화된 사례가 없음
	안전 대책	역화 방지 등 연구 사례 없음

▌ 표 10-12 신재생에너지의 장점과 단점 요약 ▌

구분	에너지원	장 점	단 점
신에너지	연료전지	저공해, 고효율, 휴대가능, 타 산업으로의 높은 연관성	고가의 발전비용, 추가 기술개발 필요
	석탄액화 및 가스화	적은 불순물, 연소조정 편리, 석유와의 유사성	공해발생, 저장 및 해상수송 제한, 거액의 투자 소요
	수소에너지	저공해, 무한정, 연료전지 등 다양한 활용	저장/수송 곤란, 안전성 문제, 수소 분리비용 과다
재생에너지	태양열 및 태양광	무공해, 무한정, 낮은 유지비, 높은 활용도, 규모의 유연성	낮은 에너지 밀도로 넓은 설치면적 필요, 간헐적 공급으로 낮은 경제성, 높은 초기 설치비, 계절적 영향
	바이오	풍부한 부존자원, 환경오염 감소, 다양한 형태의 에너지 생성	수집/수송 불편, 생물학적 공정 복잡, 높은 설비 투자비
	풍력	무공해, 무한정, 국토 효율적 활용, 상대적으로 저렴한 유지비 및 설치비	불규칙한 바람, 발전 설비 유지보수, 소음 (중 대형)
	수력	발전원가 저렴, 무공해	지역적 편재, 수몰지역 보상비
	해양	무공해, 무한정 에너지 공급	전력 소비자와의 원격성, 대규모 시설투자 소요
	폐기물	저렴한 원료비, 쓰레기 절감, 폐기물 환경오염 방지	가공 과정에서 환경오염 유발 가능, 복잡한 처리기술
	지열	발전원가 저렴	지역적 제약

(출처 : 한국은행, 신재생에너지 산업 현황 및 발전방향)

03 ▶ 스마트그리드

1 스마트그리드의 정의

지능형 전력망이라고 하는 스마트그리드(smart grid)는 기존 전력망에 최근의 정보통신기술인 ICT 기술을 접목하여 전력의 공급자와 수요자 쌍방 간에 실시간으로 정보를 교환하면서 지능형 수요관리 및 전력거래, 신재생 에너지와 연계, 전기자동차 충전 등 전력의 효율적인 사용이 가능케 하는 차세대 전력 인프라 시스템이라 할 수 있다. 즉, 전력공급자와 소비자 사이에 양방향 통신이 구현되고, 실시간 요금, 지능형 수요반응, 전기자동차, 가상발전시스템 등 다양한 신기술을 이용하여 소비자의 선택권을 높이고 욕구를 충족시키는 차세대 전력망으로 진화하는 것이다. 즉 기존의 전력망 구조는 [그림

10-30]과 같이 전력의 흐름이 '발전-송전·배전(판매)' 단계로 단방향의 보급 형태로 이루어지고 있다. 그러나 [그림 10-31]과 같이 ICT가 결합된 지능형 전력망 구조는 기존의 전력망과는 달리 발전, 송·배전, 소비 측 간에 양방향으로 전력을 주고 받는 전력망으로써 필요 발전 설비를 대폭 줄일 수 있을 것으로 전망되며 또한 녹색성장시대를 이끌 것으로 기대된다.

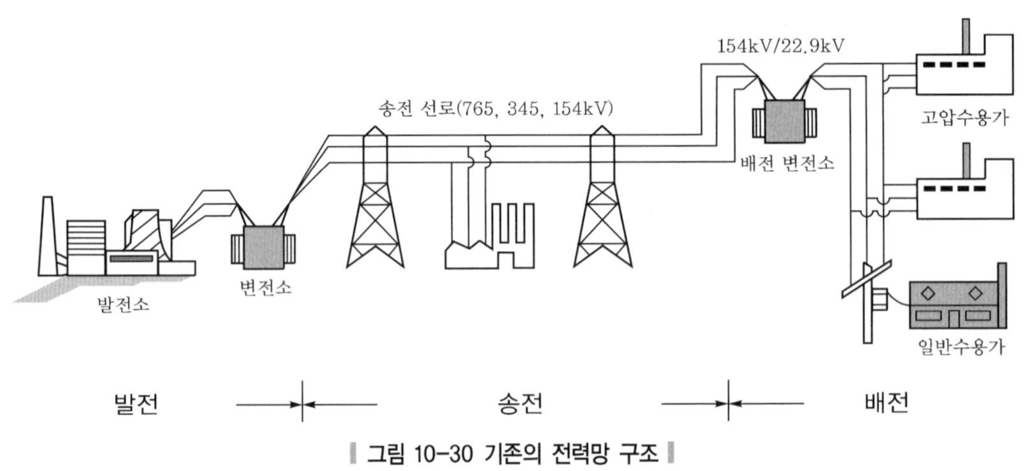

┃ 그림 10-30 기존의 전력망 구조 ┃

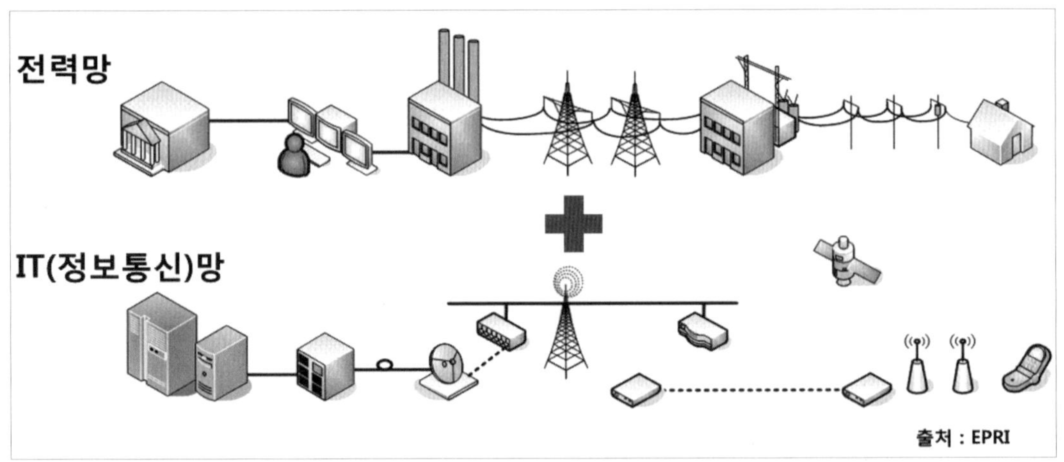

┃ 그림 10-31 ICT가 결합된 지능형 전력망 구조 ┃

이러한 스마트그리드의 탄생 배경은 크게 세가지의 측면으로 즉 ① 기후변화의 대응, ② 에너지 효율 향상, ③ 신성장동력의 창출이라는 것으로 대별할 수 있다.

첫째, 기후변화의 대응이다. 2012년 UN당사국 총회에서와 같이 기후변화 대응을 위한 강력한 조치에 대한 국제사회의 요구 증대가 있으며, 국가 온실가스 감축 목표달성을 위해 저탄소 녹색성장의 인프라 구축이 필요하였다.

둘째, 에너지의 효율 향상이다. 모든 경제활동이나 일상 생활의 바탕에는 전기에너지가 있다. 전기에너지로 공장을 운영하고 건물의 냉난방을 유지하고 가정이나 사무실에서 각종 전자기기들을 가동시킨다. 전기에너지는 화석연료나 원자력, 수력 등을 이용하여 발전소를 통해 얻을 수 있는 에너지다. 그러나 발전소의 대부분을 차지하고 있는 화석 연료는 최근에 환경 오염문제와 자원 고갈문제 등으로 인하여 한계점에 도달하고 있다고 있다. 따라서 화석연료의 고갈에 대비하고 에너지 자립 및 에너지 저소비 사회로의 전환이 필수적이다. 이를 위하여 개발되는 저탄소 녹색성장의 목표인 신재생 에너지원으로 발전된 전기에너지는 전력망에 연결하여 판매할 수 있어야 하며, 이를 위해서는 기존의 전력망으로는 태양광발전, 태양열, 풍력, 소수력, 지열발전 등과 같은 신재생 에너지원과 연계하는 등 분산전원 발전원으로 사용하기에는 기술적으로 한계가 있다. 따라서 기존의 전력망과 다른 새로운 개념의 전력망이 필요한데 이것이 스마트그리드이다.

셋째로는 신성장동력의 창출이 국가적으로 필요하다 할 수 있다. 세계 스마트그리드 시장이 급격히 성장할 것으로 전망함에 따라 반도체와 IT의 뒤를 잇는 신성장동력의 육성이 필요하며 이는 전력과 중전기기는 물론 통신, 가전, 건설, 자동차, 에너지 등 산업 전반과 연계되어 파급효과가 크다고 볼 수 있다. 따라서 이러한 스마트그리드는 환경 오염문제, 자원의 고갈문제, 발전 설비의 경제적 문제를 해결해 주고 소비자에게 다양한 품질의 전력을 제공하는 소비자 위주의 전력망이 될 예정이다.

차세대 전력망으로 일컬어지는 스마트그리드의 큰 특징은 현재의 전력시스템이 송전에서 배전까지 단방향으로 이루어진 것을 양방향으로 진행한다는 것이 가장 큰 특징이다. 즉 현재의 상황으로는 화석 연료의 33% 정도만이 전기에너지로 전환되며 전송선로에서 8% 정도 손실이 일어난다. 또한 전력 최대 부하를 만족시키기 위해 발전 설비의 20% 정도가 예비력으로 대기하고 있으며 그중 5% 정도만이 실제로 사용된다. 또한 현재의 단방향 송전구조에서는 상위 계층에서 사고가 발생하였을 때 하위계층까지 연속적으로 정전이 일어나는 문제가 있다. 따라서 스마트그리드 환경에서는 이와 같이 현재 전력시스템에서 발생하는 문제점을 해결할 수 있을 것으로 기대하고 있다. 스마트그리드에서는 전력 회사가 전체 전력시스템을 완벽히 감시, 진단 및 제어할 수 있는 능력이 필수적이다. 따라서 시스템 운영 측면에서는 문제가 발생하였을 때 자기회복 기능이, 전력 수요 공급 측면에서는 실시간 전기요금의 변동 정보 공개를 통한 수요 조절이 대표적인 스마트그리드의 특징이 된다.

이러한 특징하에서의 스마트그리드는 전력시스템 전체의 감시와 제어를 위해서 정보통신기술과 전력시스템의 융합이 필수적이다. [표 10-13]은 기존 전력 계통과 스마트그리드의 주요 특징을 나타낸 것이다.

┃ 표 10-13 기존 전력 계통과 스마트그리드의 주요 특징 ┃

특징항목	기존 전력망	스마트그리드
통제 시스템 및 통신	아날로그, 단방향	디지털, 양방향
전력 공급원	중앙전원	중앙+분산전원
고장 진단 및 복구	불가능 , 수동	자가 진단, 반자동 복구 및 자동 치유
설비점검	수동	원격
가격 정보	제한적(한달에 한번 총액)	실시간으로 모든 정보 제공
소비자 전력 구매 선택	제한적	다양함
제어 시스템	국지적 제어	광범위 제어

2 스마트그리드의 현황

우리나라는 2009년 7월 G8 확대정상회의에서 이탈리아와 공동으로 스마트그리드 선도국으로 지정되었으며 이후 회원국의 의견수렴을 거쳐 2009년 12월에 국가로드맵을 발표하면서, 우리나라는 스마트그리드에 대한 정의를 다음과 같이 하였다. 즉 "기존의 전력망(Grid)에 정보통신(ICT: Information and communication Technology) 기술을 접목하여, 공급자와 소비자가 양방향으로 실시간 전력 정보를 교환함으로써 에너지 효율을 최적화하는 차세대 전력망"이라고 정의하였다. 이는 "대규모 전력 에너지망과 광역 컴퓨터 센서 네트워크와의 융합으로 이루어지는 인프라 구조"라고 정의한 미국의 입장 표현과 기술적인 측면에서 비슷하다고 할 수 있다.

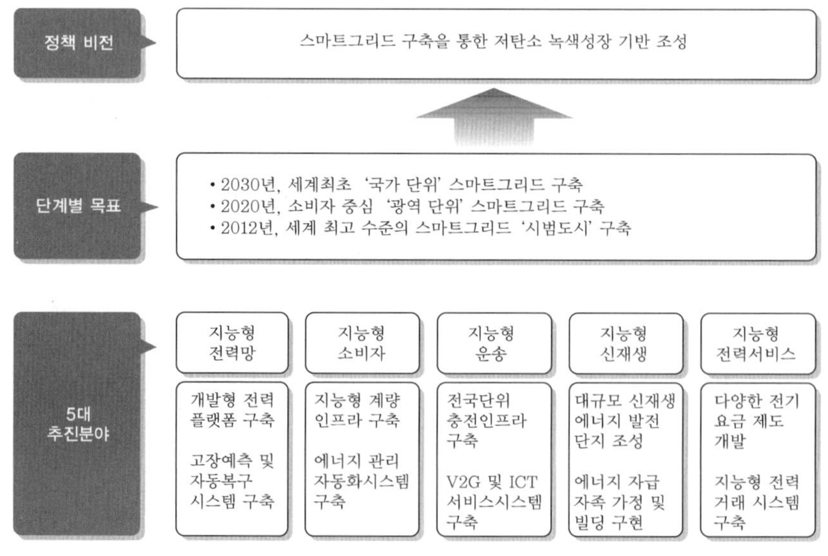

┃ 그림 10-32 스마트그리드의 비전과 목표(출처 : 스마트그리드협회) ┃

이러한 정의와 같이 기술적 측면에서 살펴볼 때 스마트그리드는 다양한 학문과 기술을 요구하는 융합기술의 대표적인 사례이고, 세계 각국들은 이의 관련 기술을 선도를 위하여 치열한 물밑개발을 수행하여 왔으며 특히 산업적 측면에서 가치가 있는 몇 개의 중요 기술들은 몇몇 선도기업들에 의해서 서서히 수면으로 부상하고 있는 단계이다. 따라서 우리나라에서도 전자, 조선, 자동차 및 중전기 산업과 더불어 이 분야의 국제적인 위상을 차지하기 위해서는 이제 스마트그리드에 대한 연구개발과 특별한 정책적 수행이 시작되어야만 한다.

국내에서 추진되고 있는 스마트그리드의 비전과 목표는 [그림 10-32]에 나타낸 바와 같다.

3 스마트그리드의 사업과 기술(대한전기학회 '전기의 세계', 2009년 8월호에서 일부발췌)

(1) 전력의 공급과 수요에 대한 합리화와 효율화 도모

전기에너지의 수요는 밤과 낮, 요일별, 계절별로 변동이 크기 때문에 안정적인 전력공급을 위해서는 최대수요를 고려한 발전 설비의 건설과 운용이 필요하다. [그림 10-32]는 하루 중의 전력수요와 발전 설비를 나타낸 그래프이다. 이처럼 전력수요가 많은 낮 시간에 맞춰 건설된 발전 설비들은 전력수요가 적은 밤 시간에는 남아 돌아가게 되므로 설비의 효율은 떨어지게 된다.

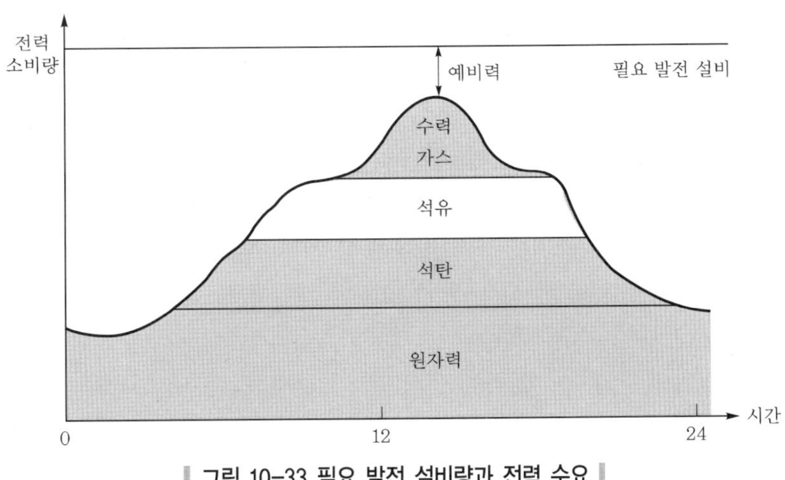

그림 10-33 필요 발전 설비량과 전력 수요

지금까지는 이러한 문제를 해결하기 위하여 양수발전소를 건설하거나 심야에 전력 사용을 유도하는 등 다양한 방법을 사용하여 왔으나, 운영상의 문제로 그 효과를 충분히 얻지 못하고 있는 실정이다. 따라서, 스마트그리드에서는 소비자에게 현재 사용하고 있는 전력의 가격, 누적 사용요금 등의 다양한 정보를 제공함으로써, 소비자가 요금에 따라 사용 시간대를 조정하는 등 전력소비를 능동적으로 조절할 수 있다. 가령 전기자동차의 충전을 위한 전력수요도 조절 가능하며, 전기자동차에 전력을 공급하는 발전원으로도 사용 가능하다. 전력망 내에 가동되고 있는 수많은 설비들의 상태와 수요, 공급을 모두 실시간으로 파악함으로써 비효율적인 전력소비패턴을 가장 효율적인 상태로 유지할 수 있도록 한다. 이렇게 다양한 방법을 이용하면 최대수요에 맞추어 운영되던 전력의 수요와 공급은 [그림 10-34]의 스마트그리드 적용 후의 전력수요 그래프에서처럼 합리적이고 효율적으로 수행할 수 있다.

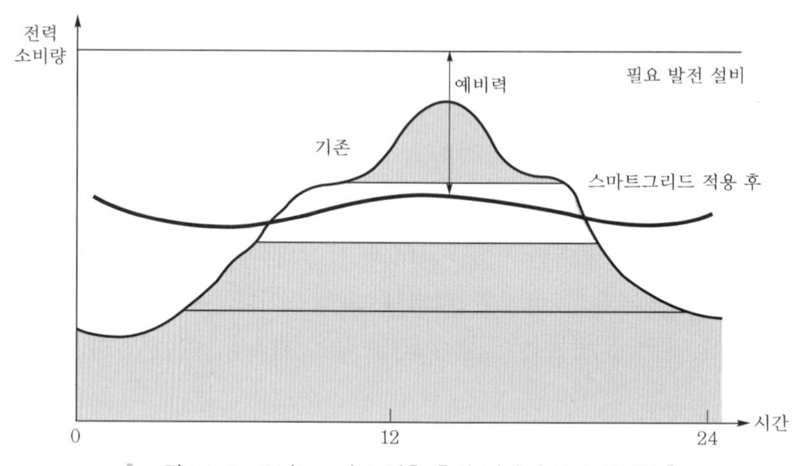

그림 10-34 스마트그리드 적용 후의 전력 수요와 예비력

(2) 전력소비자의 선택권 확대

스마트그리드는 앞서의 정의와 같이 전력의 생산자와 소비자 간에 양방향 통신이 가능하다는 것이며 이것이 가장 큰 특징이기도 하다. 실시간 전력가격 등의 정보가 소비자에게 전달되어 소비자가 전력소비의 시간을 결정할 수 있고, 소비자의 부하 상황 등 다양한 정보가 계통의 운영자나 전력의 생산자에게 전달됨으로써 전력 생산의 조절과 계획도 가능하다.

이때 스마트미터(계측량계)는 전력의 사용을 시간별로 기록하고 통신함으로써, 전력수요가 많고 적음에 따라 전력가격을 다르게 부과하는 것이 가능하도록 한다. 이러한 시간대별 차등 요금제도는 일종의 경제적 인센티브로서 전력사용을 수요가 집중되는 시점으로부터 분산시키는 효과를 거둘 수 있다. [그림 10-35]는 스마트그리드 내에서의 전력품질별 전력수요의 사용례를 나타낸 것이다. 전력의 공급자는 전력품질을 등급별로 공급하고, 소비자는 자신의 부하 특성에 따라 전력의 품질을 선택하여 사용할 수 있다. 당연히 전력 등급별로 전력의 가격은 달라지며 소비자의 선택권은 한층 강화된다. 또한 TV, 컴퓨터, 전화기, 카메라 등 많은 가전제품의 디지털 기기에는 가정용 교류 전력을 공급받은 후 저전압 직류로 변환하여 사용한다.

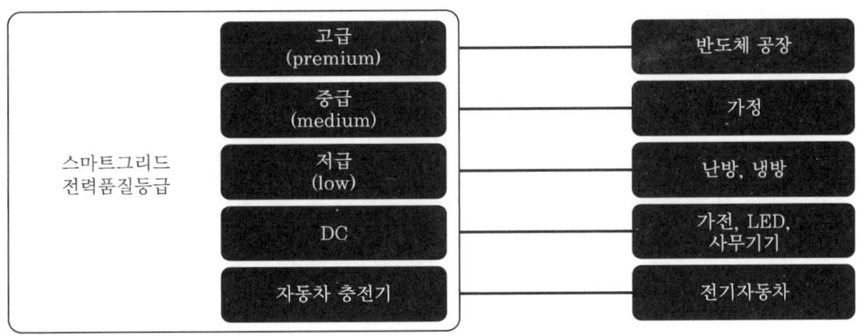

그림 10-35 스마트그리드 내에서의 전력 품질별 전력 수요의 사용례

이처럼 스마트그리드 내에서는 저전압 직류송전을 통해 이러한 교류–직류 변환(정류기나 컨버터)없이 직류를 직접 사용하도록 하여 비용과 효율을 높일 수 있다. 현재 태양광발전이나 연료전지는 직류전력을 생산하여 교류로 변환하여 사용하는데, 이러한 과정을 거치지 않고 직류전력을 그대로 송전하고 직류전력을 그대로 사용할 수 있을 것이다. 이는 직류 배전시스템의 구축이 전제되어야 하는 조건이 붙는다.

(3) 전기 품질과 신뢰도의 향상

스마트그리드 내에서는 좋은 품질의 전력을 지속적/안정적으로 공급하기 위하여 다양한 전기 품질 보상장치가 설치된다. 전기의 품질은 지속적으로 모니터링되며 분산형 에너지 관리 시스템도 사용된다. 건물 내에서도 냉·난방, 조명 등의 각종 설비에 장착된 센서나 제어 장치를 사용하여 빌딩의 내부 상태를 감시하고 최적의 운전 효율을 출력하도록 조정하는 빌딩에너지 관리 시스템을 사용한다. 이와 같은 지능형 설비는 양방향 통신을 이용하여 자동으로 수요반응(demand response; DR) 프로그램에 참여하도록 한다. 이는 전력의 품질뿐만 아니라 전력공급의 신뢰성 확보를 위하여 발전기와 송전선로, 변전소, 급전선 등 전력공급을 위한 모든 주요 설비가 각종 센서 등에 의해 실시간으로 감시된다. 이렇게 실시간으로 획득(acquisition)하여 얻어진 정보는 전력망 내에서 발생하는 고장을 신속하게 진단하고 스스로 복구하는데 사용된다. 실시간 계통 정보는 송전선로의 송전용량을 최대한 이용할 수 있게 함으로써 송전설비의 경제성을 향상시키고 전력망의 신뢰도를 향상시킨다.

대형 발전소로부터 말단의 소비자에게 전달되던 전력 공급의 형태는 태양광발전, 풍력발전, 해양에너지, 연료전지 등 다양한 형태의 분산형 전원의 도입으로 인하여 변화하게 된다. 따라서 기존의 보호시스템과는 다른 새로운 보호시스템을 구축하여 계통망을 안정적으로 유지할 필요가 있다. 물론 하드웨어 설비의 보호뿐만 아니라 인터넷과 통신망을 통해 유통되는 정보의 보안도 매우 중요한 이슈가 될 것이다.

(4) 녹색에너지의 이용 극대화

태양광발전이나 풍력발전 등과 같은 신재생 에너지원을 이용하는 데 가장 어려운 점은 출력의 변동이 심하고 출력의 예측이나 조정이 어려워서 발전계획을 수립하는 것이 어렵다는 것이다. 가령 풍력발전은 계절별, 시간대별로 출력이 심하게 변하게 된다. 표준화된 전력과 통신 인터페이스를 통하여 스마트그리드를 적용한다면 불안정하게 공급되는 낮은 품질의 전기를 양질의 신뢰성 높은 전기로 변환하는 것이 가능하다. 따라서 신재생 에너지원이 가지는 단점을 극복함으로써 신재생 에너지의 사용을 늘이고 이산화탄소 배출을 줄이는 효과를 얻을 수 있다는 것이다.

또한 스마트그리드의 도입으로 전기를 저장하는 기술의 발전도 가능하다. 배터리 기술이 발전하고 초전도 코일에 전력을 저장하는 기술 등의 발전이 기대된다. 자동화된 제어시스템이 이러한 장치에 저장된 전력을 전력의 공급이 필요할 때 전력망에 급전하게 된다. 전기자동차는 단순히 전기로 움직이는 자동차가 아니라 발전원의 하나로 이용 가능하게 될 것이며, 전력소비 형태의 비효율성을 극복하는 한 가지 방안이 될 수 있다. 즉, 녹색 에너지원의 활용 확대와 전기자동차의 이용으로 인하여 화석에너지를 사용하는 화력발전을 줄일 수 있다. 그러나 신재생에너지원은 발전 용량이 작고 변동이 심하기 때문에 대형 발전소 없이 이들만으로 전력공급을 할 수는 없으며, 우리나라의 현실에서는 원자력발전과 함께 운영하여야 하는 것이 많은 전문가들의 의견이다. [그림 10-36]은 향후 우리나라 전력수요를 분담하여 담당할 발전원별 비율을 간략히 소개하고 있다. [그림 10-37]과 같이 우리나라의 녹색에너지 실현의 목표에 맞추어 녹색에너지의 비중은 점점 커질 것이며 이를 안정적, 효율적 운영을 위해서는 스마트그리드가 해결책이 될 수 있다.

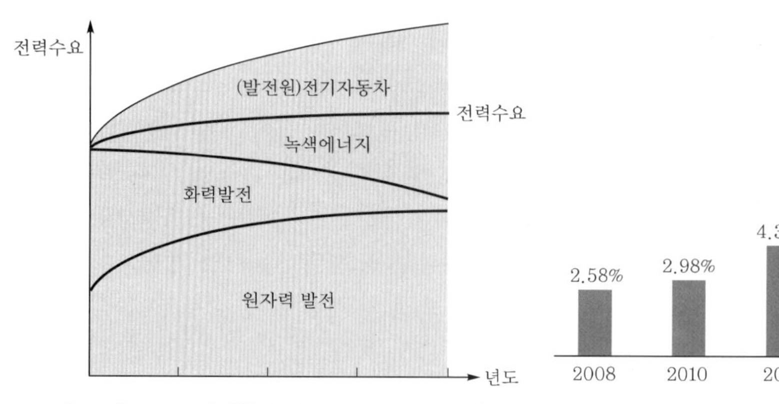

┃ 그림 10-36 발전원별 전력 수요 분담 예상 ┃

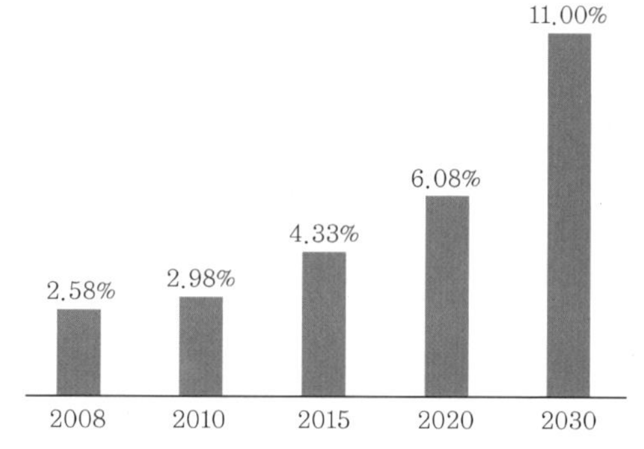

┃ 그림 10-37 국내 녹색에너지 보급 목표 ┃

생활 속의
녹색 전기 에너지 기술

2013. 7. 31 초 판 1쇄 인쇄
2013. 8. 7 초 판 1쇄 발행

지은이 | 김지호 · 손근진 · 이향범
감수 | 이 욱
펴낸이 | 이종춘
펴낸곳 | **BM** 성안당

주소 | 121-838 서울시 마포구 양화로 127 첨단빌딩 5층(출판기획 R&D 센터)
413-120 경기도 파주시 문발로 112(제작 및 물류)

전화 | 02) 3142-0036
031) 955-0511

팩스 | 031) 955-0510
등록 | 1973.2.1 제13-12호
출판사 홈페이지 | **www.cyber.co.kr**
ISBN | 978-89-315-2430-7 (13560)
정가 | **23,000원**

이 책을 만든 사람들
기획 | 최옥현
진행 | 김용하
교정 · 교열 | 이동원
전산편집 | 김수진
표지 | 임형준
제작 | 구본철